浙江省普通高校“十二五”优秀教材

高等院校土建类专业“互联网 +”创新规划教材

房屋建筑学（第3版）

主　编　聂洪达

副主编　杜俊芳　郄恩田　崔钦淑

参　编　李雪松　程　唯

主　审　方绪明

北京大学出版社

PEKING UNIVERSITY PRESS

内容简介

本书是为土木工程以及相关专业房屋建筑学课程编写的教科书，主要讲述民用与工业建筑的设计原理与构造方法，具体内容包括绪论、建筑场地、民用建筑设计、建筑构造概论、基础与地下室、墙体、楼地层、楼梯和电梯、屋顶、膜结构建筑构造、门窗、轻型钢结构房屋、工业建筑概述、单层厂房设计、厂房构造等。

本书内容精炼，配有大量插图，突出新材料、新结构、新技术，既有实用性又有理论深度。

本书可作为大学本科土木工程、房屋建筑工程、工程管理、道路与桥梁等全日制专业和成人高等教育土建专业的教材和教学参考书，也可供从事建筑设计、房地产开发、建筑施工的技术人员及管理人员参考。

图书在版编目 (CIP) 数据

房屋建筑学 / 聂洪达主编. —3 版. —北京：北京大学出版社，2016.10
(高等院校土建类专业“互联网＋”创新规划教材)
ISBN 978-7-301-27597-9

Ⅰ. ①房… Ⅱ. ①聂… Ⅲ. ①房屋建筑学—高等学校—教材 Ⅳ. ① TU22

中国版本图书馆 CIP 数据核字 (2016) 第 231831 号

书　　名　房屋建筑学 (第 3 版)
FANGWU JIANZHUXUE
著作责任者　聂洪达　主编
策划编辑　吴　迪　卢　东
责任编辑　伍大维
数字编辑　孟　雅
标准书号　ISBN 978-7-301-27597-9
出版发行　北京大学出版社
地　　址　北京市海淀区成府路 205 号　100871
网　　址　http：//www.pup.cn　新浪微博：@ 北京大学出版社
电子邮箱　编辑部pup6@pup.cn　总编室zpup@pup.cn
电　　话　邮购部 010-62752015　发行部 010-62750672　编辑部 010-62750667
印 刷 者　北京圣夫亚美印刷有限公司
经 销 者　新华书店
787 毫米 ×1092 毫米　16 开本　23.5 印张　540 千字
2007 年 2 月第 1 版　2012 年 1 月第 2 版
2016 年 10 月第 3 版　2024 年 6 月第 12 次印刷
定　　价　56.00 元

第3版 前言

《房屋建筑学》第3版修订是在第2版的基础上进行的，这次修订主要做了以下工作。

（1）增补了新颁布实施的规范、规程的相关内容，如《建筑设计防火规范》(GB 50016—2014)、《屋面工程技术规范》(GB 50345—2012) 等，使书中涉及规范的内容和新规范一致。

（2）增加及更新了部分插图，尽量跟上科学技术的发展。

（3）调整了课程设计环节的内容，方便课程设计教学。

（4）这次修订对主体部分及编排方式未做大的变动，为了充分照顾各校所处地区和学校特点，在内容安排上仍保持第2版的模式和体例，以便各校结合具体情况选用。

（5）本书根据土木、建筑行业对高层次人才的要求，结合大量的实例，反映现代建筑和构造的设计动态和做法，并通过增强现实技术，以“互联网＋”教材的思路，针对本书开发了APP客户端，应用3ds Max和BIM等多种工具，对书中的部分二维图进行了三维模型构建，使读者对于课程的学习不仅局限于教材，还有了更直观的认识和更全面的了解。

本书为浙江省普通高校“十二五”优秀教材。

本书为浙江工业大学重点教材建设资助项目。本书由聂洪达主编，其中第1章1.1～1.4节及第2章由武汉科技大学郄恩田编写，第3章、第8章及第1章的1.5节由武汉科技大学程唯编写，第4章、第5章5.7节、第13章、第14章及教学目标、教学要求、附录等由浙江工业大学聂洪达编写，第5章5.1～5.6节、第12章由浙江工业大学崔钦淑编写，第6章、第7章由湖北工业大学李雪松编写，第9章、第10章、第11章、第15章由山西大学杜俊芳编写。

全书由浙江科技学院方绪明教授主审，在此表示衷心感谢。

由于编者水平所限，不妥之处在所难免，衷心希望广大读者批评指正。

编　者

2016年5月

【资源索引】

第2版 前言

本书自2007年出版以来，经有关院校教学使用，反映良好。随着近年来国家关于建设工程的新政策、新法规的不断出台，一些新的规范、规程陆续颁布实施，为了更好地开展教学，适应大学生学习的要求，我们对本书进行了修订。

这次修订主要做了以下工作。

（1）依据《住宅设计规范》（GB 50096—2011）和《屋面工程技术规范》(GB 50345—2012) 等新规范更新相关内容。

（2）增加了实物图，以增加直观性。

（3）增加了课程设计环节的内容。

（4）修订增补了与建筑节能发展相关的内容。

（5）对全书的版式进行了新的编排，增加了“教学目标”“教学要求”“本章小结”等。

经修订，本书具有以下特点。

（1）编写体例新颖。借鉴优秀教材特点的写作思路、写作方法以及章节安排，编排清新活泼、图文并茂，内容深入浅出，适合当代大学生使用。

（2）注重人文科技的结合渗透。通过贯彻环境思想及体系建筑，增强教材的可读性、理论性，提高学生的环境意识及人文素养，体现人文与科技的结合渗透。

（3）注重与相关课程的关联融合。明确学习的重点和难点以及与其他课程的关联性，做到新旧知识内容的融合和综合运用。

（4）注重知识的拓展和应用的可行性。强调锻炼学生的思维能力以及运用设计、构造相关原理解决问题的能力。在编写过程中有机地融入最新构造做法以及操作性较强的案例，并对实例进行有效的分析，以应用实例或生活类比案例来引导学生对知识点的掌握，从而提高教材的可读性和实用性。在提高学习兴趣和效果的同时，培养学生的职业意识和职业能力。

（5）注重知识体系实用有效。以学生就业所需的专业知识和操作技能为着眼点，在适度的基础知识与理论体系覆盖下，着重讲解应用型人才培养所需的内容和关键点，知识点讲解顺序与实际设计程序一致，突出实用性和可操作性。使学生学而有用、学而能用。

本书由聂洪达、郄恩田主编，其中1.1～1.4节及第2章由武汉科技大学郄恩田编写，第3章、第8章及1.5节、1.6节由武汉科技大学程唯编写，第4章、5.7节、第13章、第14章及教学目标、教学要求、附录房屋建筑学设计题目等由浙江工业大学聂洪达编写，第5章及第12章由浙江工业大学崔钦淑编写，第6章及第7章由湖北工业大学李雪松编写，第9章、第10章、第11章及第15章由山西大学杜俊芳编写。

全书由浙江科技学院方绪明教授主审，在此表示衷心感谢。

由于编者水平有限，不妥之处在所难免，衷心希望广大读者批评指正。

编　者

2011年10月

第1版前言

房屋建筑学专门研究房屋建筑。早在春秋时代，我国著名的思想家管仲说：“千村无社，百盖无筑，谓之鄙……”他认为有村庄无社庙、有房舍无“建筑”的国家是简陋的。这应该是对“房屋”与“建筑”的最早区分。在人类建筑的历史中，建筑的最高成就往往体现在宫殿、陵墓、神庙、教堂等重要的建筑类型上，建筑也从“风雨的庇护所”发展成为艺术、文化的重要载体和人居环境的重要因素。随着历史的发展，在人本思想的支配下，今天的建筑学主要研究供普通人生活、学习、生产、娱乐的房屋建筑类型，“房屋建筑学”成了建筑学的主要内容。

房屋建筑学是学习建筑空间环境的设计原理及房屋各组成部分的组合原理与构造方法的一门综合性技术课程。建筑的空间环境包括房屋建筑内部空间环境和外部空间环境，它们的大小、形态、组合及交通关系反映人们对建筑的使用要求，同时还是某种精神需求的反映。

本书从建筑环境入手，思考建筑与环境的关系，通过分析建筑场地以及平面、立面、剖面设计与构图规律，帮助读者设计与环境和谐共处的房屋建筑。

建筑包括建筑空间和实体，两者的交融形成建筑空间环境，对房屋建筑实体部分的研究是建筑构造的内容，建筑构造是建筑设计的深入，也是房屋建筑学的主要内容。本书重点讲述房屋建筑的基础与地下室、墙体、楼地面、楼梯、门窗、屋顶等基本构件的构造，同时还对网架结构建筑、膜结构建筑、轻钢结构建筑的构造作适当介绍，结合新材料、新结构、新技术拓展知识、加深印象、开阔视野。对工业建筑，则重点介绍单层厂房的设计与构造。

房屋建筑学用来向非建筑专业的读者介绍建筑学专业知识，也介绍建筑学专业的学习方法和思维方式。学习房屋建筑学要多动脑思考、多动手绘图、多搜集资料，勤于观察思考、设计创新。

全书共分15章，系统地讲述民用建筑与工业建筑的设计与构造。全书由聂洪达、郄恩田主编，其中1.1～1.4节、第2章由武汉科技大学郄恩田编写，第3章、第8章及 1.5 ～ 1.6 节由武汉科技大学程唯编写，第 4 章、5.7 节、第 13 章、第 14 章由浙江工业大学聂洪达编写，第 5 章、第 12 章由浙江工业大学崔钦淑编写，第 6 章、第 7 章由湖北工业大学李雪松编写，第 9 章、第 10 章、第 11 章、第 15 章由山西大学杜俊芳编写。

全书由浙江科技学院方绪明教授主审，在此表示衷心感谢。

由于编者水平有限，时间仓促，不妥之处在所难免，衷心希望广大读者批评指正。

编　者

2007 年 1 月

目录

第 1 章 绪 论

教学目标

(1) 理解建筑的环境组成和特点。
(2) 掌握建筑的分类及其等级。
(3) 理解建筑环境与自然环境的关系。
(4) 掌握民用建筑的设计要求。
(5) 掌握民用建筑的设计依据。

教学要求

知识要点	能力要求	相关知识
建筑环境	(1) 理解建筑环境的组成 (2) 理解自然环境与建筑环境的区别	建筑环境
民用建筑的分类	(1) 掌握民用建筑的分类方法 (2) 掌握民用建筑的等级	分类知识
建筑环境的特点	(1) 理解建筑环境的特点 (2) 理解建筑环境与建筑空间的关系	民用建筑的特点
民用建筑的设计要求	(1) 理解民用建筑功能的概念 (2) 掌握民用建筑的设计要求	建筑设计
民用建筑的设计依据	(1) 掌握民用建筑的设计阶段 (2) 掌握民用建筑的设计依据	建筑设计

1.1 建筑的环境

任何建筑物都不是孤立存在的，它存在于各种自然的、人为的环境之中，人们建造建筑物的目的就在于为人们的社会、经济、政治和文化等活动提供理想的场所。建筑物与周围环境密切相关，周围环境对于建筑物而言既是一种制约条件又是一种促进因素。因此，人们必须认真考虑建筑物周围的环境所能发挥的作用。

1.1.1 自然环境

1. 阳光

在人类所处的自然环境中，阳光无论是对人类还是对建筑物都是不可或缺的。阳光温暖人们的身体和建筑物，有时阳光可以增加人们的舒适程度，但有时阳光也可以使人们感到很不舒服。太阳光包含着不同波长的电磁辐射，在照射到地球表面的阳光中，有不足 1% 是不可见的紫外线，它们的波长为 160 ～ 400nm(1nm 为 1m 的十亿分之一)，可见光的波长一般为 400 ～ 780nm，它们包含着一半的太阳能量。太阳能的另外一半在红外线中，红外线的波长一般为 780 ～ 1500nm。阳光既可以在人体内制造改善人们体质的维生素 D，也可以灼伤人们的皮肤，所以太阳既是生命的给予者也是生命的破坏者。

地球沿着一个类似椭圆形的轨道绕太阳公转，由于地球自转轴与其运行轨道 (黄道) 存在一个 23°27′的夹角，从而在地球上形成循环的四季变化，如图 1.1 所示。

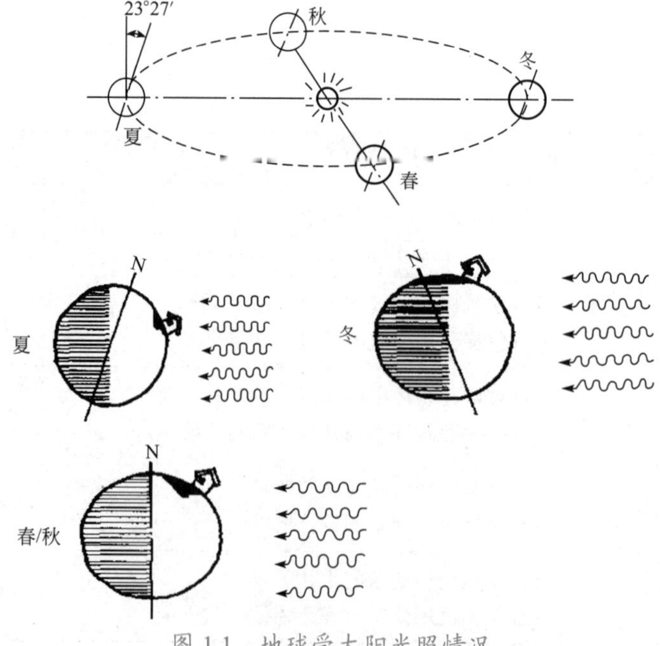

图 1.1　地球受太阳光照情况

太阳照射北半球时间最长的那一天为夏至，夏至这天 (一般为每年的 6 月 21 日) 虽然白昼最长，太阳高度角最大，但并不是一年中最热的时候，因为近地层的热量积蓄尚未达到最多之时。一般来说，每年最热的时间要比夏至晚 4 ～ 6 个星期，是因为在夏末这些积聚的热量就会散发出来，因此太阳照射相对不太强烈的夏末天气反而更热。而地球处在公转轨道与夏至相对的位置时，即为冬至。冬至日大约在每年的 12 月 21 日，那时北极点则会远离太阳，在北半球，阳光照射的角度更大，阳光就像一个拖得很长的长条通过大气，阳光对地面的热效也会相应较弱。这一天北半球受阳光照射的时间比一年中其他日期的照射时间都要短，但陆地和海洋仍旧在散发以前储存的热量，所以冬天最冷的时候要到一月末二月初才到来，日照分析如图 1.2 所示。对建筑物来说，一方面需要在冬季争取尽可能多地利用阳光，另一方面又必须在夏季尽可能避免阳光对它的长期照射，这就需要人们在这两者之间寻求平衡。

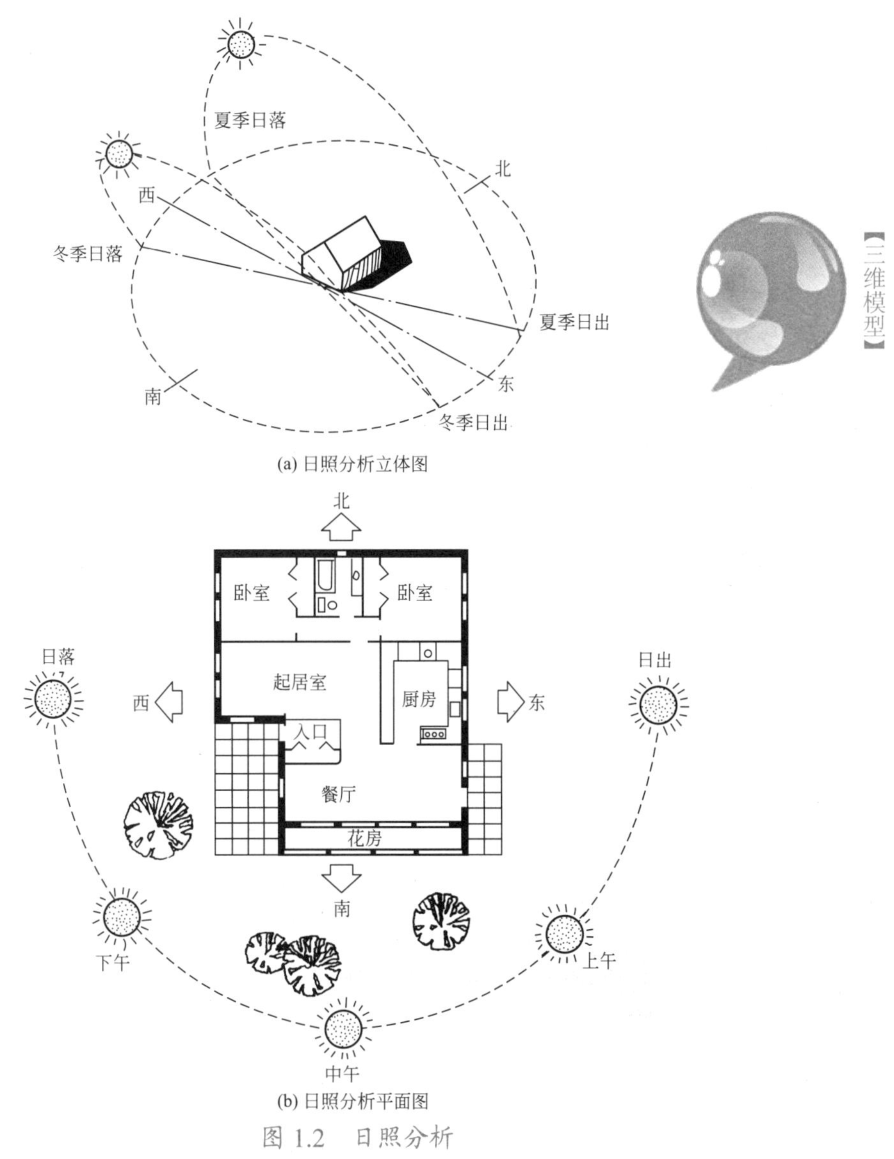

【三维模型】

(a) 日照分析立体图

(b) 日照分析平面图

图 1.2 日照分析

【三维模型】

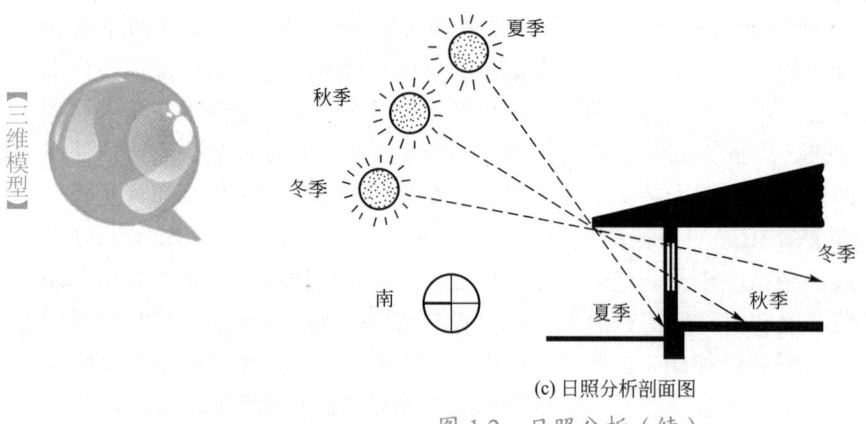

(c) 日照分析剖面图

图 1.2　日照分析（续）

2. 空气

空气对人类的重要性是不言而喻的，地球的外表面包裹着一层大气。由于地球是个不断转动着的球体，地轴同地球绕日轨道又有66°33′的倾斜角，地球各个地方接收的太阳辐射热有多有少。随着纬度地带的不同，地球近地层形成了南北对称的7个气压带。在高气压带和低气压带之间形成了6个风带，如图1.3所示。由于各个气压带之间存在很大差异，使空气相交流，形成全球大气的环流风。地球在不停地转动，拖着大量空气，使那些吹行千里的风成为定向风。由于地球上的海陆分布不同，地势高低、植被分布等状况也千差万别，造成吸热和散热不同、冷热变化不同，各个地方的气压也有高低差别，这就形成了各种地方风。风是地球气候形成的重要作用因素，它使地球上水分和热量的分布更均匀。风在高空刮得快且顺畅；在接近地球表面的地方，空气的流动受到丘陵、高山、树林、建筑物和各种空气对流的影响(图1.4)，风速受这些临近地面的障碍物持续影响而变得不稳定，风向也常会突然变化，因此在风速和风向方面变得难以捉摸。

图 1.3　风带形成示意图

图 1.4　气流受地面物体影响示意图

无论建筑物处于什么样的气候地区，风速与主导风向都是建筑物设计所必须要考虑的一个重要因素。在寒冷地区，人们要考虑风引起的热量损失，而在温暖地区，人们又要考虑风对室内通风的作用，同时建筑物的主要结构必须具有足够的强度抵抗风力的破坏。

保持建筑物内的空气新鲜依赖于建筑物内的空气流通，它是由空气的压力和温度差产生的，空气流动的最终形式受建筑物的几何形状及朝向，以及风的速度等方面因素的影响，如图 1.5 所示。

【图文参考】

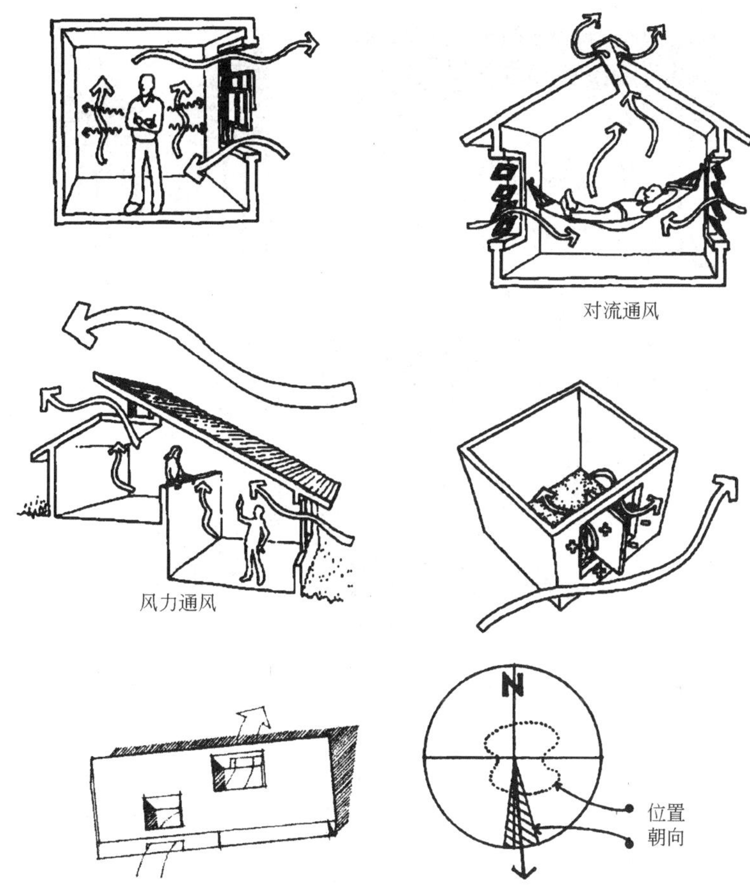

图 1.5 空气流动示意图

建筑物必须为人们提供生活和工作所需的最低限度的室内环境要求。这一要求称为室内基本的热环境要求。例如，室内的温度、湿度、气流和环境热辐射应在允许范围之内，冬季采暖房屋围护结构内表面温度不应低于室内空气露点温度，夏季自然通风房屋围护结构内表面最高温度不应高于当地夏季室外计算温度最高值等。在这些基本的热环境要求得到保证的情况下，建筑物的使用质量才能得到保证。

3. 植物

植物对于改善人类的生存环境具有非常重要的意义，同时也是建筑环境的重要组成部分之一，它不仅可以美化建筑环境、降低噪声、遮阴、避风，同时也更有利于建筑物与周围环境的融合。树木对环境的作用如图 1.6 所示。

【参考图文】

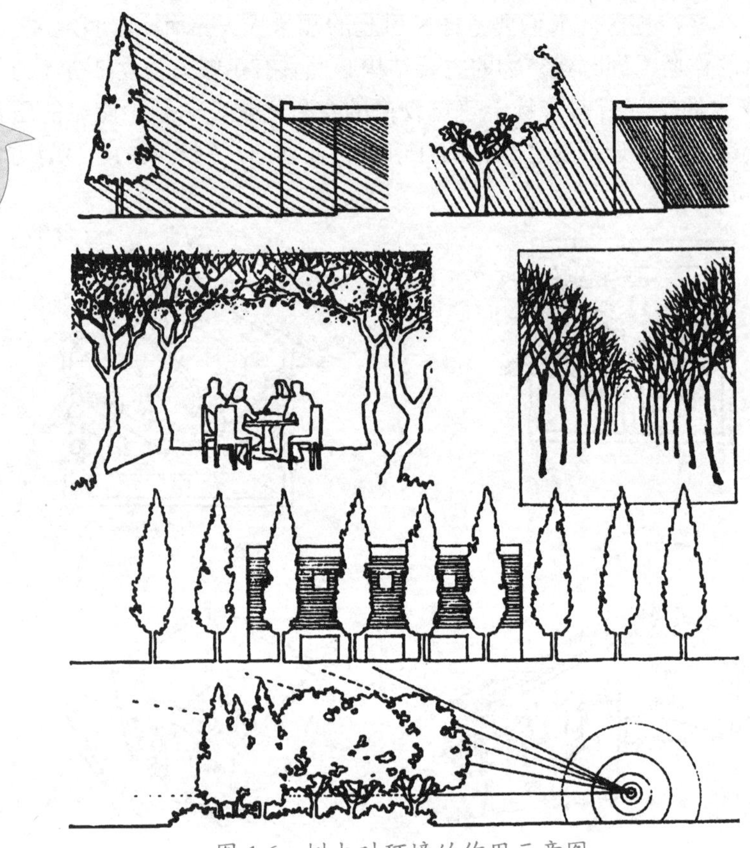

图 1.6　树木对环境的作用示意图

树木的结构和形状、树叶的季节密度、纹理和色泽、生长速度，以及树木对土、水、阳光和温差的要求、根系的深度和广度等，是人们利用植物时要考虑的重要因素。

草地和其他植被能够通过吸收太阳辐射和蒸发降低气温，提高土壤的透气性和透水性。藤本植物能够遮阴并能通过蒸发降低周围环境的温度，从而减少阳光照射墙面引起的热量传播。

4. 地形

地形是指一块场地的表观特征，它影响建筑物的布置方位与形式，同时也影响建筑物的建造方式与发展规模。通常以画有等高线的地形图研究地形对建筑物的影响，如图1.7所示。等高线是连接相同标高点的假想线，每条等高线的轨迹都显示出其所对应高度的地形资料。

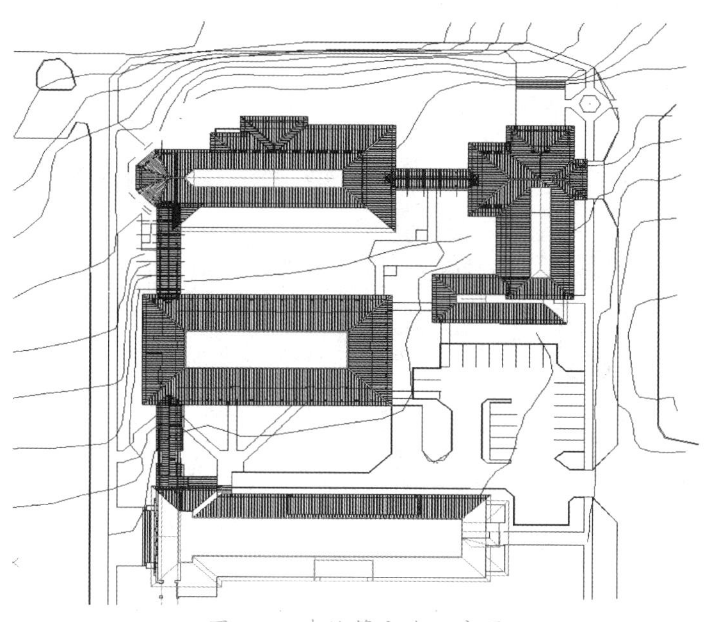

图 1.7 建筑等高线示意图

1.1.2 人为环境

对于一幢拟建建筑物，除了自然环境外，已建成的建筑物和道路及其他设施对拟建建筑物来说是必须要考虑的一种人为环境，如图 1.8 所示。

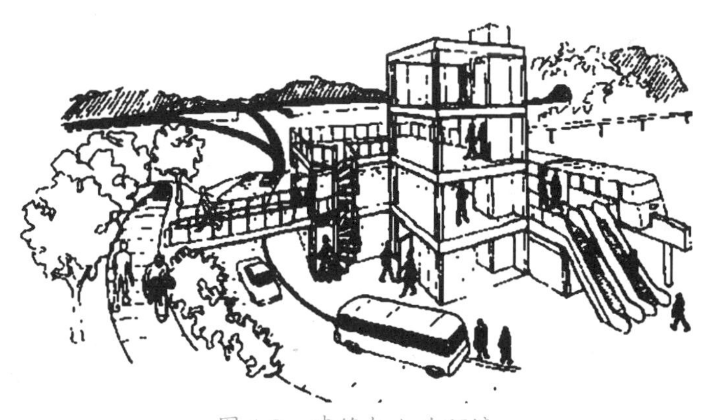

图 1.8 建筑与人为环境

1.2 建筑的组成

建筑物由结构体系、围护体系和设备体系组成，如图 1.9 所示。

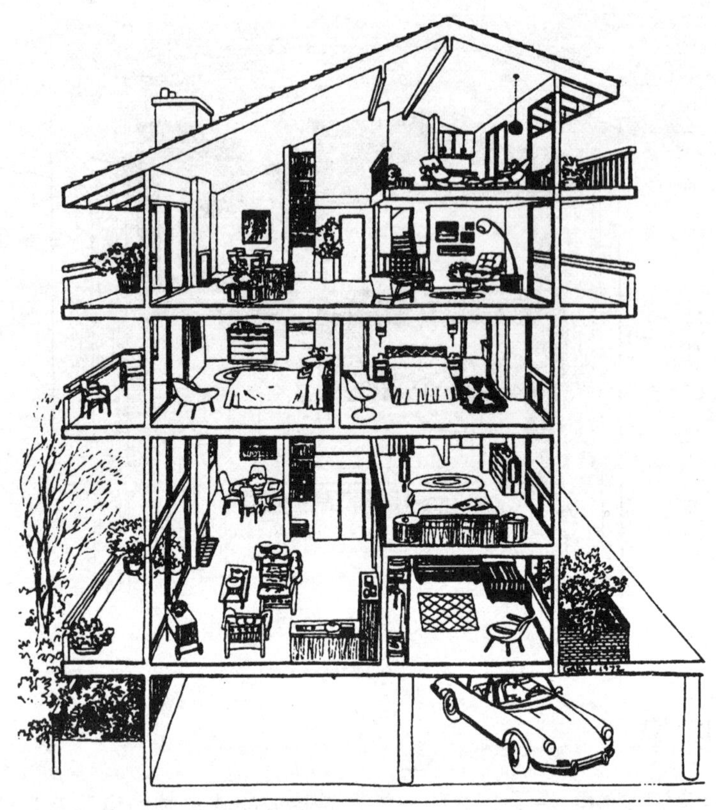

图 1.9　建筑物的组成示意图

1.2.1 结构体系

结构体系承受竖向荷载和侧向荷载，并将这些荷载安全地传至地基，一般将其分为上部结构和地下结构。上部结构是指基础以上部分的建筑结构，包括墙、柱、梁、屋顶等，地下结构指建筑物的基础结构。

1.2.2 围护体系

建筑物的围护体系由屋面、外墙、门、窗等组成。屋面、外墙围护成内部空间，能够遮蔽外界恶劣气候的侵袭，同时也起到隔声的作用，从而保证使用人群的安全性和私密性。门是连接内外的通道，窗户可以透光、通气和开阔视野，内墙将建筑物内部划分为不同的单元。

1.2.3 设备体系

依据建筑物的重要性和使用性质的不同，设备体系的配置情况也不尽相同，通常包括给排水系统、供电系统和供热通风系统。根据需要还有防盗报警、灾害探测、自动灭火等智能系统。

供水系统为建筑物的使用人群提供饮用水和生活用水，排水系统排走建筑物内的污水，建筑物的给排水系统如图 1.10 所示。供电系统为建筑物提供电力供应，又可分为强电系统和弱电系统两部分，强电系统指供电、照明等系统，弱电系统指通信、信息、探测、报警等系统。供热通风系统为建筑物内的使用人群提供舒适的环境。

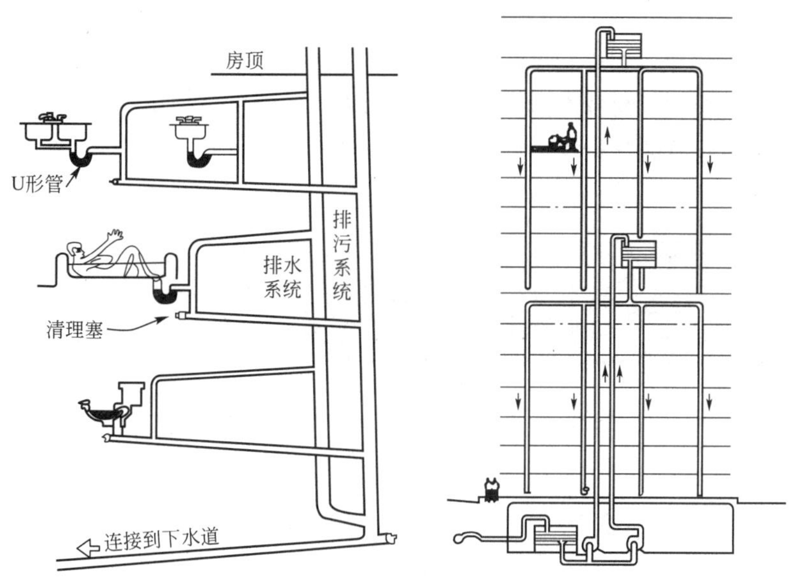

图 1.10 建筑物的给排水系统

1.3 建筑的分类和设计使用年限

1.3.1 建筑的分类

建筑物通常按其使用性质分为民用建筑和工业建筑两大类。工业建筑是供生产使用的建筑物。民用建筑是供人们从事非生产性活动使用的建筑物。民用建筑又分为居住建筑和公共建筑两类，居住建筑包括住宅、公寓、宿舍等，公共建筑是供人们进行各类社会、文化、经济、政治等活动的建筑物，如图书馆、车站、办公楼、电影院、宾馆、医院等。

为方便研究，一般还采取下列的方法进行分类。

1. 按建筑物的主要结构所使用的材料分类

(1) 木结构建筑。

(2) 砖木结构建筑。

(3) 砖混结构建筑。

(4) 钢筋混凝土结构建筑。

(5) 钢结构建筑。

【参考图文】

2. 按结构形式分类

(1) 砌体结构建筑。

(2) 框架结构建筑。

(3) 特种结构建筑。

3. 按建筑物层数分类

民用建筑根据其建筑高度和层数分为单层民用建筑、多层民用建筑和高层民用建筑三类。高层民用建筑根据其建筑高度、使用功能和楼层的建筑面积又分为一类高层和二类高层两种类型。民用建筑的分类规定见表 1-1。

表 1-1 民用建筑的分类

名称	高层民用建筑		单、多层民用建筑
	一类	二类	
住宅建筑	建筑高度大于 54m 的住宅建筑（包括设置商业服务网点的住宅建筑）	建筑高度大于 27m，但不大于 54m 的住宅建筑（包括设置商业服务网点的住宅建筑）	建筑高度不大于 27m 的住宅建筑（包括设置商业服务网点的住宅建筑）
公共建筑	1. 建筑高度大于 50m 的公共建筑 2. 建筑高度 24m 以上部分任一楼层建筑面积大于 1000m^2 的商店、展览、电信、邮政、财贸金融建筑和其他多种功能组合建筑 3. 医疗建筑、重要公共建筑 4. 省级及以上的广播电视和防灾指挥调度建筑、网局级和省级电力调度建筑 5. 藏书超过 100 万册的图书馆、书库	除一类高层公共建筑外的其他高层公共建筑	1. 建筑高度大于 24m 的单层公共建筑 2. 建筑高度不大于 24m 的其他公共建筑

注：宿舍、公寓等非住宅类居住建筑按公共建筑分类。

习惯上对于住宅建筑：1 ～ 3 层称为低层；4 ～ 6 层称为多层；7 ～ 9 层称为中高层；10 层及以上称为高层。另外，人们把 10 ～ 12 层的高层住宅称为小高层，通常采取一梯 2 ～ 3 户的多层住宅布局形式，其安全疏散要求较高层略低，也更有利于套型的布置。

无论是住宅建筑还是公共建筑其高度超过 100m 时均为超高层建筑，其安全设备、设施的配置要求要严格得多。

1.3.2 建筑的设计使用年限

《民用建筑设计通则》(GB 50352—2005）将建筑设计使用年限分为 4 类。

(1) 1 类：5 年以下，适用于临时性建筑。

(2) 2 类：25 年，适用于易于替换结构构件的建筑。

(3) 3 类：50 年，适用于普通建筑和构筑物。

(4) 4 类：100 年以上，适用于纪念性建筑和特别重要的建筑。

1.4 建筑设计的内容、程序和设计阶段

1.4.1 建筑设计的内容

建筑物的设计一般包括建筑设计、结构设计和设备设计等几部分。建筑设计的依据文件有以下几个。

(1) 主管部门有关建设任务的使用要求、建筑面积、单方造价和总投资的批文，以及国家有关部委或各省、市、地区规定的有关设计定额和指标。

(2) 工程设计任务书：由建设单位根据使用要求，提出各个房间的用途、面积大小以及其他的一些要求，工程设计的具体内容、面积、建筑标准等都必须和主管部门的批文相符合。

(3) 城建部门同意设计的批文：内容包括用地范围 (常用红线划定) 以及有关规划、环境等城镇建设对拟建房屋的要求。

(4) 委托设计工程项目表：建设单位根据有关批文向设计单位正式办理委托设计的手续。规模较大的工程常采用招投标方式，委托中标单位进行设计。

设计人员根据上述有关文件，通过调查研究，收集必要的原始数据和勘测设计资料，综合考虑总体规划、基地环境、功能要求、结构施工、材料设备、建筑经济及建筑艺术等多方面的问题，进行设计并绘制成建筑图纸，编写主要设计意图的说明书，其他工种也相应地设计并绘制各类图纸，编制各工种的计算书、说明书以及概算和预算书。这整套设计图纸和文件便成为房屋施工的依据。

1.4.2 建筑设计的程序和设计阶段

由于建造房屋是一个较为复杂的物质生产过程，影响房屋设计和建造的因素有很多，因此必须在施工前有一个完整的设计方案，划分必要的设计阶段，综合考虑多种因素，这对提高建筑物的质量、多快好省地设计和建造房屋是极为重要的。

1. 设计前的准备工作

1) 落实设计任务

建设单位必须在具有上级主管部门对建设项目的批文和城市规划管理部门同意设计的批文后，方可向建筑设计部门办理委托设计手续。

主管部门的批文是指建设单位的上级主管部门对建设单位提出的拟建报告和计划任务书的一个批准文件。该批文表明该项工程已被正式列入建设计划，文件中应包括工程建设项目的性质、内容、用途、总建筑面积、总投资、建筑标准 (每平方米造价) 及建筑物使用期限等内容。

城市规划管理部门的批文是经城镇规划管理部门审核同意工程项目用地的批复文件。该文件包括基地范围、地形图及指定用地范围(常称“红线”)、该地段周围道路等规划要求以及城镇建设对该建筑设计的要求(如建筑高度)等内容。

2) 熟悉计划任务书

具体着手设计前，首先需要熟悉计划任务书，以明确建设项目的设计要求。计划任务书一般包括以下内容。

(1) 建设项目总的要求和建造目的的说明。

(2) 建筑物的具体使用要求、建筑面积及各类用途房间之间的面积分配。

(3) 建设项目的总投资和单方造价。

(4) 建设基地的范围、大小，周围原有建筑、道路、地段环境的描述，并附有地形测量图。

(5) 供电、供水、采暖、空调等设备方面的要求，并附有水源、电源接用许可文件。

(6) 设计期限和项目的建设进程要求。

设计人员必须认真熟悉计划任务书，在设计过程中必须严格掌握建筑标准、用地范围、面积指标等有关限额。必要时也可对任务书中的一些内容提出补充或修改意见，但须征得建设单位的同意，涉及用地、造价、使用面积的问题，还须经城市规划部门或主管部门批准。

3) 收集必要的设计原始数据

通常建设单位提出的计划任务，主要是从使用要求、建设规模、造价和建设进度方面考虑的，建筑的设计和建造还需要收集有关的原始数据和设计资料，并在设计前做好调查研究工作。

有关原始数据和设计资料的内容包括以下几个方面。

(1) 气象资料，即所在地区的温度、湿度、日照、雨雪、风向、风速及冻土深度等。

(2) 场地地形及地质水文资料，即场地地形标高、土壤种类及承载力、地下水位及地震烈度等。

(3) 水电等设备管线资料，即基地地下的给水、排水、电缆等管线布置，基地上的架空线等供电线路情况。

(4) 设计规范的要求及有关定额指标，如学校教室的面积定额、学生宿舍的面积定额以及建筑用地、用材等指标。

4) 设计前的调查研究

(1) 建筑物的使用要求：认真调查同类的已有建筑物的实际使用情况，通过分析和总结，对所设计的建筑有一定了解。

(2) 所在地区建筑材料供应及结构施工等技术条件：了解预制混凝土制品及门窗的种类和规格，掌握新型建筑材料的性能、价格及采用的可能性。结合建筑使用要求和建筑空间组合的特点，了解并分析不同结构方案的选型，以及当地施工技术和起重、运输等设备条件。

(3) 现场踏勘：深入了解基地和周围环境的现状及历史沿革，包括基地的地形、方位、面积和形状等条件，以及基地周围原有建筑、道路、绿化等多方面的因素，考虑拟建建筑物的位置和总平面布局的可能性。

(4) 了解当地传统建筑的设计布局、创作经验和生活习惯，结合拟建建筑物的具体情况，设计出人们喜闻乐见的建筑形象。

2. 初步设计阶段

初步设计是建筑设计的第一阶段，它的主要任务是提出设计方案，即在已定的基地范围内，按照设计要求，综合技术和艺术要求，提出设计方案。

初步设计的图纸和设计文件包括以下内容。

(1) 建筑总平面图。比例尺为 1 ∶ 500 ～ 1 ∶ 2000(建筑物在基地上的位置、标高、道路、绿化及基地上设施的布置和说明)。

(2) 各层平面图及主要剖面图、立面图。比例尺为 1 ∶ 100 ～ 1 ∶ 200(标出房屋的主要尺寸，房间的面积、高度及门窗位置，部分室内家具和设备的布置)。

(3) 说明书 (说明设计方案的主要意图、主要结构方案、构造特点及主要技术经济指标等)。

(4) 建筑概算书。

(5) 根据设计任务的需要，辅以必要的建筑透视图或建筑模型。

3. 技术设计阶段

技术设计是初步设计具体化的阶段，其主要任务是在初步设计的基础上，进一步确定各设计工种之间的技术问题。对于不太复杂的工程，一般来说可省去该设计阶段。

建筑工种的图纸要标明与具体技术工种有关的详细尺寸，并编制建筑部分的技术说明书；结构工种应有建筑结构布置方案图，并附初步计算说明；设备工种也应提供相应的设备图纸及说明书。

4. 施工图设计阶段

施工图设计是建筑设计的最后阶段。在施工图设计阶段中，应确定全部工程尺寸和用料，绘制建筑、结构、设备等全部施工图纸，编制工程说明书、结构计算书和预算书。

施工图设计的图纸及设计文件包括以下内容。

(1) 建筑总平面图。比例尺为 1 ∶ 500(建筑基地范围较大时，比例尺也可用 1 ∶ 1000、1 ∶ 2000，应详细标明基地上建筑物、道路、设施等所在位置的尺寸、标高，并附说明)。

(2) 各层建筑平面图、各个立面图及必要的剖面图。比例尺为 1 ∶ 100 ～ 1 ∶ 200。

(3) 建筑构造节点详图。根据需要可采用 1 ∶ 1、1 ∶ 5、1 ∶ 10、1 ∶ 20 等比例尺 (主要为檐口、墙身和各构件的连接点，楼梯、门窗及各部分的装饰大样等)。

(4) 各工种相应配套的施工图。如基础平面图和基础详图、楼板及屋顶平面图和详图，结构构造节点详图等结构施工图。给排水、电气照明以及供暖或空气调节等设备施工图。

(5) 建筑、结构及设备等的说明书。

(6) 结构及设备的计算书。

(7) 工程预算书。

1.5 建筑设计的要求和依据

1.5.1 建筑设计的要求

1. 满足建筑功能要求

满足使用功能要求是建筑设计的首要任务。例如设计学校时，首先要考虑满足教学活动的需要，教室设置应分班合理、采光通风良好，同时还要合理安排教师备课室、办公室、储藏室和厕所等行政管理和辅助用房，并配置良好的体育场馆和室外活动场地等。

2. 采用合理的技术措施

正确选用建筑材料，根据建筑空间组合特点，选择合理的结构、施工方案，使房屋坚固耐久、建造方便。

3. 具有良好的经济效果

建造房屋是一个复杂的物质生产过程，需要大量人力、物力和资金，在房屋的设计和建造中，要因地制宜、就地取材，尽量做到节省劳动力、节约建筑材料和资金。

4. 考虑建筑物美观要求

建筑物是社会的物质和文化财富，它在满足使用要求的同时，还需要考虑人们对建筑物在美观方面的要求，考虑建筑物所赋予人们在精神上的感受。

5. 符合总体规划要求

单体建筑是总体规划中的组成部分，单体建筑应符合总体规划提出的要求。建筑物的设计要充分考虑和周围环境的关系，如原有建筑的状况、道路的走向、基地面积大小及绿化要求等方面和拟建建筑物的关系。

1.5.2 建筑设计的依据

1. 人体尺度和人体活动所需的空间尺度

建筑物中的家具、设备的尺寸，踏步、窗台、栏杆的高度，门洞、走廊、楼梯的宽度和高度，以至各类房间的高度和面积大小，都和人体尺度及人体活动所需的空间尺度直接或间接有关。因此，人体尺度和人体活动所需的空间尺度是确定建筑空间的基本依据之一，如图1.11所示。

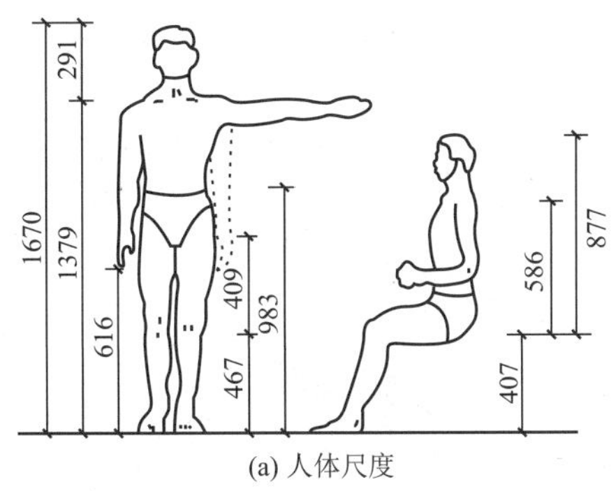

(a) 人体尺度

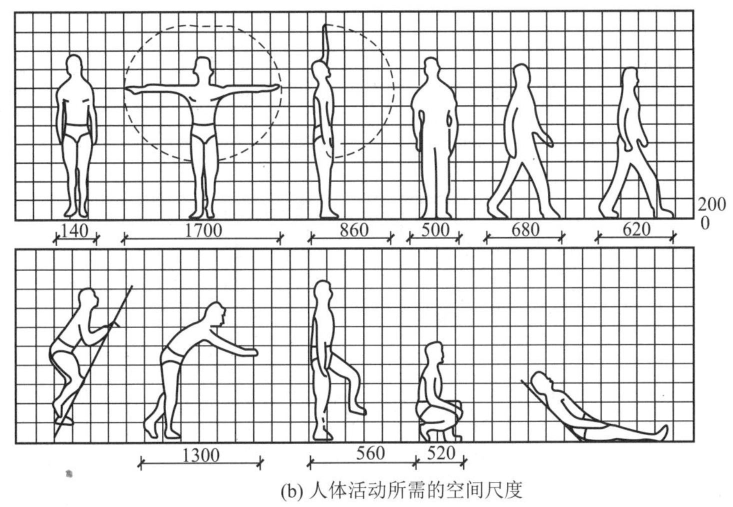

(b) 人体活动所需的空间尺度

图 1.11 人体尺度和人体活动所需的空间尺度

2. 家具、设备的尺寸及使用空间

在进行房间布置时，应先确定家具、设备的数量，了解每件家具、设备的基本尺寸及人们在使用它们时占用活动空间的大小。这些都是考虑房间内部使用面积的重要依据。图 1.12 所示为民用建筑常用的家具尺寸，供设计者在进行建筑设计时参考。

3. 温度、湿度、日照、雨雪、风向、风速等气候条件

气候条件对建筑物的设计有较大影响。例如，在湿热地区，建筑设计要很好地考虑隔热、通风和遮阳等问题；在干冷地区，通常又希望把建筑的体型尽可能设计得紧凑一些，以减少外围护面的散热，有利于室内采暖、保温。

日照和主导风向通常是确定建筑朝向和间距的主要因素，风速是高层建筑、电视塔等设计中考虑结构布置和建筑体型的重要因素，雨雪量的多少对屋顶形式和构造也有一定影响。在设计前，需要收集当地上述有关的气象资料，将之作为设计的依据。

风向频率玫瑰图，即风玫瑰图，是根据某一地区多年平均统计的各个方向吹风次数的百分数值按一定比例绘制的，一般多用 8 个或 16 个罗盘方位表示。风向频率玫瑰图上所标示的风向，指从外面吹向地区中心 (图 1.13)。

图 1.12　民用建筑常用家具尺寸

4. 地形、地质条件和地震烈度

基地地形的平缓或起伏，基地的地质构成、土壤特性和地耐力的大小，对建筑物的平面组合、结构布置和建筑体型都有明显的影响。如坡度较陡的地形，常使建筑物结合地形

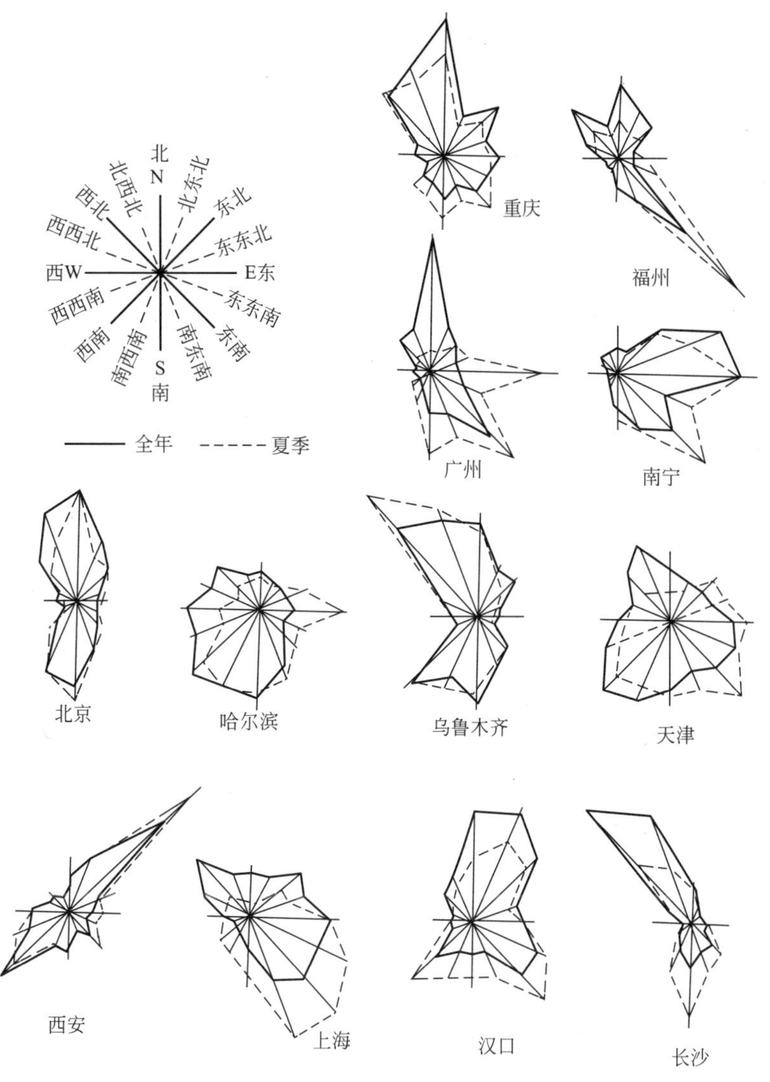

图 1.13 我国部分城市的风向频率玫瑰图

错层建造；复杂的地质条件，要求建筑的构成和基础的设置采取相应的结构构造措施。

地震烈度表示地面及建筑物受地震影响的强弱程度。在烈度为6度及6度以下的地区，地震对建筑物的损坏影响较小，烈度为9度以上地区，由于地震过于强烈，从经济因素及耗用材料方面考虑，除特殊情况外，一般应尽可能避免在这些地区建设。建筑抗震设防的重点是7度、8度、9度地震烈度的地区。震级与烈度之间的对应关系见表1-2，不同烈度的破坏程度见表1-3。

表 1-2 震级与烈度的对应关系

震级	1～2	3	4	5	6	7	8	8以上
震中烈度	1～2	3	4～5	6～7	7～8	9～10	11	12

表 1-3　不同烈度的破坏程度

地震烈度	地面及建筑物受破坏的程度
1～2 度	人们一般感觉不到，只有地震仪才能记录到
3 度	室内少数人能感觉到轻微的震动
4～5 度	人们有不同程度的感觉，室内物件有些摆动和有尘土掉落现象
6 度	较老的建筑物多数要被损坏，个别建筑有倒塌的可能；有时在潮湿松散的地面上有细小裂缝出现，少数山区发生土石散落
7 度	家具倾覆破坏，水池中产生波浪，对坚固的住宅建筑有轻微的损坏，如墙上产生轻微的裂缝、抹灰层大片的脱落、瓦从屋顶掉下等；工厂的烟囱上部倒下；严重破坏陈旧的建筑物和简易建筑物，有时有喷砂冒水现象
8 度	树干摇动很大，甚至折断；大部分建筑遭到破坏；坚固的建筑物墙上产生很大裂缝而遭到严重的破坏；工厂的烟囱和水塔倒塌
9 度	一般建筑物倒塌或部分倒塌；坚固的建筑物受到严重破坏，其中大多数变得不能用，地面出现裂缝，山体有滑坡现象
10 度	建筑物严重破坏；地面裂缝很多，湖泊水库有大浪出现；部分铁轨弯曲变形
11～12 度	建筑普遍倒塌，地面变形严重，造成巨大的自然灾害

5. 建筑模数和模数制

为了建筑设计、构件生产及施工等方面的尺寸协调，从而提高建筑工业化的水平，降低造价并提高建筑设计和建造的质量和速度，建筑设计应采用国家规定的建筑统一模数制。

建筑模数是选定的标准尺度单位，作为建筑物、建筑构配件、建筑制品及有关设备尺寸相互间协调的基础。根据国家制定的《建筑模数协调标准》(GB/T 50002—2013)，我国采用的基本模数为 M=100mm，同时由于建筑设计中建筑部位、构件尺寸、构造节点，以及断面、缝隙等尺寸的不同要求，还分别采用分模数和扩大模数。

分模数 1/2M(50mm)、1/5M(20mm)、1/10M(10mm) 适用于成材的厚度、直径、缝隙、构造的细小尺寸及建筑制品的公偏差等。

基本模数 1M 和扩大模数 3M(300mm)、6M(600mm) 等适用于门窗洞口、构配件、建筑制品及建筑物的跨度 (进深)、柱距 (开间) 和层高的尺寸等。

扩大模数 12M(1200mm)、30M(3000mm)、60M(6000mm) 等适用于大型建筑物的跨度 (进深)、柱距 (开间)、层高及构配件的尺寸等。

在设计各类建筑物时，还应根据建筑物的规模、重要性和使用性质，确定建筑物在使用要求、所用材料、设备条件等方面的质量标准，并且确定建筑物的耐久年限和耐火等级。耐火等级的划分方法见表 1-4。

表 1-4 不同耐火等级建筑相应构件的燃烧性能和耐火极限 单位：h

构件名称		耐火等级			
		一级	二级	三级	四级
墙	防火墙	不燃性 3.00	不燃性 3.00	不燃性 3.00	不燃性 3.00
	承重墙	不燃性 3.00	不燃性 2.50	不燃性 2.00	不燃性 0.50
	非承重墙	不燃性 1.00	不燃性 1.00	不燃性 0.50	可燃性
	楼梯间和前室的墙 电梯井的墙 住宅建筑单元之间的墙和分户墙	不燃性 2.00	不燃性 2.00	不燃性 1.50	难燃性 0.50
	疏散走道两侧的隔墙	不燃性 1.00	不燃性 1.00	不燃性 0.50	难燃性 0.50
	房间隔墙	不燃性 0.75	不燃性 0.50	难燃性 0.50	难燃性 0.25
柱		不燃性 3.00	不燃性 2.50	不燃性 2.00	难燃性 0.50
梁		不燃性 2.00	不燃性 1.50	不燃性 1.00	难燃性 0.50
楼板		不燃性 1.50	不燃性 1.00	不燃性 0.50	可燃性
屋顶承重构件		不燃性 1.50	不燃性 1.00	不燃性 0.50	可燃性
疏散楼梯		不燃性 1.50	不燃性 1.00	不燃性 0.50	可燃性
吊顶（包括吊顶格栅）		不燃性 0.25	不燃性 0.25	不燃性 0.15	可燃性

本章小结

（1）建筑是人们用物质技术的手段建造的空间环境。房屋建筑学主要研究供普通人生活、学习、生产、娱乐的房屋建筑类型。随着科学技术及生产力的发展，建筑的类型越来越多，对建筑提出的功能、技术要求更加复杂，同时，绿色环保也成为当今建筑面临的重大课题，为此，建筑要符合安全适用、技术先进、经济

合理的原则。

（2）建筑的分类。建筑物通常按其使用性质分为民用建筑和工业建筑两大类。此外，为方便研究，一般还采取下列的方法分类：按建筑物主要结构所使用的材料分类，可分为木结构建筑、砖混结构建筑、钢筋混凝土结构建筑、钢结构建筑等；按结构形式分类，可分为砌体结构建筑、框架结构建筑、特种结构建筑；按建筑物层数和高度分类，可分为低层、多层和高层建筑。

（3）建筑物的设计一般包括建筑设计、结构设计和设备设计等几部分。建筑设计的依据有以下文件。

① 主管部门有关建设任务的使用要求、建筑面积、单方造价和总投资的批文，以及国家有关部委或各省、市、地区规定的有关设计定额和指标。

② 工程设计任务书：由建设单位根据使用要求，提出各个房间的用途、面积大小及其他的一些要求，工程设计的具体内容、面积、建筑标准等都必须和主管部门的批文相符合。

③ 城建部门同意设计的批文：内容包括用地范围（常用红线划定）及有关规划、环境等城镇建设对拟建房屋的要求。

④ 委托设计工程项目表：建设单位根据有关批文向设计单位正式办理委托设计的手续。规模较大的工程常采用投标方式，委托得标单位进行设计。

设计人员根据上述有关文件，通过调查研究，收集必要的原始数据和勘测设计资料，综合考虑总体规划、基地环境、功能要求、结构施工、材料设备、建筑经济及建筑艺术等多方面的问题，进行设计并绘制成建筑图纸，编写主要设计意图的说明书，其他工种也相应地设计并绘制各类图纸，编制各工种的计算书、说明书，以及概算和预算书。这整套设计图纸和文件便成为房屋施工的依据。

思考题

1. 建筑物包括哪几种类型？
2. 建筑物的使用年限怎样划分？
3. 建筑设计分哪几个阶段？
4. 对建筑设计有何要求？
5. 建筑设计的依据有哪些？
6. 有哪些因素会对建筑物造成影响？
7. 什么是风玫瑰图？
8. 什么是模数？简述模数制的作用。
9. 如何理解建筑与环境的关系？

第2章

建筑场地

教学目标

(1) 理解建筑场地的概念和特点。
(2) 理解场地分析的程序。
(3) 理解场地平整的原则。
(4) 了解居住建筑用地的分类。
(5) 了解场地交通的内容。

教学要求

知识要点	能力要求	相关知识
建筑场地	(1) 理解建筑场地的概念 (2) 理解场地概念的特点	建筑总平面的概念
场地分析的程序	(1) 了解场地分析的程序 (2) 了解场地分析的方法	建筑设计
场地平整	(1) 理解场地平整的作用 (2) 理解场地平整的原则	地形地貌
居住用地分类	(1) 了解居住用地的分类 (2) 了解居住用地的类别及范围	住宅小区
场地交通的内容	(1) 了解场地交通的内容 (2) 了解基地坡度的规定	城市规划

房屋建筑的建设离不开用地，必须根据国家有关土地使用与开发的法律、法规进行选址和建设。在我国，城市用地按土地使用的主要性质进行划分归类，采用大类、中类和小类3个层次的分类体系，共分10个大类、46个中类、73个小类，其中的居住用地分类见表2-1。

表2-1　城市居住用地分类和代号

类别代号			类别名称	范　围
大类	中类	小类		
R			居住用地	居住小区、居住街坊、居住组团和单位生活区等各种类型的成片或零星的用地
	R1		一类居住用地	市政公用设施齐全、布局完整、环境良好、以低层住宅为主的用地
		R11	住宅用地	住宅建筑用地
		R12	公共服务设施用地	居住小区及小区级以下的公共设施和服务设施用地，如托儿所、幼儿园、小学、中学、小型超市、菜市场、服务站、储蓄所、邮政所、居委会、派出所等用地
		R13	道路用地	居住小区及小区级以下的小区路、组团路或小街、小巷、小胡同及停车场等用地
		R14	绿地	居住小区及小区级以下的小游乐园等用地
	R2		二类居住用地	市政公用设施齐全、布局完整、环境较好，以多、中、高层住宅为主的用地
		R21	住宅用地	住宅建筑用地
		R22	公共服务设施用地	居住小区及小区级以下的公共设施和服务设施用地，如托儿所、幼儿园、小学、中学、小型超市、菜市场、服务站、储蓄所、邮政所、居委会、派出所等用地
		R23	道路用地	居住小区及小区级以下的小区路、组团路或小街、小巷、小胡同及停车场等用地
		R24	绿地	居住小区及小区级以下的小游乐园等用地
	R3		三类居住用地	市政公用设施比较齐全、布局不完整、环境一般或住宅与工业等用地有混合交叉的用地
		R31	住宅用地	住宅建筑用地
		R32	公共服务设施用地	居住小区及小区级以下的公共设施和服务设施用地，如托儿所、幼儿园、小学、中学、小型超市、菜市场、服务站、储蓄所、邮政所、居委会、派出所等用地
		R33	道路用地	居住小区及小区级以下的小区路、组团路或小街、小巷、小胡同及停车场等用地
		R34	绿地	居住小区及小区级以下的小游乐园等用地
	R4		四类居住用地	以简陋住宅为主的用地
		R41	住宅用地	住宅建筑用地
		R42	公共服务设施用地	居住小区及小区级以下的公共设施和服务设施用地，如托儿所、幼儿园、小学、中学、小型超市、菜市场、服务站、储蓄所、邮政所、居委会、派出所等用地
		R43	道路用地	居住小区及小区级以下的小区路、组团路或小街、小巷、小胡同及停车场等用地
		R44	绿地	居住小区及小区级以下的小游乐园等用地

2.1 场地分析

在设计过程的早期阶段，房屋建造场地的地貌、植被、气候条件都是影响设计决策的重要因素。从既能提高人的舒适程度又能保护能源和资源的角度出发，房屋设计方案应该尽量保持其所在地域的本土特征，使房屋的形式及布置与周围的地形相匹配，并同时考虑当地日照、风向和水流流向等因素的影响。除了环境因素以外，各地区的相关建筑法规也制约着房屋的设计。这些法规规定了建筑物所在地所允许的使用和活动情况，同时也限制了建筑物的规模和形状及具体位置。

正如建筑物的建造位置和施工方法受环境和地方法规等因素限制一样，一座建筑物的施工和使用不可避免地还需要交通系统、公用设施及其他服务设施的配套服务。同时，除了改变土地的使用状况外，建筑物的建造还以利用能源和消费材料的方式改变着环境。人们必须要考虑在既不需要提高上述服务设施系统运营能力也不会给周围环境带来不良影响的情况下，一个场地能够承受多大程度的建设。在建设过程中，也必须要考虑到尽量减少能源的消耗。

场地分析是研究影响建筑物定位的主要因素、确定建筑物的空间方位、确定建筑物的外观、建立建筑物与周围景观的联系的过程。进行场地分析首先要收集场地的物理数据资料。场地分析的一般程序为：

(1) 画出场地的范围和形状以确定它的合法用地范围 (图 2.1)。

图中的规划控制线即为建筑红线，用地边界线（或地产线）又称用地红线，用地红线一般为建设单位的围墙范围，建筑的占地则不超出建筑红线范围。建筑设计同时还要控制建筑的占地面积（即建筑的底层面积），以满足绿化、活动及停车的要求。

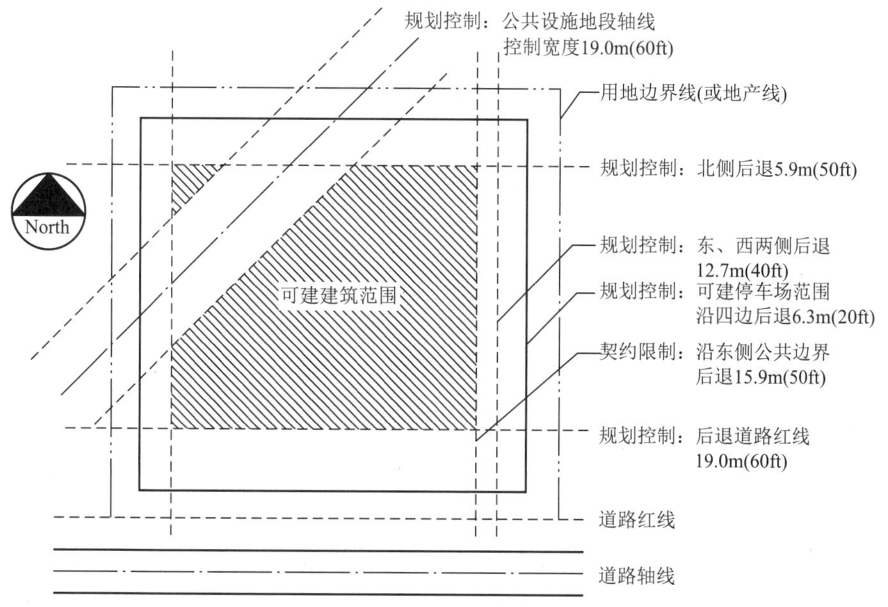

图 2.1　某场地的用地范围与建筑控制线

(2) 确认房屋的缩进距离和已有的土地使用权。必要的话，限定建设项目、场地绿化、未来发展等所需的面积和体积。

(3) 分析地形和地质条件，确定适于施工和户外活动区域的位置。

(4) 标出可能不适于建设房屋的陡坡和缓坡。

(5) 定出可作为排水区域的土地范围。

(6) 绘制现有排水结构示意图，明确地下水位的高度，标出可能遭受地表水、洪水过度冲刷和侵蚀的区域。

(7) 确定应该予以保留的现存树木和自然植物的位置。

(8) 绘制现有水文图，标出应予以保护的湿地、河流、分水岭、冲积平原及海岸线。

(9) 绘制气象图，包含日照、主导风向、预期降雨量等信息。考虑地形和相邻建筑物对日照程度、挡风效果、眩光可能性等的影响。把太阳辐射作为潜在能源进行评价。

(10) 确定通往公共道路和公共交通停车站的可能的路口。

研究由这些通道路口到建筑物进出口的转盘道。确定公用设施的可用性，如供水总管、污水和暴雨的排水系统、天然气管道、电力网、电话线和光缆网、消火栓等。确定通向其他市政服务的通道，比如警力和消防。把合乎需要的范畴和不合乎需要的范畴区分开来。列举能够引起交通阻塞和产生噪声的潜在源。

评价与相邻用地的兼容性。考虑相邻区域的已有建筑物规模和特征对该建筑物设计的影响。绘制邻近的住宅、公共设施、商业设施、医疗设施、娱乐设施等的位置图，如图 2.2 所示。

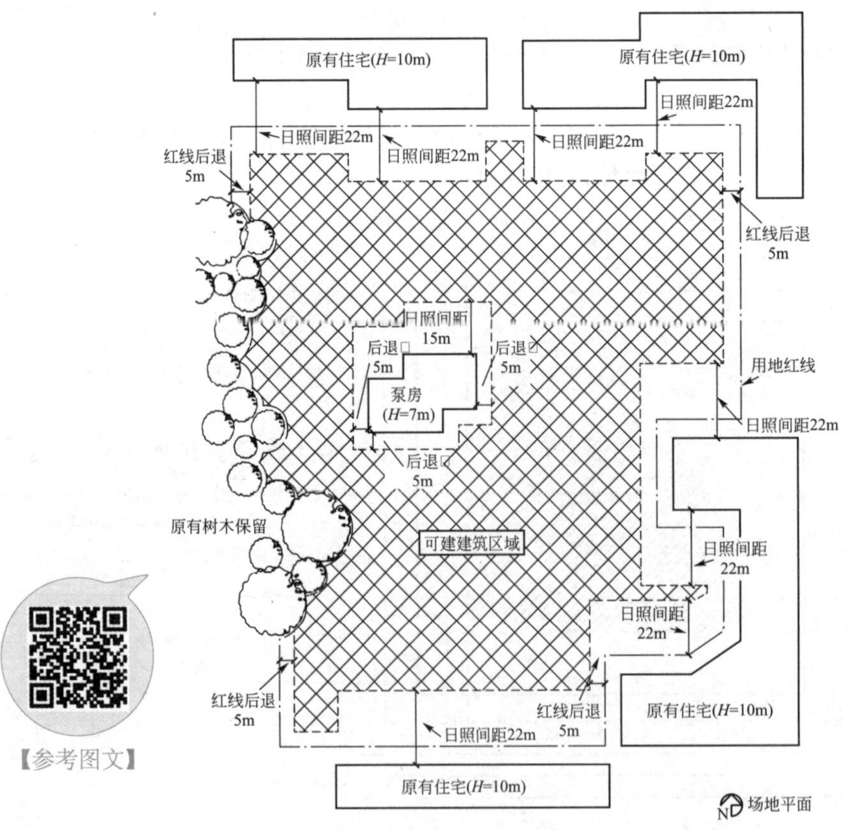

图 2.2　日照间距与建筑控制线

2.2 场地平整

平坦的场地有利于人们的户外活动和建筑物的施工建设，而通常建设场地往往是高低起伏的，这就需要进行场地的改造和平整。通常当地表坡度超过 25% 时，易于产生水土流失，且难以施工；当地表坡度超过 10% 时，户外活动受到限制，施工产生困难；而当地表坡度为 5% ～ 10% 时，能够进行一般的户外活动，施工不会有较大困难；理想的地表坡度应小于 5%，它适合于大多数的户外活动，施工也相对容易些。常见的各种场地的适用坡度见表 2-2。

表 2-2　各种场地的适用坡度

场地名称	适用坡度 / (%)
密实性地面和广场	0.3 ～ 3.0
广场兼停车场	0.2 ～ 0.5
室外场地： (1) 儿童游戏场 (2) 运动场 (3) 杂用场地	 0.3 ～ 2.5 0.2 ～ 0.5 0.3 ～ 2.9
绿地	0.5 ～ 1.0
湿陷性黄土地面	0.5 ～ 7.0

场地平整改造的目标应在利用自然地形和该地区局部气候条件的同时，尽量使已有地形和地貌的变动最小，通常应遵循下列原则。

(1) 场地开发和建设应该尽量减小场地及周围地界的自然排水方式。如果改变地形，要规划好地表水和地下水的排水。

(2) 尽量使场地开发和基础施工所需的开挖土石方量和回填土石方量相等，如图 2.3 所示。

图 2.3　挖填土石方示意图

(3) 避免在易被腐蚀和滑坡的坡地上建设房屋。

(4) 要保护湿地和野生动物的栖息地，尽量减少在此类场地上的建筑面积。

(5) 要尽量减小对场地地形和原有植被的破坏。

(6) 依坡建设房屋时，要设置挡土墙或阶形台地。建筑物可依坡建设或局部埋入地下，

这样可以降低极值温度、减小风化作用、减小寒冷季节的热量流失，如图 2.4 所示。

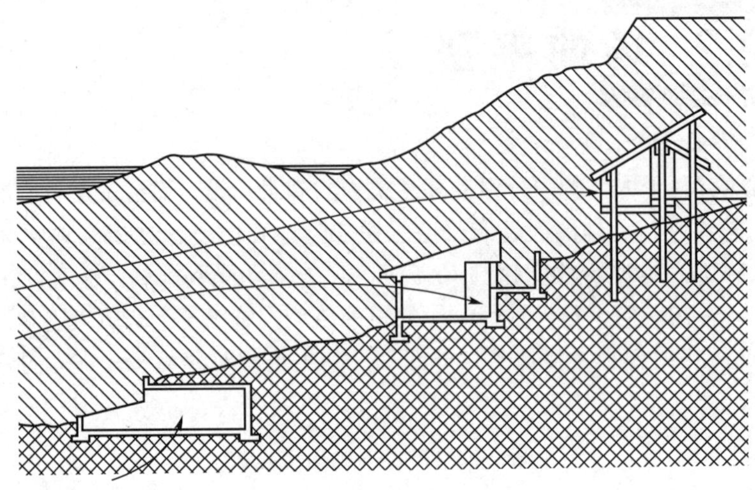

图 2.4　坡地建筑示意图

2.3　场地交通

建设场地应与道路相邻接，否则应设通路与道路相连接，其连接部分的最小长度及通路的最小宽度应符合当地规划部门制定的条例。基地与道路相邻接时，一般以道路红线为建筑控制线，建筑物均不得超出建筑控制线建造。

对于车流量较多的场地 (如出租汽车站、车场等) 来说，其通路连接城市道路的位置应符合下列规定。

(1) 距大中城市主干道交叉口的距离，自道路红线交点量起不应小于 70m。

(2) 距非道路交叉口的过街人行道 (包括引道、引桥、过街天桥和人行地道) 最边缘线不应小于 5m。

(3) 距地铁出入口、公共交通站台边缘不应小于 15m。

(4) 距公园、学校、儿童及残疾人等使用的建筑的出入口不应小于 20m。

(5) 当基地通路坡度大于 8% 时，应设缓冲段与城市道路连接。

(6) 与立体交叉口的距离或其他特殊情况，应按当地规划行政主管部门的规定办理。

对于人员密集建筑的场地应至少有一面直接邻接城市道路，该城市道路应有足够的宽度，以保证人员疏散时不影响城市的正常交通；场地沿城市道路的长度应根据建筑规模或疏散人数确定，并至少不小于基地周长的 1/6；基地应至少有两个以上不同方向通向城市道路的 (包括以通路连接的) 出口；基地或建筑物的主要出入口，应避免直对城市主要干道的交叉口；建筑物主要出入口前应有供人员集散用的空地，其面积和长宽尺寸应根据使用性质和人数确定；绿化面积和停车场面积应符合当地规划部门的规定。绿化布置应不影响集散空地的使用，并不应设置围墙、大门等障碍物。

基地内的通路应与城市道路相连接。基地内建筑面积小于或等于 3000m^2 时，基地道路的宽度不应小于 4m；基地内建筑面积大于 3000m^2 且只有一条基地道路与城市道路相连接时，基地道路的宽度不应小于 7m；若有两条以上基地道路与城市道路相连接时，基地道路的宽度不应小于 4m。

通路应能通达建筑物的各个安全出口及建筑物周围应留的空地。通路的间距不宜大于 160m。长度超过 35m 的尽端式车行路应设回车场。供消防车使用的回车场不应小于 12m×12m，大型消防车的回车场不应小于 15m×15m。基地内车行量较大时，应另设人行道。机动车与自行车共用的通路宽度不应小于 4m，双车道不应小于 7m。消防车用的通路宽度不应小于 3.5m。人行通路的宽度不应小于 1.5m。基地内车行路边缘至相邻有出入口的建筑物的外墙间的距离不应小于 3m。

基地地面坡度不应小于 0.3%；地面坡度大于 8% 时应分成台地，台地连接处应设挡墙或护坡。基地车行道的纵坡不应小于 0.3%，也不应大于 8%，在个别路段可不大于 11%，但其长度不应超过 80m，路面应有防滑措施；横坡宜为 1.5% ～ 2.5%。基地人行道的纵坡不应大于 8%，大于 8% 时宜设踏步或局部设坡度不大于 15% 的坡道，路面应有防滑措施；横坡宜为 1.5% ～ 2.5%。

2.4 边坡保护

对于路面边坡或坡地环境来说，为防地面水的径流对边坡的侵蚀作用，需要对边坡采取加固措施 (图 2.5)，加固措施有碎石护坡 (图 2.6)、挡土墙护坡 (图 2.7 和图 2.8) 及种植植物法护坡 (图 2.9) 等。

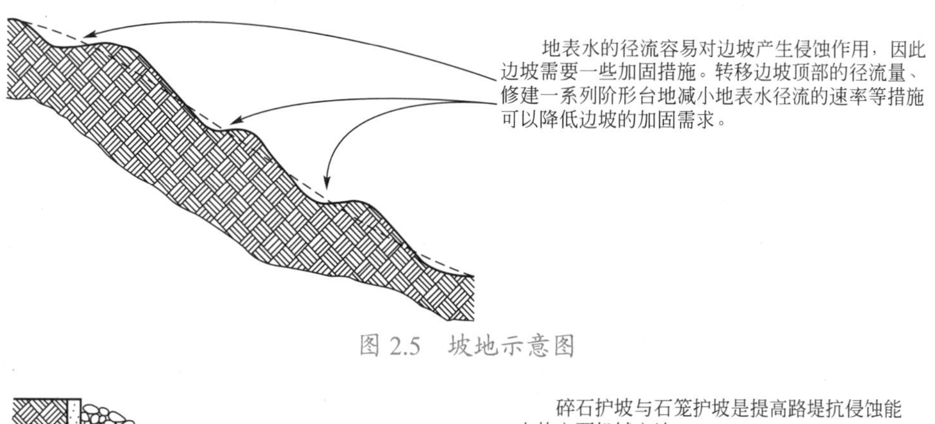

图 2.5 坡地示意图

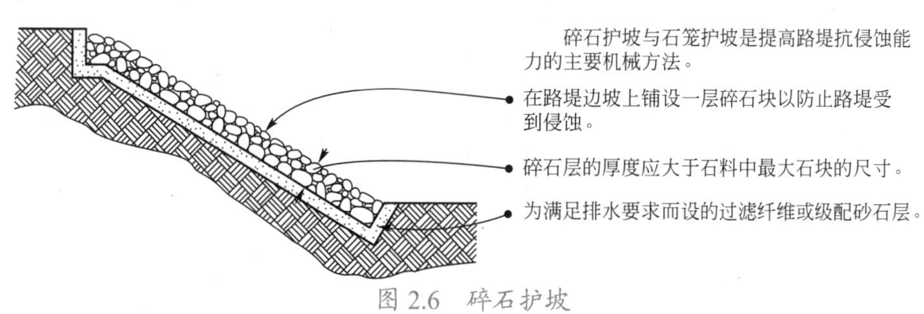

图 2.6 碎石护坡

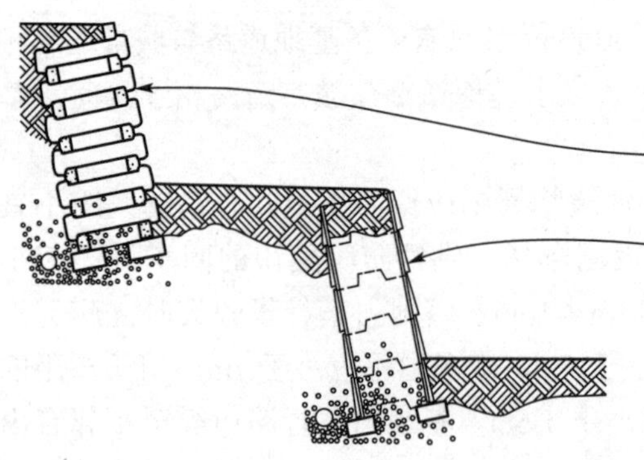

图 2.7　阶梯挡土墙护坡

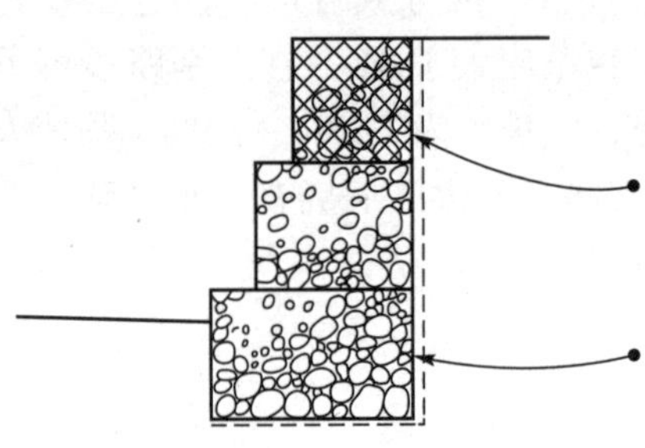

图 2.8　挡土墙护坡

图 2.9　植物护坡

本章小结

（1）房屋建筑的建设离不开用地，必须根据国家有关土地使用与开发的法律、法规进行选址和建设。

（2）在设计过程的早期阶段，房屋建造场地的地貌、植被、气候条件都是影响设计决策的重要因素。从既能提高人的舒适程度又能保护能源和资源的角度出发，房屋设计方案应该尽量保持其所在地域的本土特征，使房屋的形式及布置与周围的地形相匹配，并同时考虑当地日照、风向和水流流向等因素的影响。除了环境因素以外，各地区的相关建筑法规也制约着房屋的设计。这些法规规定了建筑物所在地所允许的使用和活动情况，同时也限制了建筑物的规模和形状及具体位置。

（3）建设场地应与道路相邻接，否则应设通路与道路相连接，其连接部分的最小长度及通路的最小宽度应符合当地规划部门制定的条例。基地与道路相邻接时，一般以道路红线为建筑控制线，建筑物均不得超出建筑控制线建造。

思考题

1. 场地分析的一般程序有哪些?
2. 场地平整应遵循哪些原则?
3. 基地内的道路与城市道路相连接有哪些要求?
4. 基地坡度有哪些规定?
5. 边坡加固措施有哪些?

第 3 章

民用建筑设计

教学目标

（1）理解民用建筑设计的内容和特点。
（2）理解民用建筑的平面、立面及剖面设计方法。
（3）掌握民用建筑平面组合方式及结构选型。
（4）了解建筑平面组合与场地环境的关系。
（5）了解建筑结构与建筑造型设计。

教学要求

知识要点	能力要求	相关知识
民用建筑设计	(1) 理解民用建筑设计的任务 (2) 理解民用建筑的设计内容	民用建筑的环境
平面、立面、剖面设计	(1) 理解建筑的整体性 (2) 理解民用建筑的平面、立面及剖面设计	民用建筑的设计依据
民用建筑平面设计的特点	(1) 理解民用建筑平面设计的特点 (2) 掌握民用建筑的使用功能的设计	民用建筑的分类
平面组合设计与结构选型	(1) 掌握平面组合方式 (2) 掌握平面组合方式与结构选型设计	民用建筑造型
建筑平面组合与场地环境	(1) 了解建筑场地的环境特点 (2) 了解建筑的朝向与间距	建筑场地

任何一栋建筑物的建造，从拟订计划到建成使用都必须遵循一定的程序，通常有编制计划任务书、选择和勘测基地、设计、施工以及交付使用后的回访总结等几个阶段，而设计工作又是其中比较关键的环节。

通过设计这个环节，把计划中有关设计任务的文字资料编制成表达整幢房屋立体形象的全套图纸。通常，人们利用平面图、立面图、剖面图之间的有机联系来表达一幢三度空间的建筑整体。

3.1　建筑平面设计

建筑平面表示的是建筑物在水平方向上的房屋各部分的组合关系，并集中反映建筑物的使用功能关系，是建筑设计中的重要一环。因此，从学习和叙述的先后考虑，首先从建筑平面设计的分析入手。但是在平面设计过程中，还需要从建筑三度空间的整体来考虑，紧密联系建筑的剖面和立面，调整修改平面设计，最终达到平面、立面、剖面的协调统一。

建筑平面图是建筑设计的基本图样之一，也是建筑师的专业语言之一。由于设计阶段的不同，平面图所表达的内容和深度也不相同。同样，由于图纸的比例不同，建筑平面图所表现的内容和深度也有所区别。但是，不论处于何种阶段和采用哪种比例，建筑平面图所表达的一个基本内容是永远不变的，那就是对立体空间的反映，而不单纯是平面构成的体系。

因此，所谓的建筑平面图，一般的理解是用一个假想的水平切面在一定的高度位置 (通常是窗台高度以上、门洞高度以下) 将房屋剖切后，作切面以下部分的水平面投影图。其中剖切到的房屋轮廓实体以及房屋内部的墙、柱等实体截面用粗实线表示，其余可见的实体，如窗台、窗玻璃、门扇、半高的墙体、栏杆，以及地面上的台阶踏步、水池及花池的边缘甚至室内家具等实体的轮廓线则用细实线表示，平面图的概念如图 3.1 所示。

图 3.2 是单元住宅的平面示意图，从该图中可以看到单元住宅的平面组合关系及平面图的线型表达方法。

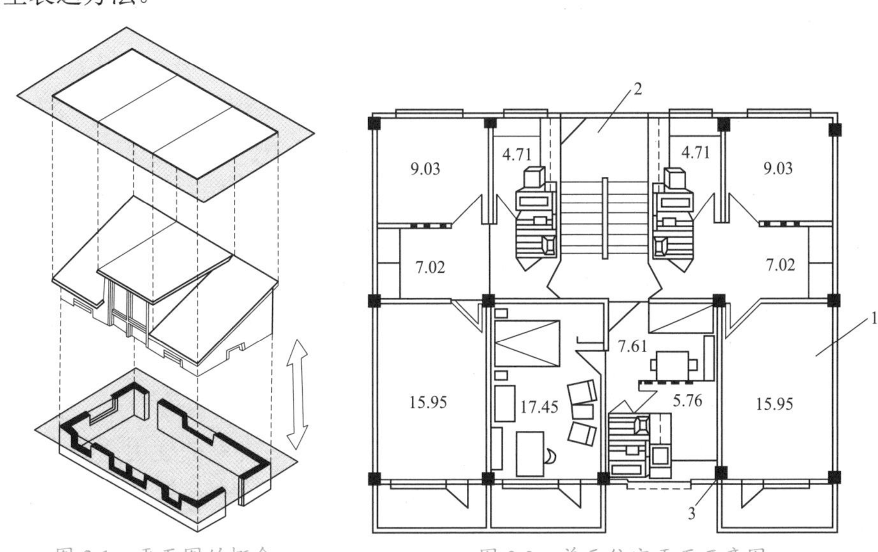

【三维模型】

图 3.1　平面图的概念

图 3.2　单元住宅平面示意图
1—使用部分；2—交通部分；3—结构部分

3.1.1 使用功能的平面设计

各种类型的建筑按使用功能一般可以归纳为主要使用空间、辅助使用空间和交通联系空间，通过交通联系的部分将主要使用空间和辅助使用空间联成一个有机的整体。主要使用空 (房) 间，如住宅中的起居室、卧室，学校建筑中的教室、实验室等；辅助使用空 (房) 间，如厨房、厕所、储藏室等。交通联系空间是建筑物中各个房间之间、楼层之间和房间内外之间联系通行的空间，即各类建筑物中的走廊、门厅、过厅、楼梯、坡道，以及电梯和自动扶梯等所占的面积。

1. 主要使用房间的设计

1) 主要使用房间的分类

从房间的使用功能要求来分，主要有以下几种。

(1) 生活用房间：如住宅的起居室、卧室，宿舍和宾馆的客房等。

(2) 工作、学习用房间：如各类建筑中的办公室、值班室，学校中的教室、实验室等。

(3) 公共活动用房间：如商场中的营业厅，剧场、影院的观众厅、休息厅等。

上述各类房间的要求不同，如生活、工作和学习用的房间要求安静、朝向好；公共活动用的房间人流比较集中，因此室内活动组织和交通组织比较重要，特别是人员的疏散问题较为突出。

2) 主要使用房间的设计要求

(1) 房间的面积、形状和尺寸要满足室内使用、活动和家具、设备的布置要求。

(2) 门窗的大小和位置必须使房间出入方便，疏散安全，采光、通风良好。

(3) 房间的构成应使结构布置合理、施工方便，要有利于房间之间的组合，所用材料要符合建筑标准。

(4) 要考虑人们的审美要求。

3) 房间面积的确定

房间面积与使用人数有关。在通常情况下，人均使用面积应按有关建筑设计规范确定。下面是职工住宅、办公楼、中小学、幼儿园的一些面积指标。

(1) 职工住宅。通常，按每套住宅使用面积的大小将职工住宅分为四类：一类住宅为每户 34m^2，适用于新建企业职工；二类住宅为每户 45m^2，适用于城市居民、机关干部及一般职工；三类住宅为 56m^2，适用于工程师、正副处长等干部；四类住宅为 68m^2，适用于正副教授、正副厅局级干部 (商品房不受此限)。

(2) 办公楼。办公楼中的办公室按人均 4m^2 使用面积考虑，会议室按有会议桌每人 1.8m^2、无会议桌每人 0.8m^2 使用面积计算。

(3) 中小学。中小学中各类房间的使用面积指标分别是：普通教室 1.36 ～ 1.39m^2/ 人、实验室 1.8m^2/ 人、自然教室 1.57m^2/ 人、史地教室 1.8m^2/ 人、美术教室 1.57 ～ 1.80m^2/ 人、计算机教室 1.57 ～ 1.80m^2/ 人、合班教室 1.0m^2/ 人。

(4) 幼儿园。幼儿园中的活动室的使用面积为 54m^2/ 班，寝室的使用面积为 50m^2/ 班，卫生间为 15m^2/ 班，储藏室为 9m^2/ 班，音体活动室为 150m^2，医务保健室为 12m^2，厨房使用面积为 100m^2 左右。

4) 房间的形状和尺寸

房间的平面形状和尺寸与室内使用活动特点、家具布置方式，以及采光、通风等因素有关，有时还要考虑人们对室内空间的直观感觉。

住宅的卧室、起居室，宿舍，学校建筑的教室等房间，大多采用矩形平面房间(图 3.3)。

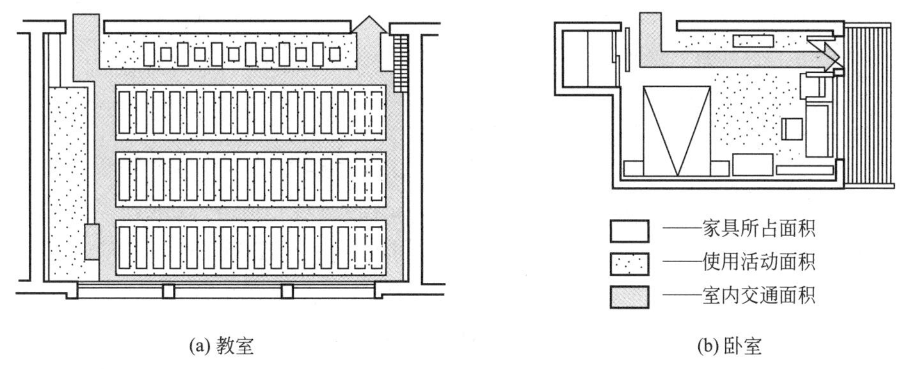

图 3.3 教室及卧室中室内使用面积分析示意图

在决定矩形平面的尺寸时，应注意宽度及长度尺寸必须满足使用要求和符合模数的规定。以普通教室为例，第一排座位距黑板的最小尺寸为 2.2m，最后一排座位距黑板的距离应不大于 8.5m，前排边座与黑板远端夹角控制在不小于 30°(图 3.4)，且必须注意从左侧采光。此外，教室的宽度必须满足家具设备和使用空间的要求，一般常用（6.0m×9m）～（6.6m×9.9m）等规格。办公室、住宅卧室等房间一般采用沿外墙短向布置的矩形平面，这是综合考虑家具布置、房间组合、技术经济条件和节约用地等多方面因素决定的。常用开间进深尺寸有 2.7m×3m、3m×3.9m、3.3m×4.2m、3.6m×4.5m、3.6m×4.8m、3m×5.4m、3.6m×5.4m、3.6m×6.0m 等。

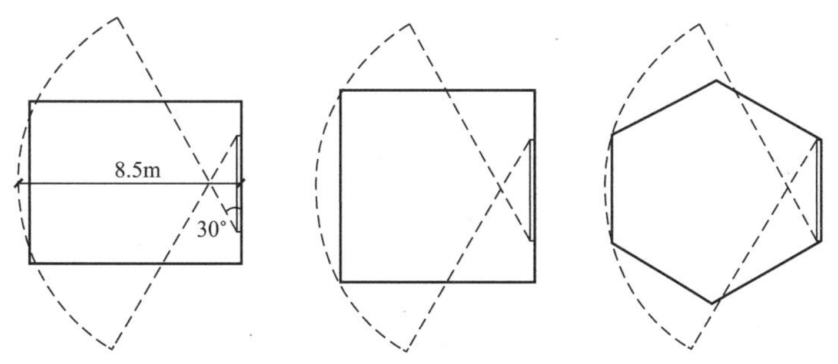

图 3.4 教室中基本满足视听要求的平面范围和形状的几种可能

影院、剧场、体育馆的观众厅，由于使用人数多，有视听和疏散要求，常采用较复杂的平面。这种平面多以大厅为主(图 3.5)，附属房间多分布在大厅周围。

5) 门窗在房间平面中的布置

(1) 门的宽度、数量和开启方式。门的最小宽度取决于通行人流股数、需要通过门的家具及设备的大小等因素(图 3.6)。如在住宅中，卧室、起居室等生活房间的门的最小宽度为 900mm；厨房、厕所等辅助房间的门的最小宽度为 750mm(上述门宽尺寸均系洞口

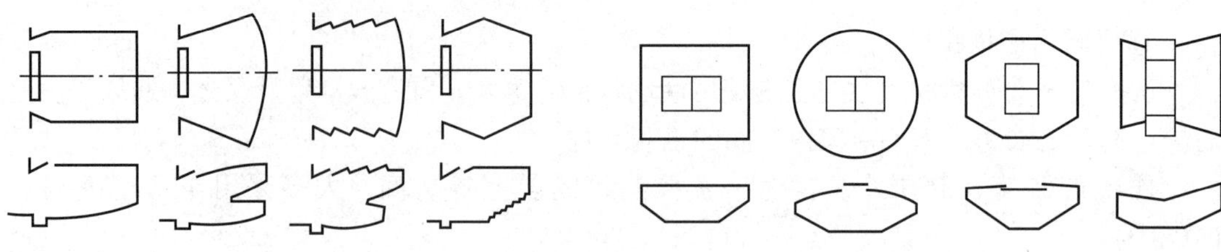

图 3.5　剧院观众厅和体育馆比赛大厅的平面形状及剖面示意图

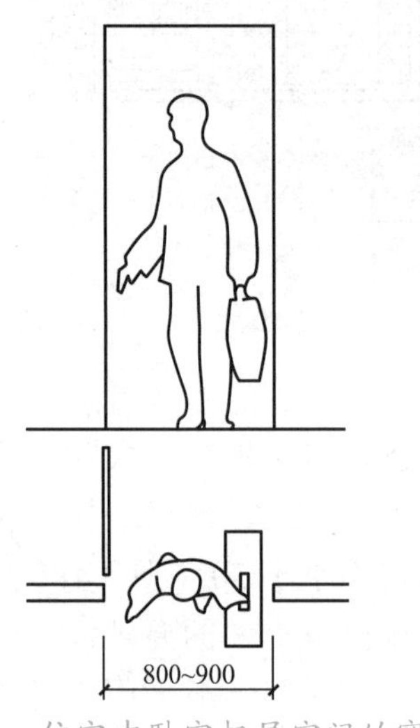

图 3.6　住宅中卧室起居室门的宽度

尺寸)。

对于室内面积较大、活动人数较多的房间，必须相应增加门的宽度或门的数量。当室内人数多于 50 人、房间面积大于 60m^2 时，按防火规范规定，最少应设两个门，并放在房间的两端。

对于人流较大的公共房间，考虑到疏散的要求，门的宽度一般按每 100 人取 600mm 计算。

门扇的数量与门洞尺寸有关，一般尺寸在 1000mm 以下的门洞做单扇门，1200 ～ 1800mm 的做双扇门，2400mm 以上的宜做四扇门。门的开启方式是：一般房间的门宜内开；影剧场、体育场馆观众厅的疏散门必须外开；会议室、建筑物出入口的门宜做成双向开启的弹簧门。门的安装应不影响使用，门边垛最小尺寸应不小于 240mm。

(2) 窗的大小和位置。窗在建筑中的主要作用是采光与通风。其大小可按采光面积比确定。采光面积比是指窗口透光部分的面积和房间地面面积的比值，其数值必须满足表 3-1 的要求。

表 3-1　民用建筑中房间使用性质的采光分级和采光面积

采光等级	察觉工作特征		房间名称	天然照度系数	采光面积比
	工作或活动要求精确程度	要求识别的最小尺寸 /mm			
Ⅰ	极精密	＜ 0.2	绘图室、画廊、手术室	5 ～ 7	1/3 ～ 1/5
Ⅱ	精密	0.2 ～ 1	阅览室、医务室、专业实验室	3 ～ 5	1/4 ～ 1/6
Ⅲ	精密	1 ～ 10	办公室、会议室、营业厅	2 ～ 3	1/6 ～ 1/8
Ⅳ	粗糙		观众厅、休息厅、厕所等	1 ～ 2	1/8 ～ 1/10
Ⅴ	极粗糙		储藏室、门厅走廊、楼梯间	0.25 ～ 1	1/10 以下

为满足室内通风要求，应尽量做到有自然通风，一般可将窗与窗或窗与门对正布置，如图 3.7 所示。

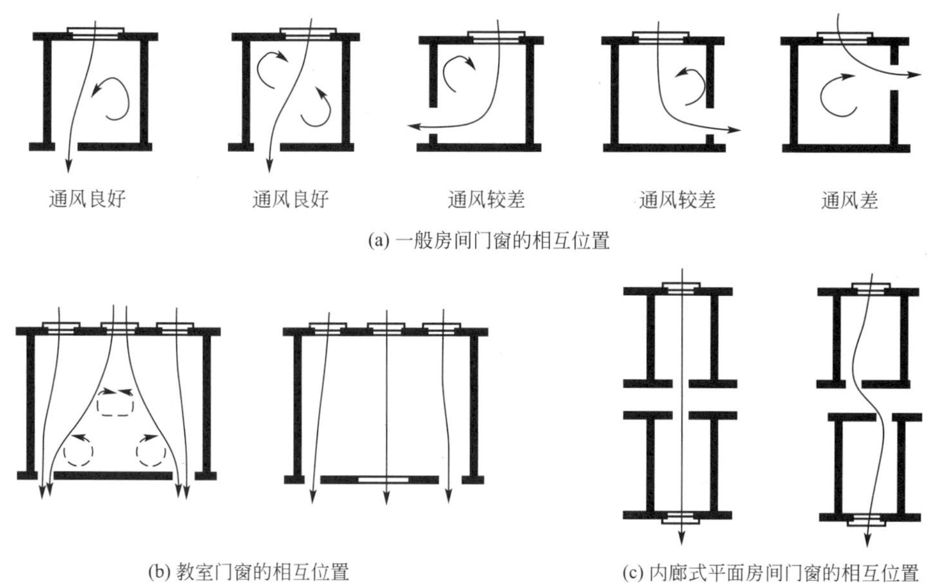

(a) 一般房间门窗的相互位置

(b) 教室门窗的相互位置

(c) 内廊式平面房间门窗的相互位置

图 3.7 门窗的相互位置

2. 辅助房间的平面设计

建筑物的辅助房间主要包括厕所、盥洗室、厨房、储藏室、更衣室、洗衣房、锅炉房等。

在建筑设计中，根据各种建筑物的使用特点和使用人数的多少，先确定所需设备的个数。根据计算所得的设备数量，考虑在整幢建筑物中厕所、盥洗室的分布情况，最后在建筑平面组合中，根据整幢房屋的使用要求适当调整并确定这些辅助房间的面积、平面形式和尺寸 (图 3.8)。一般建筑物中公共服务的厕所应设置前室 (图 3.9)，这样既可以使厕所较隐蔽，又有利于改善通向厕所的走廊或过厅处的卫生条件。

厨房的主要功能是炊事，有时兼有进餐或洗涤功能。住宅建筑中的厨房是家务劳动的中心所在，所以厨房设计的好坏是影响住宅使用的重要因素 (图 3.10)。通常根据厨房操作的程序布置台板、水池、炉灶，并充分利用空间解决储藏问题。

3. 交通联系部分的设计

一幢建筑物除了要有满足使用功能的各种房间外，还需要有交通联系部分把各个房间之间以及室内外之间联系起来。建筑物内部的交通联系部分包括：水平交通空间——走道；垂直交通空间——楼梯、电梯、自动扶梯、坡道；交通枢纽空间——门厅、过厅等。

交通联系部分的设计要求做到以下几点。

(1) 交通路线简捷明确，人流通畅，联系通行方便。

(2) 紧急疏散时迅速安全。

(3) 满足一定的采光、通风要求。

(4) 力求节省交通面积，同时综合考虑空间造型问题。

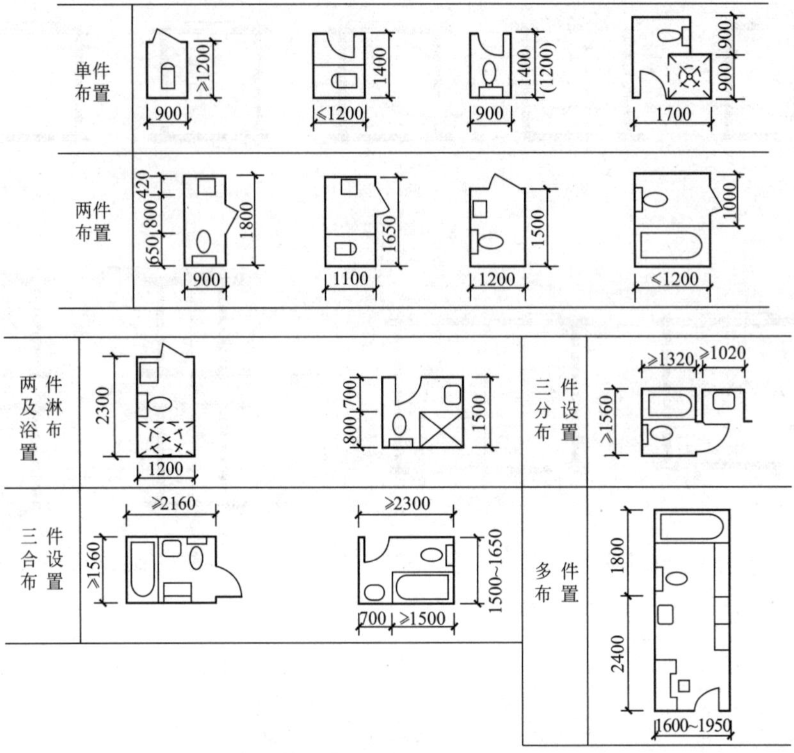

(a) 卫生设备及管道组合尺寸

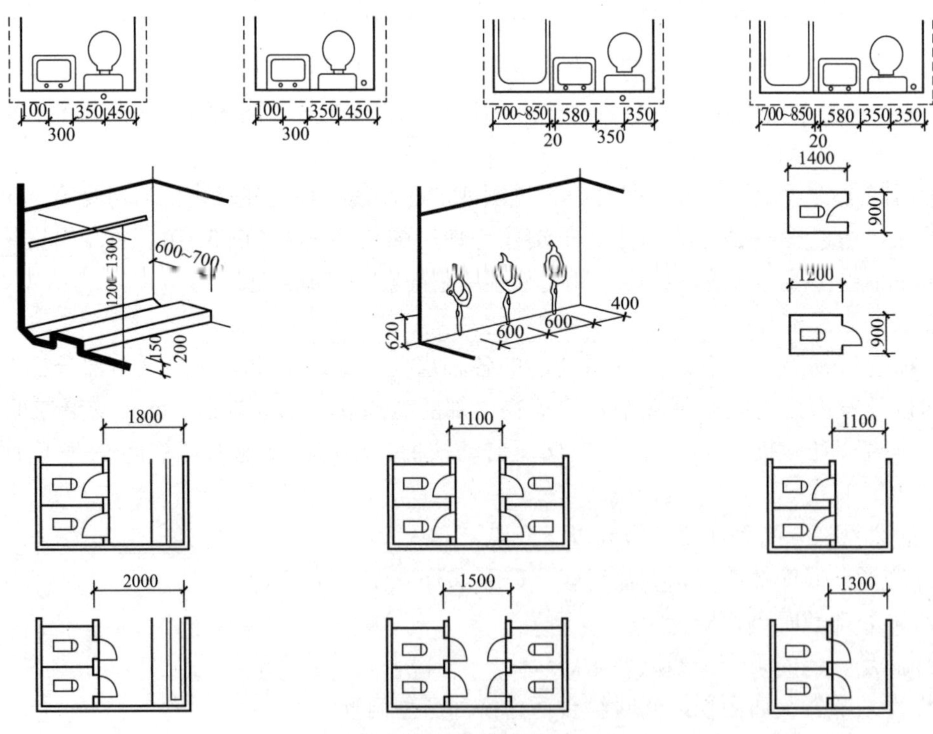

(b) 公共卫生间通道尺寸

图 3.8　辅助房间的面积、平面形式和尺寸

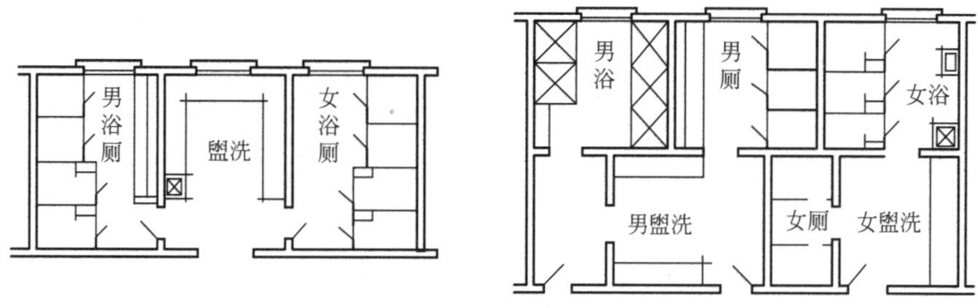

图 3.9 公共卫生间布置举例

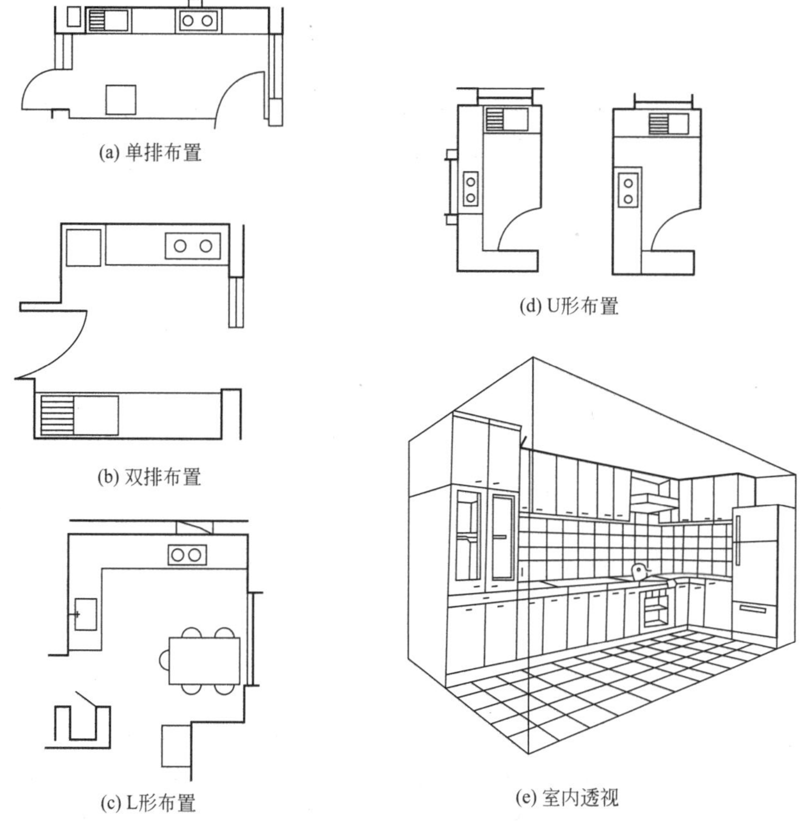

图 3.10 厨房布置举例

下面分述各种交通联系部分的平面设计。

1) 过道 (走廊)

过道必须满足人流通畅和建筑防火的要求。单股人流的通行宽度为 550 ～ 600mm。例如住宅中的过道，考虑到搬运家具的要求，最小宽度应为 1100 ～ 1200mm。根据不同建筑类型的使用特点，过道除了交通联系外，也可以兼有其他的使用功能。例如，学校教学楼中的过道兼有学生课间休息活动的功能；医院门诊部的过道兼有病人候诊的功能 (图 3.11)。过道宽度除了按交通要求设计外，还要根据建筑物的耐火等级、层数和过道中通行人数的多少决定，其具体数值可参见表 3-2。

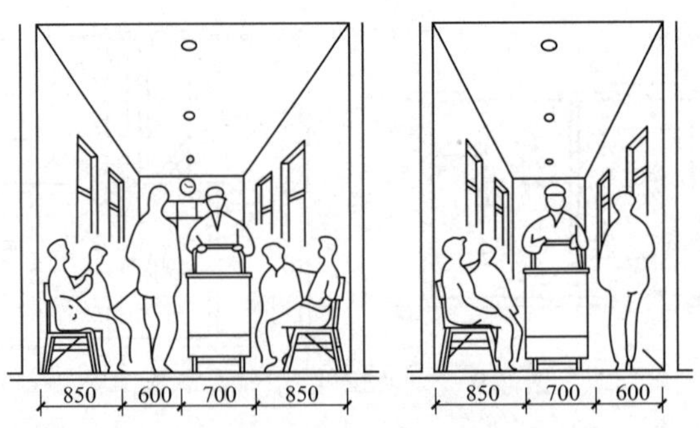

图 3.11　兼有候诊功能的过道宽度

表 3-2　过道的最小净宽度　　单位：m/100 人

楼层位置	房屋耐火等级		
	一、二级	三	四　级
地上 1、2 层	0.65	0.75	1.00
地上 3 层	0.75	1.00	
地上 4 层以及 4 层以上	1.00	1.25	

从房间门至楼梯间或外门的最大距离 (图 3.12) 以及袋形走道的长度，从安全角度综合考虑，其长度必须符合表 3-3 的规定。

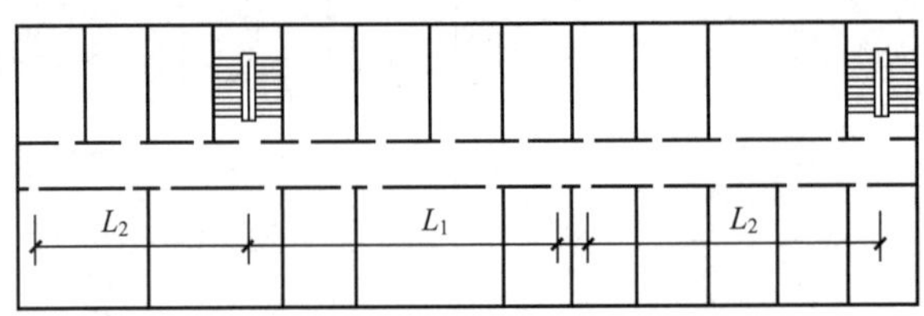

图 3.12　房间门至楼梯间距离

表 3-3　房间门至外部出口或楼梯间的最大距离　　单位：m

名称			位于两个安全出口之间的疏散门			位于袋形走道两侧或尽端的疏散门		
			一、二级	三级	四级	一、二级	三级	四级
托儿所、幼儿园 老年人照料设施建筑			25	20	15	20	15	10
歌舞娱乐放映游艺场所			25	20	15	9	–	–
医疗建筑	单、多层		35	30	25	20	15	10
	高层	病房部分	24	–	–	12	–	–
		其他部分	30	–	–	15	–	–
教学建筑	单、多层		35	30	25	22	20	10
	高层		30	–	–	15	–	–
高层旅馆、展览建筑			30	–	–	15	–	–
其他建筑	单、多层		40	35	25	22	20	15
	高层		40	–	–	20	–	–

2) 楼梯和坡道

楼梯是建筑物各层间的垂直交通联系部分，是楼层人流疏散必经的通路。楼梯的宽度取决于通行人数的多少和建筑防火的要求，通常应大于 1100mm。一些辅助楼梯的宽度也应该大于 800mm，楼梯梯段和平台的通行宽度如图 3.13 所示。

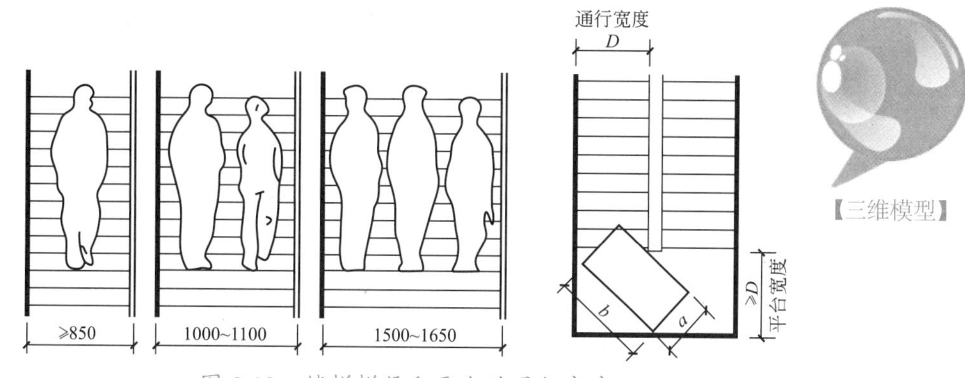

图 3.13 楼梯梯段和平台的通行宽度

楼梯的数量应根据楼层人数的多少和建筑防火要求而定。如耐火等级为一、二级，二至三层的建筑，当每层楼层面积超过 200m^2 或楼层人数超过 50 人时，都需要布置两个或两个以上的楼梯。楼梯间必须有自然采光，但可以布置在建筑物朝向较差的一面。

建筑物垂直交通联系部分除楼梯外，还有坡道、电梯和自动扶梯等。一些人流大量集中的建筑物，如大型体育馆常在人流疏散集中的地方设置坡道，以利于安全和快速地疏散人流；一些医院为了病人上下和手推车通行的方便也可采用坡道。电梯通常使用在多层或高层建筑中，如旅馆、办公大楼、高层住宅楼等；一些有特殊使用要求的建筑物，如医院、商场等也常采用电梯。自动扶梯具有连续不断地乘载大量人流的特点，因而适用于具有频繁而连续人流的大型建筑物中，如百货大楼、展览馆、火车站、地铁站、航空港等建筑物中。

3) 门厅、过厅

门厅是建筑物主要出入口处的内外过渡空间，也是人流集散的交通枢纽。此外，一些建筑物中的门厅常兼有服务、等候、展览等功能，如图 3.14 所示。

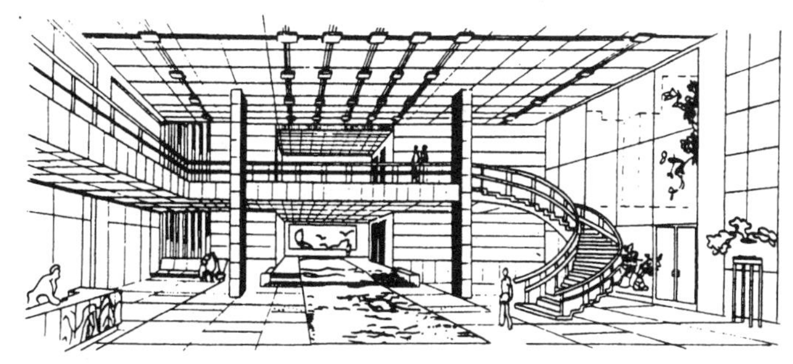

图 3.14 某写字楼门厅空间

门厅对外出入口的总宽度应不小于通向该门厅的过道、楼梯宽度的总和。人流比较集中的建筑物的门厅对外出入口的宽度可按每 100 人 0.6m 计算。外门必须向外开启或尽可能采用弹簧门内外开启。

门厅的设计必须做到导向明确，避免人流的交叉和干扰，如图3.15所示。

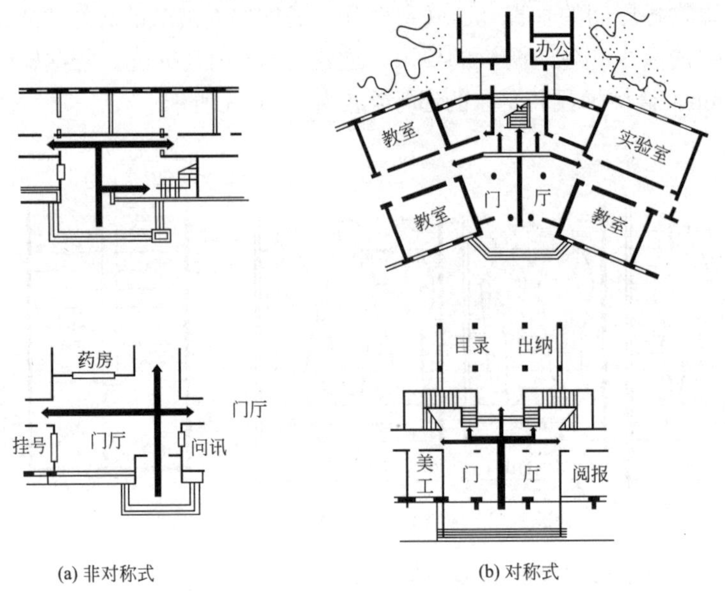

(a) 非对称式　　(b) 对称式

图 3.15　建筑平面中的门厅设置

过厅通常设置在走道与走道之间或走道与楼梯的连接处，起交通路线的转折和过渡的作用。为了改善过道的采光、通风条件，有时也可以在走道的中部设置过厅。

4) 门廊、门斗

在建筑物的出入口处常设置门廊或门斗，以防止风雨或寒气的侵袭。开敞式的做法叫门廊，封闭式的做法叫门斗。

3.1.2 功能组织与平面组合设计

1. 功能组织原则

在进行平面的功能组织时，要根据具体设计要求，掌握以下几个原则。

1) 房间的主次关系

在建筑中，由于各类房间使用性质的差别，有的房间相对处于主要地位，有的则处于次要地位，在进行平面组合时，根据它们的功能特点，通常将主要使用房间放在朝向好、比较安静的位置，以取得较好的日照、通风条件；公共活动的主要房间的位置应在出入和疏散方便、人流导向比较明确的部位。例如学校教学楼中的教室、实验室等，应是主要的使用房间，其余的管理、办公、储藏、厕所等，属于次要房间，如图3.16所示。

2) 房间的内外关系

在各种使用空间中，有的部分对外性强，直接为公众所使用，有的部分对内性强，主要是内部工作人员使用。按照人流活动的特点，将对外性较强的部分尽量布置在交通枢纽附近，将对内性较强的部分布置在较隐蔽的部位，并使之靠近内部交通区域。如商业建筑营业厅是对外的，人流量大，应布置在交通方便、位置明显处，而将库房、办公等管理用房布置在后部次要入口处(图3.17)。

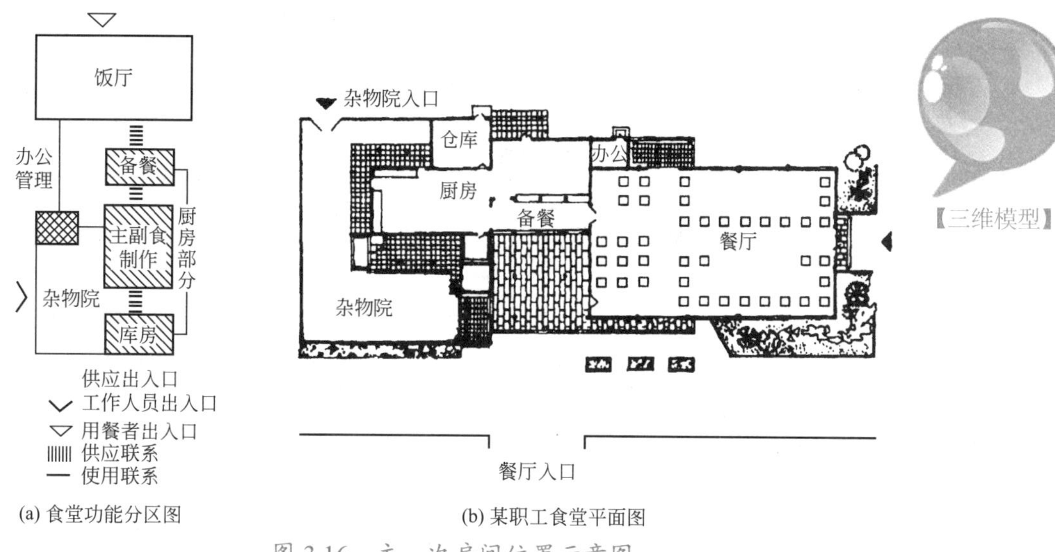

(a) 食堂功能分区图　　(b) 某职工食堂平面图

图 3.16　主、次房间位置示意图

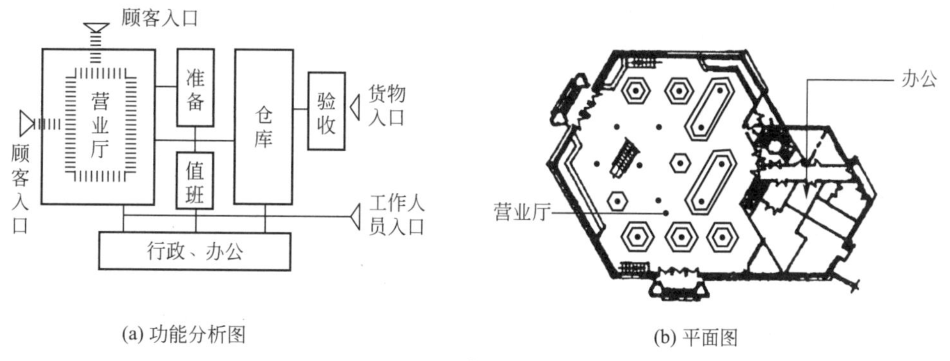

(a) 功能分析图　　(b) 平面图

图 3.17　某商店平面布置

3) 房间的联系与分隔

在建筑物中，那些供学习、工作、休息用的主要使用部分希望获得比较安静的环境，因此应与其他使用部分适当分隔。在进行建筑平面组合时，首先将组成建筑物的各个使用房间进行功能分区，以确定各部分的联系与分隔，使平面组合更趋合理。例如学校建筑，可以分为教学活动、行政办公及生活后勤等几部分，教学活动和行政办公部分既要分区明确、避免干扰，又要考虑分属两个部分的教室和教师办公室之间的联系方便，它们的平面位置应适当靠近一些；对于使用性质同样属于教学活动部分的普通教室和音乐教室来说，由于音乐教室上课时对普通教室有一定的声响干扰，它们虽属同一个功能区，但是在平面组合中却又要求有一定的分隔，如图 3.18 所示。

4) 房间使用顺序及交通路线的组织

在建筑物中，不同使用性质的房间或各个部分在使用过程中通常有一定的先后顺序，这将影响到建筑平面的布局方式，平面组合时要很好地考虑这些前后顺序，应以公共人流交通路线为主导线，不同性质的交通流线应明确分开。例如，火车站建筑中有人流和货流之分，人流又有问讯、售票、候车、检票、进入站台上车的上车流线，以及由站台经过检

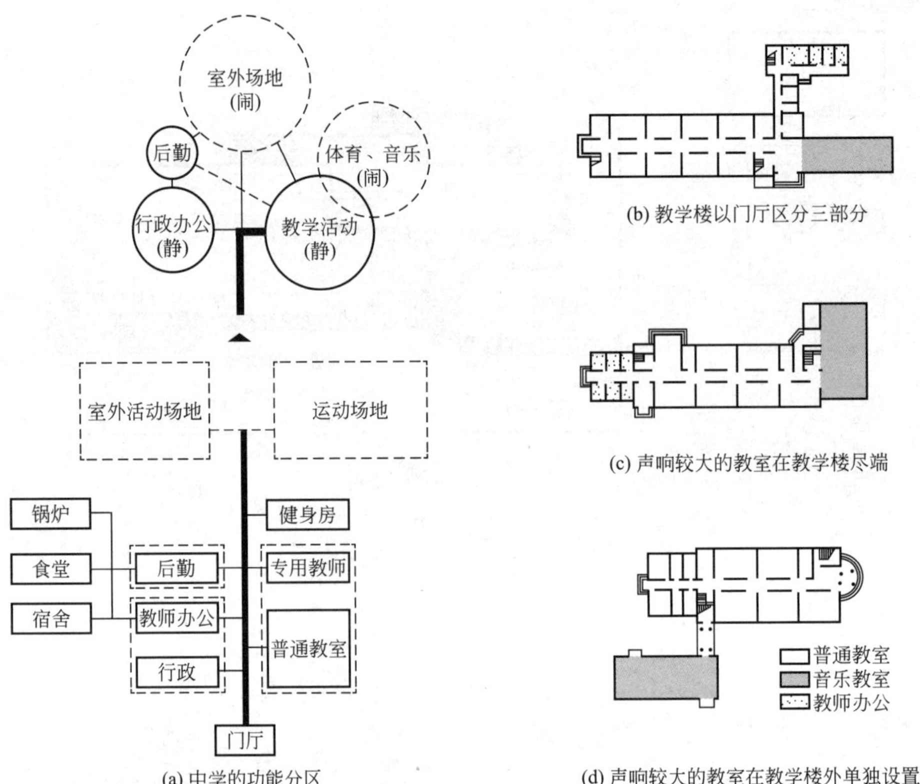

(a) 中学的功能分区

(b) 教学楼以门厅区分三部分

(c) 声响较大的教室在教学楼尽端

(d) 声响较大的教室在教学楼外单独设置

图 3.18 学校建筑的功能分区和平面组合

票出站的下车流线等(图 3.19)；有些建筑物对房间的使用顺序没有严格的要求，但是也要安排好室内的人流通行面积，尽量避免不必要的往返交叉或相互干扰。

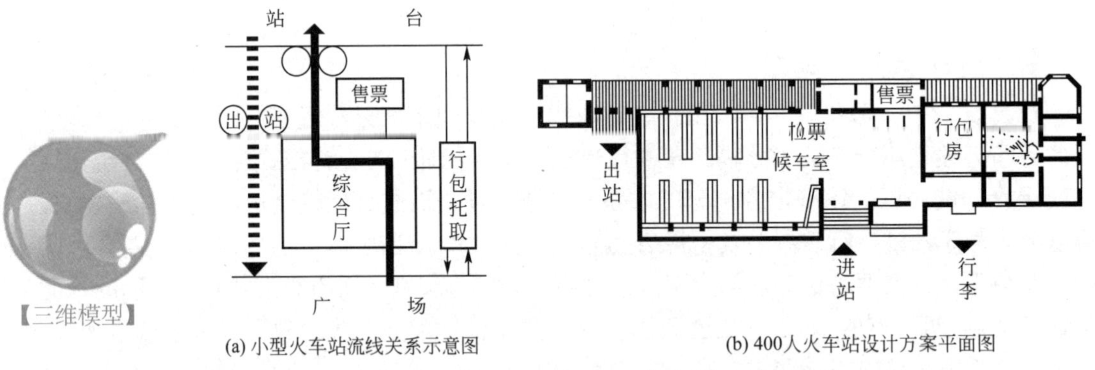

(a) 小型火车站流线关系示意图

(b) 400人火车站设计方案平面图

图 3.19 平面组合房间的使用顺序

2. 平面的组合设计

1) 走廊式组合

走廊式组合是通过走廊联系各使用房间的组合方式，其特点是把使用空间和交通联系空间明确分开，以保持各使用房间的安静和不受干扰，适用于学校、医院、办公楼、集体宿舍等建筑物中。

走廊两侧布置房间的为内廊式。这种组合方式平面紧凑、走廊所占面积较小、建筑深度较大、节省用地，但是有一侧的房间朝向差，当走廊较长时，采光、通风条件较差，需要开设高窗或设置过厅以改善采光和通风条件。走廊式组合如图 3.20 所示。

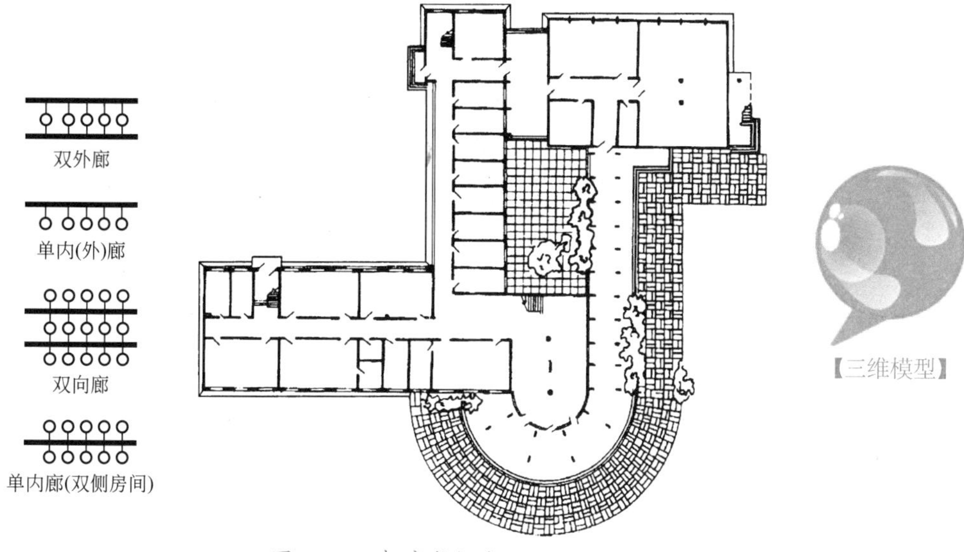

图 3.20 走廊式组合

走廊一侧布置房间的为外廊式。房间的朝向、采光和通风都较内廊式好，但其建筑深度较小、辅助交通面积增大，故占地较多，相应造价增加。

2) 单元式组合

单元式组合是以竖向交通空间 (楼、电梯) 连接各使用房间，使之成为一个相对独立的整体的组合方式，其特点是功能分区明确、单元之间相对独立、组合布局灵活，适应不同的地形，广泛用于住宅、幼儿园、学校等建筑组合中。图 3.21 为住宅单元式组合方式示意图。

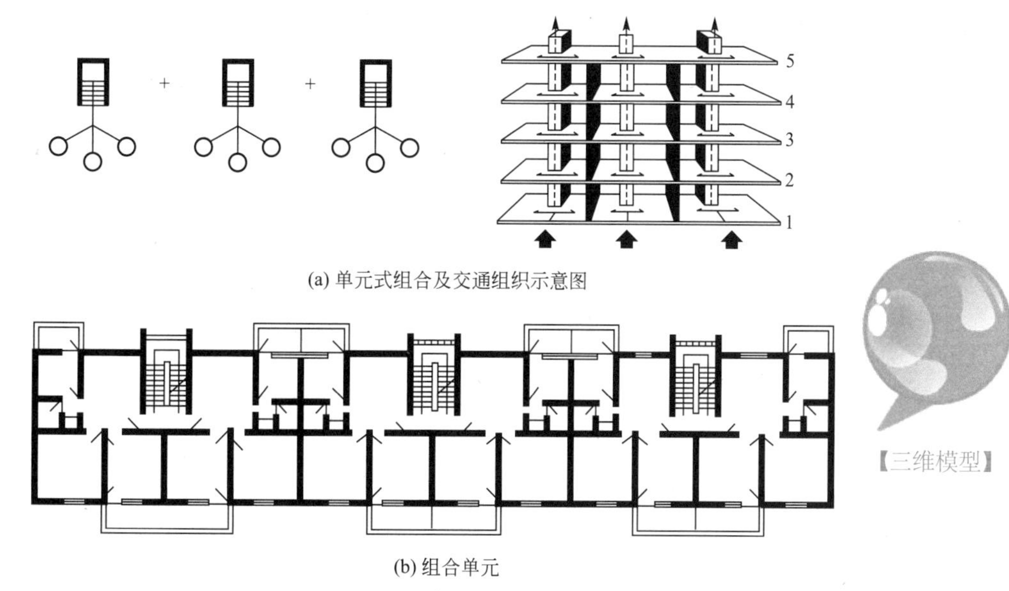

(a) 单元式组合及交通组织示意图

(b) 组合单元

图 3.21 住宅单元式组合方式

3) 套间式组合

套间式组合是将各使用房间相互串联贯通，以保证建筑物中各使用部分的连续性的组合方式。其特点是交通部分和使用部分结合起来设计，平面紧凑、面积利用率高，适用于展览馆、商场、火车站等建筑物(图3.22)。

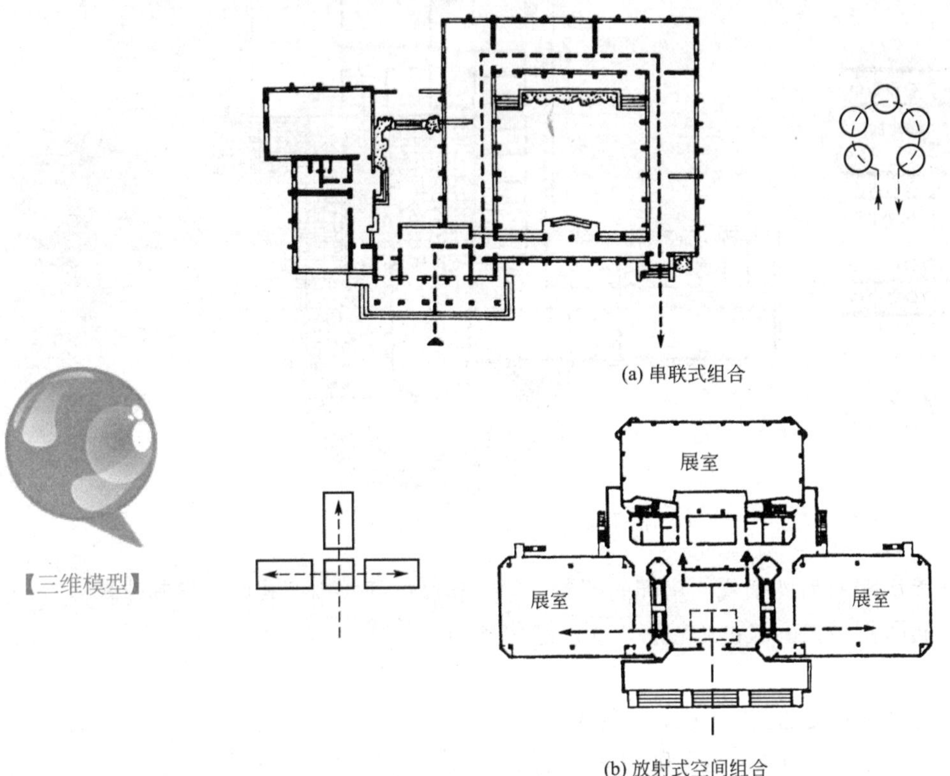

(a) 串联式组合

(b) 放射式空间组合

图3.22　套间式组合

4) 大厅式组合

大厅式组合是在人流集中、厅内具有一定活动特点并需要较大空间时形成的组合方式。这种组合方式常以一个面积较大、活动人数较多、有一定的视听等使用特点的大厅为主，辅以其他的辅助房间。例如，剧院、会场、体育馆等建筑物类型的平面组合均为大厅式组合(图3.23)。在大厅式组合中，交通路线组织问题比较突出，应使人流的通行通畅安全、导向明确。

以上是民用建筑常见的平面组合方式，在各类建筑物中，结合建筑物各部分功能分区的特点，也经常形成以一种结合方式为主、局部结合其他组合方式的布置，也即是混合式的组合布局，随着建筑使用功能的发展和变化，平面组合的方式也会有一定的变化。

3. 建筑平面组合与结构选型的关系

进行建筑平面组合设计时，要根据不同建筑的组合方式采取相应的结构形式来满足，以达到经济、合理的效果。目前民用建筑常用的结构类型有3种，即墙承重结构、框架结构和空间结构。

(a) 大厅式组合示意图

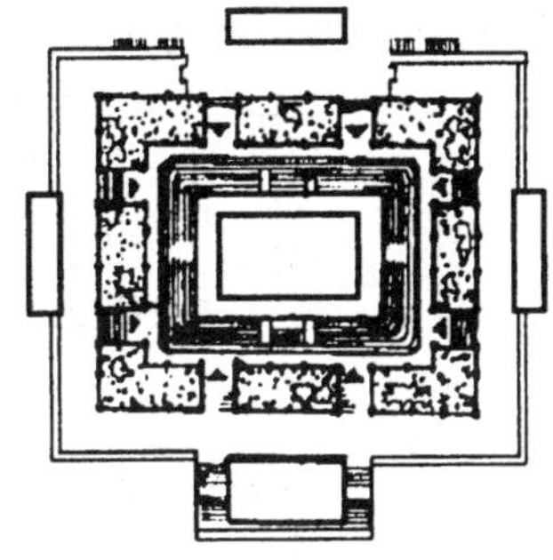

(b) 某体育馆二层平面

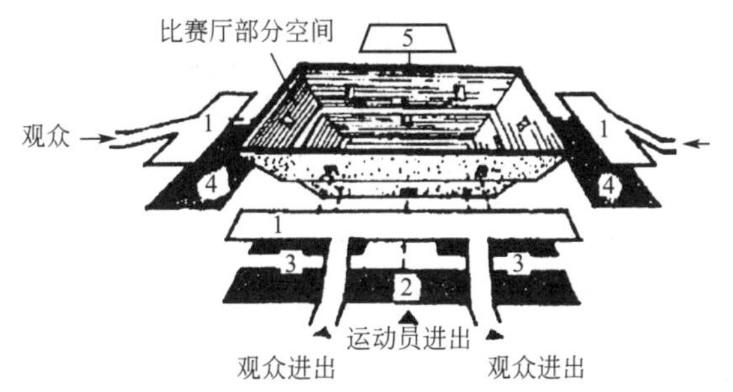

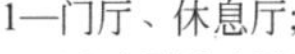

(c) 体育馆空间组合分析示意图

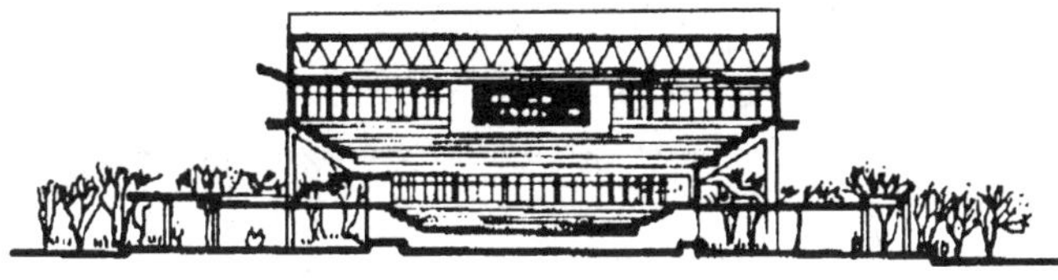

(d) 某体育馆剖面

图 3.23　大厅式组合

1) 墙承重结构

墙承重结构是以墙体、钢筋混凝土梁板等构件构成的承重结构系统，建筑的主要承重构件是墙、梁板、基础等。墙承重结构分为横墙承重、纵墙承重、纵横墙混合承重 3 种。

(1) 横墙承重。房间的开间大部分相同，开间的尺寸符合钢筋混凝土板经济跨度时，常采用横墙承重的结构布置［图 3.24(a)］。横墙承重的结构布置，建筑横向刚度好，立面处理比较灵活，但由于横墙间距受梁板跨度限制，房间的开间不大，因此，适用于有大量相同开间，而房间面积较小的建筑，如宿舍、门诊所和住宅建筑。

(2) 纵墙承重。房间的进深基本相同，进深的尺寸符合钢筋混凝土板的经济跨度时，常采用纵向承重的结构布置［图 3.24(b)］。纵墙承重的主要特点是平面布置时房间的大小比较灵活，建筑在使用过程中，可以根据需要改变横向隔断的位置，以调整使用房间面积的大小，但建筑整体刚度和抗震性能差，立面开窗受限制，适用于一些开间尺寸比较多样的办公楼及房间布置比较灵活的住宅建筑。

(3) 纵横墙混合承重。在建筑平面组合中，一部分房间的开间尺寸和另一部分房间的进深尺寸符合钢筋混凝土板的经济跨度时，建筑平面可以采用纵横墙承重的结构布置［图 3.24(c)］。这种布置方式，平面中房间安排比较灵活，建筑刚度也相对较好，但是由于楼板铺设的方向不同，平面形状较复杂，因此施工时比上述两种布置方式麻烦。一些开间进深都较大的教学楼可采用有梁板等水平构件的纵横墙承重的结构布置［图 3.24(d)］。

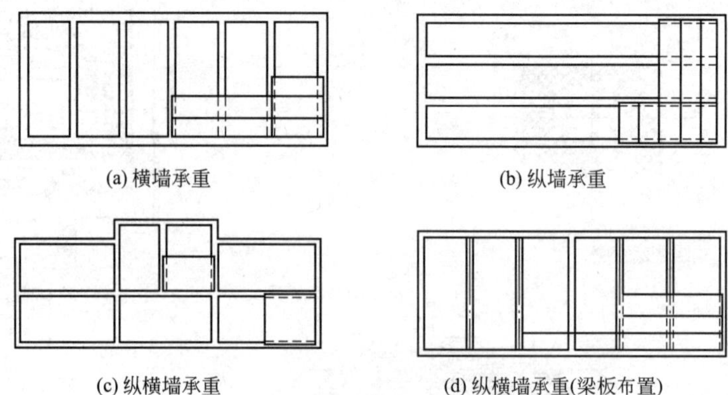

图 3.24　墙体承重的结构布置

2) 框架结构

框架结构是以钢筋混凝土梁柱或钢梁柱联结的结构布置 (图 3.25)。框架结构布置的特点是梁柱承重，墙体只起分隔、围护的作用，房间布置比较灵活，门窗开置的大小、形状都较自由，但造价比墙承重结构高。在走廊式和套间式的平面组合中，当房间的面积较大、层高较高、荷载较重或建筑物的层数较多时，通常采用钢筋混凝土框架或钢框架结构，如实验楼、大型商店、多层或高层旅馆等建筑物。

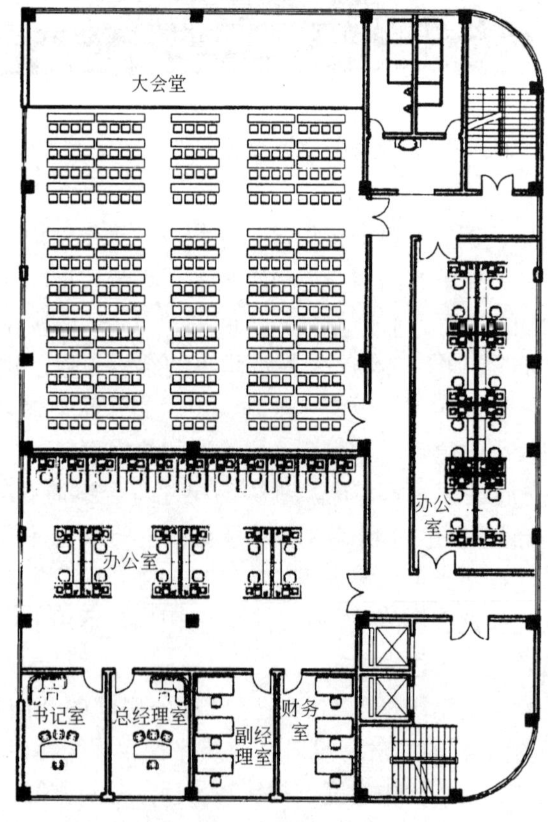

图 3.25　框架结构布置

3) 空间结构

【参考图文】

在大厅式平面组合中，对面积和体积都很大的厅室，如剧院的观众厅、体育馆的比赛大厅等，其覆盖和围护问题是大厅式平面组合结构布置的关键，新型空间结构的迅速发展有效地解决了大跨度建筑空间的覆盖问题，同时也创造出了丰富多彩的建筑形象。

空间结构系统有各种形状的折板结构、壳体结构、网架壳体结构及悬索结构等(图3.26)。

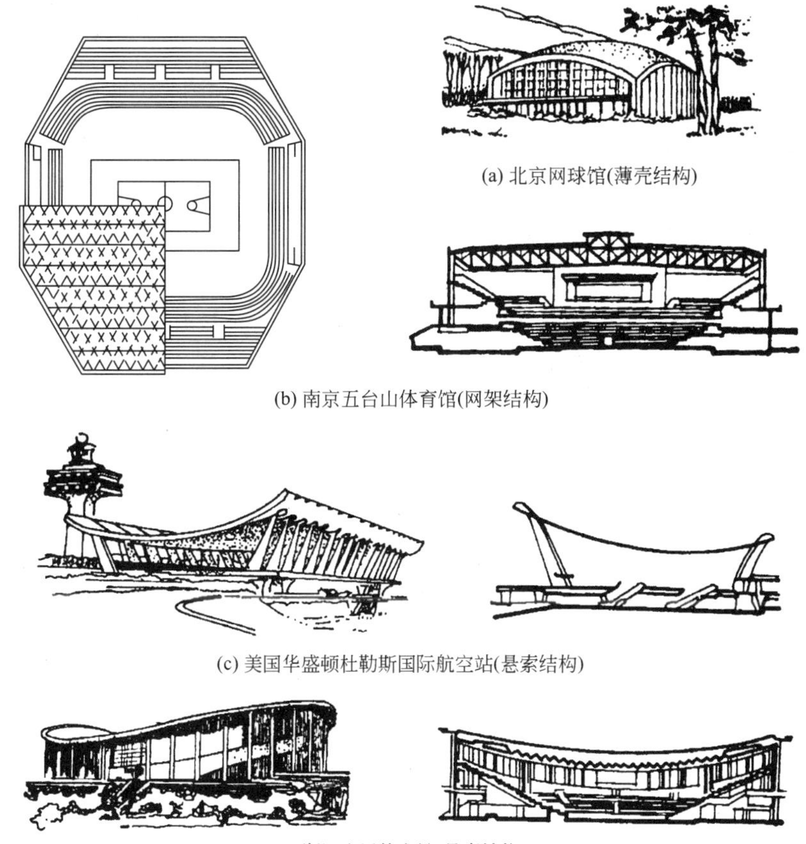

(a) 北京网球馆(薄壳结构)

(b) 南京五台山体育馆(网架结构)

【参考图文】

(c) 美国华盛顿杜勒斯国际航空站(悬索结构)

(d) 浙江人民体育馆(悬索结构)

图3.26 空间结构的建筑物

4. 建筑平面组合与场地环境的关系

任何建筑物都不是孤立存在的，它与周围的建筑物、道路、绿化、建筑小品等密切联系，并受到它们及其他自然条件如地形、地貌等的限制。

1) 场地大小、形状和道路走向

场地的大小和形状对建筑物的层数、平面组合有极大的影响(图3.27)。在同样能满足使用要求的情况下，建筑功能分区可采用较为集中紧凑的布置方式，或采用分散的布置方式，这方面除了和气候条件、节约用地及管道设施等因素有关外，还和基地大小和形状有关。同时，基地内人流、车流的主要走向又是确定建筑平面中出入口和门厅位置的重要因素。

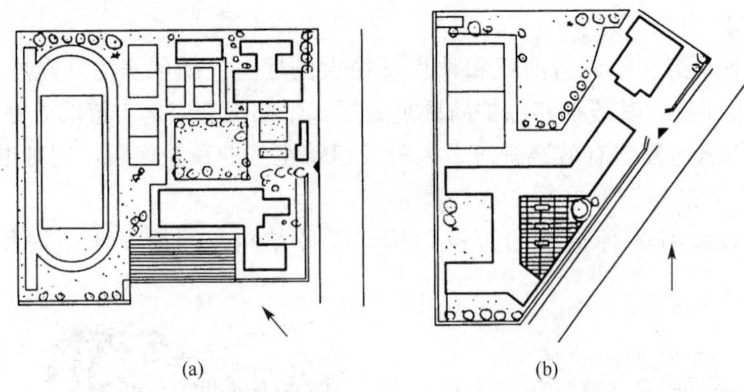

图 3.27　不同基地条件的中学教学楼平面组合

2) 建筑物的朝向和间距

影响建筑物朝向的因素主要有日照和风向。不同季节，太阳的位置、高度都在发生着有规律的变化。根据我国所处的地理位置，建筑物采取南向或南偏东、南偏西向能获得良好的日照。

日照间距通常是确定建筑物间距的主要因素。建筑物日照间距的要求，是使后排建筑物在底层窗台高度处，保证冬季能有一定的日照时间。房间日照时间的长短是由房间和太阳相对位置的变化关系决定的，这个相对位置以太阳的高度角和方位角表示［图 3.28(a)］，它和建筑物所在的地理纬度、建筑方位以及季节、时间有关。通常以当地冬至日正午十二时太阳高度角作为确定建筑物日照间距的依据［图 3.28(b)］，日照间距的计算公式为 :

$$L=H/\tan\alpha$$

式中：L—— 建筑间距（m）；

H—— 前排建筑物檐口和后排建筑物底层窗台的高度差（m）；

α—— 冬至日正午的太阳高度角 (当建筑物为正南向时)(°)。

在实际建筑总平面设计中，建筑的间距通常是结合日照间距卫生要求和地区用地情况，作出对建筑间距 L 和前排建筑的高度 H 比值的规定，如 L/H 等于 0.8、1.2、1.5 等，L/H 称为间距系数。图 3.28(b) 为建筑物的日照间距。

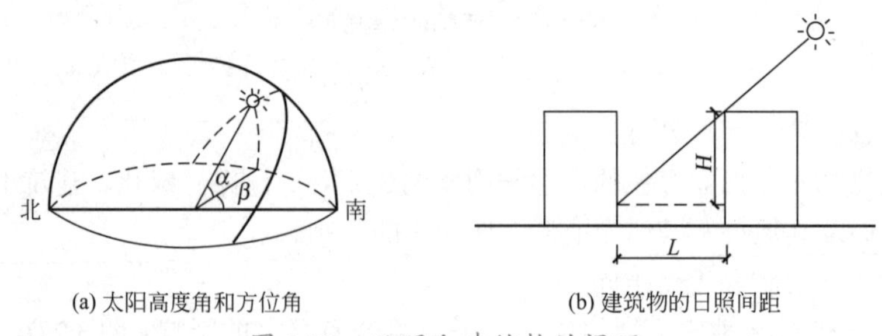

图 3.28　日照和建筑物的间距

3) 基地的地形条件

在坡地上进行平面组合应依山就势，充分利用地势的变化，减少土方工程量，处理好建筑朝向、道路、排水和景观等的要求。坡地建筑主要有平行于等高线和垂直于等高线两种布置方式。当基地坡度小于 25% 时，建筑物采用平行于等高线布置，采用这种方式布置土方量少，造价经济。当基地坡度大于 25% 时，建筑物采用平行于等高线布置，采用这种方式布置对朝向、通风采光、排水不利，且土方量大，造价高。因此，宜采用垂直于等高线或斜交于等高线布置 (图 3.29)。

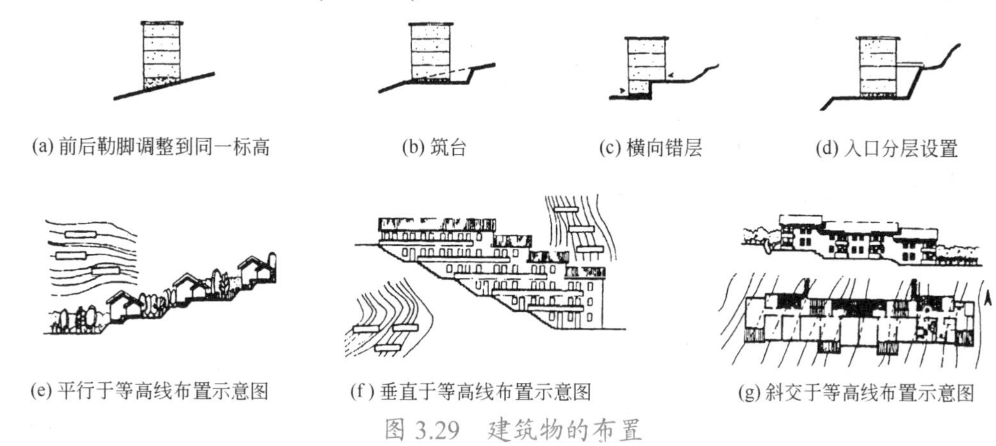

(a) 前后勒脚调整到同一标高　(b) 筑台　(c) 横向错层　(d) 入口分层设置

(e) 平行于等高线布置示意图　(f) 垂直于等高线布置示意图　(g) 斜交于等高线布置示意图

图 3.29　建筑物的布置

3.2　建筑剖面设计

建筑平面图是立体空间的平面化表达，平面图表现了空间的长度与深度或宽度的关系。空间的第三维度 (即高度) 同样也是由平面视图来表现的，这就是剖面图的设计内容。因此，从空间设计的角度来看，平面图与剖面图的对应关系是不言而喻的。

同平面图一样，剖面图也是空间的投影图，是建筑设计的基本语言之一。剖面图的概念可以这样理解，即用一个假想的垂直于外墙轴线的切平面把建筑物切开，对切面以后部分的建筑形体作正投影图。在表现方面，为了把切到的形体轮廓与看到的形体投影轮廓区别开来，切到的实体轮廓线用粗实线表示，如室内外地面线、墙体、楼梯板、楼面板、梁及屋顶内外轮廓线等。看到的投影轮廓用细实线表示，如门窗洞口的侧墙、空间中的柱子及平行于剖切面的梁等。由于剖面图的轮廓及其表现内容均与剖切面的位置有关，剖面图又分为横剖面图与纵剖面图，它们是互相垂直的两个视图。在复杂的建筑平面中，为了充分表现体形轮廓及空间高度上的变化情况，建筑物的剖面图一般不少于两个，剖切面的位置以剖切线来表示，每个位置上的剖面图应与剖切线的标注相对应，以满足人们的读图需要。剖面图的概念如图 3.30 所示。

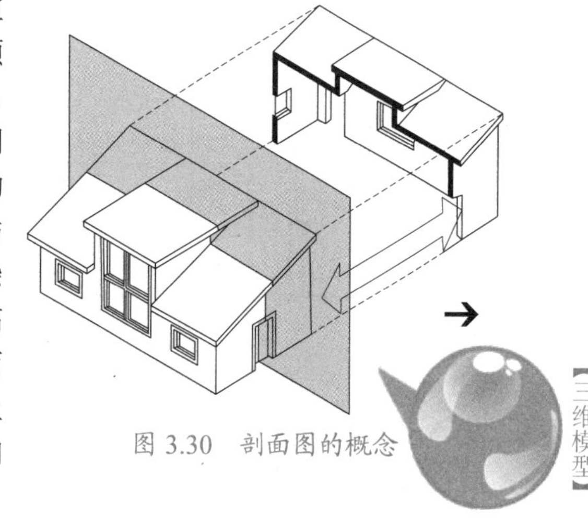

图 3.30　剖面图的概念

建筑剖面设计要根据房间的功能要求确定房间的剖面形状，同时必须考虑剖面形状与在垂直方向上房屋各部分的组合关系、具体的物质技术、经济条件和空间的艺术效果等方面的影响，既要实用又要美观，才能使设计更加完善、合理，具体要求如下。

(1) 确定建筑物的各部分高度和剖面形式。

(2) 确定建筑的层数。

(3) 分析建筑空间的组合和利用。

(4) 在建筑剖面中研究有关的结构、构造关系。

3.2.1 房间的高度和剖面形式

1. 房间的高度

房间的高度包括层高和净高。层高是国家对各类建筑房间高度的控制指标。各类建筑的常用层高见表 3-4。

表 3-4 各类建筑的常用层高值 单位：m

房间名称	教室、实验室	风雨操场	办公、辅助用房	传达室	居室、卧室
中学	3.60 ～ 3.90	3.80 ～ 4.00	3.00 ～ 3.30	3.00 ～ 3.30	
小学	3.50 ～ 3.80	3.80 ～ 4.00	3.00 ～ 3.30	3.00 ～ 3.30	
住宅					2.80 ～ 3.00
办公楼			3.60 ～ 3.90		
宿舍楼					3.00 ～ 3.30
幼儿园	3.30 ～ 3.60				3.00 ～ 3.60

净高是供人们直接使用的有效室内高度，它与室内活动特点、采光通风要求、结构类型、设备尺寸等因素有关 (图 3.31)。有时房间的平面形状也间接地影响到房间净高的确定。

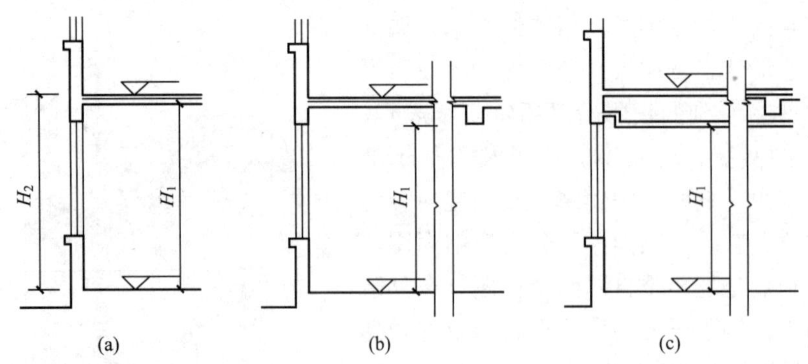

图 3.31 房间的净高和层高 (H_1 为净高，H_2 为层高)

净高的常用数值如下。

卧室、起居室的净高大于或等于 2.40m。

办公、工作用房的净高大于或等于 2.70m。

教学、会议、文娱用房的净高大于或等于 3.00m。

走廊的净高大于或等于 2.10m。

教室的净高：小学为 3.10m，中学为 3.40m。

幼儿园活动室的净高为 2.80m，音体室的净高为 3.60m。

2. 房间的剖面形式

房间的剖面形状与以下因素有关。

1) 室内使用性质和活动特点

对于使用人数较少、面积较小的房间，应以矩形为主；对于使用人数较多、面积较大且有视听要求的房间，应做成阶梯形或斜坡形。

2) 采光和通风要求

采光应该以自然光线为主。室内光线的强弱和照度是否均匀，与窗的宽度、位置和高度有关。

单面采光时，窗的上沿离地面的高度必须大于房间进深的 1/2；双面采光时，窗的上沿离地面的高度应大于或等于房间进深的 1/4。

窗台的高度与使用要求、人体尺度和家具高度有关，通常为 900mm 左右，但不应小于 450mm。窗上墙应尽可能小，以避免顶棚出现暗角。

房间内的通风要求与室内进出风口在剖面上的位置有关，也与房间净高有一定的关系。温湿和炎热地区的民用建筑常利用空气的气压差来组织室内穿堂风 (图 3.32)。

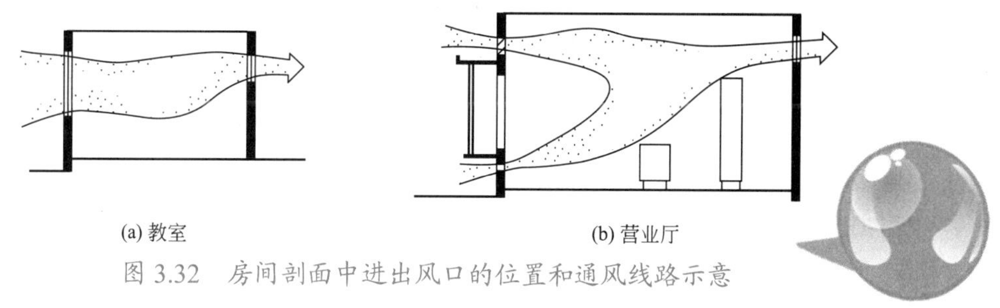

(a) 教室　　(b) 营业厅

图 3.32　房间剖面中进出风口的位置和通风线路示意

【三维模型】

3) 结构类型的要求

在砌体结构中，现浇梁板比预制梁板的净空大。为减小梁的高度，还可以把矩形截面改作 T 形或十字形截面。

空间结构的选择可以与剖面形状的选择结合起来。常用的空间结构有悬索、壳体、网架等类型。

4) 设备位置的要求

室内设备，如手术室的无影灯、舞台的吊景设备等，其布置都直接影响到剖面的形状与高度 (图 3.33)。

5) 室内空间比例关系

室内空间宽而低通常会给人以压抑的感觉，狭而高的房间又会使人感到拘谨。一般应根据房间面积、室内顶棚的处理方式、窗子的比例关系等因素来考虑室内空间比例，进而创造出感觉舒适的空间。

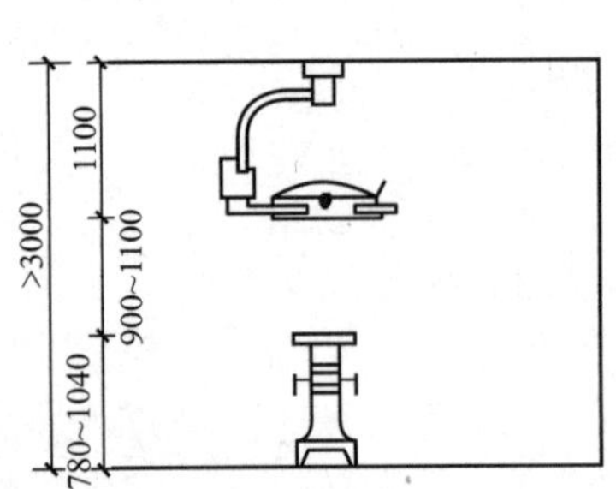

图 3.33　医院手术室中照明设备和房间净高的关系

3.2.2 建筑层数和剖面形式

影响建筑层数的因素有很多，主要有建筑本身的使用要求、城市规划要求、结构类型特点、建筑防火等。

不同性质的建筑对层数的要求不同。如幼儿园、中小学校等以单层或低层为主。

城市规划从改善城市面貌和节约用地角度考虑，也对建筑层数作了具体的规定。以北京地区为例，是以紫禁城为中心呈“盆形”向四周发展，即紫禁城两侧必须保留部分平房，新建建筑应该以 2 ～ 3 层为主，二环路以内以建造多层为主，通常为 4 ～ 6 层，二环路以外可以适当建造些高层，但层数也不宜过高。

砌体结构以建造多层为主，其他结构可以建造多层、高层。特种结构应该以建造低层为主。

建筑防火也是影响结构和建筑层数的重要因素，必须按有关规定确定层数。

钢筋混凝土框架结构、剪力墙结构及筒体结构则可用于建造多层或高层建筑，如高层办公楼、宾馆、住宅等。

空间结构体系，如折板、薄壳、网架等结构，适用于低层、单层、大跨度建筑，常用于剧院、体育馆等建筑。

3.2.3 建筑空间的组合和利用

1. 剖面组合方式

剖面组合可以采用单一的方式，也可以采用混合的方式。常用的组合方式有：高层加裙房、错层和跃层等方式。图 3.34 和图 3.35 为错层和跃层的平面图和剖面图。

(1) 高层加裙房：在高层建筑的底层部位建造的高度小于 24m 的房屋称为裙房。裙房只能在高层建筑的三面兴建，另一面用作消防通道。裙房大多数用作服务性建筑。

(2) 错层：错层是在建筑物的纵、横剖面中，建筑几部分之间的楼地面，高低错开，以节约空间。其过渡方式有台阶、楼梯等。

(3) 跃层：跃层常用于住宅中，每个住户有上下层的房间，并用户内专用楼梯联系。这样做的优点是节约公共交通面积，彼此干扰较少，通风条件较好，但结构较为复杂。

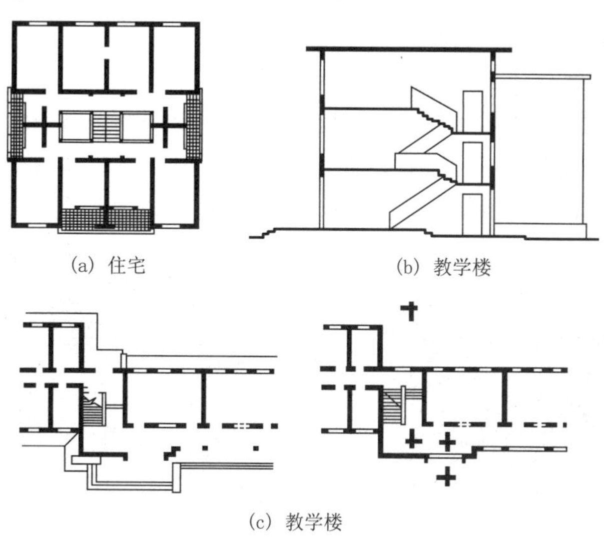

(a) 住宅　　(b) 教学楼

(c) 教学楼

图 3.34　错层做法

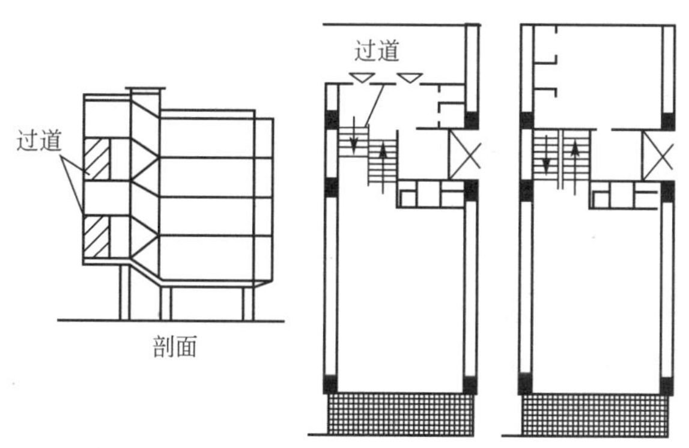

(a) 外廊式跃层住宅

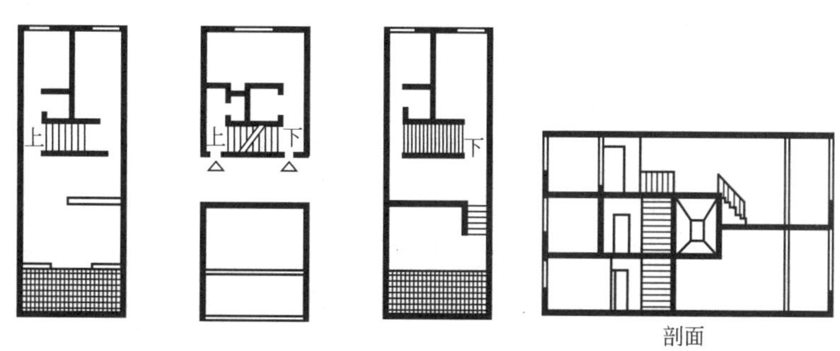

(b) 内廊式跃层住宅

图 3.35　跃层做法

2. 建筑空间的利用

充分利用建筑物内部的空间，实际上是在建筑占地面积和平面布置基本不变的情况下，起到了扩大使用面积、节约投资的效果。同时，如果处理得当还可以改善室内空间比例，丰富室内空间。

1) 夹层空间的利用

一些建筑由于功能要求，其主体空间与辅助空间在面积和层高要求上大小不一致，如体育馆比赛大厅、图书馆阅览室、宾馆大厅等，常采用在大厅周围布置夹层空间的方式，以达到充分利用室内空间及丰富室内空间效果的目的 (图 3.36)。

(a) 杭州机场候机大厅

(b) 苏联德罗拜莱夫“现代波兰”商店

图 3.36　夹层空间的利用

2) 房间内的空间利用

在人们室内活动和家具设备布置等必需的空间范围以外，可以充分利用房间内其余部分的空间，如住宅建筑卧室中的搁板和吊柜、厨房中的吊柜和储物柜等储藏空间，如图 3.37 所示。

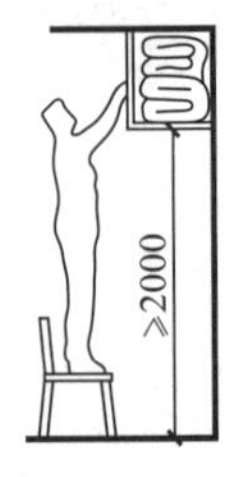

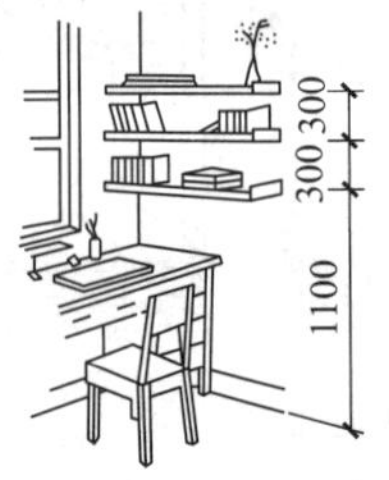

(a) 居室设悬挑搁板

(b) 居室设吊柜

(c) 厨房设吊柜

图 3.37　房间内的空间利用

3) 走道及楼梯间的空间利用

由于建筑物整体结构布置的需要，建筑物中的走道的高度通常和层高较高的房间高度相同，这时走道顶部可以作为设置通风、照明设备和铺设管线的空间。一般建筑物中，楼梯间的底部和顶部通常都有可以利用的空间，当楼梯间底层平台下不作出入口用时，平台以下的空间可做储藏或厕所的辅助房间，如图 3.38 所示。

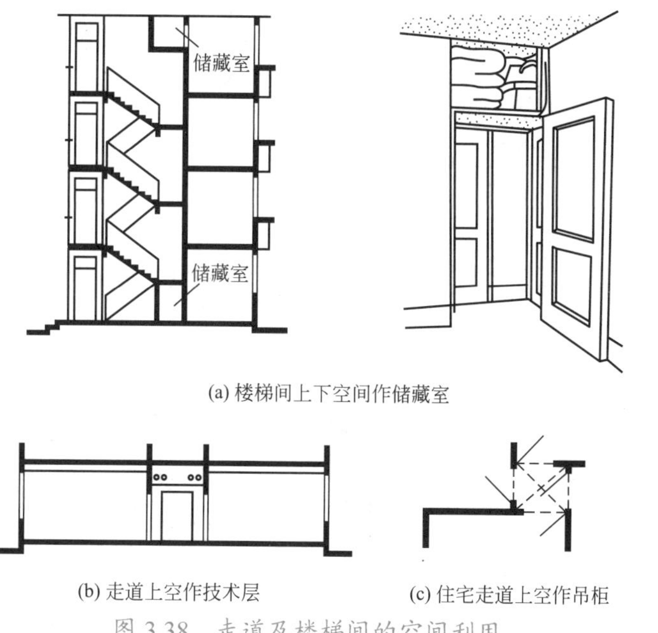

(a) 楼梯间上下空间作储藏室

(b) 走道上空作技术层　　(c) 住宅走道上空作吊柜

图 3.38　走道及楼梯间的空间利用

【三维模型】

3.3　建筑形体与立面设计

【参考图文】

建筑的形体用透视图或轴侧图等立体图画来表达，而建筑的立面图是对建筑物的外观所作的正投影图，它是一种平行视图 (图 3.39)。习惯上，人们把反映建筑物主要出入口或反映建筑物面向主要街道那一面的立面图称为正立面图，其余的立面图相应地称为侧立面图和背立面图。严格地说，立面图是以建筑物的朝向来标定的，如南立面图、北立面图、东立面图、西立面图。立面图主要反映建筑物的整体轮廓、外观特征、屋顶形式、楼层层数，以及门窗、雨篷、阳台、台阶等局部构件的位置和形状等内容。

建筑物的形体和立面必然受内部使用功能和技术经济条件的制约，并受基地环境、整体规划等外界因素的影响。建筑物形体的大小、高低，体型组合的简单或复杂，通常是以房屋内部使用空间的组合要求为依据，以立面上门窗的开启和排列方式、墙面上构件的设置与划分为前提的。

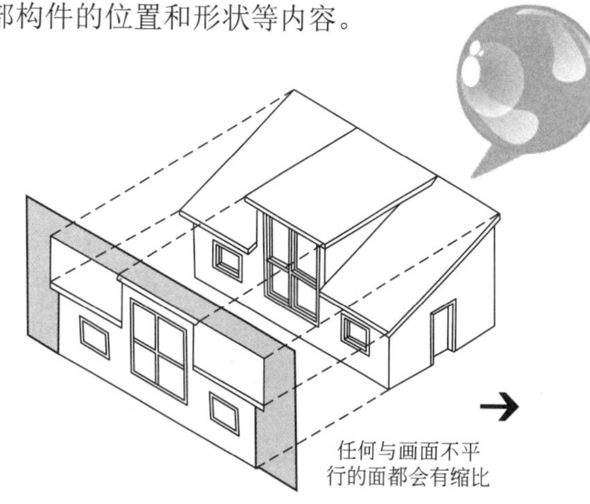

图 3.39　立面图的概念

【三维模型】

建筑形体和立面设计并不等于对房屋内部空间组合的直接表现，它必须符合建筑造型和立面构图方面的规律性，如均衡、韵律、对比、统一等，把适用、经济、美观三者有机地结合起来。本章将在 3.4 节着重分析建筑构图与建筑形体的美观问题。

建筑形体组合的原则如下。

1. 反映建筑功能和建筑类型的特征

建筑物的外部形体是内部空间合乎逻辑的反映，有什么样的内部空间，就有什么样的外部形体 (图 3.40)。设计者充分利用这种特点，使不同类型的建筑各具独特的个性特征，这就是为什么人们所看到的建筑物并没有贴上标签，表明“这是一幢幼儿园”或“这是一幢医院”，却能区分它们的类型，如住宅、教学楼、电影院的外部形体完全不同，因而易于区别。

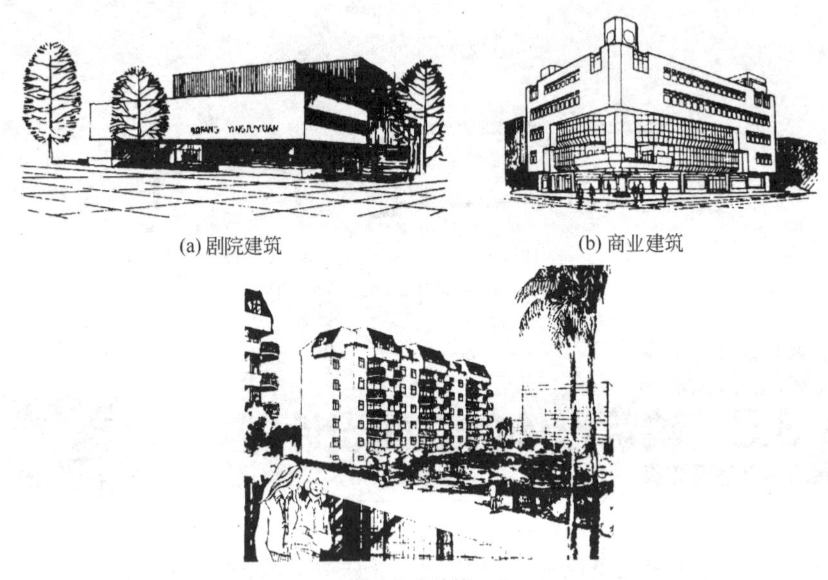
(a) 剧院建筑　(b) 商业建筑

(c) 城市住宅建筑

图 3.40　建筑外部形体反映内部空间

2. 符合材料性能、结构、构造和施工技术的特点

由于建筑物内部空间组合和外部体型的构成，只能通过一定的物质技术手段来实现，所以建筑物的形体与所用材料、结构形式、采用的施工技术及构造措施关系极为密切。同时，随着建筑材料的改进和施工技术的发展，建筑结构形式产生了飞跃性的进步，如图 3.41 所示。

3. 符合国家建筑标准和相应的经济指标

各种不同类型的建筑物，根据其使用性质和规模，必须严格把握国家规定的建筑标准和相应的经济指标。在建筑标准、所用材料、造型要求和外观装饰等方面要区别对待，防止片面强调建筑的艺术性而忽略建筑设计的经济性。应在合理满足使用要求的前提下，用较少的投资建造美观、简洁、朴素、大方的建筑物。

4. 适应基地环境和城市规划要求

任何一幢建筑都处于一定的外部环境之中，它是构成该处景观的重要因素。因此，建筑外形不可避免地要受外部空间的制约，建筑和立面设计要与所在地区的地形、气候、道路及原有建筑物等基地环境相协调，同时也要满足城市总体规划的要求。

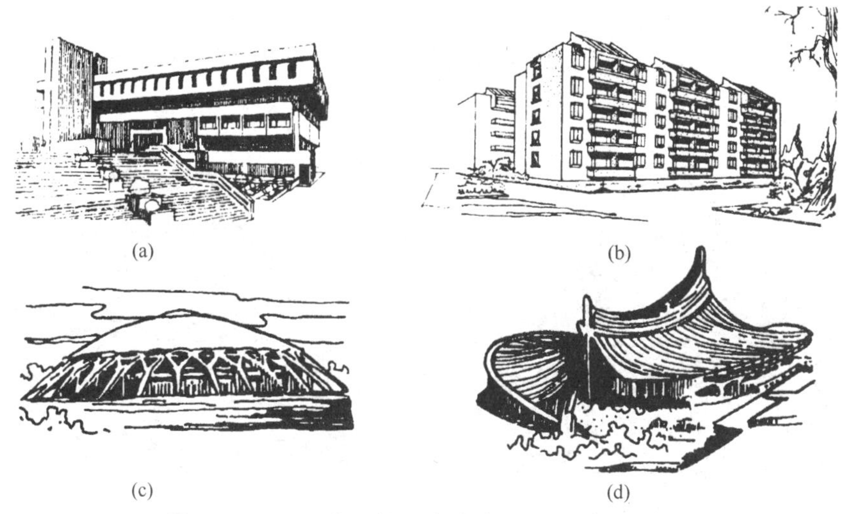

图 3.41 不同的结构形式产生不同的建筑造型

3.4 建筑构图基本法则

建筑构图法则既是指导建筑造型设计的原则，又是检验建筑造型美观与否的标准。在建筑设计中，除了满足功能要求、技术经济条件、总体规划及基地环境等因素外，还要符合一些美学法则。

多样统一既是建筑艺术形式的普遍法则，同样也是建筑创作中的重要原则。达到多样统一的手段是多方面的，如对比、主从、韵律、重点等形式美的规律。另外，建筑物是由各种不同用途的空间组成的，它们的形状、大小、色彩、质感等各不相同，这些客观存在着的千差万别的因素，是构成建筑形式美多样变化的物质基础。然而，它们之间又有一定的内在联系，诸如结构、设备的系统性，功能、美观要求的一致性等，这些又是建筑艺术形式能够达到统一的内在依据。所以，建筑艺术形式的构图任务要求在建筑空间组合中，结合一定的创作意境，巧妙地运用这些内在因素的差异性和一致性，加以有规律、有节奏地处理，使建筑的艺术形式达到多样统一的效果。

这些规律的形成，是人们通过较长时期的实践、反复总结和认识得来的，也是大家公认的、客观的美的法则，如统一与变化、对比与微差、均衡与稳定、比例与尺度、视觉与视差等构图规律。建筑工作者在建筑创作中应当善于运用这些形式美的构图规律，以更加完美地体现出一定的设计意图和艺术构思。

建筑设计中常用的一些构图法则如下。

1. 以简单的几何形状求统一

古代的一些美学家认为，简单、肯定的几何形状可以引起人的美感，他们特别推崇圆、球等几何形状，认为这些几何形状是完整的象征 —— 具有抽象的一致性。以上美学观点可以从古今中外的许多建筑实例中得到证实。古代杰出的建筑如梵蒂冈的圣彼得大教

堂 (图 3.42)、中国的天坛、埃及的金字塔 (图 3.43)、印度的泰吉 · 马哈尔陵等 (图 3.44)，均因采用上述简单、肯定的几何形状构图而达到了高度完整、统一的境地。

图 3.42　圣彼得大教堂

图 3.43　埃及的金字塔

图 3.44　泰吉 · 马哈尔陵

2. 主从与重点

在由若干要素组成的整体中，每一要素在整体中所占的比重和所处的地位都会影响到整体的统一性。倘若使所有要素都竞相突出自己，或者都处于同等重要的地位，不分主次，这些都会削弱整体的完整、统一性。在一个有机统一的整体中，各组成部分是不能不加以区别而同等对待的。它们应当有主与从的差别；有重点与一般的差别；有核心与外围组织的差别。否则，各要素平均分布、同等对待，即使排列得整整齐齐、很有秩序，也难免会流于松散、单调而失去统一性。

从历史和现实的情况中看，主从处理采用左右对称构图形式的建筑较为普遍。对称的构图形式通常呈“一主两从”的关系，主体部分位于中央，不仅地位突出，而且可以借助两翼部分次要要素的对比、衬托，从而形成主从关系异常分明的有机统一整体。如美国驻印度大使馆 (图 3.45)。

图 3.45　美国驻印度大使馆

近现代建筑由于功能日趋复杂或受地形条件的限制，采用对称构图形式的不多，多采用“一主一从”的形式使次要部分从一侧依附于主体。除此之外，还可以用突出重点的方法来体现主从关系。所谓突出重点，就是指在设计中充分利用功能特点，有意识地突出其中的某个部分并以此为重点或中心，而使其他部分明显地处于从属地位，这也同样可以达到主从分明、完整统一的要求。如乌鲁木齐候机楼 (图 3.46)，就是运用瞭望塔高耸敦实的体量与候机大厅低矮平缓的体量、瞭望塔的横线条与候机大厅的竖线条及大片玻璃与实墙面之间等一系列的对比手法，使体量组合极为丰富，主从关系的处理颇为得体。

图 3.46　乌鲁木齐候机楼

3. 均衡与稳定

存在决定意识，也决定着人们的审美观念。在古代，人们崇拜重力，并从与重力做斗争的过程中逐渐地形成了一整套与重力有联系的审美观念，这就是均衡与稳定。

以静态均衡为例，它有两种基本形式：一种是对称的形式，如列宁墓 (图 3.47) 和我国的革命历史博物馆 (图 3.48)；另一种是非对称的形式，如荷兰的希尔佛逊市政厅 (图 3.49)。对称的形式天然就是均衡的，加之它本身又体现出一种严格的制约关系，因而具有一种完整统一性。

尽管对称的形式天然就是均衡的，但是人们并不满足于这一种均衡形式，而且还要用不对称的形式来体现均衡。不对称形式的均衡虽然相互之间的制约关系不像对称形式那样明显、严格，但要保持均衡的本身也就是一种制约关系。而且与对称形式的均衡相比，不对称形式的均衡显然要轻巧活泼得多，如美国的古根海姆美术馆 (图 3.50)。

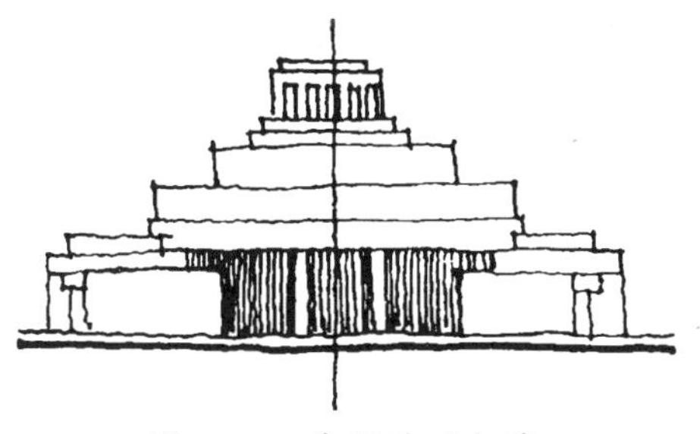

图 3.47　莫斯科列宁墓

图 3.48　北京革命历史博物馆

图 3.49　荷兰的希尔佛逊市政厅

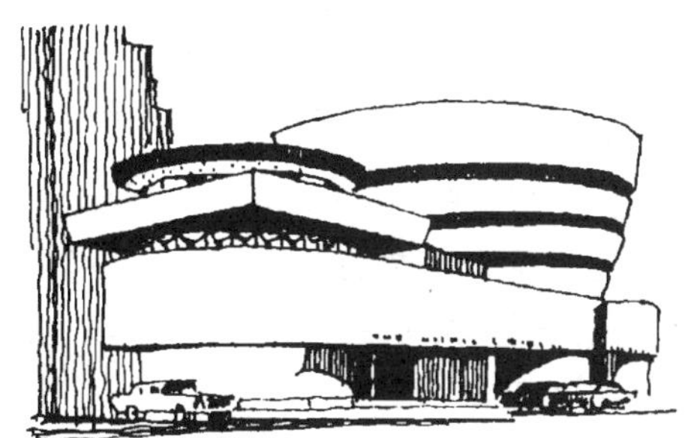

图 3.50　美国的古根海姆美术馆

除静态均衡外，有很多现象是依靠运动来求得平衡的，这种形式的均衡称为动态均衡。如美国的肯尼迪国际机场 TWA 航站楼似大鸟展翅的形体 (图 3.51)，表明了建筑体形的稳定感与动态感的高度统一，这也是一种从静中求动的建筑形式美。

图 3.51　美国的肯尼迪国际机场 TWA 航站楼

和均衡相关联的是稳定。如果说均衡所涉及的主要是建筑构图中各要素左与右、前与后之间相对轻重关系的处理，那么稳定所涉及的则是建筑物整体上、下之间的轻重关系处理。

4. 对比与微差

对比指的是要素之间显著的差异，微差指的是不显著的差异。就形式美而言，两者都是不可缺少的：对比可以借彼此之间的烘托陪衬来突出各自的特点以求得变化；微差则可以借相互之间的共同性以求得和谐。没有对比会使人感到单调，过分地强调对比以致失去了相互之间的协调一致性，则可能造成混乱，只有把这两者巧妙地结合在一起，才能达到既有变化又和谐一致、既多样又统一。

对比和微差是相对的，那么何种程度的差异表现为对比？何种程度的差异表现为微差？两者之间并没有一条明确的界线，也不能用简单的数学关系来说明。例如一列由小到大连续变化的要素，相邻要素之间由于变化甚微，可以保持连续性，则表现为一种微差关系。如果从中抽去若干要素，将会使连续性中断，凡是连续性中断的地方，就会产生引人注目的突变，这种突变则表现为一种对比的关系，突变的程度越大，对比就越强烈。

对比和微差只限于同一性质的差异之间，如大与小、直与曲、虚与实，以及不同形状、不同色调、不同质地等。在建筑设计领域中，无论是整体还是局部、单体还是群体、内部空间还是外部体型，为了求得统一和变化，都离不开对比与微差手法的运用。

5. 韵律与节奏

建筑的处理还存在着节奏与韵律的问题。所谓韵律，常指建筑构图中的有组织的变化和有规律的重复，使变化与重复形成有节奏的韵律感，从而可以给人以美的感受。在建筑中，常用的韵律手法有连续的韵律、渐变的韵律、起伏的韵律、交错的韵律等，以下分别予以介绍。

1) 连续的韵律

这种手法是在建筑构图中，一种或几种组成部分的连续运用和有组织排列所产生的韵律感。例如某火车站的形体设计 (图 3.52)，它的整个体型是由等距离的壁柱和玻璃窗组成的重复韵律，增强了节奏感。

2) 渐变的韵律

这种韵律的构图特点是：常将某些组成部分，如体量的高低、大小，色彩的冷暖、浓淡，质感的粗细、轻重等，做有规律的增减，以形成统一和谐的韵律感。例如我国古代

图 3.52 中国某城市火车站的形体设计

塔身的变化 (图 3.53)，就是运用相似的每层檐部与墙身的重复与变化而形成的渐变韵律，使人感到既和谐统一又富于变化。又如现代建筑中的某大型商场屋顶设计的韵律处理 (图 3.54)，顶部大、小薄壳的曲线变化，其中有连续的韵律及彼此相似渐变的韵律，给人以新颖感和时代感。

图 3.53 中国古代塔身的韵律处理

3) 起伏的韵律

这种手法虽然也是将某些组成部分做有规律的增减变化形成韵律感，但是它与渐变的韵律有所不同，它是在体型处理中更加强调某一因素的变化，使组合或细部处理高低错落、起伏生动。例如天津的电信大楼 (图 3.55)，其整个轮廓逐渐向上起伏，因此增加了建筑体型及街景面貌的表现力。

图 3.54 现代某大型商场屋顶的韵律处理

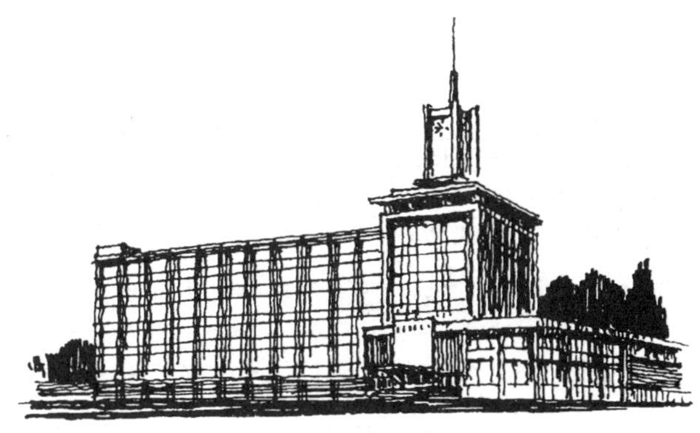

图 3.55 天津电信大楼

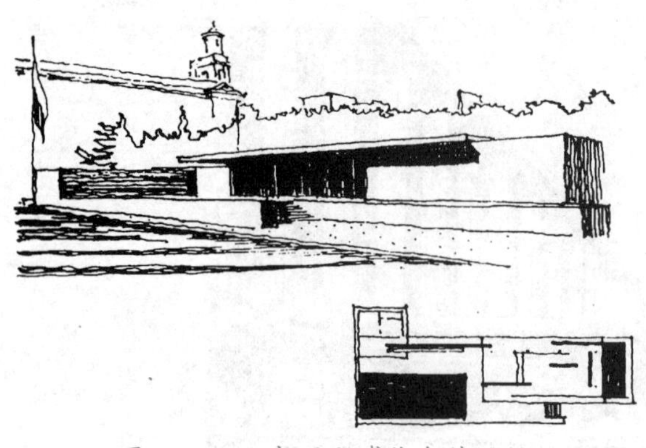
图 3.56　巴塞罗那博览会德国馆

4) 交错的韵律

交错的韵律是指在建筑构图中，运用各种造型因素，如体型的大小、空间的虚实、细部的疏密等手法，做有规律的纵横交错、相互穿插的处理，形成一种丰富的韵律感。例如西班牙巴塞罗那博览会德国馆 (图 3.56)，无论是空间布局、形体组合，还是在运用交错韵律而取得的丰富空间上都是非常突出的。

6. 比例与尺度

所谓建筑体型处理中的“比例”，一般包含两个方面的概念：一是建筑整体或它的某个细部本身的长、宽、高之间的大小关系；二是建筑物整体与局部或局部与局部之间的大小关系。而建筑物的“尺度”，则是建筑整体和某些细部与人或人们所习见的某些建筑细部之间的关系。例如杭州影剧院的造型设计 (图 3.57)，以大面积的玻璃厅、高大体积的后台及观众厅显示它们之间的比例，并在恰当的体量比例中巧妙地应用宽大的台阶、平台、栏杆以及适度的门扇处理，表明其尺度感。这种比例尺度的处理手法给人以通透明朗、简洁大方的感受，这是与现代的生活方式和新型的城市面貌相适应的。又如荷兰德尔佛特技术学院礼堂 (图 3.58)，同样没有诸如柱廊、盖盘等西方古典建筑形式的比例关系，而是紧密地结合功能特点，大量暴露了观众厅倾斜的体型轮廓，较自然地显示出大尺度的体量。另外，在横向划分与竖向划分的体量中，若使细部尺度处理得当，则会使整个建筑造型异常敦实有力。

图 3.57　杭州影剧院

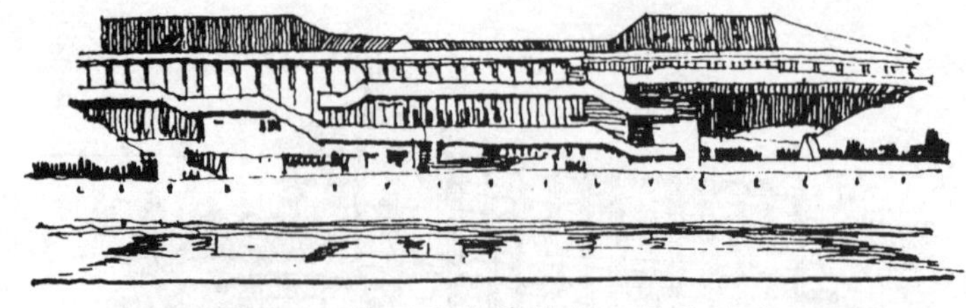
图 3.58　荷兰德尔佛特技术学院礼堂

日本九州大学会堂 (图 3.59) 是以较大体量组合而成的，其体量之间若不加以处理，则会导致整体尺度比原有的尺度感要小。但是，由于该建筑在挑出部分开了一排较小的窗洞，对比之下粗壮尺度的体量被衬托出来，加之入口处的踏步、栏杆等处理得当，使得建筑物的体型显得异常雄伟有力。

图 3.59 日本九州大学会堂

本章小结

（1）本章主要介绍民用建筑的设计，内容包括民用建筑的平面设计、剖面设计、建筑体型与立面设计、建筑构图基本法则及建筑结构与造型的关系等。

（2）建筑平面表示的是建筑物在水平方向上的房屋各部分的组合关系，并集中反映建筑物的使用功能关系，是建筑设计中的重要一环。因此，从学习和设计的先后顺序考虑，首先从建筑平面设计的分析入手。但是在平面设计过程中，还需要从建筑三维空间的整体来考虑，紧密联系建筑的剖面和立面，调整修改平面设计，最终达到平面、立面、剖面的协调统一。

（3）同平面图一样，剖面图也是空间的投影图，是建筑设计的基本语言之一。建筑剖面设计要根据房间的功能要求确定房间的剖面形状，同时还必须考虑剖面形状与在垂直方向上房屋各部分的组合关系、具体的物质技术、经济条件和空间的艺术效果等方面的影响，既要适用又要美观，才能使设计更加完善、合理，具体要求如下。

①确定建筑物的各部分高度和剖面形式。

②确定建筑的层数。

③分析建筑空间的组合和利用。

④在建筑剖面中研究有关的结构、构造关系。

（4）建筑的形体用透视图或轴侧图等立体图画来表达，而建筑的立面图是对建筑物的外观所作的正投影图。习惯上，人们把反映建筑物主要出入口或反映建筑物面向主要街道那一面的立面图称为正立面图，其余的立面图相应地称为侧立面图和背立面图。立面图主要反映建筑物的整体轮廓、外观特征、屋顶形式、楼层层数，以及门窗、雨篷、阳台、台阶等局部构件的位置和形状等内容。

思考题

1. 何为日照间距？它对设计有何意义？
2. 民用建筑的功能由哪几部分组成？
3. 建筑剖面图设计的任务是什么？
4. 常见的剖面组合方式有哪几种？
5. 建筑的立面设计应解决什么问题？
6. 房间的剖面高度如何确定？
7. 室内天然采光标准由什么指标衡量？
8. 民用建筑设置一个疏散楼梯的条件是什么？
9. 何为袋形走廊？
10. 建筑的平面组合方式有哪几种？
11. 建筑构图的基本原则有哪些？

第 4 章

建筑构造概论

教学目标

(1) 理解民用建筑构造的概念和关键。
(2) 掌握民用建筑构造的组成部分。
(3) 理解建筑详图与建筑平面图、立面图、剖面图的关系。
(4) 掌握建筑构造的设计原则。
(5) 了解建筑构造图的表达方法。

教学要求

知识要点	能力要求	相关知识
民用建筑构造	(1) 理解民用建筑构造的概念 (2) 理解建筑体系的概念	建筑设计
民用建筑构造的组成	(1) 理解建筑组成的划分方法 (2) 掌握建筑构造各组成部分的作用	建筑设计
民用建筑构造的关键	(1) 理解民用建筑构造的关键 (2) 理解民用建筑构造尺寸	建筑材料
建筑构造的设计	(1) 掌握建筑构造的设计原则 (2) 理解建筑构造图与平面图、立面图、剖面图的关系	建筑制图
建筑构造详图	(1) 了解建筑构造的设计任务 (2) 了解建筑详图的表达方法	建筑制图

建筑构造是研究构成建筑各构配件的组合原理和构造方法的学科，建筑构造是建筑设计的重要组成部分，是建筑设计的延伸和深化。学习建筑构造的目的在于在建筑设计时能综合各种相关因素，正确选用建筑材料，提出符合适用、经济、美观的构造方案。建筑构造方案设计与建筑体系的选择有着密切的关系。

4.1 建筑体系

【参考图文】

4.1.1 结构体系

结构体系承受竖向荷载和侧向荷载，并将这些荷载安全地传至地基，一般将其分为上部结构和地下结构。上部结构是指基础以上部分的建筑结构，包括墙、柱、梁、屋顶等；地下结构指建筑物的基础结构，如建筑的基础与地下室等。

由于各种自然现象，使建筑物承受各种作用力，这些作用力对建筑物来说称为荷载。荷载的作用使建筑构件产生应力，应力产生应变，当建筑物或建筑构件无法承受这些应变时就会遭到破坏。作用于建筑物的荷载通常有恒荷载(自重)、活荷载(如人与家具等)、风荷载(风压)、积雪荷载，以及地震、机械和温差变化引起的应力。对于地下结构构件来说，还会有土压、地下水压等。应力分为压应力与拉应力，以及轴力、剪力、弯矩等。根据建筑的结构方式、使用材料、建筑的用途、地基条件及地区环境等因素，计算出建筑的荷载，确定构件尺寸，确保建筑物的结构安全。

结构是建筑的承重骨架，结构体系承受并传递建筑荷载，直至地基。建筑材料和建筑技术的发展决定结构体系的发展，而建筑结构体系的选择对建筑的使用及建筑形式又有着极大的影响。

民用建筑的结构体系依建筑的规模、构件所用材料及受力情况的不同而不同。依建筑物使用性质和规模的不同可分为单层、多层、大跨度和高层建筑，单层和多层建筑的主要结构体系为砌体结构或框架结构体系。砌体结构是指由墙体作为建筑物承重构件的结构体系，而框架结构主要是指由梁柱作为承重构件的结构体系。

常见的大跨度建筑有拱结构、网架结构，以及薄壳、折板、悬索等空间结构体系。依建筑结构构件所用的材料不同，目前有木结构、混合结构、钢筋混凝土结构和钢结构之分，混合结构是指在一座建筑物中，其主要承重构件分别采用多种材料制成，如砖与木、砖与钢筋混凝土、钢筋混凝土与钢等。习惯上，所谓的“砖混建筑”，就是指用砖与钢筋混凝土作为结构材料的建筑。

用钢筋混凝土、钢材作主要结构材料的民用建筑多为框架结构体系，如钢筋混凝土框架结构、钢框架结构。由于钢筋混凝土构件既可现浇，又可预制，为构件生产的工厂化和安装机械化提供了条件，加之钢筋混凝土防水、防火、耐久性能好，所以钢筋混凝土是应用较广的一种结构材料。

建筑结构是建筑的骨架，同时对建筑的内外空间造型也有着重要的影响(图 4.1 ～图 4.4)。

图 4.1　无梁楼盖结合采光的室内空间造型

图 4.2　竹骨架斜坡屋顶室内空间造型

图 4.3　罗马小体育场混凝土穹顶大跨度建筑造型

图 4.4　罗马小体育场室内

4.1.2 围护体系

建筑物的围护体系由屋面、外墙、门、窗等组成，屋面、外墙围护成内部空间，能够遮蔽风、雨等外界气候的侵袭，同时也起到对炎热、寒冷、噪声、强光的隔离作用，从而保证使用人群的安全性和私密性。门是连接内外的通道，窗户可以透光、通气和开放视野，内墙将建筑物内部划分为不同的单元。

建筑的围护体系与结构有着密切的关系，例如砖混结构的建筑，墙体既起结构作用也起围护作用。现代建筑产生了玻璃幕墙、金属幕墙等围护方式，但幕墙的荷载也要通过一定的构造传递到主体结构 (图 4.5)。因此，在建筑设计中要重视结构与围护的统一性，在选择构造方案时要综合考虑结构构造与围护构造及装饰构造的关系，综合解决保温、隔热、防火、防水等问题，做到适用、经济与美观的统一 (图 4.6 ～图 4.8)。

图 4.5　幕墙骨架

图 4.6　建筑墙、屋顶等外观之一

图 4.7　建筑墙、屋顶外观之二

图 4.8　建筑墙、屋顶外观之三 (室内)

4.1.3 设备体系

依据建筑物的重要性和使用性质的不同，设备体系的配置情况也不尽相同，通常包括给排水系统、供电系统和供热通风系统。其中供电系统分为强电系统和弱电系统两部分，强电系统指供电、照明等，弱电系统指通信、信息、探测、报警、自动灭火等智能系统。

设备系统需要占用一定的空间，需要与管道井、设备间相配合，高层建筑一般还设有设备层。

4.1.4 装配体系

【参考视频】

图 4.9　板材建筑外墙安装示意

在现实生活中，人们可能使用组装的家具，也见到过装配起来的临时展厅、室外演出的舞台、道具、灯光架等，这些都是用装配的方式制作的产品，但房屋建筑的装配就复杂得多。建筑的装配体系就是通过现代化的制造、运输、安装和科学化管理的大工业的生产方式进行制作建造的建筑生产体系，如板材建筑、盒子建筑等。其中板材建筑是将成片的墙体及大块的楼板作为主要的预制构件在工厂预制后运到现场安装的 (图 4.9)；盒子建筑是按空间的分隔，在工厂把建筑物的房间制作成一个个盒子，然后运到现场进行组装 (图 4.10)。有些盒子内部由于使用功能明确，还可以将内部的设备甚至装修一起在工厂完成后再运到现场。由此可见，装配式建筑是对建筑的结构、围护乃至设备体系的单元整合，它要求设计的标准化和生产、施工的现代化。

图 4.10 盒子建筑示意

4.2 建筑的组成

建筑类型多样，标准不一，但建筑物都有相同的部分组成。一座建筑物主要由屋基、屋身、屋顶组成，屋基包括基础和地坪，屋身包括墙柱和门窗，楼房还包括楼板和楼梯等。民用建筑的构造组成分为基础、墙体、楼地层、楼梯、屋顶、门窗等部分。

4.2.1 基础

基础是房屋底部与地基接触的承重构件，它承受房屋的上部荷载，并把这些荷载传给地基，因此基础必须坚固稳定、安全可靠。

4.2.2 墙体

墙体包括承重墙与非承重墙，主要起围护、分隔空间的作用。墙承重结构建筑的墙体，承重与围护合一；而骨架结构体系建筑墙体的作用是围护与分隔空间。墙体要有足够的强度和稳定性，具有保温、隔热、隔声、防火、防水的能力。

墙体的种类较多，有单一材料的墙体，也有复合材料的墙体。综合考虑围护、承重、节能、美观等因素，设计合理的墙体方案是建筑构造的重要任务。

4.2.3 楼地层

建筑的使用面积主要体现在楼地层上，楼地层由结构层和外表面层组成。楼板是重要的结构构件。不同材料的建筑楼板的做法不同。木结构建筑多采用木楼板，板跨 1m 左右，其下用木梁支承；砖混结构建筑常采用预制或现浇钢筋混凝土楼板，板跨为 3 ～ 4m，用墙或梁支承；钢筋混凝土框架结构体系建筑多为交梁楼盖；钢框架结构的建筑则适合采用钢衬板组合楼板，其跨度可达 4m。作为楼板，既要具有足够的强度和刚度，同时还要求具有隔声、防潮、防水的能力。

地坪是底层房间与土层相接触的部分，它承受底层房间的荷载，要求具有一定的强度和刚度，并具有防潮、防水、保暖、耐磨的性能。地层和建筑物室外场地有密切的关系，要处理好地坪与平台、台阶及建筑物沿边场地的关系，使建筑物与场地交接明确，整体和谐。

4.2.4 楼梯

楼梯是楼房建筑的重要的垂直交通构件。楼梯有主楼梯、次楼梯、室内楼梯、室外楼梯，其形式多样、功能不一。

有些建筑物因为交通或舒适的需要安装了电梯或自动扶梯，但同时也必须有楼梯用作交通和防火疏散通路。

楼梯是建筑构造的重点和难点，楼梯构造设计灵活，知识综合性强，在建筑设计及构造设计中应予以高度重视。

4.2.5 屋顶

屋顶具有承重和围护的双重功能，有平顶、坡顶和其他形式的屋顶。平屋顶的结构层与楼板层做法相似。由于受阳光照射角度的不同，屋顶的保温、隔热、防水要求比外墙更高。屋顶有不同程度的上人需求，有些屋顶还有绿化的要求。

屋顶檐口可为人们所仰视，是设计者应下工夫推敲构图的地方。另外，根据区域与地方的风俗与传统，屋顶的形式、坡度、修葺材料也是多种多样的，也应特别予以重视。

4.2.6 门窗

门主要用作交通联系，窗的作用是采光、通风，处在外墙上的门窗是围护结构的一部分，有着多重功能，要充分考虑采光、通风、保温、隔热等问题。

门窗大致分为钢与铝制的金属门窗与木制门窗。门窗有不同的种类和开启方式，要重视框与墙、框与门窗扇、扇与扇之间的细微关系。

门窗的使用频率高，要求经久耐用，重视安全，选择门窗时也要重视经济与美观。

建筑构件除了以上六大部分外，还有其他附属部分，如阳台、雨篷、平台、台阶等。阳台、雨篷与楼板接近，平台、台阶与地面接近，电梯、自动扶梯则属于垂直交通部分，它们的安装有各自对土建技术的要求。在露空部分，如阳台、回廊、楼梯段临空处、上人屋顶周围等处，视具体情况对栏杆设计、扶手高度提出具体的要求。

4.3 建筑构造的关键

建筑构造的关键点是构造节点。不同的材料在节点处的连接以及接缝的处理非常重要。建筑构造对缝的处理有嵌缝、堵缝、勾缝、盖缝，当建筑物的体量大而体形复杂时，还会设置变形缝。刚性防水屋面设分仓缝、外墙抹灰设分格缝、整体地面设分块缝等。构造缝不但能产生特殊的视觉效果，而且更重要的是建筑物对环境的适应，如伸缩缝可以调节建筑适应热胀冷缩的变化，沉降缝可以调整建筑的不同部分间的不均匀沉降，刚性防水屋面设分仓缝可以防止由热胀冷缩及混凝土徐变引起的不规则裂缝而致使的屋面漏水。构造缝是建筑构件的保险设施，在构造设计时通过运用材料的刚柔、虚实关系使不同材料之间分工合作，以达到建筑的围护、连接、美观的构造设计目标。

构件之间的联系，如门窗的安装、板材建筑中构件的连接、预制楼板的铺设等，根据施工、构造及适应相对变形的需要必须有缝隙存在，设计构件尺寸时必须予以考虑。

构件尺寸有标志尺寸、构造尺寸、实际尺寸之分。

1. 标志尺寸

标志尺寸用以标注建筑物定位轴线或定位面之间的距离，如开间、柱距、进深、跨度等，以及建筑构配件、建筑组合件、建筑制品、建筑设备的定位尺寸。一般情况下，标志尺寸是构件的称谓尺寸。

2. 构造尺寸

构造尺寸是建筑构配件、建筑组合件、建筑制品等的设计尺寸，一般情况下，构造尺寸等于标志尺寸减去缝隙或加上支承长度。

3. 实际尺寸

实际尺寸是建筑构配件、建筑组合件、建筑制品等生产成的尺寸，实际尺寸与标志尺寸之间的差数 (即误差) 必须符合建筑公差的规定。

4.4 建筑构造的影响因素和设计原则

4.4.1 建筑构造的影响因素

影响建筑构造的因素有很多，大体有如下几个方面。

1. 荷载因素的影响

如本章结构体系中所述，作用在建筑物上的荷载有恒荷载 (如自重等) 和活荷载 (如使用荷载等)、垂直荷载和水平荷载 (如风荷载、地震作用等)，在确定建筑物构造方案时，必须考虑荷载因素的影响。

2. 环境因素的影响

环境因素包括自然因素和人为因素。自然因素的影响是指风吹、日晒、雨淋、积雪、冰冻、地下水、地震等因素给建筑物带来的影响。为了防止自然因素对建筑物的破坏，在构造设计时，必须采用相应的防潮、防水、保温、隔热、防温度变形、防震等构造措施。

人为因素的影响是指火灾、噪声、化学腐蚀、机械摩擦与振动等因素对建筑物的影响。在构造设计时，必须采用相应的防护措施。

3. 技术因素的影响

技术因素的影响是指建筑材料、建筑结构、建筑施工方法等技术条件对建筑物的设计与建造的影响。随着这些技术的发展与变化，建筑构造的做法也在改变。例如，随着建材工业的不断发展，已经有越来越多的新型材料出现，而且带来了新的构造做法和相应的施工方法。作为脆性材料的玻璃，经过加工工艺的改良以及采用新型高分子材料作为胶合剂做成夹层玻璃，其安全性能和力学、机械性能等都得到大幅度的提高，不但使得可使用的单块块材面积有了较大增长，而且使得连接工艺也大大简化。如用玻璃来作楼梯栏板的做法，过去一定要先安装金属立杆再通过这些杆件来固定玻璃，现在可以先安装玻璃栏板，再用玻璃栏板来固定金属扶手。同样，结构体系的发展对建筑构造的影响更大。因此，建筑构造不能脱离一定的建筑技术条件而存在，它们之间的关系是互相促进、共同发展的。

【参考图文】

4. 建筑标准的影响

建筑标准一般包括造价标准、装修标准、设备标准等方面。标准高的建筑耐久等级高、装修质量好、设备齐全、档次较高，但是造价也相对较高；反之则低。不难看出，建筑构造方案的选择与建筑标准密切相关。一般情况下，大量民用建筑多属于一般标准的建筑，其构造做法也多为常规做法。而大型公共建筑的标准要求较高，构造做法复杂，对美观方面的考虑比较多。

4.4.2 建筑构造的设计原则

建筑构造设计的原则，一般包括如下几个方面。

1. 坚固实用

构造做法要不影响结构安全，构件连接应坚固耐久，保证有足够的强度和刚度，并有足够的整体性，安全可靠，经久耐用。

2. 技术先进

在确定构造做法时，应从材料、结构、施工等多方面引入先进技术，同时也需要注意因地制宜、就地取材、结合实际。

3. 经济合理

在确定构造做法时，应该注意节约建筑材料，尤其是要注意节约钢材、水泥、木材三大材料，在保证质量的前提下，尽可能降低造价。

4. 美观大方

建筑构造设计是建筑设计的一个重要环节，建筑的品质主要通过细部构造来实现，如材料的质感、色彩、局部的比例与尺度、图案的式样、构件的凹凸及虚实变化等。建筑要做到美观大方，必须通过一定的技术手段来实现，也就是说必须依赖构造设计来实现。

构造设计是建筑设计的重要组成部分，构造设计应和建筑设计一样，必须遵循适用、经济、美观的原则，贯彻节约资源、节约能源、循环利用、低碳环保的可持续发展思想。

4.5 建筑构造图的表达

建筑构造设计用建筑构造详图来表达。详图又称大样图或节点大样图，根据具体情况可选用 1 ∶ 20、1 ∶ 10、1 ∶ 5，甚至 1 ∶ 1 的比例。详图是建筑剖面图、平面图或立面图的一部分，所以建筑详图要从其剖切部位引出。详图有明确的索引方法，要表明建筑材料、作用、厚度、做法等 (图 4.11 ～图 4.13)。

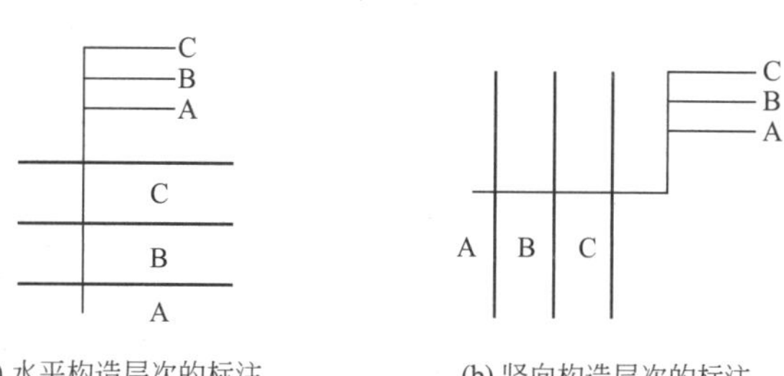

图 4.11 构造详图中构造层次与标注文字的对应关系

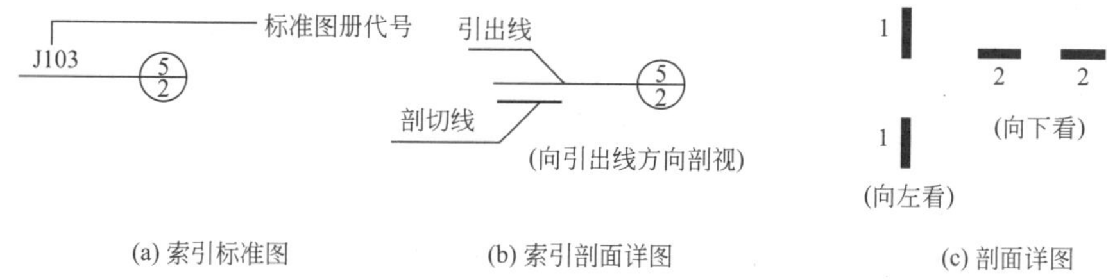

图 4.12 详图引出部位的索引符号

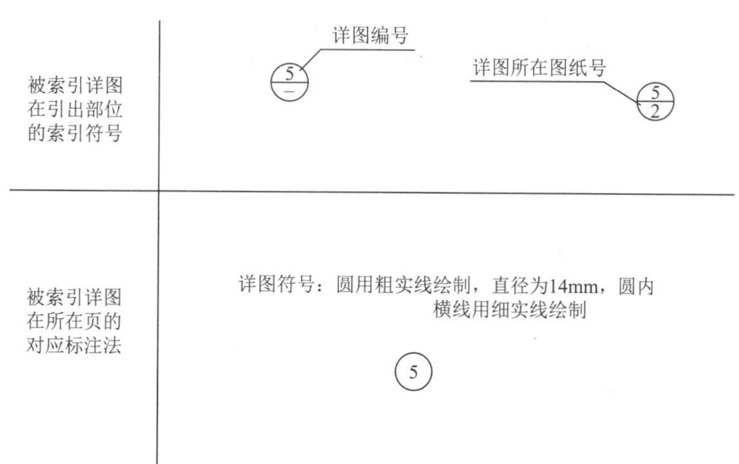

图 4.13 详图索引符号的含义及对应的标注方法

本章小结

（1）建筑构造是研究构成建筑各构配件的组合原理和构造方法的学科，建筑构造是建筑设计的重要组成部分。学习建筑构造的目的在于在建筑设计时能综合各种相关因素，正确选用建筑材料，提出符合适用、经济、美观的构造方案。建筑构造方案设计与建筑体系的选择有着密切的关系。

（2）建筑构造方案设计与建筑体系的选择有着密切的关系。建筑体系包括结构体系、围护体系和设备体系。结构体系承受竖向荷载和侧向荷载，一般将其分为上部结构和地下结构。上部结构是指基础以上部分的建筑结构，包括墙、柱、梁、屋顶等；地下结构指建筑物的基础结构，如建筑的基础与地下室等。建筑物的围护体系由屋面、外墙、门、窗等组成。建筑的围护体系与结构有着密切的关系。

（3）建筑类型多样，标准不一，但建筑物都有相同的部分组成。民用建筑的构造组成分为基础、墙体、楼地层、楼梯、屋顶、门窗等部分。

（4）建筑构造设计用建筑构造详图来表达。详图又称大样图或节点大样图，详图是建筑剖面图、平面图或立面图的一部分，所以建筑详图要从其剖切部位引出。详图有明确的索引方法，要表明建筑材料、作用、厚度、做法等。

思考题

1. 建筑物的构造组成一般有哪几部分？
2. 何为构件的标志尺寸、构造尺寸、实际尺寸？
3. 影响建筑物的构造因素有哪几个方面？
4. 建筑构造的设计原则有哪些？
5. 建筑的节点详图或大样图应如何表达？

第 5 章

基础与地下室

教学目标

(1) 理解地基与基础的概念和特点。
(2) 掌握基础的分类方法及其类型。
(3) 掌握地基与基础的区别。
(4) 理解地下室的防潮设计做法。
(5) 掌握地下室的防水设计做法。

教学要求

知识要点	能力要求	相关知识
地基与基础	(1) 理解地基与基础的概念 (2) 理解基础埋深的确定原则	构造组成的概念
地基与基础的分类	(1) 理解地基与基础的分类方法 (2) 掌握基础的类型	民用建筑的结构类型
地基与基础的特点	(1) 理解地基与基础的特点 (2) 理解基础底面积的计算	地上结构的特点
地下室的防潮做法	(1) 理解地下室防潮设计的作用 (2) 掌握地下室防潮设计的做法	建筑防潮材料
地下室的防水做法	(1) 理解地下室防水设计的方法 (2) 掌握地下室防水设计的做法	建筑防水材料

5.1 地基与基础的概念

5.1.1 概述

1. 地基基础及其与荷载的关系

基础是建筑物地面以下的承重结构，是建筑物的墙或柱子在地下的扩大部分，其作用是承受建筑物上部结构传下来的荷载，并把它们连同自重一起传给地基，几种形式的基础如图5.1所示。地基是指基础底面以下、荷载作用影响范围内的部分岩石或土体。

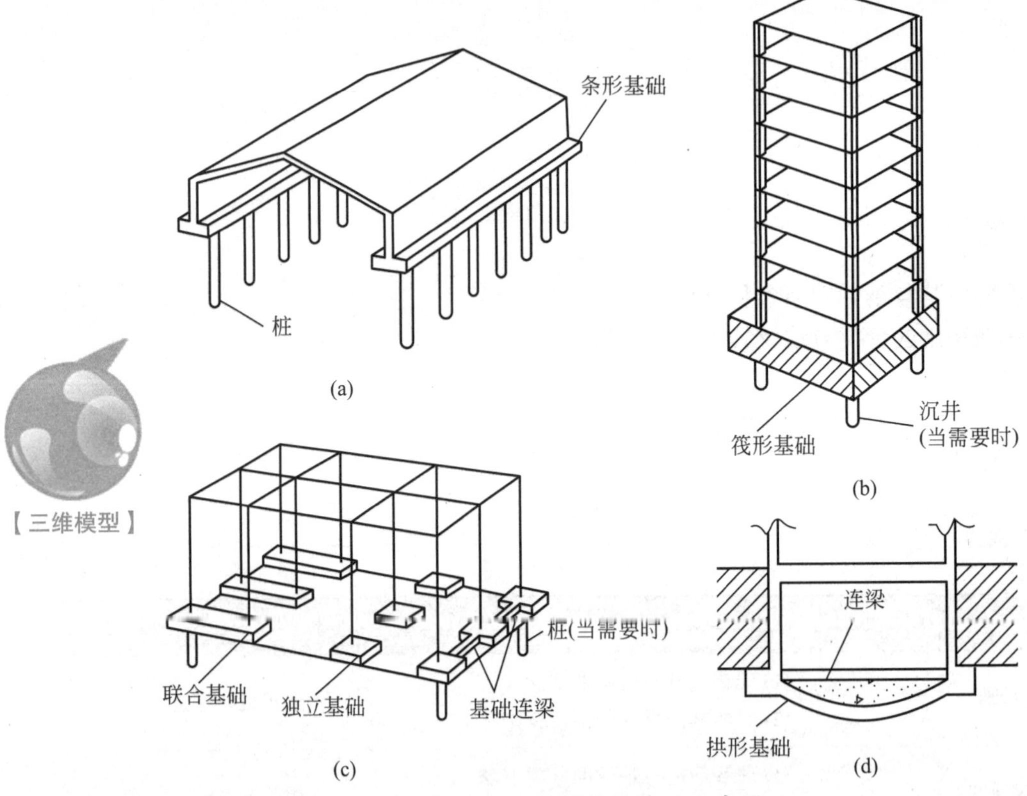

图5.1 几种形式的基础示意图

地基承受上部荷载而产生的应力和应变随着土层深度的增加而减小，在达到一定的深度后就可以忽略不计，直接承受基础荷载的土层叫持力层。每平方米地基所能承受的最大压力称为地基承载力特征值，为了保证建筑物的稳定和安全，必须控制建筑物基础底面的平均压应力不超过地基承载力特征值。建筑的全部荷载是通过基础传递给地基的，因此，当荷载一定时，可通过加大基础底面积来减少单位面积地基上所承受的压力。

2. 地基的分类

地基可分为天然地基和人工地基两种类型。

天然地基是指天然状态下即可满足承载力要求、不需人工处理的地基。可作为天然地基的岩土体包括岩石、碎石、砂土、黏性土等。当天然岩土体达不到上述要求时，可以对地基进行补强和加固。经人工处理的地基称为人工地基，处理方法有换填法、预压法、强夯法、振冲法、深层搅拌法。

(1) 换填法是指用砂石、素土、灰土、工业废渣等强度较高的材料，置换地基浅层软弱土，并在回填土的同时逐层压实。

(2) 预压法是指在建筑基础施工前，对地基土预先进行加载预压，以提高地基土的强度和抵抗沉降的能力。

(3) 强夯法是利用强大的夯击功迫使深层土密实，以提高地基承载力。

5.1.2 基础埋深的确定原则

基础的埋深是指室外设计地面至基础底面的深度，如图 5.2 所示。基础按基础埋置深度大小分为浅基础和深基础。若浅层土质不良，需加大基础埋深，此时需采取一些特殊的施工手段和相应的基础形式，如桩基、沉井和地下连续墙等，这样的基础称为深基础。

基础埋深的确定原则如下。

1. 建筑的特点

高层建筑一般有地下室，地基打桩处理，基础埋深是地上建筑高度的 1/15 左右，而多层建筑则要考虑地基土的情况、地下水位及冻土深度来确定埋深尺寸。

2. 地基土的好坏

土质好而承载力高的土层可以浅埋，土质差而承载力低的土层则应该深埋。一般应尽可能浅埋，但通常不浅于 500mm。

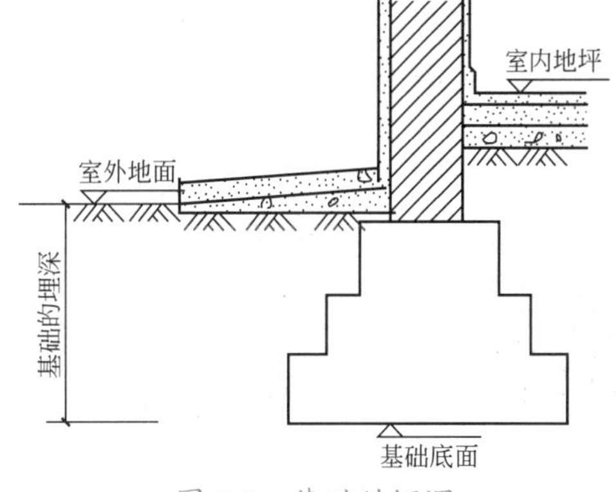

图 5.2 基础的埋深

3. 地下水位的影响

土壤中地下水含量的多少对承载力的影响很大。一般应尽量将基础放在地下水位之上，这样处理的好处是可以避免施工时排水，还可以防止基础的冻胀。当地下水位较高，基础不能埋置在地下水位以上时，宜将基础埋置在最低地下水位以下不少于 200mm 的深度，且同时考虑施工时基坑的排水和坑壁支护等因素。

4. 冻结深度的影响

土层的冻结深度由各地气候条件决定，如北京地区一般为 0.8 ～ 1.0m，哈尔滨一般为 2m 左右。建筑物的基础若放在冻胀土上，冻胀力会将建筑物拱起，使建筑物产生变形；解冻时又会产生陷落，使基础处于不稳定状态。冻融的不均匀使建筑物产生变形，严重时会产生开裂等破坏情况。因此，一般应将基础的灰土垫层部分放在冻结深度以下不少于 200mm 处。

5. 相邻建筑物或建筑物基础的影响

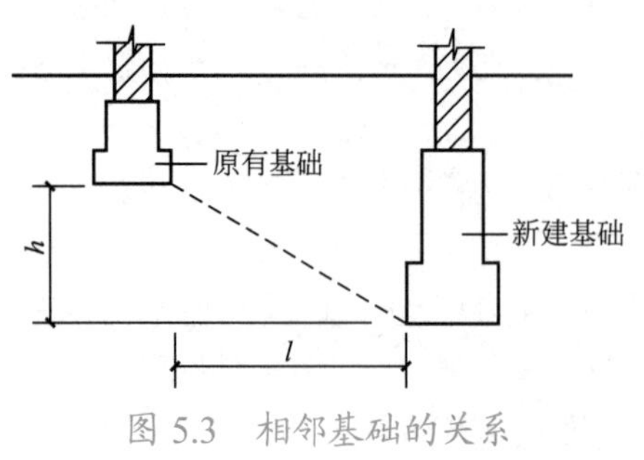

图 5.3　相邻基础的关系

新建建筑物基础埋深不宜大于相邻原有建筑物的基础埋深，当新建筑基础埋深小于或等于原有建筑基础埋深时，应考虑附加压力对原有基础的影响。若新建筑的基础埋深大于原有建筑的基础埋深时，应考虑原有基础的稳定性问题，如图 5.3 所示。具体做法是必须满足下列条件：

$$\frac{h}{l} \leqslant \frac{1}{2} \sim \frac{2}{3} \text{ 或 } l \geqslant 1.5h \sim 2.0h \qquad (5\text{-}1)$$

式中：h—— 新建建筑物与原有建筑物基础底面标高之差（m）；

l—— 新建建筑物与原有建筑物基础边缘的最小距离（m）。

5.1.3 基础的类型

当采用砖、石、混凝土、灰土等抗压强度好而抗弯、抗剪强度很低的材料做基础时，基础断面应根据材料的刚性角来确定，这种材料做的基础称为刚性基础。刚性基础因受刚性角的限制，当建筑物的荷载较大或地基承载能力较差时，如按刚性角逐步放宽，则需要加大埋置深度，这就加大了土方工程量和材料用量，在这种情况下宜采用钢筋混凝土基础。钢筋混凝土基础不受刚性角限制，能够承受弯矩，可以做成独立基础、条形基础、筏形基础、箱形基础等类型，如图 5.4 所示。

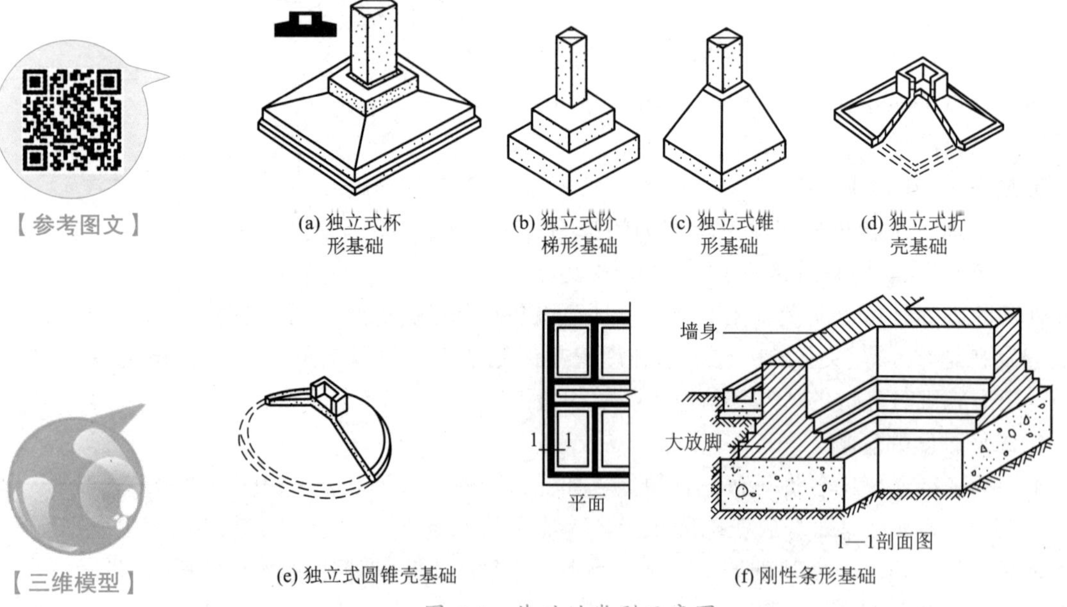

图 5.4　基础的类型示意图

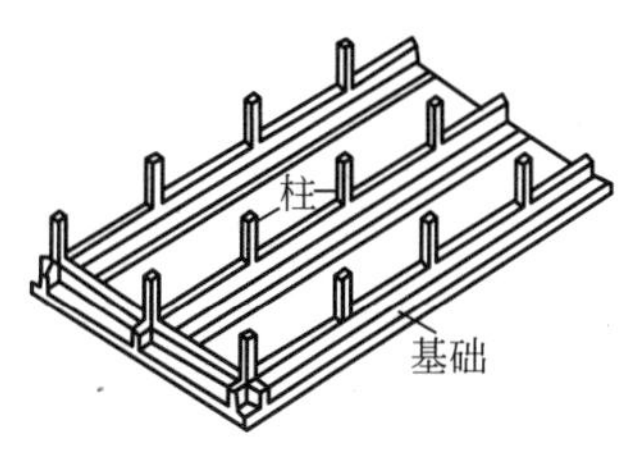

(g) 柱下钢筋混凝土条形基础

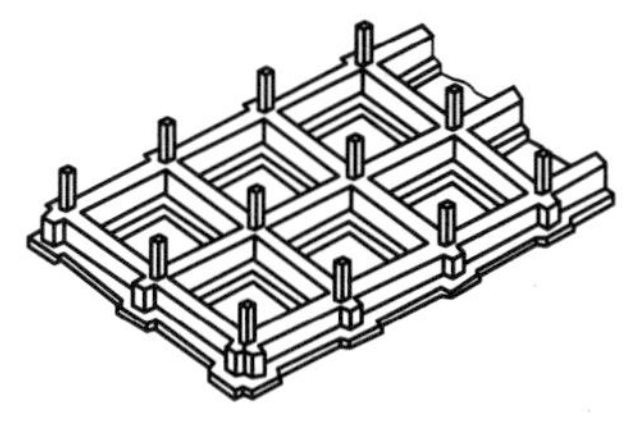

(h) 柱下钢筋混凝土十字交叉基础

【三维模型】

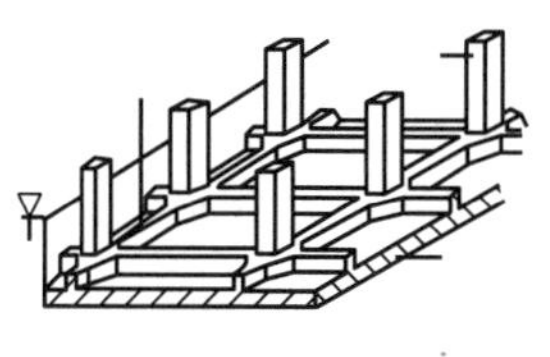

(i) 带肋梁筏板基础

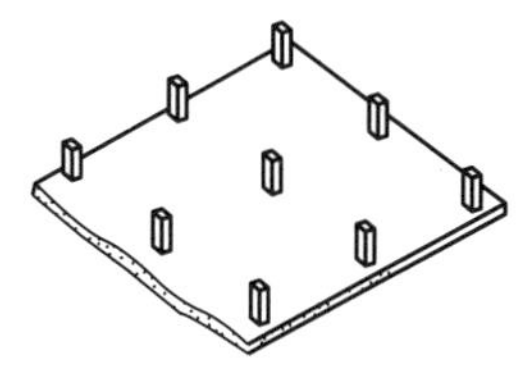

(j) 平板式筏板基础

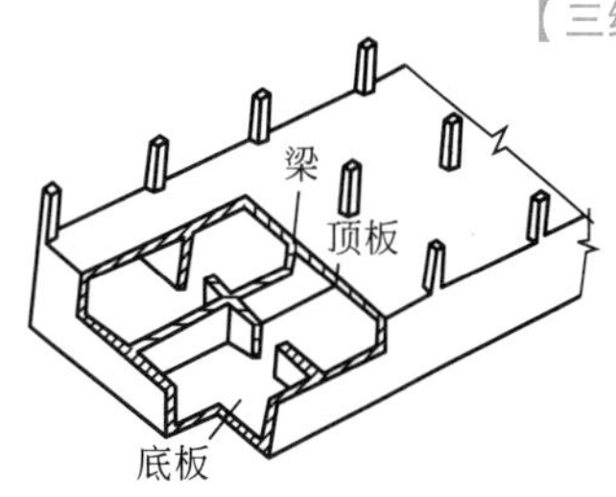

(k) 箱形基础

图 5.4 基础的类型示意图 (续)

5.2 基础底面积的确定原则

在轴心荷载作用下，假定基础底面的压力为均匀分布，如图 5.5 所示，按地基持力层承载力计算基底尺寸时，要求基础底面压力满足下式要求：

$$p_k=\frac{F_k+G_k}{A}\leqslant f_a \tag{5-2}$$

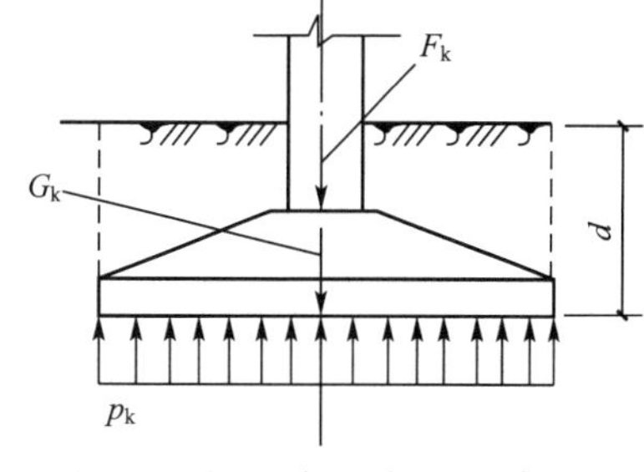

图 5.5 轴心受压基础计算简图

式中：f_a—— 修正后的地基持力层承载力特征值 (规范规定当基础宽度大于 3m、基础埋深大于 0.5m 时，地基承载力特征值要考虑修正)；

p_k—— 荷载效应标准组合时，基础底面处的平均压力值（Pa）；

A—— 基础底面积（m^2）；

F_k—— 荷载效应标准组合时，上部结构传至基础顶面的竖向力值（N）；

G_k—— 基础自重和基础上的土重，对一般实体基础，可近似地取 $G_k=\gamma_G Ad$(γ_G 为基础及回填土的平均重度，可取 $\gamma_G=20\text{kN/m}^3$，d 为基础平均埋深)。

将 $G_k=\gamma_G Ad$ 代入式 (5-2)，得基础底面积计算公式如下：

$$A\geqslant\frac{F_k}{f_a-\gamma_G d} \tag{5-3}$$

1. 柱下独立基础

在轴心荷载作用下，当采用正方形基础时，其边长为：

$$b \geqslant \sqrt{\frac{F_k}{f_a - \gamma_G d}} \tag{5-4}$$

2. 墙下条形基础

可沿基础长方向取单位长度 1m 进行计算，荷载也为相应的线荷载 (kN/m)，则条形基础的宽度为：

$$b \geqslant \frac{F_k}{f_a - \gamma_G d} \tag{5-5}$$

在上面的计算中，一般先要对地基承载力特征值 f_{ak} 进行深度修正，然后按计算得到的基底宽度 b，考虑是否需要对 f_{ak} 进行宽度修正。如需要，则修正后重新计算基底宽度，如此反复计算一两次即可。最后确定的基底尺寸 b 和 l 均应为 100mm 的倍数。

f_a 为修正后的地基持力层承载力特征值。

5.3 基础高度

在建筑基础设计中首先要根据建筑荷重和地基承载力特征值计算基础底面积，即基础底面积等于建筑荷重除以地基承载力特征值，其次根据基础形式及使用材料等确定基础高度。

单独基础是独立的块状形式，常用的断面形式有阶梯形、锥形、杯形，适用于多层框架结构或单层厂房排架柱下基础。

1. 独立基础高度

如果独立基础高度不足，将发生如图 5.6 所示的冲切破坏，形成沿柱边向下的混凝土锥体。阶梯形基础也可能从基础的变阶处开始形成锥体而发生冲切破坏。

冲切破坏锥体有 4 个梯形斜向冲切面。对矩形底板基础，可仅对短边的斜冲切面进行受冲切承载力验算，因其受冲切面积最小，故受冲切承载力最差 (图 5.7)。

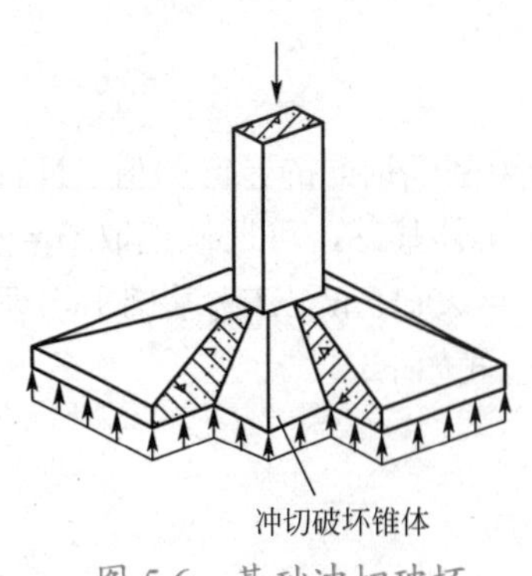

图 5.6　基础冲切破坏

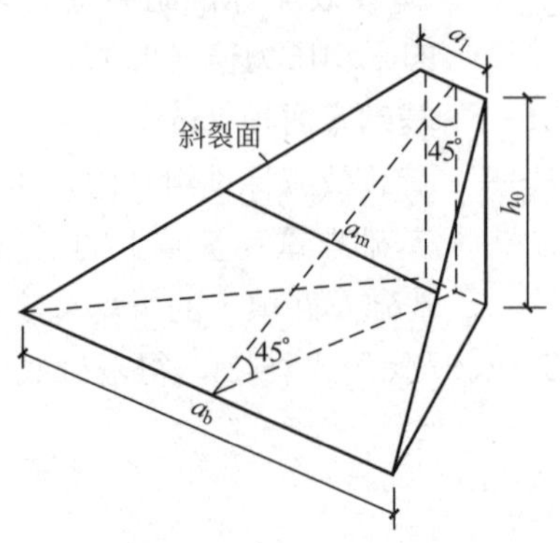

图 5.7　冲切斜裂面长度

2. 条形基础高度

钢筋混凝土基础又称柔性基础，其受力特点如倒置的悬臂板。这类基础的高度不受台阶宽高比的限制，可以经计算确定，如图 5.8 所示为钢筋混凝土基础的构造要求。

条形基础用砖、石、素混凝土等刚性材料制作时，基础的断面形式受刚性角限制(图 5.9)，如素混凝土基础的刚性角小于或等于 45°时，砖基础的大放脚宽高比应小于或等于 1 ∶ 1.5。大放脚的做法一般采用每两皮砖出挑 1/4 砖或每两皮砖出挑 1/4 砖与每一皮砖出挑 1/4 砖相间砌筑。

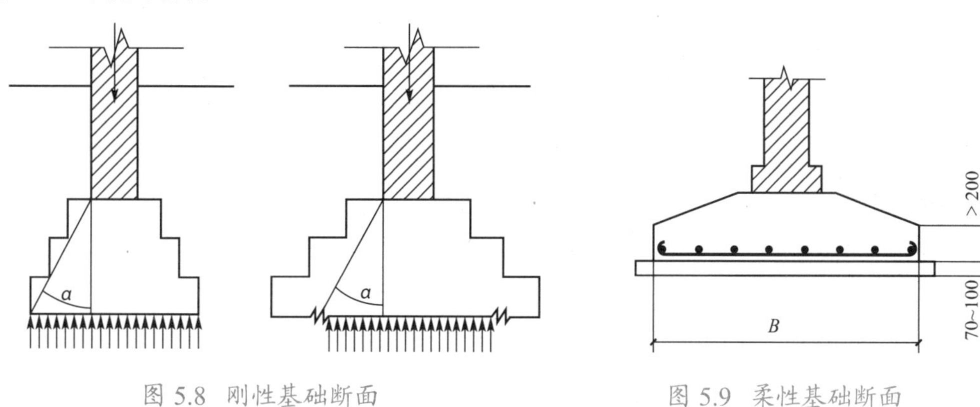

图 5.8　刚性基础断面　　图 5.9　柔性基础断面

5.4　筏形基础和箱形基础

5.4.1　筏形基础

筏形基础(筏基)又有平板式和肋梁式之分，如图 5.10 所示。

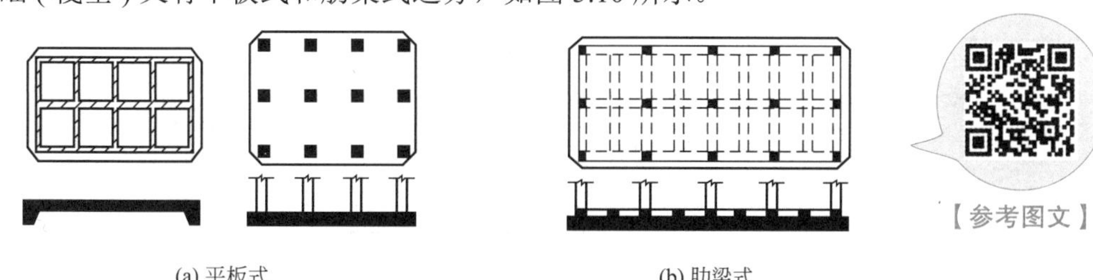

图 5.10　筏形基础

1. 内力计算

当地基比较均匀、上部结构刚度较好、梁板式筏基梁的高跨比或平板式筏基板的厚跨比不小于 1/6，且相邻柱荷载及柱距的变化不超过 20% 时，筏形基础可仅考虑局部弯曲作用，按倒楼盖法进行计算。将筏形基础视为倒置的楼盖，以柱子为基础，地基的净反力为荷载。对平板式筏形基础，可按倒置的无梁楼盖计算；对梁板式筏形基础，底板按连续双

向板 (或单向板) 计算；肋梁按连续梁分析，并宜将边跨跨中弯矩以及第一内支座的弯矩值乘以 1.2 的系数。

当地基比较复杂、上部结构刚度较差，或柱荷载及柱距变化较大时，筏基内力宜按弹性地基板法进行分析。对于平板式筏基，可用有限差分法或有限元法进行分析；对于梁板式筏基，则宜划分肋梁单元和薄板单元，并以有限元法进行分析。

2. 构造要求

筏形基础的板厚应按受冲切和受剪承载力计算确定。平板式筏板基础的底板厚度通常可取为 1 ～ 3m，最小板厚不宜小于 400mm。当柱荷载较大，等厚度筏板的受冲切承载力不能满足要求时，可在筏板上面增设柱墩或局部增加板厚或采用抗冲切钢筋来提高受冲切承载能力。对梁板式筏形基础，纵、横两个方向的肋梁高度一般取成一样，12 层以上建筑的梁板式筏基的板厚不应小于 400mm，且板厚与最大双向板区格的短边净跨之比不应小于 1/14。

梁板式筏基的肋梁除应满足正截面受弯及斜截面受剪承载力外，还需验算柱下肋梁顶面的局部受压承载力。肋梁与柱或剪力墙的连接构造如图 5.11 所示。

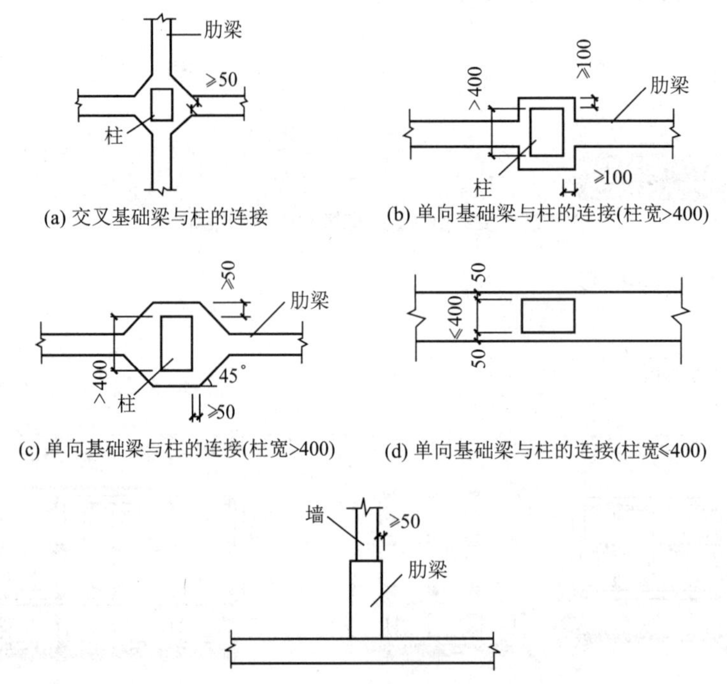

图 5.11　肋梁与地下室底层柱或剪力墙连接的构造

在一般情况下，筏基底板边缘应伸出边柱和角柱外包线或侧墙以外，伸出长度宜不大于伸出方向边跨柱距的 1/4，无外伸梁的底板，其伸出长度一般不宜大于 1.5m。双向外伸部分的底板直角应削成钝角。

筏基的配筋除满足计算要求外，对梁板式筏基，纵横方向的支座钢筋应有 1/3 ～ 1/2 贯通全跨，且配筋率不应小于 0.15%；跨中钢筋应按计算配筋全部连通。对平板式筏基，柱下板带和跨中板带的底部钢筋应有 1/3 ～ 1/2 贯通全跨，且配筋率不应小于 0.15%；顶部钢筋按计算全部连通。

筏板边缘的外伸部分应上、下均配置钢筋。对无外伸肋梁的双向外伸部分，应在板底配置内锚长度为 l_r（大于板的外伸长度 l_1 及 l_2）的辐射状附加钢筋，其直径与边跨板的受力钢筋相同，外端间距不大于 200mm。

当筏板的厚度大于 2000mm 时，宜在板厚中间部位设置直径不小于 12mm、间距不大于 300mm 的钢筋网。

高层建筑筏形基础的混凝土强度等级不应低于 C30。对于设置架空层或地下室的筏基底板、肋梁及侧壁来说，其所用混凝土的抗渗等级不应小于 0.6MPa。

5.4.2 箱形基础

箱形基础广泛应用于高层建筑中。除了底板、顶板和外墙以外，还要求设置相当数量的内纵横墙，构成一个整体性很强、刚度很大的箱体 (图 5.12)，可以把上部荷载均匀地传至地基。箱形基础和上部结构的连接整体性很强。

【参考图文】

1. 设计计算

箱形基础常用以下两种方法进行计算。

(1) 把箱形基础当作绝对刚性板，不考虑上部结构的共同作用，用弹性理论确定地基反力和基础内力。计算箱形基础顶板和底板时，包括整体受弯及局部弯曲共同产生的内力。

(2) 把箱形基础作为建筑物的一个地下楼层，不考虑箱形基础整体受弯作用，只按局部弯曲来计算底板内力。地基内力假定为均匀分布，底板按倒楼盖计算。隔墙看作支座，顶板按支承在隔墙上的一般平面楼盖计算。

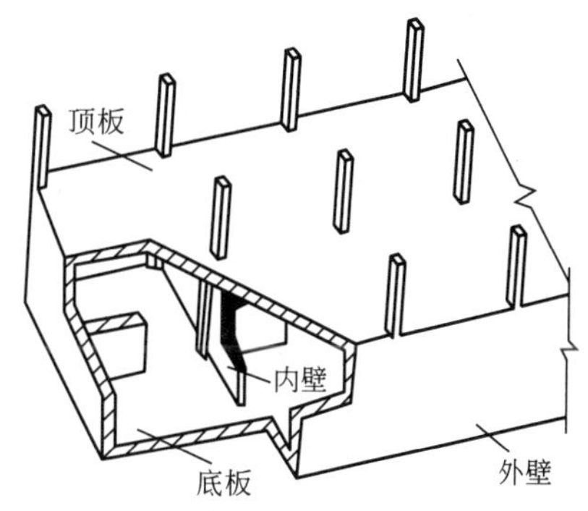

图 5.12 箱形基础

按第二种方法计算得到的底板较薄、配筋较少。高层建筑的箱形基础用第二种方法计算较为合理。

当箱形基础埋置于地下水位以下时，要重视施工阶段中的抗浮稳定性。一般采用井点抽水法使地下水位维持在基底以下，再进行施工。在箱形基础封完底让地下水位回升前，上部结构应足够重，应保证抗浮稳定系数不小于 1.2。此外，底板及外墙要采取可靠的抗渗措施。

2. 构造要求

箱形基础的墙身一般与底层的承重墙或框架的柱网相配合，上下对齐，直接承受上部结构传来的荷载。若上部结构的柱间距大，又要求地下部分有较大的空间，当土反力不大时，也可采用带肋的底板。此外，箱形基础的外轮廓线要少折曲，必要时可由沉降缝把多曲折的基础平面划分成若干个较为规则的平面来处理。

箱形基础在构造上要求平面形状简单，通常为矩形，基底的形心与主要荷载的合力尽量重合。通常，底板厚 300 ～ 600mm，顶板厚 200 ～ 400mm，外墙厚 300 ～ 400mm，内隔墙厚 200 ～ 300mm。隔墙应顺柱列设置。顶、底板之间的净高一般为 3 ～ 4m，以适合作地下室的要求。顶、底板的配筋率不宜超过 0.8%，由计算确定。隔墙的钢筋按经验配置，采用双层钢筋网，通常情况下，内墙：ϕ10 @ 200；外墙：ϕ10 ～ 12 @ 150 ～ 200。纵向钢筋应伸入顶、底板内，以形成整体。

5.5 桩基础

桩有两种形式：端承桩和摩擦桩。端承桩把荷载从桩顶传递到桩底，由桩底支承在坚实土层上；摩擦桩则通过桩表面和四周土壤间的摩擦力或附着力逐渐把荷载传递到周围，如图 5.13 所示。桩基础一般由设置于土中的桩和承接上部结构的承台组成。单桩如用钢筋混凝土做成，则截面边长 (或直径) 为 250 ～ 550mm。桩的长度根据坚实土层的深度确定，一般在 6 ～ 30m 之间，最长的可达 60m 左右。钢筋混凝土桩既可以做成预制桩，也可以做成沉管灌注式桩。钢桩可以用钢管或宽翼缘工字钢做成，钢管直径为 250 ～ 1200mm。每根桩的容许承载力与埋入土的状态、桩的截面尺寸、桩所用材料及桩尖埋入坚实土层的深度有关，一般为 300 ～ 1500kN。桩的实际承载力宜用现场荷载试验确定，保证安全的允许承载力大约为现场荷载试验所得极限承载力的 50%。

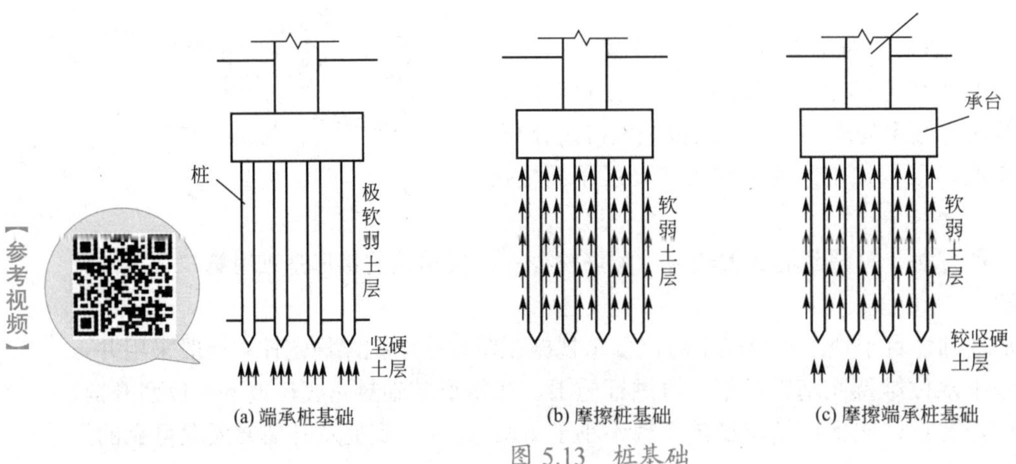

图 5.13　桩基础

桩基础设计的一般步骤如下。

桩基础设计应符合安全、合理和经济的要求。对桩和承台来说，应有足够的强度、刚度和耐久性；对地基 (主要是桩端持力层) 来说，要有足够的承载力和不产生过量的变形。

1. 桩的根数和布置

初步确定桩数时，先按式 (5-6) 确定单桩承载力特征值 R_a：

$$R_a = q_{pa}A_p + u_p\sum q_{sia}l_i \tag{5-6}$$

式中：R_a—— 单桩竖向承载力特征值；

q_{pa}、q_{sia}—— 桩端阻力、桩侧阻力特征值，由当地静载荷试验结果统计分析求得；

A_p—— 桩底横截面面积（m^2）；

u_p—— 桩身周长长度（mm）；

l_i—— 第 i 层岩土的厚度（mm）。

当桩基为轴心受压时，桩数 n 应满足下式的要求：

$$n \geqslant \frac{F_k + G_k}{R_a} \tag{5-7}$$

式中：F_k—— 相应于荷载效应标准组合时，为作用于桩基承台顶面的竖向力（N）；

G_k—— 桩基承台及承台上土的自重标准值（N）。

偏心受压时，对于偏心距固定的桩基来说，如果桩的布置使得群桩横截面的重心与荷载合力作用点重合，则仍可按上式估定桩数，否则，桩的根数应按上式确定的增加 10% ～ 20%。所选的桩数是否合适，尚待各桩受力验算后确定。如有必要，还需通过桩基软弱下卧层承载力和桩基沉降验算最终确定。

在确定桩数时，承受水平荷载的桩基还要满足对桩的水平承载力要求。此时，可以取各单桩水平承载力之和作为桩基的水平承载力。

2. 桩的平面布置原则

桩的平面布置可采用对称式、梅花式、行列式和环状排列，如图 5.14 所示。为使桩基在其承受较大弯矩的方向上有较大的抵抗矩，也可采用不等距排列，此时，柱下单独桩基础和整片式的桩基宜采用外密内疏的布置方式。

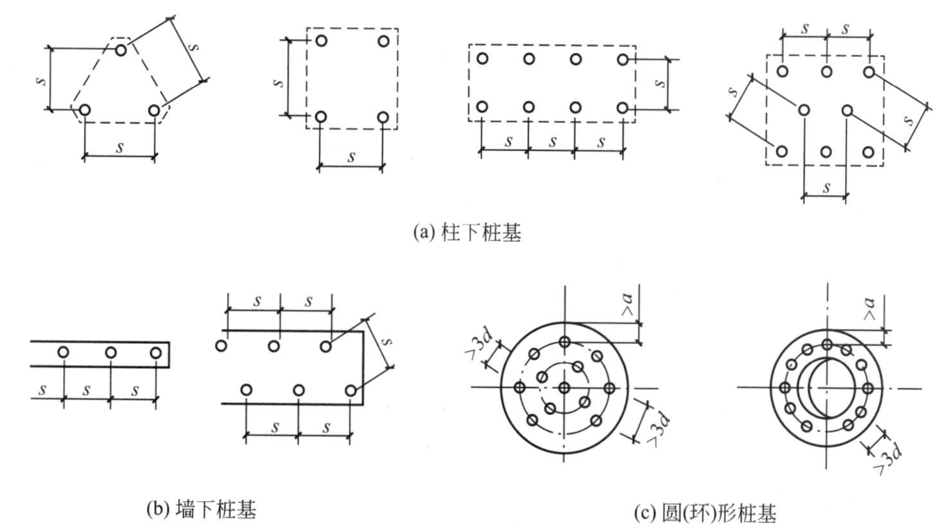

图 5.14　桩的常用布置形式

为了使桩基中各桩受力比较均匀，群桩横截面的重心应与竖向永久荷载合力的作用点重合或接近。

布置桩位时，桩的间距 (中心距) 一般采用 3 ～ 4 倍桩径。桩的最小中心距应符合表 5-1 中的规定。

表 5-1　桩的最小中心距

土类与成桩工艺		排数不小于 3 排且桩数不小于 9 根的摩擦型桩基	其他情况
非挤土和小量挤土灌注桩		3.0d	2.5d
挤土灌注桩	穿越非饱和土	3.5d	3.0d
	穿越饱和软土	4.0d	3.5d
挤土预制桩		3.0d	3.0d
打入式敞口管桩和 H 形钢桩		3.5d	3.0d

扩底灌注桩除应符合表 5-1 中的要求外，尚应满足表 5-2 中的规定。

表 5-2　灌注桩扩底端最小中心距

成桩方法	最小中心距
钻、挖孔灌注桩	1.5d_b 或 d_b+1m(当 d_b > 2m 时)
沉管扩底灌注桩	2.0d_b

5.6　建筑物有过大不均匀沉降时的处理

发生过大的不均匀沉降而使墙体开裂的原因有：建筑物地基土层软硬不均匀；建筑物高低变化太大，地基承受荷载不均匀；在同一建筑物内设置不同的结构体系和不同的基础类型，使得地基发生过大的不均匀变形。

预防的措施：除在上部结构设计中要做各种考虑 (如合理布置建筑平面、合理布置结构体系、合理布置纵横墙、合理布置圈梁、采用对不均匀沉降欠敏感的结构等) 外，对基础体系的处理上宜有以下考虑。

1. 用沉降缝将建筑物 (包括基础) 分割为两个或多个独立的沉降单元

沉降缝可有效地防止地基不均匀沉降产生的损害。分割出的沉降单元，原则上要求具备体型简单、长高比小、结构类型不变及所在处的地基比较均匀等条件。为此，沉降缝的位置通常选择在下列部位上。

(1) 长高比过大的建筑物的适当部位。

(2) 平面形状复杂的建筑物的转折部位。

(3) 地基土的压缩性有显著变化处。

(4) 建筑物的高度或荷载有很大差别处。

(5) 建筑物的结构类型 (包括基础) 截然不同处。

(6) 分期建造房屋的交界处。

(7) 拟设置伸缩缝或抗震缝处 (三缝合一)。

沉降缝的构造如图 5.15 所示。缝内不能填塞，但寒冷地区为了防寒，有时也填以松软材料。沉降缝的造价颇高，且会增加建筑及结构处理上的困难，所以不宜轻易多用。

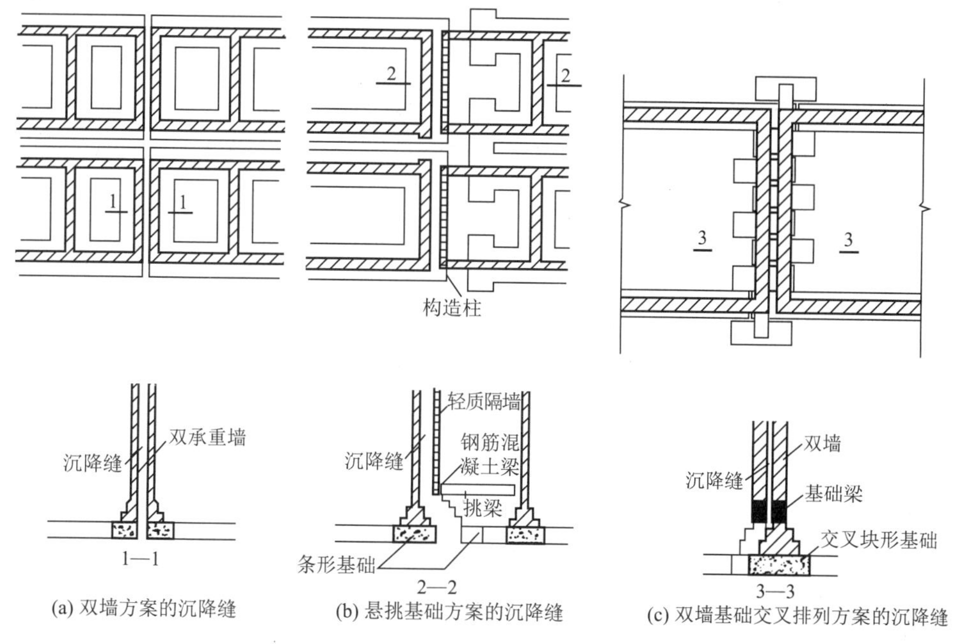

(a) 双墙方案的沉降缝　(b) 悬挑基础方案的沉降缝　(c) 双墙基础交叉排列方案的沉降缝

图 5.15　沉降缝构造示意图

根据上述原则划分的沉降单元具有良好的整体刚度，沉降也比较均匀，一般不会再开裂，然而由于单元之间仅有一缝之隔，沉降太大时，不免要在彼此影响下发生相互倾斜。此时，如果缝的宽度不够或被坚硬物堵塞，单元的上方就会顶住，有可能造成局部挤坏甚至整个单元竖向受挠的破坏事故。基础沉降缝宽度一般按下列经验数值取用。

（1）对 2 ～ 3 层建筑物，沉降缝宽度取 50 ～ 80mm。

（2）对 4 ～ 5 层建筑物，沉降缝宽度取 80 ～ 120mm。

（3）对 5 层以上建筑物，沉降缝宽度不小于 120mm(当沉降缝两侧单元层数不同时，缝宽按层数大者取用)。

沉降缝应沿建筑物高度将两侧房屋完全断开。

有抗渗要求的地下室一般不宜设置沉降缝。因此，对于具有地下室和裙房的高层建筑，为减少高层部分与裙房间的不均匀沉降，常在施工时采用后浇带将两者断开，待两者间的后期沉降差能满足设计要求时再连接成整体。

如果估计到设置沉降缝后难免发生单元之间的严重互相倾斜时，可以考虑将拟划分的沉降单元拉开一段距离，其间另外用静定结构连接 (称为连接体)。对于框架结构，还可选取其中一跨 (一个开间) 改成简支或悬挑跨，使建筑物分为两个独立的沉降单元，如图 5.16 所示。

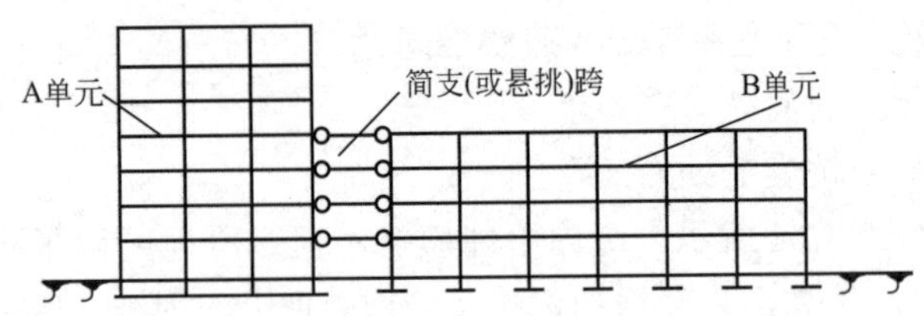

图 5.16 用简支 (或悬挑) 跨分割沉降单元示意图

2. 相邻建筑物基础间净距的考虑

地基中附加应力的向外扩散，使得相邻建筑物的沉降相互影响。在软弱地基上，两建筑物的距离太近时，相邻影响产生的附加不均匀沉降可能造成建筑物的开裂或互倾。这种相邻影响主要表现如下。

(1) 同期建造的两相邻建筑物之间会彼此影响，特别是当两建筑物轻 (低) 重 (高) 差别较大时，轻者受重者的影响较大。

(2) 原有建筑物受邻近新建重型或高层建筑物的影响。

为了避免相邻影响的损害，软弱地基上的建筑物基础之间要有一定的净距，其值视地基的压缩性、影响建筑 (产生影响者) 的规模和自重以及被影响建筑 (受影响者) 的刚度等因素而定。这些因素可以归结为影响建筑的预估沉降量和被影响建筑的长高比两个综合指标，并据此按表 5-3 选定相邻建筑物基础之间所需的净距。

表 5-3 相邻建筑物基础间的净距

影响建筑物的预估平均沉降量 S/mm	受影响建筑的长高比	
	$2.0 \leqslant L/H_f < 3.0$	$3.0 \leqslant L/H_f < 5.0$
70 ～ 150	2 ～ 3	3 ～ 6
160 ～ 250	3 ～ 6	6 ～ 9
260 ～ 400	6 ～ 9	9 ～ 12
> 400	9 ～ 12	> 12

注：① 表中 L 为房屋长度或沉降缝分隔的单元长度 (m)；H_f 为自基础底面算起的房屋高度 (m)。

② 当受影响建筑的长高比为 $1.5 < L/H_f < 2.0$ 时，其净距可适当缩小。

3. 按下列程序进行基础及上部结构的施工

(1) 当拟建的相邻建筑物之间轻 (低) 重 (高) 悬殊时，一般应按照先重后轻的程序进行施工；有时还需要在重建筑物竣工之后间歇一段时期，再建造轻的邻近建筑物。如果重的主体建筑物与轻的附属部分相连时，也可按上述原则处理。

(2) 注意堆载、沉桩和降水等对邻近建筑物的影响，在已建成的建筑物周围不宜堆放大量的建筑材料或土方等重物，以免地面堆载引起建筑物产生附加沉降。

当拟建建筑物内有采用桩基的建筑物时，该工程应首先进行施工。

5.7 地下室的防潮与防水

房间地面低于室外设计地面平均高度大于该房间净高的1/2者，称为地下室。作为建筑空间向地下的延伸或结构的需要，有一层、二层、三层甚至多层地下室。地下室经常受到下渗地表水、土壤中的潮气或地下水的侵蚀，因此防潮、防水问题便成了地下室构造设计中要解决的一个重要问题。

当最高地下水位低于地下室地坪且无滞水可能时，地下水不会直接侵入地下室。地下室的外墙和底板只受到土层中潮气的影响时，一般只做防潮处理。

当最高地下水位高于地下室地坪时，地下水不仅可以侵入地下室，而且地下室外墙和底板还分别受到地下水的侧压力和浮力作用，这时，对地下室必须采取防水处理。地下室防潮、防水与地下水位的关系如图5.17所示。

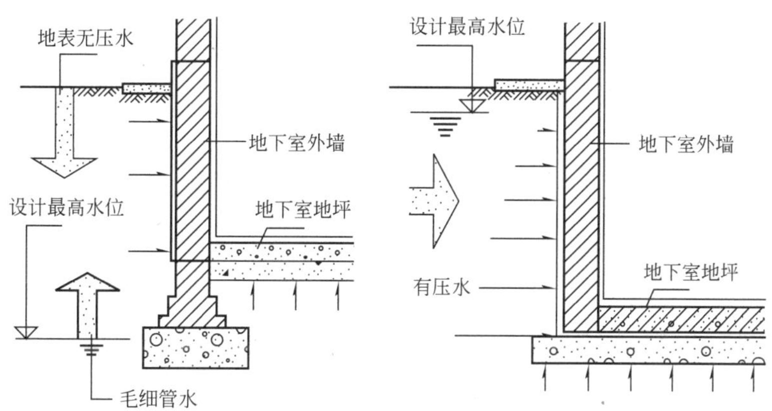

图5.17 地下室防潮、防水与地下水位的关系

5.7.1 地下室防潮构造

地下室防潮是在地下室外墙外面设置防潮层。其做法是在外墙外侧先抹20mm厚1∶2.5水泥砂浆(高出散水300mm以上)，然后涂一道冷底子油和两道热沥青(至散水底)，最后回填隔水层。隔水层材料北方常采用2∶8的灰土，南方常用炉渣，其宽度不少于500mm，如图5.18所示。

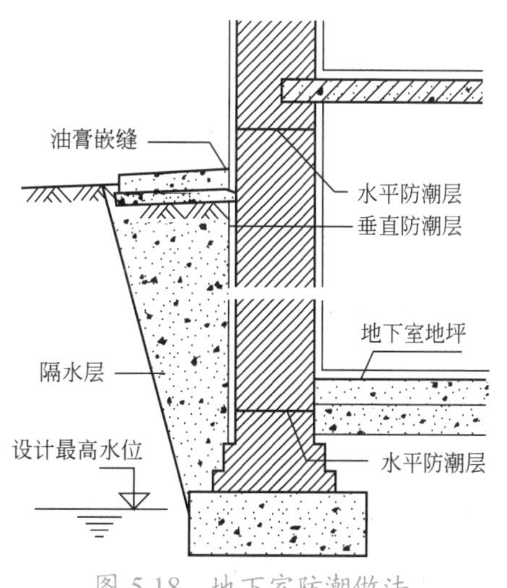

图5.18 地下室防潮做法

5.7.2 地下室防水

地下工程的防水等级分为四级：一级，防

水标准要求不允许渗水，结构表面无湿渍，适用于人员长期停留的场所，其防水设防要求应选防水混凝土之外，还应在防水卷材、防水涂料、塑料防水板、膨胀土防水材料、防水砂浆、金属防水板中选一两种做法；二级，防水标准要求不允许渗水，结构表面可有少量湿渍，适用于人员经常活动的场所，其防水设防要求应选防水混凝土之外，还应在防水卷材、防水涂料、塑料防水板、膨胀土防水材料、防水砂浆、金属防水板中选一种做法；三级，防水标准要求可有少量渗水点，不得有线流和漏泥沙，适用于人员临时的场所，其防水设防要求应选防水混凝土之外，还宜在防水卷材、防水涂料、塑料防水板、膨胀土防水材料、防水砂浆、金属防水板中选一种做法；四级，防水标准要求可有渗水点，不得有线流和漏泥沙，适用于对漏水无严格要求的工程，其防水设防要求宜选防水混凝土。地下室防水应为一至三级。

【参考图文】

地下室防水措施有沥青卷材防水、防水混凝土防水、防水涂料、塑料防水板、膨胀土防水材料、防水砂浆、金属防水板等。

1. 卷材防水

卷材防水是以沥青胶为胶结材料粘贴一层或多层卷材做防水层的防水做法。卷材应采用高聚物改性沥青防水卷材和合成高分子防水卷材。根据卷材与墙体的关系可分为内防水和外防水。地下室卷材外防水做法如图 5.19 所示。

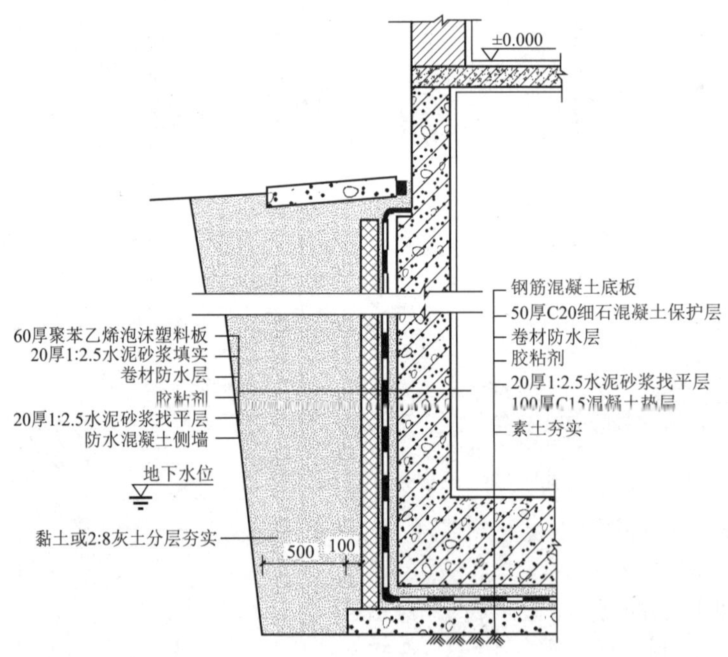

图 5.19　地下室卷材外防水做法（外包）

具体做法是：先在地下室底板的混凝土垫层上做 20mm 厚 1 ∶ 2.5 水泥砂浆找平层，卷材铺贴前应在基层表面上涂刷基层处理剂，基层处理剂应与卷材及胶粘剂的材料相容，可采用喷涂或涂刷法施工，然后待表面干燥后满铺防水层。卷材长边、短边的搭接宽度均不小于 100mm。当采用多层卷材时上下两层和相邻两幅卷材的接缝应错开 1/3 幅宽，且两层卷材不得相互垂直铺贴。卷材上做细石混凝土或水泥砂浆保护层，最后浇筑钢筋混凝土底板。墙板的防水做法是：先在外墙板外面抹20mm厚1 ∶ 2.5水泥砂浆找平层，然后粘贴防水层，防水层与从地下室地坪底板下留出的卷材防水层逐层搭接。卷材防水层的转角应做成圆弧，还应加铺一道相同的卷材，宽度不应小于500mm。防水层外面采用60mm厚聚苯乙烯泡沫塑料板做保护防水层。最后在保护层外0.5m的范围内回填2 ∶ 8灰土或炉渣。

此外，还有将防水卷材铺贴在地下室外墙内表面的内防水做法(又称内包防水)，如图5.20所示。这种防水方案对防水不太有利，但施工方便，易于维修，多用于修缮工程。

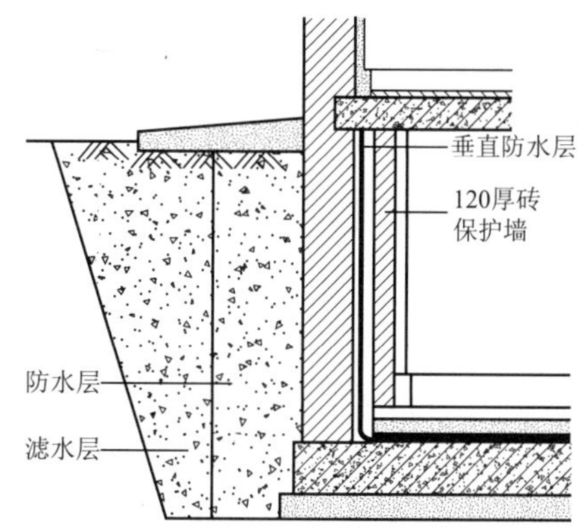

图5.20 地下室卷材外防水做法（内包）

2. 防水混凝土防水

地下室的地坪与墙体一般都采用钢筋混凝土材料，其防水以采用防水混凝土为佳。防水混凝土的配制与普通混凝土相同，所不同的是借不同的集料级配，以提高混凝土的密实性；或在混凝土内掺入一定量的外加剂，以提高混凝土自身的防水性能。集料级配主要是采用不同粒径的骨料进行级配，同时提高混凝土中水泥砂浆的含量，使砂浆充满于骨料之间，从而堵塞因骨料直接接触出现的渗水通道，达到防水的目的。

掺外加剂是在混凝土中掺入加气剂或密实剂，以提高其抗渗性能。目前常采用的外加防水剂的主要成分是氯化铝、氯化钙和氯化铁，系淡黄色的液体。它掺入混凝土中能与水泥水化过程中的氢氧化钙反应，生成氢氧化铝、氢氧化铁等不溶于水的胶体，并与水泥中的硅酸二钙、铝酸三钙化合成复盐晶体，这些胶体与晶体填充于混凝土的孔隙内，从而提高其密实性，使混凝土具有良好的防水性能。集料级配防水混凝土的抗渗标号可达35个大气压；外加剂防水混凝土的抗渗标号可达32个大气压。防水混凝土的外墙、底板均不宜太薄，外墙厚度一般应在200mm以上，底板厚度应在150mm以上。为防止地下水对混凝土侵蚀，在墙外侧应抹水泥砂浆，然后涂抹冷底子油。地下室防水混凝土做法如图5.21所示。

3. 防水涂料防水

地下工程应用的防水涂料主要有有机防水涂料和无机防水涂料，有机防水涂料主要包括合成橡胶类、合成树脂类和橡胶沥青类；无机防水涂料是以高分子聚合物为主要基料加入少量无机活性粉料，如水泥及石英砂等拌和而成，它具有比一般有机涂料干燥快、弹性模量低、体积收缩小、抗渗性好等优点，国外称为弹性水泥防水涂料，近年来应用较为

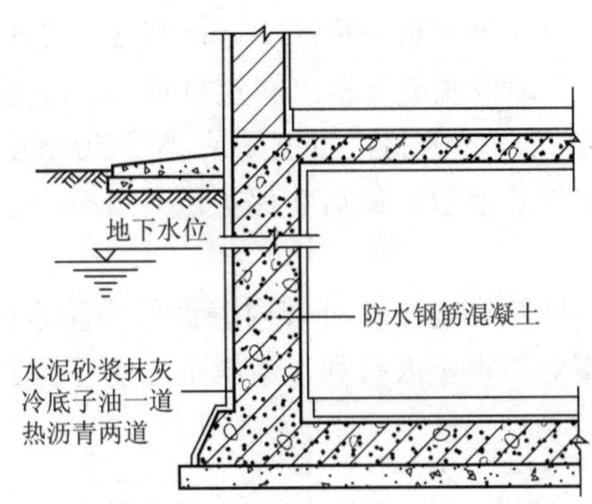

图 5.21　地下室防水混凝土防水做法

广泛。此外，地下工程防水构造还有塑料防水板、膨胀土防水材料、防水砂浆、金属防水板等。

4. 降、排水辅助防水

降、排水防水措施是地下工程中有效的辅助防水措施。降、排水辅助防水措施一般可分为外排法和内排法。外排法是在建筑物四周设置永久性降、排水设施，当地下水位高于地下室地面时，将水位降低至地下室地面以下，通常采用盲沟排水的方法，如图 5.22 所示；内排水是将渗入地下室内的水通过地下室地面所设置的排水系统，包括集水沟、水泵等，将水排除，适用于地质为弱透水性且渗水量不大的情况，如图 5.23 所示。

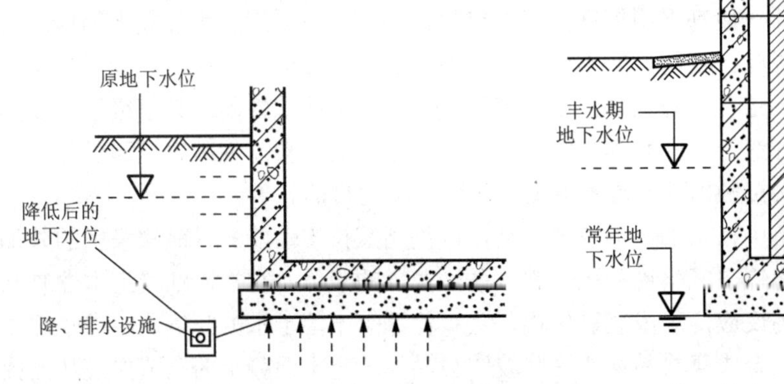

图 5.22　降、排水辅助防水措施（外排法）

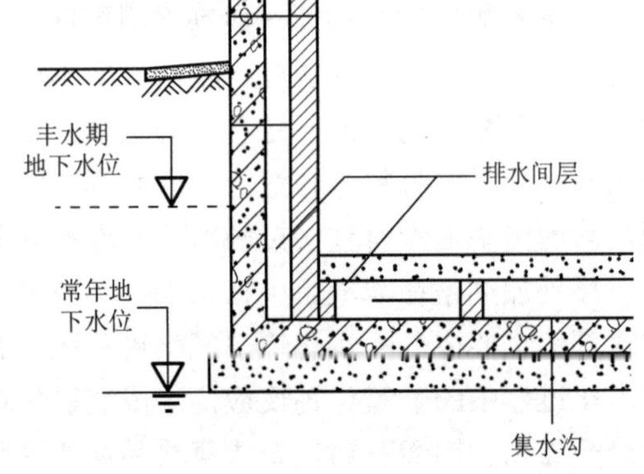

图 5.23　降、排水辅助防水措施（内排法）

5. 地下室变形缝

图 5.24 所示为地下室变形缝处的构造做法。变形缝处是地下室最容易发生渗漏的部位，因而地下室应尽量不要做变形缝，如必须做变形缝（一般为沉降缝），则应采用止水带、遇水膨胀橡胶腻子止水条等高分子防水材料和接缝密封材料做多道防线。止水带构造有内埋式和可拆卸式两种，对水压大于 0.3MPa、变形量为 20 ～ 30mm、结构厚度大于或等于 300mm 的变形缝，应采用中埋式橡胶止水带；对环境温度高于 50℃处的变形缝，可采用 2mm 厚的紫铜片或 3mm 厚的不锈钢等金属止水带，其中间呈圆弧形，以适应变形。地下室变形缝除应选中埋式止水带之外，还应根据防水等级要求在外贴式止水带、可卸式止水带、防水密封材料、外贴防水卷材、外涂防水涂料中选一至两种防水做法。

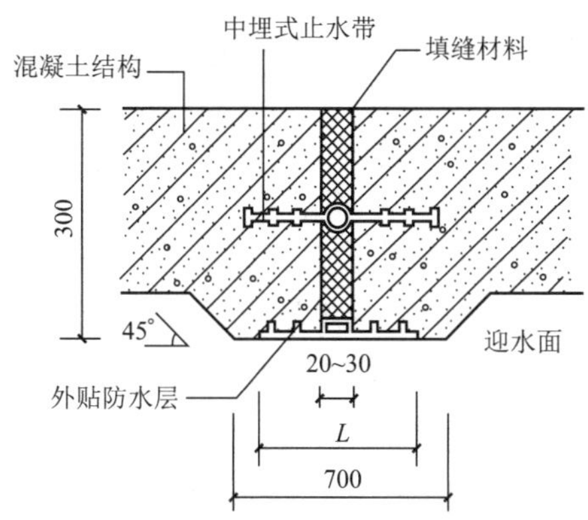

(a) 中埋式止水带与外贴防水层复合使用(外贴式止水带$L \geqslant 300$;
外贴防水卷材$L \geqslant 400$；外涂防水涂层≥400)

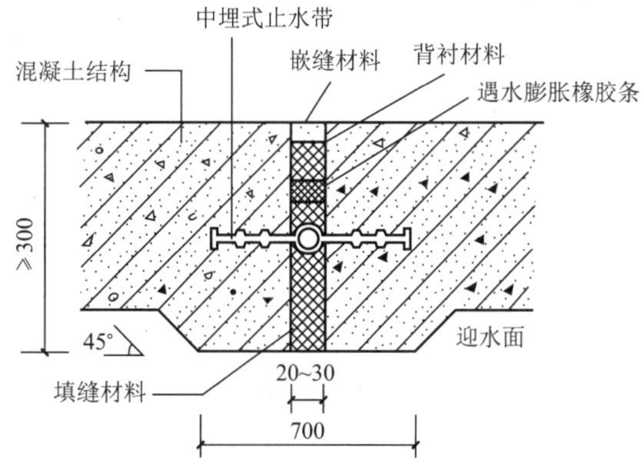

(b) 中埋式止水带与遇水膨胀橡胶条、嵌缝材料复合使用

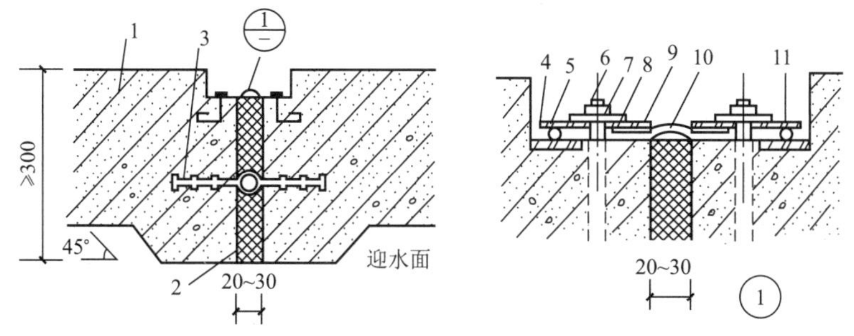

(c) 中埋式止水带与可卸式止水带复合使用

图 5.24 地下室变形缝构造

1—混凝土结构；2—填缝材料；3—中埋式止水带；4—预埋钢板；5—紧固件压板；6—预埋螺栓；7—螺母；8—垫圈；9—紧固件压块；10—凸形止水带；11—紧固件圆钢

本章小结

（1）基础是建筑物地面以下的承重结构，是建筑物的墙或柱子在地下的扩大部分，其作用是承受建筑物上部结构传下来的荷载，并把它们连同自重一起传给地基。地基是指基础底面以下、荷载作用影响范围内的部分岩石或土体。

（2）当采用砖、石、混凝土、灰土等抗压强度好而抗弯、抗剪强度很低的材料做基础时，基础断面应根据材料的刚性角来确定，这种材料做的基础称为刚性基础；钢筋混凝土基础不受刚性角限制，能够承受弯矩，可以做成独立基础、条形基础、筏形基础、箱形基础等类型。

（3）地下室经常受到下渗地表水、土壤中的潮气或地下水的侵蚀，因此防潮、防水问题便成了地下室构造设计中要解决的一个重要问题。当最高地下水位低于地下室地坪且无滞水可能时，地下水不会直接侵入地下室。地下室的外墙和底板只受到土层中潮气的影响时，一般只做防潮处理。

（4）当最高地下水位高于地下室地坪时，地下水不仅可以侵入地下室，而且地下室外墙和底板还分别受到地下水的侧压力和浮力作用，这时，对地下室必须采取防水处理。

思考题

1. 什么是地基？什么是基础？地基和基础有什么区别？
2. 地基和基础的设计要求有哪些？
3. 基础埋深的确定原则有哪些？
4. 怎样区分刚性基础与柔性基础？
5. 如何确定基础的底面积？
6. 桩基础由哪些部分组成？
7. 基础按构造形式分哪几类？一般各适用于什么情况？
8. 建筑物有过大不均匀沉降时应如何处理？
9. 地下室由哪些部分组成？
10. 如何确定地下室应该采用防潮做法还是防水做法？其构造各有何特点？

第 6 章

墙 体

教学目标

（1）理解墙体的概念和特点。
（2）掌握墙体的分类方法及其类型。
（3）掌握砖墙的砌筑方式及细部构造。
（4）掌握变形缝的做法。
（5）掌握墙面装修的做法。

教学要求

知识要点	能力要求	相关知识
墙体	(1) 理解墙体的概念 (2) 理解墙体的作用	构造组成的概念
墙体的分类	(1) 理解墙体的分类方法 (2) 掌握墙体的类型	基础的分类
砖墙的构造	(1) 理解砖墙的构造 (2) 掌握砖墙的厚度与普通砖尺寸的关系	建筑结构的特点
变形缝	(1) 理解变形缝的作用 (2) 掌握变形缝的做法	民用建筑组合设计
墙面装修做法	(1) 掌握墙面装修分类 (2) 掌握墙面装修做法	建筑立面设计

6.1 墙体概述

6.1.1 砖墙的作用及类型

1. 墙体的作用

墙体是建筑最主要的构件，它的作用依建筑的结构形式、位置和材料等的不同而有所不同，主要包括承重作用、围护作用、分隔作用。

(1) 承重作用。承重作用是指墙体直接承受楼板及屋顶传下来的荷载、水平的风荷载、地震荷载及自重，并将其传给基础的墙体。这种墙体称为承重墙。

(2) 围护作用。围护作用是指墙体所具有的抵御自然界风、雨、雪的袭击，防止太阳辐射、噪声干扰及室内温度随外界影响变化过快等的作用，也称为保温、隔热、隔声等作用。

(3) 分隔作用。分隔作用是指墙体将建筑物的室内外空间分隔开来，或将建筑物内部空间分割成若干个空间的作用。

2. 墙体的类型

1) 按墙体所在的位置分类

按墙体所在的位置可分为外墙和内墙两大部分：外墙位于房屋的四周，起着挡风、遮雨、保温、隔热的作用，又称建筑的外围护墙；内墙位于房屋的内部，用来分隔内部空间，同时也有隔声、防火的作用。

2) 按墙体布置的方向分类

墙体按布置方向可分为纵墙和横墙，沿建筑物长轴方向布置的墙称为纵墙，外纵墙通常称为檐墙；沿建筑物短轴方向布置的墙称为横墙，外横墙通常称为山墙。根据外墙门窗的位置，水平向窗洞口之间的墙称为窗间墙，垂直向上下窗洞口之间的墙体称为窗下墙。

3) 按墙体的受力特点分类

【参考图文】

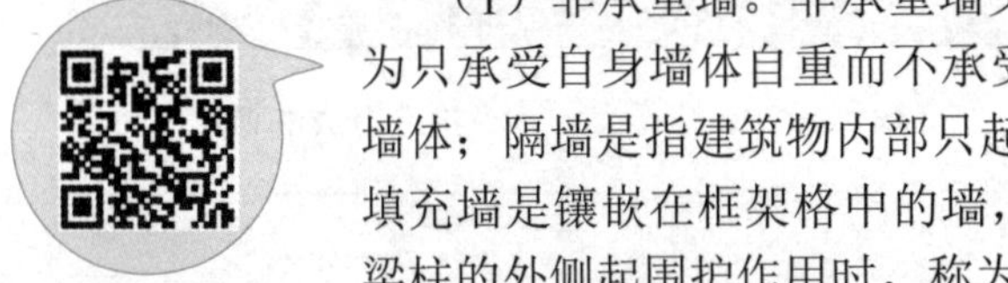

墙体因受力情况不同又分为非承重墙和承重墙，如图 6.1 所示。

（1）非承重墙。非承重墙又分为自承重墙、隔墙和填充墙。自承重墙为只承受自身墙体自重而不承受屋顶、楼板荷载，并将自重传递给基础的墙体；隔墙是指建筑物内部只起分隔作用的墙，其自重由楼板和梁来承受；填充墙是镶嵌在框架格中的墙，其自重由框架来承受。当墙体悬挂于框架梁柱的外侧起围护作用时，称为幕墙。

（2）承重墙。直接承受楼板及屋顶传来的荷载及风力、地震力等水平荷载的墙体称为承重墙。依据承重墙的位置可以将其分为承重内墙和承重外墙；依据墙体的承重方式又可分为横墙承重体系、纵墙承重体系、纵横墙承重体系、局部框架承重体系。

【参考图文】

4) 按墙体的材料及构造类型分类

墙体按照构造方式可分为实体墙、空体墙和复合墙 3 种，如图 6.2 所示。

（1）实体墙由单一材料 (如黏土砖、石块、陶粒混凝土空心砖等) 和复合材料 (钢筋混凝土和加气混凝土分层复合、黏土多孔砖与焦渣砖分层复合等) 组成，砌筑不留空隙。

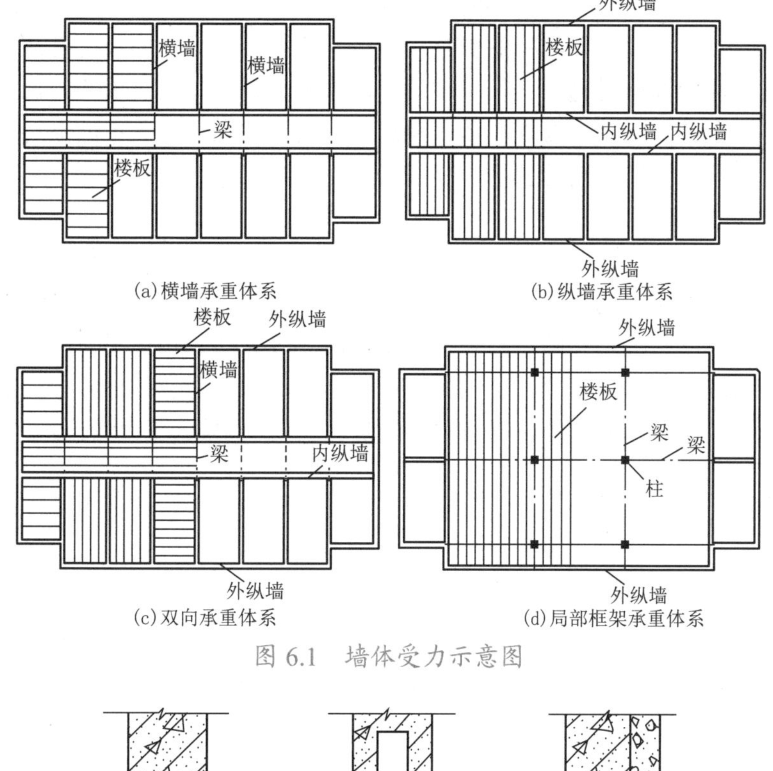

(a) 横墙承重体系　(b) 纵墙承重体系　(c) 双向承重体系　(d) 局部框架承重体系

图 6.1　墙体受力示意图

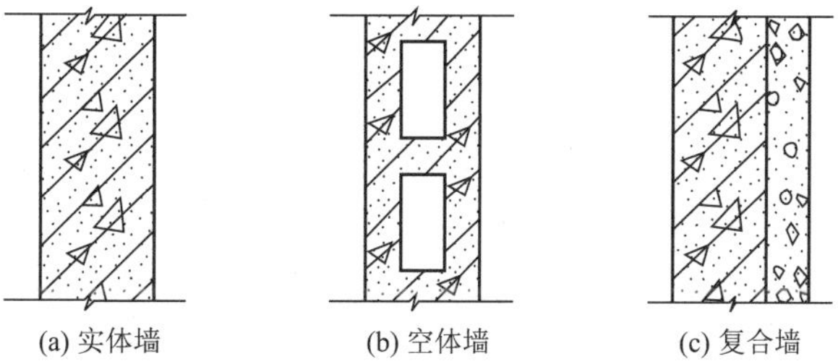

(a) 实体墙　(b) 空体墙　(c) 复合墙

图 6.2　墙体的构造材料

(2) 空体墙可由单一材料砌筑成内部空腔，也可用有空洞的材料建造。

(3) 复合墙由两种以上的材料组合而成，如钢筋混凝土和加气钢筋混凝土复合板材墙，其中钢筋混凝土起承重作用，加气混凝土起保温、隔热作用。

5) 按墙体的施工方法分类

按墙体施工方法的不同有叠砌墙、板筑墙、装配式板材墙 3 种。

（1）叠砌墙是将各种加工好的块材用胶结材料砌筑而成的墙体。

（2）板筑墙是指在施工时直接在墙体部位立模板，在模板内夯筑黏土或浇筑混凝土并振捣密实而成的墙体。

（3）装配式板材是指将工厂生产的大型板材运至现场进行机械化安装而成的墙体。

6.1.2 墙体的设计要求

1. 满足强度和稳定性的要求

墙体的强度是指其承受荷载的能力，作为承重的墙体必须有足够的强度来保证结构的

安全，因此墙体所采用的材料、材料的强度等级、墙体的截面尺寸、构造方式、施工方式必须满足强度的要求，以保证结构的安全。墙体的高厚比及墙体的长度是保证墙体稳定的重要因素，墙、柱的高厚比越大、长度越长，其稳定性越差，同时墙体的稳定性还与纵横向墙体间的距离有关。因而，要提高墙体稳定性可采用增加墙厚、提高砌筑砂浆等级、增加墙垛、构造柱、圈梁及在墙内加钢筋等措施。

2. 满足热工性能方面的要求

建筑在使用中，作为外围护结构的外墙应具有良好的热稳定性，使室内温度在外界气温变化的情况下保持相对的稳定。冬季寒冷地区的室内温度高于室外，就应提高外墙的保温能力，如增加厚度、选用孔隙率高、密度小的材料等方法减少热损失；也可以在室内高温一侧设置隔蒸汽层，阻止水蒸气进入墙体后产生凝结水，导致墙体的导热系数加大，破坏了保温的稳定性。南方夏热地区则应注意建筑的朝向、通风及外墙的隔热性能。

3. 满足隔声方面的要求

为了保证室内有良好的声学环境，保证人们的生活、工作不受噪声干扰，要求墙体必须具有一定的隔声能力。人们在设计中可通过加强墙体的密封处理、增加墙体的密实性及厚度、采用有空气间隔层或多孔性材料的夹层墙等措施来提高墙体的隔声能力。

4. 满足防火性能的要求

国家在建筑物防火规范中对墙体的耐火极限和材料的燃烧性能有特殊的规定，并对建筑防火墙的设置位置、距离、构造方法给予明确说明。

5. 适应建筑工业化发展的要求

在大量的民用型建筑中，墙体工程量占有相当大的比例，不仅消耗大量的劳动力，且施工工期长。建筑工业化的关键就是墙体改革，改变手工操作，提高机械化施工程度，提高工效，降低劳动强度，并采用轻质高强的墙体材料，以减轻自重、降低成本。

另外，墙体设计中还应根据实际情况考虑防潮、防水、防射线、防腐蚀及经济等各方面的要求。

6.2 砌筑墙体

砌筑墙体是由砖或砌块砌筑的墙体，是建筑的主要构件之一，起围合和承重作用。

6.2.1 砖墙构造

1. 砖与砂浆

砖墙属于砌筑墙体，具有保温、隔热、隔声等许多优点，但也存在着施工速度慢、自重大、劳动强度大等很多不利的因素。砖墙由砖和砂浆两种材料组成，砂浆将砖胶结在一起筑成墙体或砌块。

【参考图文】

砖的种类很多，从所采用的原材料上看，有黏土砖、灰砂砖、页岩砖、煤矸石砖、水泥砖、矿渣砖等。从形状上看，有实心砖及多孔砖。当前砖的规格与尺寸也有多种形式，普通黏土砖是全国统一规格的标准尺寸，即240mm×115mm×53mm，砖的长宽厚之比为4 ∶ 2 ∶ 1，但与现行的模数制不协调。有的空心砖尺寸为190mm×190mm×90mm或240mm×115mm×180mm等。砖的强度等级以抗压强度划分为6级：MU30、MU25、MU20、MU15、MU10、MU7.5，单位为N/mm^2。

砂浆由胶结材料(水泥、石灰、黏土)和填充材料(砂、石屑、矿渣、粉煤灰)用水搅拌而成，当前人们常用的有水泥砂浆、混合砂浆和石灰砂浆，水泥砂浆的强度和防潮性能最好，混合砂浆次之，石灰砂浆最差，但它的和易性好，在墙体要求不高时采用。砂浆的等级也是以抗压强度来进行划分的，从高到低依次为M15、M10、M7.5、M5、M2.5、M1、M0.4，单位为N/mm^2。

2. 砖墙的砌筑方式

砖墙的砌筑方式是指砖块在砌体中的排列的方式，为了保证墙体的坚固，砖块的排列应遵循内外搭接、上下错缝的原则。错缝长度不应小于60mm，且应便于砌筑及少砍砖，否则会影响墙的强度和稳定性。在墙的组砌中，砖块的长边平行于墙面的砖称为顺砖，砖块的长边垂直于墙面的砖称为丁砖。上下皮砖之间的水平缝称为横缝，左右两砖之间的垂直缝称为竖缝，砖砌筑时切忌出现竖直通缝，否则会影响墙的强度和稳定性，如图6.3所示。

【参考图文】

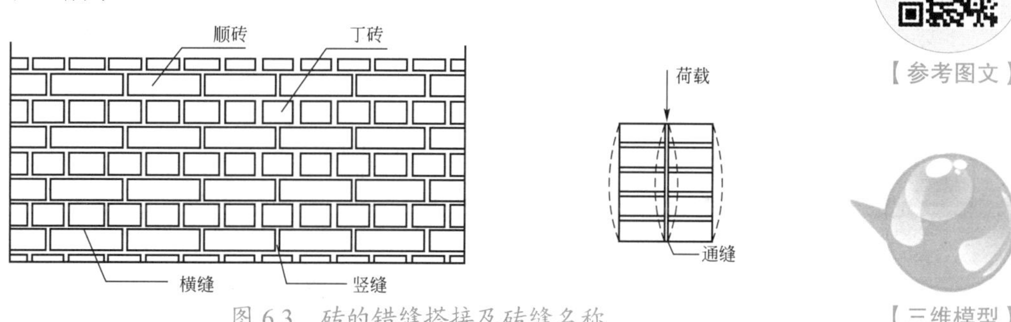

【三维模型】

图6.3 砖的错缝搭接及砖缝名称

砖墙的叠砌方式可以分为下列几种：全顺式、一顺一丁式、多顺一丁式、十字式，如图6.4所示。

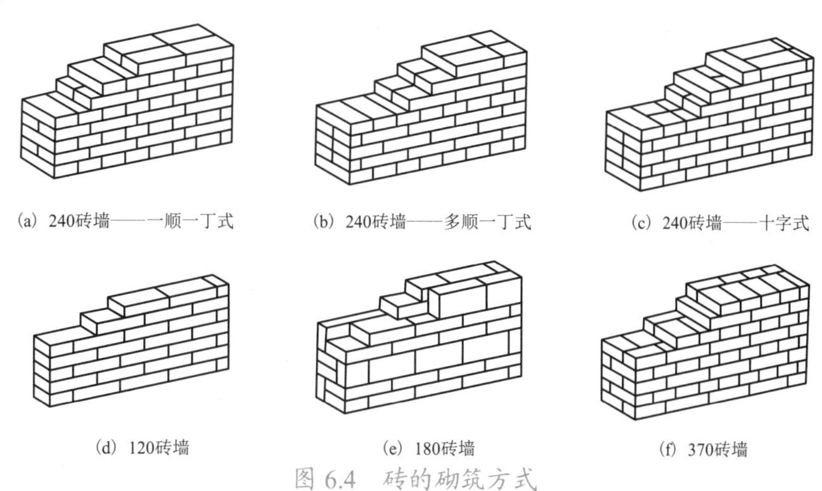

(a) 240砖墙——一顺一丁式 (b) 240砖墙——多顺一丁式 (c) 240砖墙——十字式

(d) 120砖墙 (e) 180砖墙 (f) 370砖墙

图6.4 砖的砌筑方式

3. 砖墙的基本尺寸

砖墙的基本尺寸包括墙厚和墙段两个方向的尺寸，必须在满足结构和功能要求的同时，满足砖的规格。以标准砖为例，根据砖块的尺寸、数量、灰缝可形成不同的墙厚度和墙段的长度。

1) 墙厚

标准砖的长、宽、高规格为240mm×115mm×53mm，砖块间灰缝宽度为10mm。砖厚加灰缝、砖宽加灰缝后与砖长形成1 ∶ 2 ∶ 4的比例特征，组砌灵活。墙厚与砖规格的关系如图6.5所示。

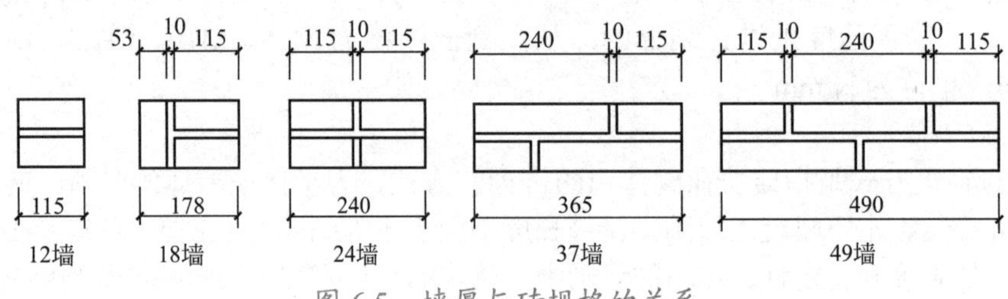

图6.5　墙厚与砖规格的关系

2) 墙身长度

关于墙身长度，当墙身过长时，其稳定性就差，故每隔一定距离应有垂直于它的横墙或其他构件来增强其稳定性。横墙间距超过16m时，墙身做法则应根据我国砖石结构设计规范的要求进行加强。

3) 墙身高度

墙身高度主要是指房屋的层高，要依据实际要求，即设计要求而定，但墙高与墙厚有一定的比例制约，同时要考虑到水平侧推力的影响，保证墙体的稳定性。

4) 砖墙洞口与墙段的尺寸

砖墙洞口主要是指门窗洞口，其尺寸应符合模数要求，尽量减少与此不符的门窗规格，以利于工业化生产。国家及地区的通用标准图集是以扩大模数3M为倍数的，故门窗洞口的尺寸多为300mm的倍数，1000mm以内的小洞口可采用基本模数100mm的倍数。

墙段多指转角墙和窗间墙，其长度取值以砖模125mm为基础。墙段由砖块和灰缝组成，即砖宽加缝宽：115mm+10mm=125mm，而建筑的进深、开间、门窗都是按扩大模数300mm进行设计的，这样在一幢建筑中采用两种模数必然给建筑、施工带来很多困难。只有靠调整竖向灰缝大小的方法来解决。竖缝宽度大小的取值范围为8～12mm，墙段长则调整余地大，墙段短则调整余地小。

4. 砖墙的细部构造

墙体作为建筑物的主要承重或围护构件，其不同部位必须进行不同的处理，才可能保证其耐久、适用。砖墙主要的细部构造包括勒脚、墙角构造、门窗洞口构造、墙身的加固构造以及变形缝构造(详见本章第6.3节)。

勒脚的构造及防水防潮处理：勒脚是外墙的墙脚，即外墙与室外地面相接的部位。由于它常易遭到雨水的浸溅及受到土壤中水分的侵蚀，影响房屋的坚固、耐久、美观和使用，因此在此部位要采取一定的防潮、防水措施，如图6.6所示。

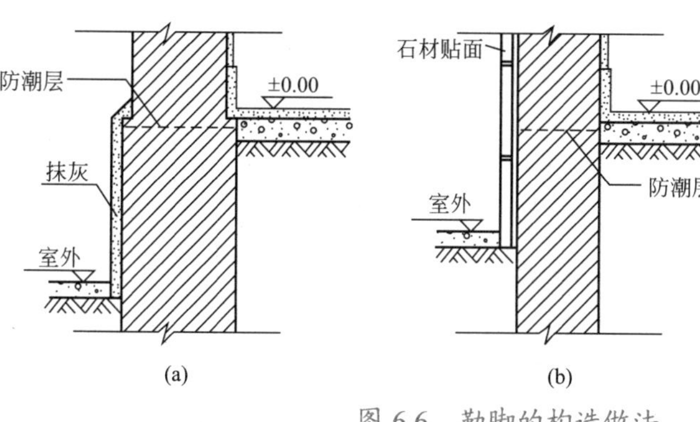

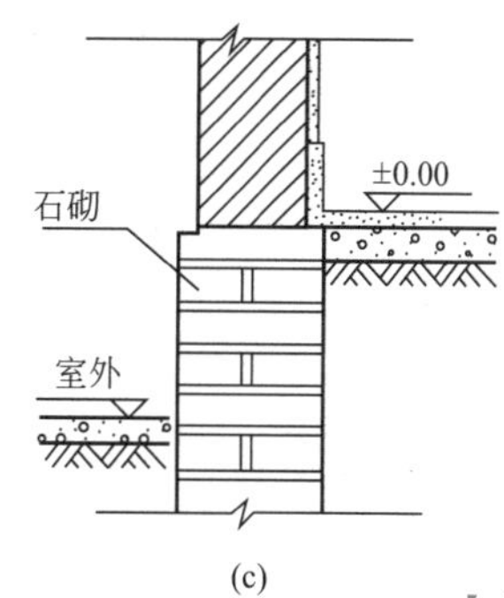

图 6.6　勒脚的构造做法

【参考图文】

1) 勒脚的表面处理

(1) 勒脚表面抹灰。

(2) 勒脚贴面：标准较高的建筑可外贴天然石材或人工石材贴面，如花岗岩、水磨石板等，以达到耐久性强、美观的效果。

(3) 勒脚墙体采用条石、混凝土等坚固耐久的材料替代砖勒脚。

2) 外墙周围的排水处理

排水沟：为了防止雨水及室外地面水浸入墙体和基础，沿建筑物四周勒脚与室外地坪相接处设排水沟 (明沟、暗沟) 或散水，使其附近的地面积水迅速排走。

明沟为有组织排水沟，其构造做法如图 6.7 所示，可用砖砌、石砌和混凝土浇筑。沟底应设微坡，坡度为 0.5% ～ 1%，使雨水流向窨井。若用砖砌明沟，应根据砖的尺寸来砌筑，槽内需用水泥砂浆抹面。

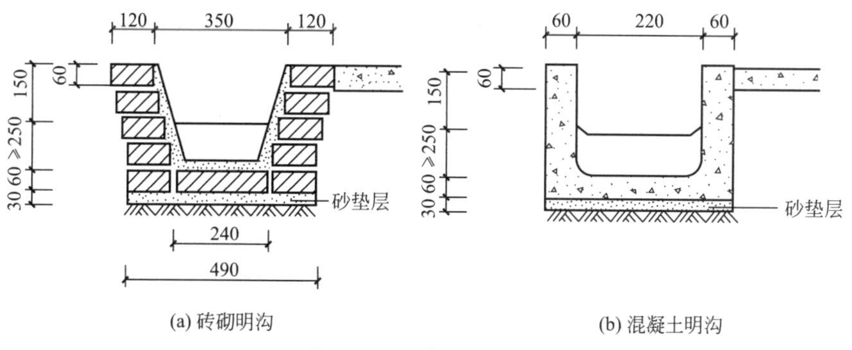

图 6.7　明沟构造做法

3) 散水

散水为无组织排水，散水的宽度应比屋檐挑出的宽度大 150mm 以上，一般为 600 ～ 1000mm，并设向外不小于 3% 的排水坡度。散水的外沿应设滴水砖 (石) 带，散水与外墙交接处应设分隔缝，并以弹性材料嵌缝，以防墙体下沉时散水与墙体裂开，不能起到防潮、防水的作用，散水的构造做法如图 6.8 所示。

【参考图文】

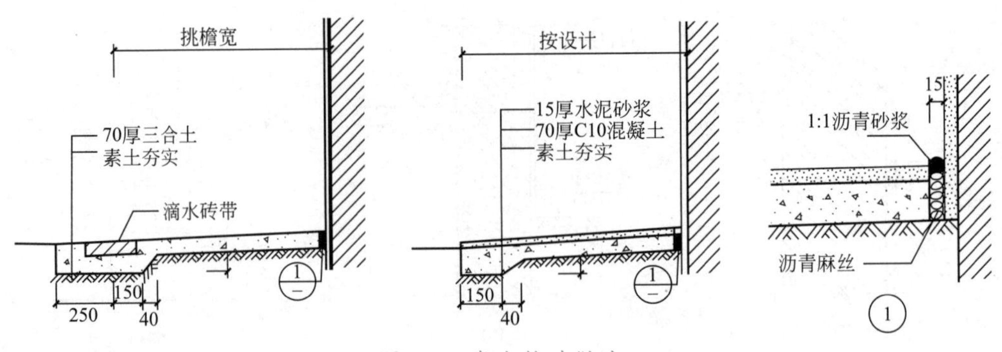

图 6.8　散水构造做法

4) 设置防潮层

由于砖或其他砌块基础的毛细管作用，土壤中的水分易从基础墙处上升，腐蚀墙身，因此必须在内、外墙脚部设置连续的防潮层以隔绝地下水的作用。

防潮层的位置：防潮层的位置首先至少高出人行道或散水表面 150mm 以上，防止雨水溅湿墙面。鉴于室内地面构造的不同，防潮层的标高多为以下几种情况。

当地面垫层为混凝土等密实材料时，水平防潮层设在垫层范围内，并低于室内地坪 60mm(即一皮砖) 处［图 6.9(a)］。当室内地面垫层为炉渣、碎石等透水材料时，水平防潮层的位置应平齐或高于室内地面 60mm(即一皮砖) 处［图 6.9(b)］。

当内墙两侧室内地面有标高差时，防潮层设在两不同标高的室内地坪以下 60mm(即一皮砖) 的地方，并在两防潮层之间墙的内侧设垂直防潮层［图 6.9(c)］。

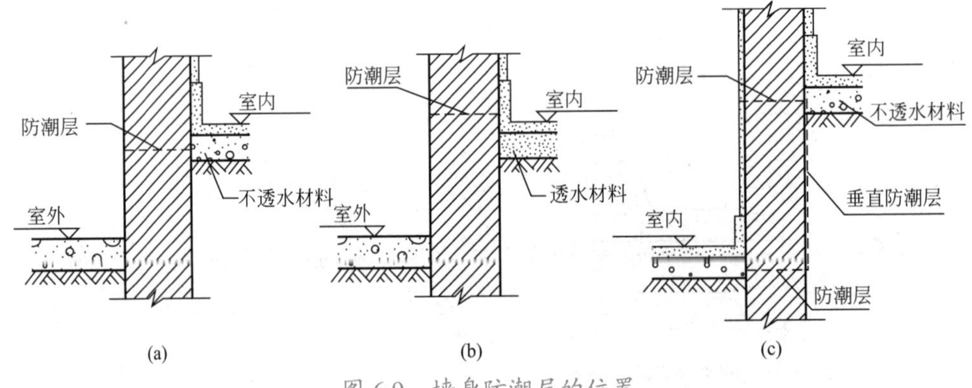

图 6.9　墙身防潮层的位置

墙身水平防潮层的材料主要有以下几种。

（1）油毡防潮层：在防潮层部位先抹 20mm 厚砂浆找平，然后用热沥青贴一毡二油。油毡的搭接长度应大于或等于 100mm，油毡的宽度比找平层每侧宽 10mm［图 6.10(a)］。

（2）防水砂浆防潮层：1 ∶ 2 水泥砂浆加 3% ～ 5% 的防水剂，厚度为 20 ～ 25mm，或用防水砂浆砌 3 皮砖做防潮层，如图 6.10(b) 所示。

（3）细石混凝土防潮层：60mm 厚细石混凝土带，内配 3 根 $\phi 6$ 或 $\phi 8$ 钢筋做防潮层，如图 6.10(c) 所示。

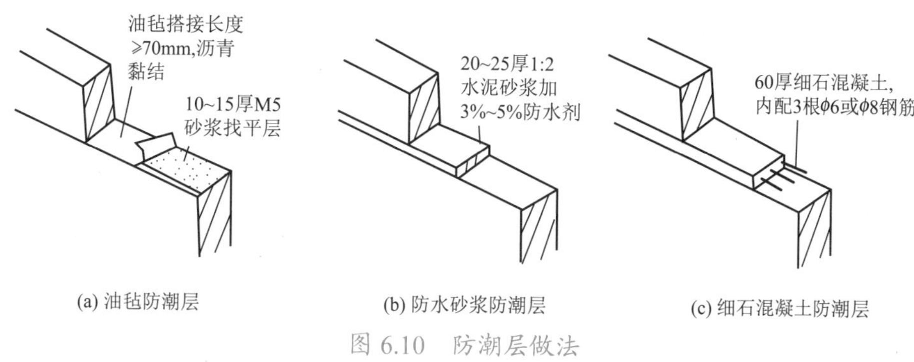

图 6.10 防潮层做法

5. 门窗洞口构造

(1) 门窗上部承重构件：其作用是为了承担门窗洞口上部荷载，并将它传到两侧构件上。

砖拱又称砖砌平发券，采用砖侧砌而成。灰缝上宽下窄，宽不得大于 20mm，窄不得小于 5mm。砖的行数为单数，立砖居中，为拱心砖，砌时应将中心大约提高跨度的 1/50，以待凝固前的受力沉降，砖砌平拱如图 6.11 所示。

(2) 钢筋砖过梁：在洞口顶部配置钢筋，其上用砖平砌，形成能承受弯矩的加筋砖砌体。钢筋为 $\phi6$，间距小于 120mm，伸入墙内 1 ～ 1.5 倍砖长。过梁跨度不超过 2m，高度不应小于 5 皮砖，且不小于 1/5 洞口跨度。该种过梁的砌法是先在门窗顶支模板，铺 M5 号水泥砂浆 20 ～ 30mm 厚，按要求在其中配置钢筋，然后砌砖。钢筋砖过梁如图 6.12 所示。

【参考图文】

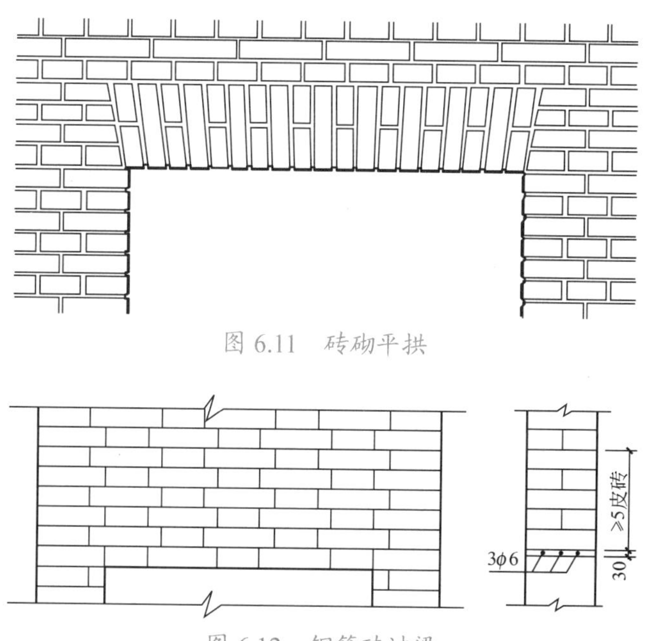

图 6.11 砖砌平拱

图 6.12 钢筋砖过梁

(3) 钢筋混凝土过梁：钢筋混凝土过梁承载能力强，跨度大，适应性好。其种类有现浇和预制两种：现浇钢筋混凝土过梁在现场支模、扎钢筋、浇筑混凝土；预制装配式过梁事先预制好后直接进入现场安装，施工速度快，是最常用的一种方式。钢筋混凝土过梁如图 6.13 所示。

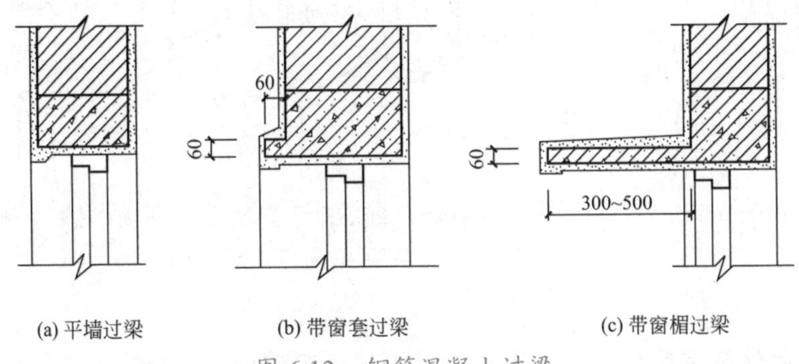

(a) 平墙过梁　(b) 带窗套过梁　(c) 带窗楣过梁

图 6.13　钢筋混凝土过梁

常用的钢筋混凝土过梁有矩形和 L 形两种断面形式。钢筋混凝土过梁的断面尺寸主要根据荷载的多少、跨度的大小计算确定。过梁的宽度一般同墙宽，如 115mm、240mm 等 (即宽度等于半砖的倍数)。过梁的高度可做成 60mm、120mm、180mm、240mm 等 (即高度等于砖厚的倍数)。过梁两端搁入墙内的支撑长度不小于 240mm。矩形断面的过梁用于没有特殊要求的外立面墙或内墙中。L 形断面多用于有窗套的窗、带窗楣板的窗。出挑部分的尺寸一般厚度为 60mm、长度为 300 ～ 500mm，也可按设计给定。由于钢筋混凝土的导热性多大于其他砌块，寒冷地区为了避免过梁内产生凝结水，也多采用 L 形过梁，如图 6.14 所示。

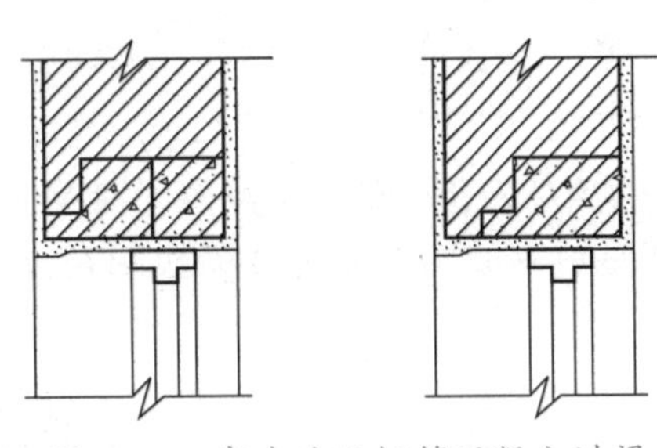

图 6.14　寒冷地区钢筋混凝土过梁

6. 窗台构造

外窗的窗洞下部设窗台，目的是排除窗面流下的雨水，防止其渗入墙身和沿窗缝渗入室内。外墙面材料为面砖时，可不必设窗台。窗台可用砖砌挑出，也可采用钢筋混凝土窗台的形式。砖砌窗台的做法是将砖侧立斜砌或平砌，并挑出外墙面 60mm，然后表面抹水泥砂浆或做贴面处理，也可做成水泥砂浆勾缝的清水窗台，稍有坡度。注意抹灰与窗槛下的交接处处理必须密实，防止雨水渗入室内。窗台下必须抹滴水槽避免雨水污染墙面。预制钢筋混凝土窗台构造特点与砖窗台相同，如图 6.15 所示。

【参考图文】

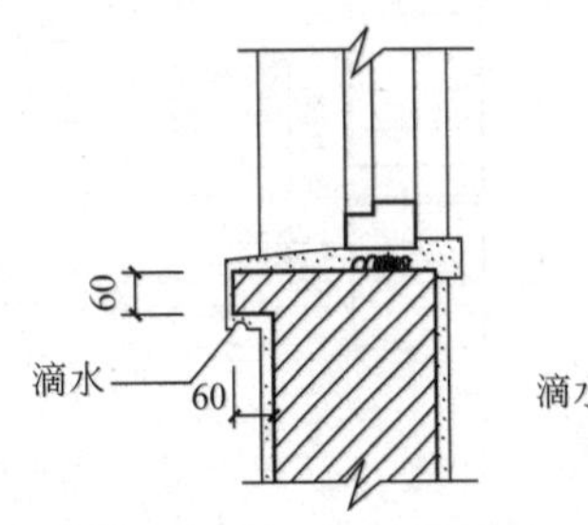

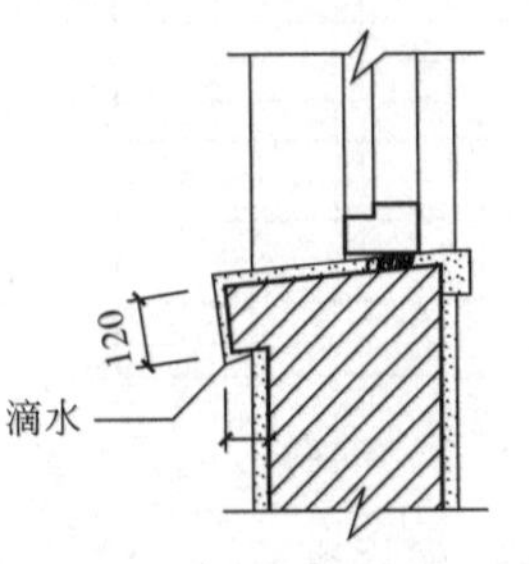

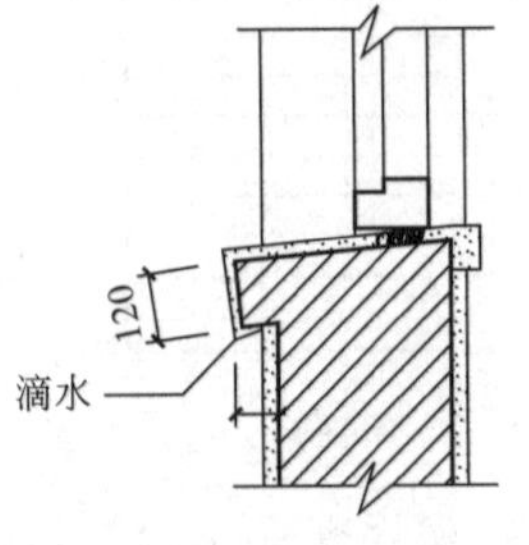

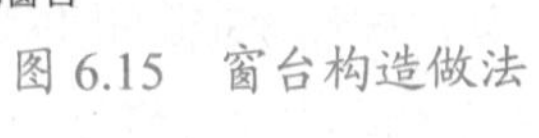

(a) 砖砌窗台　(b) 预制钢筋混凝土窗台

图 6.15　窗台构造做法

墙身的加固：墙身的尺寸是指墙的高度、长度和厚度。这些尺寸的大小要根据设计要求而定，但必须符合一定的比例制约，以保证墙体的稳定性。若其尺寸比例超出制约，则墙体稳定性不好，需要加固时，可采用壁柱(墙墩、扶壁)、门垛、构造柱、圈梁等做法。

(1) 墙墩：墙中柱状的突出部分，通常直通到顶，以承受上部梁及屋架的荷载，并增加墙身强度及稳定性。墙墩所用砂浆的标号较墙体的高。

(2) 扶壁：形似墙墩，主要的不同之处在于扶壁主要是增加墙的稳定作用，其上不考虑荷载。

(3) 门垛：墙体上开设门洞一般应设门垛，特别在墙体端部开启与之垂直的门洞时必须设置门垛，以保证墙身的稳定和门框的安装。门垛的长度一般为120mm或240mm。

(4) 构造柱：为了增强建筑物的整体性和稳定性，多层砖混结构建筑的墙体中还应设置钢筋混凝土构造柱，并与各层圈梁相连接，形成能够抗弯、抗剪的空间框架，它是防止房屋倒塌的一种有效措施。构造柱的设置部位在外墙四角、错层部位横墙与外纵墙交接处、较大洞口两侧、大房间内外墙交接处等。此外，房屋的层数不同、地震烈度不同，构造柱的设置要求也不一致。构造柱的最小截面尺寸为240mm×180mm，竖向钢筋多用4ϕ12，箍筋间距不大于250mm，随烈度和层数的增加，建筑四角的构造柱可适当加大截面和钢筋等级。构造柱的施工方式是先砌墙，后浇混凝土，并沿墙每隔500mm设置深入墙体不小于1m的2ϕ6拉接钢筋，构造柱做法如图6.16所示。构造柱可不单独设置基础，但应深入室外地面以下500mm，或锚入浅于500mm的基础圈梁内。

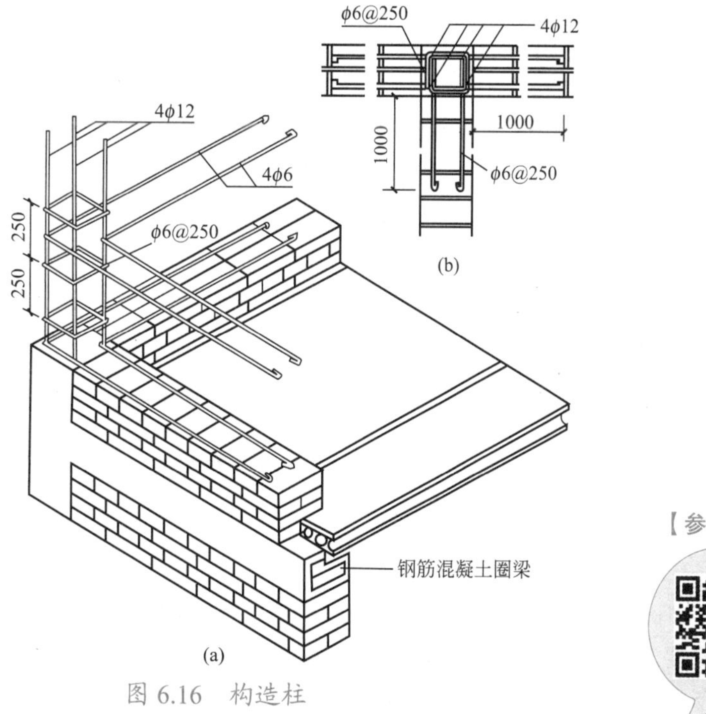

【参考图文】

图6.16 构造柱

(5) 圈梁：圈梁是沿墙体布置的钢筋混凝土卧梁，目的是增加房屋的整体刚度和稳定性，减轻地基不均匀沉降及地震力的影响。

圈梁设置的方式：三层或8m的建筑以下设一道，四层以上的建筑根据横墙数量及地基情况，每隔一层或两层设一道，但屋盖处必须设置。当地基不好时，基础顶面也应设置圈梁。圈梁设置的位置：主要沿纵墙设置，内横墙每隔10～15m设一道，屋顶处横墙间距不大于7m，圈梁的设置还与抗震设防有关。圈梁应闭合，如遇洞口必须断开时，应在洞口上端设附加圈梁，并应上下搭接，附加圈梁如图6.17所示。

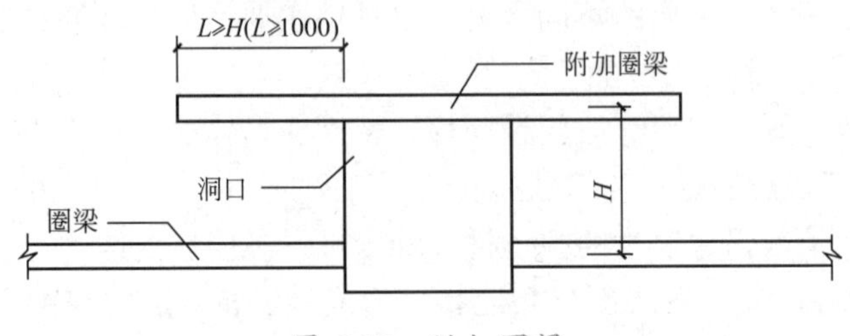

图6.17 附加圈梁

圈梁的种类、尺寸和构造方式：圈梁有钢筋混凝土和钢筋砖两种，钢筋混凝土圈梁按施工方式又分为整体式和装配式两种。圈梁宽度同墙厚，高度一般为240mm、180mm，钢筋砖圈梁用M5砂浆砌筑，高度不小于5皮砖，4ϕ6通长钢筋分上、下两层布置，做法同钢筋砖过梁。

6.2.2 砌块墙体构造

砌块建筑是由预制好的砌块作为墙体主要材料的建筑。砌块是利用工业废料(煤渣、矿渣等)和地方材料制作而成的，它既能减少对耕地的破坏，又施工方便、适应性强、便于就地取材、造价低廉，我国目前许多地区都在提倡采用。一般六层以下的民用建筑及单层厂房均可使用砌块替代黏土砖。

1. 砌块的类型、规格与尺寸

砌块按其构造方式可分为实心砌块和空心砌块。空心砌块有单排方孔、单排圆孔和多排扁孔3种形式，多排扁孔砌块有利于保温，如图6.18所示。按砌块在组砌中的位置与作用，可以分为主砌块和辅助砌块。

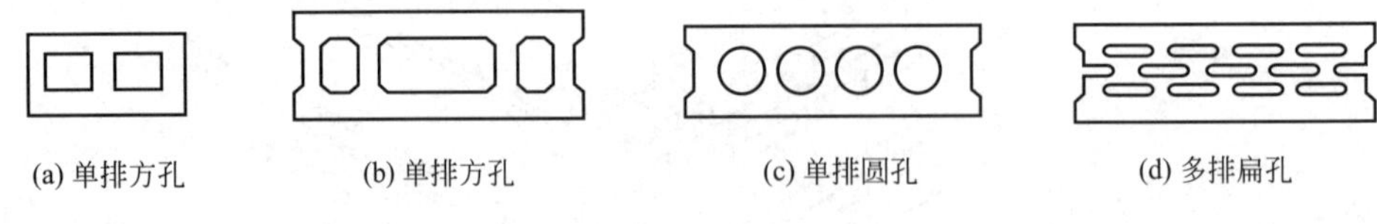

(a) 单排方孔 (b) 单排方孔 (c) 单排圆孔 (d) 多排扁孔

图6.18 空心砌块的形式

砌块按其质量和尺寸大小分为大、中、小3种规格。质量在20kg以下，系列中主规格高度为115～380mm的称作小型砌块；质量为20～350kg，高度为380～980mm的称作中型砌块；质量大于350kg，高度大于980mm的称作大型砌块。砌块的厚度多为190mm或200mm。在框架和剪力墙结构中填充墙常用加气混凝土砌块、粉煤灰硅酸盐砌块等中小型砌块，砌块厚度一般为200mm。

2. 砌块墙体的构造特点

1) 砌块的主砌原则

力求排列整齐、有规律性，以便施工；上下皮砌块错缝搭接，避免通缝；纵横墙交接处和转角处的砌块也应彼此搭接，有时还应加筋，以提高墙体的整体性，保证墙体强度和刚度；当采用混凝土空心砌块时，上下皮砌块应孔对孔、肋对肋，使其之间有足够的接触面，扩大受压面积；尽可能减少镶砖，必须镶砖时，应分散、对称布置，以保证砌体受力均匀；优先采用大规格的砌块，尽量减少砌块规格，充分利用吊装机械的设备能力。

砌块建筑进行施工前，必须遵循以上原则进行反复排列设计，通过试排来发现和分析设计与施工间的矛盾，并予以解决。

2) 细部构造

(1) 圈梁：圈梁的作用是加强砌块墙体的整体性，圈梁可预制和现浇，圈梁通常与窗过梁合用。在抗震设防区，圈梁设置在楼板的同一标高处，将楼板与之连牢箍紧，形成闭合的平面框架，对抗震有很大的作用。图 6.19 为小型砌块排列及圈梁位置示例。

(2) 砌块灰缝：砌块灰缝的宽度大小既要注意施工方便、易于灌浆捣实，又要注意防渗、保温、隔声，还要顾及砌块误差的调整。砌块灰缝有平缝、凹槽缝和高低缝，平缝多用于水平缝，凹槽缝多用于垂直缝，缝宽视砌块尺寸而定，必要时也可作一些调整。小型砌块缝宽 10 ～ 15mm，中型砌块缝宽 15 ～ 20mm，砂浆强度不低于 5M。垂直灰缝的缝宽若大于 40mm，必须用 100 号细石混凝土灌缝。

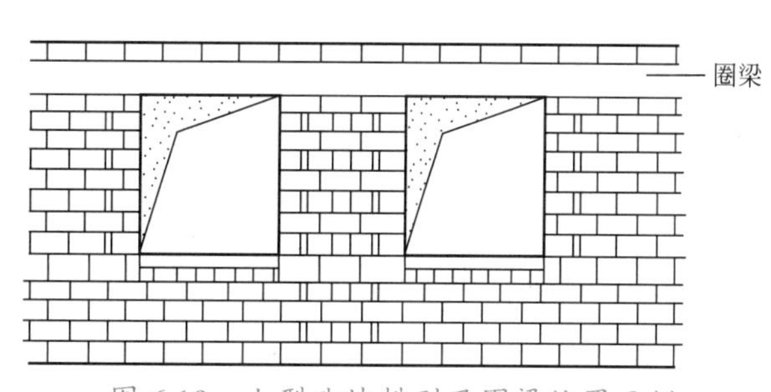

图 6.19 小型砌块排列及圈梁位置示例

当上下皮砌块出现通缝，或错缝距离不足 150mm 时，应在水平缝通缝处加钢筋网片，使之拉结成整体。砌块灰缝的处理如图 6.20 所示。

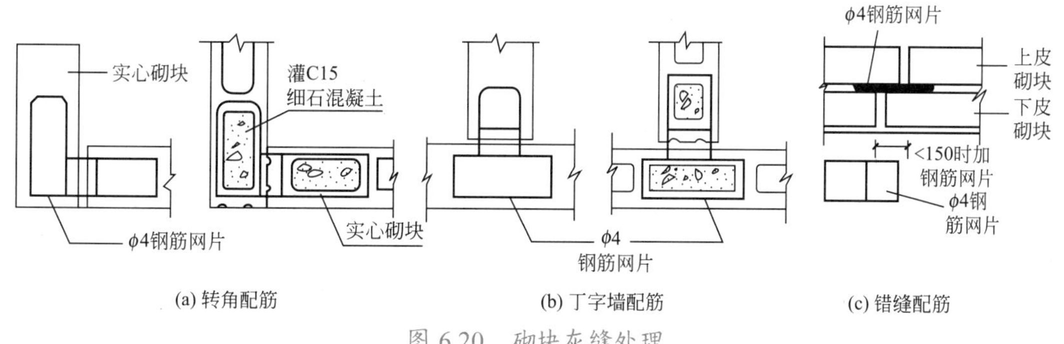

图 6.20 砌块灰缝处理

(3) 砌块墙芯柱构造：当采用混凝土空心砌块时，应在纵横墙交接处、外墙转角处、楼梯间四角设置墙芯柱，墙芯柱用混凝土填入砌块孔中，并在孔中插入通长钢筋。空心砌块墙芯柱构造如图 6.21 所示。

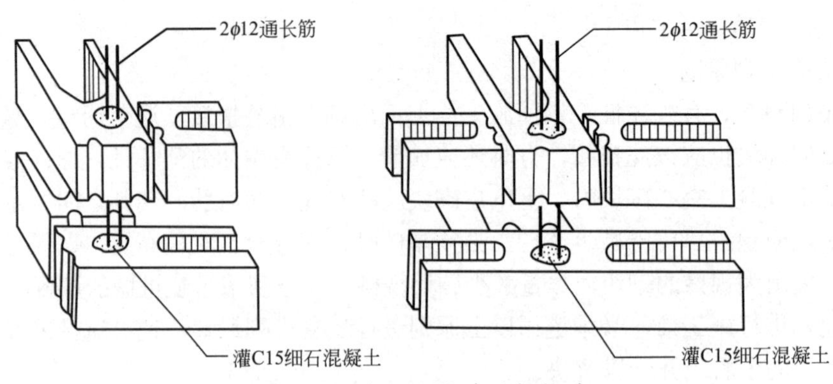

图 6.21　空心砌块墙芯柱构造

(4) 门窗部位构造：门窗过梁与阳台一般采用预制钢筋混凝土构件，门窗固定可用预埋木块、铁件锚固或膨胀木块、膨胀螺栓固定等。

(5) 勒脚：砌块建筑的勒脚根据具体情况确定，硅酸盐、加气混凝土等吸水性较大的砌块不宜做勒脚。

(6) 砌块墙外饰面处理：对能抗水并表面光洁、棱角清楚的砌块可以做清水墙嵌缝。一般砌块宜做外饰面，也可采用带饰面的砌块，以提高墙体的防渗能力，改善墙体的热工性能。

6.2.3 砌筑式隔墙构造

隔墙的作用在于分隔，不承受外来荷载，其本身重量由楼板和墙下小梁来承担，因此隔墙应满足自重轻、厚度薄、隔声、防潮、耐火性能好、便于安装和拆卸的特点。隔墙的种类很多，按其构造方式可分为轻骨架隔墙、块材隔墙、板材隔墙三大类。此节主要介绍块材隔墙 (其他形式另述)。

常用的块材隔墙有普通砖隔墙、空心砖隔墙、加气混凝土块隔墙等多种形式，常用的有普通砖隔墙和砌块隔墙。

1. 普通砖隔墙

普通砖隔墙一般采用顺砌半砖 (120mm) 隔墙 , 半砖隔墙的砌筑砂浆宜大于 M2.5。墙体高度超过 3m、长度超过 5m 时要考虑墙身的稳定而加固，一般沿高度每隔 0.5m 砌入 2ϕ4 钢筋，或每隔 1.2 ～ 1.5m 设一道 30 ～ 50mm 厚的水泥砂浆层，内放 2ϕ6 钢筋。隔墙上部与楼板相接处用立砖斜砌，使墙和楼板挤紧。隔墙上有门时，要预埋铁件或将带有木楔的混凝土预制块砌入隔墙中，以固定门框。如图 6.22 所示为半砖隔墙。

2. 砌块隔墙

砌块隔墙自重轻、块体大。目前常用加气混凝土块、粉煤灰硅酸盐砌块、水泥炉渣空心砖等砌筑隔墙。砌块大多质轻、空隙率大、隔热性能好，但吸水性较强，因此应在砌块下方先砌 3 ～ 5 皮黏土砖。砌块隔墙采取的加固措施同砖墙，如图 6.23 所示。

【参考图文】

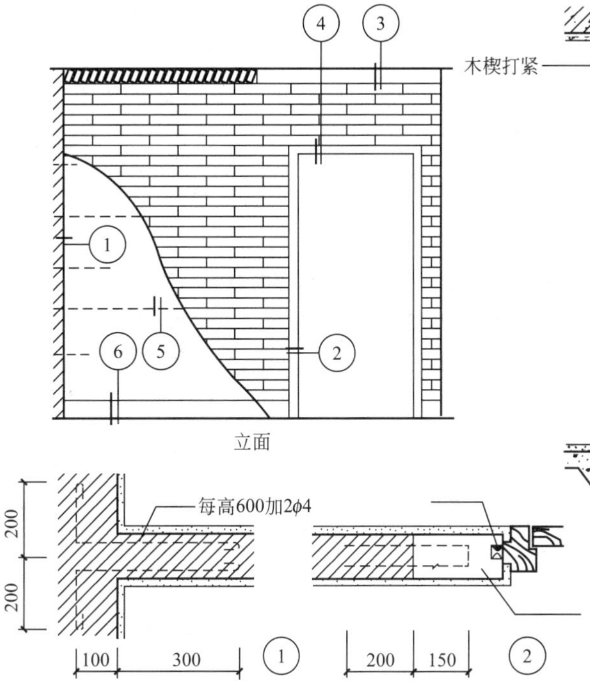

图 6.22 半砖隔墙

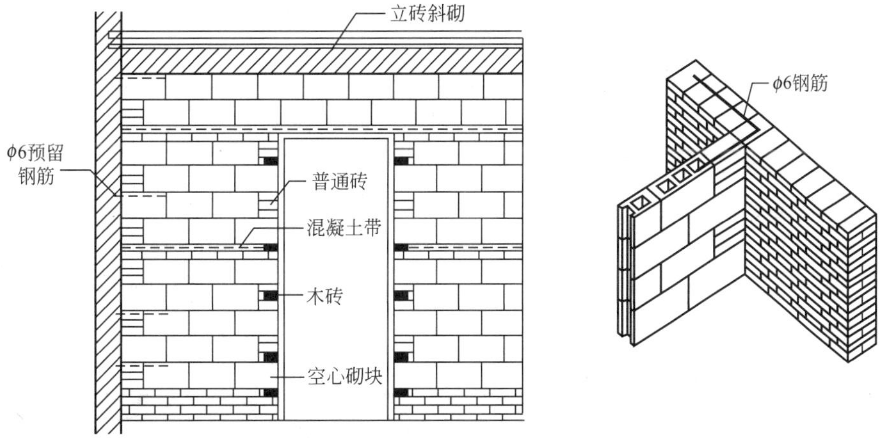

图 6.23 砌块隔墙

【参考图文】

6.3 墙体变形缝或控制缝

当建筑物的长度过长，平面形式曲折变化，或一幢建筑物的不同部分的高度或荷载有较大差别时，建筑构件会因温度变化、地基不均匀沉降和地震等原因产生变形，使建筑物产生裂缝，必须设变形缝来解决这些问题。变形缝的 3 种基本形式是：温度伸缩缝、沉降缝和抗震缝。

6.3.1 温度伸缩缝

由于受冬夏之间温度变化的影响，建筑构件会因热胀冷缩而产生裂缝或受到破坏，为了防止这类情况的发生，沿建筑物长度方向每隔一定距离预留垂直缝隙，该距离与材料结构有关，结构设计规范对砖石墙体、钢筋混凝土结构墙体温度伸缩缝的最大距离作了规定，分别见表 6-1、表 6-2。

表 6-1　砖石墙体温度伸缩缝的最大间距

<table>
<tr><th>砌体类别</th><th colspan="2">屋顶或楼板类别</th><th>间距 /m</th></tr>
<tr><td rowspan="6">各种砌体</td><td rowspan="2">整体式或装配式钢筋混凝土结构</td><td>有保温、隔热层的屋顶，楼板层</td><td>50</td></tr>
<tr><td>无保温、隔热层的屋顶</td><td>30</td></tr>
<tr><td rowspan="2">装配式无檩体系钢筋混凝土结构</td><td>有保温、隔热层的屋顶</td><td>60</td></tr>
<tr><td>无保温、隔热层的屋顶</td><td>40</td></tr>
<tr><td rowspan="2">装配式有檩体系钢筋混凝土结构</td><td>有保温、隔热层的屋顶</td><td>75</td></tr>
<tr><td>无保温、隔热层的屋顶</td><td>60</td></tr>
<tr><td rowspan="3">普通黏土砖、空心砖砌体、石砌体、混凝土块砌体</td><td colspan="2">黏土瓦和石棉水泥瓦屋面</td><td>150</td></tr>
<tr><td colspan="2">木屋顶或楼板层</td><td>100</td></tr>
<tr><td colspan="2">砖石屋顶或楼板层</td><td>75</td></tr>
</table>

注：① 层高大于 5m 的混合结构单层厂房房屋伸缩缝的间距可按表中数值乘以 1.3 后采用。但当墙体采用硅酸盐砖和混凝土砌块砌筑时，不得大于 75m。

② 严寒地区、不采暖的温度差较大且变化频繁的地区，墙体伸缩缝的间距应按表中数值予以适当减小后采用。

③ 墙体的伸缩缝内应嵌以轻质可塑材料，在进行立面处理时，必须使缝隙能起伸缩作用。

表 6-2　钢筋混凝土结构伸缩缝最大间距

结构类别	室内或土中 /m	露天 /m
钢筋混凝土整体式框架建筑	55	35
钢筋混凝土装配式框架建筑	75	50
装配式大型板材建筑	75	50

从表 6-1 和表 6-2 可以看出，伸缩缝的宽窄与墙体的类别、屋顶和楼板的类型有关。整体式或装配整体式钢筋混凝土结构，因屋顶和楼板本身没有自由伸缩的余地，当温度变化时，在结构内部产生的温度应力大，因而伸缩缝间距比其他结构形式小。伸缩缝从基础顶面开始，将墙体、楼板、屋顶全部构件断开，由于基础埋于地下，受温度变化小，因此不必断开。

伸缩缝的宽度一般为 20 ～ 30mm。外墙伸缩缝有平缝、错口缝、企口缝。为了防止透风或透蒸汽，在外墙两侧缝口采用有弹性而又不渗水的材料，如沥青麻丝填塞，当伸缩缝较宽时，缝口可采用镀锌铁皮或铝皮进行盖缝调节。外墙伸缩缝构造如图 6.24 所示。

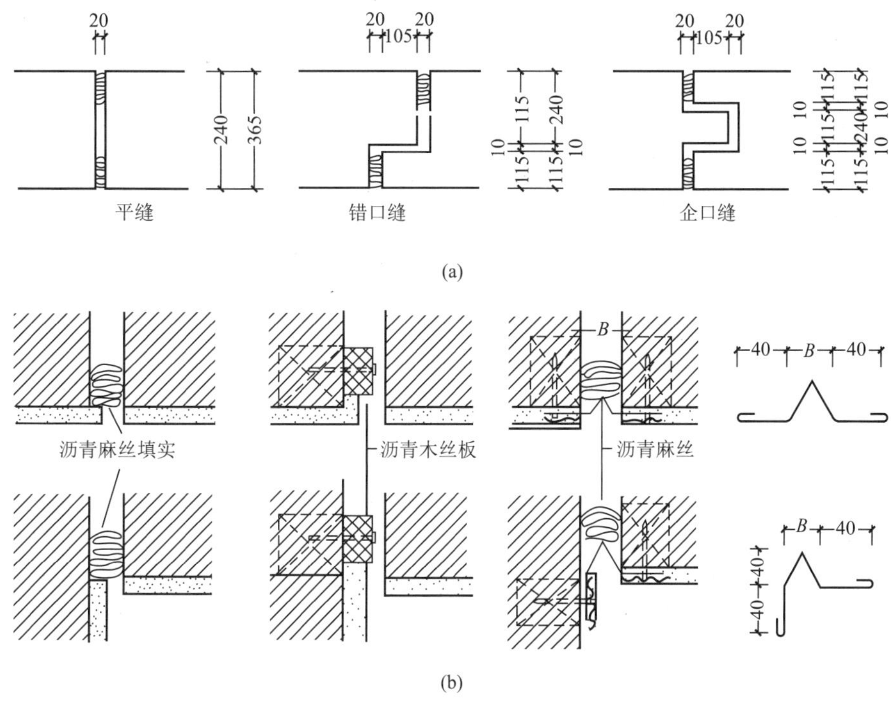

图 6.24 外墙伸缩缝构造

内墙伸缩缝可采用木压条或金属盖缝条，一边固定在一面墙上，另一面允许左右移动，如图 6.25 所示。

在屋顶部分的伸缩缝，其构造处理原则是既不能影响屋面的变形，又要防止雨水从变形缝渗入室内。等高屋面变形缝，在缝两边的屋面板上砌筑矮墙，以挡住屋面上的雨水。矮墙高度大于或等于 250mm 时，矮墙与屋面交界处做泛水构造，缝内嵌填沥青麻丝，顶部用镀锌铁皮盖缝，或用混凝土盖板压顶。高低屋面变形缝，矮墙高度大于或等于 250mm 时，在低侧屋面板上砌筑矮墙做泛水，并用镀锌铁皮或在高侧墙上悬挑钢筋混凝土板盖缝，做法见本书第 9 章中的屋顶防水部分。

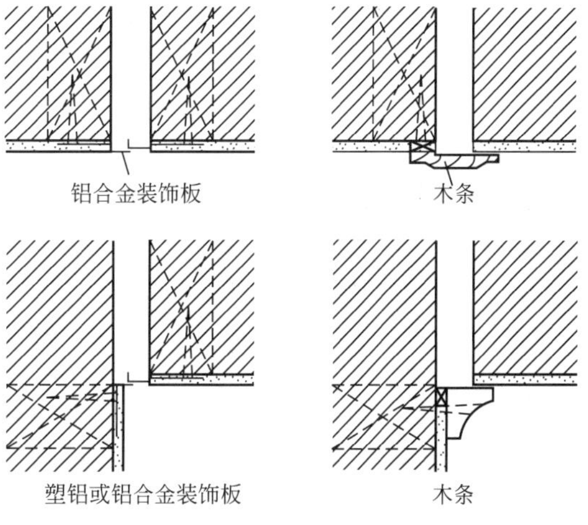

图 6.25 内墙伸缩缝构造

6.3.2 沉降缝

为了防止建筑物各部分由于地基不均匀沉降引起建筑物的破坏，建筑物必须设置沉降缝。当建筑物具有下列情况之一时，必须设置沉降缝：同一建筑物的两部分建造在不同的地基土上时；同一建筑物的相邻部分高度或荷载差别较大时；原有建筑与扩建建筑之间；平面形状复杂的建筑物；同一建筑不同部分结构类型或基础埋深不同时。

沉降缝处的屋顶、楼板、墙体及基础必须全部分离，两侧的建筑成为独立单元，两单元在垂直方向上可以自由沉降，最大限度地减少对相邻部分的影响。沉降缝宽度与地基情况及建筑高度有关，地基弱的建筑，缝宽宜大。沉降缝宽度一般为 30 ～ 70mm。内、外墙体沉降缝构造做法如图 6.26 所示。沉降缝同时起伸缩缝的作用，但伸缩缝不能代替沉降缝。

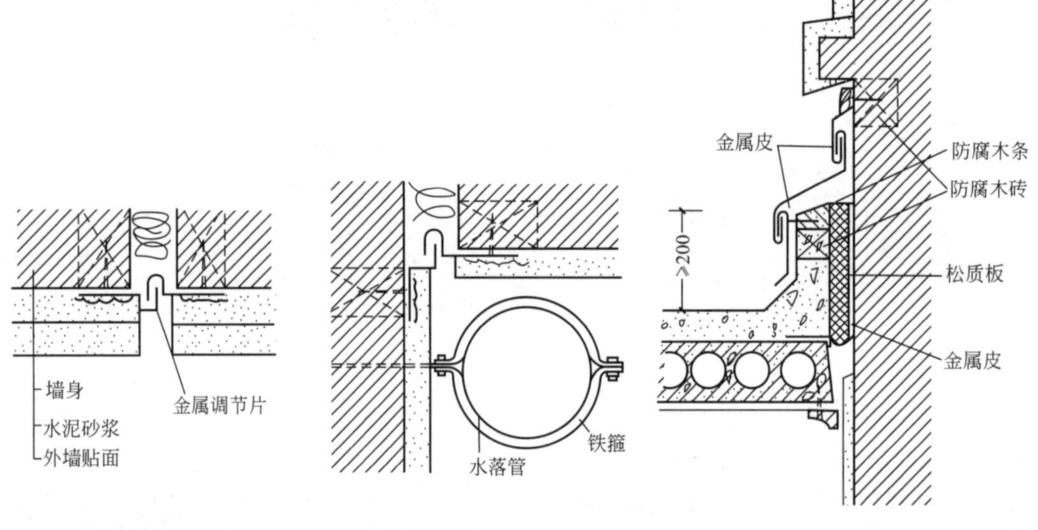

图 6.26　内、外墙体沉降缝构造

6.3.3 抗震缝

抗震工作必须贯彻“预防为主”的方针，以保障人民生命财产和设备的安全。震级是表示地震强度大小的等级。地震烈度是表示地面及建筑物受到破坏的程度。震中区的烈度最大，称为震中烈度。一次地震只有一个震级，但不同地区的烈度大小是不一样的。世界上大多数国家把烈度划分为 12 度，在 1 ～ 6 度时，一般建筑物的损失很小，而烈度在 10 度以上时，即使采取重大抗震措施也难确保安全，因此建筑工程设防重点放在 7 ～ 9 度地区。一般情况下，基础内可不设抗震缝，但当抗震缝与沉降缝结合设置时，基础要分开。建筑物的高差在 6m 以上，建筑构造形式不同，承重结构材料不同时，在水平方向具有不同的刚度，建筑物楼板有较大高差的错层的情况下应预先设置抗震缝。

【参考图文】

抗震缝的宽度 B 应按建筑高度 H 及设计烈度的不同而定。对多层砖混结构建筑，B 值取 50 ～ 70mm。对多层钢筋混凝土框架建筑，当 $H \leqslant 15$m 时，B=70mm；当 H>15m 时，设防烈度为 7 度，建筑每增高 4m，缝宽在 B=70mm 的基础上增加 20mm；当设防烈度为 8 度时，建筑物每增高 3m，缝宽在 B=70mm 的基础上增加 20mm；当设防烈度为 9 度时，建筑物每增高 2m，缝宽在 B=70mm 的基础上增加 20mm。抗震缝在墙身上的构造如图 6.27 所示。

不要将抗震缝做成企口、错口砌筑，外墙面处缝内应用松软有弹性的材料填充。

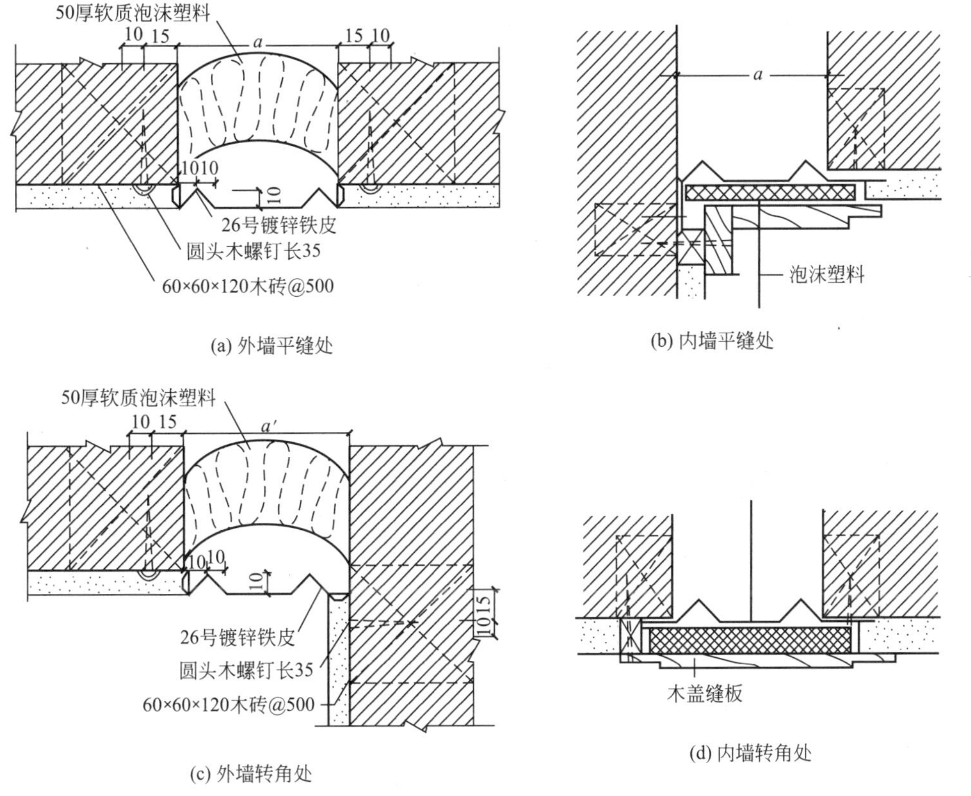

图 6.27　抗震缝在墙身上的构造

【参考图文】

6.4 墙面装修

为了满足建筑物的使用要求，提高建筑的艺术效果，保护墙体免受外界影响，保护结构、改善墙体热工性能，必须对墙面进行装修。墙面装修按其位置不同可分为外墙面装修和内墙面装修两大类。因材料和做法的不同，外墙面装修又分为抹灰类、涂料类、贴面类、板材类等；内墙面装修则可分为抹灰类、贴面类、涂料类、裱糊类等。

6.4.1 抹灰与涂层类墙面

1. 抹灰类墙面

1) 抹灰墙面的组成与基本做法

墙面抹灰通常由3层构成，即底层(找平层)、中层(垫层)、面层。

底层的底灰(又叫刮糙)根据基层材料的不同和受水侵蚀的情况而定。一般的砖石基层可采用水泥砂浆或混合砂浆打底。如遇骨架板条基层时，则采用掺入纸筋、麻刀或其他纤维的石灰砂浆作底灰，以加强黏结、防止开裂。

中层抹灰材料同底层，起进一步找平的作用，采用机械喷涂时底层与中层可同时进行。

【参考视频】

面层主要起装饰作用，根据所选材料和施工方法不同，形成各种不同性质与外观的抹灰。面层上的刷浆、喷浆或涂料不属于面灰。

外墙抹灰要先对墙面进行分格，以便于施工接槎、控制抹灰层伸缩和今后的维修。分隔线有3种形式：凹线、凸线和嵌线。凹线常用木引条成型，先用水泥砂浆将其临时固定，待做好面层后再将其抽出，即成型。PVC成品分隔条，抹灰时砌入面层即可。凸线也称线角，外墙面的线角有檐口、腰线、勒脚等，当线角凸出墙面超过30mm时，可将墙身的砖、混凝土出挑，或用其他材料成型后再抹灰。嵌线用于要进行打磨的抹灰墙面，如水磨石等。嵌线材料有玻璃、金属或其他材料。

内墙面抹灰要求大面平整、均匀、无裂痕。施工时，首先要清理基层，有时还需用水冲洗，以保证灰浆与基层黏结紧密，然后拉线找平，做灰饼、冲筋，以保证抹灰面层平整。由于阳角处易受损，故抹灰前在内墙阳角、门洞转角、柱子四角处用强度较高的水泥砂浆或预埋角钢做护角，然后再做底层或面层抹灰。

2) 常用抹灰墙面的种类

抹灰饰面均是以石灰、水泥等为胶结材料的，掺入砂、石骨料用水拌和后，采用抹、刷、磨、斩、粘等多种方法进行施工。按面层材料及做法不同可分为一般抹灰和装饰抹灰。几种常用抹灰类饰面的做法见表6-3。

表6-3 墙面常用抹灰做法及选料表

部位	做法说明	厚度/mm	适用范围	备注
内墙面	纸筋石灰墙面 底层：1∶2石灰砂浆加麻刀15% 中层：1∶2石灰砂浆加麻刀15% 面层：纸筋浆石灰浆加纸筋6%，喷石灰浆或色浆	 8 8 2	用于一般居住及公共建筑的砖、石基层墙面	普通抹灰将底层、中层合并
内墙面	水泥砂浆面 底层：1∶3水泥砂浆 中层：1∶3水泥砂浆 面层：1∶2.5水泥砂浆，喷石灰浆或色浆	 7 5 3	用于极易受碰撞或受潮的地方，如盥洗室、厨卫墙裙、踢脚线等	
内墙面	混合砂浆面 底层：1∶0.3∶3水泥石灰砂浆 中层：1∶0.3∶3水泥石灰砂浆 面层：1∶0.3∶3水泥石灰砂浆，喷石灰浆或色浆	 9 6 5	砖石基层墙面	

（续）

部位	做法说明	厚度 /mm	适用范围	备注
外墙面	水泥砂浆面 底层：1 ∶ 0.8 ∶ 5 水泥石灰砂浆 面层：1 ∶ 3 水泥砂浆	10 5	砖石基层墙面	用中8厘石子，当用小8厘石子时比例为1 ∶ 1.5，厚度为8mm
	水刷石面 底层：1 ∶ 3 水泥砂浆 中层：1 ∶ 3 水泥砂浆 面层：1 ∶ 2 水泥白石子，用水刷洗	7 5 10	砖石基层墙面	石子粒径为3 ～ 5mm，做中层时按设计分隔
	干粘石面 底层：1 ∶ 3 水泥砂浆 中层：1 ∶ 1 ∶ 1.5 水泥石灰砂浆 面层：刮水泥浆，干粘石压平实	10 7 1	砖石基层墙面	
	斩假石面 底层：1 ∶ 3 水泥砂浆 中层：1 ∶ 3 水泥砂浆 面层：1 ∶ 2 水泥白石子，用斧斩	7 5 12	主要用于外墙局部、修饰的地方	

3) 抹灰类墙面的色彩处理

抹灰墙面为了美观起见，常在砂浆中掺入颜料增加装饰效果。颜料的选择需根据其本身的性能、砂浆的酸碱性、设计的色彩要求而定。颜料主要分为有机颜料和无机颜料两大类，也可分为天然颜料与合成颜料两大类。无机颜料遮盖力强、密度大、耐热耐光，但颜色不够鲜艳；有机颜料色彩鲜艳、易着色，但耐热耐光性差、强度不高。常用抹灰颜料色彩及性能见表6-4。

表6-4 常用抹灰颜料色彩及性能选用表

色彩	物质名称	主要成分	有机 / 无机物	性能
红色	氧化铁红 甲苯胺红	三氧化二铁 甲苯胺红	无机 有机	
绿色	氧化铬绿	三氧化二铬	无机	
黄色	氧化铁黄 铬黄 沙黄	三氧化二铁 四氧化铬铅	无机 无机 有机	颜色不鲜艳，但耐光、耐碱 较好的着色力，有毒、耐光性差
蓝色	群青 氧化铁蓝 酞菁蓝 钴蓝		无机 无机 有机 有机	
黑色	氧化铁黑 炭黑 松黑		无机 无机 无机	

2. 涂料类墙面

【参考视频】

涂料类墙面是在木基层表面或抹灰墙面上喷、刷涂料涂层的饰面装修。涂料饰面主要由涂层起保护和装饰作用。按涂料种类不同，饰面可分为刷浆类饰面、涂料类饰面、油漆类饰面。涂料类饰面虽然抗腐蚀能力差，但施工简单、省工省时、维修方便，故应用较为广泛。几种涂料类墙面的做法及选料见表6-5。

表6-5 涂料类墙面的做法及选料

分类	名称	做法说明	适用范围	备注
刷浆类	石灰浆	清理基层； 局部刮腻子，砂纸磨平； 石灰浆二遍	多用于室内墙面及顶棚	块石灰100：食盐5
	大白浆	清理基层； 局部刮腻子，砂纸磨平； 石灰浆二遍	多用于室内墙面及顶棚	大白浆配合比：大白粉100：801胶15～20
	白水泥浆	清理基层； 局部刮腻子，砂纸磨平； 石灰浆二遍	可用于室内外	白水泥100：801胶20
涂料类	过氯乙烯涂料	清理基层； 过氯乙烯腻子批孔缝； 过氯乙烯底漆一遍； 过氯乙烯腻子二遍，砂纸磨平； 过氯乙烯面漆二至三遍	水泥地面、墙面	良好的防腐蚀、防油、防霉性能，但不耐温
	瓷釉涂料	清理基层； 满刮801水泥腻子一至二遍； 表面打磨平整； 瓷釉底涂料一遍； 瓷釉底涂料二遍	可用于厨房、卫生间、顶棚	耐磨、硬度高、涂料光亮、类似搪瓷
	氯黄化聚乙烯防腐涂料	清理基层； 满刮腻子； 刷底涂料一遍； 喷刷面层涂料	墙面或地面	附着力强、硬度高、耐酸碱
油漆类	调和漆	木基层清理、除污、打磨等； 刮腻子、磨光； 底油一遍； 调合漆二遍	油性调和漆适用于室内外各种木材、金属、砖石表面； 磁性调和漆适用于室内	油性调和漆附着力好，便于涂刷，漆膜软，干燥性差； 磁性调和漆漆膜硬，光亮平滑，但易龟裂
	防锈漆	清理金属面，除锈； 防锈漆或红丹一遍； 刮腻子、磨光； 调合漆二遍	金属表面打底	渗透性、润滑性、柔韧性、附着力均好

3. 特殊做法的抹灰涂层墙面

抹灰涂料类墙面根据其用料、构造做法及装饰效果的不同又可分为弹涂墙面、滚涂墙面、拉毛墙面、扫毛抹灰墙面等。

(1) 弹涂墙面。弹涂是采用一种专用的弹涂工具，将水泥彩色浆弹到饰面基层上的一种做法。弹涂墙面分为基层、面层和罩面层，根据墙体材料的不同选择基层材料，如水泥砂浆、聚合物水泥砂浆、金属板材、石棉板材、纸质板材等。面层为聚合物水泥砂浆。为了保护墙面、防止污染，一般在弹涂墙面的面层上喷涂罩面层。

(2) 滚涂墙面。滚涂墙面是采用橡皮辊，在事先抹好的聚合砂浆上滚出花纹而形成的一种墙面。滚涂墙面基层的做法应根据墙体的材料而选择。墙体的面层为 3 ～ 4mm 厚的聚合物水泥砂浆，并用特制的橡皮辊滚出花纹，然后喷涂罩面层。滚涂操作有干滚法与湿滚法两种，干滚不蘸水，湿滚反复蘸水。

(3) 拉毛墙面。拉毛墙面按材料不同可分为水泥拉毛、油漆拉毛、石膏拉毛 3 类。按施工所用工具和操作方式的不同，可形成各式各样的表面。拉毛墙面可以应用于砖墙、混凝土墙、加砌混凝土墙等的内外装修，施工简便、价格低廉。

(4) 扫毛抹灰墙面。扫毛抹灰墙面是一种饰面效果仿天然石的装饰性抹灰的做法。这种墙面的面层为混合砂浆，抹在墙面上以后用竹丝扫帚扫出装饰花纹。施工时应注意用木条分块，各块横竖交叉扫毛，富于变化，使之更具天然石材剁斧的纹理。这种墙面易于施工，造价低廉，效果美观大方。

6.4.2 铺贴类墙面

铺贴类墙面多用于外墙和潮湿度较大、有特殊要求的内墙。铺贴类墙面包括陶瓷贴面类墙面、天然石材墙面、人造石材墙面、装饰水泥墙面等。

1. 陶瓷贴面类墙面

(1) 面砖饰面。面砖多由瓷土或陶土焙烧而成，常见的面砖有：釉面砖、无釉面砖、仿花岗岩瓷砖、劈离砖等。无釉面砖多用于外墙，其质地坚硬、强度高、吸水率低，是高级建筑外墙装修的常用材料。釉面砖表面光滑、色彩丰富美观、易于清洗、吸水率低，可用于装饰建筑外墙，大多用作厨房、卫生间的墙裙贴面。面砖种类繁多，安装时先将其放入水中浸泡，然后取出沥干水分，再用水泥石灰砂浆或掺有 107 胶的水泥砂浆满刮于背面，贴于水泥砂浆打底的墙上轻巧粘牢。外墙面砖之间常留出一定的缝隙，以便排除湿气；内墙安装紧密，不留缝隙。

【参考图文】

(2) 陶瓷 (玻璃) 锦砖饰面。陶瓷 (玻璃) 锦砖俗称马赛克 (玻璃马赛克)，是高温烧制而成的小块型材。为了便于粘贴，首先将其正面粘贴于一定尺寸的牛皮纸上，施工时，纸面向上，待砂浆半凝，将纸洗去，校正缝隙，修正饰面。此类饰面质地坚硬、耐磨、耐酸碱、不易变形、价格便宜，但较易脱落。

2. 石材墙面

(1) 天然石材的种类：①花岗岩 (岩浆岩)，除花岗石外，还包括安山岩、辉绿岩、辉长岩、片麻岩等。花岗岩构造密实，抗压强度高，空隙率、吸水率小，耐磨，抗腐蚀能力强。花岗岩的色彩较多，色泽可以保持很长时间，是较为理想的高级外墙饰面。②大理石，这是一种变质岩，属于中质石材，质地坚密，但表面硬度不大，易加工打磨成表面光滑的板材。大理石的化学稳定性不太好，一般用于室内。大理石的颜色有很多，在表面磨光后，其纹理雅致、色泽艳丽，为了使其表面的美感保持较长的时间，往往在其表面上光打蜡或涂刷有机硅等涂料，防止其被腐蚀。③青石板，系水成岩，质软、易风化，易于裁割加工，造价不高。其色泽质朴、富有野趣。

(2) 人造石材的种类：常用人造石材有水磨石、大理石、水刷石、斩假石等，属于复合装饰材料，其色泽纹理不及天然石材，但可人为控制，造价低。人造石材墙面板一般经过分块、制模、浇制、表面加工等步骤制成，待板达到预定强度后进行安装。水磨石板分为普通板与美术板。人造大理石板有水泥型、树脂型、复合型、烧结型。饰面板材在施工时容易破碎，为了防止这类情况发生，预制时应配以 8 号铅丝，或配以 $\phi4$、$\phi6$ 钢筋网。面积超过 0.25m^2 的板面，一般在板的上边预埋铁件或 U 形钢件。

(3) 石材墙面的基本构造：石材的自重较大，在安装前必须做好准备工作，如颜色、规格的统一编号，天然石材的安装孔、砂浆槽的打凿，石材接缝处的处理等。

(4) 石材的安装。

① 拴挂法：先将基层剁毛、打孔，插入或预埋外露 50mm 以上并弯钩的 $\phi6$ 钢筋，插入主筋和水平钢筋，并绑扎固定。将背后打好孔的板材用双股铜丝或进行过防锈处理的铁件固定在钢筋网上。在板材和墙柱间灌注水泥砂浆，灌浆高度不宜太高，一般少于此块板高的 1/3。待其凝固后，再灌注上一层，依次灌注下去。灌浆完毕后，将板面渗出物擦拭干净，并以砂浆勾缝，最后清洗表面。细部构造如图 6.28 所示。

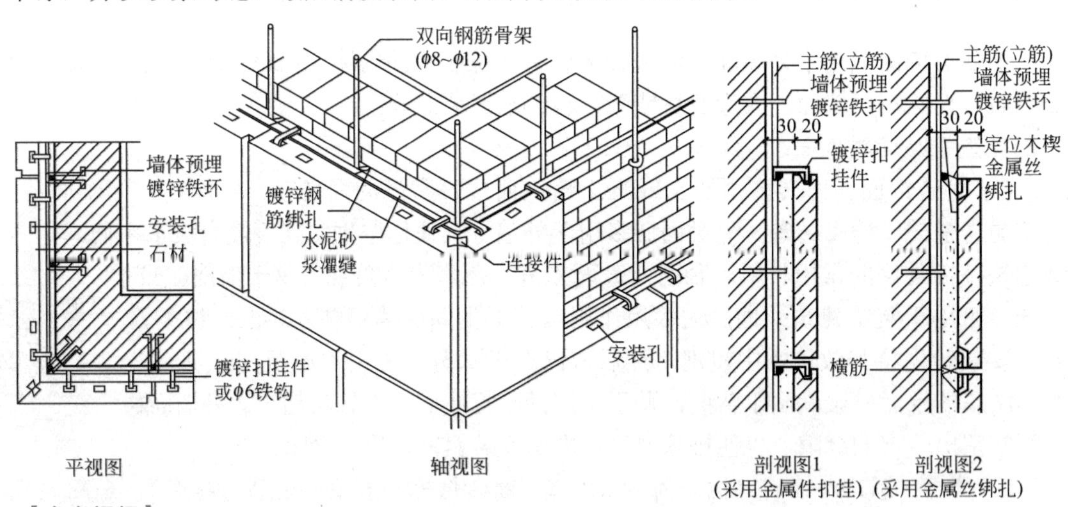

图 6.28　石材拴挂法细部构造

【参考视频】

② 连接件挂接法：用连接件、扒钉将石材墙板与墙体基层连接的方法。将连接件预埋、锚固或卡在预留的墙体基层导槽内，另一端插入板材表面的预留孔内，并在板材与墙体之间填满水泥砂浆，如图 6.29 所示。

③ 粘贴法：适用于薄型、尺寸不大的板材，此种方法首先要处理好基层，如水泥砂浆打底或涂胶等，然后进行涂抹粘贴。施工时应注意板的就位、挤紧、找平、找正、找直

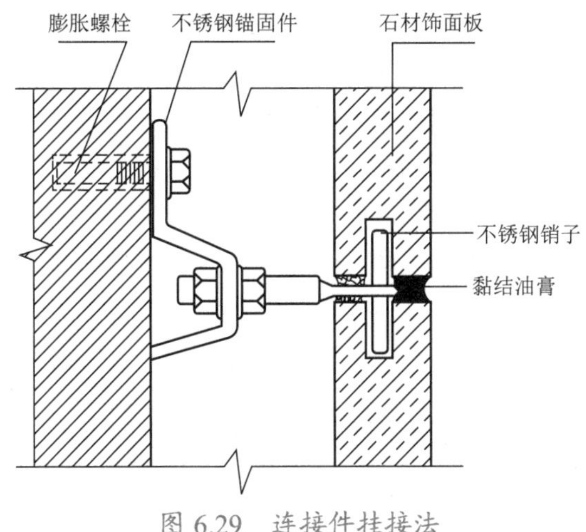

图 6.29 连接件挂接法

以及顶、卡固定，防止砂浆未达到固化强度时板面移位或脱落伤人。

6.4.3 板材墙面

板材墙面的种类很多，有木制板材、装饰板材、金属板材、玻璃墙面等，此类墙面的装修不同于抹灰、铺贴墙面等湿作业法的装修，它属于干作业法的装修，其最大的特点是污染小。

1. 木板墙面

木板墙面由木骨架和板材两部分组成。事先应该在墙体内每隔 500 ～ 1000mm 预埋防腐木砖或打入木楔，用来固定龙骨；为了防止板材变形，在墙上刷一道热沥青或一道改性沥青，干铺一层油毡；用钉子将龙骨 (墙筋) 钉于木砖或木楔上，龙骨间距一般为 450 ～ 600mm，具体尺寸根据板材规格确定；用暗钉将木板面材钉于木骨架上，表面刷漆。木板墙面要注意边缝、压顶、板缝等的细部处理。

2. 装饰板材墙面

随着建筑技术、建筑材料的发展，装饰板材墙面种类越来越多，目前常见的有：装饰微薄木贴面板、印刷木纹人造板、聚酯装饰板、覆塑中密度纤维板、纸面石膏板、防火纸面石膏板等。这些板材大多采用骨架连接，其骨架可采用木骨架，也可采用金属骨架，骨架间距参考板材规格确定。其中一些板材也可采用黏结法固定。

3. 金属板材墙面

金属板材墙面由骨架及板材两部分组成。骨架有轻钢骨架和木骨架两种；板材有彩色搪瓷或涂层钢板、不锈钢板、铜板、铝合金花纹板、铝质浅花纹板、铝及铝合金波纹板、铝及铝合金压型板、铝及铝合金冲孔平板等。这些板材大多外形美观、色彩丰富，耐腐蚀性强，有很好的装饰效果。下面介绍几种作为幕墙面层的铝合金板形式。

(1) 单层铝板幕墙。单层铝板幕墙受力较大，现行国家规范规定其最小厚度不应小于 2.5mm，目前常用的厚度为 3.0mm。铝板可以是平板型，也可以压制成几何形状或瓦楞型组装式单元。用于幕墙的铝板同玻璃材料结合成为组合式幕墙。

(2) 复合铝板幕墙。复合铝板又称铝塑板，分为普通型与防火型两种。普通型复合铝板的上、下两层铝合金薄板间夹 2 ～ 5mm 的聚乙烯塑料，经热加工或冷加工而成。防火型复合铝板系由两层 0.5mm 厚的铝板中间夹一层难燃或不燃材料加工而成。

(3) 蜂窝铝板幕墙。蜂窝铝板幕墙由两张铝合金板中间夹一层蜂窝型铝箔，用特殊的胶合工艺制成，较好地保证了外墙面的平整度，适用于外墙中大面积实墙面的幕墙。

金属板材与金属基层之间主要靠螺栓、铆钉连接，也可采用扣接法与墙筋龙骨连接，如图 6.30 所示。

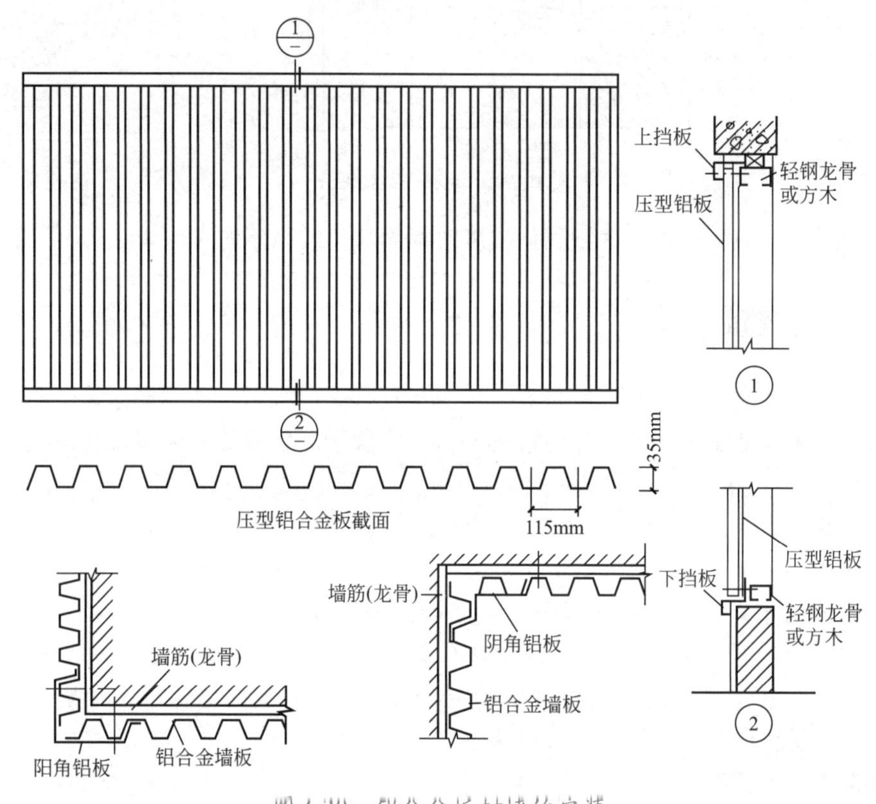

【参考图文】

图 6.30 铝合金板材墙的安装

6.4.4 裱糊类墙面

裱糊类墙面多用于内墙面的装修，饰面材料的种类很多，有墙纸、墙布、锦缎、皮革、薄木等。下面仅介绍最常用的两种形式的墙纸与墙布的施工方法。

墙纸可分为普通墙纸、发泡墙纸、特种墙纸三大类。它们各有不同的性能：普通墙纸有单色压花和印花压花两种，价格便宜、经济实用；发泡墙纸经过加热发泡，有装饰和吸声双效功能；特种墙纸有耐水、防火等特殊功能，多用于有特殊要求的场所。常用的墙布有玻璃纤维墙布和无纺墙布，玻璃纤维墙布强度大、韧性好、耐水、耐火、可擦洗，但遮盖力较差，且易磨损；无纺布色彩鲜艳不褪色、有弹性、有透气性、可擦洗。

裱糊墙面的基层要坚实牢固、表面平整光洁、色泽一致。在裱糊前要对基层进行处理，首先要清扫墙面、满刮腻子、用砂纸打磨光滑。在施工前，墙纸和墙布要做浸水或润水处理，使其充分膨胀；为了防止基层吸水过快，要先用稀释的107胶满刷一遍，再涂刷黏结剂。然后按先上后下、先高后低的原则，对准基层的垂直准线，用胶辊或刮板将其赶平压实，排除气泡。当饰面无拼花要求时，将两幅材料重叠20～30mm，用直尺在搭接中部压紧后进行裁切，揭去多余部分，刮平接缝。当有拼花要求时，要使花纹重叠搭接。

6.5 玻璃幕墙及轻钢结构墙面

6.5.1 玻璃幕墙面

玻璃幕墙面是当代的一种新型墙体，以其构造方式不同可分为有框幕墙和无框幕墙两类。有框玻璃幕墙又有明框和隐框两种。明框玻璃幕墙的金属框暴露在外，形成可见的金属格构；隐框的金属框隐藏在玻璃的背面，室外看不见金属框。隐框玻璃幕墙又可分为全隐框玻璃幕墙和半隐框玻璃幕墙两种，半隐框玻璃幕墙可以是横明竖隐，也可以是竖明横隐。无框玻璃幕墙则不设边框，以高强黏结胶将玻璃连成整片墙或点式安装的玻璃幕墙。玻璃幕墙按施工方法分为现场组装(元件式幕墙)和预制装配(单元式幕墙)两种。有框幕墙可以现场组装，也可以预制装配；无框幕墙只能现场组装。

1. 明框式玻璃幕墙的构造

(1) 元件式玻璃幕墙。元件式玻璃幕墙是在现场将金属边框、玻璃、填充层和内衬墙以一定顺序进行安装组合而成的幕墙。金属边框可用铝合金、铜合金、不锈钢等型材做成，竖向边框称竖梃，横向边框称横档。玻璃幕墙的竖梃通常依一个层间高度来划分，相临层间的竖梃通过套筒来连接，其间应留有15～20mm的空隙，以解决金属的热胀问题，并需用密封胶嵌缝，以解决防水问题。考虑到竖梃要能在上下、左右、前后3个方向调节移动，故连接件上所有螺栓孔都设计成椭圆形的长孔，其做法如图6.31和图6.32所示。为了防止“热桥”，可以将幕墙的横档做成排水沟，并设滴水孔；此外，还应在楼板侧壁设一道披水板，把凝结水导至横档中排走。如图6.33所示为玻璃幕墙的细部构造。

(2) 单元式玻璃幕墙。这是把整体幕墙分成许多标准单元，在工厂预先把骨架和玻璃组装成标准单元，再运到现场，安装在建筑外侧的幕墙。单元式幕墙与主体结构的连接一般在室内进行操作，两个相邻组件在主体结构安装时靠对插完成接缝，因此对连接件位置和尺寸的精度要求很高。至于其防水问题，主要依据等压空间防水原理，使室外的雨水不易因风压而侵入接缝的空间内，即使侵入了少量雨水，也可以通过预留的缺口或排水孔流到户外。

2. 隐框式和半隐框式玻璃幕墙的构造

隐框式玻璃幕墙是把幕墙的金属骨架全部隐藏于幕墙玻璃的背面，玻璃的安装固定主要依靠硅酮结构胶与背面的幕墙金属骨架直接黏结，使建筑表面看不到金属骨架的幕墙形

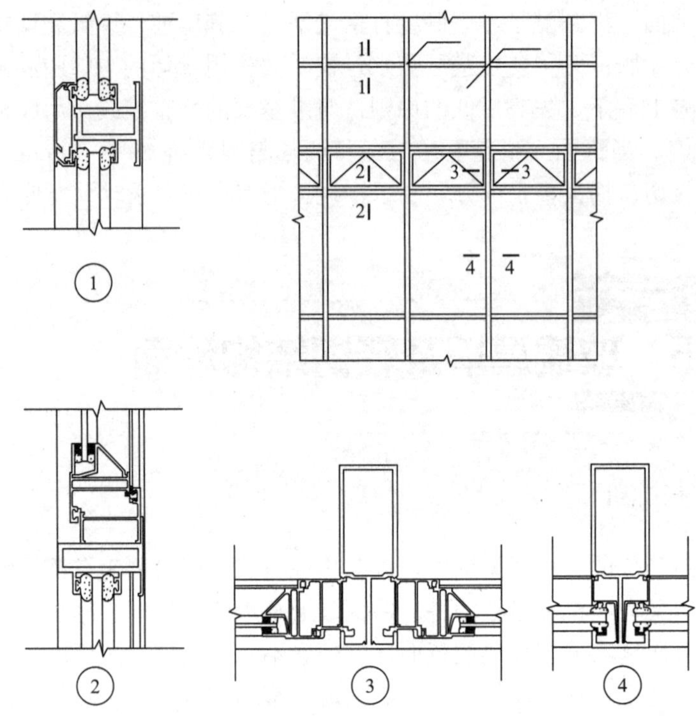

图 6.31 明框式玻璃幕墙的立面和节点构造

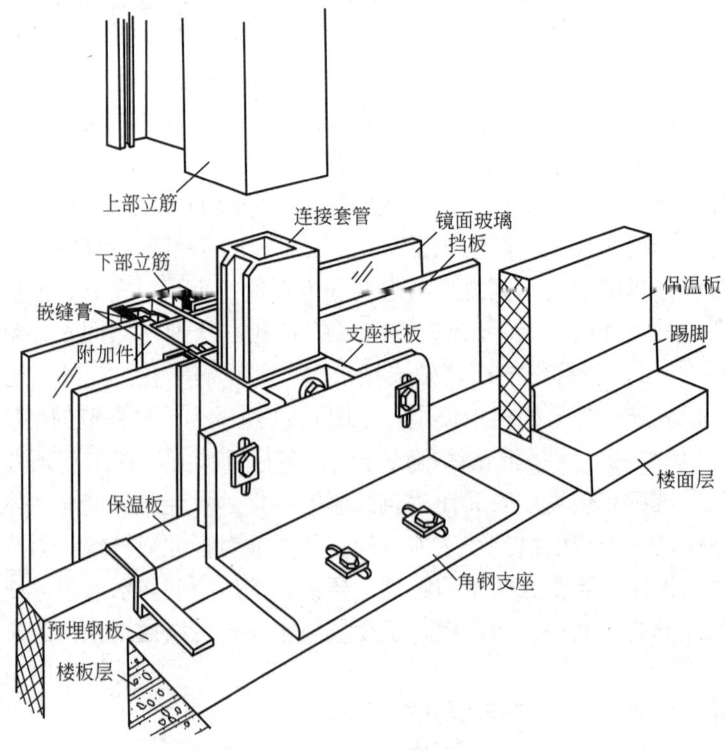

图 6.32 现场组装式玻璃幕墙的支座构造

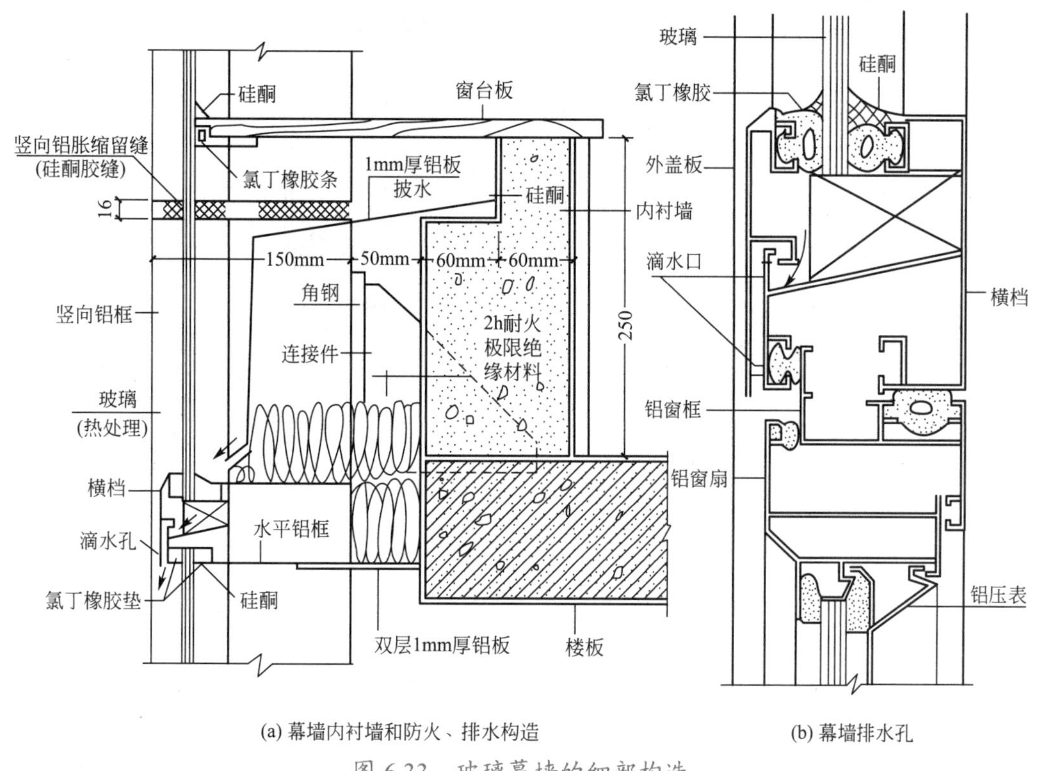

(a) 幕墙内衬墙和防火、排水构造　　(b) 幕墙排水孔

图 6.33　玻璃幕墙的细部构造

式。幕墙的玻璃间的缝隙要有一定的宽度，宽度大小一般为 12 ～ 20mm，且与玻璃平面的尺寸有关，以适应幕墙平面内变位造成结构胶的变形，使玻璃有足够的余地移位而不致发生挤碰，其做法如图 6.34 和图 6.35 所示。半隐框式玻璃幕墙是将骨架中的水平或垂直方向使用隐框结构，另一个方向仍为外露形式，其做法如图 6.36 所示。隐框玻璃幕墙在防水构造上一般设有两层密封设施，并在两者之间留有空腔，按照防水压力平衡原理，在玻璃十字交叉点处留出排水通风口，使空腔内的空气压力与室外的空气压力取得平衡，以防在毛细孔作用下渗水，同时也可将少量雨水自然排出。

3. 无框式玻璃幕墙（全玻式玻璃幕墙）的构造

无框式玻璃幕墙每隔一定距离，在面玻璃背面用条形玻璃板即肋玻璃作为加强肋板，以起到增强玻璃刚度的作用。面玻璃与肋玻璃相交部位应留出一定的间隙，用以注满硅酮系列密封胶，做法如图 6.37 所示。此类玻璃幕墙所用的玻璃多为钢化玻璃和夹层钢化玻璃，以增大玻璃的刚度和安全性能。全玻式玻璃幕墙在构造上可分为两种：上部悬挂式和下部支撑式。

(1) 上部悬挂式：当玻璃高度大于 4m 时，用悬吊的吊夹将肋玻璃及面玻璃悬挂固定。力由上部的支撑钢结构和吊夹承受，以消除玻璃因自重而引起的挠度，保证其安全性。这种形式的玻璃吊挂高度可达 12m，且肋玻璃与面玻璃均为整块的，因此，运输、吊装需格外小心，其做法如图 6.38 所示。

(2) 下部支撑式：又称座地式，这类幕墙的高度不要超过 4.5m，其重力支撑点在下部，这种全玻璃幕墙的构造关键是玻璃落地处、两侧端部及顶部需设置不锈钢压型凹槽，

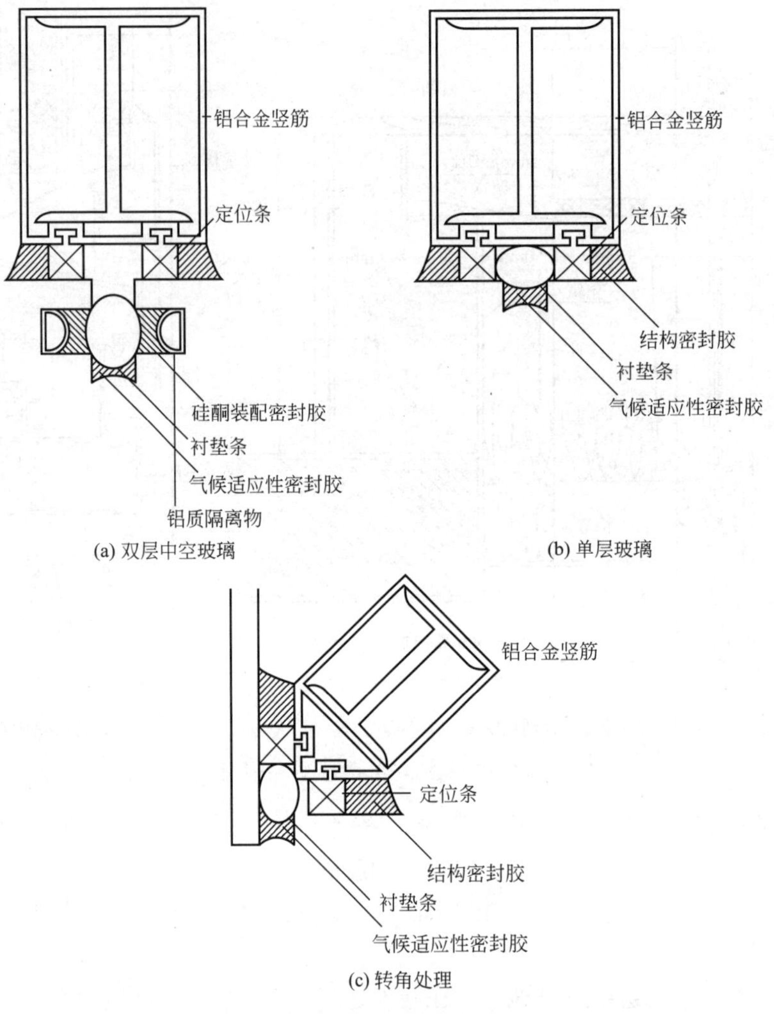

图 6.34　隐框式玻璃幕墙的节点构造

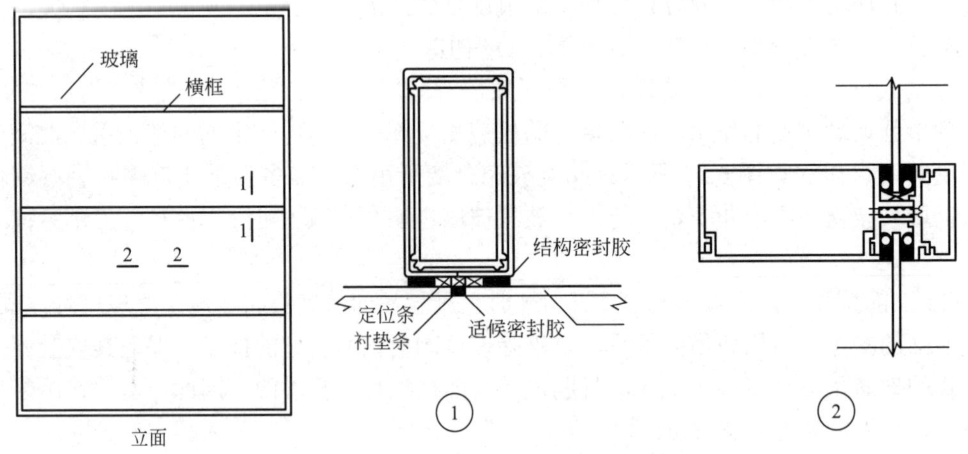

图 6.35　半隐框式玻璃幕墙的构造

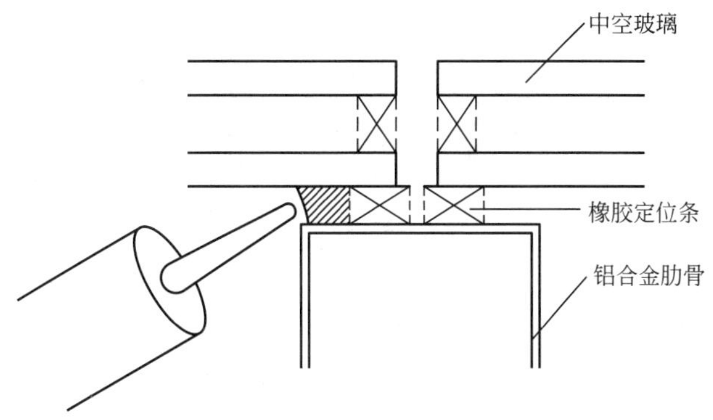

图 6.36 隐框式玻璃幕墙在玻璃内侧填嵌结构硅酮胶

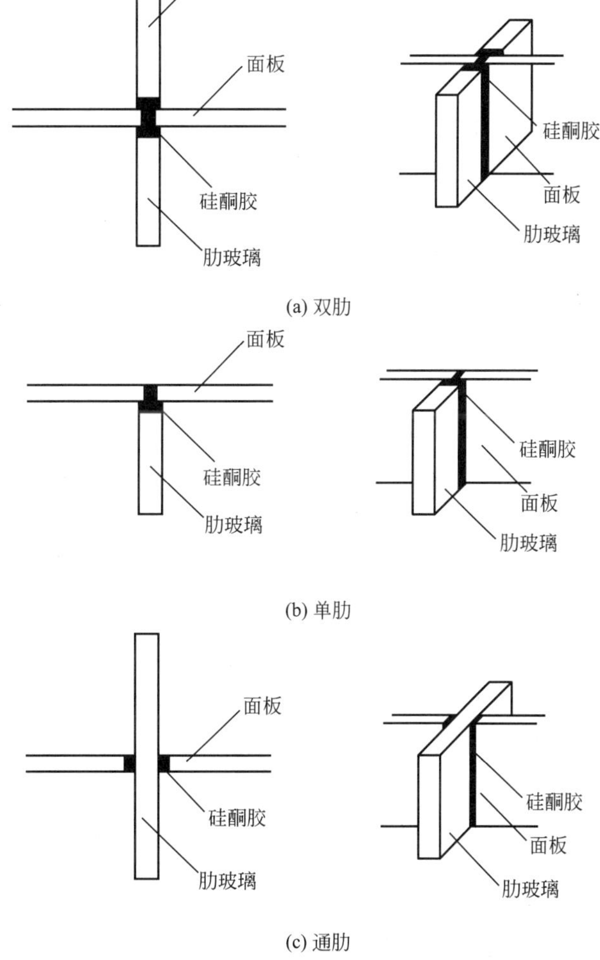

图 6.37 全玻式幕墙玻璃肋与玻璃面板的形式

槽内设氯丁橡胶垫块定位，缝隙用泡沫橡胶嵌实后再用透明结构硅酮胶封口。转角处为了避免碰撞，可采用立柱形式，如图 6.39 所示。

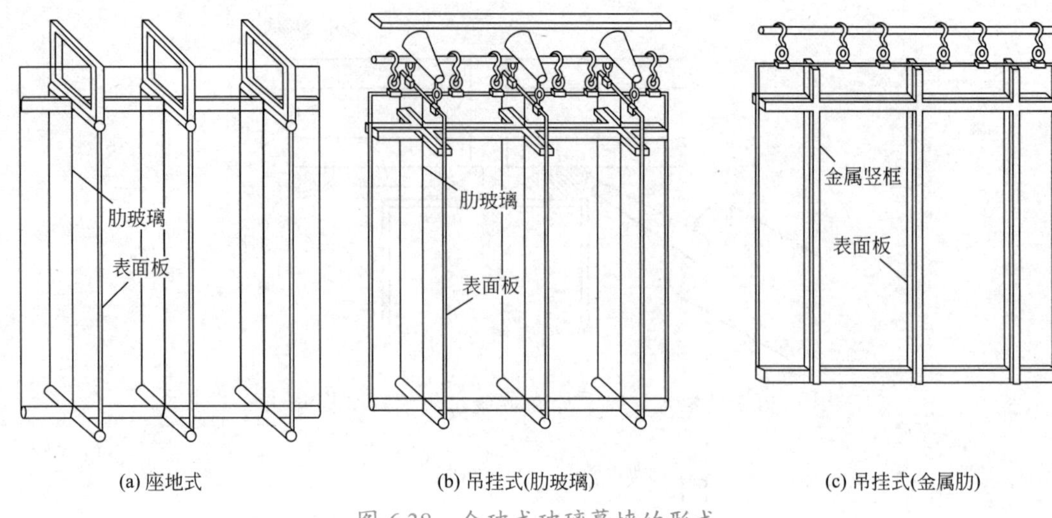

图 6.38　全玻式玻璃幕墙的形式

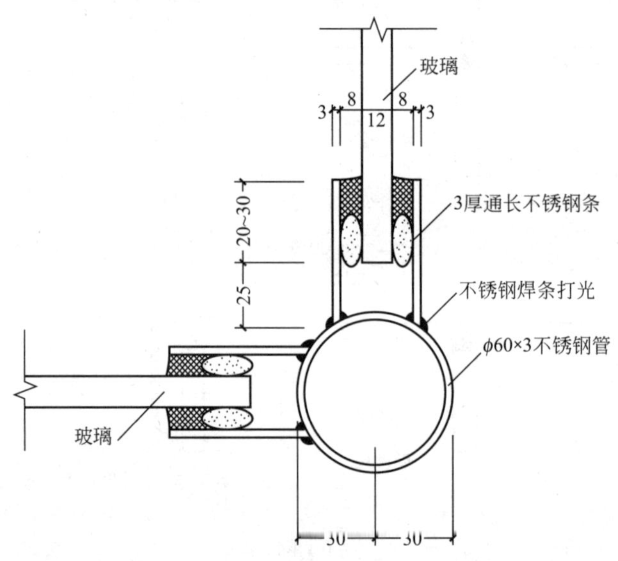

图 6.39　玻璃幕墙转角处节点构造

6.5.2 轻钢结构墙面

轻钢结构建筑是由轻型钢结构材料作承重骨架，多层组合的轻体墙作围护结构，经装修和装饰而成的房屋。常见的低、多层轻钢结构建筑中，其结构体系可划分为梁柱式、墙架式、钢架式。其结构件之间常采用电焊、螺栓或铆钉进行连接。

轻钢结构建筑的外墙既轻又薄，为了满足围护结构的功能要求，外墙往往采用轻质复合材料制成，通常有干作业和湿作业之分。

(1) 轻钢龙骨钢丝网水泥墙：在隔扇式钢骨架的外侧，通过两面绑扎或卡住钢丝网片、外喷水泥砂浆、内填泡沫或纤维质保温材料而成的墙面，如图 6.40(a) 所示。

(2) 钢筋网架水泥墙：用直径为 3 ～ 4mm 的钢筋点焊成间距为 100mm 的双向钢筋网片，形成空间网架，内部插入泡沫塑料，有防火要求时插入岩棉，成为质地较轻的装配单元。运到工地进行安装，双面喷抹 20 ～ 30mm 厚的水泥砂浆，即可成为有一定保温能力的外墙，如图 6.40(b) 所示。

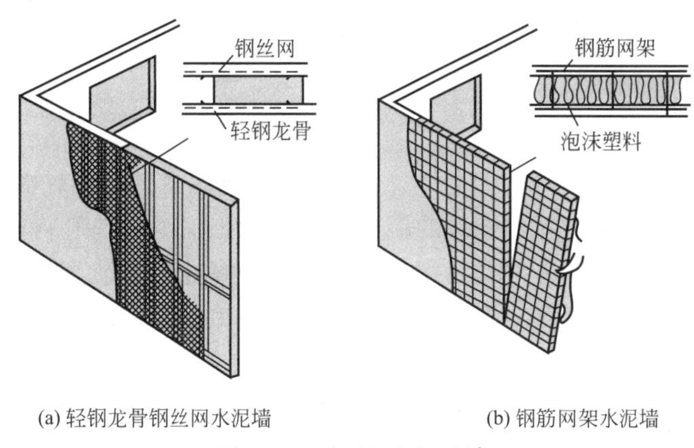

(a) 轻钢龙骨钢丝网水泥墙　　(b) 钢筋网架水泥墙

图 6.40　钢丝网水泥墙

(3) 轻质加气混凝土外墙板：具有自重轻及保温隔热性能、耐火和防火性能、隔声性能优良的特点，同时由于板内配筋，其抗弯、抗剪强度均较高。外墙板厚度多为 100 ～ 600mm，板宽为 600mm，板长可达 6000mm，设计时可根据需要选用。

(4) 复合墙板：复合外墙板由多层材料组合而成，其间考虑了防风雨、保温隔热、防止产生表面及内部的凝结水、防火及立面造型等诸多因素。复合外墙的组成包括以下几个层次。

① 骨架：通常采用强钢作框，由槽形薄壁型钢龙骨制成单元墙板的外框，内部按设计要求在适当部位设置横档和竖筋，需承受侧向力者则在框内架设斜撑。

② 外层面板：有表面经过处理的彩色涂层金属压型板，有色或镜面玻璃，经过防老化或防火处理的塑料及水泥制品。外墙板节点多用防水密封胶或专用弹性材料嵌缝。

③ 保温层：保温层通常设置在内外面层之间，采用的材料有玻璃棉、矿棉、岩棉、加气混凝土等，为了防止蒸汽渗透，通常在保温层内部加一层铝箔、油纸或油毡等隔蒸汽层，有的还增加一层蜂窝板或密封的空气层，以提高保温效能。轻质材料的蓄热稳定性较差，为了减少太阳辐射对墙体的影响，使夏季的墙板内的蓄热及时散发，最好在外面设置一层通风层，如图 6.41 所示。

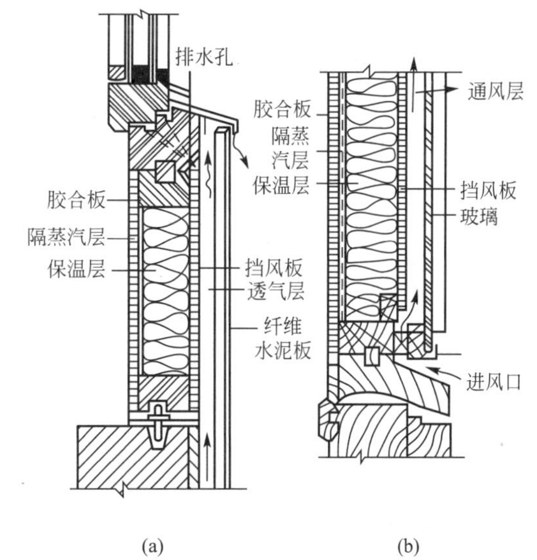

(a)　　(b)

图 6.41　带有通风（透气）层的复合外墙板构造形式

④ 内层面板：内层面板一般应结合室内装修，如纸面石膏板、胶合板、木质纤维板GRC薄板等。接缝处可用腻子刮平或另加压封条。板材表面可饰以涂料、油漆或贴壁纸。

6.6 墙体保温与隔热

我国幅员辽阔，地区气候差异较大，不同季节的气温悬殊，同时面对目前环境恶化、能源日益紧张的趋势，对外围护构件的墙体来说，加强保温隔热和提高气密性的要求也就显得格外重要。一幢好的节能型建筑最基本的应该做到的一点就是冬暖夏凉。围绕建筑外围护结构展开的保温隔热工作重点仍在外墙，外墙冬季传热过程示意图(图6.42)就明确说明了这一点。提高外墙保温能力、减少热损失，一般有3种方法：①单纯增加外墙厚度，使传热过程延缓，达到保温隔热的目的；②采用导热系数小、保温效果好的材料作外墙围护构件；③采用多种组合材料的组合墙解决保温隔热问题。随着国内墙体改革浪潮的兴起，建筑节能已纳入国家强制性规范的设计要求。目前常用的有以下几种方式：外墙外保温墙体、外墙内保温墙体、外墙夹心保温构造。

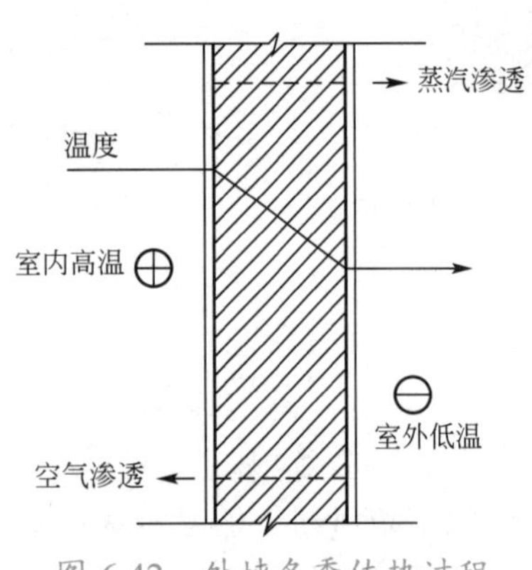

图6.42 外墙冬季传热过程

6.6.1 外墙外保温墙体

【参考图文】

这是一种将保温隔热材料放在外墙外侧(即低温一侧)的复合墙体，具有较强的耐候性、防水性和防水蒸气渗透性，同时具有绝热性能优越、能消除热桥、减少保温材料内部凝结水的可能性、便于室内装修等优点。但是由于保温材料直接做在室外，需承受的自然因素（如风雨、冻晒、磨损与撞击等）影响较多，因而对此种墙体的构造处理要求很高。必须对外墙面另加保护层和防水饰面，在我国寒冷地区，外保护层的厚度要达到30～40mm，其构造如图6.43所示。

墙体材料
(以下为专威特系统)
黏结胶浆
聚苯板或矿棉板
抹面胶浆1.5~3厚
标准网布
面层涂料0.25~0.5厚
(+罩面涂膜)

黏结胶浆
聚苯板或矿棉板
抹面胶浆1.5~3厚
加强网布
抹面胶浆1.5~2厚
标准网布
面层涂料0.25~0.5厚
(+罩面涂膜)

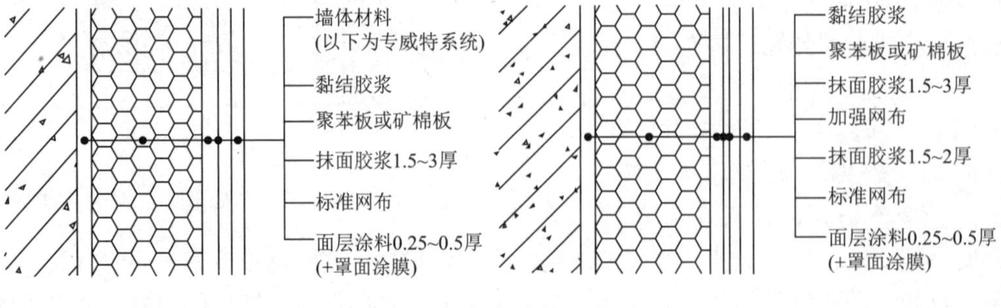

图6.43 外墙外保温构造

6.6.2 外墙内保温墙体

外墙内保温复合墙体在我国的应用也较为广泛，其常用的构造方式有粘贴式、挂装式、粉刷式 3 种。外墙内保温墙体施工简便、保温隔热效果好、综合造价低，特别适用于夏热冬冷的地区。由于保温材料的蓄热系数小，有利于室内温度的快速升高或降低，其性价比不错，故适用范围广；但必须注意外围护结构内部产生冷凝结水的问题。其构造形式如图 6.44 所示。

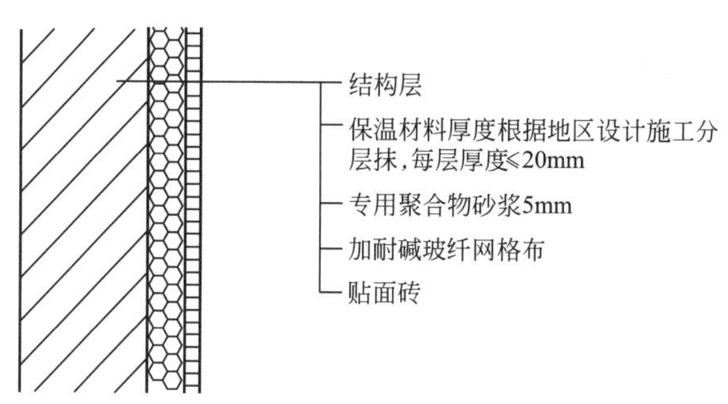

图 6.44 外墙内保温的厨房、卫生间构造

6.6.3 外墙夹心保温构造

在复合墙体保温形式中，为了避免蒸汽由室内的高温侧向室外低温侧渗透，在墙内形成凝结水，或为了避免受室外各种不利因素的袭击，常采用半砖或其他预制板材加以处理，使外墙形成夹心构件，即双层结构的外墙中间放置保温材料，或留出封闭的空气间层，可使保温材料不易受潮，且对保温材料的要求也较低。外墙空气间层的厚度一般为 40 ～ 60mm，并且要求处于密闭状态，以达到好的保温目的。外墙夹心保温构造如图 6.45 所示。

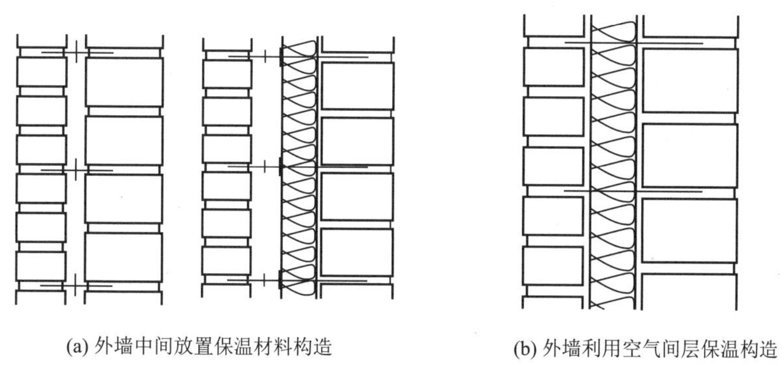

(a) 外墙中间放置保温材料构造

(b) 外墙利用空气间层保温构造

图 6.45 外墙夹心保温构造

本章小结

（1）墙体是建筑的主要围护构件和结构构件。本章主要介绍了砌筑墙体、板材墙体、幕墙等的做法，对墙体变形缝、墙面装修及墙体保温隔热等知识也作了适当的介绍。

（2）墙体的作用依建筑的结构形式、位置和材料等的不同而有所不同，主要包括承重作用、围护作用、分隔作用。

（3）砖墙属于砌筑墙体，具有保温、隔热、隔声等许多优点，但也存在着施工速度慢、自重大、劳动强度大等很多不利的因素。砖墙由砖和砂浆两种材料组成，砂浆将砖胶结在一起筑成墙体或砌块。

（4）为了满足建筑物的使用要求，提高建筑的艺术效果，保护墙体免受外界影响，保护结构、改善墙体的热工性能，必须对墙面进行装修。墙面装修按其位置不同可分为外墙面装修和内墙面装修两大类。因材料和做法的不同，外墙面装修又分为抹灰类、涂料类、贴面类、板材类等；内墙面装修则可分为抹灰类、贴面类、涂料类、裱糊类等。

思考题

1. 如按墙体所在的位置、布置情况、受力情况、材料及构造及施工方法等进行划分，墙体有哪些类型？各有何特点？
2. 墙体设计的要求有哪些？
3. 确定砖墙厚度的因素有哪些？
4. 常见的勒脚做法有哪几种？
5. 墙体中为什么要设水平防潮层？它应设在什么位置？一般有哪些做法？
6. 在什么情况下要设垂直防潮层？
7. 常见的散水和明沟的做法有哪几种？
8. 常见的过梁有哪几种？它们的适用范围和构造特点是什么？
9. 窗台构造中应考虑哪些问题？
10. 墙身的加固措施有哪些？有什么设计要求？
11. 什么是构造柱？它起何作用？绘制其断面图。
12. 什么是圈梁？它起何作用？构造应满足哪些要求？画出正确的圈梁断面。
13. 常见的隔墙有哪些？简述各种隔墙的构造做法。
14. 砌块墙的组砌要求有哪些？
15. 板材墙如何分类？板材建筑的结构体系有哪几种？
16. 变形缝分为哪几类？简述其构造做法。
17. 试述墙面装修的作用和基本类型。
18. 简述玻璃幕墙的分类和构造做法。
19. 简述外墙保温的构造做法。

第7章
楼地层

教学目标

（1）理解楼地层的概念和特点。
（2）掌握楼地层的分类及其组成。
（3）掌握钢筋混凝土楼板的构造。
（4）理解变形缝的做法。
（5）掌握楼地面面层的做法。

教学要求

知识要点	能力要求	相关知识
楼地层	(1) 理解楼地层的概念 (2) 理解楼地层的作用	构造概论
楼地层的组成	(1) 掌握楼地层的组成 (2) 掌握楼地层的类型	墙体的分类
楼地层的构造	(1) 掌握楼地层的构造 (2) 掌握钢筋混凝土现浇楼层的构造	建筑结构的特点
变形缝	(1) 理解变形缝的作用 (2) 掌握变形缝在楼地层的做法	变形缝构造
楼地层面层的做法	(1) 掌握楼地层面层的分类 (2) 掌握楼地层面层的做法	墙面装修

楼地层是房屋主要的水平承重构件和水平支撑构件，它将荷载传递到墙、柱、墩、基础或地基上，同时又对墙体起着水平支撑作用，以减少水平风荷载和地震水平荷载对墙面的作用。楼板层将房屋分成若干层；地层大多直接与地基相连，有时分割地下室。

对于楼地层的设计，首先要求楼地层能满足坚固方面的要求。任何房屋的楼地层均应有足够的强度，能够承受自重的同时又能承受不同要求的使用荷载而不致损坏。同时还应有足够的刚度，如在规范荷载的作用下不产生超过规定的挠度变形，在规范允许的力的作用下不发生显著的振动。在整体结构中保证房屋整体的稳定性。

其次，楼地层要考虑隔声方面的问题。声音的传播包括空气传播和固体传播，建筑中隔绝空气传声的方法，首要的就是避免楼地层的裂缝、孔洞，也可增加楼板层的容重，或采用层叠结构。至于固体传声，主要是要防止楼板上太多的冲击能量，利用富有弹性的铺面材料吸收一些冲击能量，同时在结构或构造上采取间断的方式来隔绝固体传声。

最后，楼地层在热工和防火方面也有一定的要求。在不采暖的建筑中，地面铺层材料要注意避免采用蓄热系数过小的材料，以免冬季容易传导人们足部的热量，使人体感到不适。在采暖建筑中，在地板、地下室楼板、阁楼屋面等处设置保温隔热材料，尽量减少热量散失。楼地层还应尽量采用耐火与半耐火材料制造，并注意防腐、防蛀、防潮处理，最终达到坚固、持久、耐用的目的。

7.1 楼地层的组成与构造

【参考图文】

7.1.1 楼地层的组成

楼地层包括楼板层和地坪层（图 7.1），主要由以下两部分构件组成。

承重构件：承重构件一般包括梁、板等支撑构件，用来承受楼板上的全部荷载，并将这些重力传递给墙、柱、墩，同时对墙身起水平支撑作用，以增强房屋的刚度和整体性。

非承重构件：包括楼地面的面层、顶棚。它们仅将荷载传递到承重构件上，并具有热工、防潮、防水、保温、清洁及装饰作用。

根据承重构件主要用料，楼地层可分为四大类型：①木楼地层；②钢筋混凝土楼层或混凝土地层；③钢楼板层；④砖楼地层。此处主要介绍钢筋混凝土楼板的主要类型和构造形式。

7.1.2 楼地层的构造

楼板层通常由面层、楼板 (结构层)、顶棚三部分组成。地坪层是将地面荷载均匀地传给地基的构件，它由面层、结构层、垫层和素土夯实层构成，依据具体情况还可设找平层、结合层、防潮层、保温层、管道铺设层等。

素土夯实层：素土夯实层是地坪的基层，材料为不含杂质的砂石、黏土，通常是填 300mm 的土夯实成 200mm 厚，使之均匀传力。

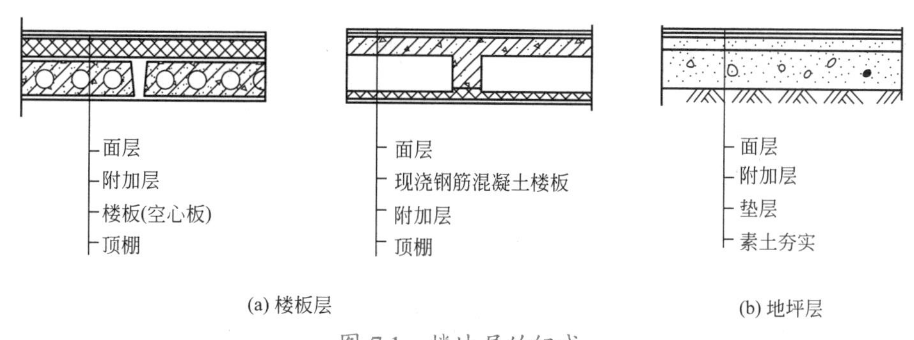

(a) 楼板层　　(b) 地坪层

图 7.1　楼地层的组成

垫层：将力传递给结构层的构件，有时垫层也与结构层合二为一。垫层又分为刚性垫层和非刚性垫层：刚性垫层采用 C15 混凝土、厚度为 80 ～ 100mm，多用于地面要求较高、薄而脆的面层；非刚性垫层有 50mm 厚的砂垫层、80 ～ 100mm 厚的碎石灌浆、50 ～ 70mm 厚的石灰炉渣、70 ～ 120mm 厚的三合土等，常用于不易断裂的面层。

结构层：将力传给垫层的构件，常与垫层结合使用，通常采用 70 ～ 80mm 厚的 C15 混凝土。

面层：是人们直接接触的部位，应坚固、耐磨、平整、光洁、不易起尘，且应有较好的蓄热性和弹性。特殊功能的房间要符合特殊的要求。

7.2　钢筋混凝土楼板的构造

【参考图文】

钢筋混凝土楼板根据其施工方式的不同，可分为现浇式、装配式和装配整体式 3 种。根据其传力方式的不同，可分为单向板 (单向支撑) 和双向板 (双向支撑)。钢筋混凝土楼板层的构造组成也包括面层、结构层和顶棚 3 个主要部分，必要时，依功能要求增设其他有关构造部分。

7.2.1 现浇式钢筋混凝土楼板

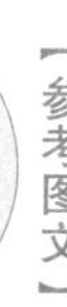

【参考图文】

1. 钢筋混凝土板式楼板

这是跨度一般在 2 ～ 3m 的钢筋混凝土板，单向支撑在四周墙上，板厚约 70mm，板内配置主力钢筋 (设于板底) 与分布钢筋 (垂直架于主力钢筋上以防裂)，主力钢筋按短跨搁置。平面形式近方形或方形的钢筋混凝土板则多用双向支撑和配筋。厕所、厨房多采用这种形式的楼板。

2. 钢筋混凝土无梁楼板

楼板不设梁，而将楼板直接支撑在柱上时为无梁楼板。无梁楼板大多在柱顶设置柱帽，尤其是当楼板承受的荷载很大时，设置柱帽可避免楼板过厚。柱帽形式多样，有圆形、方形和多边形等。无梁楼板的柱网通常为正方形或近似正方形，常用的柱网尺寸为 6m 左右，较为经济，如图 7.2 所示。

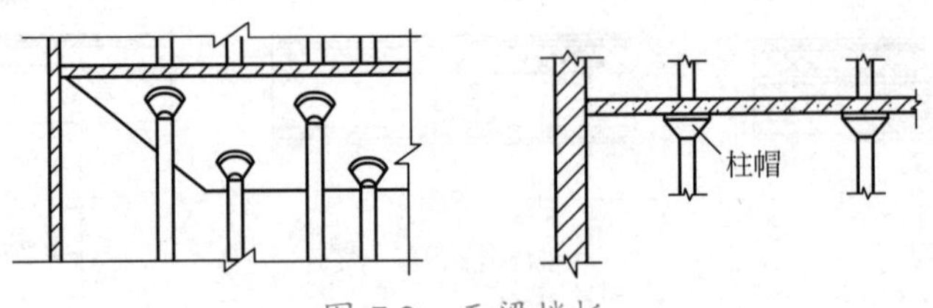

图 7.2　无梁楼板

3. 钢筋混凝土密肋（搁栅、小梁）楼板

这类楼板为现浇预制带骨架芯板填充块楼板（图 7.3)，由密肋板和填充块构成，密肋板的肋（搁栅）为 200 ～ 300mm，宽 60 ～ 150mm，间距 700 ～ 1000mm；密肋板的厚度不小于 50mm，楼板的适用跨度为 3 ～ 10m。搁栅间距小的多填以陶土空心砖或空心矿渣混凝土块，以适应楼层隔声、保温、隔热的效果。同时，空心砖还可以起到模板的作用，也可铺设管道，造价低廉。如预做吊顶，可在搁栅内预留钢丝；如需铺木楼板，则可于钢筋混凝土搁栅面上嵌燕尾形木条，然后铺钉木楼板搁栅。

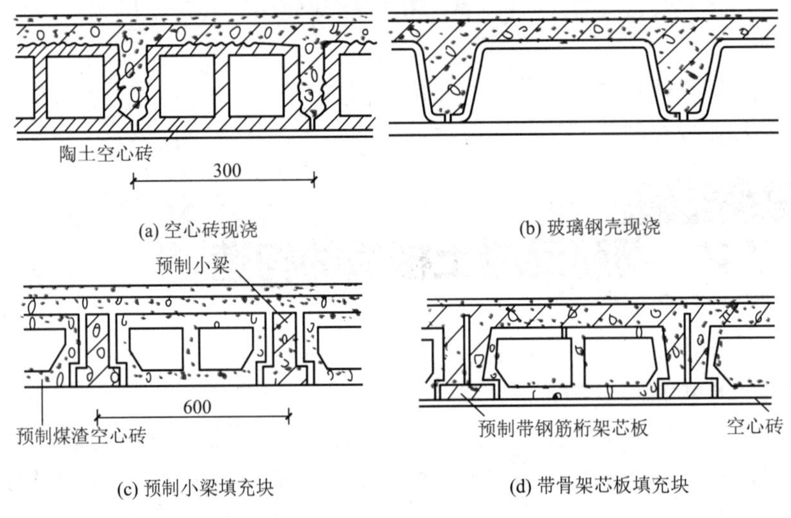

图 7.3　现浇钢筋混凝土密肋楼板

4. 梁、板式（肋梁）楼板

钢筋混凝土梁板式楼板由板、次梁、主梁现浇而成；钢筋混凝土结构也有反梁，即板在梁下相连。依据受力情况的不同，板又分为单向板肋梁楼板、双向板肋梁楼板。单向板肋梁楼板（长、短边长之比大于 2) 的主梁支撑在柱上，主梁的经济跨度为 5 ～ 9m，梁的断面同配筋率有关，梁的构造高度为跨度的 1/12 ～ 1/8，其间距为次梁跨度。次梁跨度一般为 4 ～ 7m，梁高为跨度的 1/16 ～ 1/12，其间距为板跨。在进行肋梁楼板的布置时，承重构件，如梁、柱、墙等要做到上下对齐，以便于合理地传力、受力。较大的集中荷载，如隔墙、设备等宜布置在梁上，不要布置在板上，现浇钢筋混凝土梁板式楼板如图 7.4 所示。

【三维模型】

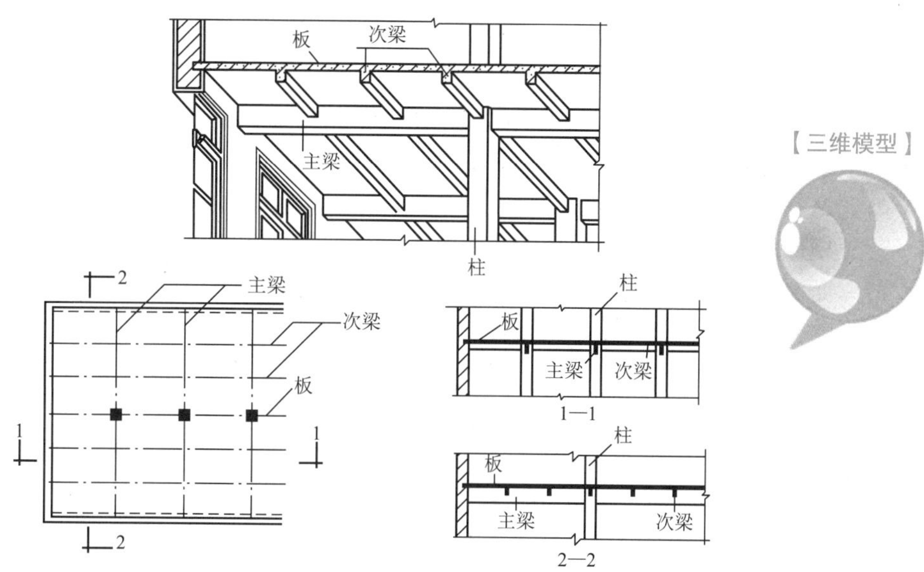

图 7.4 现浇钢筋混凝土梁板式楼板

5. 井式楼板

当肋梁楼板的梁不分主次、高度相同、相交呈“井”字形时，称为井式楼板(图 7.5)。井式楼板是双向板肋梁楼板。井式楼板上部传下的力由两个方向的梁相互支撑，其梁间距一般为 3m，板跨度可达 30 ～ 40m，故可营造较大的建筑空间，这种形式多用于无柱的大厅。

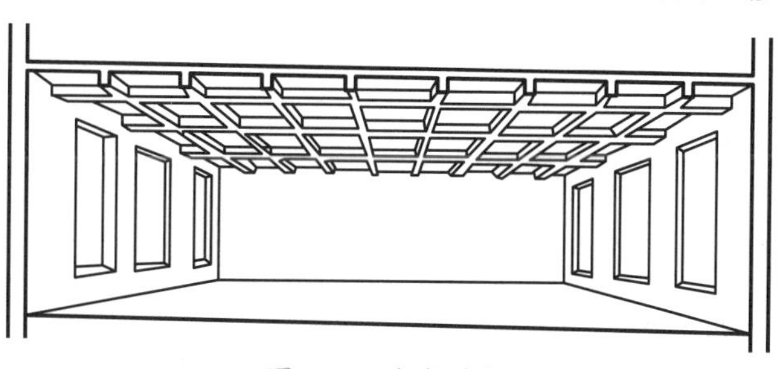

图 7.5 井式楼板

7.2.2 预制装配式钢筋混凝土楼板

预制装配式钢筋混凝土楼板是将楼板分成若干构件，在工厂预先制作好后，到施工现场进行安装的楼板形式。预制板的长度与房间开间或进深一致，并为 300mm 的倍数，板的宽度一般为 100mm 的倍数，板的截面尺寸需经过结构计算并考虑与砖的尺寸相协调而定，以便于砌筑。

1. 预制装配式钢筋混凝土楼板的构造形式

预制装配式钢筋混凝土楼板构造可分 3 类：平板、槽形板、空心板。

1）平板

预制板的宽度有 400mm、500mm、600mm、800mm 等几种形式；板的长度（即跨

度）较小，在1500～2000mm范围内；板的厚度通常不小于60mm。简单的平板式楼板将板直接搁置在梁上，梁断面可制成矩形、T形、工字形等形式，其制作简单，但隔声效果差。较复杂形式的平板式楼板的梁采用倒T形，板搁置在梁之间，板上可置填充物然后加铺面层，这样就可以提高隔声和保温隔热效果。平板如图7.6（a）所示。

2) 槽形板

槽形板系梁板合一的槽形构件，板宽大于或等于400mm，板高为120～300mm，并依砖厚而定。槽形板分槽口向上和槽口向下两种，槽口向下的槽形板受力较为合理，但板底不平整、隔声效果差［图7.6（b）］。槽口向上的倒置槽形板受力不甚合理，铺地时需另加构件，但槽内可填轻质构件，顶棚处理及保温、隔热和隔声的施工较容易［图7.6（c）］。

3) 空心板

空心板的制作原理：钢筋混凝土板、梁构件，其上部主要由混凝土承受压力，下部由钢筋承担拉力，在中轴附近混凝土内力作用较少。如将其挖去，截面就成为工字形或T形，若干个这样的截面就组合成单孔板和多孔板的形式。空心板的孔洞有矩形、方形、圆形、椭圆形等；孔数有单孔、双孔、三孔、多孔。板宽分别有400mm、500mm、600mm、800mm等尺寸；跨度可达到6.0m、6.6m、7.2m等；板的厚度等于板跨的1/25～1/20，且依砖厚而定。空心板节省材料，隔声、隔热性能好，但板面不能随意打洞。空心板如图7.6（d）所示。

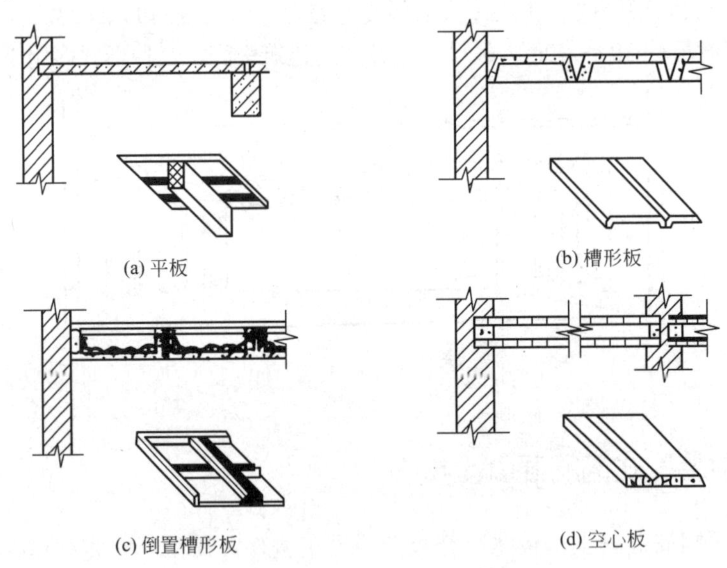

(a) 平板　(b) 槽形板　(c) 倒置槽形板　(d) 空心板

图7.6　预制钢筋混凝土楼板

2. 梁的断面形式

梁的断面形式有矩形、锥形、T形、十字形、花篮梁等。矩形、锥形截面梁的外形简单，制作方便，但空间高度较大，T形截面梁较矩形截面梁的外形简单，十字形或花篮梁可减少楼板所占的高度。梁的经济跨度为5～9m。

3. 板的布置方式

板的布置方式要受到空间大小、布板范围、尽量减少板的规格、经济合理等因素的制约。板的支撑方式有板式和梁板式两种，如图 7.7 所示。预制板直接搁置在墙上的布板方式称板式布置；楼板支撑在梁上，梁再搁置在墙上的布板方式称梁板式布置。板的布置大多以房间短边为跨进行，狭长空间最好沿横向铺板。

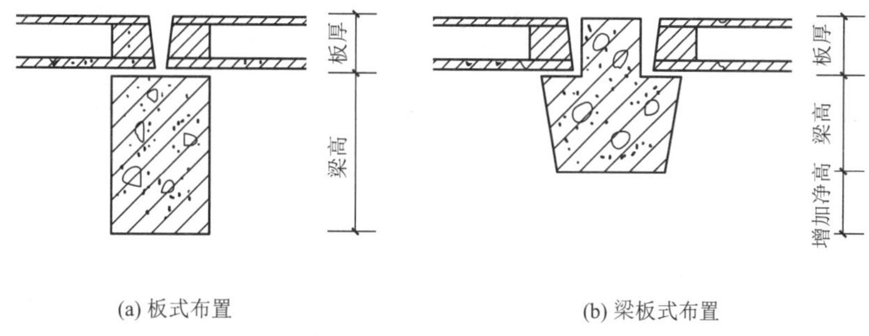

图 7.7 板在梁上的搁置

楼板的细部构造如下。

(1) 梁、板的搁置及锚固。梁、板的搁置一定要注意保证它的搁置长度。构件在墙上的搁置长度不得少于 100mm；搁置在钢筋混凝土梁上时，不得小于 80mm，搁置在钢梁上时也应大于 50mm。梁支撑在墙上时，必须设梁垫；板搁置在墙或梁上时，板下应铺 M5、10mm 厚的坐浆。所有梁板的边缘 (纵向) 均不宜搁入墙内，避免板产生破裂。多孔板的孔端内必须填实。为了增加楼层的整体性刚度，无论是板间、板与纵墙之间还是板与横墙之间，均应加设钢筋锚固，或利用吊环拉固钢筋。锚固的具体做法如图 7.8 所示。

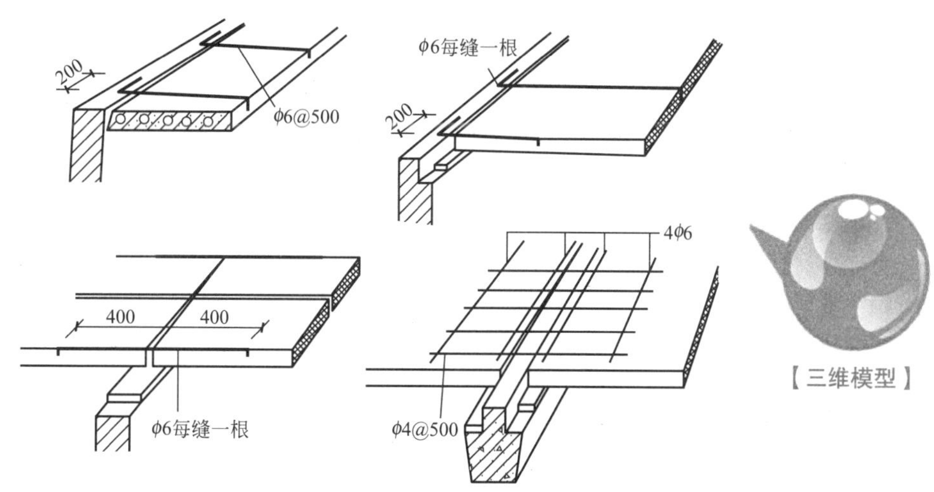

【三维模型】

图 7.8 板的锚固的具体做法

(2) 板缝的处理。板与板相拼，纵缝允许宽为 10 ～ 20mm 的缝隙，缝内灌入细石混凝土。板间侧缝的形式有 V 形、U 形和槽形。由于板宽规格的限制，在排列过程中常会出现较大的缝隙，根据排板数和缝隙的大小，可采取调整板缝的方式将板缝控制在 30mm 内，再用细石混凝土灌实来解决；当板缝宽度大于 50mm 时，在缝中加钢筋网片，再灌实细石混凝土；当板缝宽度为 120mm 时，可将缝留在靠墙处沿墙挑砖填缝；当板缝宽度大于 120mm 时，必须另行现浇混凝土，并配置钢筋，形成现浇板带，如楼板为空心板，可

将穿越的管道设在现浇板带处。如图 7.9 所示为板缝的处理。

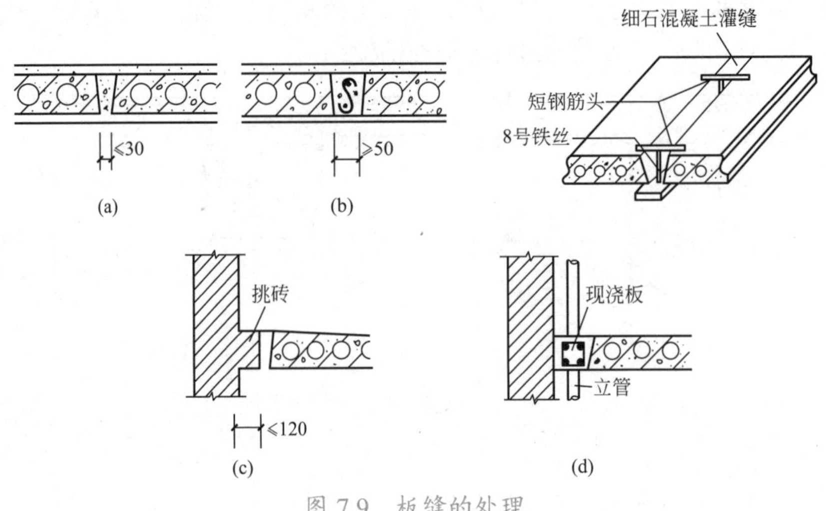

图 7.9　板缝的处理

(3) 隔墙等构件及设备等在楼板上的搁置。采用轻质材料制作的隔墙、构件、荷载较轻的设备可以直接设置在楼板上，自重较大的隔墙、构件或设备应避免将荷载集中在一块板上。通常设梁支撑着力点，为了板底平整，可使梁的截面与板的厚度相同，或在板缝内配筋。当楼板为槽形板时，可将隔墙搁置于板的纵肋上，隔墙与楼板的关系如图 7.10 所示。

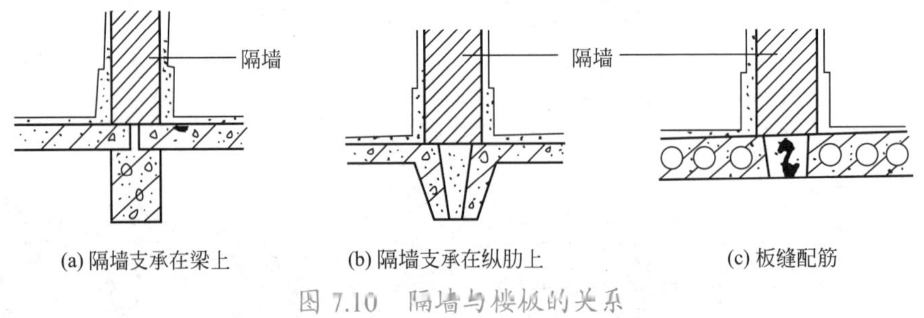

图 7.10　隔墙与楼板的关系

7.2.3 整体装配式楼板

整体装配式楼板包括密肋填充块楼板和叠合式楼板两类。

1. 密肋填充块楼板

密肋填充块楼板由密肋楼板和填充块叠合而成。密肋楼板有现浇密肋楼板、预制小梁现浇楼板、带骨架芯板填充块楼板等。密肋楼板的肋 (梁) 的间距与高度的尺寸要同填充物的尺寸相配合，通常的间距尺寸为 700 ～ 1000mm、肋宽 60 ～ 150mm、肋高 200 ～ 300mm；板的厚度不小于 50mm，板的适用跨度为 4 ～ 10m。密肋填充块楼板板底平整，保温、隔热、隔声效果好，肋的截面尺寸不大，楼板结构占据的空间较少，是一种较好的结构形式，如图 7.3 所示。

2. 叠合式楼板

叠合式楼板是预制薄板与现浇混凝土面层叠合而成的整体装配式楼板。叠合式楼板的钢筋混凝土薄板既是永久性模板，也是整个楼板的组成部分。薄板内配有预应力钢筋，板面现浇混凝土叠合层，并配以少量的支座负弯矩钢筋，所有楼板层中的管线均事先埋在叠合层内。叠合式楼板的一般跨度为 4 ～ 6m，经济跨度为 5.4m，最大跨度可达 9m；预应力薄板的厚度通常为 60 ～ 70mm，板宽 1.1 ～ 1.8m，板间留缝 10 ～ 20mm。预制薄板的表面处理有两种形式：一种是表面刻槽，槽直径是 50mm，深 20mm，间距 150mm；另一种是板面上留出三角形结合钢筋。现浇叠合层的混凝土强度等级为 C20，厚度为 70 ～ 120mm。叠合楼板的总厚度一般为 150 ～ 250mm，以薄板厚度的两倍为宜。叠合楼板的形式如图 7.11 所示。

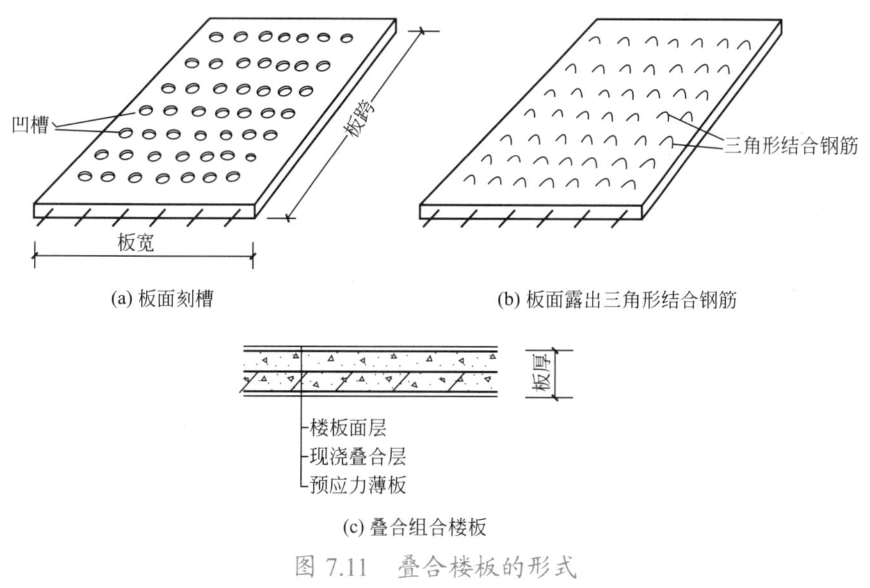

(a) 板面刻槽

(b) 板面露出三角形结合钢筋

(c) 叠合组合楼板

图 7.11 叠合楼板的形式

7.3 阳台和雨篷

阳台是多高层建筑中特殊的组成部分，是室内到室外的过渡空间，同时对建筑的外部造型也具有一定的作用。

7.3.1 阳台

1. 阳台的类型、组成及要求

(1) 类型。阳台按使用要求的不同，可分为生活阳台、服务阳台；按其与建筑物外墙的关系分可分为挑阳台 (凸阳台)、半挑半凹阳台和凹阳台（图 7.12）；按阳台在外立面的位置可分为转角阳台和中间阳台；按阳台栏板上部的形式可分为封闭式阳台和开敞式阳台等；按阳台施工形式可分为现浇式阳台和预制装配式阳台；按阳台悬臂结构的形式可分为

板悬臂式阳台与梁悬臂式阳台等。当阳台的宽度占有两个或两个以上开间时，称为外廊。

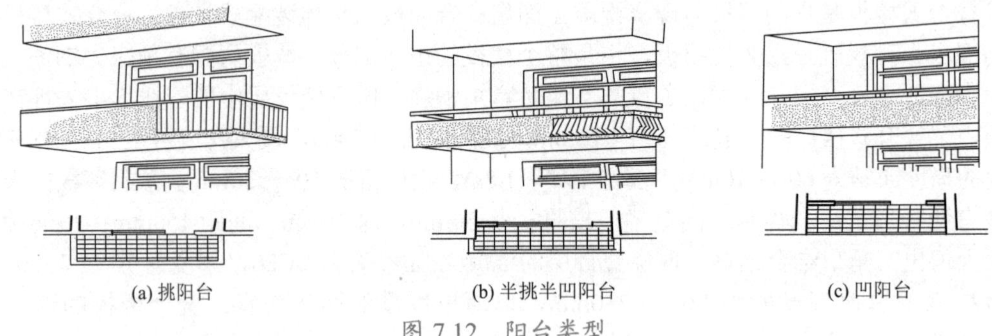

(a) 挑阳台　(b) 半挑半凹阳台　(c) 凹阳台

图 7.12　阳台类型

(2) 组成。阳台由承重结构 (梁、板) 和围护结构 (栏杆或栏板) 组成。

(3) 要求。作为建筑特殊的组成部分，阳台要满足以下要求。

① 安全、坚固。阳台出挑部分的承重结构均为悬臂结构，所以阳台的出挑长度应满足结构抗倾覆的要求，以保证结构安全。阳台栏杆、扶手构造应坚固、耐久，其高度不得低于 1.0m。

② 适用、美观。阳台出挑根据使用要求确定，不能大于结构允许的出挑长度，阳台地面要低于室内地面一砖厚即 60mm，以免雨水倒流入室内，并做排水设施。封闭式阳台可不作此考虑。阳台造型应满足立面要求。

2. 阳台支撑构件的布置形式

钢筋混凝土阳台不论现浇或预制均可分为板悬臂阳台和梁悬臂 (梁上搭板) 阳台两种形式。

板悬臂式阳台板有两种形式：一种是由楼板挑出的阳台板构成，出挑不宜过多，但阳台长度可任意调整，施工较麻烦。这种方式的阳台板底平整，造型简洁。另一种是墙梁悬挑阳台板，阳台板与墙梁浇在一起，靠墙梁和梁上外墙的自重平衡 (外墙不承重时)，或靠墙梁和梁上支撑楼板荷载平衡。可以将阳台板和墙梁做成整块预制构件，吊装就位后用铁件与预制板焊接。悬挑阳台板如图 7.13 所示。

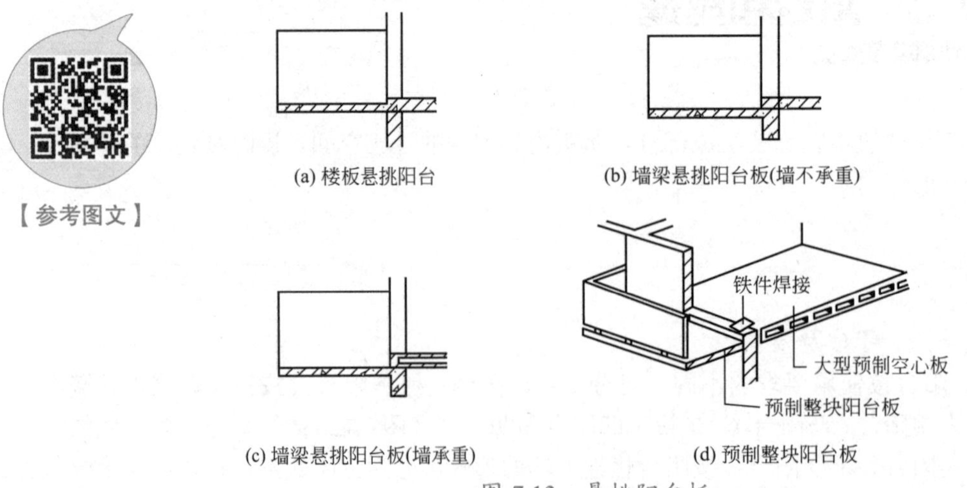

(a) 楼板悬挑阳台　(b) 墙梁悬挑阳台板(墙不承重)

(c) 墙梁悬挑阳台板(墙承重)　(d) 预制整块阳台板

图 7.13　悬挑阳台板

(1) 预制装配式阳台大多采用梁悬臂式，短阳台可将悬臂梁连于墙梁上，长阳台则将悬臂梁后端伸入室内压入横墙、山墙内。在处理挑梁与板的关系上有以下几种方式：第一种是挑梁外露，即阳台正立面上露出挑梁头［图 7.14(a)］；第二种是挑梁梁头设置边梁，即在阳台外侧边上加边梁封住挑梁梁头［图 7.14(b)］；第三种是设置 L 形挑梁，梁上搁置卡口板，使阳台底面平整、外形简洁［图 7.14(c)］。

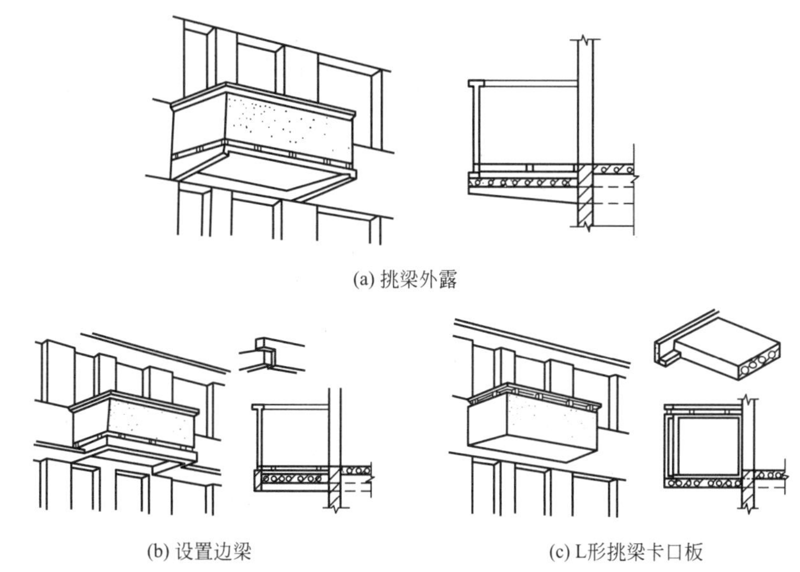

(a) 挑梁外露

(b) 设置边梁

(c) L形挑梁卡口板

图 7.14　挑梁搭板

(2) 转角阳台的结构布置较为复杂，通常采用现浇阳台挑梁和转角阳台板的方式，也可以采用楼板双向挑出的方式 (图 7.15)。

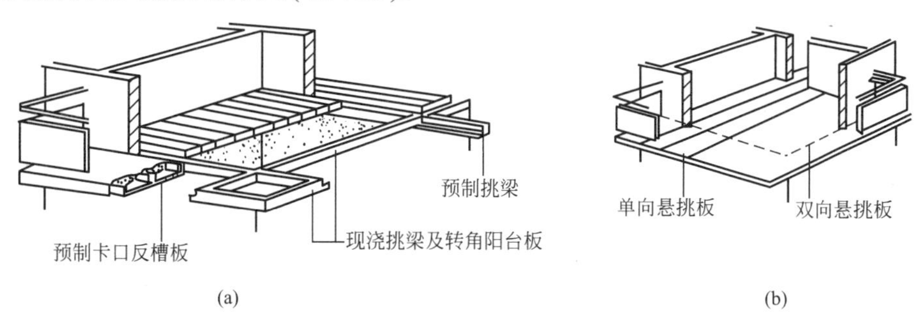

图 7.15　转角阳台结构布置

阳台面层可施以各种抹灰、铺缸砖或马赛克以及其他装饰材料。一般阳台底部边缘以内改做石灰抹灰，底面边缘处要注意设置落水线。

3. 阳台栏杆、栏板和扶手

阳台栏杆是防人下坠的设施，凭栏眺望应注意其侧压力。

1）使用要求

栏杆是漏空的，栏板则多是实心的，扶手是栏杆、栏板顶面供人手扶的设施。该部位的制作要符合地区气候特征、人的心理要求及材料特点，在做到安全、坚固、美观、舒适的同时，也要做到经济合理、施工方便。

材料：制作该部位的材料有砖、木、钢筋混凝土、金属、有机玻璃和各种塑料板等。它们的价格不一，形式多样。

2）构造

(1) 栏杆压顶或扶手。钢筋混凝土栏杆通常设置钢筋混凝土压顶，压顶可采用现浇的方式设置，也可采用预制好的压顶。预制压顶与下部的连接可采用预埋铁件焊接和榫接坐浆的方式，即在压顶底面留槽，将栏杆插入槽内，并用 M10 水泥砂浆坐浆填实。金属扶手可采用焊接、铆接的方式。木扶手及塑料制品往往采用铆接的方式。

(2) 栏杆与阳台板的连接。为了提防儿童穿越攀登镂空栏杆，要注意栏杆空格大小，最好不用横条。为了满足阳台排水和防止物品坠落的需要，栏杆与阳台板的连接处需采用 C20 混凝土设置挡水带。栏杆与挡水带采用预埋铁件焊接、榫接坐浆或插筋连接。

(3) 栏板的拼接。钢筋混凝土的拼接有直接拼接法和立柱拼接法：直接拼接法，即分别在栏板和阳台板上预埋铁件焊接；立柱拼接法，即先将钢筋混凝土立柱与阳台预埋件焊接，再将栏板的预埋件与立柱焊接，形成整体刚度强的栏板形式，这种方式多用于较长的外廊。砖砌栏板有 1/2 砖和 1/4 砖两种，应有水平配筋和外侧配筋，但其自重较大，抗侧推力较差，故使用较少。

(4) 栏杆与墙的连接。一般在砌墙时预留 240mm×180mm×120mm 深的孔洞，将压顶伸入锚固。当使用栏板时，将栏板的上下肋伸入洞内，或在栏杆上预留钢筋伸入洞内，用 C20 细石混凝土填实。阳台栏杆、栏板构造如图 7.16 ～图 7.19 所示。

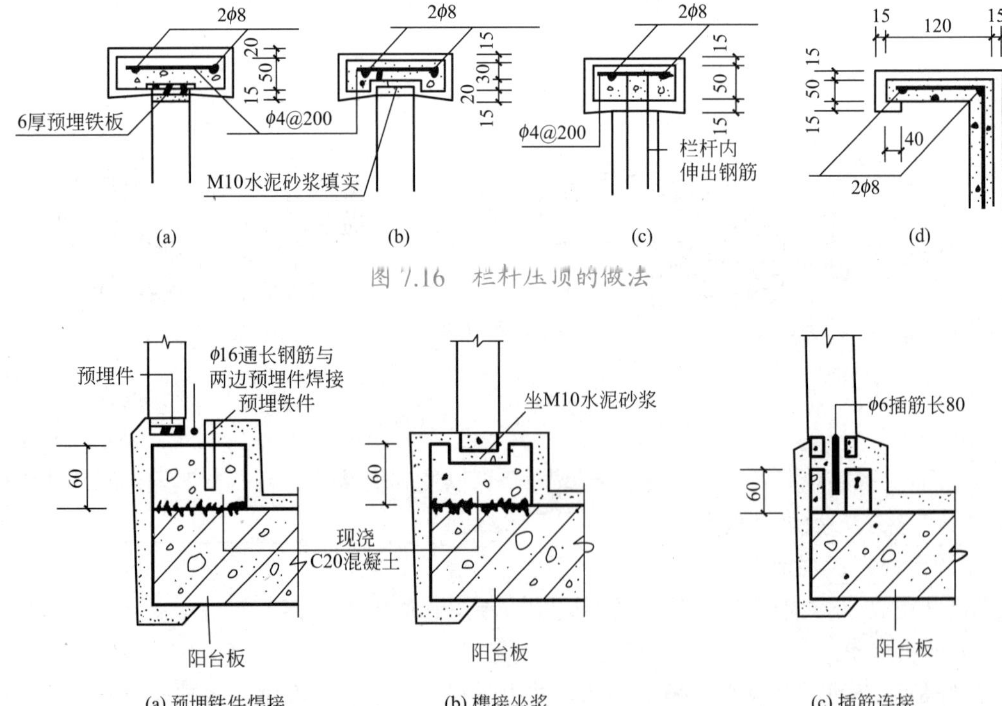

(a) (b) (c) (d)

图 7.16 栏杆压顶的做法

(a) 预埋铁件焊接 (b) 榫接坐浆 (c) 插筋连接

图 7.17 栏杆与阳台的连接

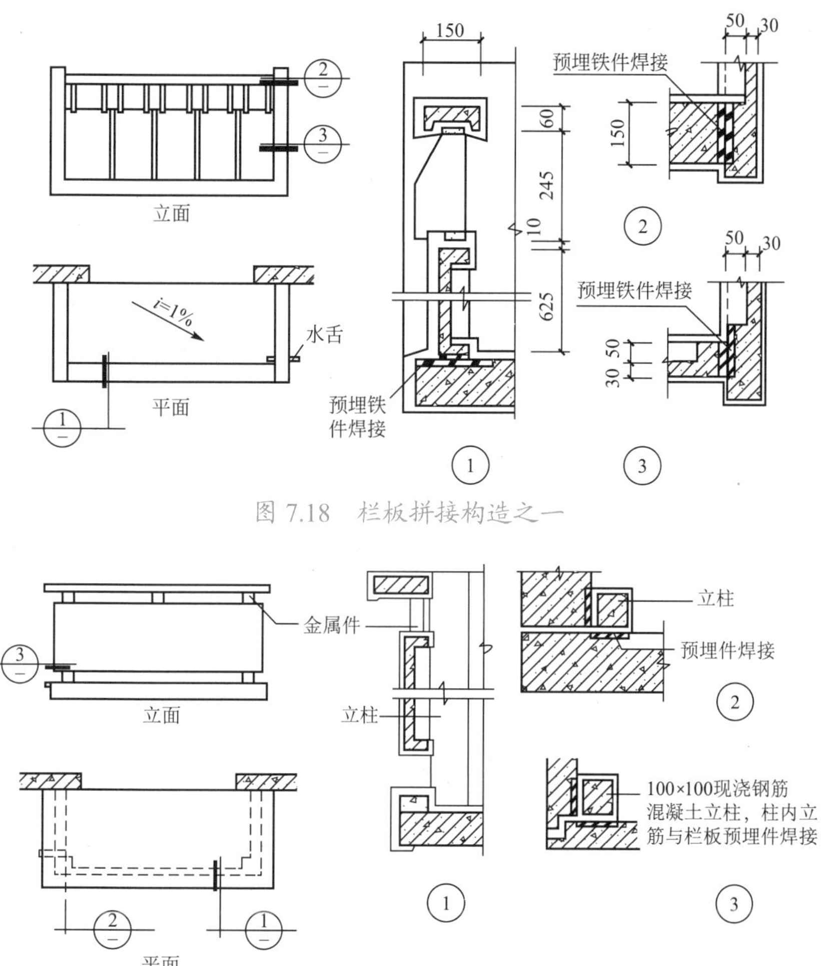

图 7.18　栏板拼接构造之一

图 7.19　栏板拼接构造之二

7.3.2 雨篷

雨篷多设在房屋出入口的上部，起遮挡风雨和太阳照射、保护大门、使入口更显眼、丰富建筑立面等作用。雨篷的形式多种多样，根据建筑的风格、当地气候状况选择确定。

雨篷的受力作用与阳台相似，为悬臂结构或悬吊结构，只承受雪荷载与自重。钢筋混凝土雨篷有过梁悬挑板式，也有采用墙柱支撑的。悬挑板式雨篷过梁与板面不在同一标高上，梁面必须高出板面至少一砖，以防雨水渗入室内。板面需做防水处理，并在靠墙处做泛水。小型雨篷的构造如图 7.20 所示。目前很多建筑中采用轻型材料雨篷的形式，这种雨篷美观轻盈，造型丰富，体现出现代建筑技术的特色。图 7.21 所示的雨篷为玻璃 - 钢结构组合雨篷，这种雨篷采用斜拉杆来抵抗雨篷的倾覆。还有一些大型立柱支撑的雨篷，多为大型或高层建筑的主要入口，它的结构处理较复杂一些，大体分成 3 种情况：一是立柱支撑的雨篷与主体建筑完全脱离开，柱子有单独的基础可以沉降，如图 7.22 所示；二是

立柱与主体建筑连在一起但基础分开的形式，如图7.23所示；三是立柱与主体建筑连成一体，基础部分也连在一起，如图7.24所示；也有采用钢网架结构上置轻质板材的雨篷。目前由于新型建筑材料的不断发展，雨篷形式也在不断翻新。

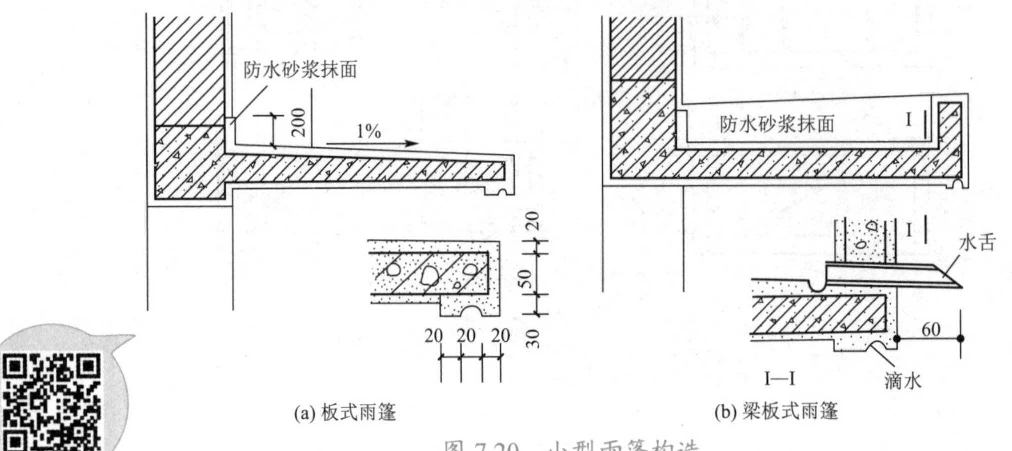

图7.20 小型雨篷构造

【参考图文】

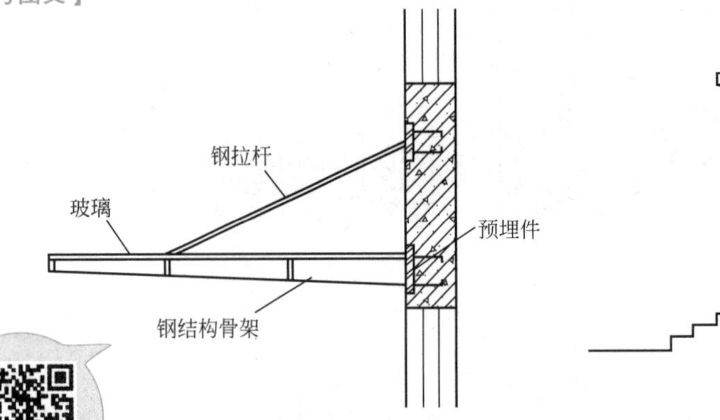

图7.21 玻璃钢结构组合雨篷

【参考图文】

图7.22 与主体完全脱离的雨篷

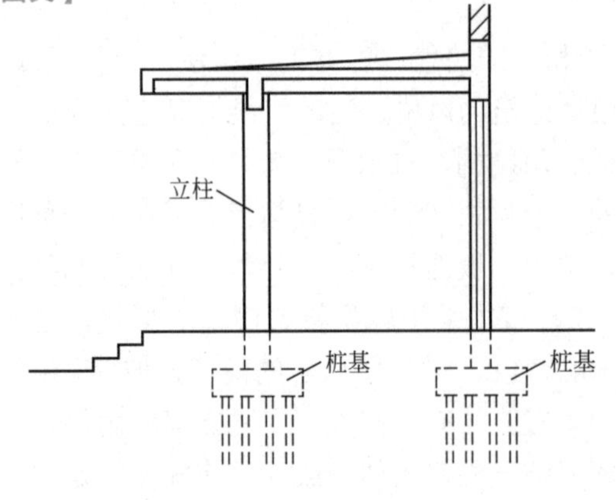

图7.23 基础分离的雨篷

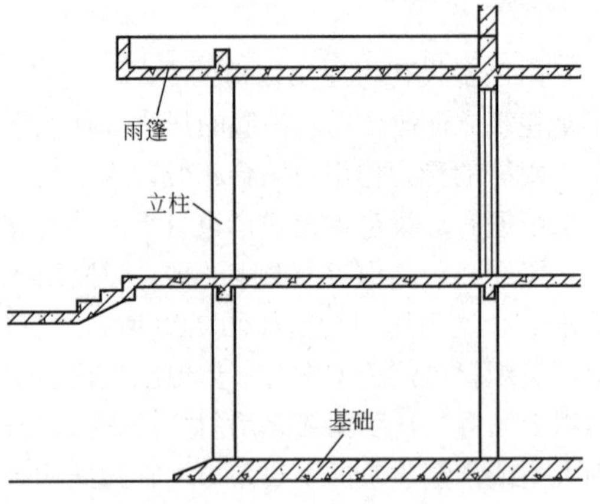

图7.24 基础与主体连在一起的雨篷

7.4 楼地面

楼地面主要是指楼板层和地坪层的面层。面层由饰面材料和其下面的找平层两部分组成。楼地面按其材料和做法不同可分为四大类：整体地面、块料地面、人造软质地面和木地面。根据不同的要求设置不同的地面。

7.4.1 整体地面

整体地面包括水泥砂浆地面、水泥石屑地面、水磨石地面等现浇地面。

1. 水泥砂浆地面

水泥砂浆地面构造简单、坚固耐用、防潮防水、价格低廉；但蓄热系数大，气温低时人体感觉不适，易产生凝结水，表面易起尘。

2. 水泥石屑地面

水泥石屑地面是以石屑替代砂的一种水泥地面，这种地面近似于水磨石，表面光洁、不易起尘、易清洁，造价低于水磨石地面。其做法有一层做法和二层做法；一层做法是直接在垫层或结构层上提浆抹光；二层做法是增加一层找平层。

3. 水磨石地面

水磨石地面是在水泥砂浆找平层上面铺水泥白石子，面层达到一定强度后加水用磨石机磨光、打蜡而成。水磨石地面具有耐磨、耐久、防水、防火、表面光洁、不起尘、易清洁等优点。为了适应地面变形，防止开裂，在做法上要注意的是在做好找平层后，用玻璃、铜条、铝条将地面分隔成若干小块(1000mm×1000mm)或各种图案，然后用水泥砂浆将嵌条固定，固定用水泥砂浆不宜过高，以免嵌条两侧仅有水泥而无石子，影响美观。也可以用白水泥替代普通水泥，并掺入颜料，形成美术水磨石地面，但其造价较高。

7.4.2 块料地面

用胶结材料将块状的地面材料铺贴在结构层或找平层上。有些胶结材料既起找平作用又起胶结作用，也有先做找平层再做胶结层的。下面列举几例加以说明。

1. 砖、石地面

砖、石地面是用普通石材或黏土砖砌筑的地面。砌筑方式有平砌和侧砌两种，常用干砌法。这种地面施工简单，造价低，适用于作庭院小道和要求不高的地面。

2. 水泥制品块地面

如水磨石块地面、水泥砂浆砖地面、预制混凝土块地面等都属于水泥制品块地面。水泥制品块地面有两种铺砌方式，当预制块尺寸较大且较厚时，用干铺法，即在板下先干铺一层细砂或细炉渣，待校正找平后，用砂浆嵌缝；当预制块尺寸较小且较薄时，用水泥砂浆做结合层，铺好后再用水泥砂浆嵌缝。

3. 陶瓷地砖、陶瓷锦砖

【参考视频】

陶瓷地砖又称墙地砖，分有釉面和无釉面、防滑及抛光等多种。其色彩丰富，抗腐耐磨，施工方便，装饰效果好。陶瓷锦砖又称马赛克，是优质瓷土烧制的小尺寸瓷砖，人们按各种图案将正面贴在牛皮纸上，反面有小凹槽，便于施工。

7.4.3 人造软质地面

按材料不同，人造软质地面可分为塑料地面、橡胶地面、涂料地面和涂布无缝地面等。软质地面施工灵活、维修保养方便、脚感舒适、有弹性、可缓解固体传声、厚度小、自重轻、柔韧、耐磨、外表美观。下面介绍几种人造软质地面。

1. 塑料地面

塑料地面是选用人造合成树脂(如聚氯乙烯等塑化剂)加入适量填充料、颜料，经热压而成，底面衬布。聚氯乙烯地面品种多样，有卷材和块材、软质和半硬质、单层和多层、单色和复色之分。常用的聚氯乙烯地面有聚氯乙烯石棉地砖、软质和半硬质氯乙烯地面。前一种可由不同色彩和形状拼成各种图案，施工时在清理基层后根据房间大小设计图案排料编号，在基层上弹线定位后，由中间向四周铺贴。后一种则是按设计弹线在塑料板底满涂胶粘剂1～2遍后进行铺贴。地面的铺贴方法是：先将板缝切成V形，然后用三角形塑料焊条、电热焊枪焊接，并均匀加压24h。塑料地面施工如图7.25所示。

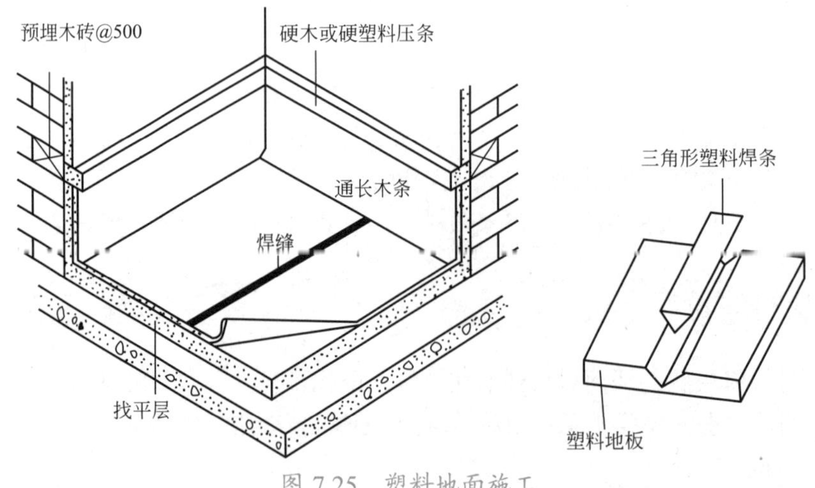

图7.25 塑料地面施工

2. 橡胶地面

橡胶地面是在橡胶中掺入一些填充料制成。橡胶地面的表面可做成光滑的或带肋的，也可制成单层的或双层的。双层橡胶地面的底层如改用海绵橡胶，则弹性会更好。橡胶地面有良好的弹性，耐磨、保温、消声性能也很好，行走舒适，适用于很多公共建筑中，如阅览室、展馆和实验室。

3. 涂料地面和涂布地面

涂料地面和涂布地面的区别在于：前者以涂刷方法施工，涂层较薄；后者以刮涂方式施工，涂层较厚。用于地面的涂料有过氯乙烯地面涂料、苯乙烯地面涂料等，这些涂料施工方便，造价低，能提高地面的耐磨性和不透水性，故多适用于民用建筑中，但涂料地面涂层较薄，不适用于人流较多的公共场所。

【参考图文】

7.4.4 木地面

木地面有较好的弹性、蓄热性和接触感，目前常用在住宅、宾馆、体育馆、舞台等建筑中。木地面可采用单层地板或双层地板。按板材排列形式，分为长条地板和拼花地板。长条地板应顺房间采光方向铺设，走道沿行走方向铺设。为了防止木板的开裂，木板底面应开槽；为了加强板与板之间的连接，板的侧面开有企口或截口。木地板按其构造方法不同，可分为实铺和空架两种。

1. 粘贴、实铺木地板

【参考图文】

粘贴和实铺木地板是在钢筋混凝土楼板上做好找平层，然后用黏结材料将木板直接贴上的木地板形式。它具有结构高度小、经济性好的优点。实铺木地板弹性差，使用中维修困难。其构造形式如图 7.26 所示。实铺地板直接粘贴在找平层上，应注意粘贴质量和基层平整。粘贴材料常用沥青胶、环氧树脂、乳胶等。

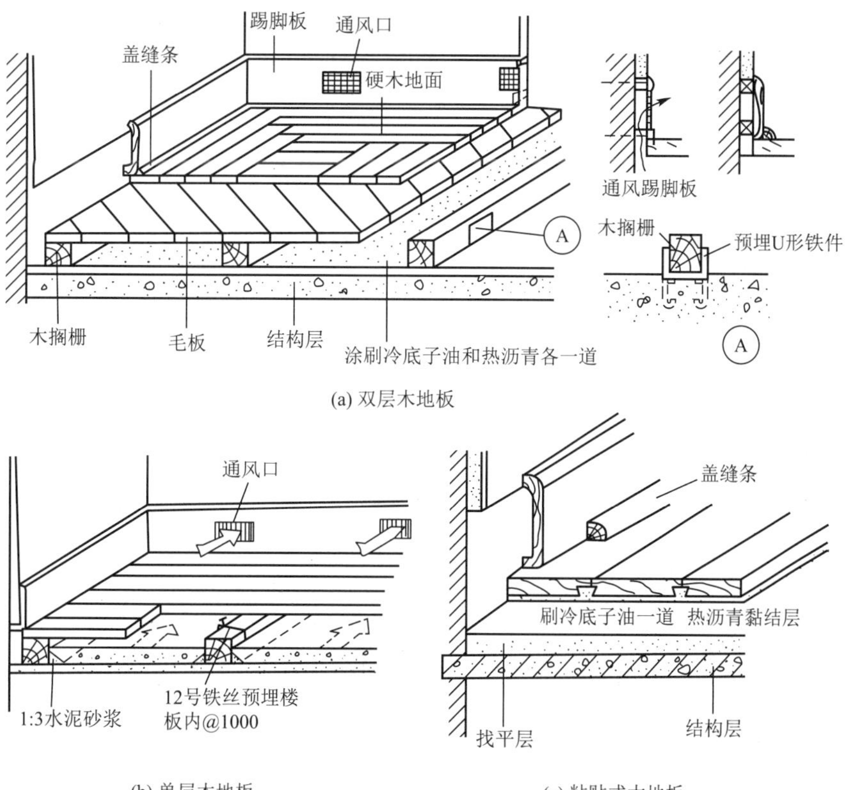

图 7.26 实铺木地面

2. 架空木地板

架空木地板可分为单层架空木地板和双层架空木地板两种。单层架空木地板是在找平层上固定梯形截面的小搁栅，然后在搁栅上钉长条木地板的形式。双层架空木地板是在搁栅上铺设毛板再铺地板的形式，毛板与面板最好成45°或90°角交叉铺钉，毛板与面板之间可衬一层油纸，作为缓冲层。为了防潮，要在结构层上刷冷底子油和热沥青各一道，并组织好板下架空层的通风。在木地板与墙面之间，通常留有10～20mm的空隙，踢脚板或地板上可设通风箅子，以保持地板干燥。搁栅间可填以松散材料，如经过防腐处理的木屑、经过干燥处理的木渣、矿渣等，能起到隔声的作用。架空木地板做法如图7.27所示。

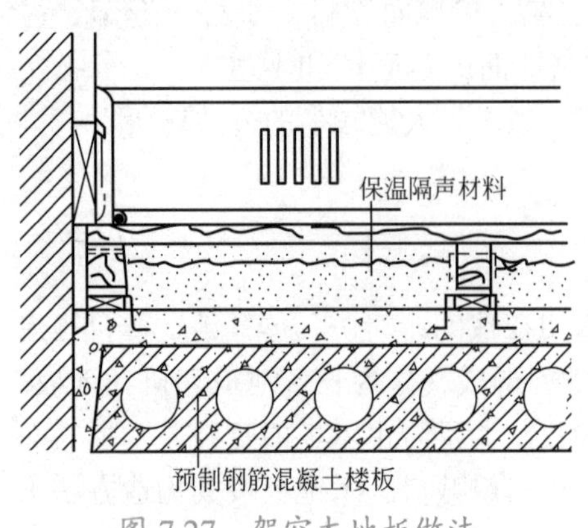

图7.27　架空木地板做法

7.4.5 地面变形缝

地面变形缝包括温度伸缩缝、沉降缝和防震缝。变形缝的尺寸大小与墙面、屋面一致，大面积的地面还应适当增加伸缩缝。缝内用玛蹄脂、经过防腐处理的金属调节片、沥青麻丝进行处理。并常常在面层和顶棚处加设盖缝板，盖缝板不得妨碍缝隙两边的构件变形。地面变形缝的不同做法如图7.28所示。

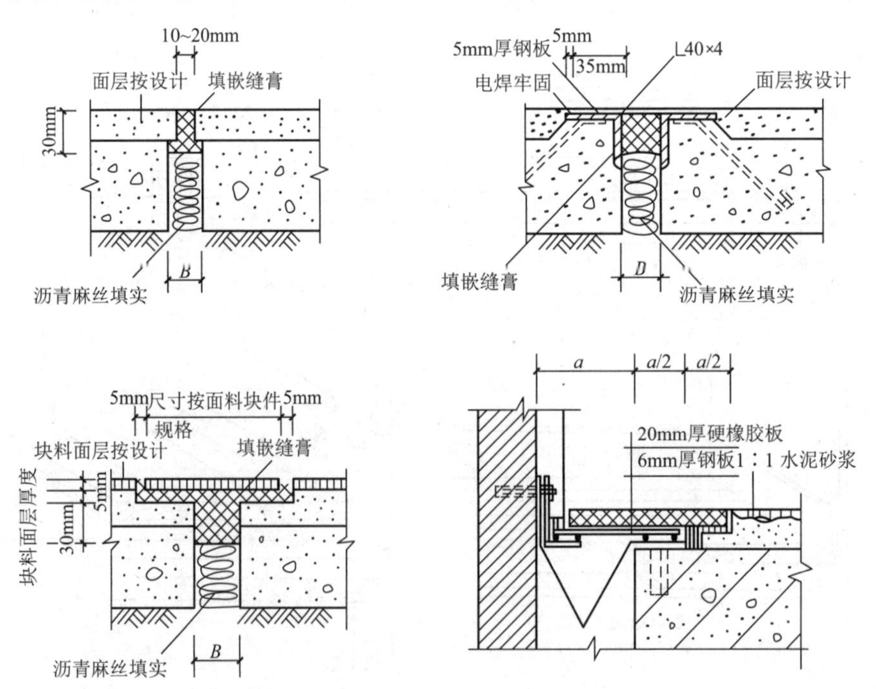

图7.28　地面变形缝的不同做法

7.4.6 顶棚

顶棚是楼层的组成部分之一，分为直接顶棚和吊顶。

1. 直接顶棚

直接顶棚包括楼板(屋面板)板底直接喷刷形式、板底抹灰形式和贴面形式。当室内要求不高或楼板底面平整时，可在板底嵌缝后喷(刷)石灰浆或涂料两道；对板底不够平整或室内要求较高的房间，则在板底抹灰，如纸筋石灰浆顶棚、混合砂浆顶棚、水泥砂浆顶棚、麻刀石灰浆顶棚、石膏灰浆顶棚等；当室内要求标准较高时，或有保温吸声要求的房间，可在板底直接粘贴装饰吸声板、石膏板、塑胶板等。

2. 吊顶

在空间较大和装饰要求较高的房间中，常用顶棚把屋架、梁板等结构构件及设备遮盖起来，形成一个完整的表面。吊顶的组成一般有承重部分、基层、面层。

(1) 承重部分：指龙骨。吊顶龙骨分为主龙骨和次龙骨，主龙骨通过吊筋或吊件固定在屋顶或楼板结构上，断面较次龙骨大，间距约1.5m；主龙骨的吊筋为$\phi 8 \sim \phi 10$的钢筋，间距不超过1.5m。吊筋与主龙骨根据不同材料分别采用钉固、螺栓、钩挂、焊接等方法进行连接。

(2) 基层：吊顶基层是用来固定面层的，由次龙骨和间距龙骨组成吊顶骨架，其断面形式、布局形式、间距尺寸视其材料本身和面层材料而定。次龙骨固定在主龙骨上，间距不超过0.6m，连接方式同上。

(3) 面层：即吊顶的表面层，一般分为抹灰面层(板条抹灰、钢板网抹灰)和板材面层(木制板材、矿物板材、金属板材)两大类。

吊顶的具体构造详见第9章。

本章小结

(1) 本章主要讲述楼地层的基本构造和设计要求，以及钢筋混凝土楼板的主要类型及阳台、雨篷的构造。学习本章应重点掌握常见钢筋混凝土楼层的构造、常见地层的构造及大量民用性建筑的楼地面装修构造。

(2) 楼地层是房屋主要的水平承重构件和水平支撑构件，它将荷载传递到墙、柱、墩、基础或地基上，同时又对墙体起着水平支撑的作用，以减少水平风力和地震水平荷载对墙面的作用。楼板层将房屋分成若干层；地层大多直接与地基相连，有时分割地下室。

(3) 楼地层的作用依建筑的结构形式、位置和材料等的不同而有所不同，主要包括承重作用、围护作用、分隔作用，其构造层次分为结构层、面层等。

对于楼地层的设计，首先要求楼地层能满足坚固方面的要求。任何房屋的楼地层均应有足够的强度，能够承受自重的同时又能承受不同要求的使用荷载而不致损坏。同时还应有足够的刚度，在整体结构中保证房屋整体的稳定性。

其次，楼地层要考虑隔声方面的问题。声音的传播包括空气传播和固体传播，建筑中隔绝空气传声的方法，首要的是避免楼地层的裂缝、孔洞，也可增加楼板层的容重，或采用层叠结构。至于固体传声，主要是要防止楼板上太多的冲击能量，利用富有弹性的铺面材料吸收一些冲击能量，同时在结构或构造上采取间断的方式来隔绝固体传声。

最后，楼地层在热工和防火方面也有一定的要求。在不采暖的建筑中，地面铺层材料要注意避免采用蓄热系数过小的材料，以免冬季容易传导人们足部的热量，使人体感到不适。在采暖建筑中，在地板、地下室楼板、阁楼屋面等处设置保温隔热材料，尽量减少热量散失。楼地层还应尽量采用耐火与半耐火材料制造，并注意防腐、防蛀、防潮处理，最终达到坚固、持久、耐用的目的。

（4）楼地层的面层又称楼地面，其做法与墙面装修相似，分为整体类、块材类、人造软质地面、木地面等。

思考题

1. 楼板有哪些类型？其基本组成是什么？
2. 楼地层的设计要求有哪些？
3. 地面的基本组成及设计要求有哪些？
4. 现浇钢筋混凝土楼板主要有哪几种类型？
5. 什么是单向板？什么是双向板？
6. 井式楼板有何特点？它适用于何种平面？
7. 底层地面与楼地面在构造上有什么不同和相同之处？
8. 阳台有哪些类型？阳台板的结构布置形式有哪些？
9. 阳台栏杆有哪些形式？各有何特点？
10. 简述雨篷的几种形式和与其对应的几种建筑形式。
11. 顶棚的作用是什么？有哪些设计要求？
12. 试述常用块材地面的种类、优缺点及适用范围。

第 8 章

楼梯与电梯

教学目标

(1) 理解楼梯的组成和特点。

(2) 掌握楼梯的形式及其适用场合。

(3) 掌握钢筋混凝土楼梯的构造。

(4) 掌握平行双跑楼梯的设计。

(5) 掌握楼梯的细部构造。

教学要求

知识要点	能力要求	相关知识
楼梯	(1) 理解楼梯的组成 (2) 理解楼梯各组成部分的作用	构造概论
楼梯的形式	(1) 理解楼梯的形式 (2) 掌握楼梯形式及其适用场合	民用建筑设计
楼梯的构造	(1) 掌握钢筋混凝土楼梯的结构支撑 (2) 掌握钢筋混凝土楼梯的构造	建筑结构的特点
楼梯设计	(1) 掌握对通行净高的规定 (2) 掌握平行双跑楼梯的设计	民用建筑的剖面设计
楼梯细部构造	(1) 掌握楼梯细部构造的内容 (2) 掌握楼梯细部构造的做法	楼地面构造

8.1 概述

【参考图文】

在建筑物中，为了解决垂直方向的交通问题，一般采取的设施有楼梯、电梯、自动扶梯、爬梯及坡道等。电梯多用于层数较多或有特种需要的建筑物中，而且即使建筑物设有电梯或自动扶梯，同时也必须设置楼梯，以便紧急情况时使用。楼梯作为建筑空间竖向联系的主要部件，除了起到提示、引导人流的作用，还应充分考虑其造型美观、上下通行方便、结构坚固、防火安全的作用，同时还应满足施工和经济条件的要求。

在建筑物入口处，因室内外地面的高差而设置的踏步段，称为台阶。为方便车辆、轮椅通行，也可增设坡道。

【参考图文】

8.1.1 楼梯的组成

楼梯主要由楼梯梯段、楼梯平台及栏杆扶手三部分组成，如图 8.1 所示。

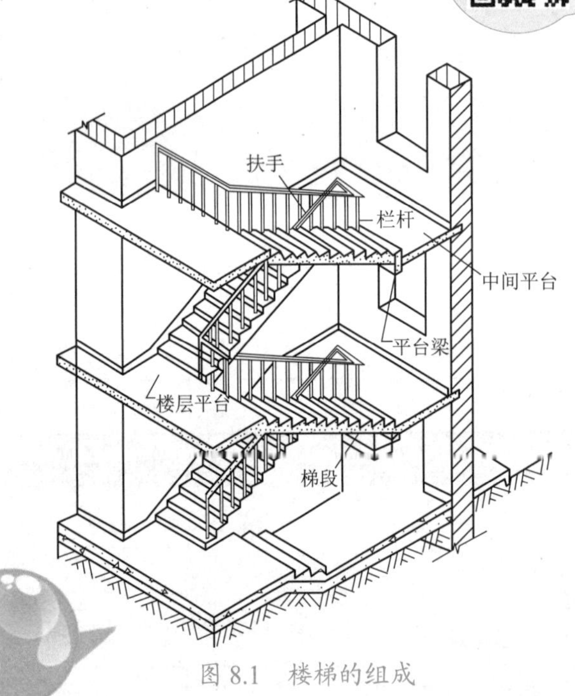

图 8.1 楼梯的组成

【三维模型】

1. 楼梯梯段

供建筑物楼层之间上下行走的通道段落称为梯段。楼梯梯段设有踏步。踏步又分为踏面（供行走时踏脚的水平部分）和踢面（形成踏步高差的垂直部分）。楼梯的坡度大小就是由踏步尺寸决定的。

2. 楼梯平台

楼梯平台按其所处位置分为中间平台和楼层平台。与楼层地面标高平齐的平台称为楼层平台，用来分配从楼梯到达各楼层的人流。两楼层之间的平台称为中间平台，其作用是供人们行走时调节体力和改变行进方向。

3. 栏杆扶手

栏杆扶手是设在梯段及平台边缘的安全保护构件。扶手一般附设于栏杆顶部，供依扶用。扶手也可附设于墙上，称为靠墙扶手。

8.1.2 楼梯的形式

楼梯可以分为直跑式、双跑式、三跑式、多跑式及弧形和螺旋式等多种形式。一般建筑物中最常采用的是双跑楼梯。楼梯的平面类型与建筑平面有关，当楼梯的平面为矩形时，可以做成双跑式；接近正方形的平面，适合做成三跑式；圆形的平面，可以做成螺旋式。有时综合考虑到建筑物内部的装饰效果，还常常做成双分和双合等形式的楼梯。楼梯的类型如图 8.2 所示。

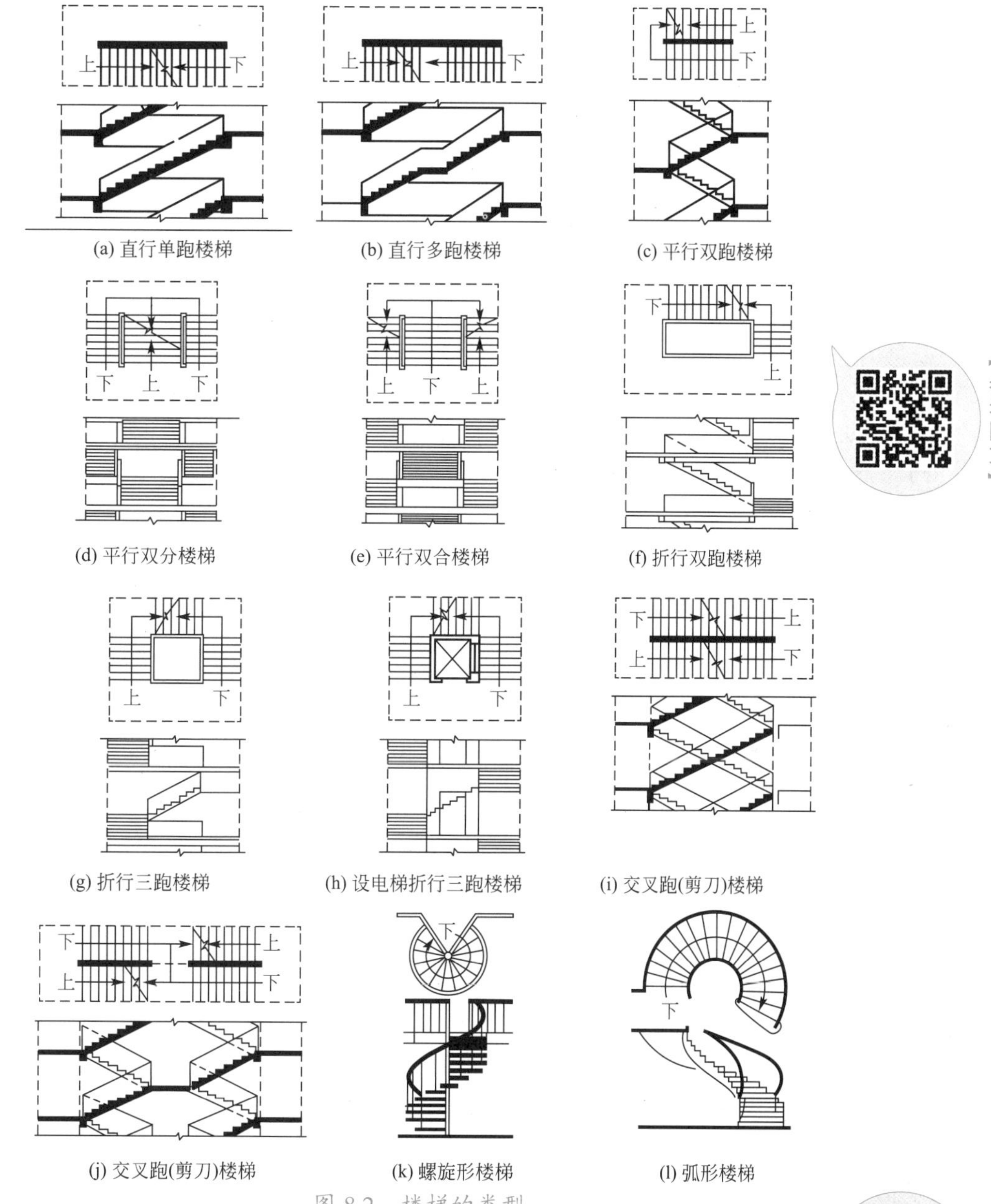

(a) 直行单跑楼梯　(b) 直行多跑楼梯　(c) 平行双跑楼梯

(d) 平行双分楼梯　(e) 平行双合楼梯　(f) 折行双跑楼梯

(g) 折行三跑楼梯　(h) 设电梯折行三跑楼梯　(i) 交叉跑(剪刀)楼梯

(j) 交叉跑(剪刀)楼梯　(k) 螺旋形楼梯　(l) 弧形楼梯

图 8.2　楼梯的类型

【参考图文】

8.1.3 楼梯的坡度

【参考图文】

一般来说，楼梯的坡度越小越平缓，行走也越舒服，但却加大了楼梯的进深，增加了建筑面积和造价。因此，在楼梯坡度的选择上，存在使用和经济之间的矛盾。

楼梯、爬梯及坡道的区别，在于其坡度的大小和踏级的高宽比等关系上。楼梯的坡度范围为 20°～ 45°，舒适坡度一般为 26°34′，即高宽比为 1/2。爬梯的范围一般为 45°～ 90°，其中常用坡度为 59°(高宽比为 1 ∶ 0.6)、73°(高宽比为 1 ∶ 0.3) 和 90°。坡道的坡度范围一般在 20°以下，若其倾斜角在 6°或坡度在 1 ∶ 12 以下，则属于平缓的坡道，而坡度在 1 ∶ 10 以上的坡道应有防滑措施。

8.2 楼梯的构造

构成楼梯的材料可以是木材、钢筋混凝土、型钢或是多种材料混合。因为楼梯在紧急疏散时起着重要的作用，所以防火性能较差的木材现已较少用于楼梯的结构部分，尤其是很少用于公共部位的楼梯上。型钢作为楼梯构件，也必须经过特殊的防火处理。由于钢筋混凝土楼梯具有坚固耐久、节约木材、防火性能好、可塑性强等优点，故得到广泛应用。钢筋混凝土楼梯按施工方法不同，主要有现浇式 (又称整体式) 楼梯和预制装配式楼梯两类。

8.2.1 现浇整体式钢筋混凝土楼梯的构造

现浇整体式钢筋混凝土楼梯能充分发挥钢筋混凝土的可塑性，结构整体性好，适用于各种形式的楼梯，但模板耗费较大，施工周期较长，自重较大，通常用于特殊异形的楼梯或要求防震性能高的楼梯。

【参考图文】

现浇整体式钢筋混凝土楼梯结构形式有板式、梁式和扭板式，其构造特点如下。

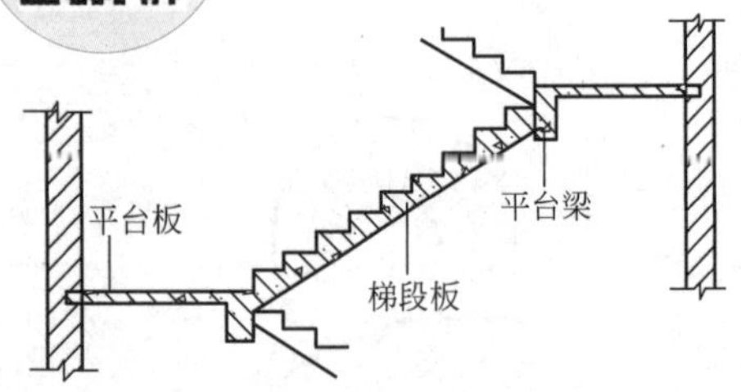

图 8.3 板式楼梯

1. 板式楼梯

现浇板式钢筋混凝土楼梯的梯段板承受该梯段的全部荷载，并将荷载传至两端的平台梁上。这种楼梯构造简单，施工方便，造型简洁，通常在梯段小于 3m 时采用，如图 8.3 所示。

2. 梁式楼梯

【三维模型】

梁式楼梯由踏步板和梯段斜梁 (简称梯梁) 组成。梯段荷载由踏步板承受，并传给楼梯斜梁，再由斜梁传至两端的平台梁上。梁式梯段可分为梁承式、梁悬臂式等。

(1) 梁承式。梯梁在踏步板之下，踏步外露，称为明步［图 8.4(a)］；梯梁在踏步板之上，形成反梁，踏步包在里面，称为暗步［图 8.4(b)］。

(2) 梁悬臂式。梁悬臂式楼梯是指踏步板从梯斜梁两边或一边悬挑的楼梯，多用于框架结构建筑中或室外露天楼梯，如图 8.5 所示。

此楼梯一般为单梁或双梁悬臂支承踏步板和平台板。单梁悬臂多用于中小型楼梯或小品景观楼梯，双梁悬臂则用于梯段宽度大、人流量大的大型楼梯。由于踏步板悬挑，故造型轻盈美观。踏步板断面形式有平板式、折板式和三角形板式。平板式断面踏步使梯段踢面空透，常用于室外楼梯，如图 8.5(a) 所示。折板式断面踏步板踢面未漏空，可加强板的刚度并避免尘埃下掉，但折板式断面踏步板底支模困难且不平整，如图 8.5(b) 所示。三角形断面踏步板式梯段的板底平整，支模简单，但混凝土用量和自重均有所增加，如图 8.5(c) 所示。

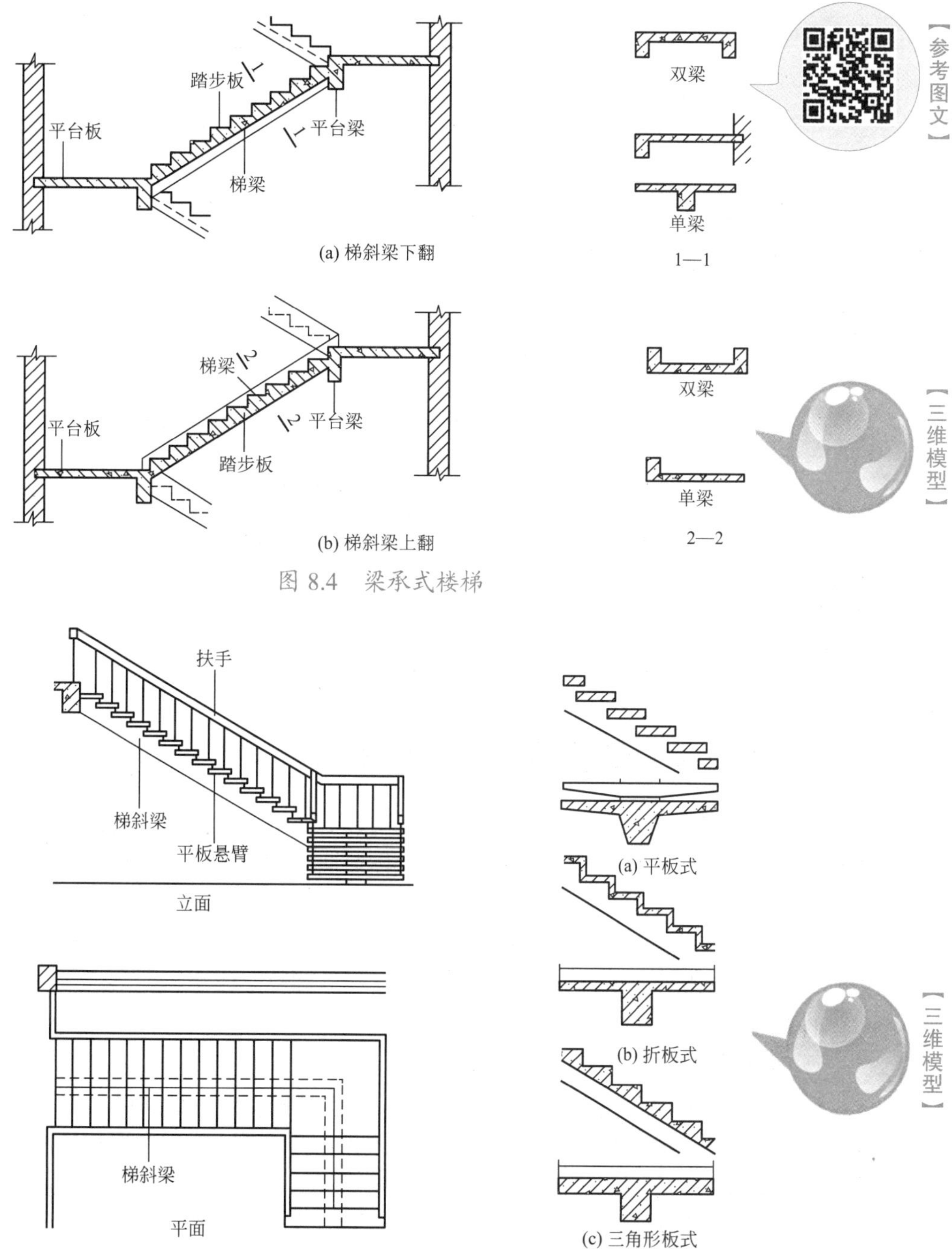

图 8.4　梁承式楼梯

图 8.5　现浇梁悬臂式楼梯

3. 扭板式梯段

这种楼梯底面平整，结构占空间少，造型美观。但由于板跨大、受力复杂，结构设计和施工难度较大，钢筋和混凝土用量也较大。图 8.6 所示为现浇扭板式钢筋混凝土弧形楼梯，一般宜用于标准高的建筑，特别是公共大厅中。为了使梯段边沿线条轻盈，常在靠近边沿处局部减薄出挑。

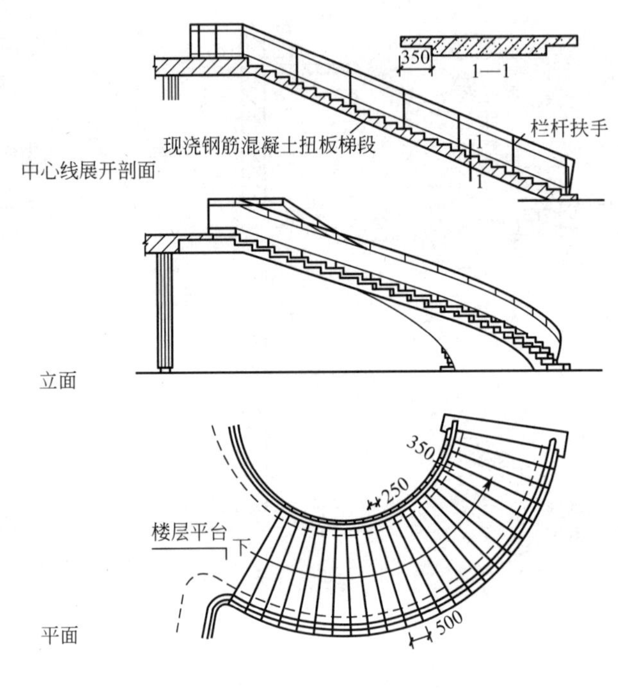

【参考图文】

图 8.6　现浇扭板式钢筋混凝土弧形楼梯

8.2.2 预制装配式钢筋混凝土楼梯的构造

预制装配式钢筋混凝土楼梯按构造方式可以分为梁承式、墙承式和墙悬臂式。本节以常用的平行双跑楼梯为例，介绍预制装配式钢筋混凝土楼梯的构造原理和做法。

1. 梁承式

预制装配梁承式钢筋混凝土楼梯，是指梯段由平台梁支承的楼梯，在一般民用建筑中较为常用。预制构件分为梯段、平台梁和平台板三部分，如图 8.7 所示。

1) 梯段

(1) 梯段形式。

① 板式梯段。板式梯段为整块或数块带踏步条板，没有梯斜梁，梯段底面平整，结构厚度小，其上下端直接支承在平台梁上［图 8.7(a)］，使平台梁位置相应抬高，增大了平台下净空高度。

为了减轻梯段板自重，也可做成空心构件，有横向抽孔和纵向抽孔两种方式。横向抽孔较纵向抽孔合理易行，较为常用，如图 8.8 所示。

② 梁式梯段。梁式梯段由梯斜梁和踏步板组成。踏步板支承在两侧梯斜梁上。梯斜梁两端支承在平台梁上，构件小型化，施工时无须大型起重设备即可安装，如图 8.7(b) 所示。

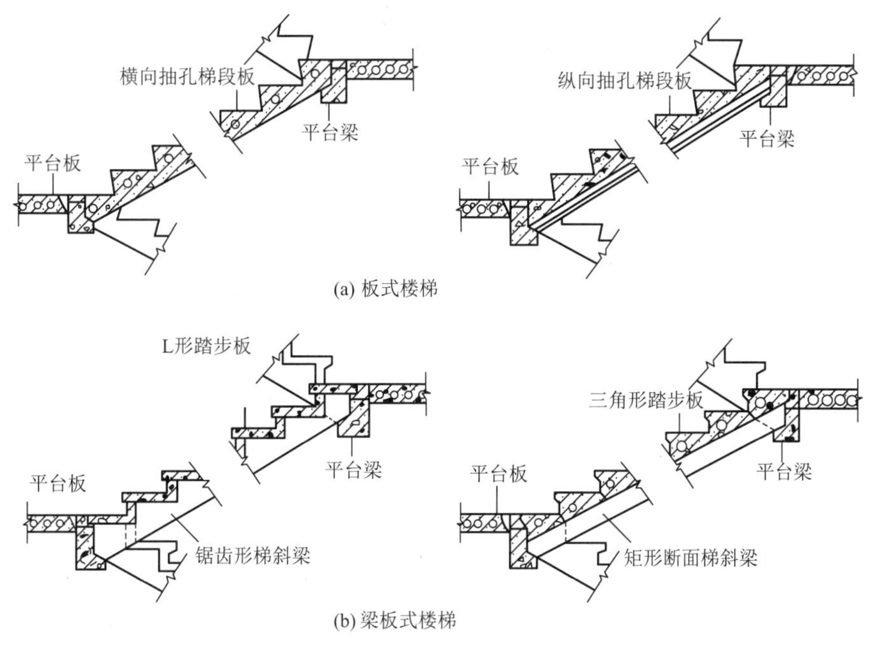

图 8.7 预制装配式梁承式楼梯

(2) 踏步板。钢筋混凝土预制踏步断面形式有一字形、L 形、三角形等，断面形式如图 8.9 所示。一字形断面踏步板制作简单，踢面一般用砖填充，但其受力不太合理，仅用于简易梯、室外梯等。L 形断面踏步板自重轻、用料省，但拼装后底面形成折板，容易积灰，可正置和倒置。三角形断面踏步板梯段底面平整、简洁，但自重大，因此常将三角形断面踏步板抽孔，形成空心构件，以减轻自重。

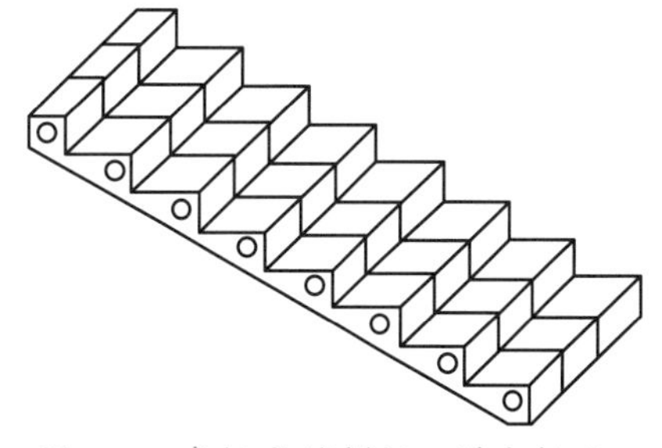

图 8.8 条板式楼梯板 (横向抽孔)

(3) 梯斜梁。梯斜梁有锯齿形断面、矩形断面和 L 形断面 3 种。锯齿形断面梯斜梁主要用于搁置一字形、L 形断面踏步板。矩形断面和 L 形断面梯斜梁主要用于搁置三角形断面踏步板。梯斜梁的形式如图 8.10 所示。梯斜梁一般按 $L/12$ 估算其断面有效高度 (L 为梯斜梁的水平投影跨度)。

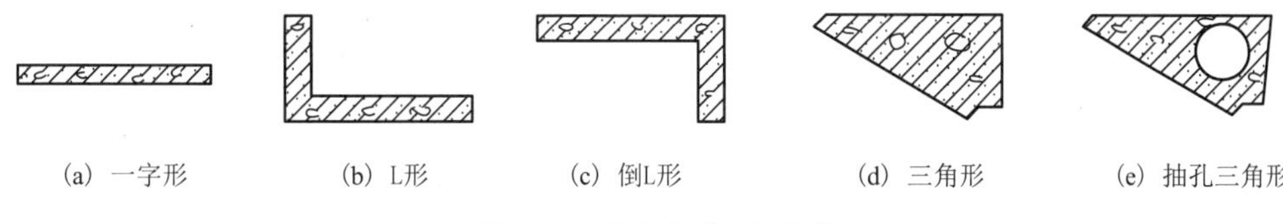

图 8.9 踏步板断面形式

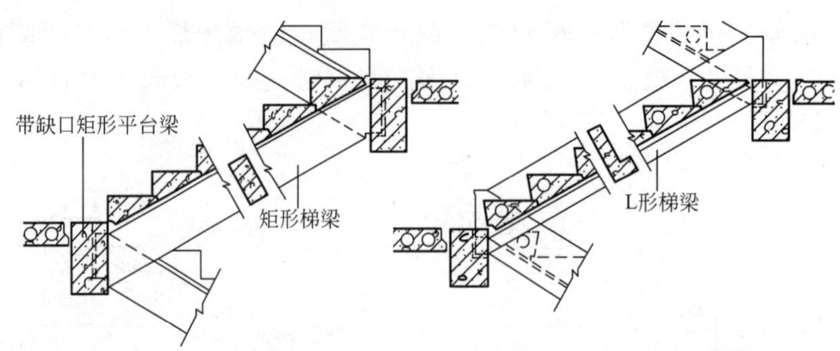

(a) 三角形踏步与矩形梯梁组合(明步楼梯)　　(b) 三角形踏步与L形梯梁组合(暗步楼梯)

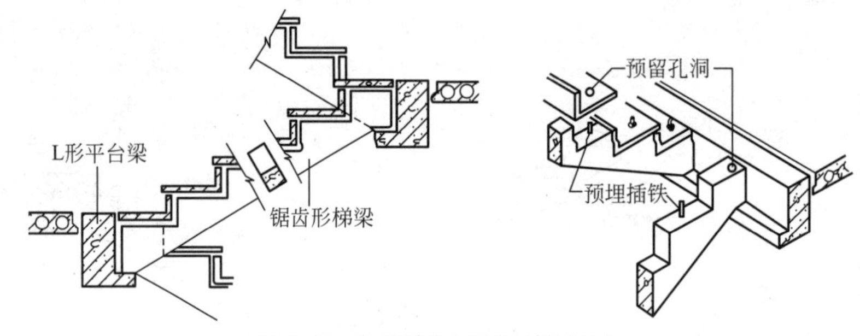

(c) L形或(一字形)踏步与锯齿形梯梁组合

图 8.10　梯斜梁形式

图 8.11　平台梁断面尺寸

2) 平台梁

为了便于支承梯斜梁或梯段板，减少平台梁占用的结构空间，一般将平台梁做成L形断面，结构高度按$L/12$估算(L为平台梁跨度)。平台梁断面的尺寸如图8.11所示。

3) 平台板

平台板宜采用钢筋混凝土空心板或槽形板。平台板一般平行于平台梁布置，当垂直于平台梁布置时，常采用小平板，如图8.12所示。

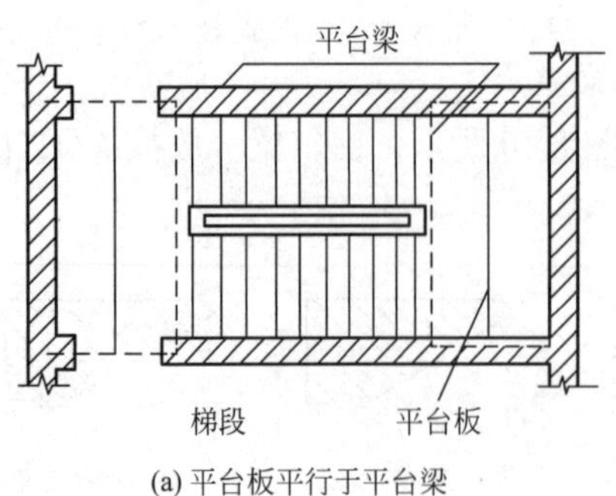

(a) 平台板平行于平台梁　　(b) 平台板垂直于平台梁

图 8.12　平台板的布置方向

4) 平台梁与梯段的节点构造

根据两梯段的关系，分为齐步梯段和错步梯段。根据平台梁与梯段之间的关系，有埋步和不埋步两种节点构造方式。如图 8.13 所示为梯段与平台梁的节点构造。

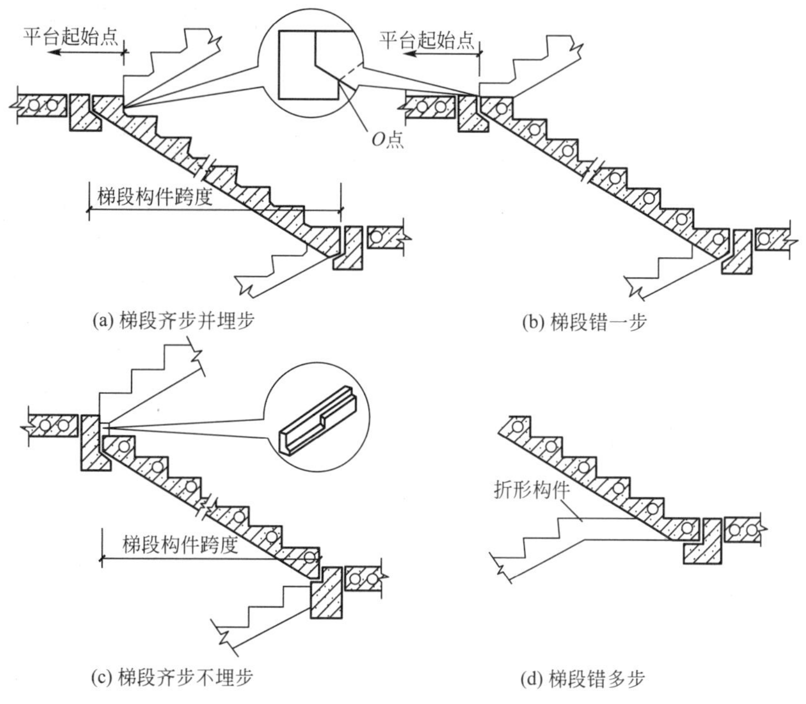

(a) 梯段齐步并埋步　(b) 梯段错一步

(c) 梯段齐步不埋步　(d) 梯段错多步

图 8.13　梯段与平台梁的节点构造

2. 墙承式

预制装配墙承式钢筋混凝土楼梯是把预制踏步搁置在两面墙上，而省去梯段上的斜梁，一般适用于单向楼梯，或中间有电梯间的三折楼梯。对于双折楼梯来说，若梯段采用两面搁墙的方式，则在楼梯间的中间必须加一道中墙作为踏步板的支座 (图 8.14)。这种楼梯由于在梯段之间有墙，使得视线、光线受到阻挡，使人感到空间狭窄，搬运家具及较大人流上下时均感不便。通常在中间墙上开设观察口，以改善视线和采光。

3. 墙悬臂式

预制装配墙悬臂式钢筋混凝土楼梯是指预制钢筋混凝土踏步板一端嵌固于楼梯间侧墙上，另一端悬挑的楼梯形式，如图 8.15 所示。

这种楼梯构造简单，只要预制一种悬挑的踏步构件，按楼梯的尺寸要求依次砌入砖墙内即可，在住宅建筑中使用较多，但其楼梯间的整体刚度差，不能用于有抗震设防要求的地区。

墙悬臂式楼梯用于嵌固踏步板的墙体厚度不应小于 240mm，踏步板悬挑长度一般不大于 1500mm。踏步板一般采用 L 形或倒 L 形带肋断面形式。

【参考视频】

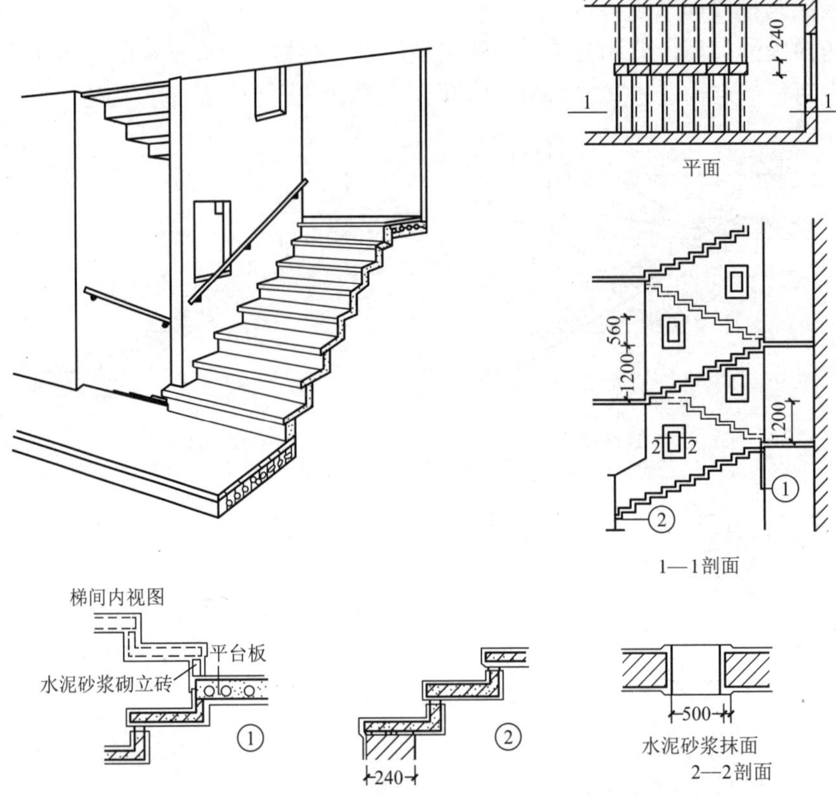

图 8.14　墙承式预制踏步楼梯（双折）

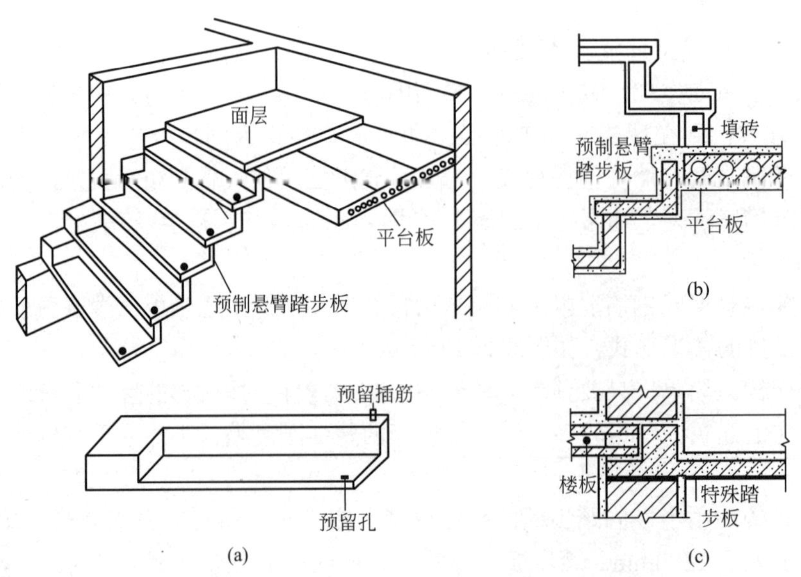

图 8.15　墙悬臂式踏步楼梯

8.3 踏面、栏杆和扶手

8.3.1 踏步面层防滑构造

1. 踏面

楼梯踏步面层（踏面）应便于行走、耐磨、美观、防滑和易清洁。其做法与楼地面层装修做法基本相同。装修用材一般有水泥砂浆、水磨石、大理石、花岗石、缸砖等，其面层构造如图 8.16 所示。

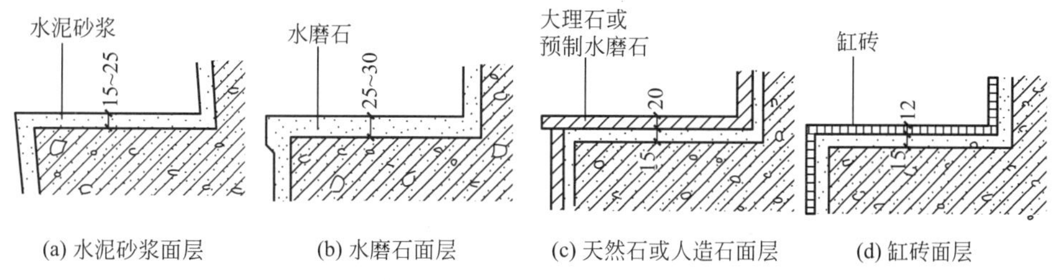

图 8.16 踏步面层构造

2. 踏面的防滑

为了避免行人滑倒、保护踏步阳角，踏步表面应有防滑措施，特别是在人流量较大的公共建筑中的楼梯必须对踏面进行处理。防滑处理的方法通常是设置防滑条，一般采用水泥铁屑、金刚砂、金属条（铸铁、铝条、铜条）、马赛克及带防滑条的缸砖等材料设置在靠近踏步阳角处，如图 8.17 所示。防滑条凸出踏步面不能太高，一般在 3mm 以内。

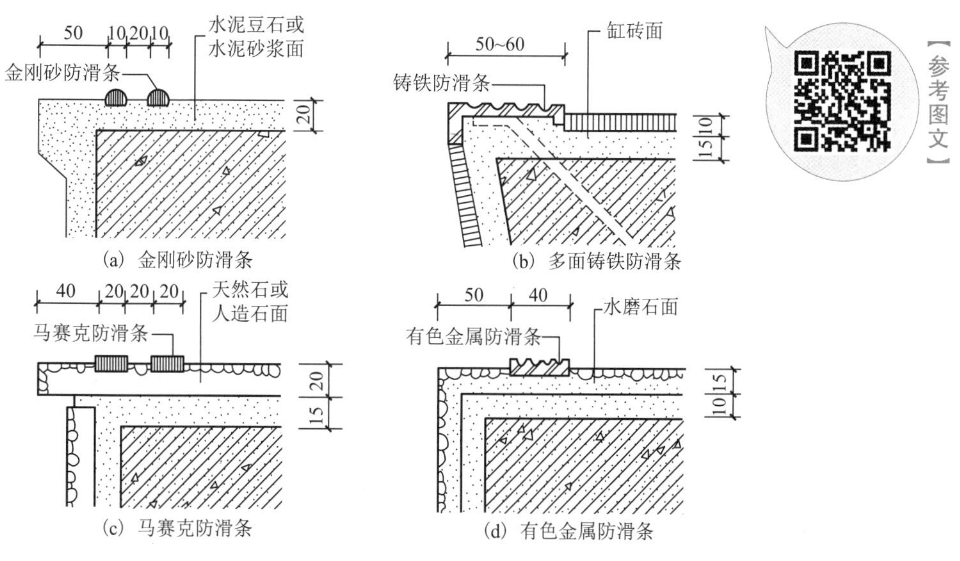

图 8.17 踏步面层及处理

8.3.2 栏杆与扶手的构造

1. 栏杆的构造

【参考视频】

栏杆可分为空花式、栏板式和组合式栏杆 3 种。

1) 空花式栏杆

空花式栏杆一般采用圆钢、方钢、扁钢和钢管等金属材料做成。断面分为实心和空心两种。实心竖杆的圆形断面尺寸一般为 $\phi16 \sim \phi30$，方形断面尺寸为 (20mm×20mm) ～ (30mm×30mm)。

在儿童活动场所，如幼儿园、住宅等建筑中，为防止儿童穿过栏杆空隙发生危险事故，栏杆垂直杆件间的距离不应大于 110mm，且不应采用易于攀登的花饰。图 8.18 为空花式栏杆示例。

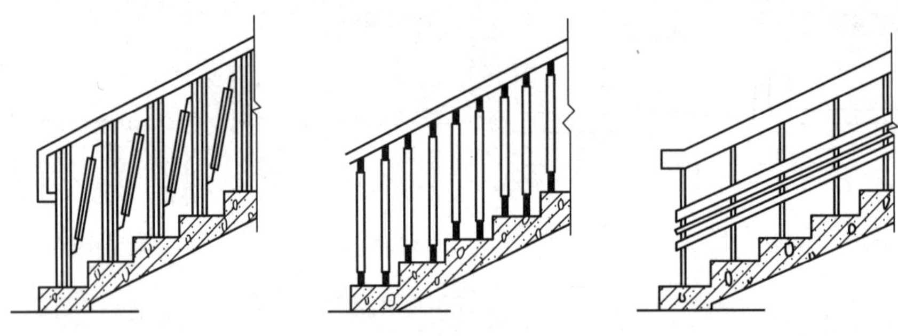

图 8.18　空花式栏杆

栏杆竖杆与梯段、平台的连接分为焊接和插接两种，即在梯段和平台上预埋钢板焊接或预留孔插接。为了保护栏杆免受锈蚀和增强美观，常在竖杆下部装设套环，覆盖住栏杆与梯段或平台的接头处，栏杆与梯段、平台的连接如图 8.19 所示。

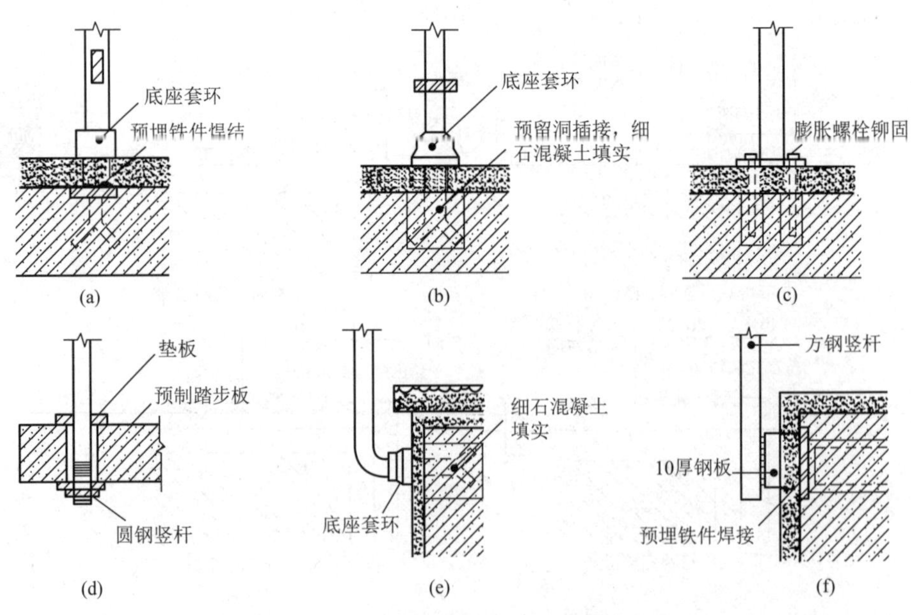

图 8.19　栏杆与梯段、平台的连接

2) 栏板式栏杆

栏板式栏杆是以栏板取代空花的栏杆。它节约钢材、无锈蚀问题，比较安全。栏板通常采用现浇或预制的钢筋混凝土板、钢丝网水泥板或砖砌栏板。

钢丝网水泥栏板是在钢筋骨架的侧面先铺钢丝网，再抹水泥砂浆而成，如图 8.20(a) 所示。

砖砌栏板通常采用高标号水泥砂浆砌筑 1/2 或 1/4 标准砖，在砌体中应加拉结筋，两侧铺钢丝网，采用高标号水泥砂浆抹面，并在栏板顶部现浇钢筋混凝土通长扶手，以加强其抗侧向冲击的能力［图 8.20(b)］。

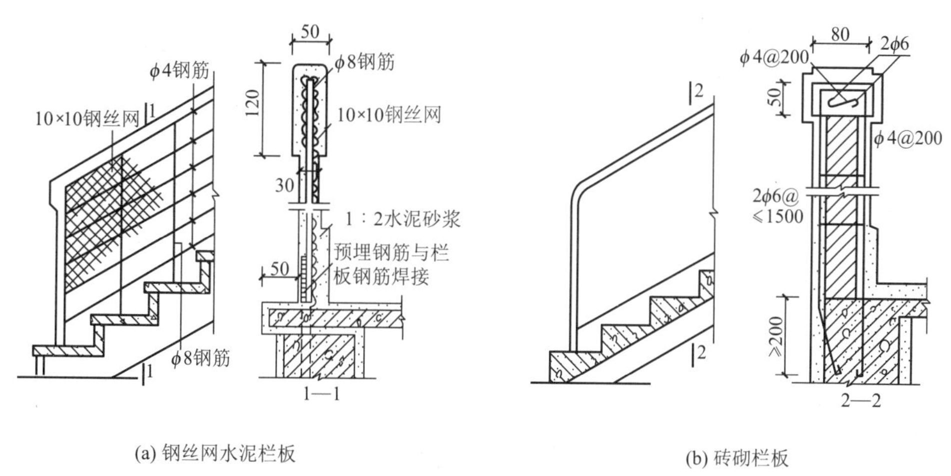

(a) 钢丝网水泥栏板　　(b) 砖砌栏板

图 8.20　栏板式栏杆

3) 组合式栏杆

组合式栏杆是将空花式栏杆和栏板式栏杆组合而成的一种栏杆形式。栏板为防护和美观装饰构件，通常采用木板、塑料贴面板、铝板、有机玻璃板和钢化玻璃板等材料。栏杆竖杆为主要的抗侧力构件，常采用钢材或不锈钢等材料，如图 8.21 所示。

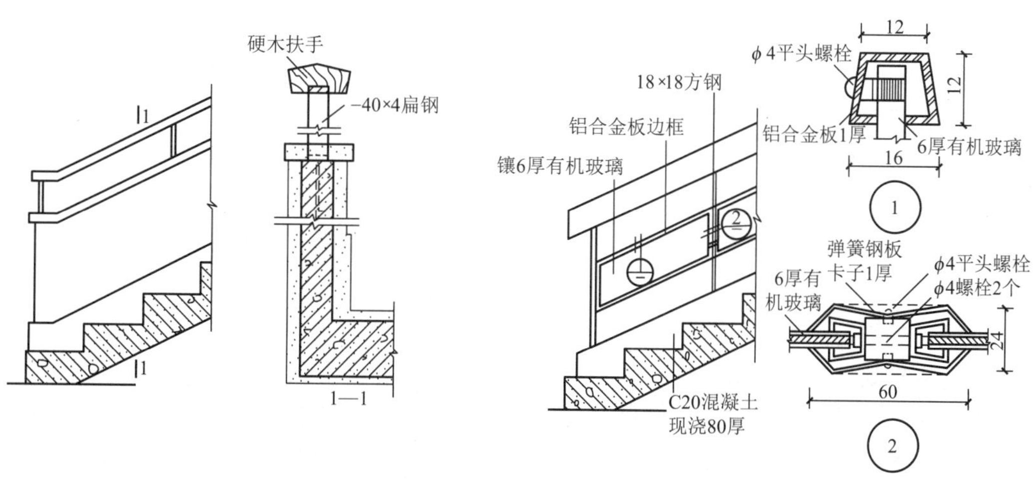

(a) 金属栏杆与钢筋混凝土栏板组合　　(b) 金属栏杆与有机玻璃板组合

图 8.21　组合式栏杆

2. 扶手的构造

扶手位于栏杆或栏板的顶部，通常用木材、塑料、钢管等材料做成。扶手的断面应该考虑人的手掌尺寸，并注意断面的美观，其形式如图 8.22 所示。

【参考图文】

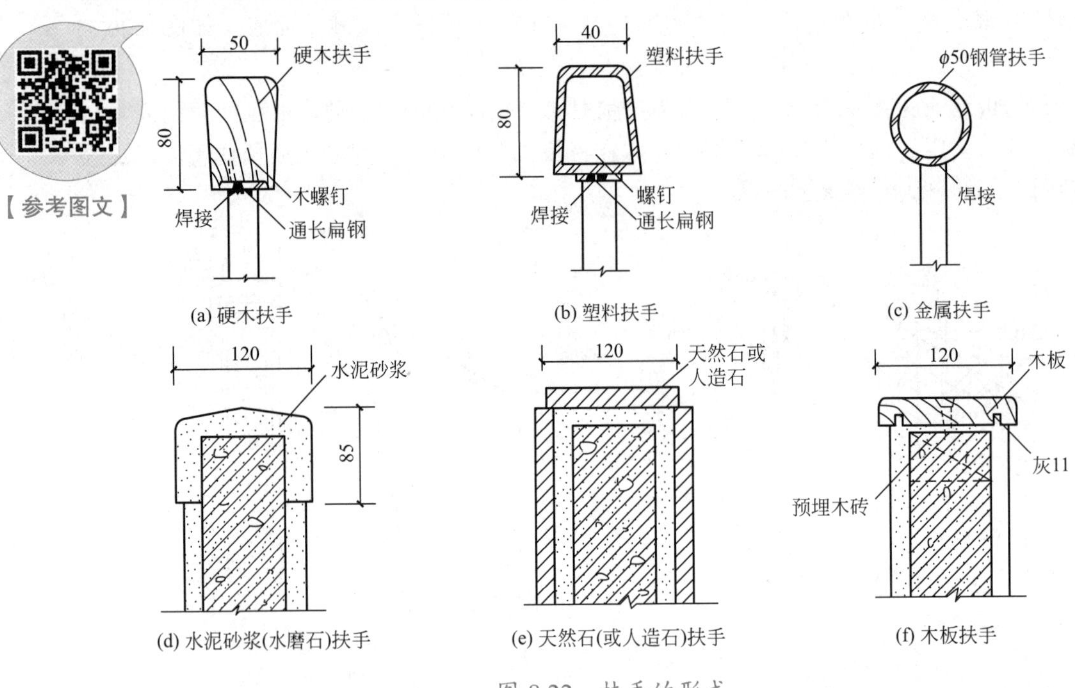

图 8.22 扶手的形式

1) 扶手与栏杆的连接

扶手与栏杆的连接方法视扶手和栏杆的材料而定。硬木扶手与金属栏杆的连接，通常是在金属栏杆的顶端先焊接一根通长扁钢，然后再用木螺钉将扁钢与扶手连接在一起。塑料扶手与金属栏杆的连接与硬木扶手相似。金属扶手与金属栏杆常用焊接连接，如图 8.22 所示。

2) 扶手与墙面的连接

在楼梯间的顶层应设置水平栏杆扶手，扶手端部与墙应固定在一起。固定方法为：在墙上预留孔洞，将扶手和栏杆插入洞内，用水泥砂浆或细石混凝土填实，也可将扁钢用木螺钉固定于墙内预埋的防腐木砖上。若为钢筋混凝土墙或柱，则可采用预埋铁件焊接。扶手端部与墙的连接如图 8.23 所示。

靠墙扶手通过连接件固定于墙上。连接件通常直接埋入墙上的预留孔内，也可以预埋螺栓连接，如图 8.24 所示。

3) 扶手的细部处理

梯段转折处扶手的细部处理：①当上下梯段齐步时，上下扶手在转折处同时向平台延伸半步，使两扶手高度相等，连接自然，但这样做缩小了平台的有效深度；②如扶手在转折处不伸入平台，则下跑梯段扶手在转折处需上弯形成鹤颈扶手，也可采用直线转折的硬接方式；③当上下梯段相错一步时，扶手在转折处无须向平台延伸即可自然连接，当长短跑梯段错开几步时，将出现一段水平栏杆。梯段转折处扶手的细部处理如图 8.25 所示。

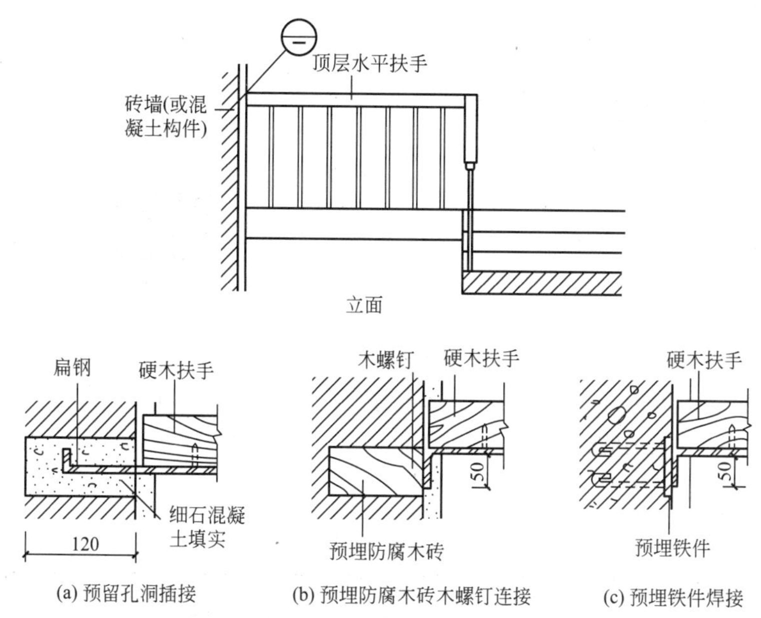

图 8.23　扶手端部与墙的连接

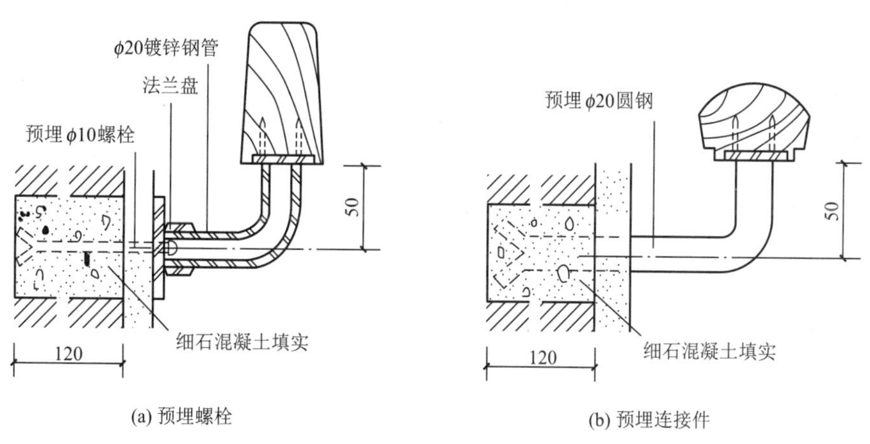

图 8.24　靠墙扶手

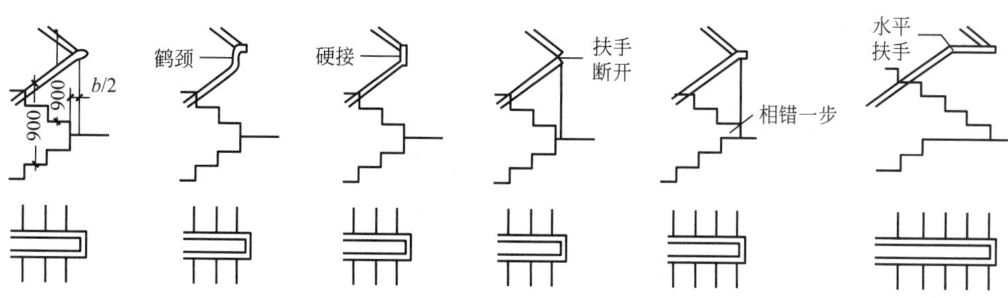

图 8.25　梯段转折处扶手的细部处理

8.4 楼梯设计

【参考图文】

8.4.1 楼梯的主要尺寸

1. 踏步尺寸

踏步的高宽比决定了楼梯的坡度。楼梯坡度是由建筑的使用性质和人流行走的舒适度、安全感、楼梯间的尺度、面积等因素综合确定的，常用的坡度为 1 ∶ 2 左右。对人流量大的公共建筑，安全要求高的楼梯坡度应该平缓一些，反之则可陡一些，以节约楼梯间面积。

常用楼梯的踏步高和踏步宽的尺寸见表 8-1。

表 8-1 常用适宜踏步尺寸

名称	住宅	学校、办公楼	剧院、会堂	医院（病人用）	幼儿园
踏步高 h/mm	150 ～ 175	140 ～ 160	120 ～ 160	150	120 ～ 150
踏步宽 b/mm	260 ～ 300	260 ～ 320	280 ～ 320	300	260 ～ 300

一般情况下，踏步高度为 140 ～ 175mm。较适宜的踏步宽度（水平投影宽度）在 300mm 左右，不应窄于 260mm。为了方便人们上下楼，踏面宜适当宽一些。在不改变梯段长度的情况下，为加宽踏面，可将踏步的前缘挑出，形成突缘，增加行走舒适度，如图 8.26 所示。

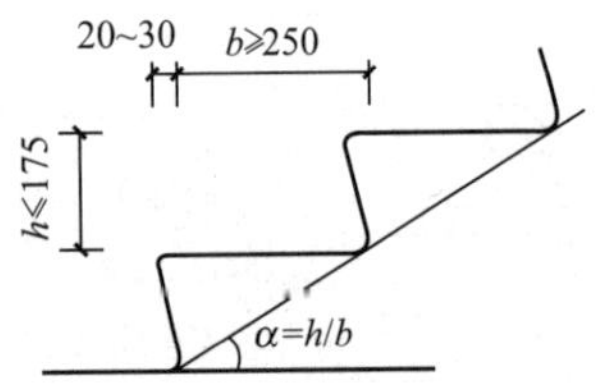

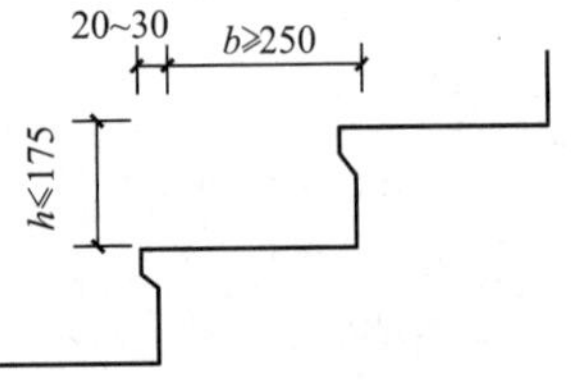

图 8.26 踏步前缘挑出

2. 梯段尺度确定

梯段尺度主要指梯宽和梯长。梯宽应按《建筑设计防火规范》(GB 50016—2014) 来确定，每股人流通常按 550mm+(0 ～ 150)mm 的宽度考虑，双人通行时为 1000 ～ 1200mm，以此类推。同时，还需满足各类建筑设计规范中对梯段宽度的限定，如住宅的梯段宽度大于或等于 1100mm、公共建筑的梯段宽度大于或等于 1300mm 等。

梯长即踏面宽度的总和，其值为 $L=b(N-1)$，其中 b 为踏面水平投影步宽，N 为梯段踏步数。

3. 平台宽度

平台宽度有中间平台宽度 D_1 和楼层平台宽度 D_2，通常中间平台宽度应不小于梯宽，以保证同股数人流正常通行。楼层平台一般比中间平台更宽松一些，以利于人流分配和停留。

4. 梯井宽度

梯井是指梯段之间形成的空隙，此空隙从顶层到底层贯通，如图 8.27 中所示的 C。宽度在 60 ～ 200mm 范围内为宜，供少年儿童使用的楼梯梯井不应大于 120mm，以利于安全。

5. 楼梯尺寸计算

以常用的平行双跑楼梯为例，楼梯尺寸的计算步骤如图 8.27 所示。

(1) 根据层高 H 和初选步高 h 确定每层踏步数 N，$N=H/h$。设计时尽量采用等跑梯段，N 宜为偶数，以减少构件规格。若所求出的 N 为奇数或非整数，可反过来调整步高 h。

(2) 根据步数 N 和初选步宽 b 决定梯段水平投影长度 L，$L=(0.5N-1)b$。

(3) 确定是否设梯井。如楼梯间的宽度较富余，可在两梯段之间设梯井。

(4) 根据楼梯间的开间净宽 A 和梯井宽 C 确定梯宽 a，$a=(A-C)/2$。同时检验其通行能力是否满足紧急疏散时人流股数的要求，如不能满足，则应对梯井宽 C 或楼梯间开间净宽 A 进行调整。

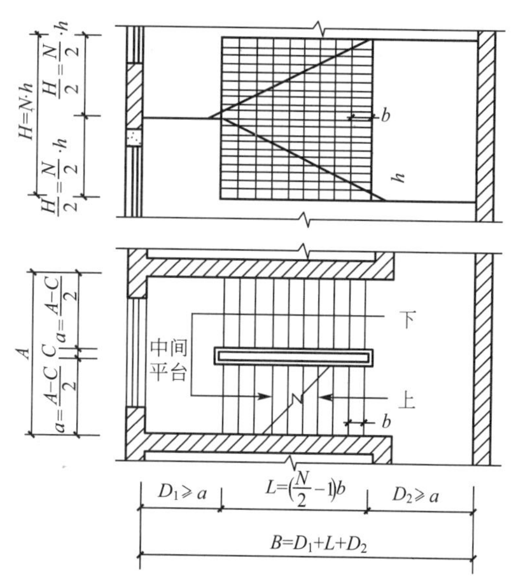

图 8.27 楼梯的尺寸计算

(5) 根据初选中间平台宽 $D_1(D_1\geqslant a)$ 和楼层平台宽 $D_2(D_2>a)$ 以及梯段水平投影长度 L 检验楼梯间进深净长度 B，$D_1+L+D_2=B$。如不能满足，可对 L 值进行调整 (即调整 b 值)，必要时，则需调整 B 值。在 B 值一定的情况下，如尺寸有富裕，一般可加宽 b 值以减缓坡度或加宽 D_2 值以利于楼层平台分配人流。在装配式楼梯中，D_1 和 D_2 值的确定尚需注意使其符合预制板的安放尺寸，并减少异形规格板的数量。

6. 栏杆扶手的尺寸

楼梯栏杆扶手的高度是指从踏步前缘至扶手上表面的垂直距离。一般室内楼梯栏杆扶手的高度不宜小于 900mm(通常取 900mm)，室外楼梯栏杆扶手的高度 (特别是消防楼梯) 应不小于 1100mm。在幼儿园等建筑中，需要在 500 ～ 600mm 的高度上再增设一道扶手，以适应儿童的身高，如图 8.28 所示。

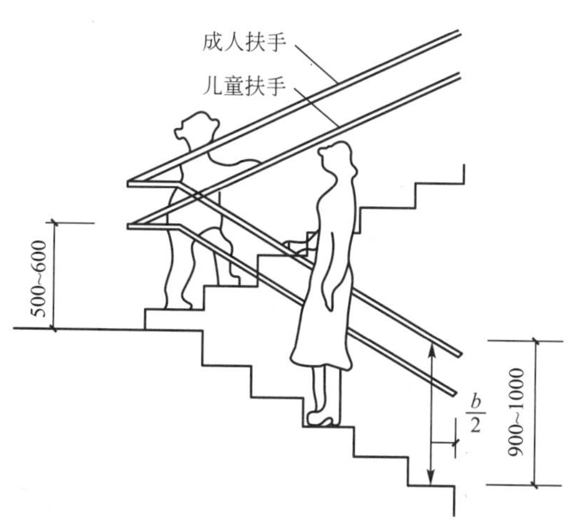

图 8.28 栏杆扶手的高度

7. 楼梯下部净高的控制

楼梯下部净高的控制不但关系到行走安全，而且在很多情况下涉及楼梯下面空间的利用以及通行的可能性，它是楼梯设计中的重点也是难点。楼梯下的净高包括梯段部位和平台部位，其中梯段部位的净高不应小于2200mm，若楼梯平台下做通道时，平台中部的净高应不小于2000mm(图8.29)。为使平台下净高满足要求，一般可以采用以下方式解决。

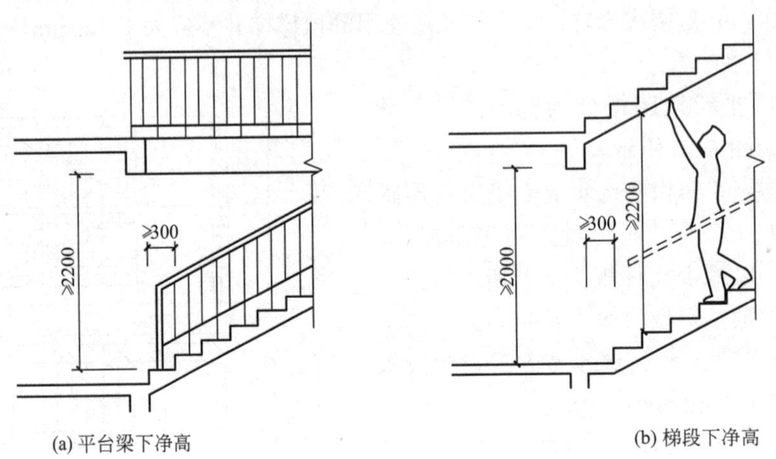

图8.29　楼梯下面净空高度控制

(1) 在底层变作长短跑梯段。起步第一跑为长跑，以提高中间平台标高，如图8.30(a)所示。这种方式仅在楼梯间进深较大、底层平台宽 D_2 富余时适用。

(2) 局部降低底层中间平台下地坪标高，使其低于室内地坪标高(±0.000)，但应高于室外地坪标高，以免雨水内溢，如图8.30(b)所示。

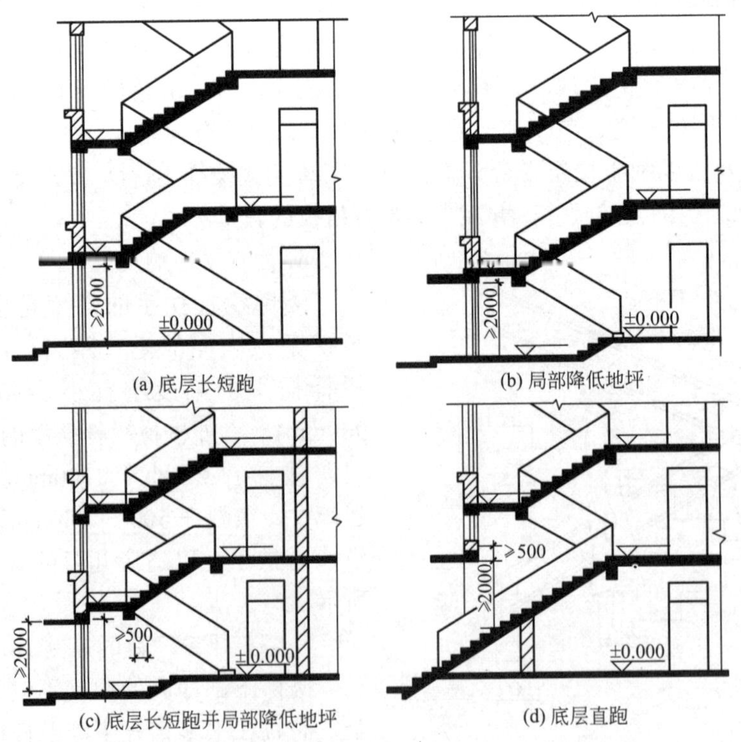

图8.30　底层中间平台下做出入口时的处理方式

(3) 综合以上两种方式，在采取长短跑梯段的同时，又降低底层中间平台下地坪标高，如图 8.30(c) 所示。这种处理方法可兼有前两种方式的优点，并减少其缺点。

(4) 底层用直行楼梯直接从室外上二层，如图 8.30(d) 所示。这种方式常用于住宅建筑，设计时需注意入口处雨篷底面标高的位置，保证净空高度要求。

8.4.2 楼梯的表达方式

楼梯主要是依靠楼梯平面和与其对应的剖面来表达的。

1. 楼梯平面的表达

楼梯平面因其所处楼层的不同而有不同的表达。所谓的平面图其实是水平的剖面图，剖切的位置在楼层以上 1m 左右，因此在楼梯的平面图中会出现折断线。无论是底层、中间层、顶层楼梯平面图，都必须用箭头标明上下行的方向，而且必须从正平台 (楼层) 开始标注。这里以双跑楼梯为例，说明其平面的表示方法。

在底层楼梯平面中，只能看到部分楼梯段，折断线将梯段在 1m 左右切断。底层楼梯平面中一般只有上行梯段。顶层平面 (不上屋顶的楼梯) 由于其剖切位置在栏杆之上，因此图中没有折断线，所以会出现两段完整的梯段和平台。中间层平面既要画出被切断的上行梯段，还应画出该层下行的梯段，其中有部分下行梯段被上行梯段遮住 (投影重合)，以 45° 折断线为分界。双跑楼梯的平面表达如图 8.31 所示。

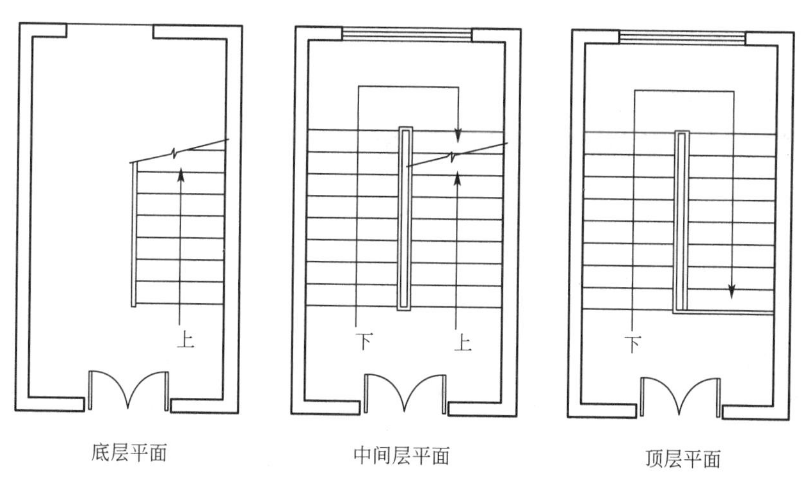

图 8.31　楼梯平面表示法

2. 楼梯剖面的表达

楼梯剖面能完整、清晰地表达出房屋的层数、梯段数、步级数，以及楼梯的类型及其结构形式。楼梯剖面图中应标注楼梯垂直方向的各种尺寸，如楼梯平台下的净空高度、栏杆扶手高度等。楼梯剖面的表示方法如图 8.32 所示。剖面图还必须符合结构、构造的要求，比如平台梁的位置、圈梁的设置及门窗洞口的合理选择等。

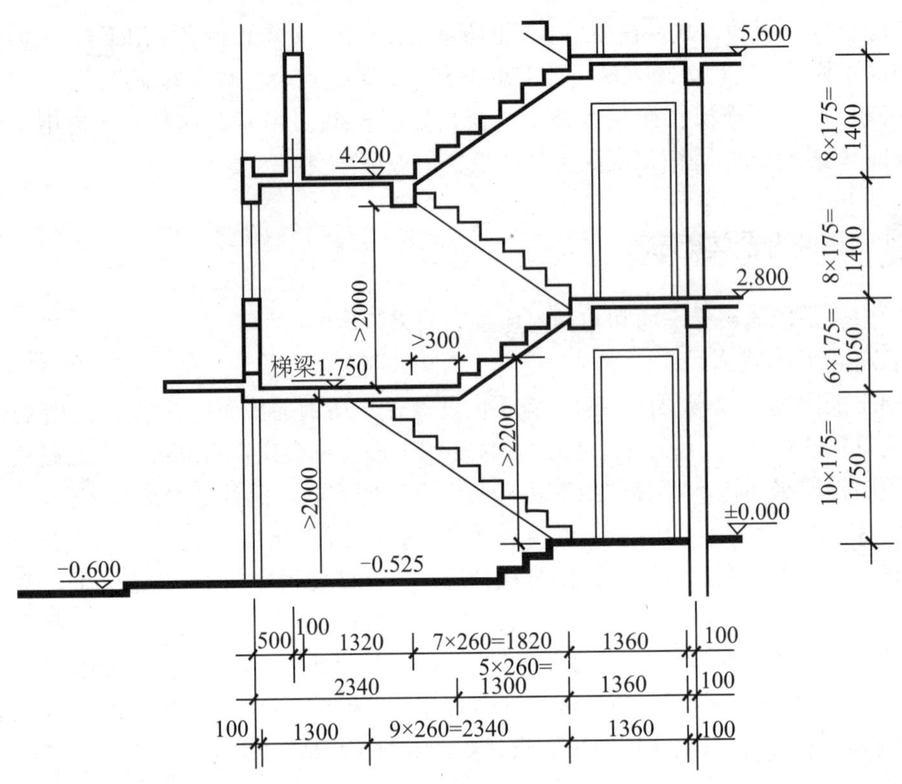

图 8.32　楼梯剖面的表示方法

8.5　电梯与自动扶梯

8.5.1　电梯

【参考图文】

电梯是建筑物内部解决垂直交通的另一种措施。电梯有载人电梯、载货电梯两大类，除普通乘客电梯外，还有医院专用电梯、消防电梯、观光电梯等。图 8.33 为不同类别电梯的平面示意图。

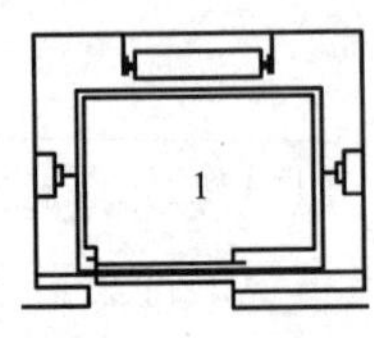

(a) 客梯（双扇推拉门）

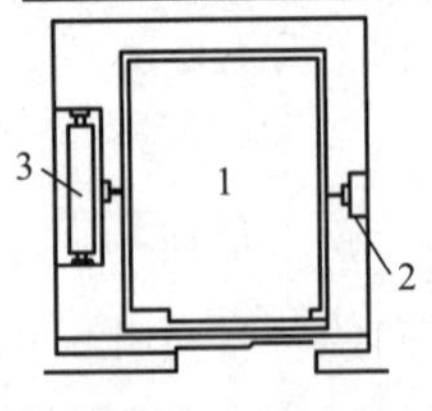

(b) 病床梯（双扇推拉门）

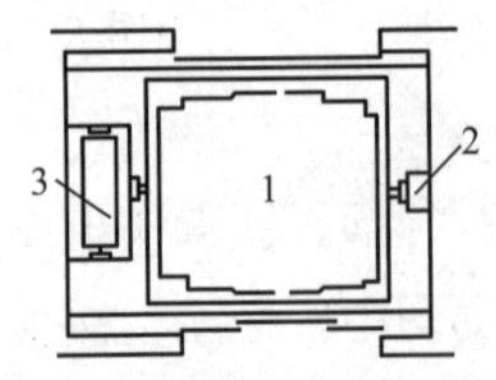

(c) 货梯（中分双扇推拉门）

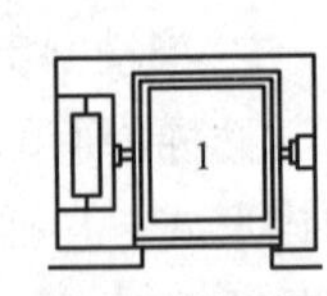

(d) 小型杂物梯

图 8.33　电梯分类与井道平面示意图

1—电梯箱；2—轨道及撑架；3—平衡重

电梯由井道、机房和地坑三大构造部分组成。

1. 电梯井道

电梯井道是电梯轿厢运行的通道，其内除电梯及出入口外，还安装有轨道、平衡重和缓冲器等，如图 8.34 所示。

电梯井道是高层建筑穿通各层的垂直通道，火灾事故中火焰及烟雾容易从中蔓延，因此井道的围护构件多采用钢筋混凝土墙。为了减轻机器运行时对建筑物产生的振动和噪声，应采取适当的隔振及隔声措施。一般情况下，只在机房机座下设置弹性垫层来达到隔振和隔声的目的［图 8.35(a)］。电梯运行的速度超过 1.5m/s 时，除弹性垫层外，还应在机房与井道间设隔声层，高度为 1.5 ～ 1.8m，如图 8.35(b) 所示。

2. 电梯机房

电梯机房一般设置在电梯井道的顶部，少数也设在地层井道旁边，如图 8.36 所示。机房的平面尺寸须根据机械设备的尺寸的安排、管理及维修等需要来决定，高度一般为 2.5 ～ 3.5m。

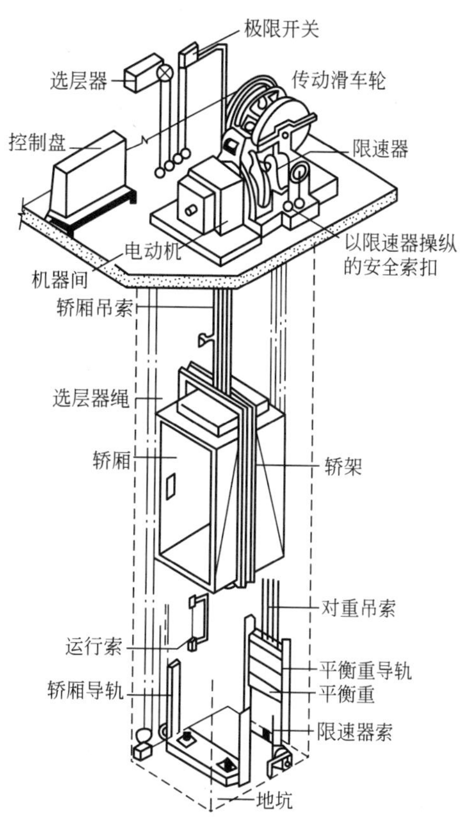

图 8.34　电梯井道内部透视示意

【参考图文】

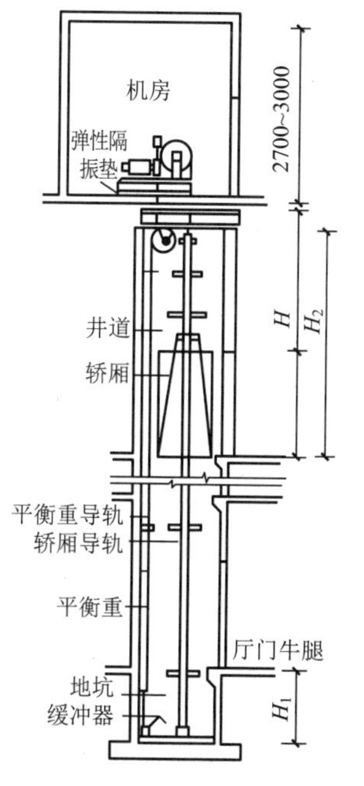

(a) 无隔声层(通过电梯门剖面)

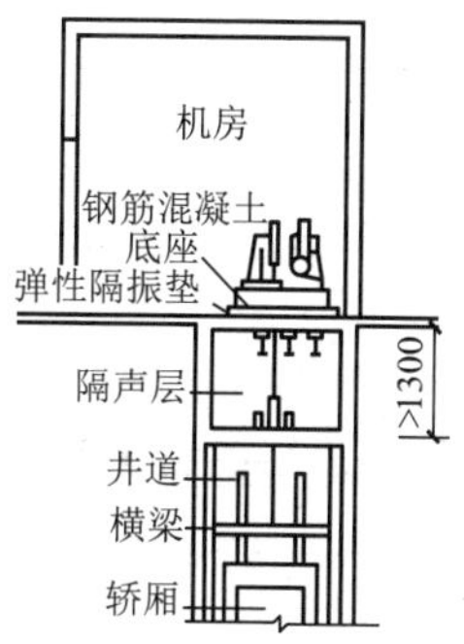

(b) 有隔声层(平行电梯门剖面)

图 8.35　电梯机房隔振、隔声处理

3. 井道地坑

井道地坑在最底层平面标高下 ($H_1 \geqslant 1.4\text{m}$)，作为轿厢下降时所需的缓冲器的安装空间。

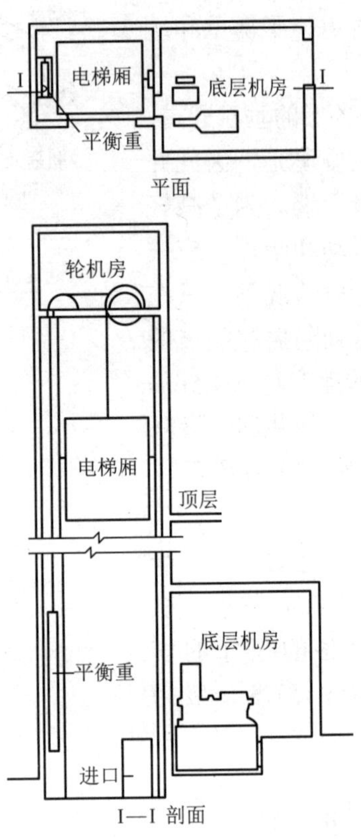

图 8.36　底层机房电梯

8.5.2 自动扶梯

自动扶梯是建筑物层间连续运输效率最高的载客设备。一般自动扶梯均可沿正、逆方向运行，停机时可当作临时楼梯行走。平面布置可单台设置或双台并列，如图 8.37 所示。双台并列时一般采取一上一下的方式，求得垂直交通的连续性，但必须在两者之间留有足够的结构间距(目前有关规定为不小于 380mm)，以保证装修的方便及使用者的安全。

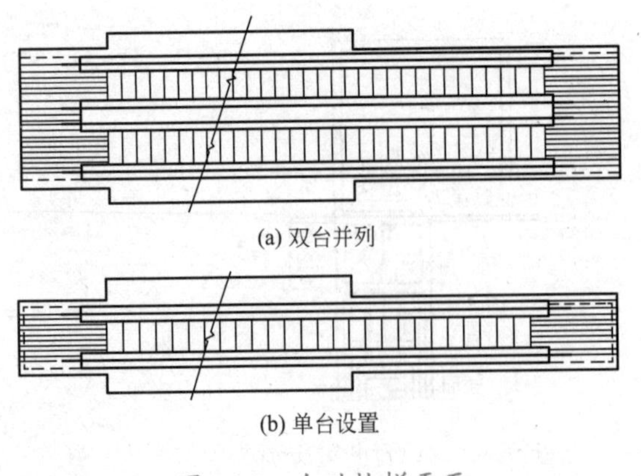

图 8.37　自动扶梯平面

自动扶梯的机械装置悬在楼板下面，楼层下做装饰处理，底层则做地坑，自动扶梯的基本尺寸图 8.38 所示。在其机房上部自动扶梯口处应做活动地板，以便于检修。地坑也应做防水处理。

在建筑物中设置自动扶梯时，上下两层的面积总和如超过防火分区面积要求，则应按防火要求设防火隔断或复合式防火卷帘封闭自动扶梯井。

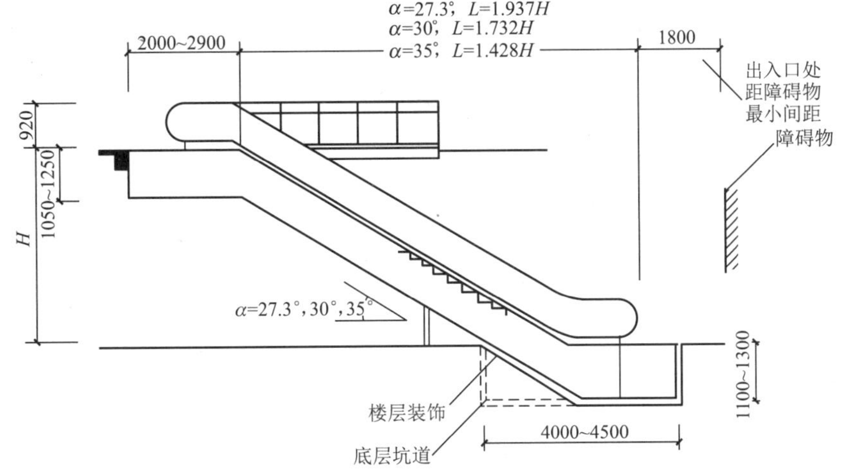

图 8.38 自动扶梯基本尺寸

本章小结

（1）本章主要讲述楼梯的基本构造和设计要求，以及钢筋混凝土楼梯的构造。学习本章应重点掌握常见钢筋混凝土现浇楼梯的构造、常用平行双跑楼梯的设计及细部构造。

（2）在建筑物中，为了解决垂直方向的交通问题，一般采取的设施有楼梯、电梯、自动扶梯、爬梯及坡道等。电梯多用于层数较多或有特殊需要的建筑物中，而且即使建筑物设有电梯或自动扶梯，同时也必须设置楼梯，以便紧急情况时使用。楼梯作为建筑空间竖向联系的主要部件，除了起到提示、引导人流的作用，还应充分考虑其造型美观、上下通行方便、结构坚固、防火安全的作用，同时还应满足施工和经济条件的要求。

在建筑物入口处，因室内外地面的高差而设置的踏步段，称为台阶。为方便车辆、轮椅通行，也可增设坡道。

（3）一般来说，楼梯的坡度越小越平缓，行走也越舒服，但却加大了楼梯的进深，增加了建筑面积和造价。因此，在楼梯坡度的选择上，存在使用和经济之间的矛盾。

（4）楼梯平面因其所处楼层的不同而有不同的表达。所谓的平面图其实是水平的剖面图，剖切的位置在楼层以上 1m 左右，因此在楼梯的平面图中会出现折断线。无论是底层、中间层、顶层楼梯平面图，都必须用箭头标明上下行的方向，而且必须从正平台（楼层）开始标注。

楼梯剖面能完整、清晰地表达出房屋的层数、梯段数、步级数，以及楼梯的类型及其结构形式。楼梯剖面图中应标注楼梯垂直方向的各种尺寸，如楼梯平台下的净空高度、栏杆扶手高度等。

思考题

1. 试述建筑中各种类型楼梯的特点。
2. 楼梯主要由哪几部分组成？
3. 对楼梯段的最小净宽有何规定？平台宽度和梯段宽度的关系如何？
4. 如何确定楼梯踏步尺寸？
5. 对楼梯的净空高度有哪些规定？如何调整首层通行平台下的净高？
6. 电梯主要由哪几部分组成？
7. 自动扶梯的布置形式有几种？各自有何特点？
8. 试述预制楼梯的构造特点。

第 9 章

屋 顶

教学目标

(1) 理解屋顶的类型和设计要求。
(2) 掌握屋顶的排水设计。
(3) 掌握屋顶的防水构造。
(4) 掌握平屋顶的泛水构造。
(5) 掌握檐口的构造。

教学要求

知识要点	能力要求	相关知识
屋顶	(1) 理解屋顶的类型 (2) 理解屋顶的设计要求	楼板类型
屋顶的排水	(1) 理解屋顶的排水方式 (2) 掌握屋顶的排水坡度	楼板构造
屋顶的防水	(1) 掌握屋顶的防水材料 (2) 掌握屋顶的防水做法	建筑材料
屋顶的泛水	(1) 掌握泛水的概念 (2) 掌握泛水的做法	建筑材料
檐口构造	(1) 掌握檐口的组成及位置 (2) 掌握檐口的构造做法	立面设计

9.1 屋顶的类型和设计要求

屋顶是建筑最上层的覆盖构件。它主要有两个作用：一是承受作用于屋顶上的风荷载、雪荷载和屋顶自重等，起承重作用；二是防御自然界的风、雨、雪、太阳辐射热和冬季低温等的影响以及阻止火势蔓延，起围护作用。因此，屋顶具有不同的类型和相应的设计要求。

9.1.1 屋顶的类型

1. 根据屋顶的外形分类

一般可分为平屋顶、坡屋顶、其他形式的屋顶。

1) 平屋顶

平屋顶通常是指屋顶坡度小于 5% 的屋顶，目前应用最广泛的是坡度为 2% ～ 3% 的屋顶，大量民用建筑多采用与楼板层基本类同的结构布置形式的平屋顶，如图 9.1 所示。

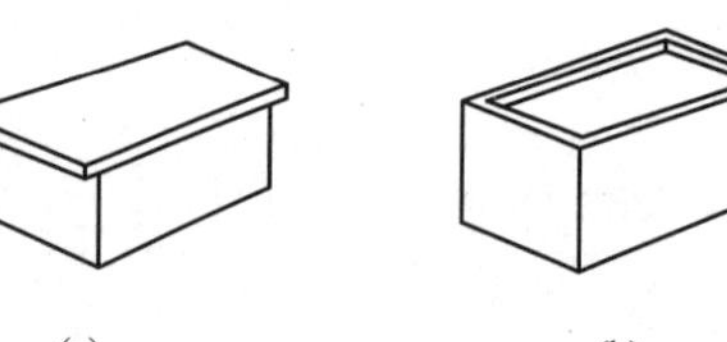
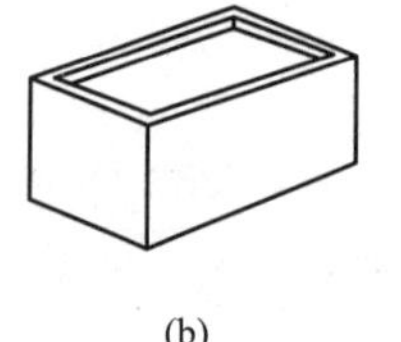
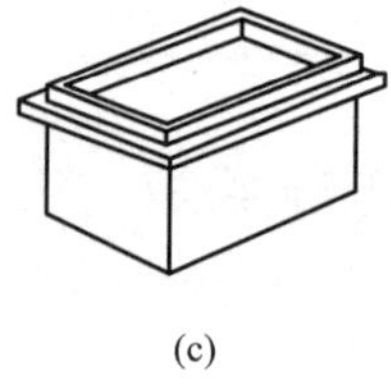
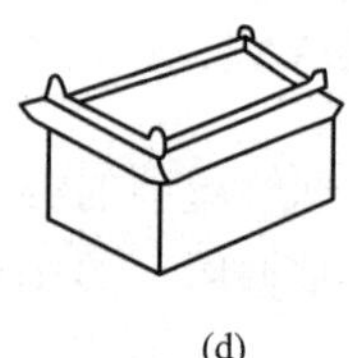

图 9.1 平屋顶

2) 坡屋顶

坡屋顶通常是指屋顶坡度在 10% 以上的屋顶。坡屋顶是我国传统的建筑屋顶形式，有着悠久的历史。根据构造不同，常见形式有：单坡、双坡屋顶，硬山及悬山屋顶，歇山及庑殿屋顶，圆形或多角形攒尖屋顶等。即使是一些现代的建筑，在考虑到景观环境或建筑风格的要求时，也常采用坡屋顶，如图 9.2 所示。

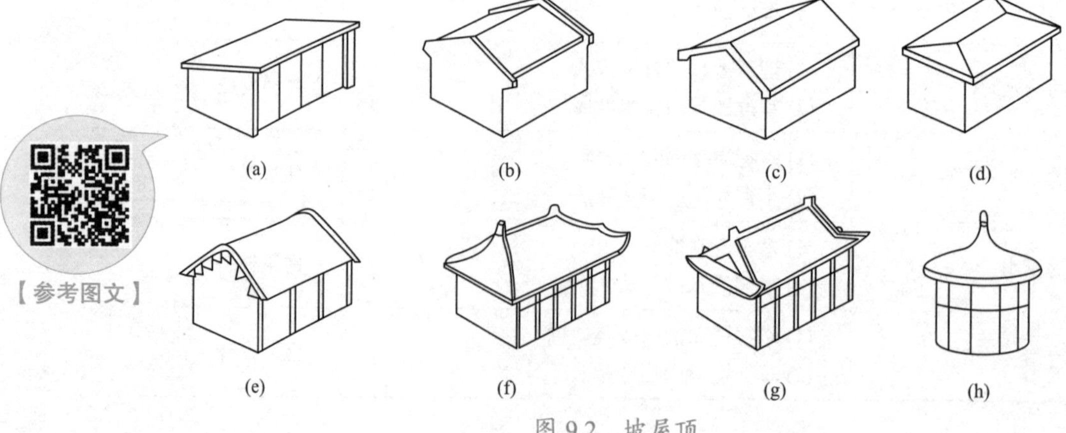

图 9.2 坡屋顶

3) 其他形式的屋顶

随着建筑科学技术的发展，出现了许多新型结构的屋顶，如图 9.3 所示，有折板屋顶、拱屋顶、薄壳屋顶、悬索屋顶、网架屋顶、膜结构屋顶等。

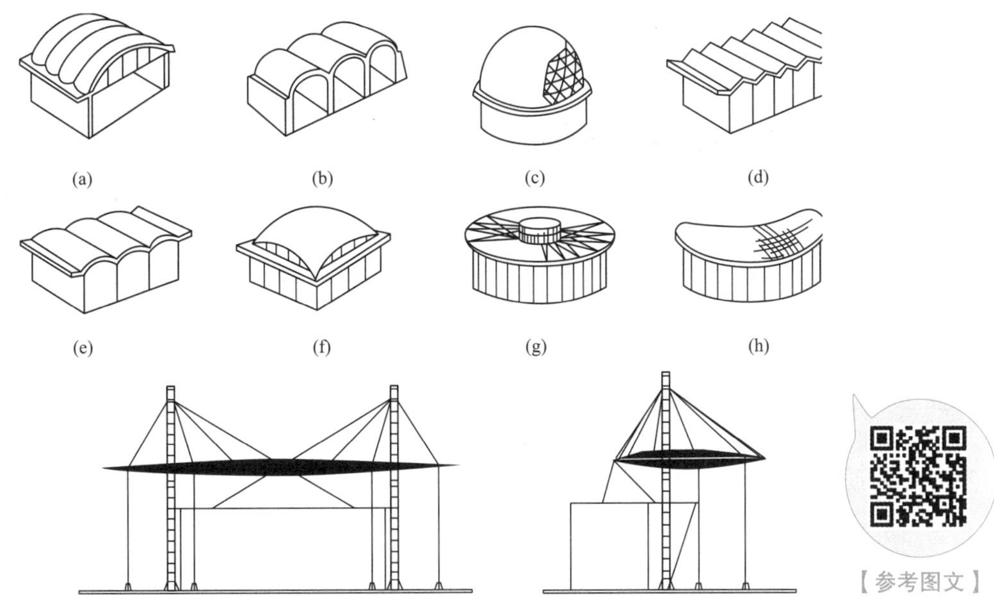

图 9.3 其他形式的屋顶

2. 根据屋顶结构和材料分类

一般可分为钢筋混凝土屋顶、轻钢结构屋顶、复合结构屋顶。

1) 钢筋混凝土屋顶

钢筋混凝土屋顶多用在平屋顶中，是最常见的一种屋顶结构形式，如大量的住宅建筑采用钢筋混凝土平屋顶，如图 9.4 所示。

2) 轻钢结构屋顶

轻钢结构屋顶是一种多用在空间结构建筑中的屋顶形式。如大型公共建筑的体育馆、礼堂等，这类建筑的内部空间大，中间不允许设柱支承屋顶，故常采用轻钢结构网架屋顶等，如图 9.5 所示。

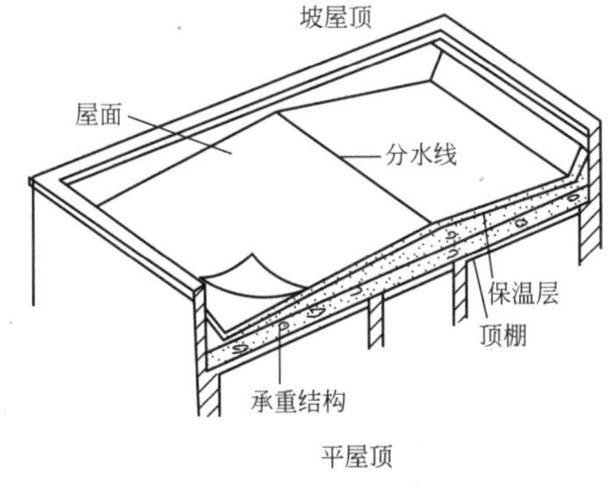

图 9.4 钢筋混凝土屋顶

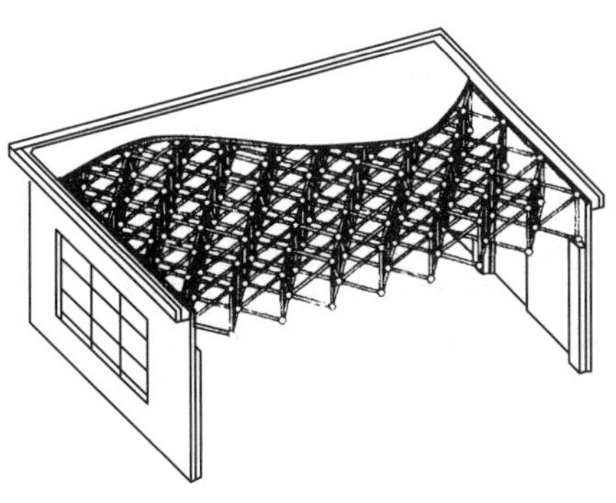

图 9.5 轻钢结构网架屋顶

3) 复合结构屋顶

复合结构屋顶是近几年才出现的一种自由形式的膜结构屋顶 (图 9.6), 如体育场馆、高速路收费站、加油站、展览馆、商业娱乐设施及广场造型屋顶。

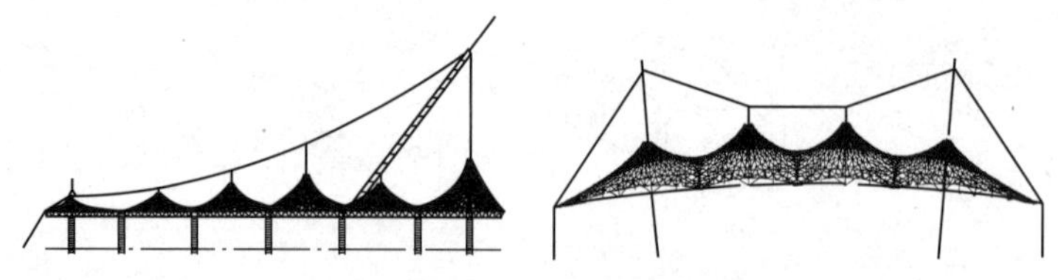

图 9.6　膜结构屋顶

9.1.2 屋顶的设计要求

屋顶是建筑物的重要组成部分之一，在设计时应满足的要求主要是：使用功能、结构安全、建筑艺术等要求。

1. 使用功能

屋顶是建筑物上部的围护结构，主要应满足防水排水和保温隔热等要求。

1) 防水排水要求

屋顶应采用不透水的防水材料及合理的构造处理来达到防水的目的。屋顶排水采用一定的排水坡度将屋顶的雨水尽快排走。屋顶防水排水是一项综合性的技术问题，它与建筑的结构形式、防水材料、屋顶坡度、屋顶构造处理做法等有关，应将防水与排水相结合，综合各方面的因素加以考虑。

2) 保温隔热要求

屋顶保温是在屋顶的构造层次中采用保温材料作保温层，并避免产生结露或内部受潮，使严寒、寒冷地区保持室内正常的温度。屋顶隔热是在屋顶的构造中采用相应的构造做法，使南方地区在炎热的夏季避免强烈的太阳辐射引起室内温度过高。

2. 结构安全

屋顶同时是建筑物上部的承重结构，因此要求屋顶结构应有足够的强度和刚度，承受建筑物上部的所有荷载，以确保建筑物的安全和耐久。

3. 建筑艺术

屋顶是建筑物外部形体的重要组成部分，屋顶的形式对建筑的特征有很大的影响。变化多样的屋顶外形、装修精美的屋顶细部，是中国传统建筑的重要特征之一。在现代建筑中，如何处理好屋顶的形式和细部也是设计中不可忽视的重要方面。

9.2 屋顶排水设计

为了迅速排除屋顶雨水，保证水流畅通，首先要选择合理的屋顶坡度、恰当的排水方式，再进行周密的排水设计。

9.2.1 屋顶坡度选择

1. 屋顶坡度的表示方法

常见的屋顶坡度表示方法有斜率比、百分比和角度3种，见表9-1。斜率比法以屋顶高度与坡面的水平投影之比表示；百分比法以屋顶高度与坡面的水平投影长度的百分比表示；角度法是以坡面与水平面所构成的夹角表示。斜率比法多用于坡屋顶；百分比法多用于平屋顶；角度法在实际工程中较少采用。

表9-1　屋顶坡度的表示方法

屋顶类型	平屋顶	坡屋顶	
常用排水坡度	＜5% 即 2%～3%	一般大于10%	
屋顶坡度表示方式	H L 百分比法	H L 斜率法	2 (屋面坡度符号) 1 θ 角度法
应用情况	普遍	普遍	较少采用，θ 多为 26°34′

2. 影响屋顶坡度大小的因素

屋顶坡度的确定与屋顶防水材料、地区降雨量大小、屋顶结构形式、建筑造型要求及经济条件等因素有关。对于一般民用建筑，屋顶坡度主要由以下两个方面的因素来确定。

1) 防水材料

防水材料的性能及其尺寸大小直接影响屋顶坡度。防水材料的防水性能越好，屋顶的坡度可以越小。对于尺寸小的屋顶防水材料，屋顶接缝越多，漏水的可能性会越大，其坡度应大一些，以便迅速排除雨水，减少漏水的机会。构造处理的方法根据不同情况应有所区别。而卷材屋顶和混凝土防水屋顶的防水性能好，基本上是整体的防水层，因此坡度可以小一些。

2) 地区降雨量的大小

降雨量的大小对屋顶防水有直接影响，降雨量大，则漏水的可能性大，屋顶坡度应适当增加。我国南方地区年降雨量和每小时最大降雨量都高于北方地区，因此即使采用同样的屋顶防水材料，一般南方地区的屋顶坡度都要大于北方地区。

3. 形成屋顶排水坡度的方法

形成屋顶排水坡度常用的方法有：材料找坡和结构找坡。

1) 材料找坡

材料找坡如图9.7所示，是指屋顶结构层的屋顶板水平搁置，利用轻质材料垫置坡度，因而材料找坡又称垫置坡度。常用的找坡材料有水泥炉渣、石灰炉渣等，找坡材料最薄处以不小于30mm厚为宜，适宜的坡度为2%，这样可获得平整的室内顶棚，使空间完整。但找坡材料增加了屋顶荷载，且多费材料和人工。当屋顶坡度需设保温层时，广泛采用这种做法。

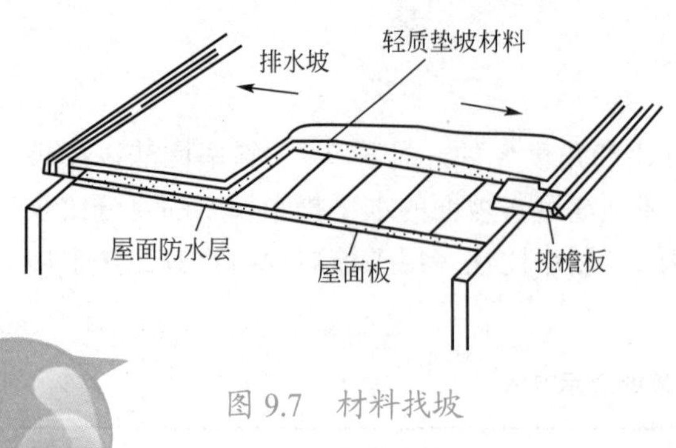

图 9.7　材料找坡

【三维模型】

2) 结构找坡

结构找坡如图 9.8 所示，是指将屋顶板倾斜搁置在下部的墙体或屋顶梁及屋架上的一种做法，因而结构找坡又称搁置坡度。单坡跨度大于 9m 的屋面宜作结构找坡，坡度不应小于 3%。结构找坡不需在屋顶上另加找坡层，具有构造简单、施工方便、节省人工和材料、减轻屋顶自重的优点，但室内顶棚面是倾斜的，空间不够完整。因此，结构找坡常用于设有吊顶棚或室内美观要求不高的建筑工程中。

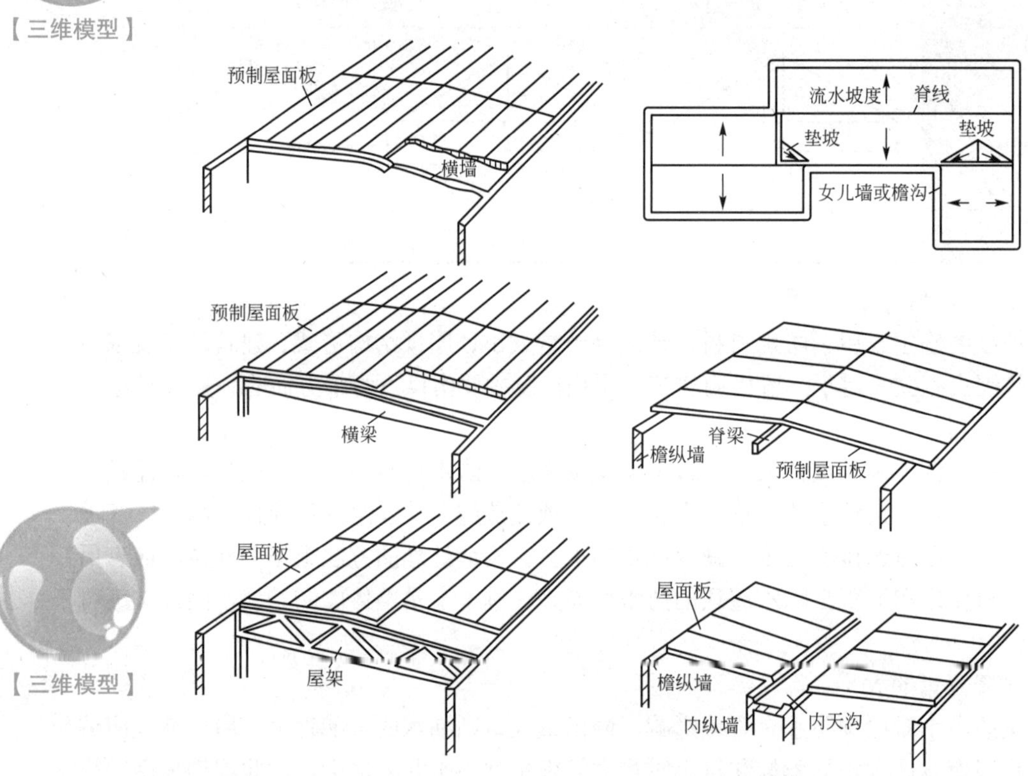

【三维模型】

图 9.8　结构找坡

9.2.2 屋顶排水方式

屋面排水方式的选择，应根据建筑物屋顶形式、气候条件、使用功能等因素确定。屋顶排水方式分为无组织排水和有组织排水两大类。

1. 无组织排水

无组织排水又称自由落水，是指屋顶雨水直接从檐口落下到室外地面的一种排水方式，如图 9.9 所示。这种做法具有构造简单、造价低廉的优点，但屋顶雨水自由落下会溅湿墙面，外墙墙脚常被飞溅的雨水侵蚀，影响外墙的坚固耐久性，并可能影响人行道的交通。无组织排水方式主要适用于少雨地区或一般的低层建筑，不宜用于临街建筑和较高的建筑。

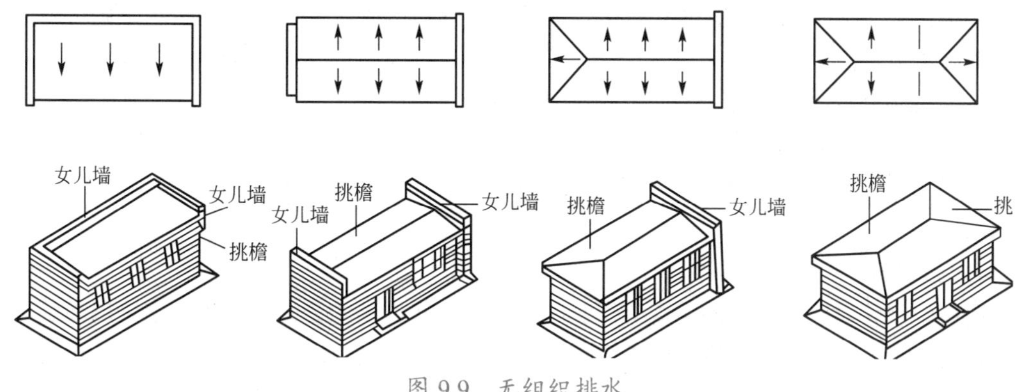

图 9.9　无组织排水

2. 有组织排水

有组织排水是指屋顶雨水通过排水系统的天沟、雨水口、雨水管等，有组织地将雨水排至地面或地下管沟的一种排水方式。这种排水方式的构造较复杂，造价相对较高，但是减少了雨水对建筑物的不利影响，因而在建筑工程中应用广泛。

有组织排水方案由于具体条件不同可分为外排水和内排水两种类型。图 9.10 所示的外排水是指雨水管装在建筑外墙以外的一种排水方案，其构造简单，雨水管不进入室内，有利于室内美观和减少渗漏，故使用广泛，尤其适用于湿陷性黄土地区，可以避免水落管渗漏造成地基沉陷，南方地区多优先采用。

1) 挑檐沟外排水

屋顶雨水汇集到悬挑在墙外的檐沟内，再由水落管排下。当建筑物出现高低屋顶时，可先将高处屋顶的雨水排至低处屋顶，然后从低处屋顶的挑檐沟引入地下。采用如图 9.10(a) 所示的挑檐沟外排水方案时，水流路线的水平距离不应超过 24m，以免造成屋顶渗漏。

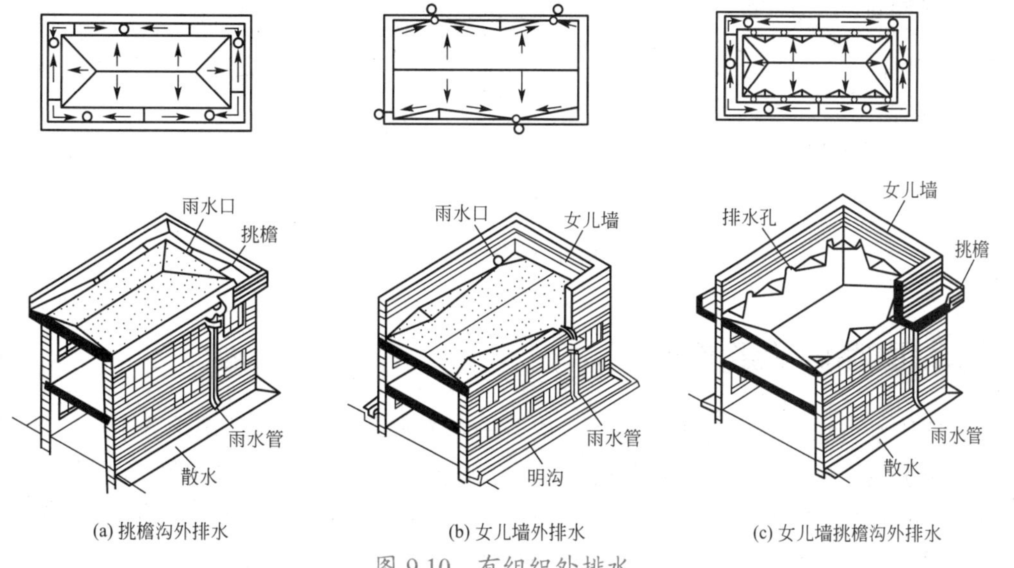

图 9.10　有组织外排水

2) 女儿墙外排水

当因建筑造型需要，不希望出现挑檐时，通常将外墙升起封住屋顶，高于屋顶的这部分外墙称为女儿墙，如图 9.10(b) 所示，其特点是屋顶雨水在屋顶汇集需穿过女儿墙流入室外的雨水管。

3) 女儿墙挑檐沟外排水

女儿墙挑檐沟外排水方案如图 9.10(c) 所示，其特点是在屋顶檐口部位既有女儿墙，又有挑檐沟。上人屋顶、蓄水屋顶常采用这种形式，利用女儿墙作为围护，利用挑檐沟汇集雨水。

4) 暗管外排水

明装雨水管对建筑立面的美观有所影响，故在一些重要的公共建筑中，常采用暗装雨水管的方式，将雨水管隐藏在装饰柱或空心墙中，装饰柱可成为建筑立面构图中的竖向线条。

5) 内排水

在有些情况下采用外排水就不一定恰当，如高层建筑不宜采用外排水，因为维修室外雨水管既不方便也不安全；又如严寒地区的建筑不宜采用外排水，因为低温会使室外雨水管中的雨水冻结；再如某些屋顶宽度较大的建筑，无法完全依靠外排水排除屋顶雨水，自然要采用内排水方案。如图 9.11 所示为有组织内排水。

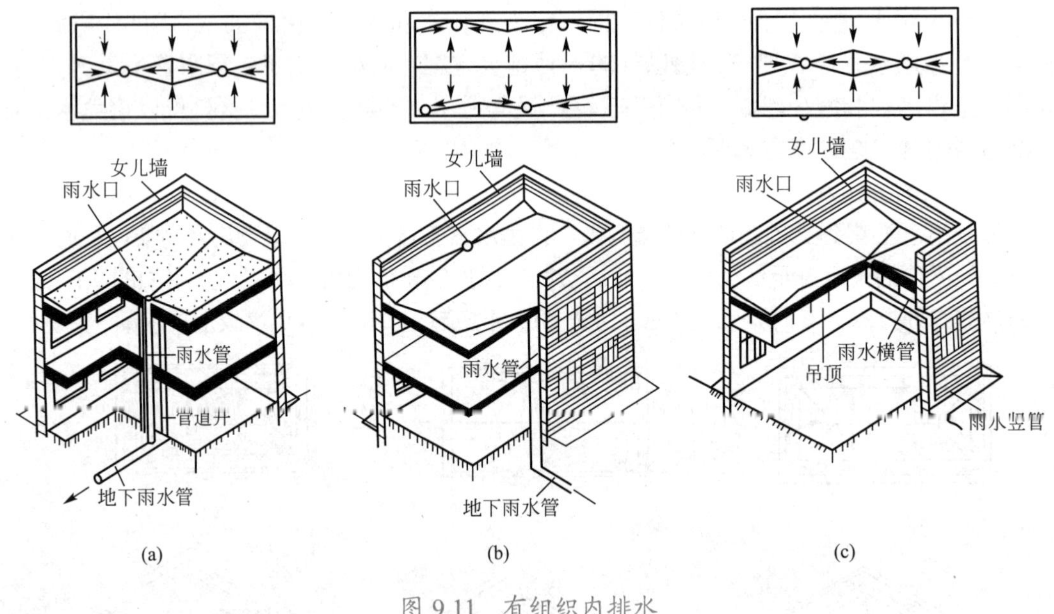

图 9.11 有组织内排水

9.2.3 屋顶排水组织设计

屋顶排水组织设计就是把屋顶划分成若干个排水区，将各区的雨水分别引向各雨水管，使排水线路短捷，雨水管负荷均匀，排水顺畅。因此，屋顶必须有适当的排水坡度，设置必要的天沟、雨水管和雨水口，并合理地确定这些排水装置的规格、数量和位置，最后将它们标绘在屋顶平面图上，这一系列的工作就是屋顶排水组织设计。

1. 划分排水区域

划分排水区域的目的是便于均匀地布置雨水管。排水区域的大小一般按一个雨水口负担 200m^2 屋顶面积的雨水考虑，屋顶面积按水平投影面积计算。

2. 确定排水坡面的数目

一般情况下，当平屋顶的屋顶深度小于 12m 时，可采用单坡排水，临街建筑常采用单坡排水；进深较大时，为了不使水流的路线过长，宜采用双坡排水。坡屋顶则应结合造型要求选择单坡、双坡或四坡排水。

3. 确定天沟断面大小和天沟纵坡的坡度值

天沟即屋顶上的排水沟，位于外檐边的天沟又称檐沟。天沟的功能是汇集和迅速排除屋顶雨水，故其断面大小应设置恰当，沟底沿长度方向应设纵向排水坡，简称天沟纵坡。无论是平屋顶还是坡屋顶，大多采用钢筋混凝土天沟。天沟的纵坡的坡度不应小于 1%。天沟的净断面尺寸应根据降雨量和汇水面积的大小来确定。一般建筑的天沟净宽不应小于 300mm，沟底水落差不得超过 200mm，天沟上口至分水线的距离不应小于 100mm。天沟、檐沟排水不得流经变形缝和防火墙。图 9.12 是挑檐沟外排水的剖面图和平面图，图中给出了天沟断面尺寸和天沟纵坡坡度。

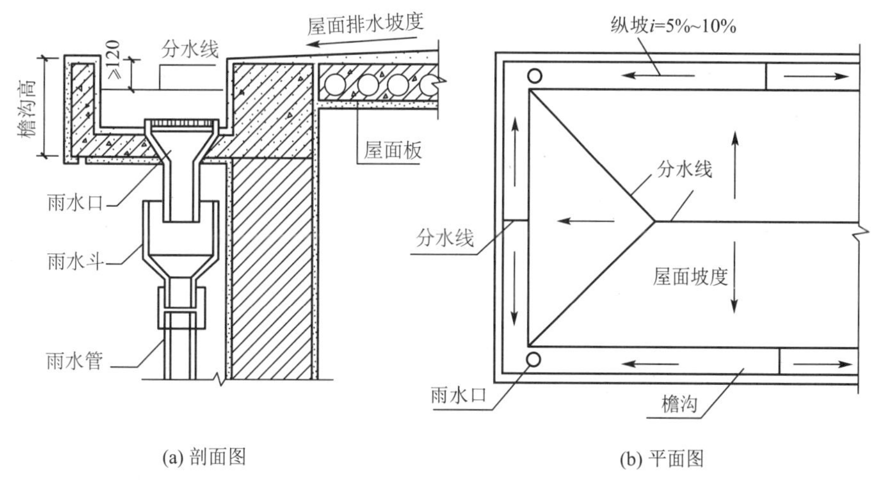

图 9.12　挑檐沟外排水图

4. 雨水管的规格及间距

雨水管根据材料分为铸铁、塑料、镀锌铁皮、石棉水泥、PVC 和陶土等多种，应根据建筑物的耐久等级加以选择。最常用的是塑料雨水管，其管径有 50mm、75mm、100mm、125mm、150mm、200mm 等几种规格。一般民用建筑常用管径为 75 ～ 100mm 的雨水管，面积小于 25m^2 的露台和阳台可选用直径 50mm 的雨水管。雨水管的数量与雨水口相等，雨水管的最大间距应同时予以控制。若雨水管的间距过大，则会导致天沟纵坡过长，沟内垫坡材料加厚，使天沟的容积减少，大雨时雨水易溢向屋顶引起渗漏或从檐沟外侧涌出。一般情况下雨水口间距为 18m，最大间距不宜超过 24m。考虑上述各事项后，即可较为顺利地绘制屋顶平面图。图 9.13 是女儿墙外排水的剖面图和平面图的雨水管的排列。

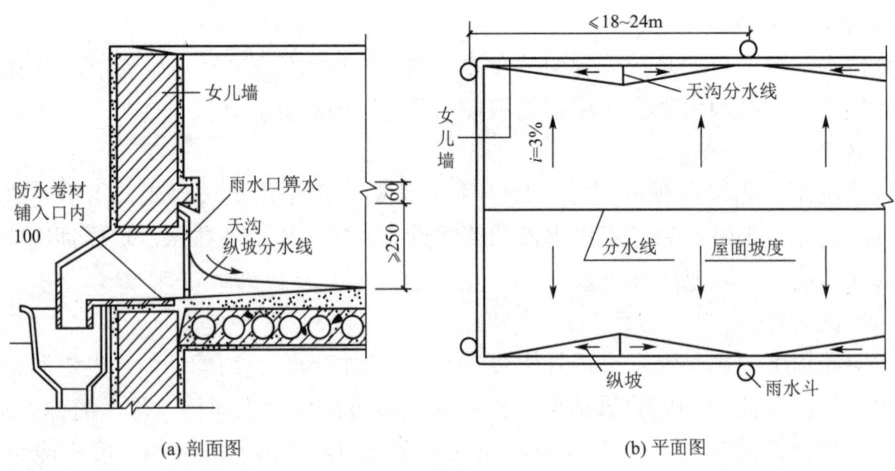

图 9.13　女儿墙外排水图

9.3　平屋顶防水

平屋顶防水是用防水材料以“堵”为主的防水构造。使屋顶在整个排水的过程中，不发生渗漏，起到防水作用，屋面防水工程应根据建筑物的类别、重要程度、使用功能要求确定防水等级，并应按相应等级进行防水设防，应符合表 9-2 的规定。对防水有特殊要求的建筑屋面，应进行专项防水设计。Ⅰ级防水屋面应采用两道防水设防，Ⅱ级防水屋面应采用一道防水设防。根据防水材料的不同，防水屋顶分为卷材防水屋顶、刚性防水屋顶、涂膜防水屋顶等。屋面防水多道设防时，可将卷材、刚性、涂膜、瓦等材料复合使用，也可使用卷材叠层。屋面防水设计采用多种材料复合时，耐老化、耐穿刺的防水层应放在最上面，相邻材料之间应具相容性。

表 9-2　屋顶的防水等级和设防要求

防水等级	防水做法
Ⅰ级	卷材防水层和卷材防水层、卷材防水层和涂膜防水层、复合防水层
Ⅱ级	卷材防水层、涂膜防水层、复合防水层

注：在Ⅰ级屋面防水做法中，防水层仅作单层卷材时，应符合有关单层防水卷材屋面技术的规定。

9.3.1　卷材防水屋顶

【参考视频】

卷材防水屋顶是利用防水卷材与黏结剂结合，形成连续致密的构造层来防水的一种屋顶。卷材防水屋顶由于其防水层具有一定的延伸性和适应变形的能力，故也可称作柔性防水屋顶。卷材防水等级为Ⅰ～Ⅱ级时，卷卷材防水屋顶较能适应温度、振动、不均匀沉陷等因素的作用，整体性好，不易渗漏，但施工操作较为复杂，技术要求较高。

1. 卷材防水屋顶的材料

1) 防水卷材的类型

防水卷材主要有高聚物改性沥青类防水卷材、合成高分子类防水卷材等。

(1) 沥青类防水卷材：沥青类防水卷材是用原纸、纤维织物、纤维毡等胎体材料浸涂沥青，表面撒布粉状、粒状或片状材料后制成的可卷曲片状材料，传统上用得最多的是纸胎石油沥青油毡。纸胎油毡是将纸胎在热沥青中渗透浸泡两次后制成的。沥青油毡防水屋顶的防水层容易产生起鼓、沥青流淌、油毡开裂等问题，从而导致防水质量下降和使用寿命缩短，近年来在实际工程中已较少采用。

(2) 高聚物改性沥青类防水卷材：高聚物改性沥青类防水卷材是以高分子聚合物改性沥青为涂盖层，以纤维织物或纤维毡为胎体，以粉状、粒状、片状或薄膜材料为覆面材料制成的可卷曲片状防水材料，如SBS改性沥青油毡、再生胶改性沥青聚酯油毡、铝箔塑胶聚酯油毡、丁苯橡胶改性沥青油毡等。

(3) 合成高分子类防水卷材：凡以各种合成橡胶、合成树脂或两者的混合物为主要原料，加入适量化学辅助剂和填充料加工制成的弹性或弹塑性卷材，均称为高分子防水卷材。常见的有三元乙丙橡胶防水卷材、氯化聚乙烯防水卷材、聚氯乙烯防水卷材、氯丁橡胶防水卷材、聚乙烯橡胶防水卷材等。高分子防水卷材具有自重轻、适用温度范围宽(−20 ～ 80℃)、耐候性好、抗拉强度高(2 ～ 18.2MPa)、延伸率大(＞45%)等优点，近年来已越来越多地用于各种防水工程中。

2) 卷材的黏合剂

用于沥青卷材的黏合剂主要有冷底子油、沥青胶和溶剂型胶粘剂等。

(1) 冷底子油：冷底子油是将沥青稀释溶解在煤油、轻柴油或汽油中制成，涂刷在水泥砂浆或混凝土基层面作打底用。

(2) 沥青胶：沥青胶又称为玛蹄脂，是在沥青中加入填充料如滑石粉、云母粉、石棉粉、粉煤灰等加工制成。沥青胶分为冷、热两种，每种又均有石油沥青胶及煤沥青胶两类。石油沥青胶适用于黏结石油沥青类卷材，煤沥青胶则适用于黏结煤沥青类卷材。

(3) 溶剂型胶粘剂：用于高聚物改性沥青防水卷材和高分子防水卷材的黏结剂，主要为各种与卷材配套使用的溶剂型胶粘剂。如适用于改性沥青类卷材的RA86型氯丁胶黏结剂、SBS改性沥青黏结剂等；三元乙丙橡胶卷材所用的聚氨酯底胶基层处理剂、CX404氯丁橡胶黏结剂；氯化聚乙烯胶卷材所用的LYX603胶粘剂等。

2. 卷材防水屋顶的构造

1) 卷材防水屋顶的基本构造组成

卷材防水屋顶具有多层次构造的特点，其构造组成分为基本层次和辅助层次两类。卷材防水屋顶的基本构造层次按其作用分别为：结构层、找平层、结合层、防水层、保护层等，卷材防水屋顶的构造如图9.14所示。

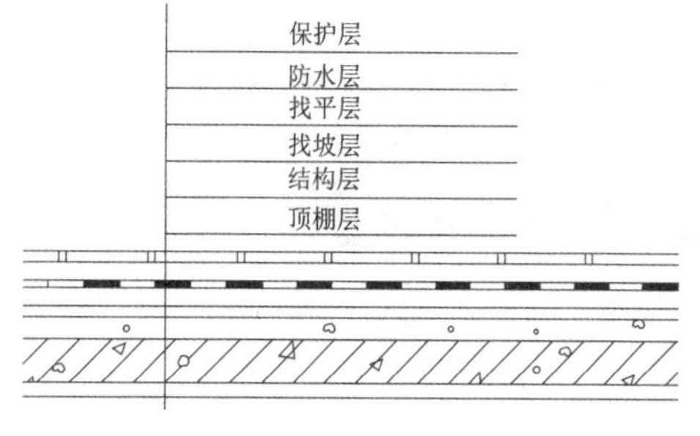

图 9.14　卷材防水屋顶的构造

(1) 结构层：多为刚度好、变形小的各类钢筋混凝土楼板。

(2) 找坡层：对材料找坡的屋顶，找坡层应尽量采用轻质材料，如陶粒、浮石、膨胀珍珠岩、炉渣、加气混凝土块等轻集料混凝土。

(3) 找平层：卷材防水层要求铺贴在坚固而平整的基层上，以防止卷材凹陷或断裂，在松软材料及预制屋顶板上铺设卷材以前，须先做找平层。找平层一般采用 1 ∶ 3 水泥砂浆或 1 ∶ 8 沥青砂浆，整体混凝土结构可以做较薄的找平层 (15 ～ 20mm)，表面平整度较差的装配式结构或在散料上宜做较厚的找平层 (30 ～ 35mm)。找平层的厚度和技术要求应符合表 9-3 中的规定，卷材和涂膜防水都应满足此规定。为防止找平层变形开裂而使卷材防水层被破坏，应在找平层中留设分格缝。分格缝的宽度宜为 5 ～ 20mm，纵横缝间距不大于 6m，屋顶板为预制装配式时，分格缝应设在预制板的端缝处。分格缝内宜嵌填密封材料，分格缝上面可覆盖一层 200 ～ 300mm 宽的附加卷材，用黏结剂单边点贴 (图 9.15)，使分格缝处的卷材有较大的伸缩余地，避免开裂。

表 9-3　找平层的厚度和技术要求

找平层分类	基层种类	厚度（mm）	技术要求
水泥砂浆	整体现浇混凝土板	15~20	1∶2.5 水泥砂浆
	整体材料保温层	20~25	
	装配式混凝土板	30~35	C20 混凝土，宜加钢筋网片
细石混凝土	板状材料保温层	30~35	C20 混凝土

(4) 防水层：沥青卷材防水层是由多层卷材和黏合剂交替黏合形成的。交替进行至防水层所需的层数为止，最后一层卷材面上也需刷一层黏合剂。其中每道卷材防水层的厚度应符合表 9-4 的规定。

防水层的铺贴时为保证整体性和密封性搭接方式如图 9.16 所示。卷材的搭接宽度应符合表 9-5 的规定。

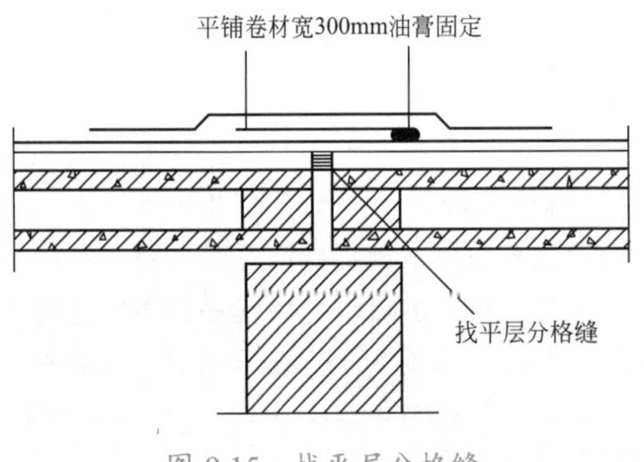

图 9.15　找平层分格缝

图 9.16　防水卷材搭接方式

表 9-4　每道卷材防水层最小厚度　　单位：mm

防水等级	合成高分子防水卷材	高聚物改性沥青类防水卷材		
		聚酯胎、玻纤胎、聚乙烯胎	自粘聚酯胎	自粘无胎
Ⅰ级	1.2	3.0	2.0	1.5
Ⅱ级	1.5	4.0	3.0	2.0

表 9-5　卷材搭接宽度　　单位：mm

卷材类别		搭接宽度
合成高分子防水卷材	胶粘剂	80
	胶粘带	50
	单缝焊	60，有效焊接宽度不小于 25
	双缝焊	80，有效焊接宽 ,10*2+ 空腔宽
高聚物改性沥青防水卷材	胶粘剂	100
	自粘	80

高聚物改性沥青防水层：高聚物改性沥青防水卷材的铺贴方法有冷粘法及热熔法两种。冷粘法是用胶粘剂将卷材粘贴在找平层上，或利用某些卷材的自粘性进行铺贴。冷粘法铺贴卷材时应注意平整顺直，搭接尺寸准确，不扭曲，卷材下面的空气应予排除并将卷材辊压黏结牢固。热熔法施工是用火焰加热器将卷材均匀加热至表面光亮发黑，然后立即滚铺卷材，使之平展并辊压牢实。

【参考图文】

高分子卷材防水层：如三元乙丙卷材是一种常用的高分子橡胶防水卷材，先在找平层 (基层) 上涂刮基层处理剂如 CX-404 胶等，胶要求涂刮得薄而均匀，待处理剂干燥不粘手后即可铺贴卷材。卷材铺设方向类同沥青卷材，可根据不同屋顶坡度平行或垂直于屋脊方向铺贴，并按水流方向搭接。铺贴时卷材应保持自然松弛状态，不能拉得过紧。卷材的长边应保持搭接 50mm，短边保持搭接 70mm。卷材铺好后立即用工具辊压密实，搭接部位用胶粘剂均匀涂刷粘牢。

(5) 保护层：设置保护层使卷材不致因光照和气候等的作用而迅速老化，防止卷材受到暴雨的冲刷。保护层的构造做法根据屋顶的使用情况而定。不上人屋顶的构造做法如图 9.17 所示，浅色涂料或铝箔或粒径 10~30mm 的卵石作为保护层；分子卷材如三元乙丙橡胶防水屋顶等通常是在卷材面上涂刷水溶型或溶剂型的浅色保护着色剂，如丙烯酸系反射涂料等。保护层材料的适应范围和技术要求应符合表 9-6 的规定。上人屋顶的构造做法如图 9.18 所示，既是保护层又是楼面面层。要求保护层平整耐磨，一般可在防水层上浇筑 40mm 厚的细石混凝土面层，为保证整体性通常配直径 4~6mm 的冷拔 1 级钢，双向间距 150 的钢筋网，同时每 2m 左右设一分格缝，保护层分格缝应尽量与找平层分格缝错开，缝内用防水油膏嵌封。也可用砂填层或水泥砂浆铺预制混凝土块或大阶砖；还可将预制板或大阶砖架空铺设以利通风。上人屋顶做屋顶花园时，水池、花台等构造均应在屋顶保护层上设置。块体材料、水泥砂浆、细石混凝土保护层与卷材以及后面要学涂膜防水层之间，应设置隔离层。隔离层材料适宜选择 0.4mm 聚乙烯膜或 3mm 厚发泡聚乙烯膜、聚酯无纺布以及沥青卷材等。

表 9-6 保护层材料的适应范围和技术要求

保护层材料	适应范围	技术要求
浅色涂料	不上人屋面	丙烯酸系反射涂料
铝箔	不上人屋面	1.05mm 厚铝箔反射膜
矿物颗粒	不上人屋面	不透明的矿物颗粒
水泥砂浆	不上人屋面	20mm 厚 1:2.5 或 M15 水泥砂浆
块体材料	上人屋面	地砖或 30mm 厚 C20 细石混凝土预制板
细石混凝土	上人屋面	40mm 厚 C20 细石混凝土或厚 C20 细石混凝土内配 Φ4@100 双向钢筋网片

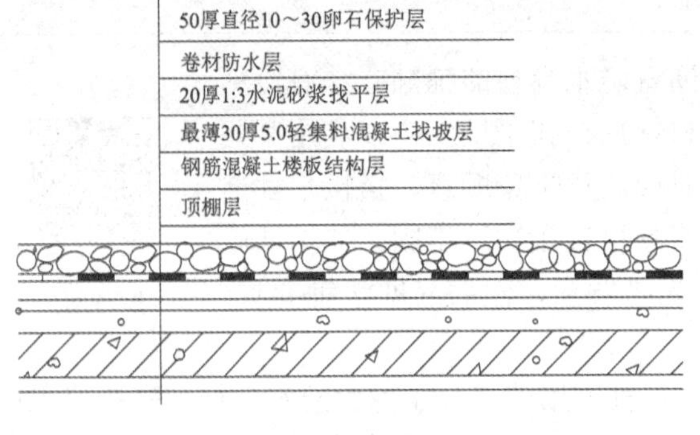

图 9.17　不上人屋顶构造

防滑地砖，防水砂浆勾缝形成面层
20厚聚合物砂浆结合层
10厚低强度等级砂浆隔离层
卷材防水层
20厚1:3水泥砂浆找平层
最薄30厚5.0轻集料混凝土找坡层
钢筋混凝土楼板结构层
顶棚层

图 9.18　上人屋顶构造

(6) 找坡层：为确保防水性，减少雨水在屋顶的滞留时间，结构层水平时可用材料找坡形成所需的屋顶排水坡度。找坡的材料可结合辅助构造层设置。

(7) 辅助构造层：辅助构造层是为了满足房屋的使用要求，或提高屋顶的性能而补充设置的构造层，如保温层是防止冬季室内过冷、隔热层是防止室内过热、隔蒸汽层是防止潮气侵入屋顶保温层等。

2) 卷材防水屋顶的细部构造组成

为保证卷材防水屋顶的防水性能，应对可能造成的防水薄弱环节采取加强措施。首先，卷材防水屋顶的基层与突出屋顶的交接处以及与基层的转角处，均应做成圆弧，内部排水的水落口周围应做成略低的凹坑。找平层圆弧半径应根据卷材种类选用如表 9-7。其次包括屋顶上的泛水、天沟、雨水口、檐口、变形缝等处的细部构造。

表 9-7　找平层圆弧半径

卷材种类	圆弧半径 /mm
沥青防水卷材	100 ～ 150
高聚物改性沥青类防水卷材	50
合成高分子防水卷材	20

(1) 泛水构造：泛水指屋顶上沿所有垂直面所设的防水构造。突出于屋顶之上的女儿墙、烟囱、楼梯间、变形缝、检修孔、立管等的壁面与屋顶的交接处是最容易漏水的地方。必须将屋顶防水层延伸到这些垂直面上，形成立铺的防水层，称为泛水。

在屋顶与垂直面交接处的水泥砂浆找平层应抹成直径不小于 150mm 的圆弧形或 45°斜面，上刷卷材黏结剂。屋顶的卷材防水层继续铺至垂直面上，在弧线处使卷材铺贴牢实，以免卷材架空或折断，直至泛水高度不小于 250mm 处形成卷材泛水，其上再加铺一层附加卷材，附加卷材的最小厚度应符合表9-8的规定。做好泛水上口的卷材收头固定，防止卷材在垂直墙面上下滑动渗水。可在垂直墙中预留凹槽或凿出通长凹槽，将卷材的收头压入槽内，用防水压条钉压后再用密封材料嵌填封严，外抹水泥砂浆保护。凹槽上部的墙体则用防水砂浆抹面。柔性防水泛水的构造如图9.19所示，分别有不同的处理方法，通常有钉木条、压镀锌铁皮、嵌砂浆、嵌油膏、压砖块、压混凝土和盖镀锌铁皮等处理方式，除盖铁皮者外，一般在泛水上口均挑出1/4砖，抹水泥砂浆斜口和滴水，施工均较复杂，用新的防水胶结材料把卷材直接粘贴在抹灰层上，也是有效的一种泛水处理方法。

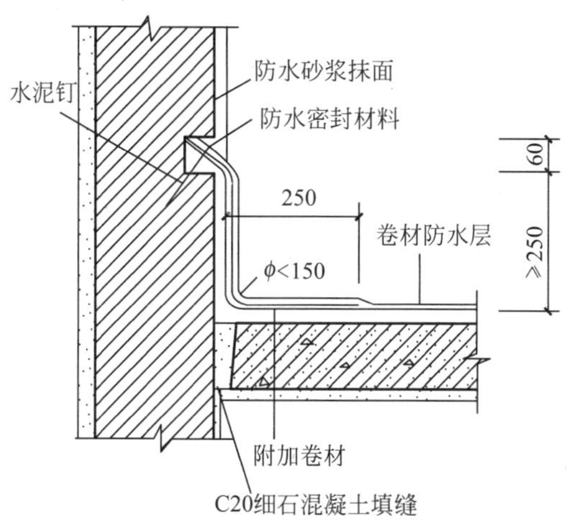

图9.19 柔性防水泛水构造

表9-8 附加卷材的最小厚度（mm）

附加层材料	最小厚度
合成高分子防水卷材	1.2
高聚物改性沥青防水卷材	3.0
合成高分子防水涂料、聚合物水泥防水涂料	1.5
高聚物改性沥青防水涂料	2.0

(2) 挑檐口构造：挑檐口构造分为无组织排水和有组织排水两种构造。

无组织排水挑檐口不宜直接采用屋顶板外悬挑，因其温度变形大，易使檐口抹灰砂浆开裂，可采用与圈梁整浇的混凝土挑板。在檐口800mm范围内的卷材应采取满贴法，为防止卷材收头处粘贴不牢而出现漏水，应在混凝土檐口上用细石混凝土或水泥砂浆先做一凹槽，然后将卷材贴在槽内，将卷材收头用水泥钉钉牢，上面用防水油膏嵌填。挑檐口构造如图9.20所示。

有组织排水挑檐口常常将檐沟布置在出挑部位，现浇钢筋混凝土檐沟板可与圈梁连成整体，如图9.21所示。沟内转角部位的找平层应做成圆弧形或45°斜面。檐沟加铺1～2层附加卷材。当屋顶坡度大于或等于1∶5时，应将檐沟板靠屋顶板一侧的沟壁外侧做成斜面，以免接缝处出现上窄下宽的缝隙，这种缝隙容易使填缝材料不密实，温度变形时极易脱落，以致檐口漏水。为了防止檐沟壁面上的卷材下滑，通常是在檐沟边缘用水泥钉钉压条或钢筋压卷材，将卷材的收头处压牢，再用油膏或砂浆盖缝。

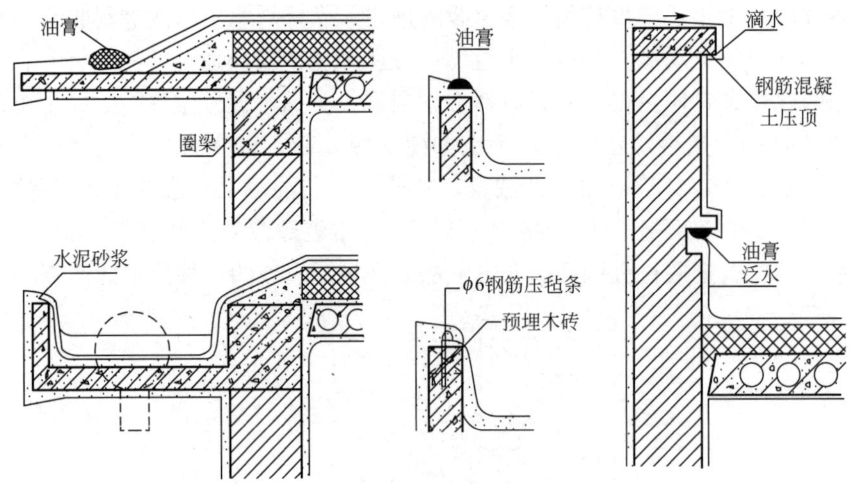

图 9.20　挑檐口构造

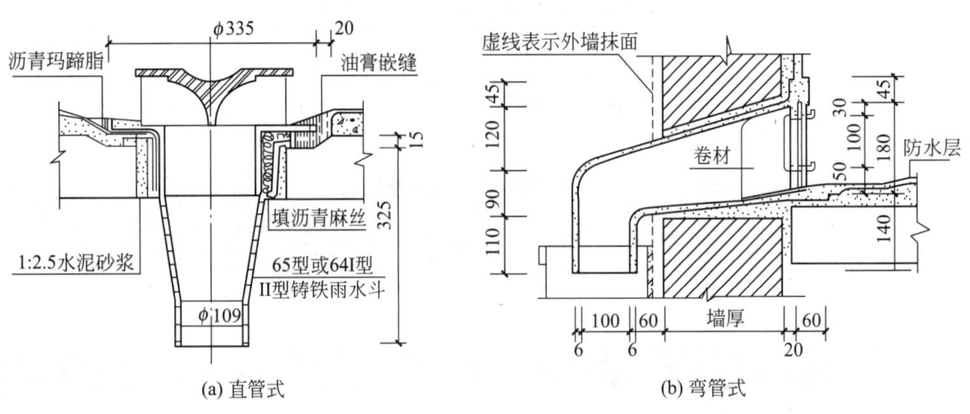

(a) 直管式　　(b) 弯管式

图 9.21　雨水口

(3) 有组织排水天沟：屋顶上的排水沟称为天沟，它有两种设置方式：一种是利用屋顶倾斜坡面的低洼部位做成三角形断面天沟；另一种是用专门的槽形板做成矩形天沟。

采用女儿墙外排水的民用建筑的进深一般不大，采用三角形天沟的较为普遍。沿天沟长向需用轻质材料垫成 0.5% ～ 1% 的纵坡，使天沟内的雨水迅速排入雨水口。

多雨地区或跨度大的房屋，为了增加天沟的汇水量，常采用断面为矩形的天沟即钢筋混凝土预制天沟板取代屋顶板，天沟内也需设纵向排水坡。防水层应铺到高处的墙上形成泛水。

(4) 雨水口构造：雨水口如图 9.21 所示，它是用来将屋顶雨水排至雨水管而在檐口处或檐沟内开设的洞口。为使排水通畅，不易堵塞和渗漏，雨水口应尽可能比屋顶或檐沟面低一些，有垫坡层或保温层的屋顶，可在雨水口直径 500mm 周围减薄，形成漏斗形，使之排水通畅、避免积水。有组织外排水最常用的有檐沟及女儿墙雨水口两种形式，雨水口通常分为直管式［图 9.21(a)］和弯管式［图 9.21(b)］两类，直管式适用于中间天沟、挑檐沟和女儿墙内排水天沟，弯管式适用于女儿墙外排水天沟。雨水口的材质过去多为铸铁，管壁较厚，强度较高，但易生锈。近年来塑料雨水口越来越多地得到应用，塑料雨水口质轻，不易锈蚀，色彩丰富。

直管式雨水口有多种型号，应根据降雨量和汇水面积加以选择。民用建筑常用的雨水口由套管、环形筒、顶盖底座和顶盖几部分组成，如图 9.22(a) 所示。套管呈漏斗形，安装在天沟底板或屋顶板上，用水泥砂浆埋嵌牢固。各层卷材 (包括附加卷材) 均粘贴在套管内壁上，表面涂防水油膏，再用环形筒嵌入套管，将卷材压紧，嵌入的深度至少为 100mm。环形筒与底座的接缝等薄弱环节须用油膏嵌封。为遮挡杂物，顶盖底座设有隔栅。汇水面积不大的一般民用建筑，可选用较简单的铁丝罩雨水口。上人屋顶可选择铁箅雨水口，如图 9.22(b) 所示。

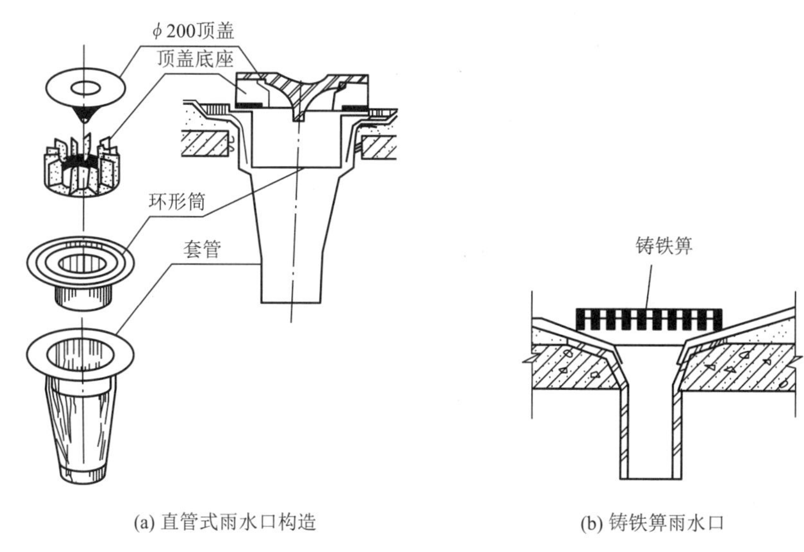

(a) 直管式雨水口构造　　(b) 铸铁箅雨水口

图 9.22　直管式雨水口

弯管式雨水口呈 90°弯曲状，如图 9.23 所示，由弯曲套管和铸铁箅两部分组成。弯曲套管置于女儿墙预留孔洞中，屋顶防水层及泛水的卷材应铺贴到套管内壁四周，铺入深度不少于 100mm，套管口用铸铁箅遮盖，以防污物堵塞雨水口。

(5) 屋顶变形缝构造：屋顶变形缝的构造处理原则是既不能影响屋顶的变形，又要防止雨水从变形缝处渗入室内。根据变形逢的不同情况，分等高屋顶变形缝和高低屋顶变形缝两种。

等高屋顶变形缝的做法是在缝两边的屋顶板上砌筑矮墙，以挡住屋顶雨水。矮墙的高度不小于 250mm，半砖墙厚。屋顶卷材防水层与矮墙面的连接处理类同于泛水构造，缝内嵌填沥青麻丝。矮墙顶部可用镀锌铁皮盖缝，如图 9.24(a) 所示；也可铺一层卷材后用混凝土盖板压顶，如图 9.24(b) 所示。高低屋顶变形缝则是在低侧屋顶板上砌筑矮墙，当变形缝宽度较小时，可用镀锌铁皮盖缝并固定在高侧墙上，如图 9.24(c) 所示；也可以从高侧墙上悬挑钢筋混凝土板盖缝，如图 9.24(d) 所示。

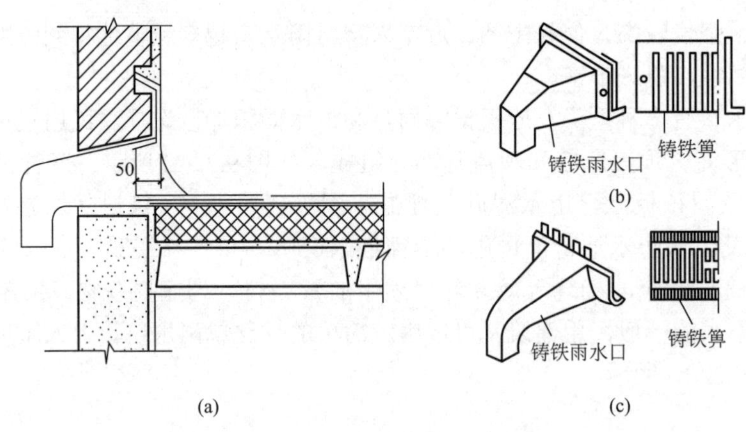

图 9.23 弯管式雨水口

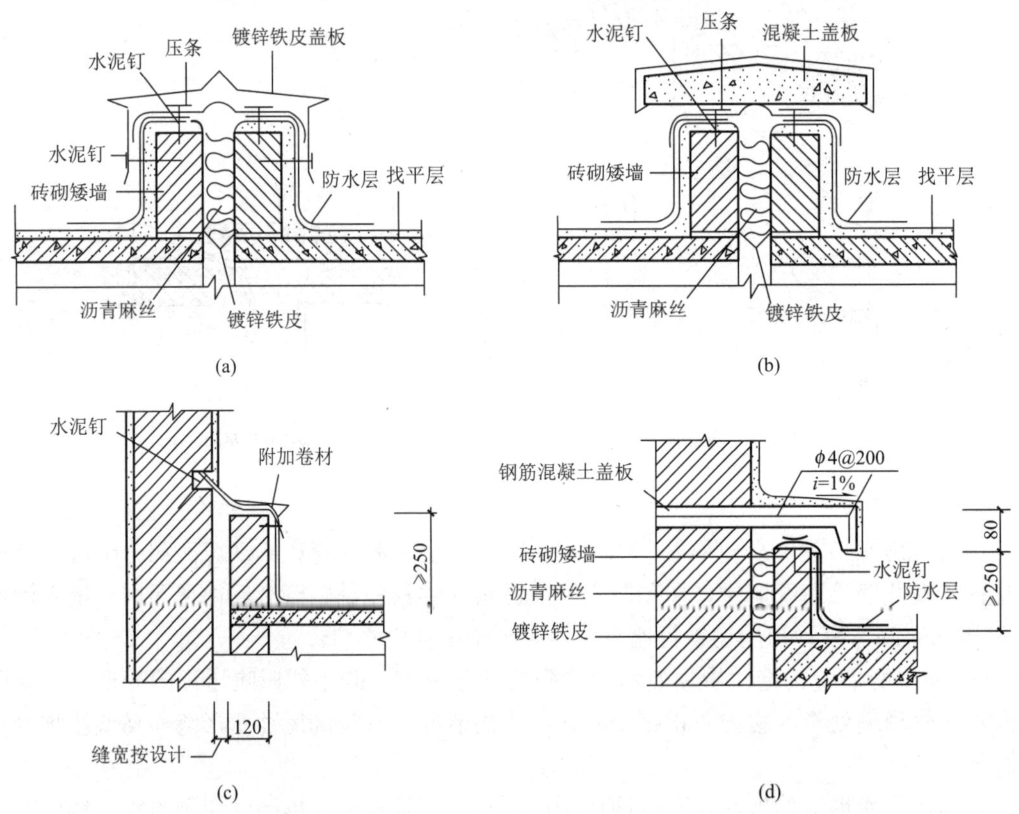

图 9.24 变形缝

(6) 屋顶检修孔、屋顶出入口构造：不上人屋顶须设屋顶检修孔。检修孔四周的孔壁可用砖立砌，也可在现浇屋面板时将混凝土上翻制成，其高度一般为300mm，壁外侧的防水层应做成泛水并将卷材用镀锌铁皮盖缝钉压牢固，如图 9.25 所示。

直达屋顶的楼梯间，室内应高于屋顶，若条件不满足时应设门槛，屋顶与门槛交接处的构造可参考泛水构造，屋顶出入口构造如图 9.26 所示。

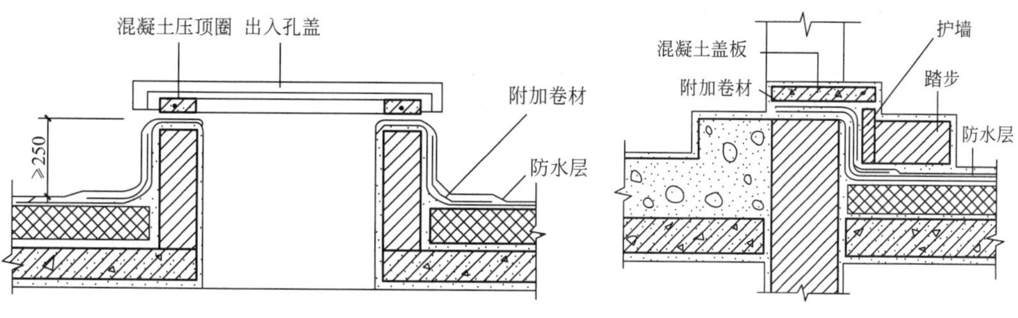

图 9.25 屋顶检修孔　　图 9.26 屋顶出入口构造

(7) 屋顶设施：设施基座与结构层相连时，防水层应包裹设施基座的上部，并在地脚螺栓周围做密封处理。在防水层上放置设施时，设施下部的防水层应做卷材增强层，必要时应在其上浇筑细石混凝土，其厚度不应小于 50mm。经常维护的设施周围和屋顶出入口至设施之间的人行道应铺设刚性保护层。

9.3.2 涂膜防水屋顶

涂膜防水屋顶是采用可塑性和黏结力较强的合成高分子防水涂料，聚合物水泥防水涂膜、高聚物改性沥青防水涂膜，直接涂刷在屋顶上，形成一层满铺的不透水薄膜层，以达到屋顶防水的目的。涂膜防水屋顶具有防水、抗渗、黏结力强、耐腐蚀、耐老化、延伸率大、弹性好、不延燃、无毒、施工方便等优点，已广泛应用于建筑各部位的防水工程中。

【参考图文】

1. 涂膜防水屋顶的材料

应用于涂膜防水屋顶的材料主要有各种涂料和胎体增强材料两大类。

1) 涂料

防水涂料的种类很多，现在常用的是合成高分子防水涂膜、聚合物水泥防水涂膜、高聚物改性沥青防水涂膜。

2) 胎体增强材料

防水涂料可与胎体增强材料配合，以增强涂层的贴附覆盖能力和抗变形能力。目前使用较多的胎体增强材料为 0.1mm×6mm×4mm 或 0.1mm×7mm×7mm 的中性玻璃纤维网格布或中碱玻璃布、聚酯无纺布等。

2. 涂膜防水屋顶的构造

涂膜防水屋顶的基本构造如图 9.27 所示。

(1) 结构层。

结构层为整体性较强的钢筋混凝土楼板。

(2) 找平层。

在屋顶板上用水泥砂浆做找平层并设分格缝，分格缝宽 20mm，其间距不大于 6m，缝内嵌填密封材料。

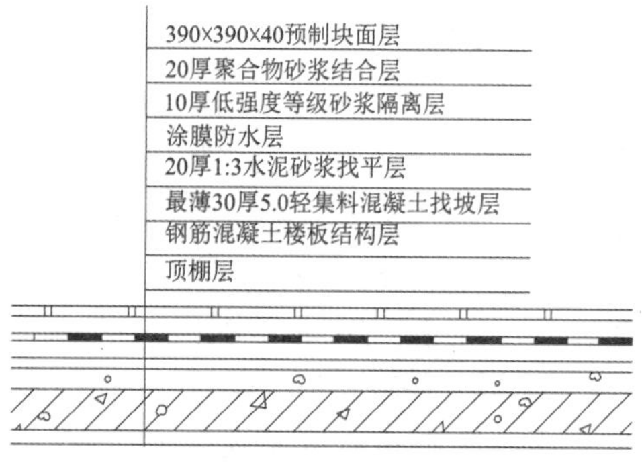

图 9.27 涂膜防水屋顶的构造

（3）结合层。

在找平的基础上涂刷基层处理剂，基层处理剂可以隔断基层潮气，防止涂膜起鼓、脱落，增强涂膜与基层的粘结。基层处理剂应涂刷均匀，无露底、无堆积，使涂料尽量刷进基层表面的毛细孔中。

(4) 防水层。

首先将稀释的防水涂料均匀涂布于找平层上作为底涂层，干后再刷 2 ～ 3 遍涂料。中间层为加胎体增强材料的涂层，要铺贴玻璃纤维网格布，若采用二层胎体增强材料，则上下层不得互相垂直铺设，搭接缝应错开，每道涂膜防水层的厚度应符合表 9-9 的规定。涂膜防水可与卷材防水材料共同形成复合防水层，增强屋顶的防水性能。复合防水层的最小厚度应符合表 9-10 的规定。

表 9-9　每道涂膜防水层最小厚度　单位：mm

防水等级	合成高分子防水卷材	聚合物水泥防水涂膜	高聚物改性沥青防水涂膜
Ⅰ级	1.5	1.5	2.0
Ⅱ级	2.0	2.0	3.0

表 9-10　复合防水层最小厚度　单位：mm

防水等级	合成高分子防水卷材 + 合成高分子防水涂膜	自粘聚合物改性沥青卷材（无胎）+ 合成高分子防水涂膜	高聚合物改性沥青防水卷材 + 高聚合物改性沥青防水涂膜	聚乙烯丙纶卷材 + 聚合物水泥防水胶结材料
Ⅰ级	1.2+1.5	1.5+1.5	3.0+2.0	（0.7+1.3）*2
Ⅱ级	1.0+1.0	1.2+1.0	3.0+1.2	0.7+1.3

(5) 保护层。

保护层根据需要可做细砂保护层或涂覆着色层。细砂保护层是在未干的中涂层上抛撒 20mm 厚的浅色细砂并辊压，使砂浆牢固地黏结于涂层上；着色层可使用防水涂料或耐老化的高分子乳液作黏合剂，加上各种矿物养料配制成品着色剂，涂布于中涂层表面。

3. 涂膜防水屋顶的细部构造

涂膜防水屋顶的细部构造要求及做法类同于卷材防水屋顶。

(1) 泛水构造：泛水处的涂膜防水层宜直接涂刷至女儿墙的压顶下，收头处理应用防水涂料多遍涂刷封严，压顶应做防水处理，如图 9.28 所示。

(2) 天沟构造：天沟与屋面交接处的附加层宜空铺，空铺宽度不应小于 200mm，其构造如图 9.29 所示。

(3) 檐口构造：无组织排水的檐口，涂抹防水收头应用防水涂料多遍涂刷或用密封材料封严，如图 9.30 所示。檐口下端应做滴水处理。

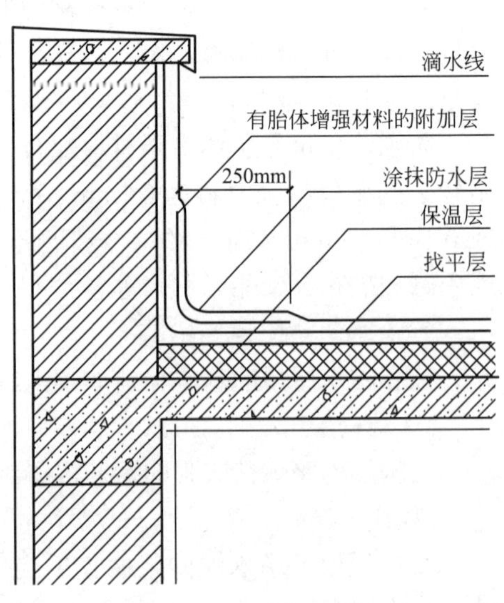

图 9.28　涂膜防水泛水构造

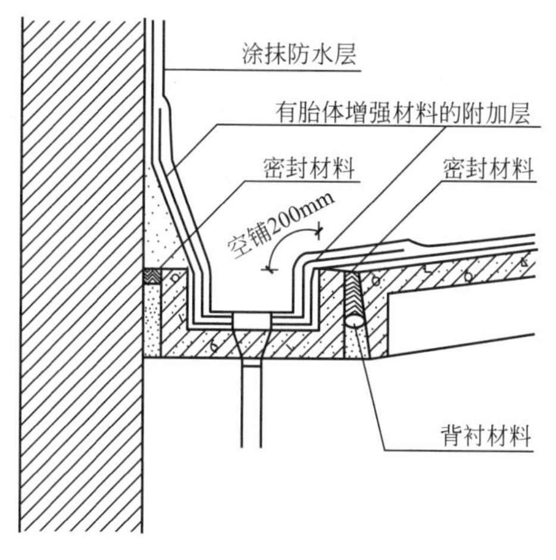

图 9.29　涂膜防水天沟构造

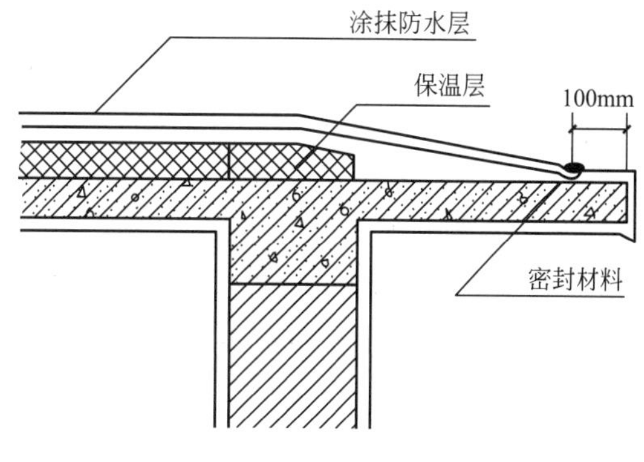

图 9.30　涂膜防水檐口构造

9.4　坡屋顶的承重结构与构造

坡屋顶根据承重部分不同，主要有传统的木屋架屋顶、钢筋混凝土屋架屋顶、钢结构屋架屋顶以及近年来发展起来的膜结构屋顶。

9.4.1　坡屋顶的承重结构

1. 承重结构类型

坡屋顶中常用的承重结构有横墙承重、屋架承重和梁架承重，如图 9.31 所示。

【参考图文】

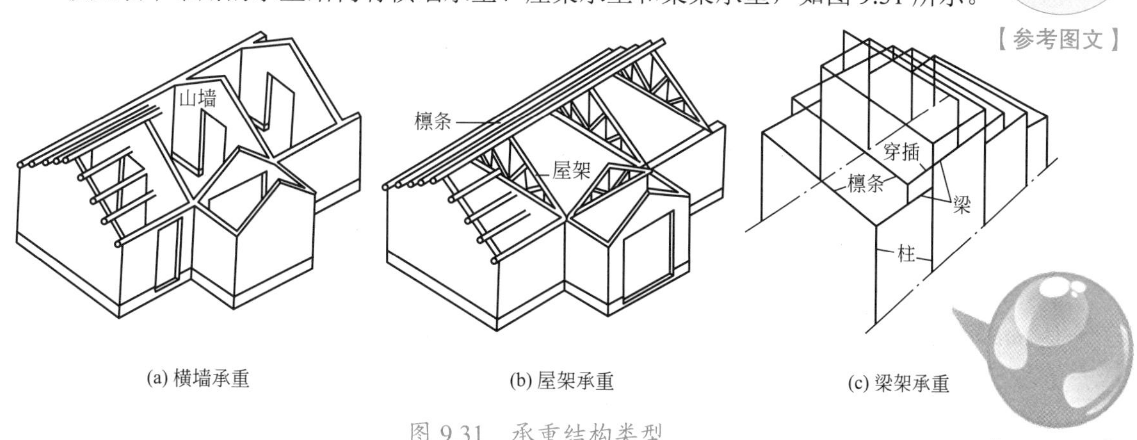

图 9.31　承重结构类型

【三维模型】

1) 横墙承重

横墙承重是屋顶根据所要求的坡度，将横墙上部砌成三角形，在墙上直接搁置承重构件 (如檩条) 来承受屋顶荷载的结构方式。横墙承重构造简单、施工方便、节约材料，有利于屋顶的防火和隔声，适用于开间为4.5m以内、尺寸较小的房间，如住宅、宿舍、旅馆客房等建筑。

2) 屋架承重

屋架承重是由一组杆件在同一平面内互相结合成整体构件屋架，其上搁置承重构件(如檩条)来承受屋顶荷载的结构方式。这种承重方式可以形成较大的内部空间，多用于要求有较大空间的建筑，如食堂、教学楼等。

3) 梁架承重

梁架承重是我国的传统结构形式，以木材作为主要材料的柱与梁形成的梁架承重体系是一个整体承重骨架，墙体只起围护和分隔的作用。

2. 承重结构构件

坡屋顶的承重结构构件主要有屋架和檩条两种。

1) 屋架

屋架的形式一般多用三角形，由上弦、下弦及垂直腹杆和斜腹杆组成，根据所用材料不同，有木屋架、钢屋架及钢筋混凝土屋架等，如图9.32所示。木屋架适用跨度范围小，一般不超过12m，大跨度的空间应采用钢筋混凝土屋架或钢屋架。

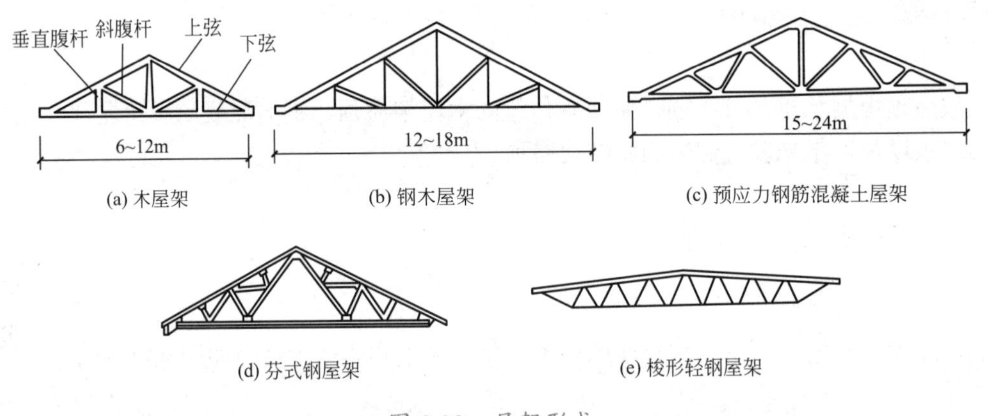

图9.32　屋架形式

2) 檩条

檩条根据材料不同可为木檩条、钢檩条及钢筋混凝土檩条，檩条一般与屋架种类相同。檩条的形式如图9.33所示。木檩条有矩形（即方木）檩条和圆形(即圆木)檩条，方木檩条的尺寸一般为(75～100)mm×(100～180)mm，圆木檩条的梢径一般为100mm左右，跨度一般在4m以内。钢筋混凝土檩条有矩形檩条、L形檩条和T形檩条等，跨度可达6m；钢檩条有型钢檩条或轻型钢檩条。檩条的断面大小与檩条的间距、屋面板的薄厚及椽子的截面密切相关，由结构计算确定。

3. 承重结构的布置

坡屋顶承重结构的布置如图9.34所示，主要是屋架和檩条的布置，根据屋顶形式确定布置方式，双坡屋顶根据开间尺寸等间距布置；四坡屋顶的尽端的3个斜面呈45°相交，采用半屋架一端支承在外墙上，另一端支承在尽端全屋架上的形式布置，如图9.34(a)所示。屋顶T形相交处的结构布置有两种形式：一是把插入屋顶的檩条搁在与其垂直的屋顶

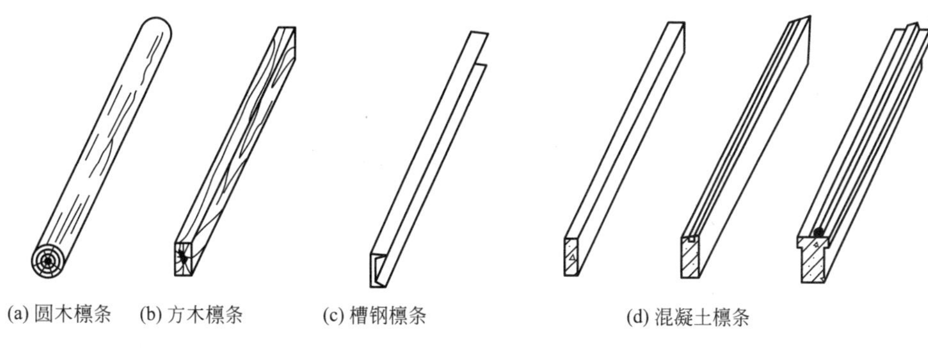

图 9.33 檩条

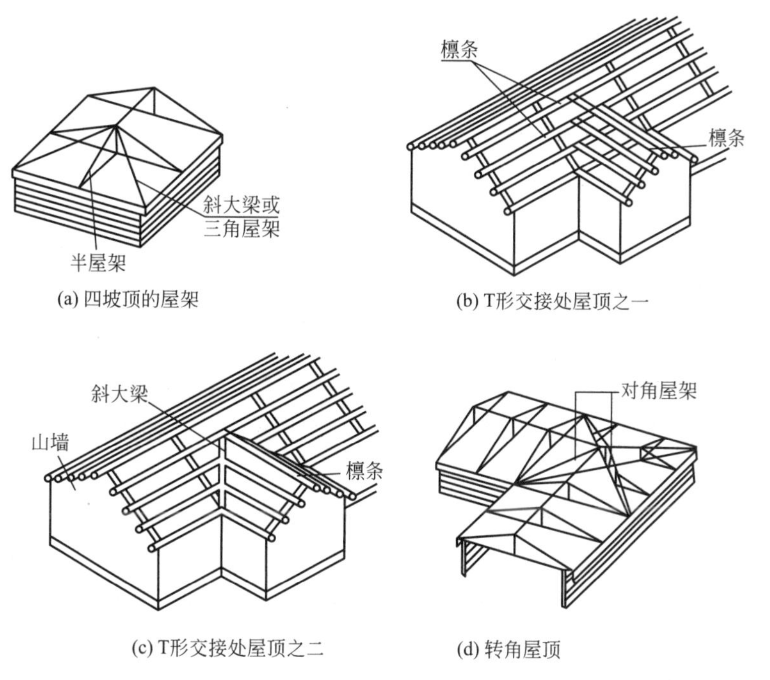

图 9.34 承重结构布置

檩条上，如图 9.34(b) 所示；二是用斜梁或半屋架，斜梁或半屋架的一端支承在转角的墙上，另一端支承在屋架上，如图 9.34(c) 所示。在屋顶转角处，利用半屋架支承在对角屋架上，如图 9.34(d) 所示。

9.4.2 坡屋顶的构造

在坡屋顶的屋盖下设置吊顶棚形成的封闭空间称为闷顶，一般起隔热作用。坡屋顶是在承重结构上设置保温、防水等构造层。一般是利用各种瓦材，如平瓦、波形瓦、小青瓦、金属瓦、彩色压型钢板等作为屋顶防水材料。

【参考图文】

1. 平瓦屋顶的构造

平瓦屋顶是目前常用的一种形式。平瓦的外形是根据排水要求而设计的，如图 9.35

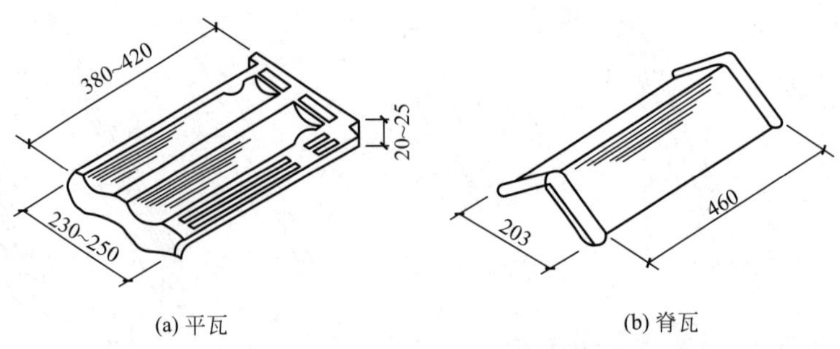

(a) 平瓦　(b) 脊瓦

图 9.35　平瓦及脊瓦

所示。瓦的规格尺寸为 (380 ～ 420)mm×(230 ～ 250)mm×(20 ～ 25)mm，瓦的两边及上下留有槽口以便瓦的搭接，瓦的背面有凸缘及小孔用以挂瓦及穿铁丝固定。屋脊部位需以专用的脊瓦盖缝。

平瓦屋顶根据用材不同和构造不同，有冷摊瓦屋顶、木望板平瓦屋顶和钢筋混凝土挂瓦板平瓦屋顶 3 种做法。

1) 冷摊瓦屋顶

在三、四级耐火等级建筑的闷顶内采用可燃材料作绝热层时，屋顶不应采用冷摊瓦。冷摊瓦屋顶是在檩条上钉椽条，在椽条上钉挂瓦条并直接挂瓦，如图 9.36 所示。木椽的截面尺寸一般为 40mm×60mm 或 50mm×50mm，其间距为 400mm 左右。挂瓦条的截面尺寸一般为 30mm×30mm，中距 300 ～ 400mm。冷摊瓦屋顶构造简单，但雨雪易从瓦缝中飘入室内，保温效果差，通常用于南方地区质量要求不高的建筑。

2) 木望板瓦屋顶

木望板瓦屋顶如图 9.37 所示，它是在檩条上铺钉 15 ～ 20mm 厚的木望板 (也称屋顶板)，木望板可采取密铺法或稀铺法 (望板间留 20mm 左右宽的缝)，在木望板上铺设保温材料，再平行于屋脊方向铺卷材，再设置截面 10mm×30mm、中距 500mm 的顺水条，然后在顺水条上面设挂瓦条并挂瓦，挂瓦条的截面和间距与冷摊瓦屋顶相同。木望板瓦屋顶的防水、保温隔热效果较好，但耗用木材多，造价高，多用于质量要求较高的建筑。

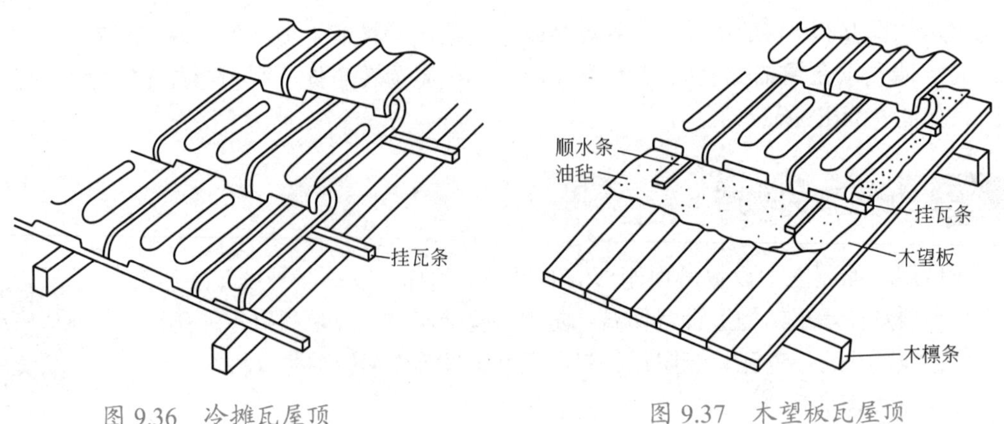

图 9.36　冷摊瓦屋顶　　图 9.37　木望板瓦屋顶

3) 钢筋混凝土挂瓦板平瓦屋顶

钢筋混凝土挂瓦板平瓦屋顶如图 9.38 所示。其挂瓦板为预应力或非预应力混凝土构件，是将檩条、望板、挂瓦板 3 个构件的功能结合为一体。钢筋混凝土挂瓦板基本截面形式有单 T 形、双 T 形、F 形，在肋根部留泄水孔，以便排除由瓦面渗漏下来的雨水。挂瓦板与山墙或屋架的构造连接，用水泥砂浆坐浆，预埋钢筋连接。

【参考图文】

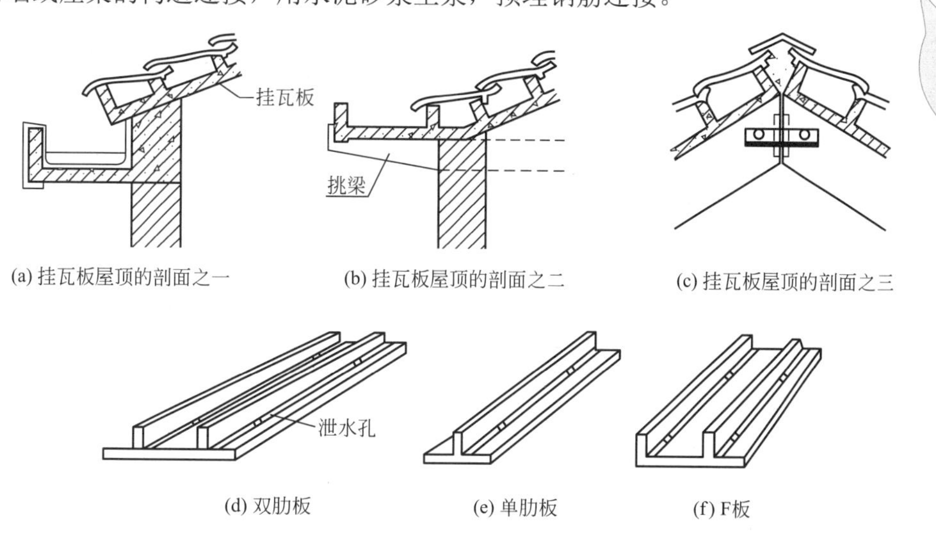

(a) 挂瓦板屋顶的剖面之一　(b) 挂瓦板屋顶的剖面之二　(c) 挂瓦板屋顶的剖面之三

(d) 双肋板　(e) 单肋板　(f) F板

图 9.38　钢筋混凝土挂瓦板平瓦屋顶

4) 钢筋混凝土板瓦屋顶

钢筋混凝土板瓦屋顶如图 9.39 所示，它主要是为满足防火或造型等的需要，在预制钢筋混凝土空心板或现浇平板上面盖瓦形成的。一是在找平层上铺一层油毡，用压毡条钉于嵌在板缝内的木楔上，再钉挂瓦条挂瓦；或者是在屋顶板上直接粉刷防水水泥砂浆并贴瓦。在仿古建筑中常常采用钢筋混凝土板瓦屋顶。

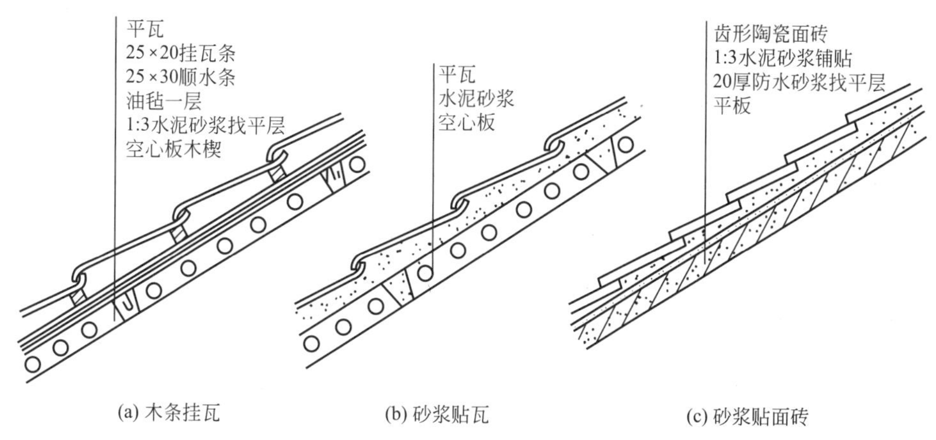

(a) 木条挂瓦　(b) 砂浆贴瓦　(c) 砂浆贴面砖

图 9.39　钢筋混凝土板瓦屋顶

5) 平瓦屋顶的细部构造

平瓦屋顶的细部构造包括檐口、天沟、屋脊等部位的细部处理。

(1) 纵墙檐口构造：纵墙檐口根据造型要求做成挑檐或封檐。纵墙檐口的几种构造方式如图 9.40 所示，砖挑檐是在檐口处将砖逐皮外挑，每皮挑出 1/4 砖，挑出的总长度不大于墙厚的 1/2，如图 9.40(a) 所示。椽条直接外挑如图 9.40(b) 所示，它适用于较小的出挑长度。当需要出挑的长度较大时，应采取挑檐木出挑，如图 9.40(c) 所示，挑檐木置于屋架下；也可在承重横墙中置挑檐木，如图 9.40(d) 所示。当挑檐长度更大时，可将挑檐木往下移，如图 9.40(e) 所示，离开屋架一段距离，这时必须在挑檐木与屋架下弦之间加支撑木，以防止挑檐的倾覆。女儿墙包檐口的构造如图 9.40(f) 所示，在屋架与女儿墙的相接处必须设天沟。天沟最好采用混凝土槽形天沟板，沟内铺油毡防水层，并将油毡一直铺到女儿墙上形成泛水。

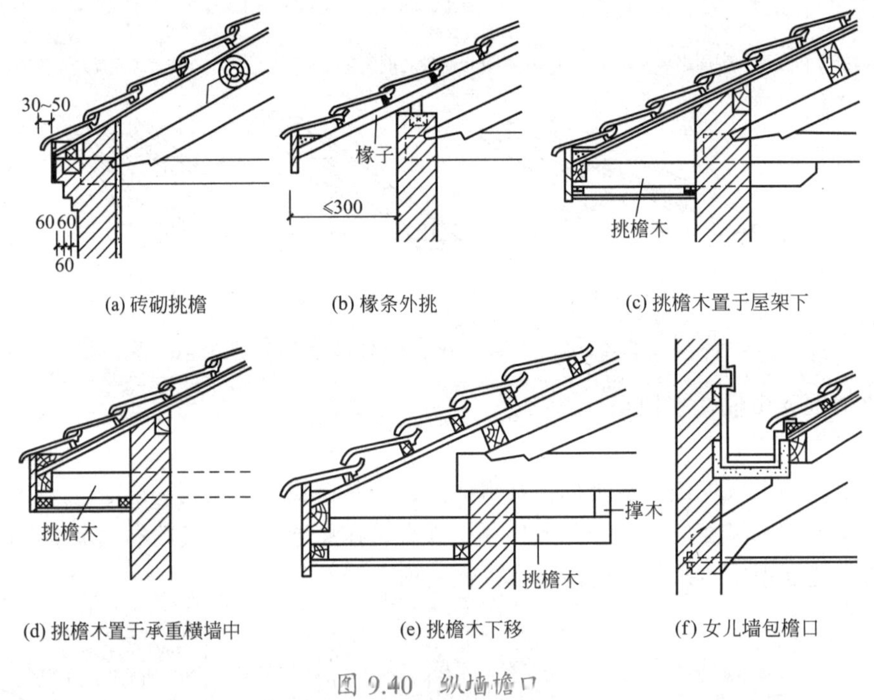

图 9.40　纵墙檐口

(2) 山墙檐口构造：山墙檐口按屋顶形式可分为硬山与悬山两种。硬山檐口构造如图 9.41 所示，它是将山墙升起与屋顶交接处做泛水处理，如图 9.41(a) 所示，采用砂浆粘贴小青瓦做成泛水；图 9.41(b) 所示则是用水泥石灰麻刀砂浆抹成的泛水。女儿墙顶应做压顶处理。悬山檐口的构造如图 9.42 所示，先将檩条外挑形成悬山，檩条端部钉木封檐板，用水泥砂浆做出披水线，将瓦封固。

(3) 天沟和斜沟构造：在等高跨或高低跨相交处形成天沟和斜沟，如图 9.43 所示。天沟和斜沟应有足够的断面面积，上口宽度不宜小于 300 ～ 500mm，一般用镀锌铁皮铺于基层上，镀锌铁皮伸入瓦片下面至少 150mm。高低跨和包檐天沟若采用镀锌铁皮防水层，应延伸至立墙 (女儿墙) 上形成泛水。

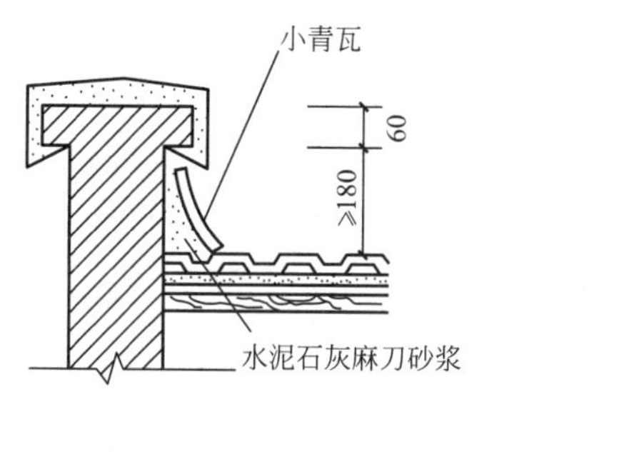

(a) 小青瓦泛水

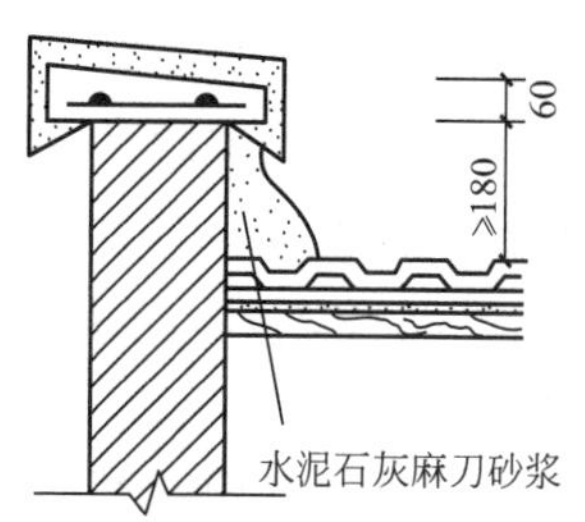

(b) 水泥石灰麻刀砂浆泛水

图 9.41 硬山檐口

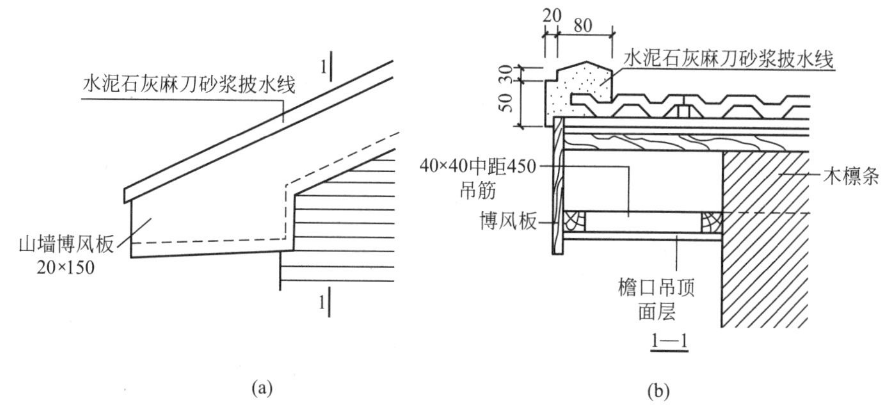

(a) (b)

图 9.42 悬山檐口

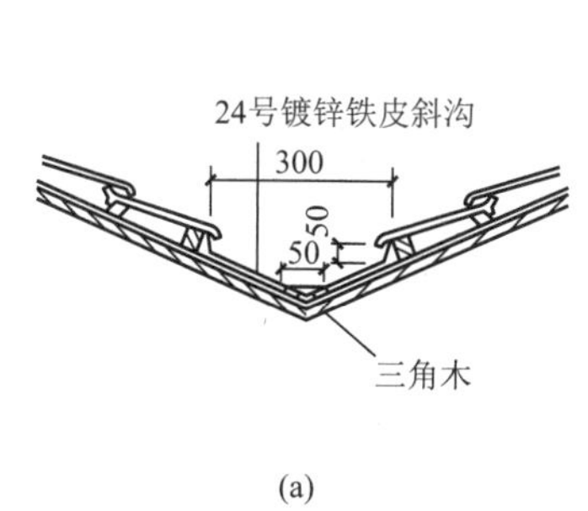

(a)

(b)

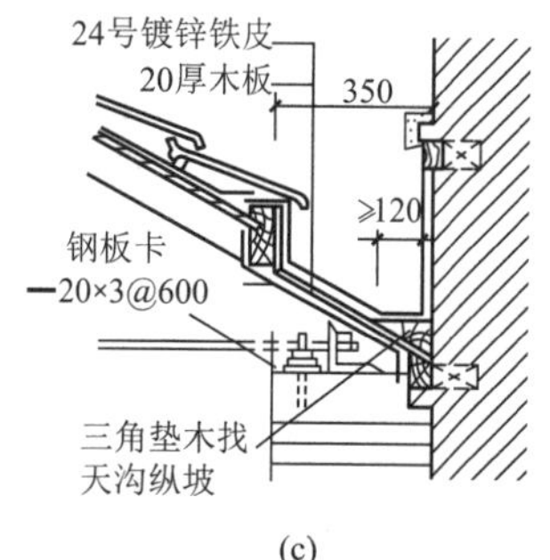

(c)

图 9.43 天沟和斜沟

2. 彩色压型钢板屋顶的构造

彩色压型钢板屋顶简称彩板屋顶，是近十多年来在大跨度建筑中广泛采用的高效能屋顶，它不仅自重轻、强度高，而且施工安装方便。彩板的连接主要采用螺栓连接，不受季节气候的影响。彩板色彩绚丽，质感好，大大增强了建筑的艺术效果。彩板除用于平直坡面的屋顶外，还可根据造型与结构的形式需要，在曲面屋顶上使用。根据彩色压型钢板的功能构造不同，可将其分为单层彩色压型钢板和保温夹心彩色压型钢板。

1) 单层彩色压型钢板屋顶

单层彩色压型钢板(单彩板)只有一层薄钢板，用它作屋顶时必须在室内一侧另设保温层。单彩板根据断面形式不同，可分为波形板、梯形板、带肋梯形板。波形板和梯形板的力学性能不够理想，在梯形板的上下翼和腹板上增加纵向凹凸槽形成纵向带肋梯形板，起加劲肋的作用，同时再增加横向肋，在纵横两个方向都有加劲肋，提高了彩板的强度和刚度。

单彩板屋顶是将彩色压型钢板直接支承于檩条上，一般为槽钢、工字钢或轻钢檩条。檩条间距视屋顶板型号而定，一般为 1.5 ～ 3.0m。屋顶板的坡度大小与降雨量、板型、拼缝方式有关，一般不小于 3°。

屋顶板与檩条的连接采用各种螺钉、螺栓等紧固件，把屋顶板固定在檩条上。螺钉一般在屋顶板的波峰上。当屋顶板波高超过 35mm 时，屋顶板应先连接在铁架上，铁架再与檩条相连接，单彩板屋顶构造如图 9.44 所示。不锈钢连接螺钉不易被腐蚀。钉帽均要用带橡胶垫的不锈钢垫圈，防止钉孔处渗水。

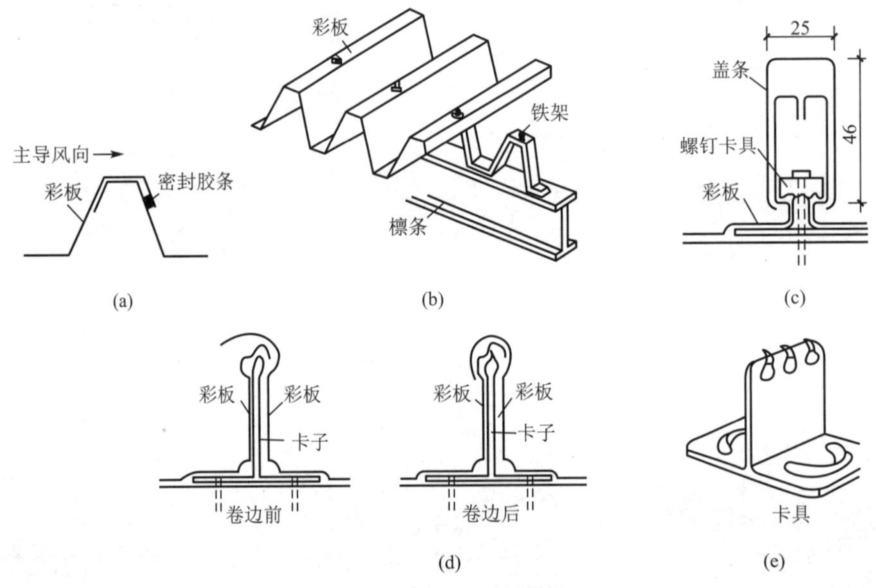

图 9.44　单层彩色压型钢板屋顶构造

2) 保温夹心彩色压型钢板屋顶

保温夹心板是由彩色涂层钢板作表层，聚苯乙烯泡沫塑料或硬质聚氨酯泡沫作芯材，通过加压加热固化制成的夹心板，是具有防寒、保温、体轻、防水、装饰、承力等多种功能的高效结构材料，主要适用于公共建筑、工业厂房的屋顶。

保温夹心板屋顶的坡度为 1/20 ～ 1/6，在腐蚀环境中，屋顶的坡度应大于或等于 1/12。在运输、吊装许可的条件下，应采用较长尺寸的夹心板，以减少接缝，防止渗漏和提高保温性能，但一般不宜大于 9m。檩条与保温夹心板的连接，在一般情况下，应使每块板至少有 3 个支承檩条，以保证屋顶板不发生翘曲。在斜交屋脊线处，必须设置斜向檩条，以保证夹心板的斜端头有支撑，保温夹心彩色压型钢板屋顶的构造如图 9.45 所示。

夹心板连接构造用铝拉铆钉，钉头用密封胶封死。顺坡连接缝和屋脊缝主要用以构造防水，横坡连接缝顺水搭接，并用防水材料密封，上下板都搭在檩条上。当屋顶坡度小于或等于 1/10 时，搭接长度为 300mm；当坡度大于 1/10 时，搭接长度为 200mm。

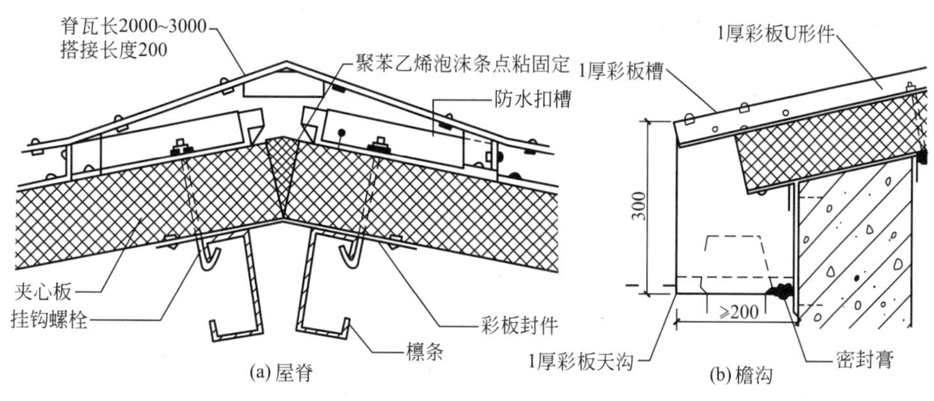

图 9.45 保温夹心彩色压型钢板屋顶

9.5 吊顶棚的构造组成及构造

吊顶棚又称吊顶，是将饰面层悬吊在楼板结构上而形成的顶棚。吊顶棚的饰面层可形成平直或弯曲的连续整体式，也可以局部降低或升高形成分层式，或以一定规律和图形进行分块而形成立体式等。吊顶棚的构造复杂、造价较高，一般用于装修标准较高或有一定要求的空间。

吊顶棚应具有足够的净空高度，以便于各种设备管线的敷设；合理地安排灯具、通风口、空调管、灭火喷淋、感知器等的位置，以满足相应要求；选择合适的材料和构造做法，使其燃烧性能和耐火极限符合《建筑设计防火规范》(GB 50016—2014) 的规定；吊顶棚应便于制作、安装和维修，自重宜轻，以减少构造自重；吊顶棚在满足各种功能的同时，还应满足结构安全、美观和经济等方面的要求。

9.5.1 吊顶棚的构造组成

吊顶棚一般由吊杆、龙骨和面层三部分组成。

1. 吊杆

吊杆又称吊筋，吊顶棚通常是借助吊杆悬吊在楼板结构上的，有时也可以不用吊杆而将龙骨直接固定在梁或墙上。吊杆一般是用型钢或钢筋做成的金属吊杆，通常选用 $\phi10$ 的钢筋。

2. 龙骨

龙骨是用来固定面层并承受其自重的基层骨架，通过吊杆连接于屋顶之下。

1) 龙骨的类型和特点

根据龙骨的材料不同，一般有木龙骨和金属龙骨。为节约木材、减轻自重及提高防火性能，现多用金属龙骨。

根据龙骨的承受荷载不同，一般有轻型、中型和重型龙骨之分。轻型龙骨不能承受上人荷载；中型龙骨上铺走道板能承受上人荷载；重型龙骨能承受上人荷载、集中荷载，如有超重荷载应设永久检修走道等。

根据龙骨的构造连接方式不同，有 U 形龙骨、T 形龙骨和扣板龙骨的铝合金方板吊顶龙骨及铝合金条板吊顶龙骨。

2) 龙骨的截面形式和规格

(1) 木龙骨。主搁栅木龙骨多用矩形，截面尺寸为 50mm×70mm 或 50mm×50mm；次搁栅木龙骨也多用矩形，截面尺寸为 50mm×50mm 或 40mm×40mm。

(2) 金属龙骨和连接件。金属龙骨根据截面形式不同，主要包括 U 形龙骨，如图 9.46 所示；T 形龙骨，如图 9.47 所示；扣板龙骨中的铝合金条板吊顶龙骨，如图 9.48 所示；铝合金方板吊顶龙骨，如图 9.49 所示。

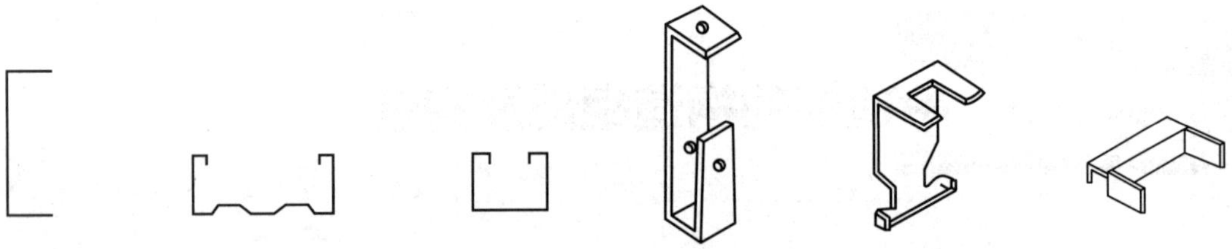

(a) 主龙骨　(b) 次龙骨　(c) 小龙骨　(d) 主龙骨吊件　(e) 龙骨吊挂　(f) 龙骨平面连接件

图 9.46　U 形龙骨

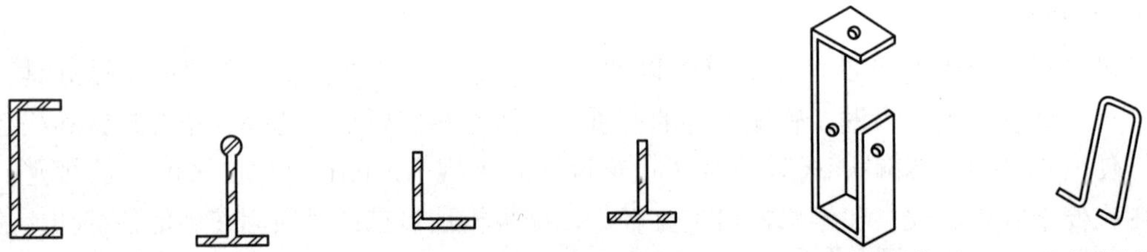

(a) 主龙骨　(b) 次龙骨　(c) 边龙骨　(d) 小龙骨　(e) 主龙骨吊件　(f) 龙骨吊挂

图 9.47　T 形龙骨

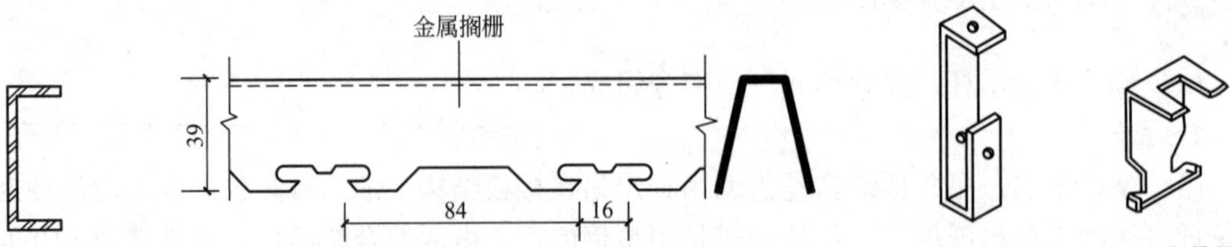

(a) 主龙骨　(b) 主龙骨吊件　(c) 龙骨吊挂

图 9.48　铝合金条板吊顶龙骨

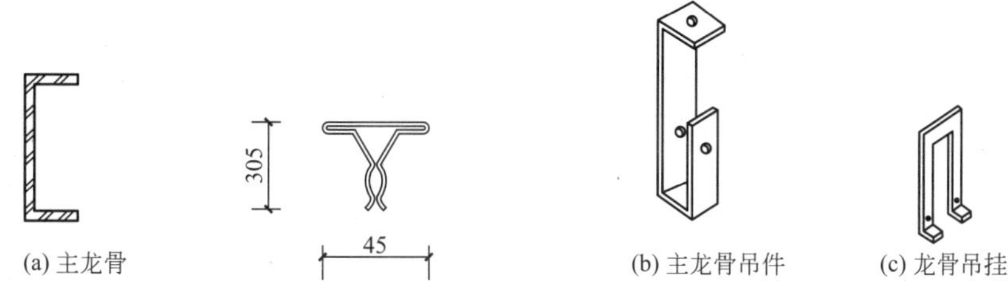

图 9.49 铝合金方板吊顶龙骨

3. 面层

1) 面层的类型和特点

根据面层的材料和构造不同，有各种人造板和金属板之分。

人造板：包括石膏板，有普通纸面石膏板、石膏装饰吸声板等，它具有质轻、防火、吸声、隔热和易于加工等优点；矿棉装饰吸声板具有质轻、吸声、防火、保温、隔热和施工方便等优点；塑料板有钙塑泡沫装饰吸声板、聚氯乙烯塑料装饰板、聚苯乙烯泡沫塑料装饰吸声板等，它具有质轻、隔热、吸声、耐水和施工方便等优点；埃特板具有吸声、防潮等优点。

金属板：包括铝板、铝合金型板、彩色涂层薄钢板和不锈钢薄板等。

根据面板的形式不同，有条形、方形、长方形、折棱形等平面形式，并可做成各种不同的截面形状，板的外露面可做搪瓷、烤漆、喷漆等表面处理。根据表面色彩效果不同，有古铜色、青铜色、金黄色、银白色等，色彩丰富。

2) 面层的规格

常用的面层材料的规格尺寸有 300mm×600mm、500mm×500mm、600mm×600mm、3000mm×1200mm 等。

9.5.2 吊顶棚的构造

吊顶棚根据采用材料、装修标准及防火要求的不同有木龙骨吊顶和金属龙骨吊顶。

1. 木龙骨吊顶

木龙骨吊顶包括板条抹灰吊顶和装饰面板吊顶，由屋顶伸出吊杆连接龙骨基层再连接装饰面层。

1) 吊杆与屋顶的连接

吊杆与屋顶的连接固定方式有多种，如图 9.50 所示。吊杆与钢筋混凝土楼板的连接固定，通常在钢筋混凝土楼板的板缝中伸出吊杆，或设预埋件、膨胀螺栓及钉子来固定吊杆，在吊杆上通过焊接或绑扎连接吊筋。吊杆与钢网架的连接固定，通常在网架节点上绑扎连接 $\phi6 \sim \phi8$ 的吊筋。坡屋顶中在屋架或檩条上连接吊杆，木龙骨吊顶也可用木吊杆直接连接主龙骨。

2) 木龙骨吊顶的构造

吊筋间距一般为 900 ～ 1000mm。吊筋下固定主龙骨，主龙骨间距不大于 1500mm，次龙骨垂直于主龙骨单向布置，次龙骨间距根据装饰面层的规格确定，间距通常为

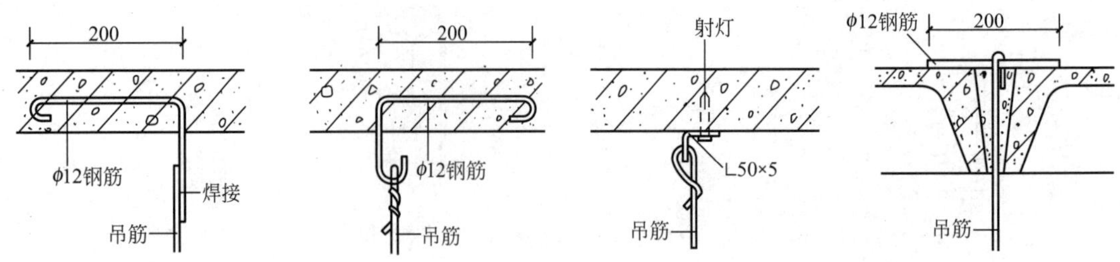

图 9.50　吊杆与屋顶的连接

400mm、450mm、500mm、600mm。当采用木板条抹灰时，其间距用 400mm，以便于钉抹灰板条；当采用胶合板装修时，间距多用 450mm；当采用各种装饰吸声板、石膏板、钙塑板等板材时，间距多用 500mm；当采用纤维板作面层时，间距多用 600mm。木龙骨吊顶的构造如图 9.51 所示。木龙骨吊顶因基层材料的可燃性和安装连接不易确保水平，极少用于一些重要的工程或防火要求较高的建筑。

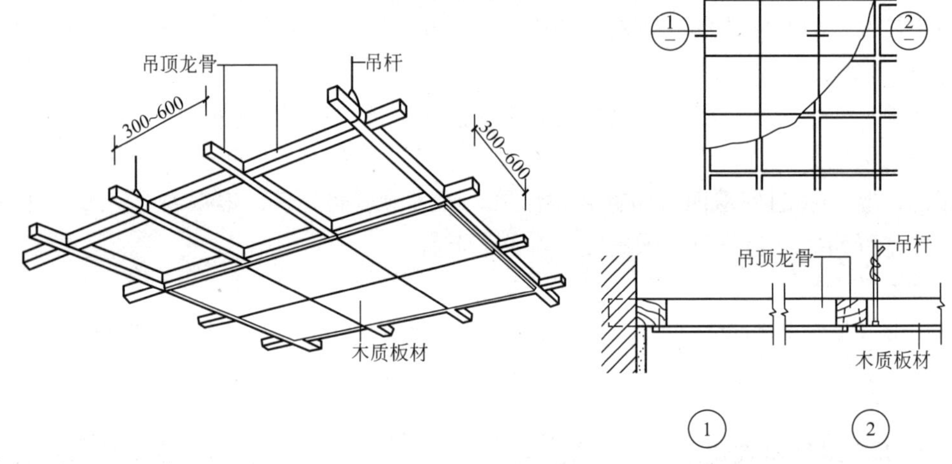

图 9.51　木龙骨吊顶

2. 金属龙骨吊顶

金属龙骨吊顶包括钢板网抹灰吊顶和装饰面板吊顶。其中，装饰面板吊顶包括 U 形龙骨吊顶、T 形龙骨吊顶和扣板龙骨吊顶（扣板龙骨吊顶又包括铝合金方板吊顶和铝合金条板吊顶）。

1) 钢板网抹灰吊顶

钢板网抹灰吊顶的主龙骨多为型钢，其型号和间距应视荷载大小而定，次龙骨一般为角钢，在次龙骨下加铺一道钢筋网，再铺设钢板网抹灰。这种吊顶的防火性能和耐久性较好，可用于防火要求较高的建筑，如图 9.52 所示。

2) 装饰面板吊顶

金属龙骨装饰面板吊顶主要由金属龙骨基层与装饰面板构成。金属龙骨由吊筋、主龙骨、次龙骨和横撑龙骨等组成。吊筋一般用 $\phi6\sim\phi8$ 的吊筋，吊筋与屋顶的连接方式同木龙骨吊顶。吊筋中距 900 ～ 1200mm。在吊筋的下端悬吊吊顶龙骨。

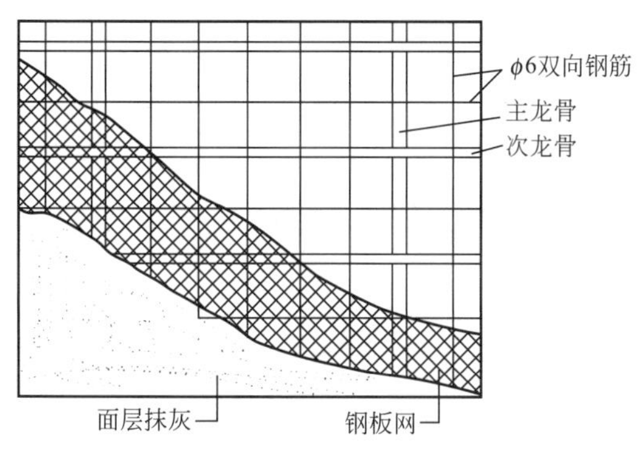

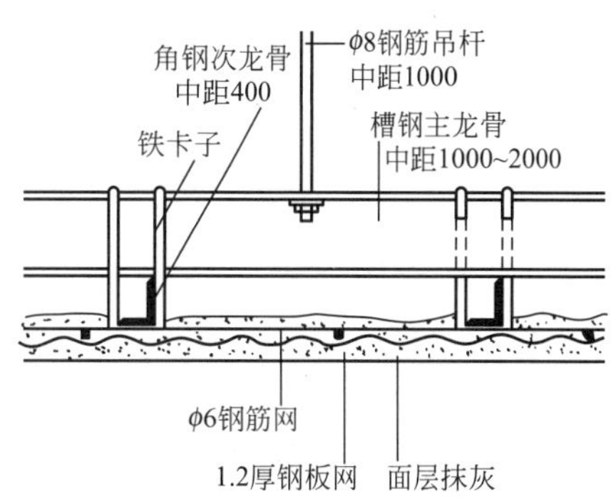

图 9.52 钢板网抹灰吊顶

(1) 金属龙骨的排列构造：金属龙骨的排列布置方式是根据装饰面层的要求效果确定的，对应面层板缝的密缝、离缝和面板的排列错缝、对缝形成不同的布置方式。U 形龙骨多暗装，即只能看到装饰面板而看不到龙骨，轻钢 U 形龙骨一般由大龙骨、中龙骨和小龙骨及配件组成，图 9.53(a) 为 U 形龙骨吊顶示意图，图 9.53(b) 为其平面布置图。T 形龙骨多明装，即能看到装饰面板的同时也能看到小龙骨等，轻钢和铝合金 T 形龙骨一般由大龙骨、中龙骨、小龙骨、边龙骨及配件组成，图 9.54(a) 为 T 形龙骨吊顶示意图，图 9.54(b) 为其平面布置图。铝合金板、不锈钢板、镀锌钢板等扣板龙骨多用于金属面板的装饰，金属扣板龙骨根据板材形状不同对应成各种不同形式的夹齿，以便与板材连接。图 9.55 为条板吊顶示意图。龙骨之间用配套的吊挂件或连接件连接。

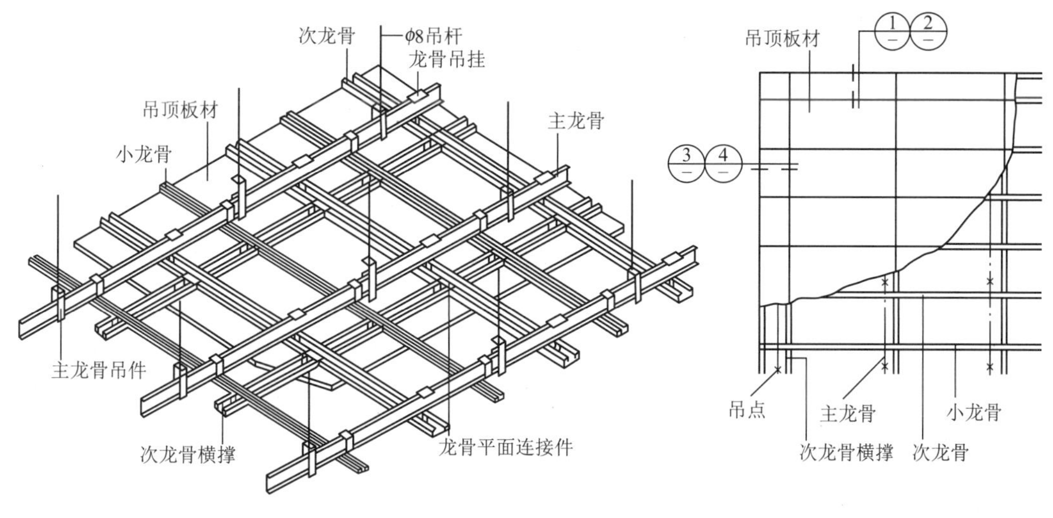

(a) 吊顶示意图　　(b) 平面布置图

图 9.53 U 形龙骨吊顶

(2) 装饰面板与龙骨的连接构造：装饰面板与 U 形龙骨的连接可用平头自攻螺钉或胶粘剂固定在次龙骨、小龙骨或龙骨横撑上，如图 9.56 所示。装饰面板与 T 形龙骨的连接，

多放置在 T 形龙骨的翼缘上，如图 9.57 所示。对应扣板龙骨的金属面板可用螺钉、自攻螺钉或膨胀铆钉，但多用专用卡具固定于吊顶的金属龙骨上。

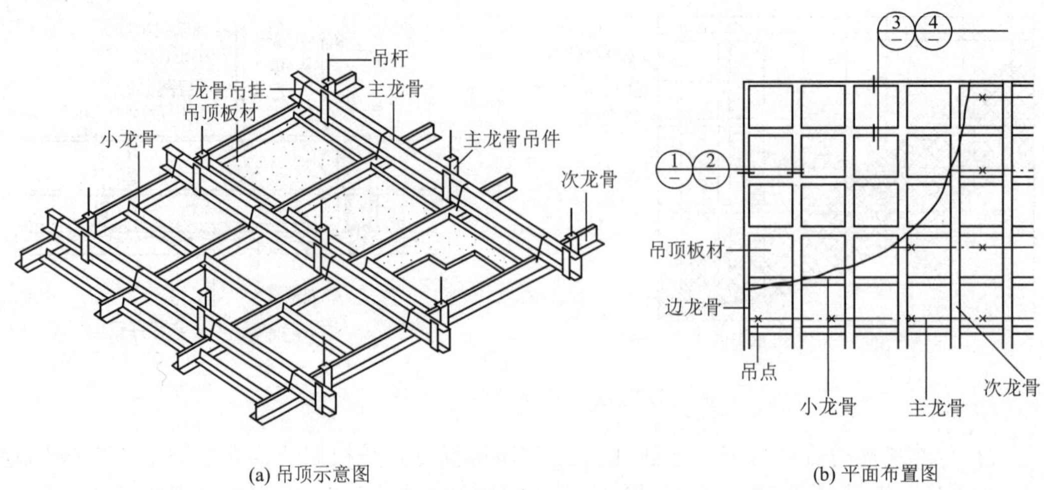

(a) 吊顶示意图

(b) 平面布置图

图 9.54　T 形龙骨吊顶

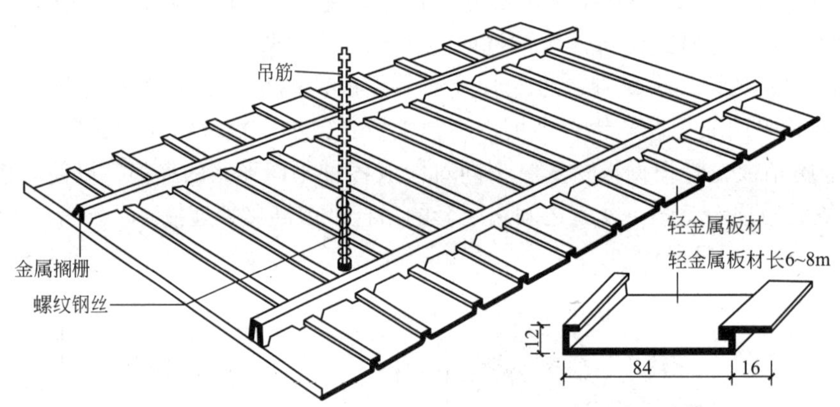

图 9.55　金属扣板龙骨 (条板) 吊顶

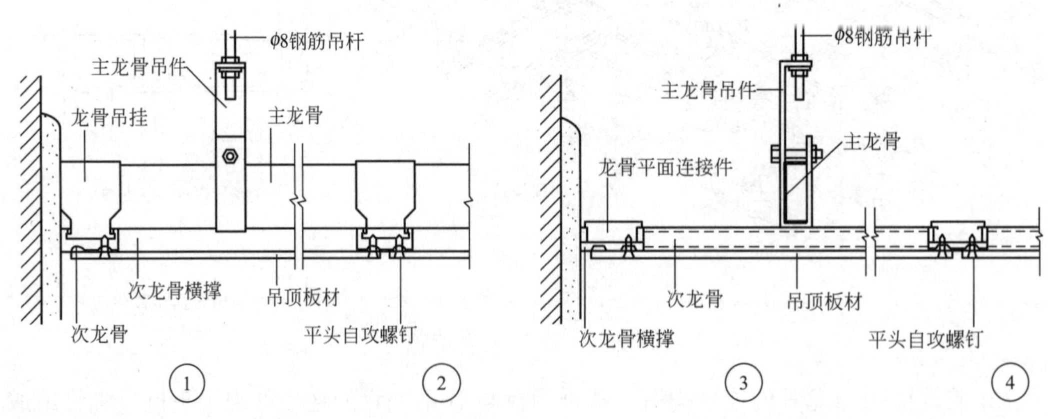

图 9.56　U 形龙骨连接构造

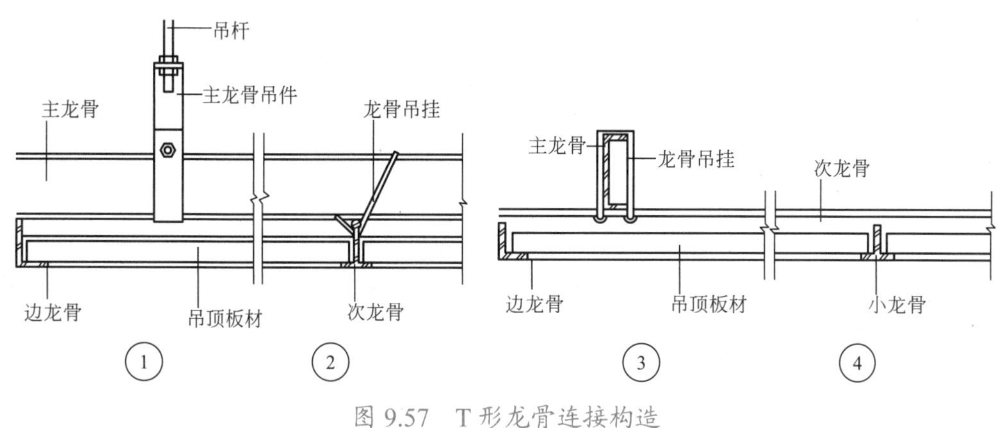

图 9.57 T 形龙骨连接构造

9.6 屋顶的保温与隔热

屋顶属于建筑的外围护部分，不但要有遮风挡雨的功能，还应有保温与隔热的功能。

9.6.1 屋顶的保温

在北方寒冷地区或装有空调设备的建筑中，冬季室内采暖时的室内温度高于室外温度，热量通过围护结构向外散失。为了防止室内热量过多、过快地散失，须在围护结构中设置保温层以提高屋顶的热阻，使室内有一个舒适的环境。保温层的材料和构造方案是根据使用要求、气候条件、屋顶的结构形式、防水处理方法、材料种类、施工条件、整体造价等因素，经综合考虑后确定的。

1. 屋顶的保温材料

保温材料应具有吸水率低、导热系数较小并具有一定强度的性能。屋顶保温材料一般为轻质多孔材料，分为松散料、现场浇筑的混合料、板块料三大类。

1) 松散料保温材料

松散料保温材料一般包括膨胀蛭石［粒径为 3 ～ 15mm，堆积密度应小于 300kg/m^3，导热系数应小于 0.14W/(m・K)］、膨胀珍珠岩、矿棉、炉渣和矿渣 (粒径为 5 ～ 40mm) 之类的工业废料等。松散料保温层可与找坡层结合处理。

2) 现场浇筑的混合料保温材料

现浇轻质混凝土保温层一般为轻骨料，如炉渣、矿渣、陶粒、蛭石、珍珠岩与石灰或水泥胶结的轻质混凝土或浇泡沫混凝土。现场浇筑的混合料保温层可与找坡层结合处理。

【参考图文】

3) 板块料保温材料

板块料保温材料一般有加气混凝土板、泡沫混凝土板、膨胀珍珠岩板、膨胀蛭石板、矿棉板、岩棉板、泡沫塑料板、木丝板、刨花板、甘蔗板等。其中最常用的是加气混凝土板和泡沫混凝土板。泡沫塑料板价格较贵，只在高级工程中采用。植物纤维板只有在通风条件良好、不易腐烂的情况下才适宜采用。

2. 屋顶保温层的位置

1) 保温层设在防水层的上面

保温层设在防水层的上面，也称“倒置式”，其优点是防水层受到保温层的保护，保护防水层不受阳光和室外气候及自然界的各种因素的直接影响，耐久性增强。而对保温层则有一定的要求，应选用吸湿性小和耐气候性强的材料，如聚苯乙烯泡沫塑料板、聚氨酯泡沫塑料板等，加气混凝土板和泡沫混凝土板因吸湿性强，故不宜选用。坡度大于 3% 也不宜采用“倒置式”。保温层需加强保护，应选择卵石作为保护层，保护层和保温层之间应铺设隔离层。

2) 保温层与结构层融为一体

加气钢筋混凝土屋顶板既能承载又能保温，构造简单，施工方便，造价低，使保温与结构融为一体；但承载力小，耐久性差，可用于标准较低的不上人屋顶中。

3) 保温层设在防水层的下面

这是目前广泛采用的一种形式。保温层的坡度较大时，应采取防滑措施，在保温层上应做找平层，以下的屋顶保温构造就以此为例。

3. 屋顶的保温构造

屋顶的保温构造，在严寒和寒冷地区若室内湿度不大的情况下，保温屋顶的构造如图 9.58（a）所示。若室内湿度大于 75%，其他地区室内空气湿度常年大于 80% 时，保温层下应设置隔气层。隔气层应沿墙面向上铺设，并与屋面的防水层相连接，形成全封闭的整体，或者高出保温层表面 150mm，设置隔气层的上人保温屋顶构造如图 9.58（b）所示。对于保温层上的找平层应留分格缝，封宽 5~20mm，纵横缝间距不大于 6m。若保温层用散状材料可同时起找坡作用。保温层厚度根据所在地区现行建筑节能设计标准计算确定。当采用矿物纤维保温层时应防止压缩和受潮，当保温层的干燥有困难时，应采取排气措施。

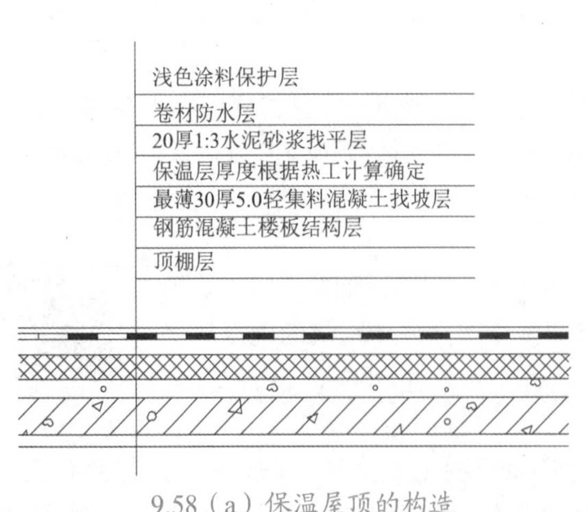

9.58（a）保温屋顶的构造

40厚C20细石混凝土内配钢筋网保护层
10厚低强度等级砂浆隔离层
卷材防水层
20厚1:3水泥砂浆找平层
保温层厚度根据热工计算确定
最薄30厚5.0轻集料混凝土找坡层
隔气层
钢筋混凝土楼板结构层
顶棚层

9.58（b）设置隔气层的上人保温屋顶构造

可通过排气构造解决保温层的的湿气。在保温层中设置透气层，用于扩散保温层中的湿气，如图 9.59 所示。一般保温材料中含有水分，遇热后转化为蒸汽，体积大为膨胀，会造成卷材防水层起鼓甚至开裂，宜在保温层上铺设透气层。一是在散状保温层上加一砾石 (或陶粒) 透气层，如图 9.59(b) 所示；或在保温层上部或中间做透气通道，如图 9.59(c) 所示；如保温层为现浇或块状材料，可在保温层做槽，槽深者可在槽内填以粗质玻璃纤维或炉渣之类，既可保温又可透气，如图 9.59(a) 所示；在保温层中设透气层也要做通风口，一般在檐口、屋脊或中间需设通风口，如图 9.59(d) 所示。二是在保温层上设架空通风透气层，如图 9.60 所示。透气层扩大成为一个有一定空间的架空通气间层，可带走穿过顶棚和保温层的蒸汽及保温层散发出来的水蒸气，以防止屋顶深部水的凝结。在夏季还可以作为隔热降温层，通过空气流动带走屋顶传下来的热量。保温层上设置空气间层，无论平屋顶或坡屋顶均可采用。坡屋顶的保温层一般做在顶棚层上面，有些用散料，较为经济但不方便。近来多采用松质纤维板或纤维毯成品铺在顶棚的上面，如图 9.61 所示。为了使用上部空间，也有把保温层设置在斜屋顶的底层，通风口还是设在檐口及屋脊，如图 9.62 所示。隔汽层和保温层可共用通风口。

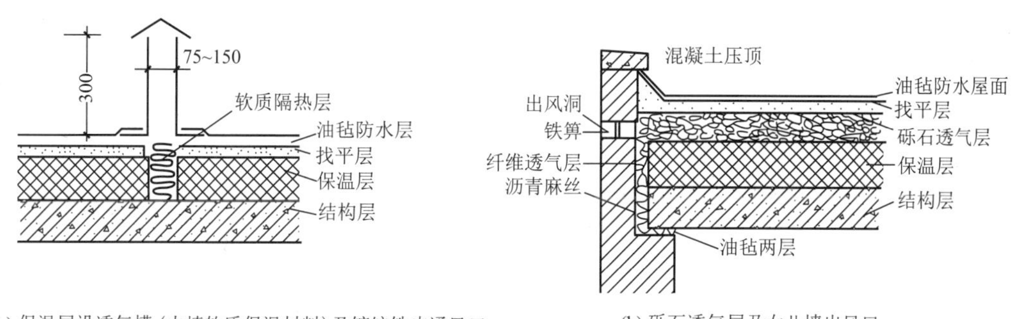

(a) 保温层设透气槽 (内填软质保温材料) 及镀锌铁皮通风口

(b) 砾石透气层及女儿墙出风口

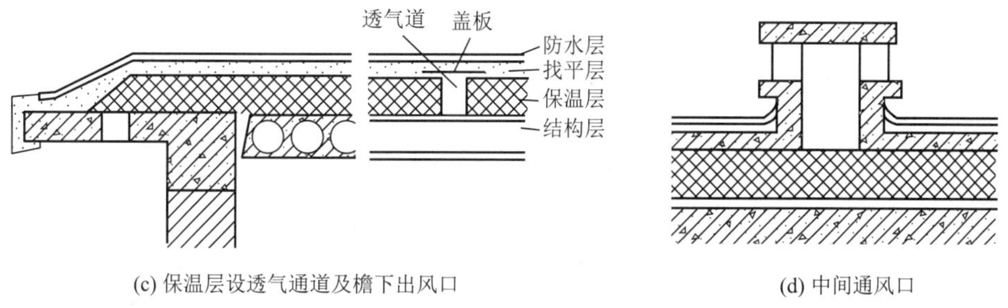

(c) 保温层设透气通道及檐下出风口

(d) 中间通风口

图 9.59 透气层

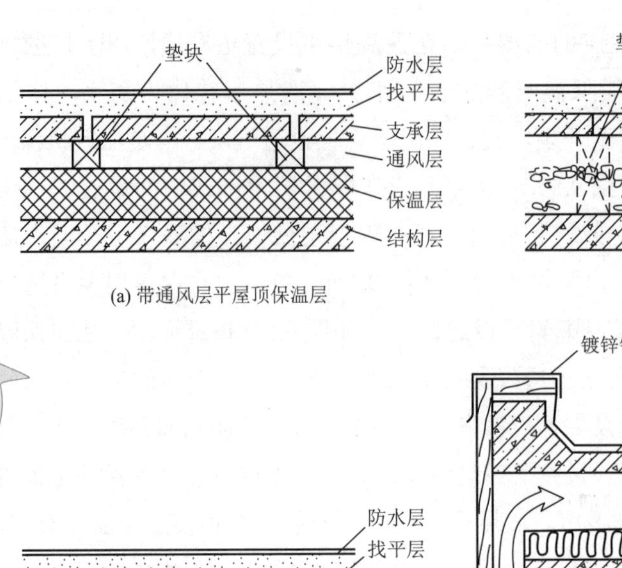

(a) 带通风层平屋顶保温层　(b) 散料保温

【参考图文】

(c) 加气混凝土通风保温平屋顶　(d) 檐口进风口

图 9.60　架空通风透气层

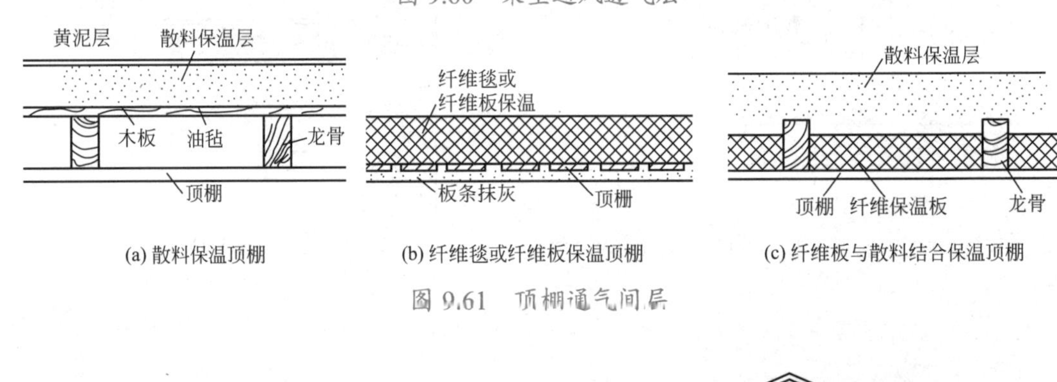

(a) 散料保温顶棚　(b) 纤维毯或纤维板保温顶棚　(c) 纤维板与散料结合保温顶棚

图 9.61　顶棚通气间层

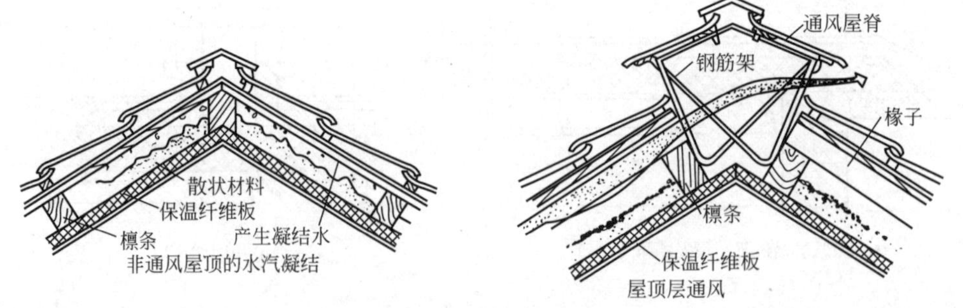

图 9.62　屋脊通风

7) 找平层

通常采用 20 ～ 30mm 厚的 1 ∶ 3 水泥砂浆。

8) 结合层

冷底子油。

9) 防水层

沥青卷材。

10) 保护层

绿豆砂。

9.6.2 屋顶的隔热

在南方炎热地区，在夏季太阳辐射和室外气温的综合作用下，将从屋顶传入室内大量热量，影响室内的热环境。为了给人们的生活和工作创造舒适的室内条件，应采取适当的构造措施解决屋顶的降温和隔热问题。

屋顶隔热降温的主要目的是减少热量对屋顶表面的直接作用。所采用的方法包括反射隔热降温屋顶、间层通风隔热降温屋顶、蓄水隔热降温屋顶、种植隔热降温屋顶等。

1. 反射隔热降温屋顶

利用表面材料的颜色和光洁度对热辐射的反射作用，对平屋顶的隔热降温有一定的效果，图 9.63(a) 所示为不同材料表面对热辐射的反射程度。如屋顶采用淡色砾石铺面或用石灰水刷白，对反射降温都有一定的效果。如果在通风屋顶中的基层加一层铝箔，则可利用其第二次反射作用，对屋顶的隔热效果做进一步的改善，图 9.63(b) 所示为铝箔的反射作用。

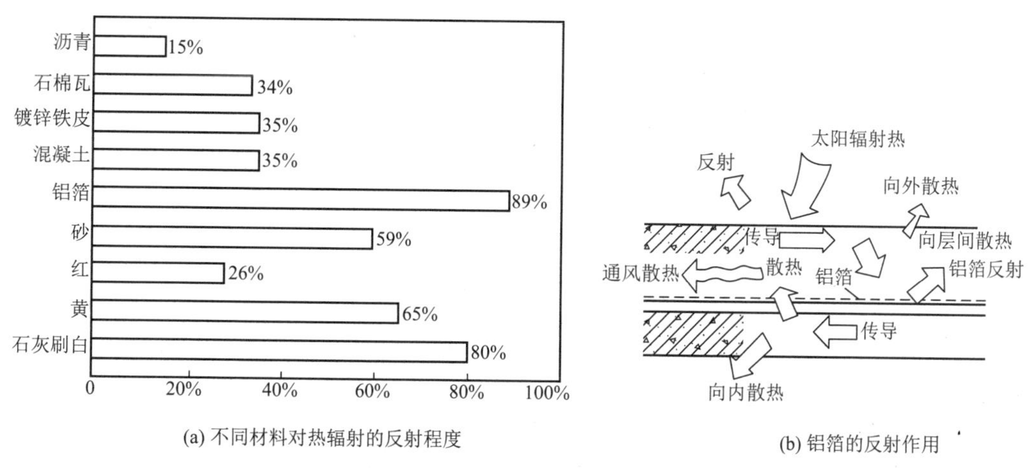

(a) 不同材料对热辐射的反射程度

(b) 铝箔的反射作用

图 9.63 反射隔热降温屋顶

2. 架空通风隔热降温屋顶

架空通风隔热降温就是在屋顶设置架空通风间层，使其上层表面遮挡阳光辐射，同时利用风压和热压作用把间层中的热空气不断带走，使通过屋顶板传入室内的热量大为减少，从而达到隔热降温的目的。通风间层的设置通常有两种方式：一种是在屋顶上做架空通风隔热间层；另一种是利用吊顶棚内的空间做通风间层。

1) 架空通风隔热降温间层

架空通风隔热降温间层设于屋顶防水层上，同时也起到了保护防水层的作用。架空层一方面利用架空的面层遮挡直射阳光；另一方面架空层内被加热的空气与室外冷空气产生对流，将间层内的热量源源不断地排走，从而达到降低室内温度的目的。

架空通风层通常用砖、瓦、混凝土等材料及制品制作架空构件，如图 9.64 所示。架空通风层应满足相应的要求。

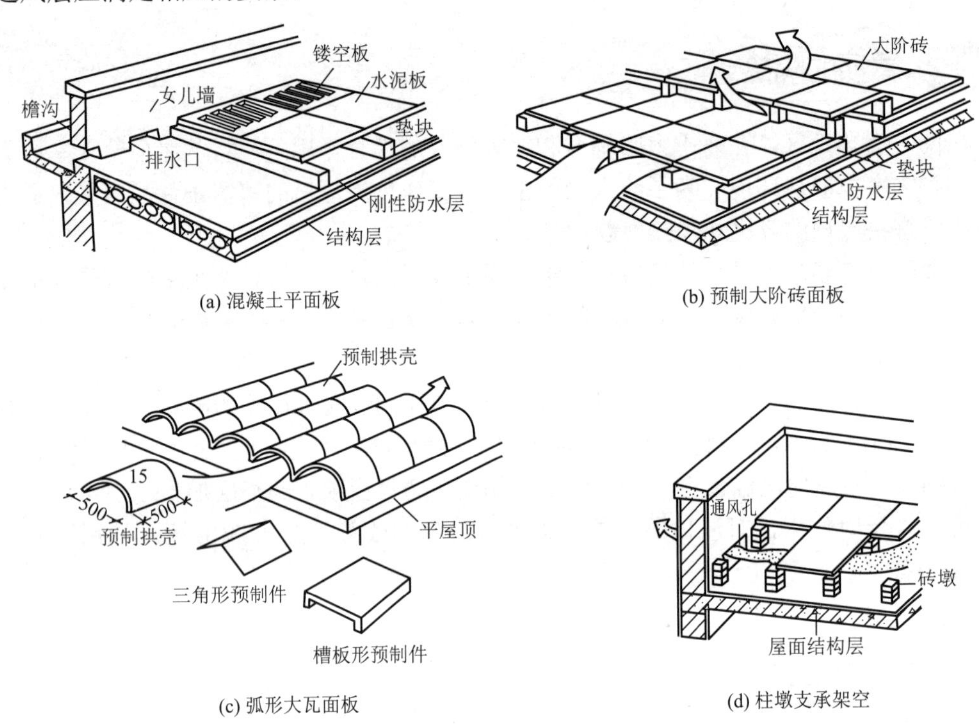

图 9.64　屋顶架空通风层

(1) 架空层的支承方式。架空层的支承方式可以做成墙式，也可做成柱墩式。当架空层的通风口能正对当地夏季主导风向时，便可形成巷道式的、流速很快的对流风，墙式支承可以提高架空层的通风效果。但当通风孔不能朝向夏季主导风向时，最好改墙式为柱墩支承架空板方式，如图 9.64(d) 所示，这种方式与风向无关，因此对流风速要慢得多，通风效果较弱。

(2) 架空层的面板形式。架空层的面板形式有两种：一种是混凝土平面形式面板［图 9.64(a)］或预制的大阶砖［图 9.64(b)］；另一种是用水泥砂浆嵌固的弧形大瓦［图 9.64(c)］，也可嵌成双层瓦以增加通风效果。

(3) 架空层的净空高度。架空层的净空高度应随屋顶宽度和坡度的大小而变化，屋顶宽度和坡度越大，净空越高，但不宜超过 360mm，否则架空层内的风速将反而变小，影响降温效果。架空层的净空高度一般以 180 ～ 240mm 为宜。屋顶宽度大于 10m 时，应在屋脊处设置通风桥以改善通风效果。

(4) 架空层的通风孔。为保证架空层内的空气流通顺畅，其周边应留设一定数量的通风孔，将通风孔留设在对着风向的女儿墙上。如果在女儿墙上开孔不利于建筑立面造型，也可以在离女儿墙 500mm 宽的范围内不铺架空板，让架空板周边开敞，以利于空气对流。

2) 顶棚通风隔热降温

利用顶棚与屋顶间的空间做通风隔热层可以起到与架空通风层同样的作用。图 9.65 是常见的顶棚通风隔热屋顶构造示意图，顶棚通风隔热降温应满足下述要求。

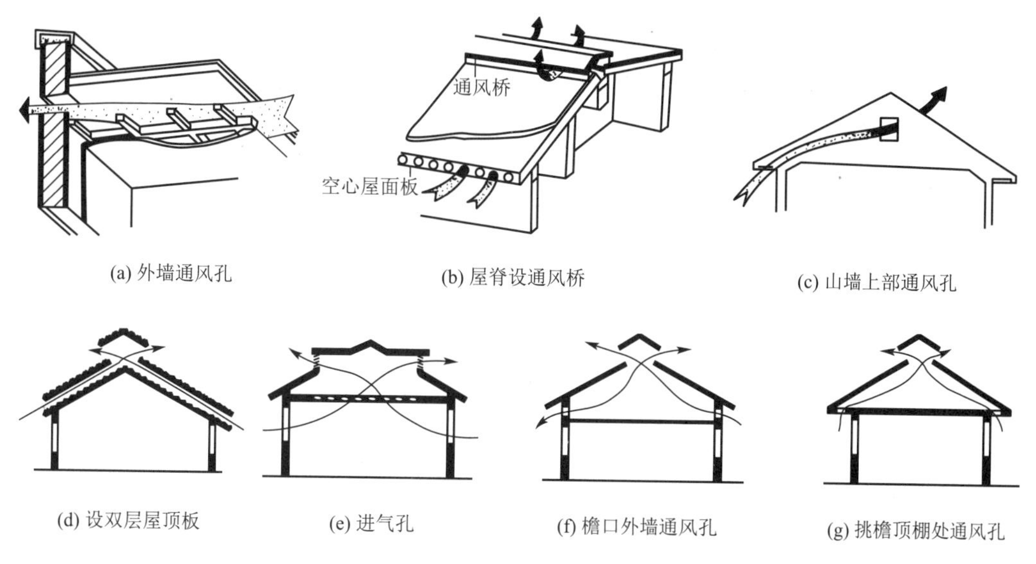

(a) 外墙通风孔　(b) 屋脊设通风桥　(c) 山墙上部通风孔

(d) 设双层屋顶板　(e) 进气孔　(f) 檐口外墙通风孔　(g) 挑檐顶棚处通风孔

图 9.65　顶棚通风构造示意图

(1) 顶棚通风层的净空高度。顶棚通风层的净空高度应根据通风孔自身需要的高度、屋顶梁和屋架等结构的高度、设备管道占用的空间高度及供检修用的空间高度等各因素综合加以确定。仅作通风隔热用的空间净高一般为 500mm 左右。

(2) 顶棚通风层的通风孔。为确保顶棚内的空气能迅速对流，应设一定数量的通风孔。平屋顶的通风孔通常开设在外墙上，如图 9.65(a) 所示。坡屋顶的通风孔常设在山墙上部，如图 9.65(c) 所示；檐口外墙处的通风孔如图 9.65(f) 所示；挑檐顶棚处的通风孔如图 9.65(g) 所示。有的地方用空心屋顶板的孔洞作为通风散热的通道，其进风孔设在檐口处，屋脊处设通风桥，如图 9.65(b) 所示。也可在屋顶上设置双层屋顶板，形成通风隔热层，如图 9.65(d) 所示，其中，上层屋顶板用来铺设防水层，下层屋顶板则用作通风顶棚，通风层的四周仍需设通风孔。屋顶跨度较大时，还可以在屋顶上开设天窗作为出气孔，以加强顶棚层内的通风，进气孔可根据具体情况设在顶棚或外墙上，如图 9.65(e) 所示。

(3) 通风孔的构造。为防止雨水飘进室内，特别是无挑檐遮挡的外墙通风孔和天窗通风口应主要解决飘雨问题。当通风孔较小 (≤ 300mm×300mm) 时，只要将混凝土花格靠外墙的内边缘安装，利用较厚的外墙洞口即可挡住飘雨。当通风孔的尺寸较大时，可以在洞口处设百叶窗或挡雨片。

（4）闷顶。闷顶内的非金属烟囱周围 0.5m，金属烟囱 0.7m 范围内，应采用不燃材料作绝热层。层数超过 2 层的三级耐火等级建筑内的闷顶，应在每个防火隔断范围内设置老虎窗，且老虎窗的间距不宜大于 50m。内有可燃物的闷顶，应在每个防火隔断范围内设置净宽度和净高度均不小于 0.7m 的闷顶入口；对于公共建筑，每个防火隔断范围内的闷顶入口不宜少于 2 个。闷顶入口宜布置在走廊中靠近楼梯间的位置。

3. 蓄水隔热降温屋顶

蓄水隔热降温屋顶是利用平屋顶所蓄积的水层来达到屋顶隔热降温的目的。蓄水层的水面能反射阳光，减少阳光辐射对屋顶的热作用；蓄水层能吸收大量的热量，部分水由液体蒸发为气体，从而将热量散发到空气中，减少了屋顶吸收的热能，起到隔热降温的作用。蓄水屋顶不宜在寒冷地区、地震地区和振动较大的建筑物上采用。若在水层中养殖一些水浮莲之类的水生植物，利用植物吸收阳光进行光合作用和植物叶片遮蔽阳光的特点，其隔热降温的效果将会更加理想。蓄水层在冬季还有一定的保温作用。同时水体长期将防水层淹没，使混凝土防水层处于水的养护下，减少由于环境条件变化引起的开裂并防止混凝土的碳化；使诸如沥青和嵌缝胶泥之类的防水材料在水层的保护下延缓老化过程，延长使用年限。蓄水隔热降温屋顶应满足下列要求。

1) 蓄水区的划分

为了便于分区检修和避免水层产生过大的风浪，蓄水屋顶应划分为若干蓄水区，每区的边长不宜超过 10m。蓄水区间用混凝土做成分仓壁，壁上留过水孔，使各蓄水区的水连通，如图 9.66 所示。但在变形缝的两侧应设计成互不连通的蓄水区。当蓄水屋顶的长度超过 40m 时，应做一道横向伸缩缝。分仓壁也可用水泥砂浆砌筑砖墙，顶部设置直径为 6mm 或 8mm 的钢筋砖带。

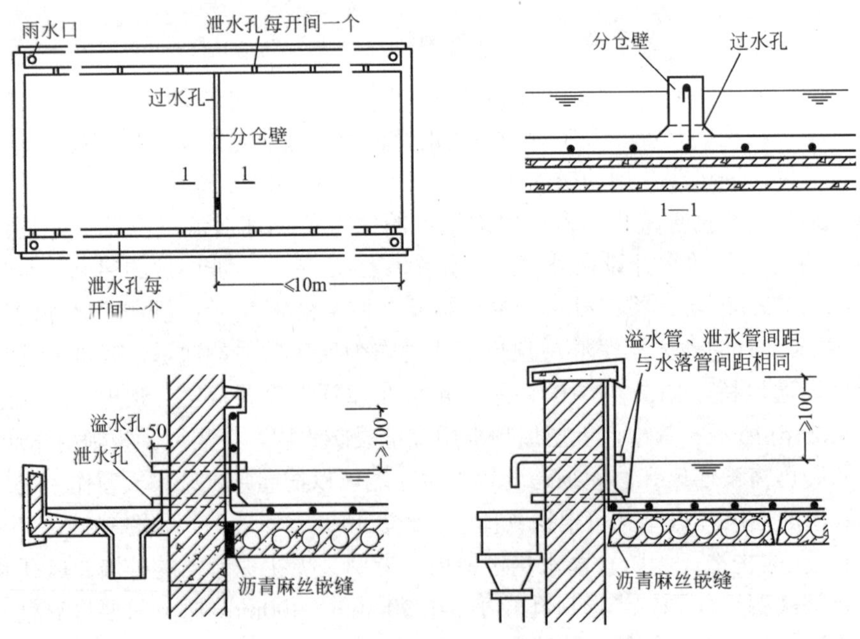

图 9.66 蓄水隔热降温屋顶

2) 水体深度

过厚的水体会加大屋顶荷载，过薄的水体在夏季又容易被晒干，不便于管理。从理论上讲，50mm 深的水体即可满足降温与保护防水层的要求，但实际比较适宜的水层深度为

150～200mm。为保证屋顶蓄水深度的均匀，蓄水屋顶的坡度不宜大于0.5%。在南方部分地区也有深蓄水屋顶，其蓄水深度可达600～700mm，自然积蓄雨水并可养殖。但这种屋顶的荷载很大，超过一般屋顶板所能承受的荷载。为确保结构安全，应单独对屋顶结构进行设计。

3) 分仓壁

蓄水屋顶四周可做女儿墙并兼作蓄水池的仓壁。在女儿墙上应将屋顶防水层延伸到墙面形成泛水，泛水的高度应高出溢水孔100mm。若从防水层面起算，泛水高度则为水层深度与100mm之和，即250～300mm。

4) 过水孔、溢水孔与泄水孔

蓄水屋顶为避免暴雨时蓄水深度过大，应在蓄水池外壁上均匀布置若干溢水孔，通常每个开间大约设一个孔，以使多余的雨水溢出屋顶。为满足上水需求，仓壁底部应设过水孔。为便于检修时排除蓄水，应在池壁根部设泄水孔，大约每开间设一个。泄水孔和溢水孔均应与排水檐沟或落水管连通。

5) 防水层

蓄水屋顶的防水层应采用刚性防水屋顶构造，或在卷材、涂膜防水层上再做刚性复合防水层。卷材、涂膜防水层应采用耐腐蚀、耐霉烂、耐穿刺性能好的材料。

4. 种植隔热降温屋顶

种植隔热降温屋顶是在建筑物屋顶上铺以种植土或设置容器种植植物，借助栽培介质隔热及植物吸收阳光进行光合作用和遮挡阳光的双重功效来达到降温隔热的目的。种植隔热降温屋顶根据种植效果可分为两种：简单式种植是仅以地被植物和低矮灌木绿化为主的种植屋面；花园式种植是用乔木、灌木和地被植物绿化，并设置园路或园林小品等的种植屋面。花园式种植屋面的布局应与屋面结构相适应；乔木类植物和亭台、水池、假山等荷载较大的设施，应设在承重墙或柱的位置。

【参考图文】

根据栽培介质层构造方式的不同，可分为一般种植隔热降温屋顶和蓄水种植隔热降温屋顶两类。

1) 一般种植隔热降温屋顶

一般种植隔热降温屋顶是在屋顶上用床埂分为若干的种植床，直接铺填种植介质，栽培各种植物，如图9.67所示。

一般种植隔热降温屋顶应满足如下要求。

(1) 床埂。床埂主要用来形成种植区，可用砖或加气混凝土来砌筑。床埂最好砌在下部的承重结构上，内外用1∶3水泥砂浆抹面，高度宜大于种植层60mm左右。每个种植床应在其床埂的根部设不少于两个泄水孔，以防种植床内积水过多造成植物烂根。为避免栽培介质的流失，泄水处也须设滤水网，滤水网可用塑料网或塑料多孔板、环氧树脂涂覆的铁丝网等制作。

(2) 种植介质。为减轻屋顶荷载，宜选用改良土或无机复合种植土作栽培介质，常用的有谷壳、蛭石、陶粒、泥炭等，即所谓的无土栽培介质。近年来，还有以聚苯乙烯、尿甲醛、聚甲基甲酸酯等合成材料泡沫或岩棉、聚丙烯腈絮状纤维等作栽培介质的，其自重更轻，耐久性和保水性更好。栽培介质的厚度应满足屋顶所栽种的植物正常生长的需要，

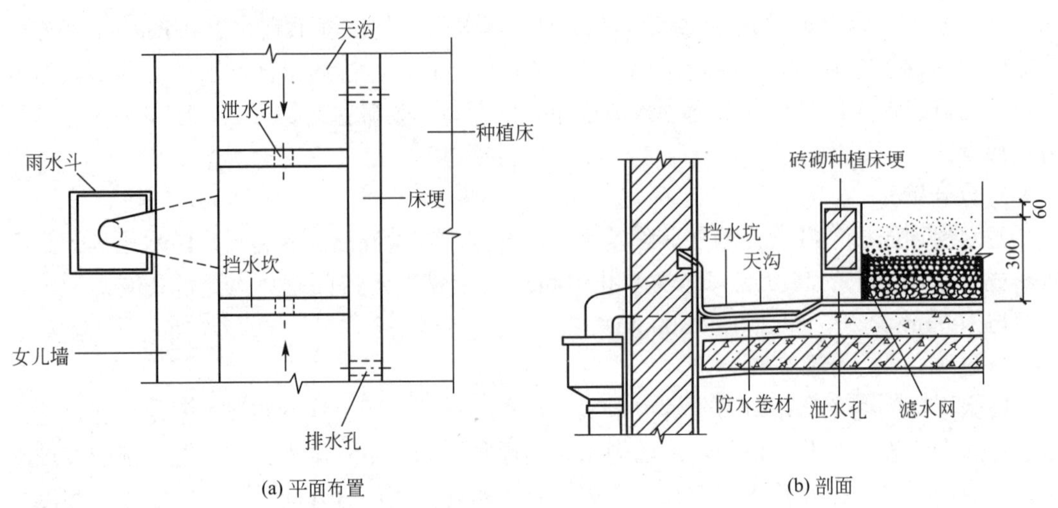

(a) 平面布置 (b) 剖面

图 9.67 种植隔热降温屋顶

种植土的厚度见表 9-11。种植乔木、大灌木时，宜局部增加种植土的厚度。

表 9-11 种植土的厚度

种植土的类型	种植土厚度 /mm			
	小乔木	大灌木	小灌木	地被植物
田园土	800 ～ 900	500 ～ 600	300 ～ 400	100 ～ 200
改良土	600 ～ 800	300 ～ 400	300 ～ 400	100 ～ 150
无机复合种植土	600 ～ 800	300 ～ 400	300 ～ 400	100 ～ 150

(3) 种植的植被层。植被层应根据屋面大小、坡度、建筑高度、受光条件、绿化布局、观赏效果、防风安全、水肥供给和后期管理等因素选择，不宜选用根系穿刺性强的植物；不宜选用速生乔木、灌木植物；高层建筑屋面和坡屋面宜种植地被植物；乔木、大灌木的高度不宜大于 2.5m，距离边墙不宜小于 2m。

(4) 种植屋顶的排水坡度、宽度及挡水坎。一般种植屋顶应有一定的排水坡度 (1% ～ 3%)，以便及时排除积水。通常在靠屋顶低侧的种植床与女儿墙间留出 300 ～ 400mm 的距离，利用所形成的天沟进行有组织排水。如采用含泥沙的栽培介质，屋顶排水口处应设挡水坎，以便沉积水中的泥沙。合理确定屋顶各部位的标高。

(5) 种植屋顶的防水层。种植屋顶可以采用一道或多道防水层设防，但最上面的一道应为刚性防水层，要特别注意防水层的防腐蚀处理。防水层上的分格缝可用一布四涂盖缝，分格缝的嵌缝油膏应选用耐腐蚀性能好的，不宜种植根系发达、对防水层有较强侵蚀作用的植物，如松、柏、榕树等。

(6) 种植屋顶的女儿墙。种植屋顶是一种上人屋顶，需要经常进行人工管理 (如浇水、施肥、栽种等)，因而屋顶四周应设女儿墙等作为护栏以利安全。护栏的净保护高度不宜小于 1.1m，如屋顶栽有较高大的树木或设有藤架等设施，还应采取适当的紧固措施。

2) 蓄水种植隔热降温屋顶

蓄水种植隔热降温屋顶是将一般种植屋顶与蓄水屋顶结合起来，从而形成一种新型的隔热降温屋顶，在屋顶上用床埂分为若干的种植床，直接铺填种植介质，同时蓄水，栽培各种水中植物。其基本构造层次如图 9.68 所示。

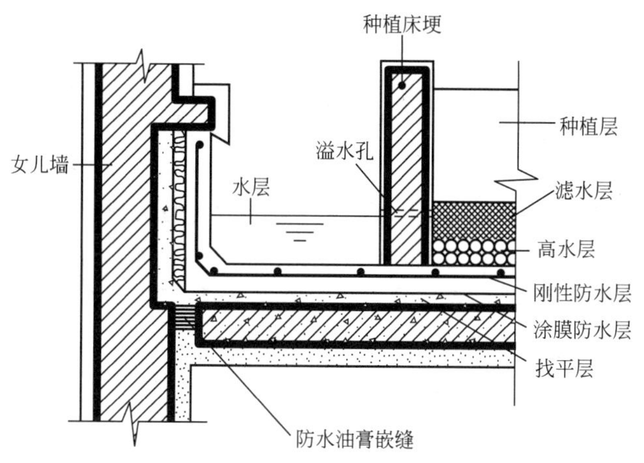

【参考图文】

图 9.68 蓄水种植隔热降温屋顶

蓄水种植隔热降温屋顶应满足下列要求。

(1) 种植分区床埂。蓄水种植屋顶应根据屋顶绿化设计，用床埂进行分区，每区面积不宜大于 100m^2。床埂宜高于种植层 60mm 左右，床埂底部每隔 1200 ～ 1500mm 设一个溢水孔，孔下口与水层面齐平。溢水孔处应铺设粗骨料或安设滤网，以防止细骨料流失。

(2) 防水层。蓄水种植屋顶因有蓄水层，故防水层应采用设置涂膜防水层和配筋细石混凝土防水层的复合防水构造。应先做涂膜防水层，再做刚性防水层。刚性防水层除女儿墙泛水处设分格缝外，屋顶的其余部分可不设分格缝。

(3) 种植层。蓄水种植屋顶的构造层次较多，为尽量减轻屋顶板的荷载，栽培介质的堆积密度不宜大于 10kN/m^2。

(4) 蓄水层。种植床内的水层靠轻质多孔粗骨料蓄积，粗骨料的粒径不应小于 25mm，蓄水层 (包括水和粗骨料) 的深度不超过 60mm。种植床以外的屋顶也蓄水，深度与种植床内相同。

(5) 滤水层。考虑到保持蓄水层的畅通，不致被杂质堵塞，应在粗骨料的上面铺 60 ～ 80mm 厚的细骨料滤水层。细骨料按 5 ～ 20mm 粒径级配，下粗上细地铺填。

(6) 人行架空通道板。人行架空通道板应具有一定的强度和刚度，设在蓄水层上的种植床之间，起活动和操作管理的作用，兼有给屋顶非种植覆盖部分增加隔热层的功效。

蓄水种植屋顶连通整个层面的蓄水层，弥补了一般种植屋顶隔热不完整、对人工补水依赖较多等缺点，又兼有蓄水屋顶和一般种植屋顶的优点，隔热效果更佳，但相对来说造价也较高。

种植屋顶不但在隔热降温的效果方面有优越性，而且在净化空气、美化环境、改善城市生态、提高建筑物综合利用效益等方面都具有极为重要的作用，是具有一定发展前景的屋顶形式。

【参考图文】

本章小结

（1）本章主要讲述屋顶的基本构造和设计要求。学习本章应重点掌握屋顶防水、排水构造、保温隔热构造及细部构造。

（2）屋顶是建筑最上层的覆盖构件。它主要有两个作用：一是承受作用于屋顶上的风荷载、雪荷载和屋顶自重等，起承重作用；二是防御自然界的风、雨、雪、太阳辐射热和冬季低温等的影响，起围护作用。因此，屋顶具有不同的类型和相应的设计要求。

（3）屋顶一般可分为平屋顶、坡屋顶、其他形式的屋顶。平屋顶通常是指屋顶坡度小于5%的屋顶，目前应用最广泛的是坡度为2%～3%的屋顶，大量民用建筑多采用与楼板层基本类同的结构布置形式的平屋顶。坡屋顶通常是指屋顶坡度在10%以上的屋顶，坡屋顶是我国传统的建筑屋顶形式，有着悠久的历史。随着建筑科学技术的发展，出现了许多新型结构的屋顶，有折板屋顶、拱屋顶、薄壳屋顶、悬索屋顶、网架屋顶、膜结构屋顶等。

（4）屋顶是房屋建筑的重要组成部分，其主要功能是防水，防水是屋顶构造设计的核心。屋顶防水从两方面着手：一是排除屋面雨水，二是防止雨水渗漏。防渗漏的原理和方法体现在屋面的防水材料与屋面的细部构造做法两个方面。屋顶的另一个功能是保温隔热。

思考题

1. 屋顶有哪些类型？各有什么作用？
2. 平屋顶有哪些特点？其主要构造组成有哪些？
3. 平屋顶的排水组织有哪些类型？各有什么优缺点？
4. 什么是刚性防水？什么是柔性防水？其优缺点各是什么？
5. 提高平屋顶保温、隔热性能的措施有哪些？
6. 坡屋顶的承重结构的主要做法有哪几种？其适用范围如何？
7. 坡屋顶如何进行坡面组织？其要求是什么？
8. 坡屋顶在檐口、山墙等处有哪些构造形式？如何进行防水及泛水处理？

第 10 章 膜结构建筑构造

教学目标

（1）理解膜结构建筑的概念和特点。
（2）理解膜结构建筑的组成。
（3）理解膜结构建筑的支撑形式。
（4）了解膜结构建筑的造型及连接。
（5）了解节点构造。

教学要求

知识要点	能力要求	相关知识
膜结构建筑	(1) 理解膜结构建筑的概念 (2) 理解膜结构建筑的应用	装配建筑的概念
膜结构建筑的组成	(1) 理解膜结构建筑的构件组成 (2) 理解膜结构建筑的构件做法	民用建筑构造概论
膜结构建筑的特点	理解膜结构建筑的特点	骨架结构的特点
膜结构建筑的支撑	(1) 了解膜结构建筑的支撑体系 (2) 了解膜结构建筑的造型设计	民用建筑结构
膜结构建筑的节点	(1) 了解膜结构建筑的节点 (2) 了解膜结构建筑的屋面防水	建筑屋面防水

膜结构建筑是集建筑学、结构力学、精细化工、材料科学与计算机科学等为一体的高科技结晶。膜结构建筑以其特有的性能得到广泛的应用。

膜结构建筑主要应用在以下情况。

（1）体育健身设施：运动场、体育馆等。

（2）文化娱乐设施：博物馆、音乐广场、公园绿地小品、游乐园等。

（3）商业公共设施：购物中心、商场、展览馆等。

（4）交通运输设施：候机大厅、飞机库、火车站、公共汽车站、加油站、停车棚、收费站等。

10.1 膜结构建筑

10.1.1 膜结构建筑的发展

膜结构 (Membrane) 是 20 世纪中期发展起来的一种新型建筑结构形式，是由多种高强薄膜材料和加强构件通过一定方式使其内部产生一定的预张应力以形成某种空间形状，作为覆盖结构，并能承受一定的外荷载作用的一种空间结构形式。

膜结构建筑作为新的建筑形式于 20 世纪 50 年代在国际上开始出现，特别是到了 20 世纪 70 年代，大阪博览会展示了可以用膜结构建造永久性建筑，标志着膜结构时代的开始。从此膜结构建筑的应用在世界范围内得到了迅速发展。近几年来，中国在膜结构应用上显示出了活跃的趋势，如 2008 年的奥运建筑水立方及 2010 年的上海世博轴等。

膜结构建筑作为一种建筑体系，它所具有的特性主要取决于其独特的形态及膜材本身的性能。恰由于此，用膜结构可以创造出传统建筑体系无法实现的设计方案。膜结构的出现为建筑师们提供了传统建筑模式之外的新选择。

10.1.2 膜结构建筑的造型

膜结构建筑的造型可以根据设计创意形成所需要的任意形状，如图 10.1 所示。丰富多彩的复杂膜结构形状是由各种符合膜受力特点的基本造型组合而成的。膜结构形状的基本组合单元有双曲抛物面、马鞍形双曲面、锥形双曲面、拱支撑曲面、脊谷曲面等。

【参考图文】

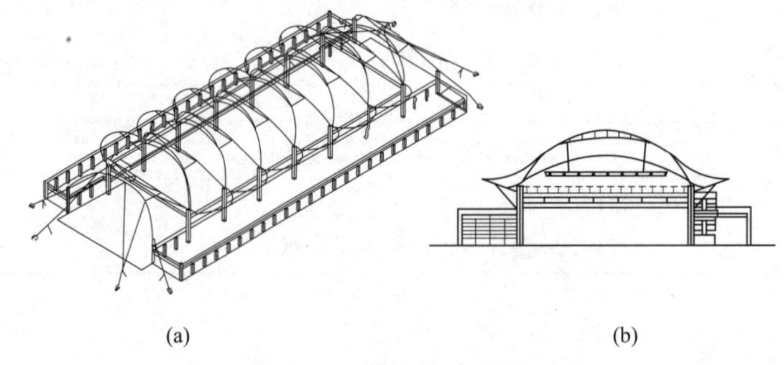

(a) (b)

图 10.1 膜结构建筑造型

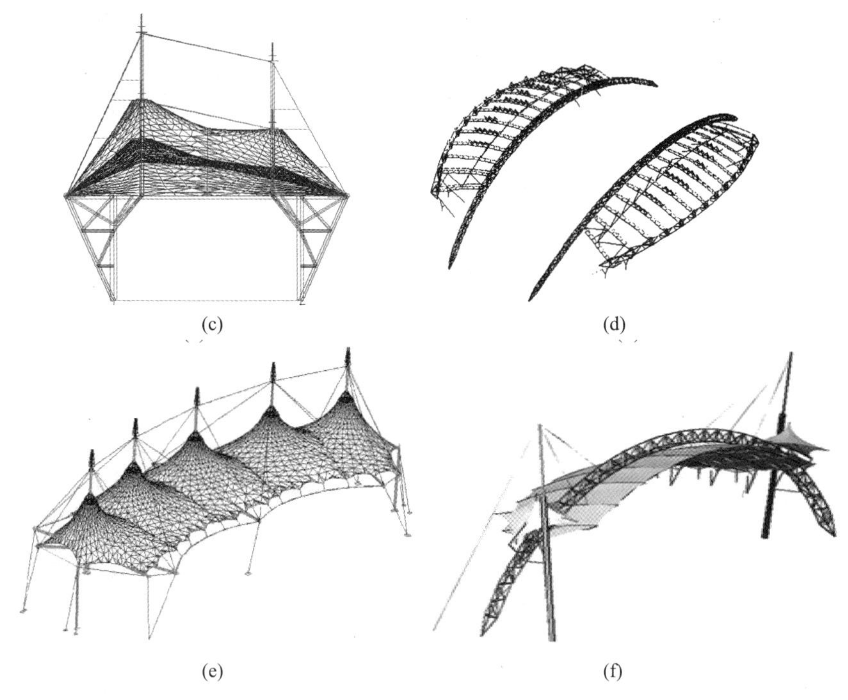

图 10.1 膜结构建筑造型（续）

10.1.3 膜结构建筑的特点

膜结构建筑具有传统建筑无法比拟的艺术性，轻质、高强、大跨以及具有良好的光学、声学、保温、防火及自洁性能的技术性，工期短、易于拆装、节能的经济性以及安全性。

1. 艺术性

膜结构张拉的灵活性使其可以产生很大的位移而不发生永久性变形。膜材的弹性性能和预应力水平决定了膜结构的变形能力和反应能力。不同的膜材的柔性程度也不相同，有的膜材柔韧性极佳，不会因折叠而产生脆裂或是破损，是有效实现可移动、可展开结构的基础和前提。以造型学、色彩学为依托，可结合自然条件及民族风情，根据建筑师的创意建造出传统建筑难以实现的多变曲线和能够充分体现力、柔与动的完美结合的造型形态。

2. 技术性

1) 力学性能

膜结构建筑一改传统建筑材料而使用膜材，即使为中等强度的 PVC 膜材，其厚度仅 0.61mm，但它的拉伸强度相当于钢材的一半。中等强度的 PTFE 膜，其厚度仅 0.8mm，但它的拉伸强度已达到钢材的水平。膜材的弹性模量较低，这有利于膜材形成复杂的曲面造型。张拉膜结构不是刚性的，其在风荷载或雪荷载的作用下会产生变形。膜结构通过变形来适应外荷载，在此过程中，荷载作用方向上的膜面曲率半径会减小，直至能更有效抵抗该荷载为止。它依靠预应力形态而非材料来保持结构的稳定性，其自重只是传统建筑的三十分之一，但却具有良好的稳定性，可以利用其轻质大跨结合组织结构细部构件，其轻盈和稳定的结构特性就形成了有机的统一体，可以从根本上克服传统结构在大跨度建筑上所遇到的困难，可创造巨大的无遮挡的可视空间。

2) 光学性能

膜材透光性是由它的基层纤维、涂层及其颜色所决定的。标准膜材的光谱透射比在 10% ～ 20% 之间，有的膜材的光谱透射比可以达到 40%，而有的膜材则是不透光的。膜材的透光性及对光色的选择可以通过涂层的颜色或是面层颜色来调节。通过膜材和透光保温材料的适当组合，可以使含保温层的多层膜具有透光性。即使光谱透射比只有几个百分点，膜面对于观察者来说依然是发亮和透光的，具有轻型体量的观感。膜材的透光性可以为建筑提供所需的照度，利于节能，对于一些要求光照多且亮度高的商业建筑来说尤为重要。膜材料可滤除大部分紫外线，防止内部物品褪色。其对自然光的透射率可达 25%，透射光在膜结构内部产生均匀的漫射光，无阴影，无眩光，具有良好的显色性，夜晚在周围环境光和内部照明的共同作用下，膜结构表面可发出令人陶醉的自然柔和的光辉，形成光雕。通过自然采光与人工采光的综合利用，膜结构的光学性能还可为建筑设计提供更大的美学创作空间。

3) 声学性能

一般膜结构对于低于 60Hz 的低频几乎是透明的，对于有特殊吸声要求的结构可以采用具有 FABRASORB 装置的膜结构，这种组合比玻璃具有更强的吸声效果。

4) 保温性能

单层膜材料的保温性能与半砖墙相同，优于玻璃。同其他材料的建筑一样，膜建筑内部也可以采用其他方式调节其内部温度。例如，内部加挂保温层、运用空调采暖设备等。

5) 自洁性能

PTFE 膜材和表面经过特殊处理的 PVC 膜材具有很好的自洁性能，雨水会在其表面聚成水珠流下，使膜材表面得到自然清洗。

3. 经济性

膜结构工程中所有加工和制作均在工厂内完成，可减少现场施工时间，避免出现施工交叉，相对传统建筑工程来说工期较短。膜结构建筑可调节及装卸的节点形式使得移动工程变为可能，易于搬迁。对于大跨度空间，采用膜结构时，其成本只相当于传统建筑大跨钢屋面结构的二分之一或更少，特别是在建造短期应用的大跨度建筑时，就更为经济。

4. 安全性

根据现有的各国规范和指南设计的轻型张拉膜结构具有足够的安全性。轻型结构在地震等水平荷载作用下能保持很好的稳定性。

根据荷载情况进行结构布置和形状调整，确定膜面与其辅助结构协调工作，避免力在膜面或辅助结构上集中而达到结构破坏的临界值，膜结构的柔性在任一荷载作用下则以最有利的形态承载。轻型结构自重较轻，即使发生意外坍塌，其危险性也较传统建筑结构的危险性小。膜结构发生撕裂时，若结构布置能保证桅杆、梁等刚性支承构件不发生坍塌，其危险性会更小。

10.1.4 膜结构建筑的结构形式

膜结构材料无定形，只有维持张力平衡的形状才是稳定的造型，可充分发挥膜结构材料抗拉强度高的特点，应用合理的结构形式。

膜结构建筑的结构形式有整体张拉式膜结构、骨架支撑式膜结构、索系支撑式膜结构和空气支撑式膜结构等，或由以上形式组合成的结构。不同的结构形式具有不同表现形式，可应用于不同的建筑。

1. 整体张拉式膜结构

整体张拉式膜结构 (图 10.2) 可由桅杆等支撑构件提供吊点，并在周边设置锚固点，通过预张拉而形成稳定的体系。它是由稳定的空间双曲张拉膜面、支承桅杆体系、支承索和边缘索等构成的结构体系。张拉膜结构由于具有形象的可塑性和结构方式的高度灵活性、适应性，所以此种方式的应用极其广泛。张拉膜结构又可分为索网式、脊索式等。张拉膜结构体系富于表现力、结构性能强，但造价稍高，施工要求也高。

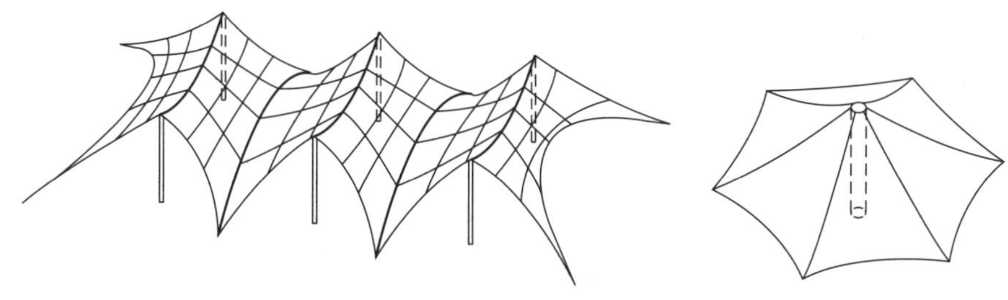

图 10.2 整体张拉式膜结构

2. 骨架支撑式膜结构

骨架支撑式膜结构 (图 10.3) 应由钢构件或其他刚性构件作为承重骨架，在骨架上布置按设计要求张紧的膜材。膜材依靠具有稳定性、完整性的钢或其他材料构成的刚性骨架，经张拉而构成的骨架式膜结构。骨架式膜结构体系的造价低于张拉式膜结构体系。形态有平面形、单曲面形和以鞍形为代表的双曲面形。

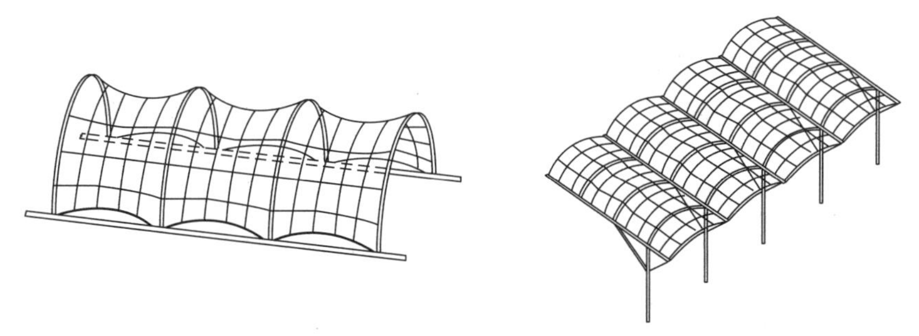

图 10.3 骨架支撑式膜结构

3. 索系支撑式膜结构

索系支撑式膜结构 (图 10.4) 应由空间索系作为主要承重构件，在索系上布置按设计要求张紧的膜材。

4. 空气支撑式膜结构

空气支撑膜结构(图10.5)应具有密闭的充气空间，并应设置维持内压的充气装置，借助内压保持膜材的张力，形成符合设计要求的曲面。向由膜结构构成的空间内充入空气，保持内部的空气压力始终大于外部的空气压力，由此使膜材料处于张力状态来抵抗负载及外力的构造形式。充气膜历史较长，造价较低，施工速度快，在特定的条件下有其明显的优势。充气膜结构可分为气承式膜结构和气囊式膜结构。

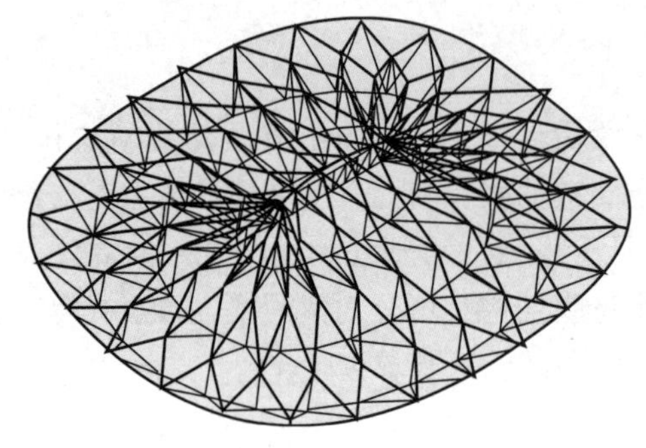

图10.4　索系支撑式膜结构

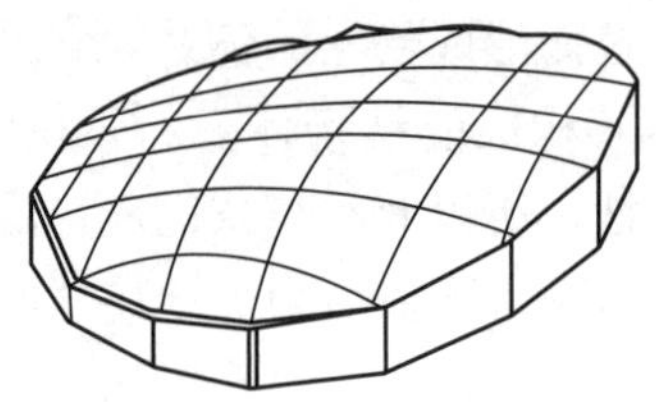

图10.5　空气支撑式膜结构

（1）气承式膜(单层)结构是将膜面周边闭合固定于支撑结构上或基础上，利用风机持续送风形成所要求的空间曲面，无须梁柱支承，靠内外压力差抵抗外部荷载。它外形如同肥皂泡，单层膜的内压大于外压，具有空间大、自重轻、建造简单的优点，但需要不断地输入超压气体并进行频繁的日常维护管理。

（2）气囊式双层膜结构是在双层膜之间充入空气，和单层膜相比，它可以充入高压空气，形成具有一定刚性的结构。而且其进出口可以敞开，可作为复杂建筑形式的基本单元或独立自成主体。

10.1.5 膜结构建筑的设计

1. 确定膜结构建筑的形体和结构形式

膜结构建筑应根据建筑物的性质、重要程度、使用功能、地区自然条件等确定建筑方案，针对单体膜结构建筑应考虑结构体系的合理性，整体风格与周围环境的协调，体现自身的形态和技术特点，并应具有合理的热、光、声环境，同时采用合理的排水、防积雪及有效的防雷措施。

结合初设膜结构方案的建筑形体，确定膜结构的建筑平面形状尺寸、三维造型、净空体量，确定各控制点的坐标、结构形式，选用膜材和构造方案。

膜材与建筑物内部、外部物体之间的距离，不应小于膜面在最不利条件下变形值的2倍，且不应小于1.0m。

空气支撑式膜结构还应符合以下规定：当采用普通单扇平开气闭门时，门的宽度不应小于900mm，开启方向应保证在正常压力下能够自动关闭，且开门力不应大于0.1kN。当采用其他专门的气闭门时，应进行专门设计。每栋建筑至少应设置一个应急出口。在所有的门上均应设置内外可视的观察窗。

2. 膜结构建筑的初始形态分析

根据边界条件及初始荷载要求，确定相应的初始张力和结构形状。初始平衡形状分析就是所谓的找形分析。目前，膜结构找形分析的方法主要有动力松弛法、力密度法及有限单元法等。由于膜材料本身没有抗压和抗弯刚度，抗剪强度也很差，因此其刚度和稳定性需要靠膜曲面的曲率变化和其中的预应力来提高。对膜结构而言，任何时候都不存在无应力状态，因此膜曲面形状最终必须满足在一定边界条件、一定预应力条件下的力学平衡，并以此为基准进行荷载分析和裁剪分析。

3. 膜结构建筑的荷载效应分析

在形态分析的基础上，验算结构在各种荷载下的变形及应力变化是否满足使用要求。膜结构考虑的荷载一般是风荷载和雪荷载。在荷载作用下，膜材料的变形较大，且随着形状的改变，荷载分布也在改变，因此要想精确计算结构的变形和应力，需要用几何非线性的方法进行。荷载分析的另一个目的是确定索、膜中的初始预张力。在外荷载作用下，膜中一个方向应力增加而另一个方向应力减少，这就要求施加初始张应力的程度要满足在最不利荷载作用下应力不致减少到零，即不出现皱褶。因膜材料比较轻柔，自振频率很低，在风荷载作用下极易产生风振，导致膜材料破坏。如果初始预应力施加过高，膜材徐变加大，易老化且强度储备少，对受力构件强度要求也高，会增加施工安装难度。因此，初始预应力的确定要通过荷载计算来确定。

4. 膜结构建筑的裁剪分析

根据找形分析所确定的膜结构形状，确定将空间膜曲面用平面膜材表示的裁剪式样。经过找形分析而形成的膜结构通常为三维不可展空间曲面，如何通过二维材料的裁剪，张拉形成所需要的三维空间曲面，这正是裁剪分析要解决的问题。

膜结构建筑裁剪设计的内容与步骤如下。

(1) 在找形得到的空间膜面上布置裁剪线，将空间膜面划分成若干个空间膜条。

(2) 将空间膜条展开为平面膜片。

(3) 释放预应力，对平面膜片进行应变补偿 (即考虑预应力释放后膜材的弹性回缩)。

(4) 根据以上结果，加上膜片接缝处及边角处都放量，得到平面裁剪片；给出膜材的下料图及膜面的加工图。

10.2 膜结构建筑的构造组成

膜结构建筑是由膜材和支撑构件组成的建筑物或构筑物。

10.2.1 膜材

1. 膜材的基本构造层次

膜材是由高强度纤维织成的基材和聚合物涂层构成的复合材料。膜材主要包括纤维基布、涂层、表面涂层及胶粘剂等。膜材的基本构成如图 10.6 所示，其中基材是由玻璃纤维或聚酯纤维织成的高强度织物，是膜材的主要组成部分。涂层是涂敷在基材上保护基材的聚合物层。面层是保护基材免受紫外线侵蚀并使膜材具有自洁性的表面附加涂层。纤维基布、各涂层及面层之间用胶粘剂胶合。胶粘剂主要有聚亚氨酯和聚碳酸酯。涂层织物膜材是目前的主要建筑膜材，非涂层织物膜材可用于室内或临时性帐篷等。

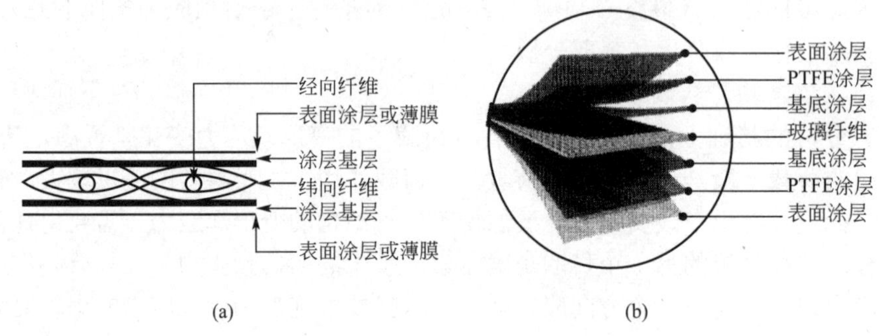

图 10.6　膜结构材料

2. 膜材的类型

膜材的类型代号和构成见表 10-1，常用的有 PTFE 膜材、PVC 膜材及仅有一层的 ETFE 膜材。

表 10-1　常用膜材的类别代号和构成

类别	代号	基材	涂层	面层
G	GT	玻璃纤维	聚四氟乙烯 PTFE	
P	PCF	聚酯纤维	聚氯乙烯 PVC	聚偏氟乙烯 PVF
	PCD	聚酯纤维	聚氯乙烯 PVC	聚偏二氟乙烯 PVDF
	PCR	聚酯纤维	聚氯乙烯 PVC	聚丙烯 Acrylic

注：GT 称 G 类，为不燃类膜材；PCF、PCD、PCA 统称 P 类，为阻燃类膜材。

(1) PTFE 膜材是 Poly(聚合)、Tetra(四)、Flour(氟)、Ethylene(乙烯)4 个英文单词的缩写。PTFE 膜材料一般是由高强极细玻璃纤维 (3μm) 编织成的基材上下涂附聚四氟乙烯树脂而形成的复合材料。聚四氟乙烯本身具有很好的化学稳定性，因此不需要任何其他的面层保护。一般 PTFE 膜材料不受紫外线的影响，使用寿命在 25 年以上，具有很好的自洁性，耐火等级为 A1 级。根据膜材料厚度 (0.37 ～ 1.00mm) 不同，其抗拉强度在 4800/3300 ～ 11000/9000N/5cm 之间，具有高透光性，透光率在 10% ～ 22% 之间，并且透过膜材料的光线是自然散漫光，不会产生阴影，也不会发生眩光。对太阳能的反射率为 73%，所以热吸收量很少，即使在夏季炎热的日光的照射下室内也不会受太大影响。正是因为这种具有划时代意义的膜材料的发明，才使膜结构建筑从人们想象中的帐篷或临时性建筑发展成现代化的永久性建筑。PTFE 膜材品质卓越，价格也较高。

(2) PVC 膜材是 Poly(聚合)、Vinyl(乙烯)、Chloride(氯)3 个英文单词的缩写。PVC 膜材料一般以高强聚酯纤维为基材，上下涂附聚氯乙烯涂层，为保护聚氯乙烯涂层在阳光下的化学稳定性，又在涂层的表面涂附化学性能相对稳定的聚偏二氟乙烯 (PVDF) 涂层，从而提高了 PVC 膜材料的耐久性和自洁性。其价格相应略高于纯 PVC 膜材，又称为 PVDF 膜材料。另一种涂有 TiO_2(二氧化钛) 的 PVC 膜材料具有极高的自洁性。此外还有聚丙烯 Acrylic 等。一般来说，PVC 膜材料的使用寿命可达 20 年以上，具有一定的自洁性，耐火等级为 B1 级，根据膜材料厚度 (0.5 ～ 1.14mm) 不同，其抗拉强度为（2500/2200）～（10000/8000）N/5cm 之间，透光率为 5.5% ～ 12%，内层膜材料透光率可达到 50% 以上。

(3) ETFE 是 Ethylene(乙烯)、Tetra(四)、Flour(氟)、Ethylene(乙烯)4 个英文单词的缩写。ETFE 膜材料没有任何布基，仅由一层乙烯四氟乙烯薄膜构成，乙烯四氟乙烯本身具有很好的化学稳定性，不需要任何其他的面层保护，但投资和维护费用都较高。

3. 膜材的性能比较

常用的膜材有 PTFE 膜材、PVC 膜材，其各项性能见表 10-2。

表 10-2　常用膜材的类别代号和构成

膜材类别			质量保证期 / 年	预计使用年限 / 年	反射率 / (%)	透光率 / (%)	自洁性	耐火性	价格比
基材	涂层	面层							
聚酯	PVC	PVF	10 ～ 15	15 ～ 20	75 ～ 85	6 ～ 13	良	良	100
		PVDF	10 ～ 12	15 ～ 20	75 ～ 85	6 ～ 13	较好	良	100
玻纤	PTFE	—	10 ～ 15	>25	70 ～ 80	8 ～ 18	优	优	300 ～ 400

注：反射率及透光率均指白色的聚酯纤维膜材。

10.2.2 支撑构件

1. 膜结构支承杆件

桅杆或立柱是膜结构的主要支承构件，作为张拉膜的张力体系的压杆支承膜高点或边界角点 (高点、低点)，形成稳定的受力体系。桅杆在大中型工程中可采用组合构件梭形和桁架柱。梭形主要是脚铰接，三角形截面，一般仅水平连杆。桁架柱主要是柱脚固接，三角形、矩形、方形断面，力求仅水平连杆，可加斜连杆。大型梭形截面钢管是脚铰接，变截面钢管铸造。高耸桅杆一般宜为铰接支承，体系对称，或由拉索维持平衡，避免巨大弯矩而必须采用高耸塔桅形式。桅杆形式十分灵活，在中小型工程中，一般以实截面型材为主，包括圆管、矩形管、方管、H 形管、双腹板 H 形管，高度在 10.0m 以上时也可采用三角形截面组合形式的桅杆。

索杆由拉索或高强钢棒、刚性杆和必要的边界约束构成有机的稳定结构体系。刚性杆有钢管压杆、压杆组合构件等。

2. 膜结构连接钢索

钢索是膜结构的重要结构性构件，特别是张拉膜结构，包括膜外自由张拉索和膜内拉索。为适应不同的工作环境与受力特性，钢索具有不同的钢索材质、构造形式、制作工艺，同时应满足柔韧性、弹性、延性、耐腐蚀性等要求。

钢索是承受拉力构件的统称，包括单根或多根钢筋、单股或多股钢丝组成的各类钢丝索、钢丝绳、缆索。

钢丝索由多根钢丝绕芯 (常为单根中心钢丝) 按照特定方式紧密排列而成的索股、钢索、缆索，包括两类平行钢丝索和螺旋形钢丝索。平行钢丝索是指钢丝的横截面紧密排列、纵向相互平行构成的索股、钢索、缆索，如图 10.7 所示。直径较小时，用于进一步构成平行钢索，一般称为索股。直径较大时，直接用于结构工程，一般称为平行钢丝索、缆索。螺旋钢丝索是指钢丝紧密排列、纵向按照螺旋线旋转 (2°～ 4°)/m 捻成的索股、钢索、缆索，如图 10.7 所示。直径较小时，用于进一步构成钢丝绳，一般称其为索股。直径较大时，直接用于结构工程，一般称为螺旋钢丝索、缆索。

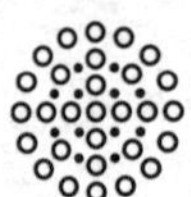
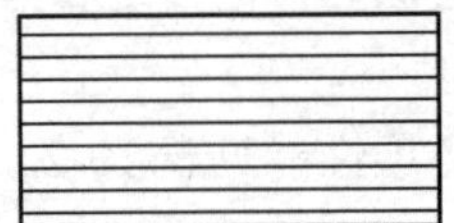
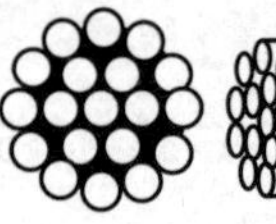
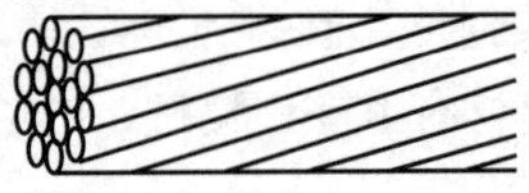

图 10.7　钢丝索

如图 10.8 所示，钢丝绳是由多根索股按一定规则紧密排列，并绕索芯沿特定方向捻绕而成的钢索，常称为钢绞索。捻绕一周的长度约为 9 ～ 12 倍索股直径。愈细捻绕愈长，强度、模量愈大。其中，钢丝是由各种材质钢棒 (钢筋条) 冷拉挤压而成的圆形或非圆形的高强金属丝，是构成所有钢索的最基础线材。钢丝绳 (钢绞索) 是应用最广泛的钢索形式，由索芯、索股构成。钢丝绳索芯主要有纤维芯、独立钢丝绳芯、钢丝索。索股就是直径较小的钢丝索，分为螺旋形和平行钢丝索两类。

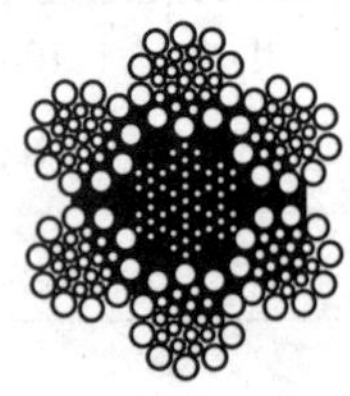

图 10.8　钢丝绳

3. 膜结构索头

为满足构件间的连接需要，膜结构索头主要有压接基本索头和浇铸锚具典型索头。

压接基本索头的基本形式有开口叉耳、闭口眼、螺杆丝杠，如图 10.9 所示。压接基本索头可与调节器组合成常见的 4 种典型索体，如图 10.10 所示，有两端螺杆、一端螺杆一端开口叉耳、两端开口叉耳加调节螺杆、螺杆加叉耳，可保证索体至少具有一个螺母调节，实现一定的可调范围。两端螺杆接叉耳、一端螺杆接叉耳一端固定叉耳的索体，在玻璃结构拉索、膜外索结构中常用，其特点是索体简洁，调节量较小，压接索头较小、形式简洁、美观，制作容易，造价较低。

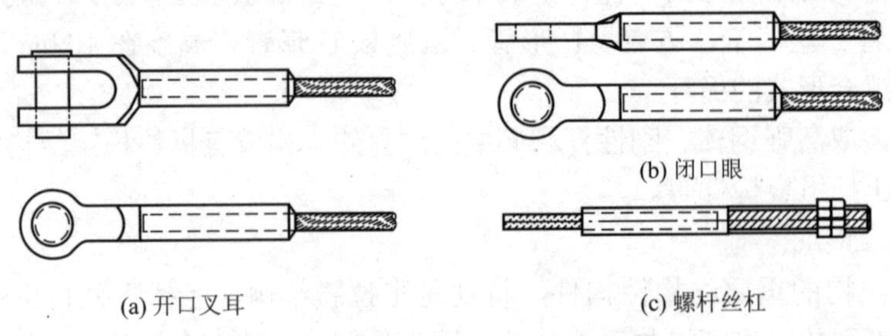

图 10.9　压接基本索头的基本形式

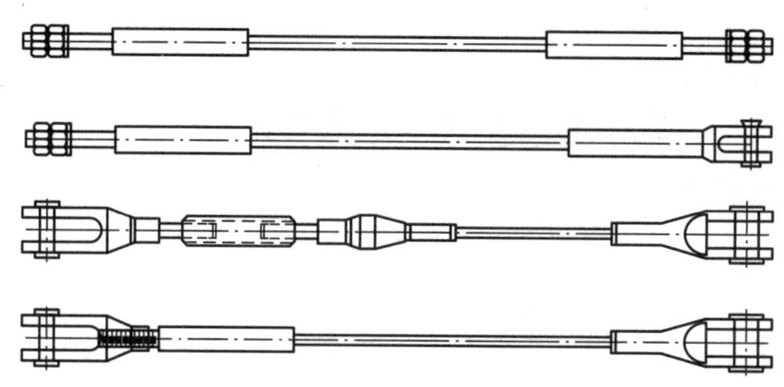

图 10.10　压接基本索头的 4 种典型索体

浇铸锚具典型索头的基本形式有开口叉耳、闭口眼、螺杆丝杠，螺杆丝杠可为内螺纹或外螺纹，如图 10.11 所示。4 种典型索头可实现多种结构索体，与各种外部构造及索段连接。浇铸锚具可锚固受力较大的钢索。当钢索较小时仍可用调节器。当钢索较大、拉力大时，其调节机制常为桥式锚具，分闭口和开口两种形式（图 10.12），可用于大型工程中。

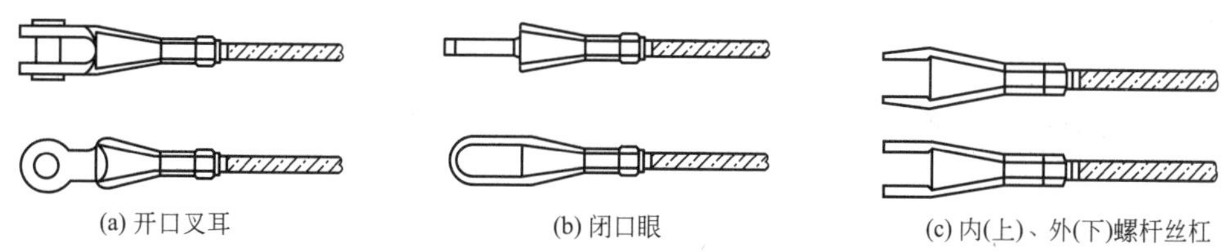

图 10.11　浇铸锚具典型索头基本形式

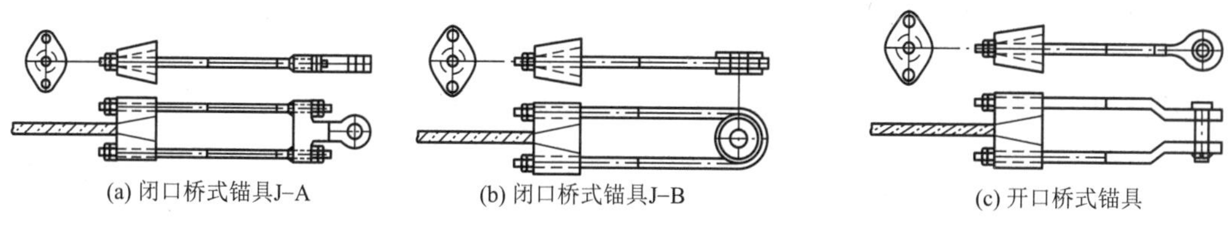

图 10.12　浇铸桥式锚具

钢棒作为膜外拉杆、吊杆等，其端头与索体的基本形式相似，如图 10.13 所示，节点板与钢棒间采用焊接，保证受力强度，构造简洁，可现场制作，方便简单，造价低。中间套筒可满足较长拉杆增长连接的需要，同时可调整长度以满足施工需要。

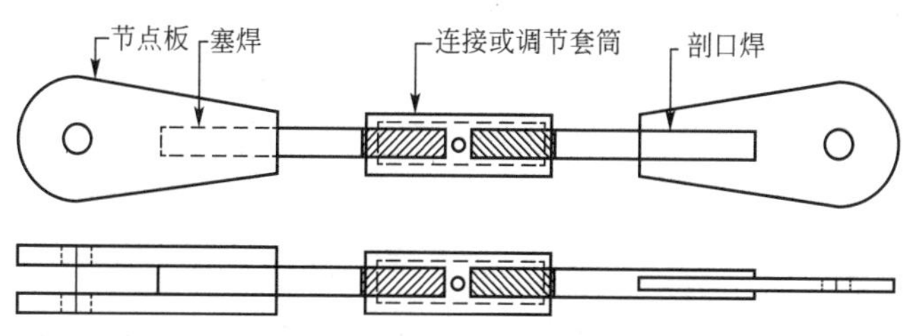

图 10.13　钢棒拉杆节点与形式

10.3 膜结构建筑的构造

膜结构的构造形式种类繁多，根据作用与连接关系可分为膜材连接、膜柔性边界和膜刚性边界；根据位置与构造形式可分为定点、脊线、谷线和角隅点等。

膜结构的连接构造要满足一般规定。膜结构的连接构造应保证连接的安全、合理、美观。膜结构的连接件应具有足够的强度、刚度和耐久性，应不先于所连接的膜材、拉索或钢构件损坏，并不产生影响结构受力性能的变形。连接处的膜材应不先于其他部位的膜材损坏。膜结构的连接件应传力可靠，并减少连接处的应力集中。膜结构的节点构造应符合计算假定。必要时，应考虑节点构造偏心对拉索、膜材产生的影响。设计连接构造时，应考虑施加预张力的方式、结构安装允许偏差及进行二次张拉的可能性。在膜材连接处应保持高度水密性，应采取必要的构造措施防止膜材磨损和撕裂。对金属连接件应采取可靠的防腐蚀措施。在支承构件与膜材的连接处不得有毛刺、尖角、尖点。

10.3.1 膜材连接构造

膜材之间连接缝的布置，应根据建筑体型、支承结构位置、膜材主要受力方向及美观效果等因素综合确定。膜材的连接主要包括膜片连接和膜片加劲补强。

1. 膜片的连接构造

膜片连接主要采用缝合连接、热合连接和机械连接。

(1) 缝合连接方法 (图 10.14) 适合于无涂层织物、不可焊织物、不防水织物等的连接。

(2) 膜材之间的主要受力缝宜采用热合连接。膜片热合连接常用的形式有搭接、单面背贴和双面背贴 (图 10.15)，热合连接的搭接缝宽度应根据膜材类别、厚度和连接强度的要求确定。对 P 类膜材来说，搭接缝宽度不宜小于 40mm；对 G 类膜材来说，搭接缝宽度不宜小于 75mm。对小跨度建筑、临时性建筑及建筑小品，膜材的搭接缝宽度对 P 类膜材来说不宜小于 25mm，对 G 类膜材来说不宜小于 50mm。这种连接方式的工业化程度高、易保证质量，应用广泛。

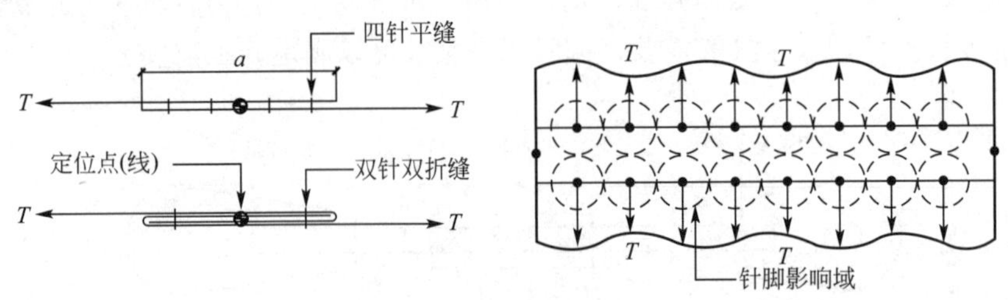

图 10.14 膜片缝合连接

(3) 膜片的机械连接构件主要有螺栓、束带和拉链等。螺栓压板连接如图 10.16 所示，常用于大件膜现场连接，螺母须拧紧以产生足够的摩擦力，使边索与压板吻合，可靠地传递压力；既可错位搭接也可平齐搭接。膜孔比螺栓大 2 ～ 3mm，铝合金压板长 300 ～ 500mm，宽 40 ～ 80mm，厚 5 ～ 10mm，螺栓间距 75 ～ 150mm。

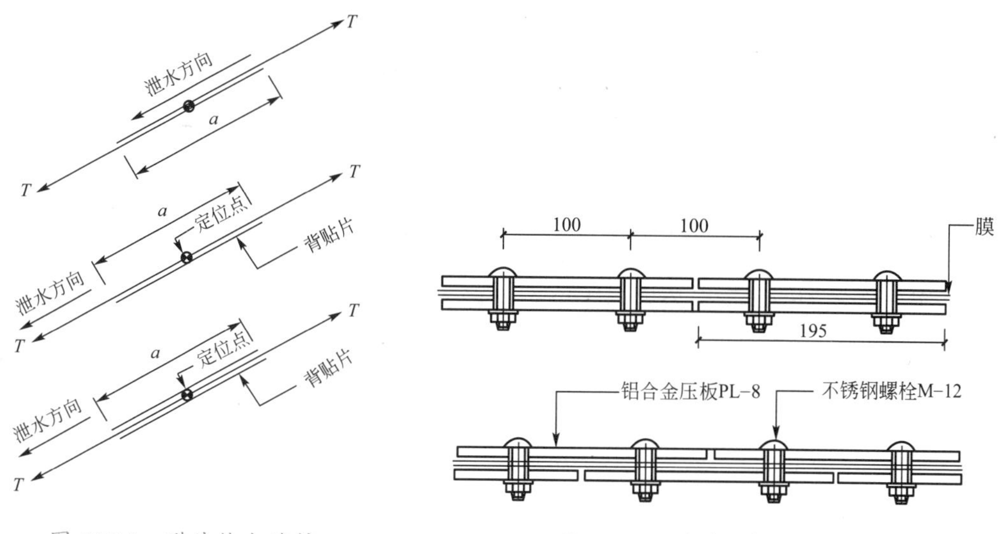

图 10.15　膜片热合连接

图 10.16　膜片螺栓压板连接

2. 膜片加劲补强连接构造

当膜面在 15m 或更大距离内无支承时，宜增设加强索对膜材进行局部加强。对空气支承膜结构和整体张拉式膜结构来说，加强索的钢索可缝进膜面内［图 10.17(a)］，也可设在膜面外［图 10.17(b)］。

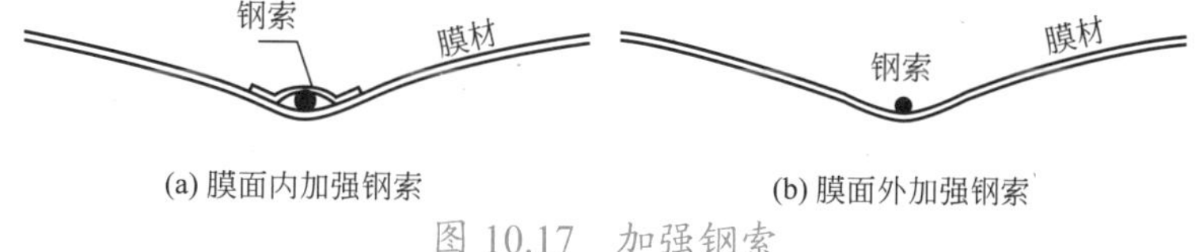

(a) 膜面内加强钢索　(b) 膜面外加强钢索

图 10.17　加强钢索

膜角隅和锥顶点附近受力大，且作用力复杂，常应做加劲膜片，加劲膜片的范围根据受力分析确定。锥顶可加劲圆环，如图 10.18(a) 所示；较小圆环外再加辐射条带，如图 10.18(b) 所示；角隅节点加劲，如图 10.18(c) 所示。补强膜片应与缺陷形状接近，常为圆形、矩形和多边形，加劲膜片至少要比撕裂缝边缘、损伤边缘大 50mm 以上，如图 10.19 所示。

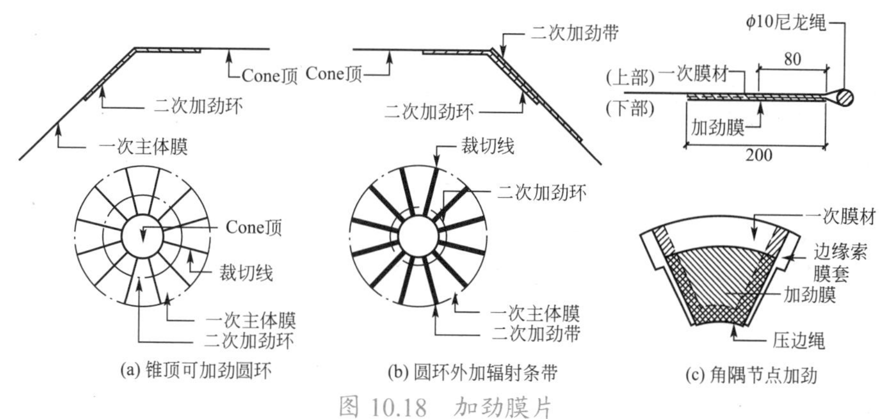

(a) 锥顶可加劲圆环　(b) 圆环外加辐射条带　(c) 角隅节点加劲

图 10.18　加劲膜片

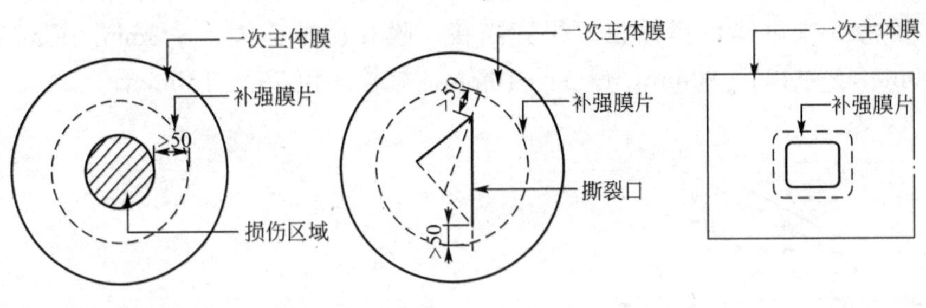

图 10.19 补强膜片

3. 膜单元之间的连接构造

膜单元之间的连接可采用编绳连接［图 10.20(a)］、夹具连接［图 10.20(b)］或螺栓连接［图 10.20(c)、(d)］。

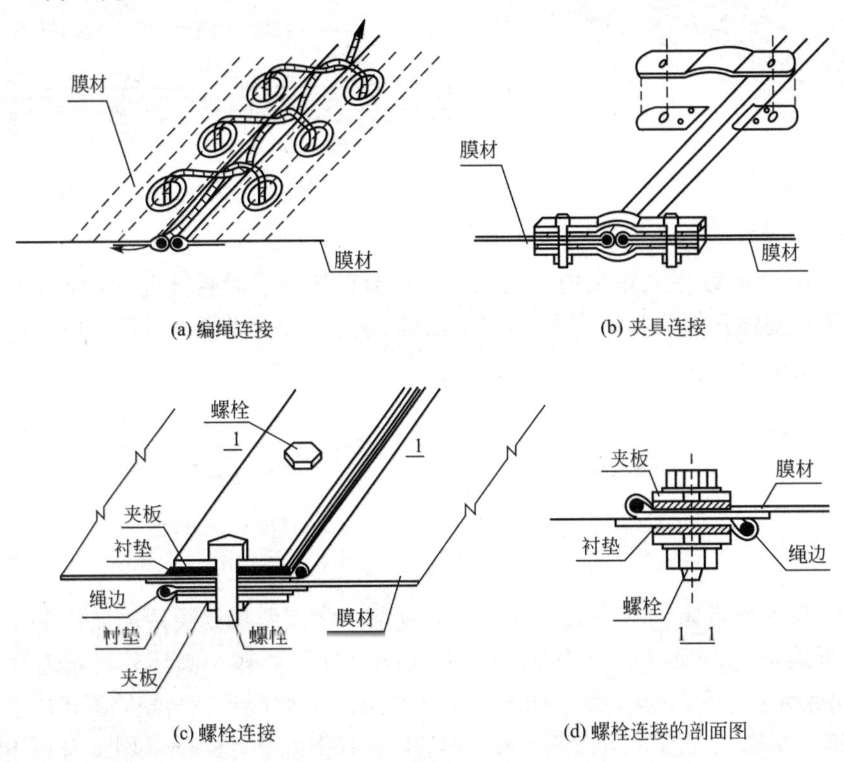

图 10.20 膜单元之间的连接

10.3.2 膜材边界构造

1. 膜柔性边界构造

膜柔性边界主要是膜与柔性索连接的各种构造，常用的连接有膜套、束带、U 形件、调节器等，根据膜材、边缘曲率、受力大小、预张力导入机制等因素决定。

1) 膜套连接

膜面受力较小、钢丝绳直径较小时，常为压接索头，可用图 10.21 所示的整体式膜套构造。膜比较硬、柔韧性较差时，加工边缘膜套较困难、不易保证品质，可采用图 10.22 所示的分离式膜套构造。

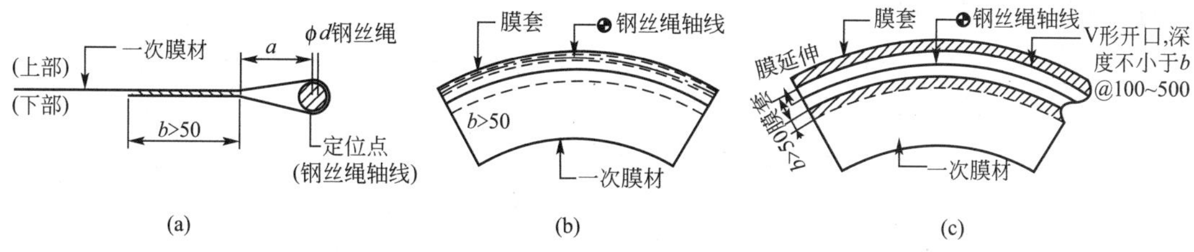

图 10.21　整体式膜套构造

2) U 形件夹板连接

当膜受力大，边缘索直径较大、长度较长，索头锚具为热铸或冷铸，索头尺寸大，难于直接穿膜套，或者膜较硬、脆，膜套制作、边缘索安装不便时，都可采用 U 形件夹板连接，如图 10.23 所示。当钢丝绳直径远大于压板厚度和橡胶垫及膜厚度之和时，可采用如图 10.24(a) 所示的方法和方便施工的构造［图 10.24(b)］。

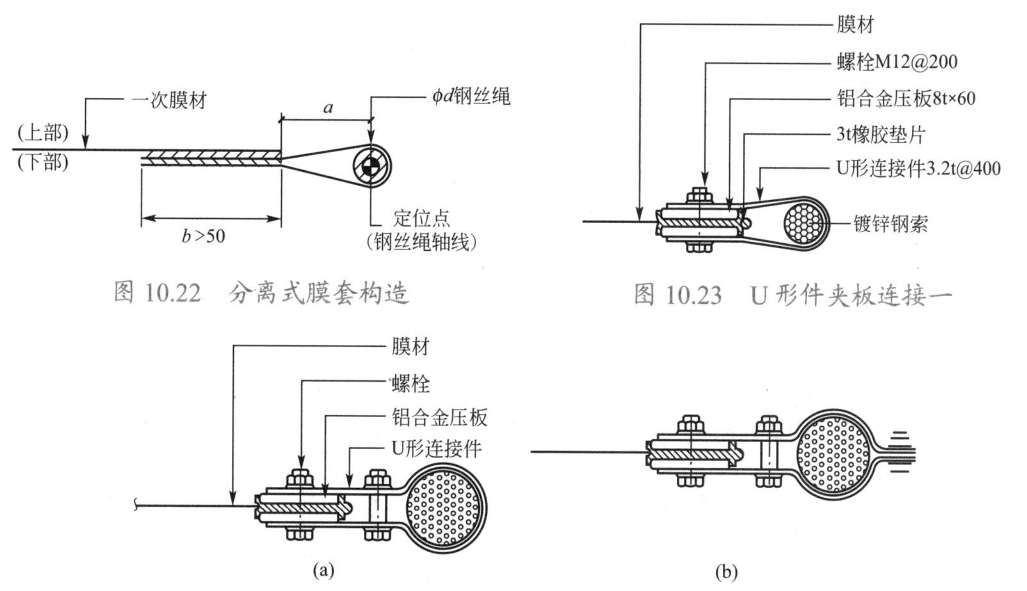

图 10.22　分离式膜套构造

图 10.23　U 形件夹板连接一

图 10.24　U 形件夹板连接二

3) 典型束带构造

典型束带构造如图 10.25 所示，由柔性系带交叉缠绕，可调节拉力与形态。在边缘钢丝绳较小（如小于或等于 $\phi24\sim\phi30$)、受力较小时也可用，应用较广泛。系带可为尼龙绳、聚酯、钢芯 PE 索。

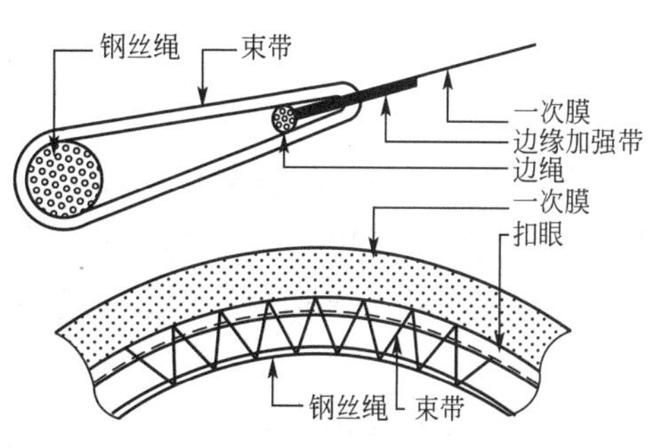

图 10.25　典型束带构造

4) 排水构造

膜边缘常为空间曲线，特别是柔性索边

界，其排水、导水不如刚性水沟排水。当排水要求较低、汇水面积小、落水高度小时，可采用自由散水。但当排水要求较高、汇水面积较大、落水高度大时，可采用如图 10.26 所示的边缘导水构造，实现有组织排水。

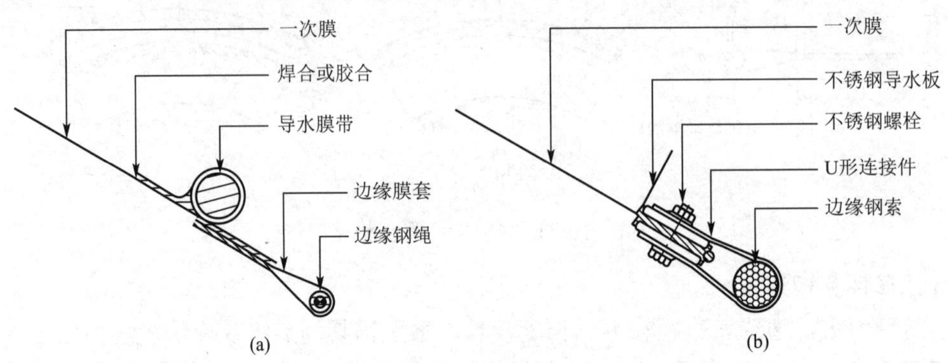

图 10.26　边缘导水构造

2. 膜刚性边界构造

膜刚性边界是最基本的膜连接形式，应用于各类膜材和不同规模的膜建筑，包括与周围和内部结构的连接，如混凝土、钢结构、木结构、铝合金结构等，可采用普通钢焊接、不锈钢哑焊、挤塑铝型材等。

1) 钢筋混凝土边界

图 10.27(a) 是高点边缘膜与混凝土连接的防水构造。引水板可为白铁皮、铝合金、不锈钢、复合板，承板可为角钢或焊接钢板，锚栓可为化学锚栓或铁膨胀螺栓。

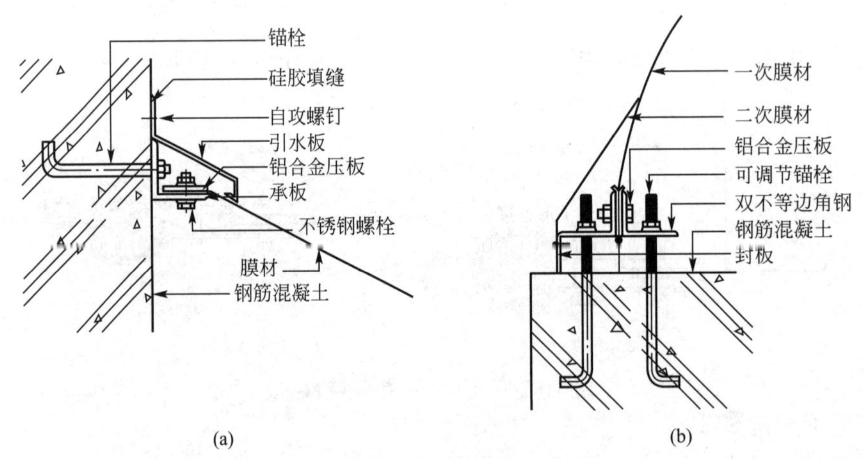

图 10.27　钢筋混凝土边界连接构造

图 10.27(b) 是低点边缘膜与混凝土连接的防水构造，适合大拉力、大件膜，锚栓预留充足可二次调整张拉，安装调试完后切掉超长段。膜直接由双角钢固定夹持、支承，然后由双排锚栓连接，其构造简单、受力合理。二次膜可密封、防水，宜用于张拉膜、气承式膜。

2) 钢构边界连接构造

钢构边界连接构造应用最多，具体形式丰富。图 10.28 为固定节点连接，适应结构弯管，膜边高，可防水。如膜边为低点，则可以自然泄水而不必设计二次防水膜及构造。

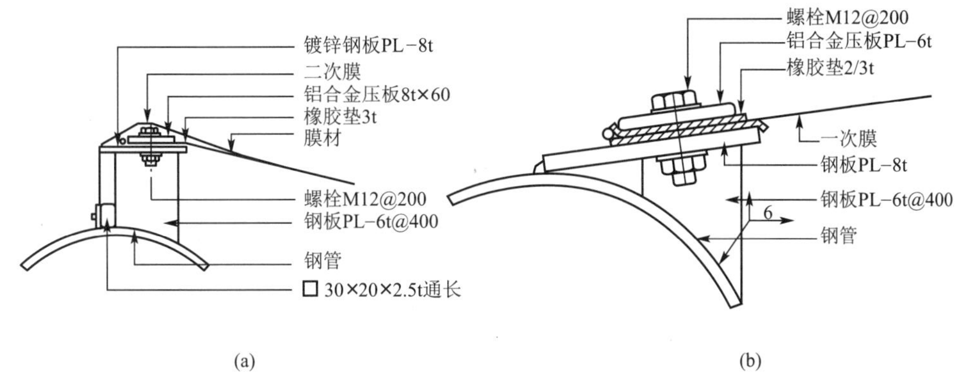

图 10.28 钢构边界连接构造

10.3.3 膜角隅连接构造

膜角隅连接构造复杂，大体可分为柔性角和刚性角及柔性和刚性混合角。

1. 柔性膜角点

柔性膜角点由柔性边界交叉合成连接。调整膜角拉索和定位点使膜角的展开面角度和曲面空间角度一致，同时使膜切片弧长与设计膜角扇形板相应弧长相等，使膜角有效张拉。柔性膜角点根据实际情况连接类型繁多，以下仅列出通常使用的几个例子。图 10.29 所示为扇形板连接，边缘索端、张拉索端都可张拉，无偏心及扭矩，通过调节螺栓张拉膜角，扇形板系铸造，适合拉力较大的膜角连接。图 10.30 所示为叉口形索头与节点板螺栓连接，膜角拉索、边缘索的索头皆为叉口形式与节点板螺栓连接，膜角可沿切面转动，法向可随索而动，无偏心，但不可调整。图 10.31 所示为可调整的扇形板连接，膜角边缘索的螺杆端部与扇形板连接可调整张拉。张拉螺杆可径向张拉调节、偏心，并由 U 件连接支承构件，膜角可沿切向与法向转动。张拉螺杆位于扇形节点和膜的下方，便于在下部直

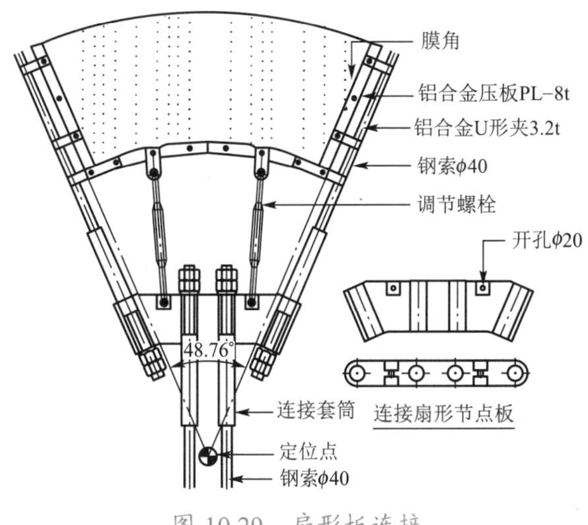

图 10.29 扇形板连接

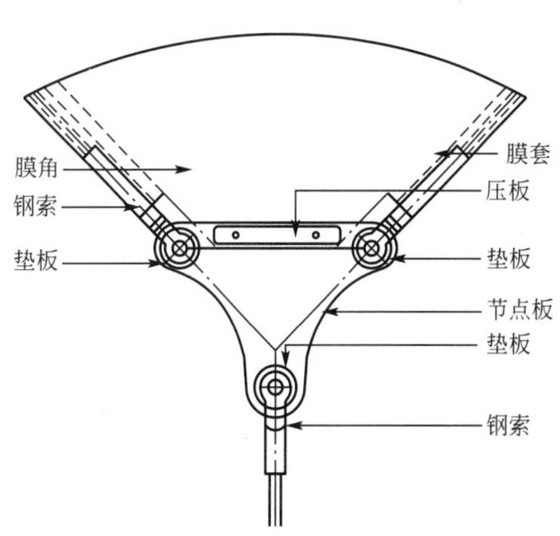

图 10.30 叉口形索头与节点板螺栓连接

接安装调整。高点膜角的螺杆和扇形板置于膜下方，避免锈迹污染膜。图 10.32 所示为扇形板与支承桅杆的连接，膜角由连接板连接扇形板和支承桅杆 (柱) 焊接，无偏心，膜角可沿法向转动，后平衡张拉索张拉调节，柱常用活动铰接，边缘索螺杆端可调节。

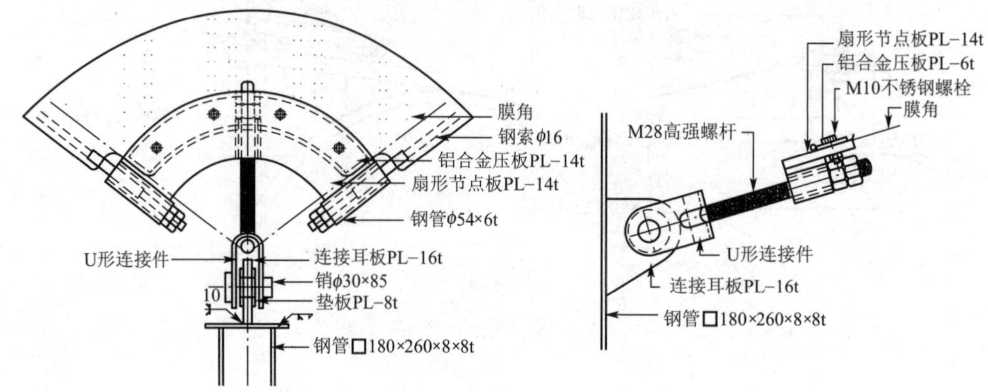

图 10.31　可调整的扇形板连接

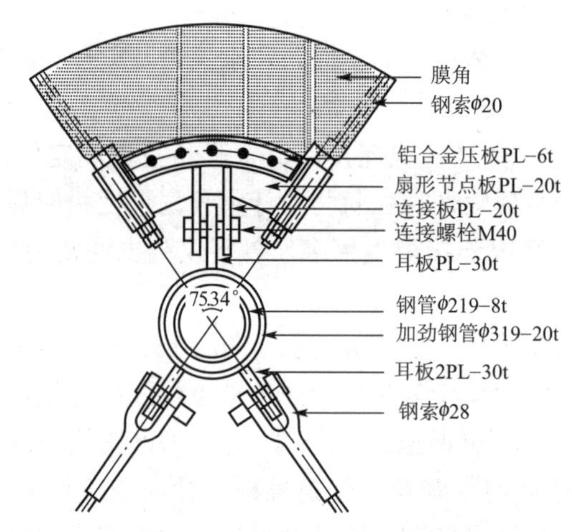

图 10.32　扇形板与支承桅杆连接

2. 刚性膜角点

刚性边界膜角连接构造不能有效张拉膜角，容易褶皱，如图 10.33(a) 所示；当双向为可调节膜边界时可设双向张拉件，如图 10.33(b) 所示；当建筑容许时，可将膜角裁切为圆弧或直边，对锐角 (尖角) 可增加弧形节点板或三角板过渡，然后连接膜角，如图 10.33(c) 所示。

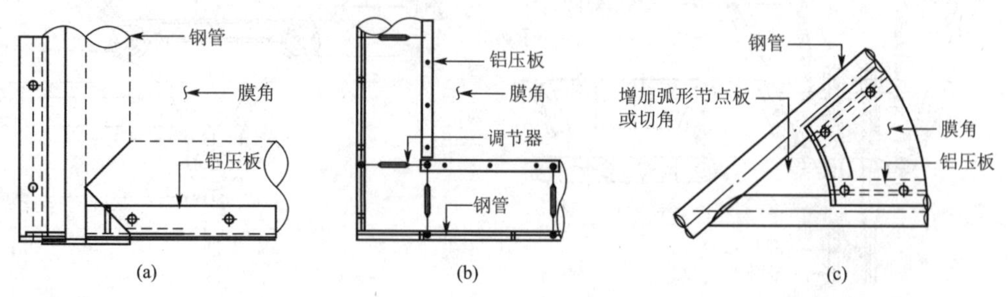

图 10.33　刚性边界膜角连接构造

10.3.4 膜脊谷连接构造

膜片之间在高点的接合线称为膜脊，膜片之间在低点的接合线称为膜谷。由钢索、束带等构成柔性膜脊、膜谷连接构造，由刚性构件支承构成刚性膜脊、膜谷连接构造。膜脊谷交角可为锐角或钝角。

1. 柔性连接构造

柔性连接构造分为膜脊和膜谷。在图 10.34 所示的柔性膜脊连接构造中，U 形铝合金件的尺寸为 @(200 ～ 400)mm，铝合金压板的尺寸为 (6 ～ 10)mm×(50 ～ 60)mm×(190 ～ 200)mm，不锈钢螺栓的尺寸为 M(10 ～ 12)@200mm，钢索可无索套，适合膜受力较大的膜脊，现场接合膜片，膜脊谷交角为钝角。图 10.35 所示为柔性膜谷连接构造，适合于受力较大的情况和现场连接。其中，U 形铝合金件的尺寸为 @(200 ～ 400)mm，铝合金压板厚 5 ～ 8mm、宽 40 ～ 60mm，不锈钢螺栓的尺寸为 M(8 ～ 12)mm@(75 ～ 200)mm，必须设防水膜，且宜在工厂焊合。

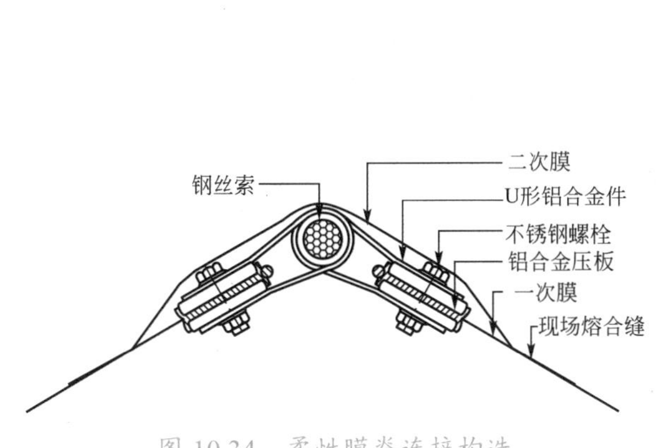

图 10.34　柔性膜脊连接构造

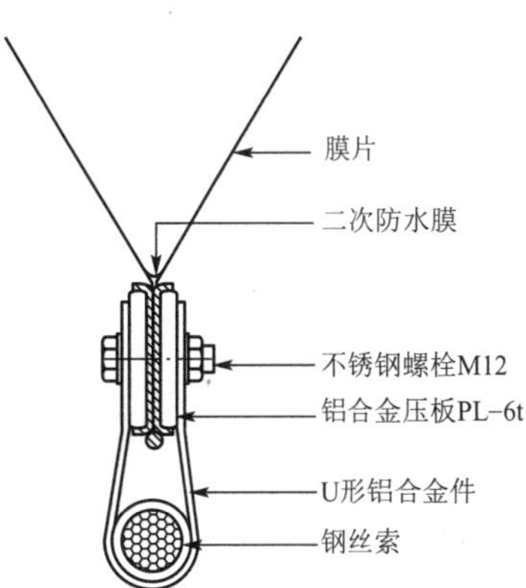

图 10.35　柔性膜谷连接构造

2. 刚性连接构造

刚性连接构造分为膜脊和膜谷。图 10.36 所示为刚性膜脊连接构造，采用双导轨铝合金挤塑型夹具，亦由卷边 U 形导轨夹具与主结构连接。导轨型夹具防水性好，膜气密性佳，适合气囊式膜、ETFE 等，且受力不大，便于安装。导轨曲率愈小愈容易安装，但导轨制作复杂、成本较高。常用的导轨形式为单轨、双轨，也可以为组合多轨，材质为轻铝合金或合成材料。卷边 U 形导轨可为薄钢板卷或轧制而成。图 10.37 所示为刚性膜谷连接构造，可先将角钢、压板与膜连接之后，再与板拴接。

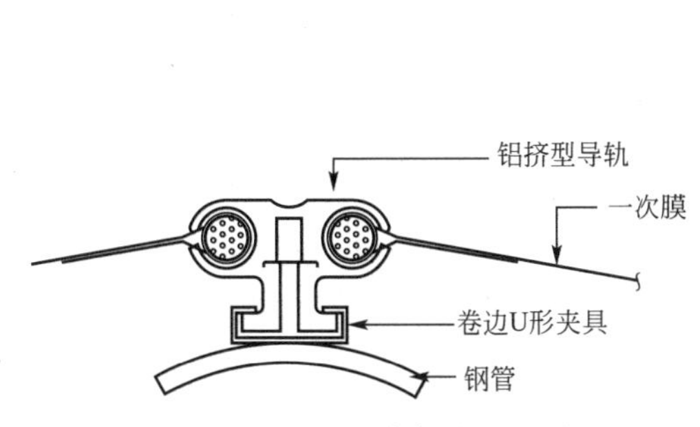

图 10.36　刚性膜脊连接构造

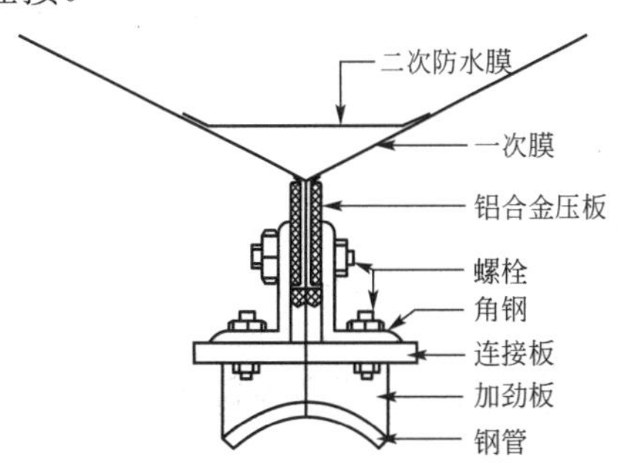

图 10.37　刚性膜谷连接构造

10.3.5 膜顶连接构造

膜顶点连接是膜的主要连接构造，有锥形、喇叭形连接，包括高点和低点的膜顶连接构造。

1. 高点膜顶连接构造

高点膜顶连接构造如图 10.38 所示，膜面张拉锥顶与刚性吊环连接，刚性吊环由调节张拉螺杆与桅杆或柱连接，适用于大中型膜顶。其中，吊环可为圆钢管、钢板、组合形式等，调节张拉螺杆对称布置，设置个数不少于 3 个，或用钢索、束带等构造。

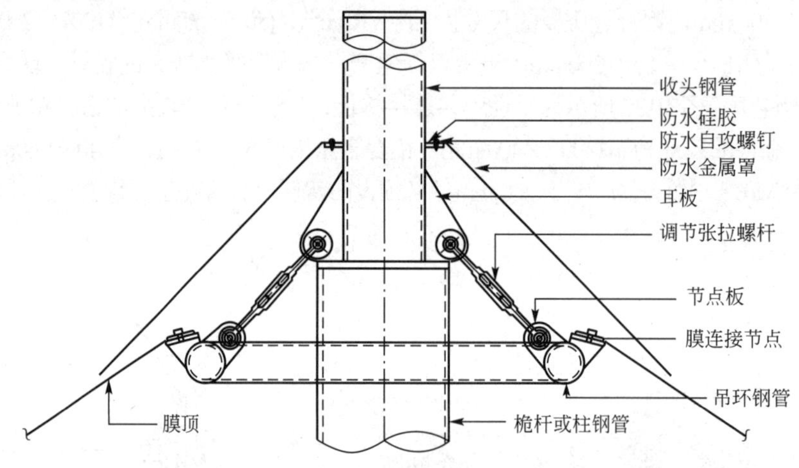

图 10.38　高点膜顶连接构造

2. 低点膜顶连接构造

低点膜顶连接构造如图 10.39 所示，采用螺杆向下张拉锚固，集中组织排水，可升降调整，适合较大的膜锥曲面。螺杆环向对称均匀设置，设置个数宜大于 3 个。螺杆外可包建筑装饰材料，如铝塑板等。当膜顶较小或张拉室内装饰膜时，因其受力较小，可用单螺杆或束带等张拉。

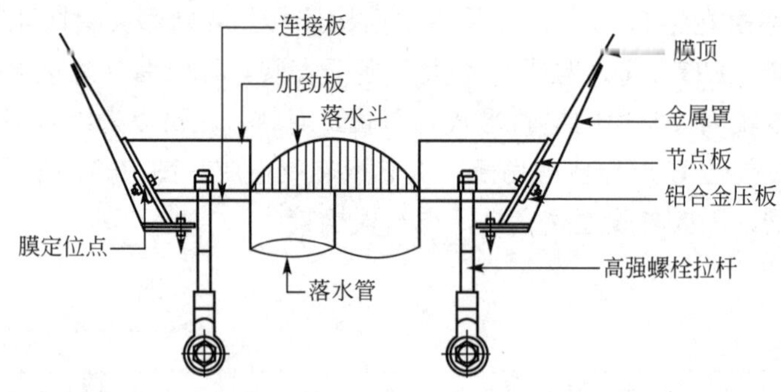

图 10.39　低点膜顶连接构造

10.3.6 膜基座连接构造

膜支座连接根据受力不同，有压力支座连接和拉力支座连接，膜基座连接分拉索、桅杆（柱）。拉索基座连接与索头形式对应，当索头为开口叉耳、闭口眼时，则基座为单、双耳板。连接耳板应与拉索同平面，耳板与索头可按 C 级螺栓标准开口配合，间隙小于 2 ～ 5mm，以保证连接销或螺栓受纯剪切力，而非弯剪变形。当节点板较厚时，可增加对称垫板，或变厚铸造。螺栓或销按 C 级螺栓标准与节点板连接。拉索锚锭的抗拔承载力应根据锚锭形式、地基条件等，经现场勘查和土质试验确定。

桅杆或柱脚连接构造应符合受力要求，柱脚分刚性固接、铰接，铰接又包括平面铰、球铰。固接能有效抵抗弯矩，约束转动。当受力较小时，锚栓和适当加劲板可视为固接；当受力较大时，需柱靴等构造才可保证固接。铰接时，当受力较小、以平面转动为主时，面外受力较小，可由桅杆脚单耳板用螺栓或销连接。当轴压力较大时，可用双耳板；当轴压力很大时，为完全释放各方向弯矩，避免平面铰时面外变形产生较大面外弯矩而节点无法承受，应采用球形柱脚。

本章小结

（1）膜结构是 20 世纪中期发展起来的一种新型建筑结构形式，是由多种高强薄膜材料和加强构件通过一定方式使其内部产生一定的预张应力以形成某种空间形状，作为覆盖结构，并能承受一定的外荷载作用的一种空间结构形式。

（2）膜结构材料无定形，只有维持张力平衡的形状才是稳定的造型，可充分发挥膜结构材料抗拉强度高的特点，应用合理的结构形式。

膜结构建筑的结构形式有整体张拉式膜结构、骨架支撑式膜结构、索系支撑式膜结构和空气支撑式膜结构等，或由以上形式组合成的结构。不同的结构形式具有不同表现形式，可应用于不同的建筑。

（3）膜结构的构造形式种类繁多，根据作用与连接关系可分为膜材连接、膜柔性边界和膜刚性边界；根据位置与构造形式可分为定点、脊线、谷线和角隅点等。

思考题

1. 膜结构主要用于哪几种建筑类型中？
2. 膜结构具有什么特点？
3. 膜结构体系主要有哪几种类型？
4. 膜结构的组成构件主要有哪些？
5. 常用的膜材是哪两类？
6. 膜材之间的主要受力缝宜采用什么方式连接？
7. 膜结构的主要连接构造应注意什么问题？

第 11 章

门 窗

教学目标

(1) 理解门窗的作用和特点。
(2) 理解门窗的组成。
(3) 理解门窗的开启方式。
(4) 了解门窗的构造节点。
(5) 了解门窗的节能构造。

教学要求

知识要点	能力要求	相关知识
门窗	(1) 理解门窗的作用 (2) 理解门窗的应用	建筑设计
门窗的组成	(1) 理解门窗的组成 (2) 理解门窗的构件做法	民用建筑构造概论
门窗的特点	(1) 理解门窗的特点 (2) 理解门窗的分类	建筑立面设计
门窗的开启方式	(1) 了解门窗的开启方式 (2) 了解门窗的开启方式与节点构造	民用建筑墙体构造
门窗的节点	(1) 了解门窗的节点 (2) 了解门窗的节能	建筑节能

门和窗均是建筑物的重要组成部分。门在建筑物中的作用主要是交通联系，并兼有采光、通风的作用；窗在建筑物中主要是起采光兼通风的作用。它们均属建筑的围

护构件。同时，门窗的形状、尺度、排列组合及材料，对建筑的整体造型和立面效果影响很大。在构造上，门窗还应具有一定的保温、隔声、防雨、防火、防风沙等能力，并且要开启灵活、关闭紧密、坚固耐久、便于擦洗、符合《建筑模数协调统一标准》的要求，以降低成本和适应建筑工业化生产的需要。最主要的是建筑门窗和幕墙，它们是建筑物热交换、热传导最活跃、最敏感的部位。在采暖建筑中，室内温度冬季一般为16～20℃，通过门窗的传热损失与空气渗透热损失相加，占建筑能耗的50%左右，是墙体损失的5～6倍，因此应关注建筑内部的传统木门窗和满足建筑节能要求的普通外门窗。在实际工程中，一般门窗的制作生产已具有标准化、规格化和商品化的特点，各地都有标准图供设计者选用。

【参考图文】

11.1 门的类型及木门构造

11.1.1 门的分类

1. 根据材料不同

根据门的使用材料不同，可分为木门、钢门、铝合金门、塑钢门、彩板门等。

2. 根据开启方式不同

根据门的开启方式不同，可分为平开门、弹簧门、推拉门、折叠门、转门、上翻门、升降门、卷帘门等。

平开门如图11.1(a)所示，具有构造简单、开启灵活、制作安装和维修方便等特点。平开门有单扇、双扇和多扇，内开和外开等形式，是建筑中使用最广泛的门。

弹簧门如图11.1(b)所示，其形式与普通平开门基本相同，不同的是前者用弹簧铰链或用地弹簧代替普通铰链，开启后能自动关闭。单向弹簧门常用于有自动关闭要求的房间，如卫生间的门、纱门等。双向弹簧门多用于人流出入频繁或有自动关闭要求的公共场所，如公共建筑门厅的门等。双向弹簧门扇上通常应安装玻璃，供出入的人相互观察，以免碰撞。

推拉门如图11.1(c)所示，开启时门扇沿上下设置的轨道左右滑行，通常为单扇和双扇，开启后门扇可隐藏于墙内或悬于墙外。开启时不占空间，受力合理，不易变形，但难以严密关闭，构造亦较复杂，较多用作工业建筑中的仓库和车间大门。在民用建筑中，一般采用轻便推拉门分隔居室内部空间。

折叠门如图11.1(d)所示，门扇可拼合，折叠推移到门洞口的一侧或两侧，可节省房间的使用面积。一侧两扇的折叠门可以只在侧边安装铰链，一侧三扇以上的门还要在门的上边或下边装导轨及转动五金配件。

转门如图11.1(e)所示，是三扇或四扇门用同一竖轴组合成夹角相等、在弧形门套内

水平旋转的门，对防止内外空气对流有一定的作用。它可以作为人员进出频繁且有采暖或空调设备的公共建筑的外门，但不能作为疏散门。在转门的两旁还应设平开门或弹簧门，以作为不需要空气调节的季节或大量人流疏散之用。转门的构造复杂，造价较高，一般情况下不宜采用。

上翻门如图 11.1(f) 所示，其特点是充分利用上部空间，门扇不占用面积，五金及安装要求高。它适用于不经常开关的门。

升降门如图 11.1(g) 所示，其特点是开启时门扇沿轨道上升，它不占使用面积，常用于空间较高的民用建筑与工业建筑。

卷帘门如图 11.1(h) 所示，是由很多金属页片连接而成的门，开启时，门洞上部的转轴将金属页片向上卷起。它的特点是开启时不占使用面积，但加工复杂，造价高，常用于不经常开关的商业建筑的大门。

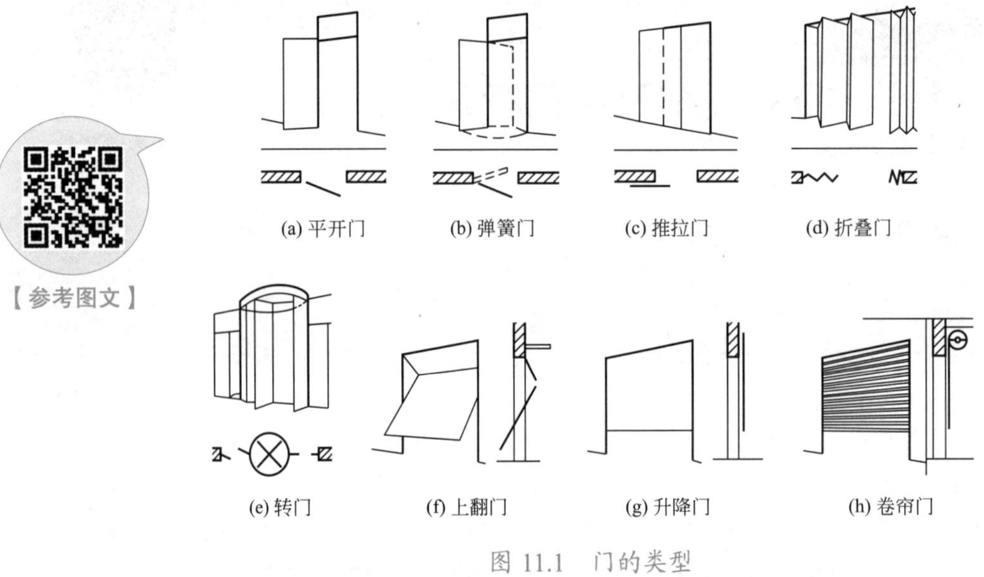

(a) 平开门　(b) 弹簧门　(c) 推拉门　(d) 折叠门

(e) 转门　(f) 上翻门　(g) 升降门　(h) 卷帘门

图 11.1　门的类型

11.1.2 门的尺寸

门的尺寸通常是指门洞的高度、宽度。门作为交通疏散通道，其洞口尺寸根据通行、搬运及与建筑物的比例关系确定，并要符合现行《建筑模数协调统一标准》(GB/T 50002—2013）的规定。

一般民用建筑门洞的高度不宜小于 2100mm。如门设有亮子时，亮子的高度一般为 300 ～ 600mm，门洞高度则为门扇高加亮子高，再加门框及门框与墙间的构造缝隙尺寸，即门洞高度一般为 2400 ～ 3000mm。公共建筑的大门的高度可根据美观需求适当提高。

门的宽度：单扇门为 700 ～ 1000mm，双扇门为 1200 ～ 1800mm。宽度在 2100mm 以上时，可设成三扇门、四扇门或双扇带固定扇的门，因为门扇过宽易产生翘曲变形，同时也不利于开启。次要空间 (如浴厕、储藏室等) 门的宽度可窄些，一般为 700 ～ 800mm。

一般民用建筑门洞的宽度是门扇的宽度和两侧门框的构造宽度以及构造缝隙尺寸之和。

现在一般民用建筑的门(木门、铝合金门、钢门)均编制成标准图，在图上注明类型和相关尺寸，设计时可按需要直接选用。

11.1.3 门的组成

一般门主要由门框和门扇两部分组成。门框又称门樘，由上槛、中槛和边框等部分组成，多扇门还有中竖框。门扇由上冒头、中冒头、下冒头和边梃等组成。为了通风采光，可在门的上部设腰窗(俗称上亮子)，亮子有固定、平开及上悬、中悬、下悬等形式。门框与墙间的缝隙常用木条盖缝，称门头线，俗称贴脸。门上还有五金零件，常见的有铰链、门锁、插销、拉手、停门器等，如图 11.2 所示。

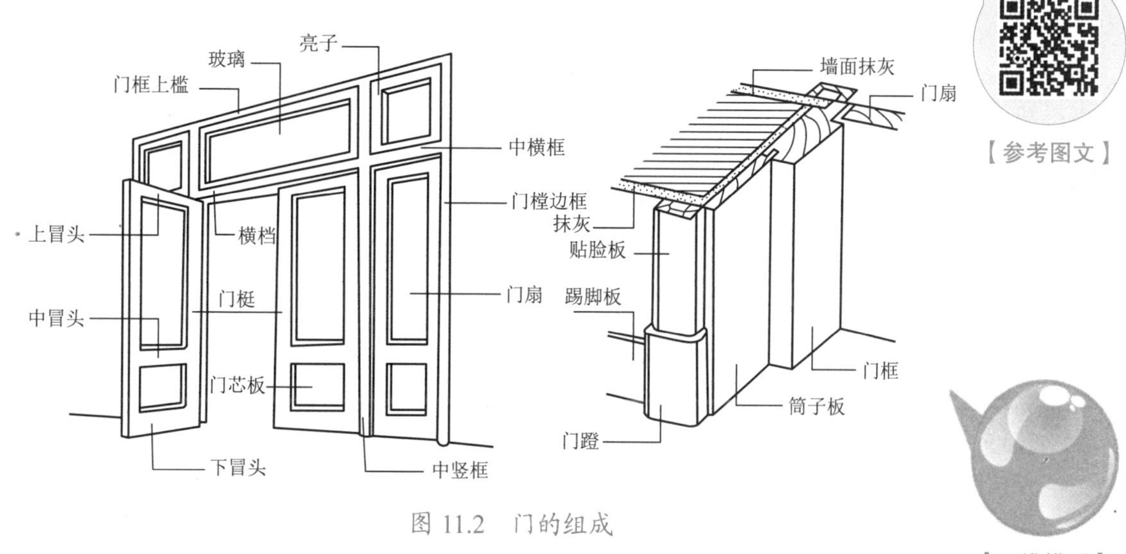

图 11.2 门的组成

【参考图文】

【三维模型】

11.1.4 平开木门构造

1. 门框

1) 门框的断面形状和尺寸

门框的断面形状与门的类型和层数有关，同时要便于安装和满足使用要求（如密闭等)，如图 11.3 所示。门框的断面尺寸主要考虑接榫牢固，还要考虑制作时的刨光损耗。门框的尺寸：双裁口的木门框(门框上安装两层门扇时)的厚度和宽度为(60 ～ 70) mm×(130 ～ 150)mm，单裁口的木门框(只安装一层门扇时)的厚度和宽度为(50 ～ 70) mm×(100 ～ 120)mm。

为便于门扇密闭，门框上要有裁口(或铲口)。根据门扇数与开启方式的不同，裁口的形式和尺寸有单裁口与双裁口两种。单裁口用于单层门，双裁口用于双层门或弹簧门。裁口宽度要比门扇宽度大 1～2mm，以利于安装和门扇开启。裁口深度一般为 8～10mm。

由于门框靠墙的一面易受潮变形，常在该面开1～2道背槽，以免产生翘曲变形，同时也利于门框的嵌固。背槽的形状可为矩形或三角形，深度为8～10mm，宽度为12～20mm。

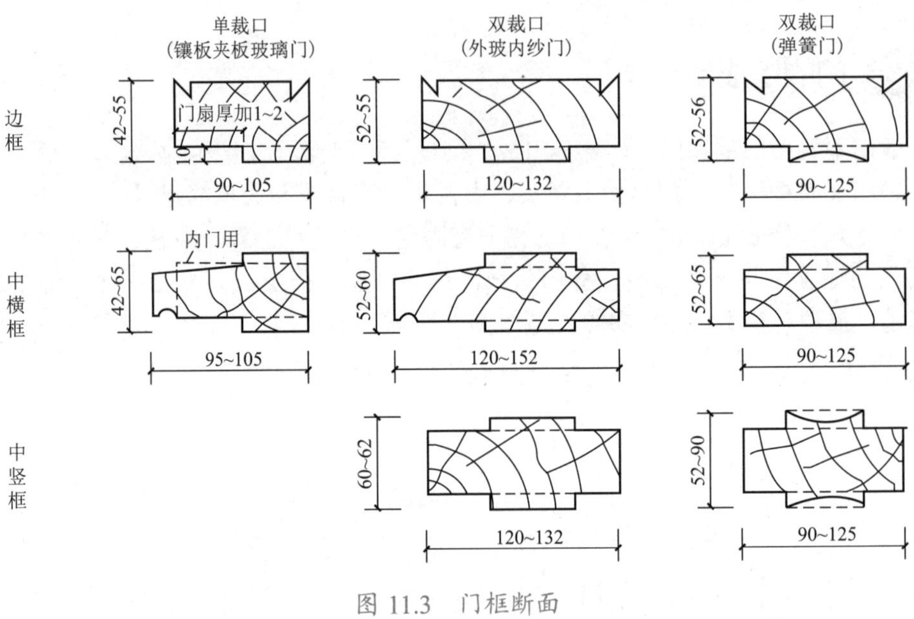

图 11.3　门框断面

2) 门框与墙体的连接构造

门框与墙体的连接构造分立口和塞口两种。

塞口(又称塞樘子)是在墙砌好后再安装门框。采用此法，洞口的宽度应比门框大20～30mm，高度比门框大10～20mm。门洞两侧砖墙上每隔500～600mm预埋木砖或预留缺口，以便用圆钉或水泥砂浆将门框固定。门框与墙间的缝隙需用沥青麻丝嵌填，如图11.4所示。

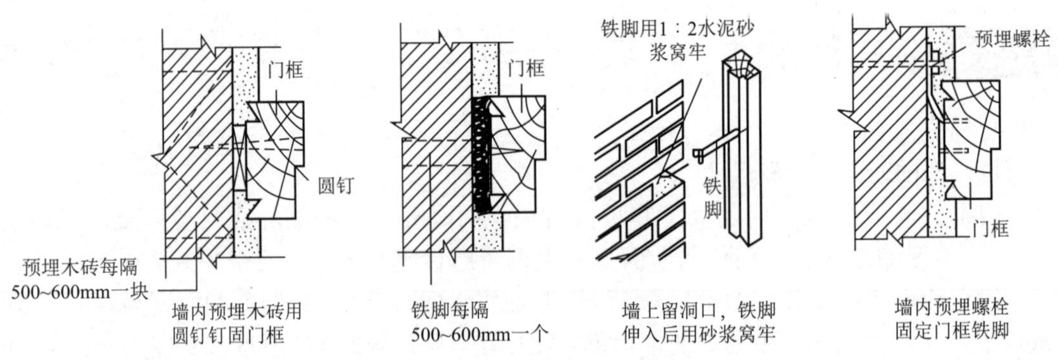

图 11.4　门框与墙体的连接构造

立口(又称立樘子)，是在砌墙前用支撑先立门框然后砌墙的连接构造，这样使门框与墙结合紧密，但施工不便。

3) 门框与墙的相对位置

门框在墙洞中的位置，有门框内平、门框居墙中和门框外平 3 种情况，一般情况下多做在开门方向一边，与抹灰面平齐，使门的开启角度较大。对于较大尺寸的门，为牢固地安装，多居中设置，如图 11.5 所示。

为防止受潮变形，在门框与墙的缝隙处开背槽，并做防潮处理，门框外侧的内外角做灰口，缝内填弹性密封材料。表面做贴脸板和木压条盖缝，贴脸板一般为 15 ～ 20mm 厚、30 ～ 75mm 宽。木压条的厚度与宽度为 10 ～ 15mm，装修标准高的建筑，还可在门洞两侧和上方设筒子板，如图 11.5 所示。

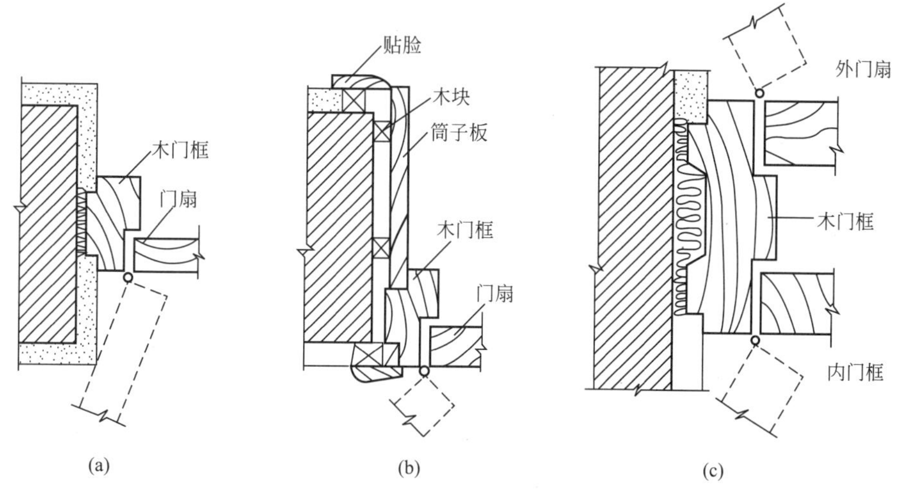

图 11.5　门框在墙中的位置

2. 门扇

根据门扇的构造不同，民用建筑中常见的门有夹板门、镶板门、弹簧门等形式。

1) 夹板门

夹板门的门扇由骨架和面板组成，用断面较小的方木做成骨架，用胶合板、硬质纤维板或塑料板等作面板，和骨架形成一个整体，共同抵抗变形。骨架边框截面通常为 (30 ～ 35)mm×(33 ～ 60)mm，肋条截面通常为 (10 ～ 25)mm×(33 ～ 60)mm，间距一般为 200 ～ 400mm，为节约木材，也可用浸塑蜂窝纸板代替肋条。为了使夹板内的湿气易于排出，减少面板变形，骨架内的空气应贯通，可在上部设小通气孔。另外，门的四周可用 15 ～ 20mm 厚的木条镶边，以取得整齐美观的效果。

根据功能的需要，夹板门上也可以局部加玻璃或百叶，一般在装玻璃或百叶处做一个木框，用压条镶嵌。

夹板门的构造简单，如图 11.6 所示，可利用小料、短料制作，它的自重轻，外形简洁，便于工业化生产，在一般民用建筑中广泛用做内门。若用于外门，面板应做防水处理，并提高面板与骨架的胶结质量。

2) 镶板门

镶板门的门扇由骨架和门芯板组成。骨架一般由上冒头、下冒头及边梃组成，有时中

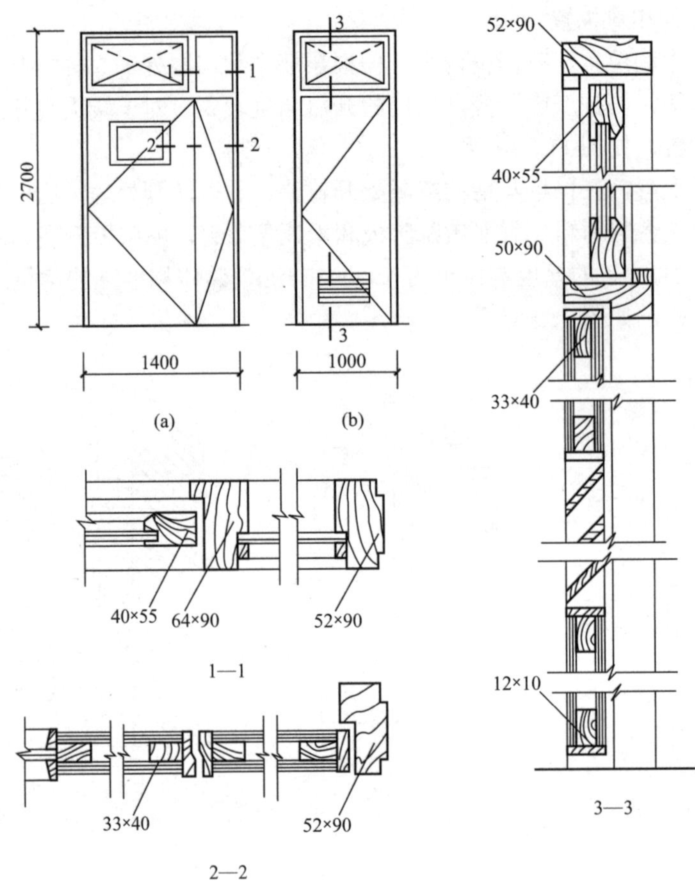

图 11.6　夹板门构造

间还有一道或几道横冒头或一条竖向中梃。门芯板通常采用木板、胶合板、硬质纤维板、塑料板等，有时可部分或全部采用玻璃，则此时称为半玻璃(镶板)门或全玻璃(镶板)门。构造上与镶板门基本相同的还有纱门、百叶门等。

镶板门的门扇骨架的厚度一般为40～45mm，纱门的厚度可薄一些，多为30～35mm。上冒头、中间冒头和边梃的宽度一般为75～120mm，下冒头的宽度通常为踢脚高度，一般为200mm左右；较大的下冒头可减少门扇变形并保护门芯板；中冒头为了便于开槽装锁，其宽度可适当增加，以弥补开槽对中冒头材料的削弱。

木制门芯板一般用10～15mm厚的木板拼装成整块，镶入边梃和冒头中，板缝应结合紧密，不能因木材干缩变形而裂缝。门芯板的拼接方式有4种，分别为平缝胶合、木键拼缝、高低缝和企口缝，如图11.7所示。工程中常用的为高低缝和企口缝。

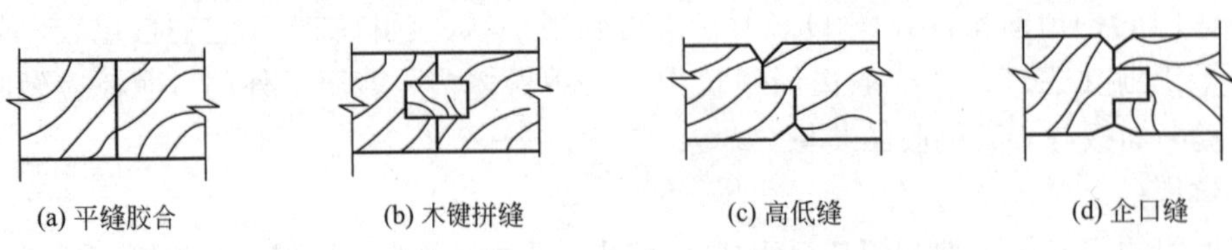

图 11.7　门芯板的拼接方式

门芯板在边梃和冒头中的镶嵌方式有暗槽、单面槽及双边压条 3 种，如图 11.8 所示。其中，暗槽结合最牢，工程中用得较多，其他两种方法比较省料和简单，多用于玻璃、纱网及百叶的安装。

镶板门的构造如图 11.9 所示，是常用的半玻璃镶板门的实例。门芯板连接采用暗槽结合，玻璃采用单面槽加小木条固定。

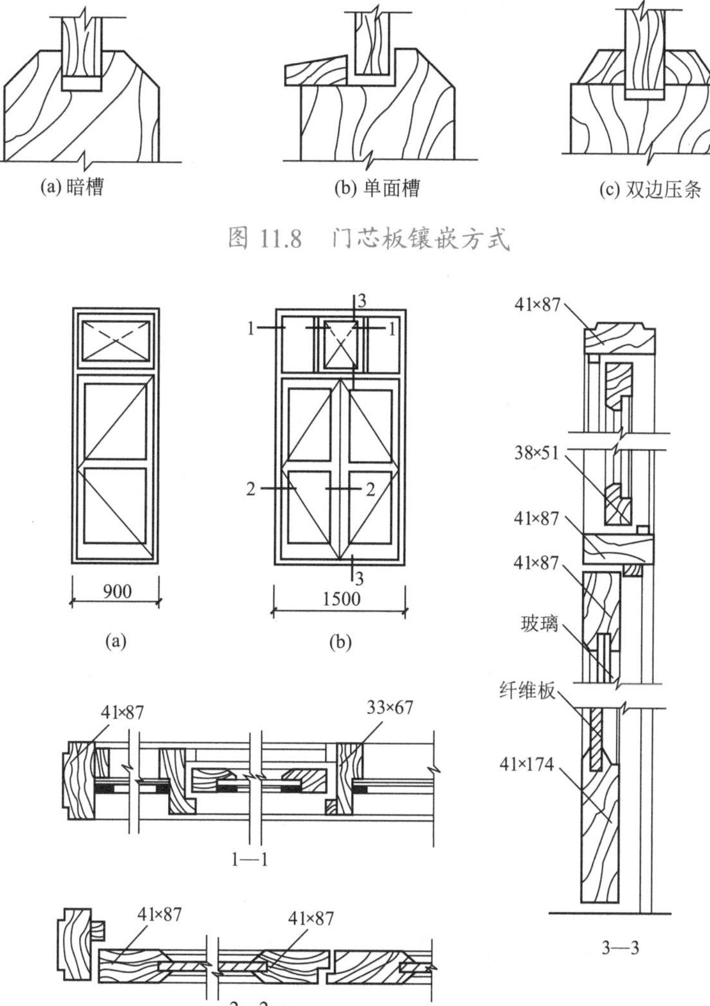

图 11.8 门芯板镶嵌方式

图 11.9 镶板门构造

3) 弹簧门

弹簧门是指利用弹簧铰链，开启后能自动关闭的门。弹簧铰链有单面弹簧、双面弹簧和地弹簧等形式。

单面弹簧门多为单扇，与普通平开门基本相同，只是铰链不同。

双向弹簧门通常都为双扇门，其门扇在双向上可自由开关，门框不需裁口，一般做成与门扇侧边对应的弧形对缝。为避免两门扇相互碰撞，又不使缝过大，通常上下冒头做成平缝，两扇门的中缝做成圆弧形，其弧面半径约为门厚的 1 ～ 1.2 倍。

地弹簧门的构造与双扇弹簧门基本相同，只是铰轴的位置不同，地弹簧装在地板上。

弹簧门的门扇一般要用硬木，用料尺寸应比普通镶板门大一些。弹簧门门扇的厚度一般为 42 ～ 50mm，上冒头、中冒头和边梃的宽度一般为 100 ～ 120mm，下冒头的宽度一般为 200 ～ 300mm。弹簧门的构造实例如图 11.10 所示。

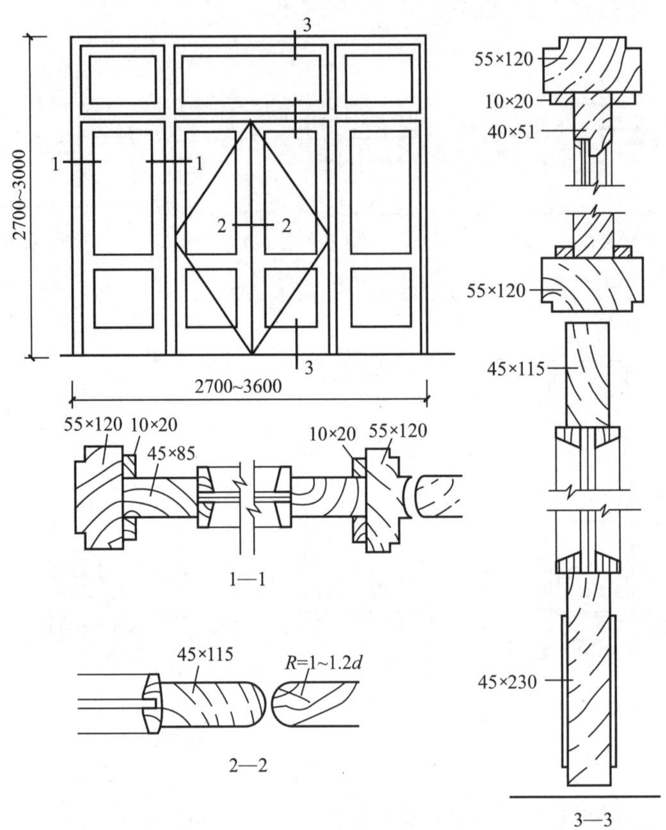

图 11.10　弹簧门的构造实例

11.2　窗的类型及木窗构造

11.2.1　窗的分类

1. 根据框料不同

根据框料不同，可分为木窗、钢窗、铝合金窗及塑钢窗等。

1) 木窗

木窗加工制作方便，价格较低，应用较广；但防火能力差，木材耗量大。

2) 钢窗

钢窗强度高，防火性能好，挡光少，在建筑上应用很广；但钢窗易锈蚀，并且保温性较差。

3) 铝合金窗

铝合金窗外形美观，有良好的装饰性和密闭性；但保温性差，成本较高。

4) 塑钢窗

塑钢窗同时具有木窗的保温性和铝合金窗的装饰性，是近年来为节约木材和有色金属发展起来的新品种；但它的成本较高。

2. 根据开启方式不同

根据开启方式不同，可分为平开窗、悬窗、立转窗、推拉窗、固定窗等，如图 11.11 所示。

1) 平开窗

平开窗有内开和外开之分。它构造简单，制作、安装、维修、开启等都比较方便，在建筑中应用较广泛，如图 11.11(a) 所示。

2) 悬窗

悬窗根据旋转轴的位置不同，分为上悬窗、中悬窗和下悬窗，分别如图 11.11(b)、图 11.11(c)、图 11.11(d) 所示。上悬窗和中悬窗向外开，防雨效果好，且有利于通风，尤其用于高窗，开启较为方便；下悬窗应用较少。

3) 立转窗

立转窗的窗扇可沿竖轴转动，竖轴可设在窗扇中心，也可以略偏于窗扇一侧。立转窗的通风效果较好，如图 11.11(e) 所示。

4) 推拉窗

推拉窗分为水平推拉窗［图 11.11(f)］和垂直推拉窗［图 11.11(g)］。水平推拉窗需要在窗扇上下设轨槽，垂直推拉窗要有滑轮及平衡措施。推拉窗开启时不占用室内外空间，窗扇和玻璃的尺寸可以较大，但它不能全部开启，通风效果受到影响。铝合金窗和塑钢窗常选用推拉方式。

5) 固定窗

固定窗为不能开启的窗，主要用作采光，玻璃尺寸可以较大。

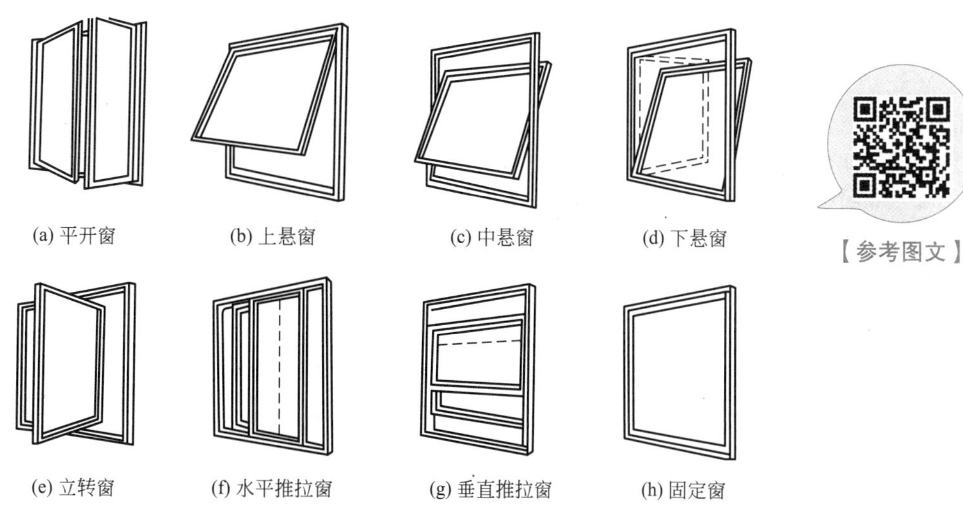

图 11.11　窗的不同开启方式

11.2.2 窗的构造组成

窗主要由窗框和窗扇两部分组成。窗框又称窗樘，一般由上框、下框、中横框、中竖框及边框等组成。窗扇由上冒头、中冒头 (窗芯)、下冒头及边梃组成。根据镶嵌材料的不同，有玻璃窗扇、纱窗扇和百叶窗扇等。平开窗的窗扇宽度一般为 400 ～ 600mm，高度为 800 ～ 1500mm，窗扇与窗框用五金零件连接，常用的五金零件有铰链、风钩、插销、拉手、导轨及滑轮等。

为满足不同的要求，窗框与墙的连接处有时加贴脸、窗台板、窗帘盒等。窗的构造组成如图 11.12 所示。

【参考图文】

【三维模型】

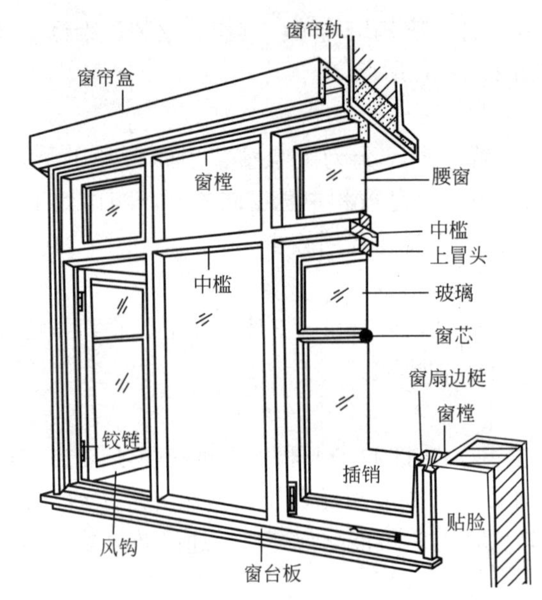

图 11.12　窗的构造组成

11.2.3 平开木窗构造

1. 窗框

1) 窗框的断面形状与尺寸

窗框的断面尺寸主要根据材料的强度和接榫的需要确定，一般多为经验尺寸，如图 11.13 所示。图中虚线为毛料尺寸，粗实线为刨光后的设计尺寸 (净尺寸)，中横框若加披水，其宽度还需增加 20mm 左右。

2) 窗框与墙体的构造连接方式

窗框与墙体的构造连接方式有立口和塞口。立口是施工时先将窗框立好，后砌窗间墙，窗框与墙体结合紧密、牢固，若施工组织不当，会影响施工进度。塞口是在砌墙时先留出洞口，预留洞口应比窗框外缘尺寸多出 20 ～ 30mm，窗框与墙之间的缝隙较大，为加强窗框与墙的联系，应用长钉将窗框固定于砌墙时预埋的木砖上，或用铁脚或膨胀螺栓将窗框直接固定到墙上，每边的固定点不少于两个，其间距不应大于 1.2m。

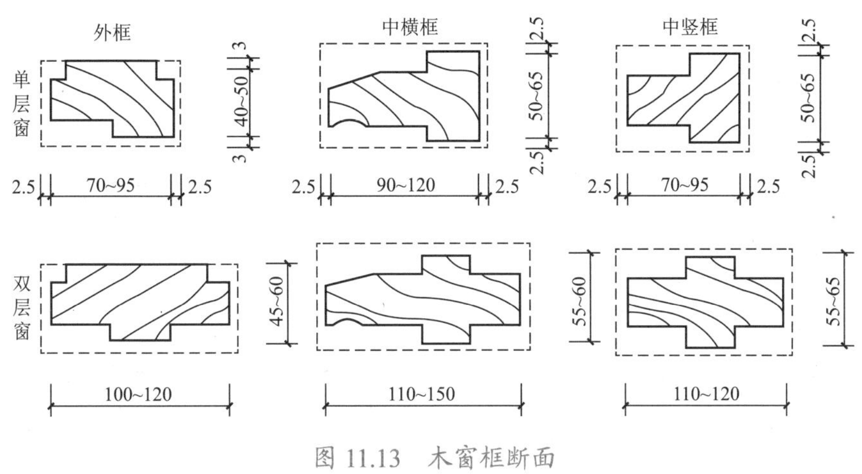

图 11.13 木窗框断面

3) 窗框与墙体的构造缝处理

窗框与墙体间的缝隙应填塞密实，以满足防风、挡雨、保温、隔声等要求。一般情况下，洞口边缘可采用平口，用砂浆或油膏嵌缝。通常为保证嵌缝牢固，在窗框外侧开槽，俗称背槽，并做防腐处理嵌灰口，如图 11.14(a) 所示。为提高防风保温性能，可在窗框侧面做贴脸［图 11.14(b)］或做进一步改进，设置筒子板和贴脸，如图 11.14(c) 所示。另一种构造措施是在洞口侧边做错口，缝内填弹性密封材料，以增强密闭效果，如图 11.14(d) 所示，但此种措施增加了建筑构造的复杂性。

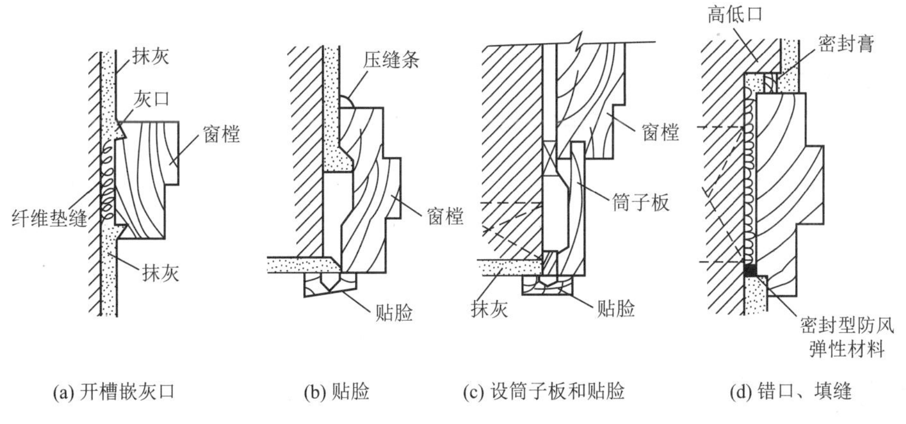

图 11.14 窗框与墙体的构造缝处理

4) 窗框在墙中的位置

窗框在墙洞中的位置要根据房间的使用要求、墙身的材料及墙体的厚度确定，有窗框内平、窗框居中和窗框外平 3 种形式，如图 11.15 所示。

窗框内平时，窗扇可贴在内墙面，外窗台空间较大。当墙体较厚时，窗框居中布置，外侧可设窗台，内侧也可做窗台板。窗框与外墙面平齐或出挑是近年来出现的一种形式，称为飘窗。

2. 窗扇

1) 玻璃窗扇的断面形状和尺寸

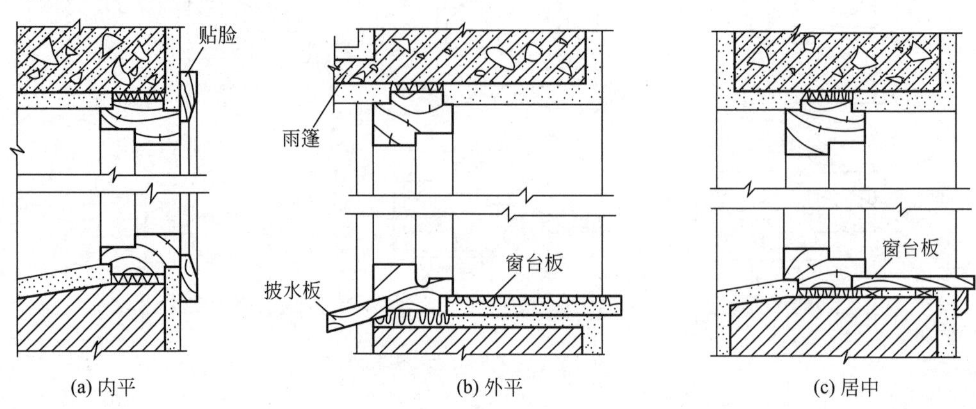

图 11.15 窗框在墙中的位置

窗扇的上、下冒头及边梃的截面尺寸为 (35 ～ 42)mm×(50 ～ 60)mm。下冒头若加披水板，应比上冒头加宽 10 ～ 25mm，如图 11.16 所示。为镶嵌玻璃，在窗扇侧要做裁口，其深度为 8 ～ 12mm，但不超过窗扇厚的 1/3。各构件的内侧常做装饰性线脚，既少挡光又美观。在两窗扇之间的接缝处，常做高低缝的盖口，也可以一面或两面加钉盖缝条，既提高防风雨能力又减少冷风渗透。

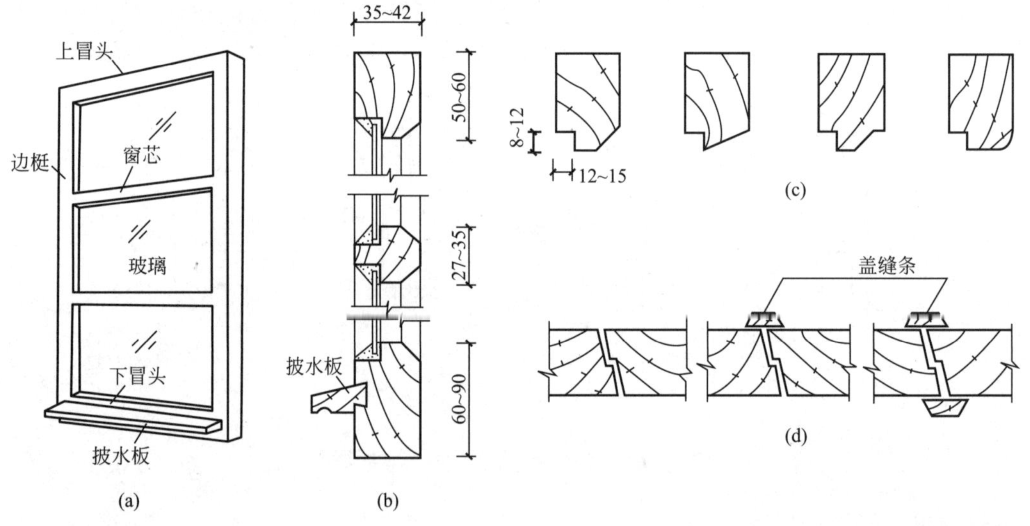

图 11.16 玻璃窗扇断面

2) 玻璃的选用和构造连接

窗扇玻璃可选用平板玻璃、压花玻璃、磨砂玻璃、中空玻璃、夹丝玻璃、钢化玻璃等，普通窗扇大多数采用 3 ～ 5mm 厚无色透明的平板玻璃，根据使用要求选用不同类型，如卫生间可选用压花玻璃、磨砂玻璃遮挡视线。若需要保温、隔声，可选用中空玻璃；若需要增加强度，可选用夹丝玻璃、钢化玻璃等。一般先用小铁钉将玻璃固定在窗扇上，然后用油灰 (桐油石灰) 或玻璃密封膏嵌固斜面，或采用木线脚嵌钉，如图 11.16 所示。

3) 双层窗

为了满足保温、隔声等要求，可设置双层窗。双层窗依其窗扇和窗框的构造及开启方向不同，可分为以下几种。

(1) 子母扇内开窗。子母扇窗是单框双层窗扇的一种形式，双层窗省料，透光面积大，有一定的密闭保温效果，如图 11.17(a) 所示。其中，子扇略小于母扇，但玻璃的尺寸相同，窗扇以铰链与窗框相连，子扇与母扇相连，两扇都内开。

(2) 子母扇内外开窗。它是在一个窗框上内外双裁口，一扇外开，一扇内开，是单框双层窗扇，如图 11.17(b) 所示。这种窗的内外扇的形式、尺寸完全相同，构造简单，内扇可以改换成纱扇。

(3) 分框双层窗。这种窗的窗扇可以内外开，内外扇通常都内开。寒冷地区的墙体较厚，宜采用这种双层窗，内外窗扇净距一般在 100mm 左右，如图 11.17(c) 所示。

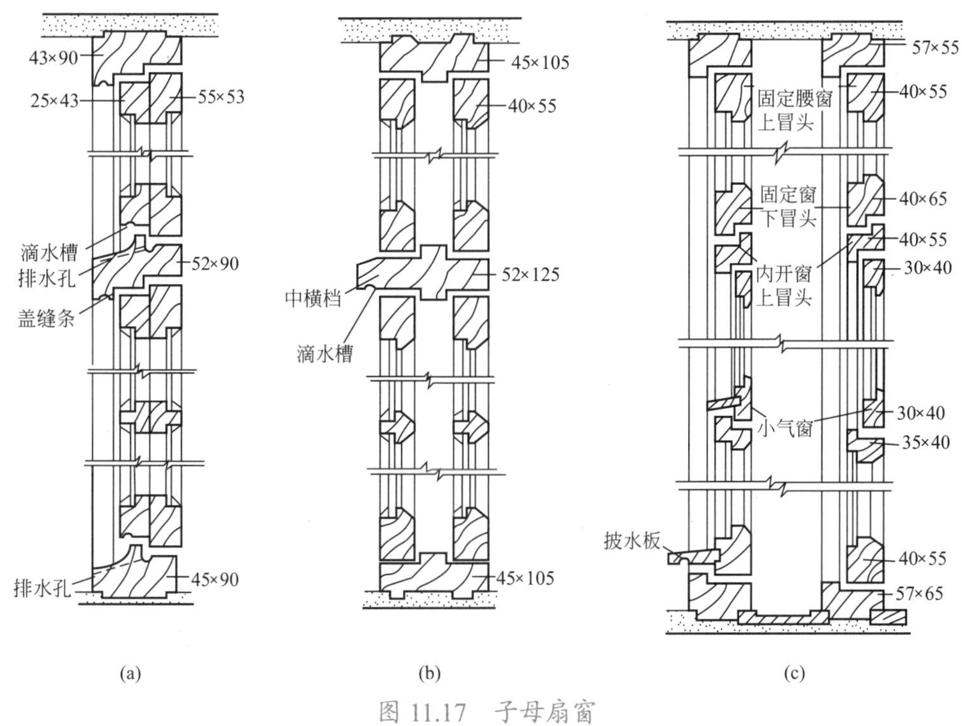

图 11.17 子母扇窗

(4) 双层玻璃窗和中空玻璃窗。双层玻璃窗，即在一个窗扇上安装两层玻璃，增加玻璃的层数，主要是利用玻璃间的空气间层来提高保温和隔声能力。其间层宜控制在 10 ～ 15mm 之间，一般不宜封闭，在窗扇的上冒头需做透气孔，如图 11.18 所示。可将双层玻璃窗改用中空玻璃，它是保温窗的发展方向之一，但成本较高。

3. 窗框与窗扇的关系

窗扇与窗框之间既要开启方便，又要关闭紧密。通常在窗框上做裁口 (也叫铲口)，深度为 10 ～ 12mm，也可以钉小木条形成裁口，以节约木料。为了提高防风挡雨能力，可以在裁口处设回风槽，以减小风压和风渗透量，或在裁口处装密封条。在窗框接触面处将窗扇一侧做斜面，可以保证扇、框外表面接口处的缝隙最小，窗扇与竖框的关系如图 11.19 所示。外开窗的上口和内开窗的下口是防雨水的薄弱环节，常做披水板和滴水槽，以防雨水渗透，窗扇与横框的关系如图 11.20 所示。

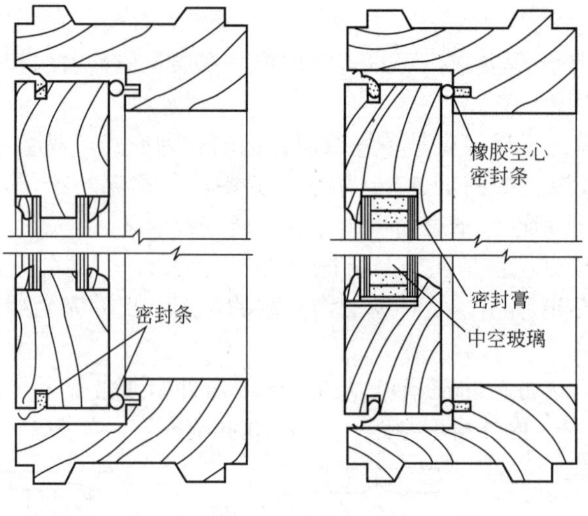

图 11.18　双层玻璃窗

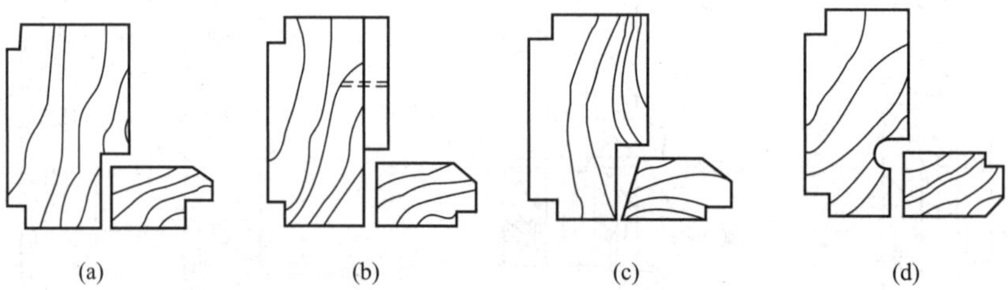

图 11.19　窗扇与竖框的关系

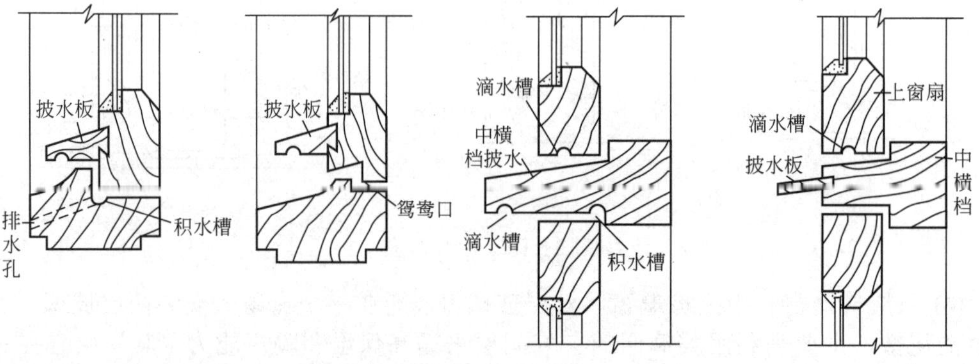

图 11.20　窗扇与横框的关系

11.3　建筑节能门窗

节能门窗的本质，就是尽可能地减少室内空气与室外空气通过门窗这个介质进行热量传递。热传递的方式有传导、对流和辐射。要减少热量通过热传导传递，就要求门窗材料选用低导热系数的材料；要减少热量通过对流传递，就要求门窗的密封性能良好；要减少热量通过辐射传递，就要求门窗具有较好的遮阳功能。在建筑节能设计标准中，门窗的这些性能分别通过传热系数、气密性能和遮阳系数来实现。建筑节能门窗是指达到现行建筑节能设计标准的门窗，是在满足建筑节能设计的形体系数和窗地面积比的条件下的门窗节能设计。

【参考图文】

11.3.1 建筑节能门窗的构造

节能门窗是集门窗形式、型材、玻璃、五金配件、密封条为一体的综合体，只有做到良好的构造连接，才能很好地达到节能的效果，实现应有的功能和作用。

1. 建筑节能门窗的尺寸与开启方式

建筑节能门窗的最大外形尺寸和立面应在满足建筑节能传热系数、气密性能和遮阳系数、采光和隔声等要求的同时，还要考虑门窗的力学性能要求、型材断面结构尺寸要求、洞口安装的具体要求。门窗开启扇的最大尺寸，应根据门窗框料的抗压强度计算结果、窗扇的自重、选用五金件的承载力和五金件与门窗框扇的连接强度确定。建筑节能窗的形式主要有推拉窗、平开窗、固定窗、悬窗、提拉窗，建筑节能门常用的形式有平开门、推拉门、折叠门。从节能角度应优先选用固定窗和平开门、窗。固定窗、平开窗、悬窗的窗扇与窗框间使用橡胶密封压条 (固定窗无窗扇，玻璃直接安装在窗框上)，窗扇关闭后压紧橡胶密封压条，窗扇与窗框间几乎没有空隙，很难形成对流，窗户的气密性好。

2. 建筑节能门窗的构造组成

室内热量透过窗户损失，主要是通过玻璃 (以辐射的形式)、窗框 (以传导的形式)、窗框与玻璃之间的密封条 (以空气渗透的形式) 传递到室外的。直接影响门窗的节能的构造主要包括框体部分、采光部分、密封连接部分。

1) 框体部分

节能门窗用型材是门窗中的主要构造组成部分，它关系到窗户的抗风压性能和窗户的气密性、水密性、保温性等。窗框占外窗洞口面积的 15% ～ 25%，是建筑外围护中能量流失的薄弱环节。目前常用的门窗用型材有断桥铝合金型材、塑钢型材、玻璃钢型材、铝塑复合型材、铝木型材。建筑节能门窗的框体型材各具特点。

2) 采光部分

窗户玻璃占整个窗户面积的 75% ～ 80%，通过玻璃的辐射热损失占窗户总损失的 2/3 左右。在节能门窗中降低玻璃的导热系数是节能的前提。目前应用的门窗的玻璃类型有热反射镀膜玻璃、吸热玻璃、低辐射玻璃。按层数不同可分为单层、双层、三层玻璃。双层玻璃分为中空玻璃和经济型双玻。目前，节能门窗中广泛采用双层中空玻璃。

中空玻璃采用不同的玻璃和组成构造时，节能效果有明显差异。

选择和使用节能玻璃时，应注意在不同的环境条件下，使节能玻璃扬长避短，使玻璃的热工性能发挥到最佳状态。如热反射玻璃的节能作用体现在阻挡太阳能进入室内，可以降低空调制冷负荷，但在冬季或日照量偏少的地区反而会增加取暖的负荷，因此要综合考虑其热工性能的地区差异与季节差异来决定。

3) 连接密封

节能门窗的密封条在用途上分为密封胶条 (又称玻璃胶条) 和密封毛条两类。胶条、毛条都起着密封、隔声、防尘、保温的作用，其质量的好坏直接影响门窗的气密性和长期使用的节能效果。密封胶条和密封毛条都应具有足够的拉伸强度、良好的弹性、良好的耐温和耐老化性，断面尺寸应与窗户型材相匹配，以有效地杜绝窗框与玻璃之间的空气渗透。

3. 建筑节能门窗与墙体的连接构造

节能外门窗与墙体的连接构造通常采用塞口。节能门窗与墙体的连接方式主要有钢附框连接、燕尾铁脚焊接连接、燕尾铁脚与预埋件连接、固定钢片射钉连接、固定钢片金属膨胀螺栓连接等几种。燕尾铁脚厚度≥ 3mm；固定钢片厚度≥ 1.5mm，宽度≥ 15mm。所有燕尾铁脚和固定钢片表面应进行热浸镀锌处理。门窗连接固定点间距一般在 300 ～ 500mm 之间，不能大于 500mm。钢附框适用于各种墙体和不同材料窗的连接，安装精度高，连接可靠，但成本较高。根据墙体材料不同，可采用不同方法。任何一种连接方式，在门窗框的内外两侧都需要密封，密封方法有现场灌聚氨酯发泡、聚乙烯圆棒或建筑密封膏。采用钢附框铝合金窗的连接构造如图 11.21(a) 所示，采用塑钢窗的连接构造如图 11.21(b) 所示。

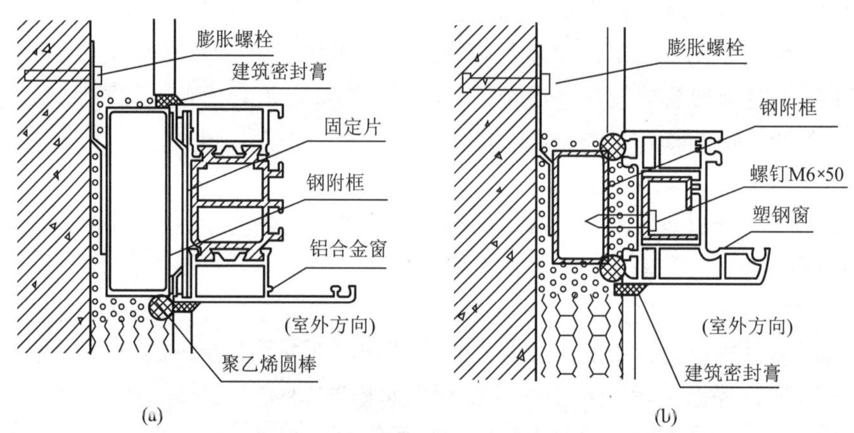

图 11.21　用钢附框与墙体的连接

1) 轻质墙体

在轻质墙体中设置预埋件，门窗框可用螺钉连接金属附框，再与埋件焊接，如图 11.22(a) 所示；也可用过渡连接件，如角铁连接，如图 11.22(b) 所示。

2) 钢结构墙体

对于钢结构墙体，可结合框体构造特点，通过膨胀螺栓直接连接固定，如图 11.23(a) 所示。如果门窗附框有金属过渡连接件，可直接焊接，如图 11.23(b) 所示。

3) 砖墙和钢筋混凝土墙体

砖墙和钢筋混凝土墙体 , 可采用相同的构造连接，结合门窗框的特点可直接用膨胀螺栓连接，如图 11.24(a) 所示；或通过特定固定连接件、自攻螺钉连接，膨胀螺栓固定，如图 11.24(b) 所示。

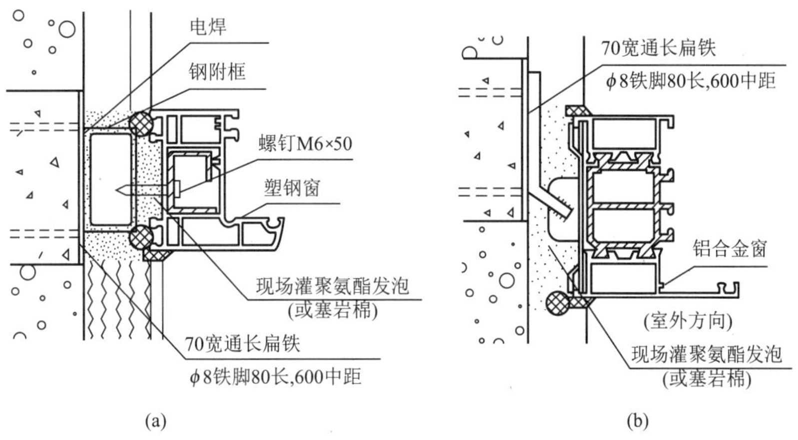

图 11.22 门窗与轻质墙体的连接

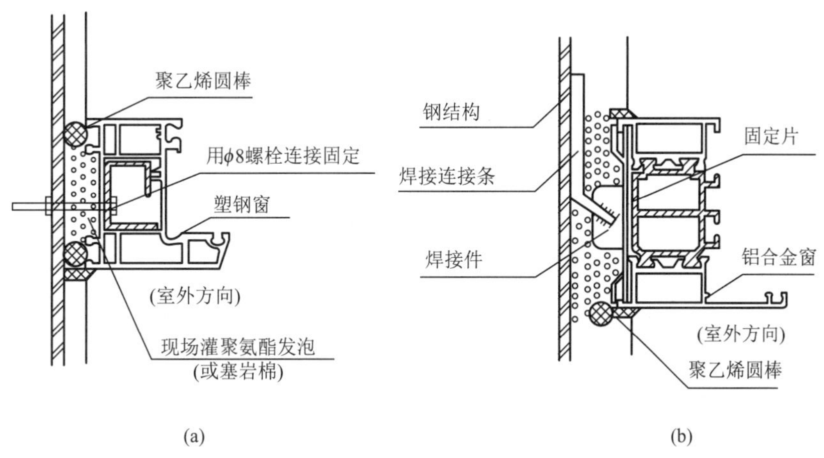

图 11.23 门窗与钢结构墙体的连接

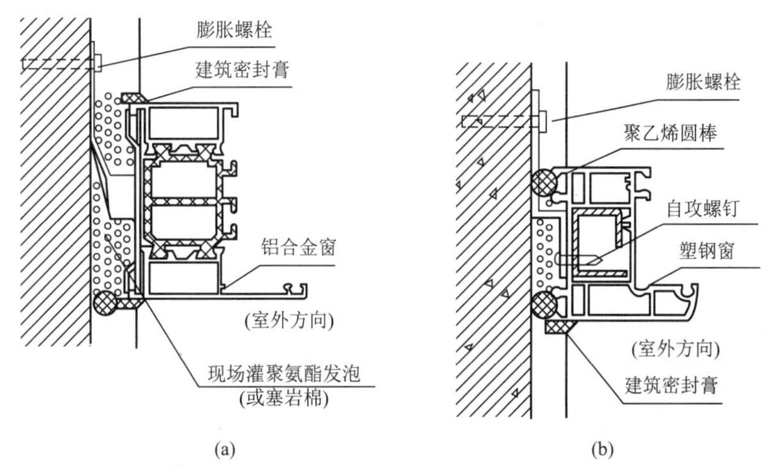

图 11.24 门窗与砖墙和钢筋混凝土墙体的连接

4. 建筑节能门窗构件的连接构造

确定的建筑节能门窗的开启形式，可选用不同的框体材料，实现不同的设计理念，满足丰富多彩的使用需求。

1) 外平开窗的构造

外平开窗可选用玻璃钢节能窗，玻璃钢门窗是继木、钢、铝合金及塑钢门之后兴起的新型环保型建筑门窗。玻璃钢门窗采用不饱和聚酯树脂为基体材料，玻璃纤维作增强材料，采用挤拉成型工艺制成型材。

玻璃钢门窗的玻璃钢型材是导热系数除木材之外最低的门窗型材，玻璃钢型材的导热系数室温下为 0.3 ～ 0.4W/（m·K），只有金属的 1/1000 ～ 1/100，是优良的绝热材料，从而在根本上解决了窗户的保温性能；玻璃钢型材是热膨胀系数最小、与墙体最接近的门窗型材。由于材料不同，膨胀系数也不同，在温度变化时，窗体和墙体、窗框和窗扇之间会产生缝隙，从而产生空气对流，加快室内能量的流失。经国家专业检测部门检测，玻璃钢型材的热膨胀系数与墙体最相近，低于钢和铝合金，是塑钢热膨胀系数的 1/20。因此，在温度变化时，玻璃钢门窗窗框既不会与墙体产生缝隙，也不会与窗扇产生缝隙，密封性能良好，有利于窗户保温；玻璃钢型材属于轻质高强材料，在同样配置的情况下，会减小单位面积窗扇的自重及合页的承重力，长时间使用不会使窗扇变形，不会影响窗扇与窗体结合的密封性能，解决了节能窗的时效问题。总之，玻璃钢门窗具有轻质高强、耐疲劳、抗震性能好、耐化学腐蚀、导热系数低、密封性好、电绝缘性好及使用寿命长等特点，适用于各种民用、商用及工业建筑，尤其适用于保温、隔热、隔声及防腐等要求较高的场所。

玻璃钢节能窗一般不用增强型钢，本身是玻璃纤维增强型材，有多种开关方式的门窗。玻璃钢外平开窗的构造如图 11.25 所示。

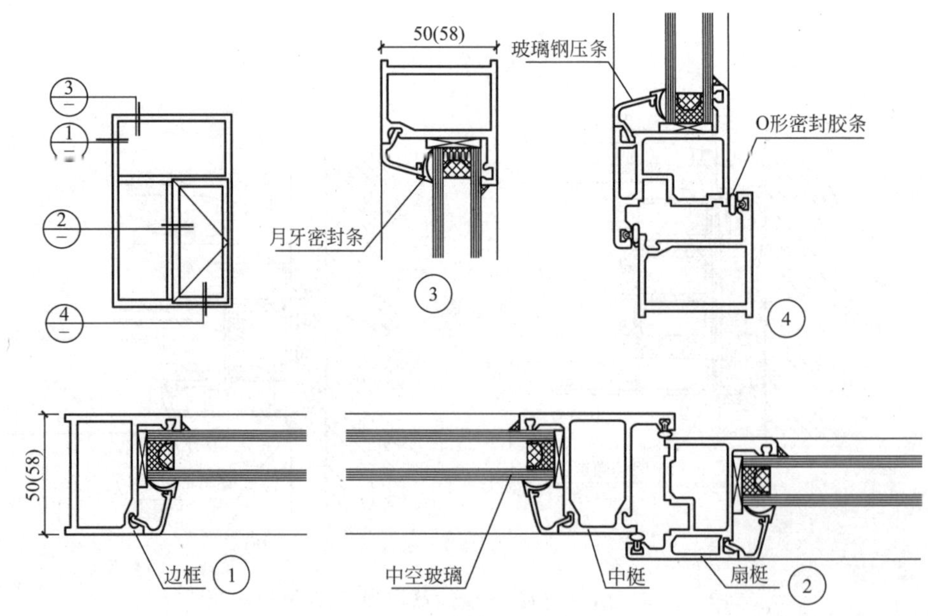

图 11.25　玻璃钢外平开窗的构造

2) 内开平开窗的构造

内开平开窗可选用 PVC 塑料节能窗，塑料门窗是以改性硬质聚氯乙烯 (简称 UPVC) 为主要原料，加上一定比例的稳定剂、着色剂、填充剂、紫外线吸收剂等辅助剂，挤出成型的各种断面中空异型材，经切割后，在其内腔衬以型钢加强筋，用热熔焊接机焊接成型为门窗框扇，配装上橡胶密封条、压条、五金件等附件而制成的门窗，即所谓的塑钢门窗。它较之全塑门窗刚度更好，自重更轻。塑钢门窗有多种开关方式。塑钢内开平开窗的构造如图 11.26 所示。

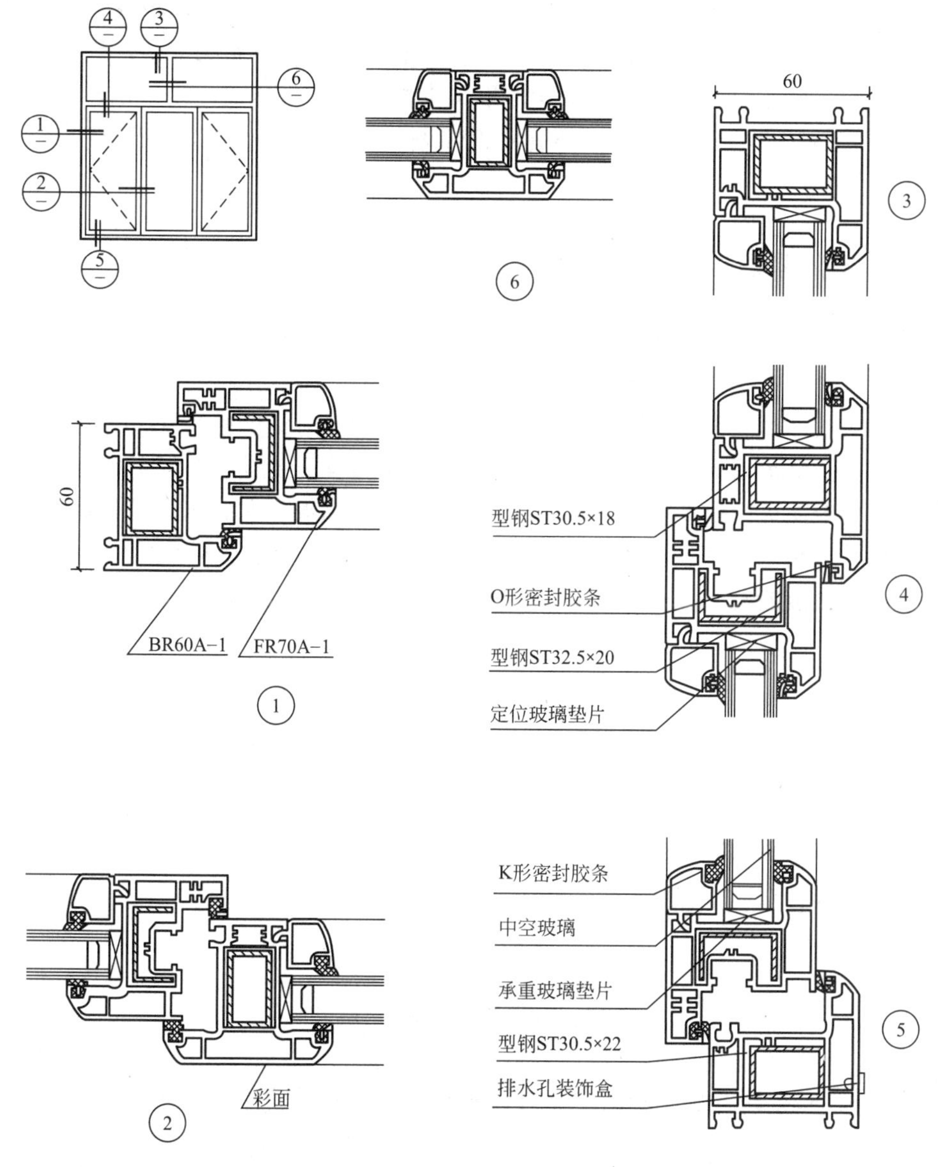

图 11.26　塑钢内开平开窗的构造

3) 推拉窗

推拉窗可选用铝合金节能门窗，铝合金节能门窗采用铝合金挤压型材为框料，为了改善铝合金门窗的热桥散热，目前采用断热型材。

铝合金节能门窗有极佳的装饰效果（如钛镁铝合金门可以做成各种颜色和造型）；优秀的使用性能，铝合金门窗具有很高的抗风压、空气渗透、雨水渗漏性能，采用断热型材及中空玻璃，不结霜、不结露，有良好的节能效果；自重轻，铝型材密度是钢的1/3，比强度高，每平方米窗用铝型材为5kg左右，钢材为10～20kg，塑料窗框重10kg以上；持久耐用，铝型材经过良好的表面处理后，具有良好的抗大气腐蚀的能力，不怕潮湿，不怕阳光照射，高温不变形，低温不脆变，不燃烧，不老化，可防雷，持久稳定，适用于各种气候环境；加工性能好，铝型材可加工成大尺寸和复杂的截面形状，且尺寸精度高，铝合金门的加工工艺比较简单，易于实现工业化生产；耐腐蚀性强，铝合金氧化层不褪色、不脱落，不需涂漆，易于保养，不用维修；有利于环保，废旧铝材易回收，再利用率高，在加工制作过程中，无环境污染问题；资源丰富，中国铝矿资源非常丰富，铝料供应充足。

11.3.2 特殊要求的门窗

1. 防火门窗

防火门窗多用于加工易燃品的车间或仓库。

门窗框应与墙体固定牢固、垂直通角，通常用电焊或射钉枪将门窗框固定。甲级、乙级防火门框上铲有防烟条槽，固定后油漆前用钉和树脂胶镶嵌固定防烟条。

根据车间对防火门耐火等级的要求，门扇可以采用钢板、木板外贴石棉板再包以镀锌铁皮或木板外直接包镀锌铁皮等构造措施，并在门扇上设泄气孔。防火门的开启方向必须面向易于人员疏散的地方。防火门常采用自重下滑关闭门，火灾发生时，易熔合金片熔断后，重锤落地，门扇依靠自重下滑关闭。当洞口尺寸较大时，可做成两个门扇相对下滑。

2. 隔声门

隔声门的隔声效果与门扇的材料及门缝的密闭有关。隔声门常采用多层复合结构，即在两层面板之间填吸声材料，如玻璃棉、玻璃纤维板等。

一般隔声门的面板常采用整体板材(如五层胶合板、硬质木纤维板等)。通常在门缝内粘贴填缝材料，如橡胶管、海绵橡胶条、泡沫塑料条等以提高隔声效果并选择合理的裁口形式，如斜面裁口比较容易关闭紧密。

本章小结

（1）门和窗均是建筑物的重要组成部分。门在建筑物中的作用主要是交通联系，并兼有采光、通风的作用；窗在建筑物中主要是起采光兼有通风的作用。它们均属建筑的围护构件。同时，门窗的形状、尺度、排列组合及材料，对建筑的整体造型和立面效果影响很大。

（2）在构造上，门窗还应具有一定的保温、隔声、防雨、防火、防风沙等能力，并且要开启灵活、关闭紧密、坚固耐久、便于擦洗、符合《建筑模数协调统一标准》(GB/T 50002—2013）的要求，以降低成本和适应建筑工业化生产的需要。

（3）建筑门窗和幕墙是建筑物热交换、热传导最活跃、最敏感的部位，在采暖建筑中，室内温度冬季一般为16～20℃，通过门窗的传热损失与空气渗透热损失相加，占建筑能耗的50%左右，是墙体损失的5～6倍，因此提高门窗的建筑节能要求非常重要。在实际工程中，一般门窗的制作生产已具有标准化、规格化和商品化的特点，各地都有标准图供设计者选用。

思考题

1. 如何确定门的宽度和数量?
2. 如何确定窗的大小?
3. 门和窗的作用分别是什么?
4. 门和窗的主要类型有哪些?
5. 平开门窗的构造如何?
6. 塑钢窗有哪些优点?
7. 铝合金门窗有哪些优点?

第 12 章 轻型钢结构房屋

教学目标

（1）理解轻型钢结构建筑的概念。
（2）掌握轻型钢结构建筑的组成。
（3）理解轻型钢结构建筑的特点。
（4）了解轻型钢结构建筑各部分的构造。
（5）了解轻型钢结构建筑的屋面结构。

教学要求

知识要点	能力要求	相关知识
轻型钢结构建筑	(1) 理解轻型钢结构建筑的概念 (2) 理解轻型钢结构建筑的体系	装配建筑的概念
轻钢结构建筑的组成	(1) 掌握轻型钢结构建筑的构件类型 (2) 掌握轻型钢结构建筑的构件做法	民用建筑构造概论
轻钢结构建筑的特点	(1) 理解轻型钢结构建筑的特点 (2) 理解轻型钢结构建筑的骨架构成形式	框架结构的特点
轻型钢结构建筑的构造	(1) 了解轻型钢结构建筑各部分的构造 (2) 了解轻型钢结构建筑构造的设计要求	民用建筑构造
轻钢结构建筑的屋面	(1) 了解轻型钢结构建筑的屋面结构 (2) 了解轻型钢结构建筑的屋面防水	民用建筑屋面防水

12.1　轻钢装配式建筑

【参考图文】

轻钢装配式建筑是以轻型钢结构为骨架、轻型墙体为外围护结构所建成的房屋。其轻型钢结构的支承构件通常由厚度为 1.5 ～ 5mm 的薄钢板经冷弯或冷轧成型，或者用小断面的型钢，以及用小断面的型钢制成的小型构件如轻钢组合桁架等 (图 12.1 ～图 12.3) 作为支承构件。

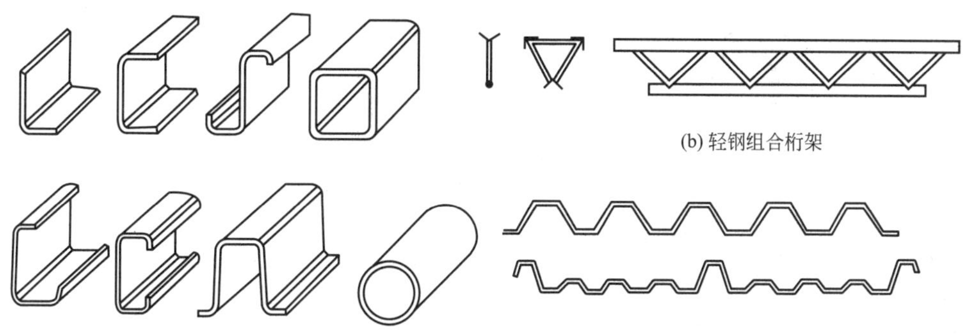

(a) 薄壁型钢截面形式　(b) 轻钢组合桁架　(c) 压型薄钢板

图 12.1　薄壁型钢截面形式和轻钢组合构件

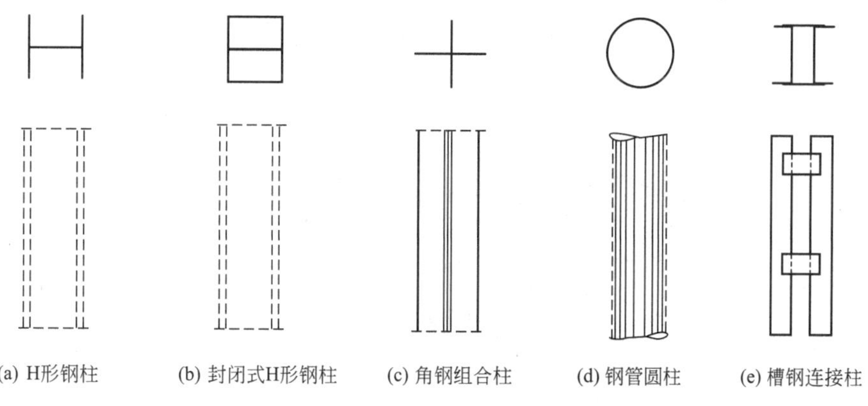

(a) H形钢柱　(b) 封闭式H形钢柱　(c) 角钢组合柱　(d) 钢管圆柱　(e) 槽钢连接柱

图 12.2　小断面型钢的断面及立面形式

轻钢建筑施工方便，适用于低层及多层的建筑物。使用薄壁型钢，用钢量较低，而且内部空间使用较为灵活；用复合墙板等技术，可以使建筑的防水、热工等综合性能指标得到提升，是近年来在我国发展较快的一种建筑体系。其骨架的构成形式分柱梁式、隔扇式、混合式、盒子式等几种，如图 12.4 ～图 12.7 所示。其中，柱梁式为常见的柱、梁、板的结构形式。隔扇式是将柱、梁拆分为若干形同门扇的内骨架的隔扇，在现场拼装成类似“墙”的形式，再与结构梁组合。隔扇式用钢量虽较多，但垂直承重构件定位方便，容易达到施工要求的精度。混合式是以轻钢隔扇组成外部结构，内部则辅以承重的结构柱。盒子式则先在工厂将轻钢型材组装成盒形框架构件，再在现场组装。

和在压型钢板上覆混凝土一样，如图12.8所示的其他几种防水纤维板加钢筋网片现浇的楼面形式，在轻钢结构建筑中也是经常用到的。

图 12.3　小断面型钢及其组合柱轴测图

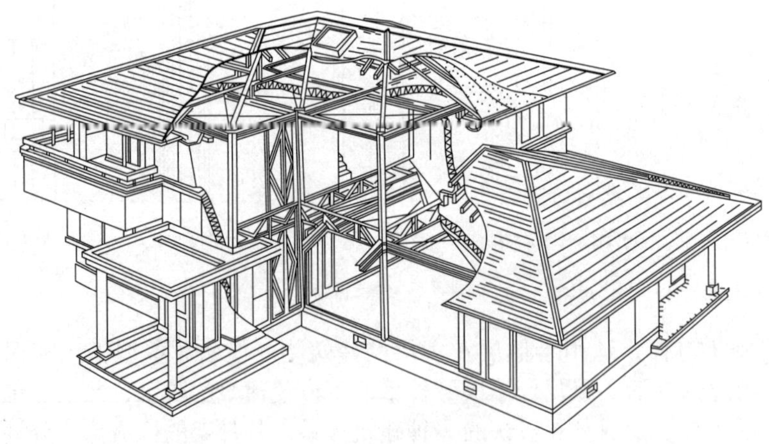

图 12.4　柱梁式轻钢结构建筑骨架构成

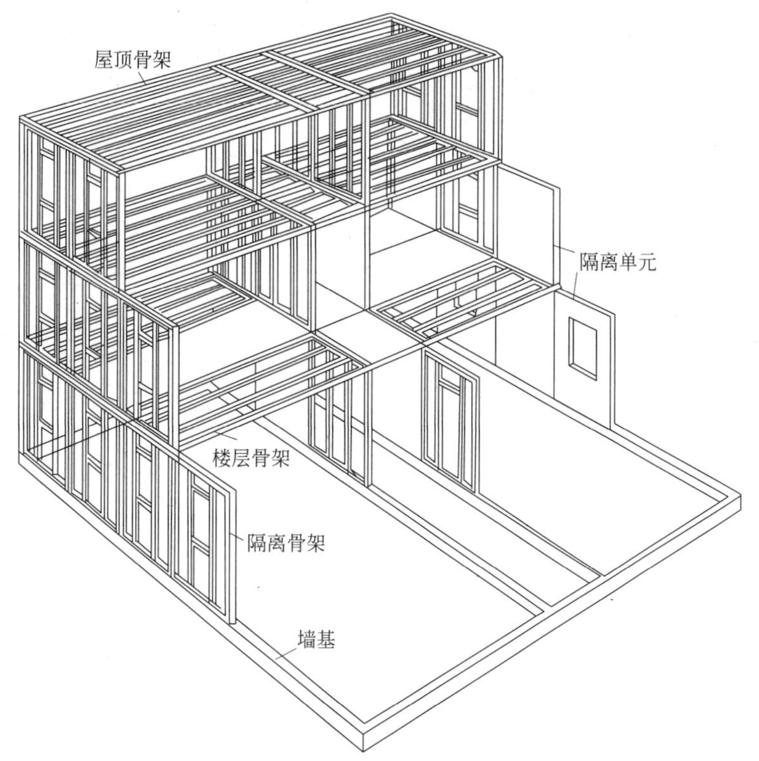

图 12.5　隔扇式轻钢结构建筑骨架构成

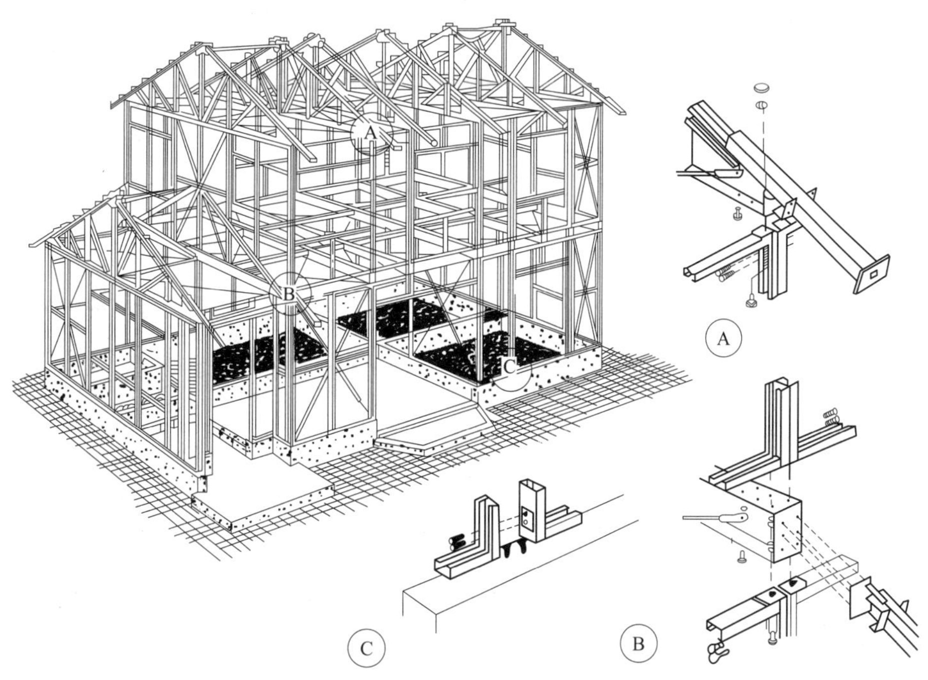

图 12.6　混合式轻钢结构建筑骨架构成

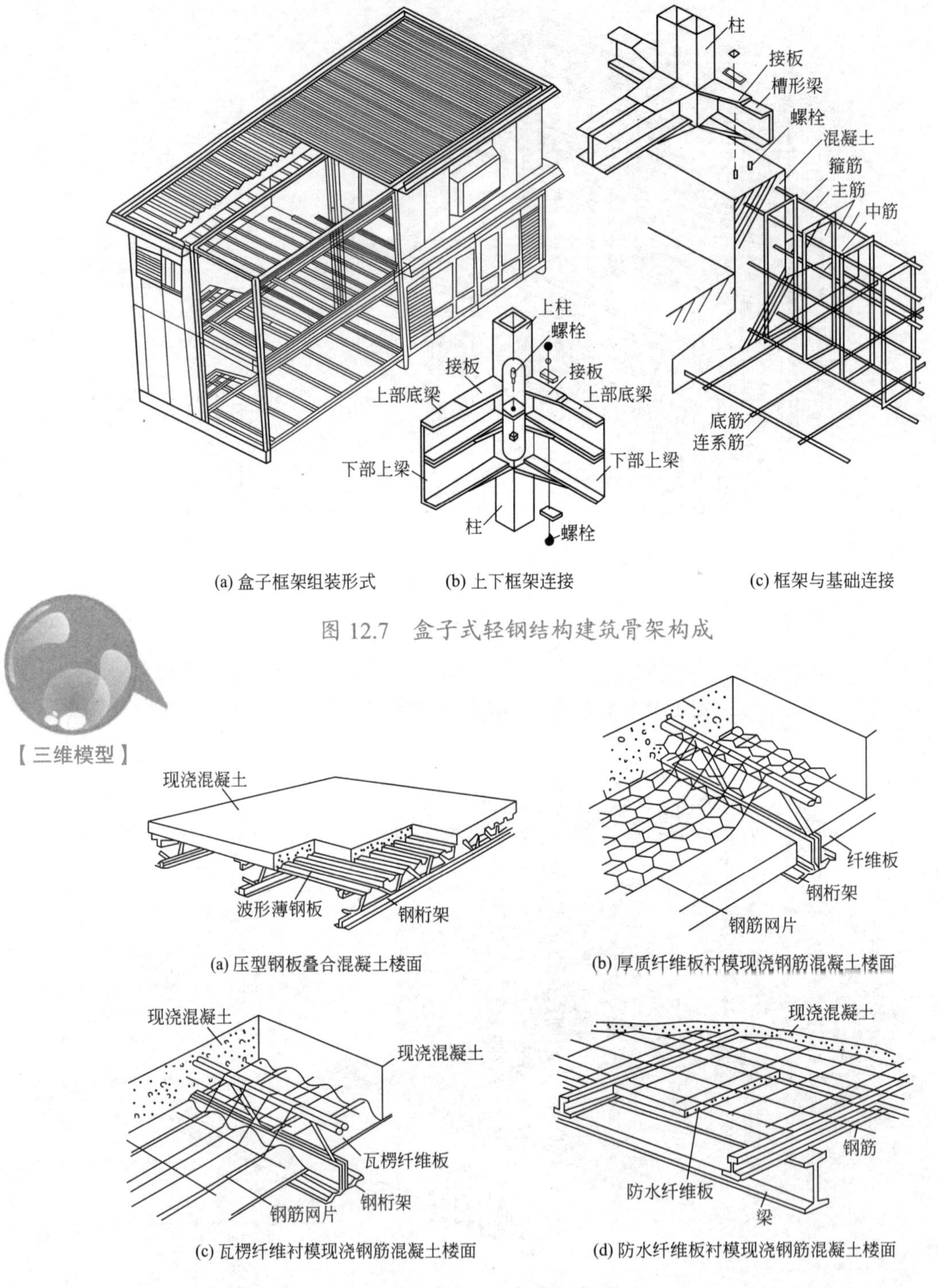

(a) 盒子框架组装形式　(b) 上下框架连接　(c) 框架与基础连接

图 12.7　盒子式轻钢结构建筑骨架构成

(a) 压型钢板叠合混凝土楼面　(b) 厚质纤维板衬模现浇钢筋混凝土楼面

(c) 瓦楞纤维衬模现浇钢筋混凝土楼面　(d) 防水纤维板衬模现浇钢筋混凝土楼面

图 12.8　现浇式轻钢楼面

单层轻型钢结构房屋一般采用门式刚架（图 12.9）、屋架和网架为主要承重结构。其上设檩条、屋面板（或板檩合为一体的太空轻质大型屋面板），其下设柱（对刚架则梁柱合一）、基础，柱的外侧有轻质墙梁，柱的内侧可设吊车梁。在构造组成上与钢筋混凝土结构厂房的主要差别为：轻型钢结构厂房使用压型钢板作为外墙板和屋面板 (或太空轻质条形外墙板和太空轻质大型屋面板)，在构造上增设了墙梁和屋面檩条等构件。

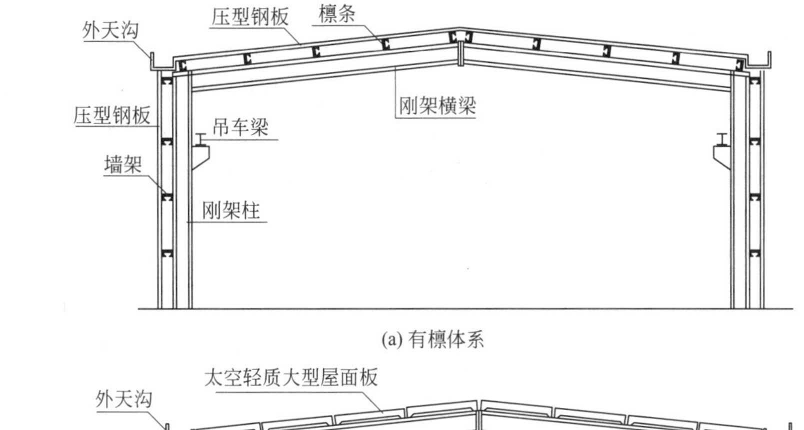

(a) 有檩体系

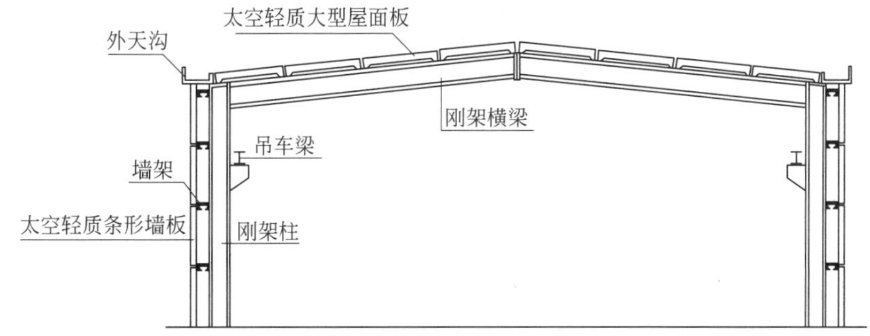

(b) 无檩体系

图 12.9　门式刚架

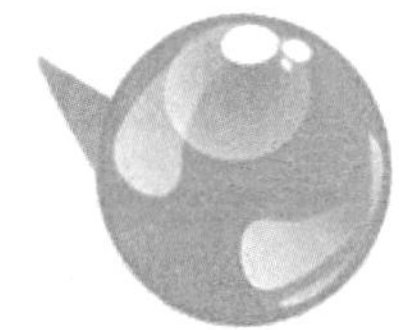

【三维模型】

12.2　轻型屋面

12.2.1　轻型屋面的特点及应用

1. 轻型屋面的特点

轻型钢结构屋面宜采用轻质高强、耐久、耐火、保温、隔热、隔声、抗震及防水等性能好的建筑材料，同时要求构造简单、施工方便，并能工业化生产，如压型钢板、太空板 (由水泥发泡芯材及水泥面层组成的轻板)、石棉水泥瓦和瓦楞铁等。

2. 轻型屋面的应用

轻型钢结构屋面分为有檩体系和无檩体系。有檩体系檩条宜采用冷弯薄壁型钢及高频焊接轻型 H 形钢。檩距多为 1.5 ～ 3m，直接在其上铺设压型钢板。无檩体系的太空板标准尺寸在网架中为 3m×3m，在工业厂房中为 1.5m×6m 和 3m×6m，可直接搁置在网架上弦节点加焊的支托上或门式刚架 (屋架) 的横梁 (上弦) 上。

12.2.2 两种常用的轻型屋面

1. 压型钢板

压型钢板是目前轻型屋面有檩体系中应用最广泛的屋面材料，采用热镀锌钢板或彩色镀锌钢板，经辊压冷弯成各种波形，具有轻质、高强、美观、耐用、施工简便、抗震、防火等特点。单层压型钢板的自重为 0.10 ～ 0.18kN/m^2，当有保温隔热要求时，可采用双层钢板中间夹保温层 (超细玻璃纤维棉或岩棉等) 的做法。屋面全部荷载标准值 (包括活荷载) 一般不超过 1.0kN/m^2。

2. 太空板

太空板是采用高强水泥发泡工艺制作的人工轻石为芯材，以玻璃纤维网 (或纤维束) 增强的上下水泥面层及钢边肋复合而成的新型轻质屋面板材，具有刚度好、强度高、延性好等特点，有良好的结构性能和工程应用前途。其自重为 0.45 ～ 0.85kN/m^2，屋面全部荷载标准值 (包括活荷载) 一般不超过 1.5kN/m^2。

太空网架板可按网架的网格确定其平面尺寸。安装时，太空板的板角与网架支托直接焊接，一般不需另设檩条，板与板之间留有 10mm 的装配缝，建议使用防水油膏嵌缝。太空板上可直接铺设防水卷材，不需另设保温层及找平层，防水卷材宜使用橡塑防水卷材。

12.2.3 压型钢板

1. 压型钢板的分类

(1) 按波高分类，分为低波板、中波板和高波板。

① 低波板波高为 12 ～ 35mm，用于墙板、室内装饰板 (墙面及顶板)。

② 中波板波高为 30 ～ 50mm，用于屋面。

③ 高波板波高大于 50mm，用于单波较长的屋面，通常配有专用固定支架。

(2) 按连接形式分类，分为外露式连接和隐藏式连接。

① 外露式连接 (穿透式连接)：主要指使用紧固件穿透压型钢板将其固定于檩条或墙梁上的方式，紧固件固定位置为屋面板固定于压型板波峰、墙面板固定于压型板波谷。

② 隐藏式连接：主要指用于将压型钢板固定于檩条或墙梁上的专有连接支架，以及紧固件通过相应手法不暴露在室外的连接方式，它的防水性能及压型钢板的防腐能力均优于外露式连接。

(3) 按压型钢板纵向搭接方式分类，分为自然扣合式、咬边连接式和扣盖连接式。

① 自然扣合式：采用外露式连接方式完成压型钢板的纵向连接，属于压型钢板 (压型钢板端波扣合) 早期连接方式，用于屋面时产生渗漏的概率大，只有用于墙面尚能满足基本要求。

② 咬边连接式：压型钢板端边通过专用机具进行 180°或 360°咬口方式，完成压型钢板的纵向连接，属于隐藏式连接范围，180°咬边是一种非紧密式咬合，360°咬边是一种紧密式咬合，咬边连接的板型比自然扣合连接的板型防水安全度明显增高，是值得推荐使用的板型。

③ 扣盖连接式：压型钢板板端对称设置卡口构造边，专用扣盖与卡口构造边扣压形成倒钩构造，完成压型钢板的纵向搭接，也属于隐藏式连接范围，防水性能较好，此连接方式有赖于倒钩构造的坚固，因此对彩板本身的刚度要求高于其他构造。

2. 压型钢板的物理性能

(1) 燃烧性能：单层压型钢板的耐火极限为 15min。

(2) 防水性能：单独使用的单层压型钢板其构造的防水等级为三级。压型钢板可作为一、二级防水等级屋面中的一道防水层。

3. 压型钢板的连接件

1) 连接件的分类

(1) 结构连接件：结构连接件主要是将围护板材与承重结构固定并形成整体的部件，如自攻螺钉、固定支架、固定挂件、开花螺栓。

(2) 构造连接件：构造连接件主要是将各种用途的压型钢板连成整体的部件，如拉铆钉、自攻螺钉、膨胀螺栓。

2) 连接件的种类

(1) 自攻螺钉：主要用于压型钢板、夹芯板、异型板等与檩条、墙梁或固定支架的连接固定，分为自攻自钻螺钉和打孔自攻螺钉，前者的防水性能及施工要求均优于后者，为目前工程较多采用。

(2) 拉铆钉：主要用于压型钢板之间、异型板之间及压型钢板与异型板之间的连接固定，分为开孔型与闭孔型。开孔型用于室内装修工程，闭孔型用于室外工程。

(3) 固定支架：主要用于将压型钢板固定于檩条上，一般应用于中波及高波屋面板，固定支架与檩条的连接采用焊接或自攻螺钉连接，固定支架与压型钢板的连接采用自攻螺钉、开花螺栓或专业咬边机咬口连接。

(4) 膨胀螺栓：主要用于彩色钢板、异型板、连接构件与砌体或混凝土构件的连接。

(5) 开花螺栓：主要用于压型钢板屋面板与檩条的连接固定。

4. 压型钢板的构造

(1) 压型钢板应采用镀锌钢板、镀铝锌钢板或在其基材上涂有彩色有机涂层的钢板辊压成型。

(2) 屋面、墙面压型钢板的厚度宜取 0.4 ～ 1.6mm，用于楼面模板的压型钢板的厚度不宜小于 0.7mm。压型钢板宜采用常尺板材，以减少板长方向之间的搭接。

(3) 压型钢板长度方向的搭接端必须与支撑构件 (如檩条、墙梁等) 有可靠的连接，搭接部位应设置防水密封胶带。

(4) 屋面压型钢板侧向可采用搭接式、扣合式和咬合式等不同的搭接方式。当侧向采用搭接式连接时，一般搭接一波，有特殊要求时可搭接两波。搭接处用连接件紧固，连接件应设于波峰上，连接件宜采用带有防水密封胶垫的自攻螺栓。对于高波压型钢板来说，连接件间距一般为 700 ～ 800mm；对于低波压型钢板来说，连接件间距一般为 300 ～ 400mm。

(5) 当侧向采用扣合式或咬合式搭接时，应采用高强度板材，且不能考虑蒙皮效应，应在檩条上设置与压型钢板波形相配套的专门固定支座，固定支座与檩条采用自攻螺钉或射钉连接，压型钢板搁置在固定支座上。两片压型钢板的侧边应确保扣合或咬合连接可靠。

(6) 墙面压型钢板之间的侧向连接宜采用搭接连接，通常搭接一个波峰，板与板之间的连接件可设于波峰，也可设于波谷。连接件应采用带有防水密封胶垫的自攻螺钉或射钉。自攻螺钉直径 d 为 3.0 ～ 8.0mm，板上孔径 $d_0 = 0.7d+2t_t$，且 $d_0 \leqslant 0.9d$，t_t 为被连接板的总厚度 (mm)。

(7) 铺设高波压型钢板屋面时，应在檩条上设置固定支架，檩条上翼缘宽度应比固定支架宽 10mm。固定支架用自攻螺钉或射钉与檩条连接，每波设置一个；低波压型钢板可不设置固定支架，宜在波峰处采用带有防水密封胶带的自攻螺钉或射钉、钩头螺栓与檩条连接，连接点可每波设置一个，但每块压型钢板与同一檩条的连接不得少于 3 个连接件。

5. 压型钢板的安装

建筑钢结构的楼盖一般多采用压型钢板与现浇钢筋混凝土叠合层组合而成，它既是楼盖的永久性支承模板，又与现浇层共同工作，是建筑物的永久组成部分。

压型钢板分为开口式和封闭式两种。开口式分为无痕 (上翼加焊剪力钢筋)、带压痕 (带加劲肋、上翼压痕、腹板压痕)、带加劲肋 3 种；封闭式分为无痕、带压痕 (在上翼缘)、带加劲肋和端头锚固等几种形式。其配件为抗剪连接件，包括栓钉、槽钢和弯筋。

1) 压型钢板的安装工艺流程

钢结构主体验收合格→搭设支顶桁架→压型钢板安装焊接→栓钉焊接→封板焊接→交验后设备管道、电路线路施工及钢筋绑扎→混凝土浇筑。其施工要点如下。

(1) 压型钢板在装、卸、安装中严禁用钢丝绳捆绑直接起吊；运输及堆放应有足够的支点，以防变形；铺设前应将弯曲变形者矫正好；钢梁顶面要保持清洁，严防潮湿及涂刷油漆。

(2) 下料、切孔采用等离子弧切割机操作，严禁用乙炔氧气切割；大孔四周应补强。

(3) 需支搭临时的支顶架，由施工设计确定，待混凝土达到一定强度后方可拆除。

(4) 压型钢板按图纸放线安装、调直、压实并对称电焊，要求波纹对直，以便钢筋在波内通过，并要求与梁搭接在凹槽处，以便施焊。

2) 栓钉焊接

给每个焊接栓钉配备耐热的陶瓷电弧保护罩，用焊机的焊枪顶住，采用自动定时的电弧焊焊到钢结构上。栓钉焊分为栓钉直接焊在工件上的普通栓钉焊和穿透栓钉焊两种，后者是栓钉在引弧后先熔穿具有一定厚度的薄钢板，然后再与工件熔成一体，其对瓷环强度及热冲击性能的要求较高。瓷环产品质量的好坏，直接影响栓钉的质量，故禁止使用受潮瓷环。当瓷环受潮后，要在 250℃温度下焙烘 1h，中间放掉潮气后使用；保护罩（套）应保持干燥，无开裂现象。

焊钉应具有材料质量证明书，规格尺寸应符合要求，表面无有害皱皮、毛刺、微观裂纹、扭歪、弯曲、油垢、铁锈等，但栓钉头部的径向裂纹和开裂如不超过周边至钉体距离的一半，则可以使用；下雨、下雪时不能露天焊。平焊时，被焊构件的倾斜度不能超过 15°。

每日或每班施焊前，应先焊两只焊钉进行目检和弯曲 30°的试验；当母材温度在 0℃

以下时，每焊 100 只焊钉还应增加一只焊钉试验；母材温度在−18℃以下时，则不能焊接。如从受拉构件上去掉不合格的焊钉，则去掉部位处应打磨光洁和平整；如去掉焊钉处的母材受损，则应采用手工焊来填补凹坑，并将焊补表面修平；如焊钉的挤出焊脚未达到360°，则允许采用手工焊补焊，补焊的长度应超出缺陷两边各 9.5mm。

栓钉在施焊前必须经过严格的工艺参数试验，对不同厂家、批号、材质及焊接设备的栓焊工艺，均应在分别进行试验后确定施焊工艺。栓钉焊的工艺参数包括焊接形式、焊接电压、电流、栓焊时间、栓钉伸出长度、栓钉回弹高度、阻尼调整位置，在穿透焊中还包括压型钢板的厚度、间隙和层次。栓焊工艺经过静拉伸、反复弯曲及打弯试验合格后，现场操作时还需根据电缆线的长度、施工季节、风力等因素进行调整。当压型钢板采用镀锌钢板时，应采用相应的除锌措施后才能进行焊接。

12.2.4 压型钢板屋面节点构造

1. 非保温的单层压型钢板

1) 檐口连接

檐口的连接构造如图 12.10 所示。

2) 天窗矮墙处连接

天窗矮墙处的连接构造如图 12.11 所示。

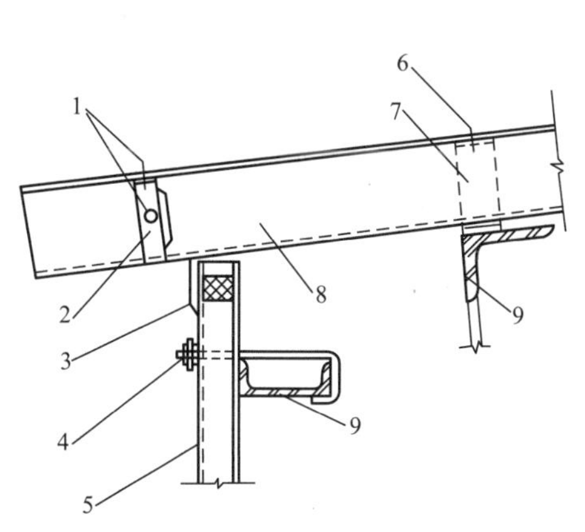

图 12.10 檐口连接构造图

1—六角螺栓；2—檐口挡水件；3—塑料挡水件；4—螺栓；5—V125 墙板；6—固定螺栓；7—固定支架；8—高波压型板；9—檩条或墙梁

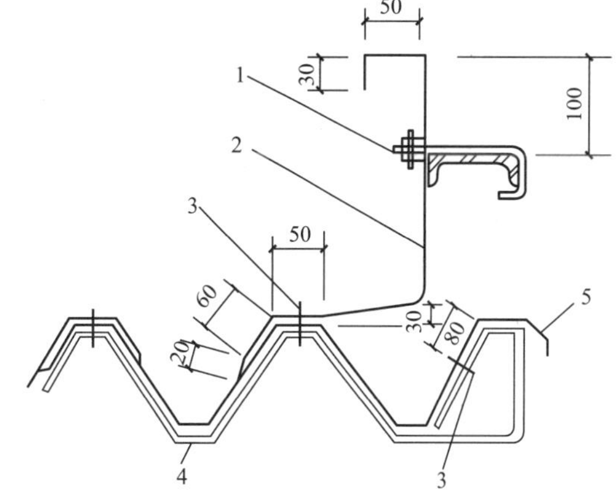

12.11 天窗矮墙处连接构造

1—钩头螺栓；2—泛水板；3—固定螺栓；4—固定支架；5—高波压型板

3) 双坡屋脊

高波板屋脊处的连接构造如图 12.12 所示。低波板屋脊处的连接构造如图 12.13 所示。

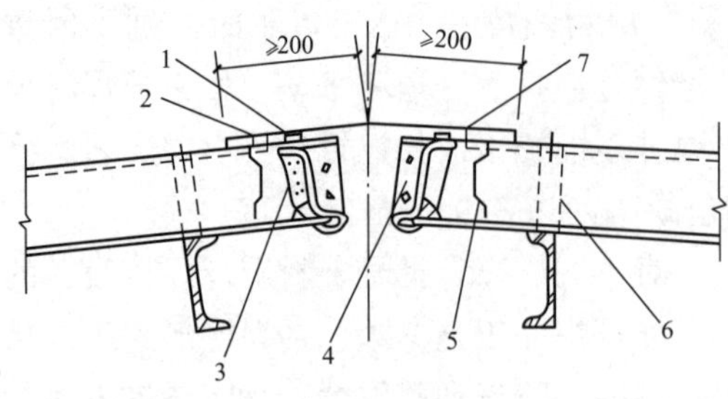

图 12.12　高波板双坡屋脊连接构造

1—密封条；2—嵌缝条；3—嵌缝膏；
4—封墙挡水件；5—挡水板；
6—固定支架；7—紧固螺栓

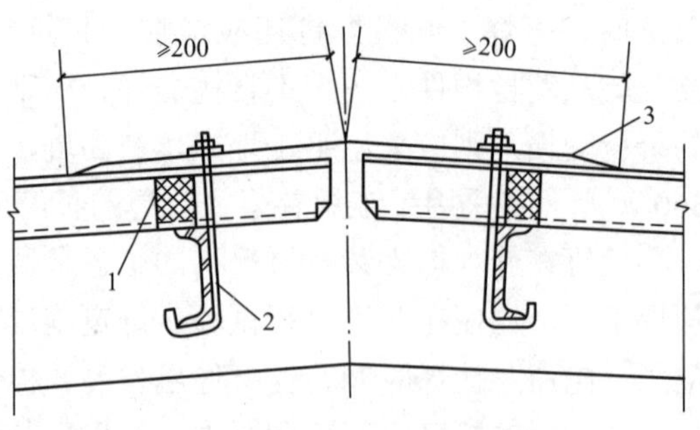

图 12.13　低波板双坡屋脊连接构造

1—塑料封端挡水件；
2—钩头螺栓；3—屋脊板

4) 单坡屋脊

单坡屋脊处的连接构造如图 12.14 所示。

5) 山墙包角

低波板山墙包角处的连接构造如图 12.15 所示。

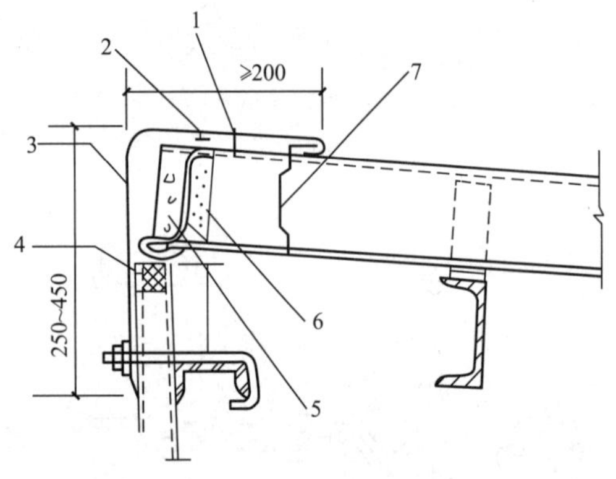

图 12.14　高波板单坡屋脊连接构造

1—紧固螺栓；2—密封条；3—包角板；
4—塑料挡水件；5—封端挡水件；
6—嵌缝膏；7—挡水板

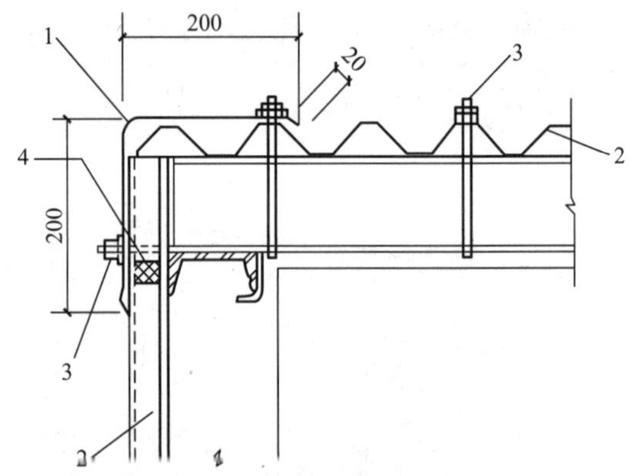

图 12.15　低波板山墙包角连接构造

1—山墙包角板；2—低波压型板；
3—钩头螺栓；4—塑料挡水件

高波板山墙包角处的连接构造如图 12.16 所示。

6) 沿坡度泛水

高波板沿坡度泛水的构造如图 12.17 所示。

7) 沿坡顶泛水

低波板沿坡顶泛水的构造如图 12.18 所示。

8) 通风屋脊

压型钢板通风屋脊的构造如图 12.19 所示。

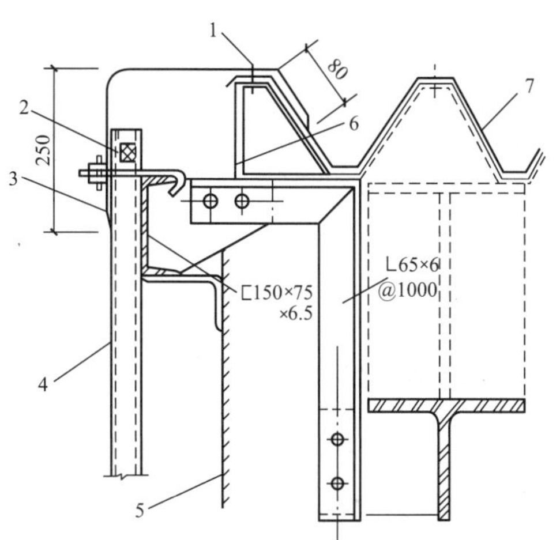

图 12.16 高波板山墙包角处的连接构造

1—固定螺栓；2—塑料挡水件；
3—山墙包角板；4—低波压型板；5—山墙柱；
6—固定支架；7—高波压型板

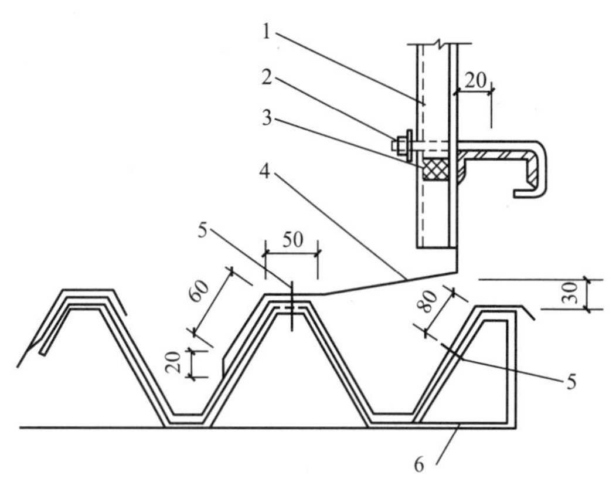

图 12.17 高波板沿坡度泛水构造

1—低波墙板；2—钩头螺栓密封条；
3—塑料挡水件；4—泛水板；
5—固定螺栓；6—固定支架

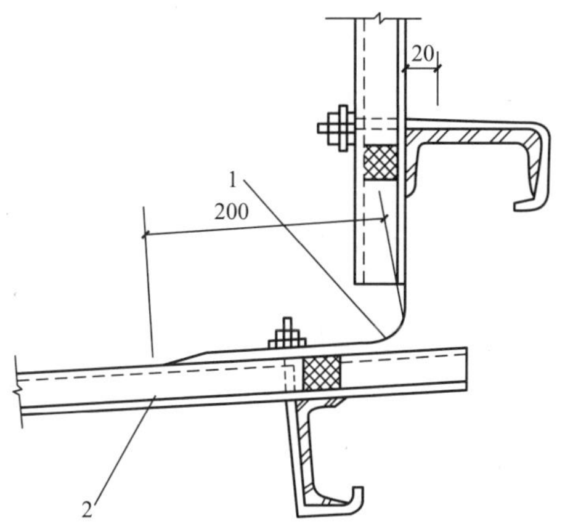

图 12.18 低波板沿坡顶泛水构造

1—泛水坡；2—低波板

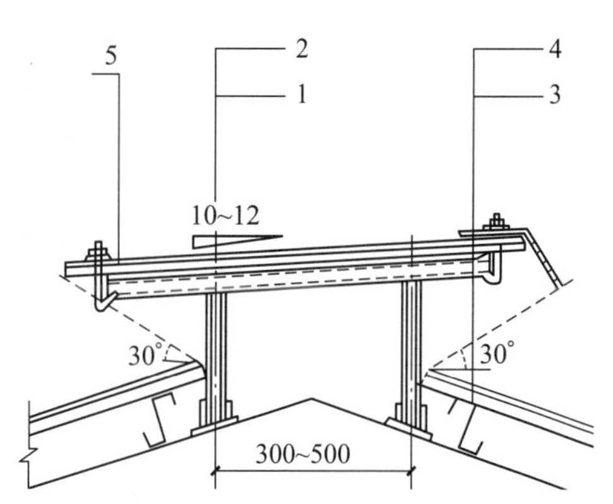

图 12.19 压型钢板通风屋脊构造

1—角钢或钢管支架；2—压型钢板；
3—薄壁型钢檩条；4—压型钢板
屋脊；5—角钢或槽钢檩条

2. 保温的压型钢板

1) 内天沟节点

内天沟节点构造如图 12.20 所示。

2) 屋脊节点

屋脊节点的构造如图 12.21 所示。

3) 女儿墙泛水节点

女儿墙泛水节点的构造如图 12.22 所示。

4) 变形缝节点

变形缝节点的构造如图 12.23 所示。

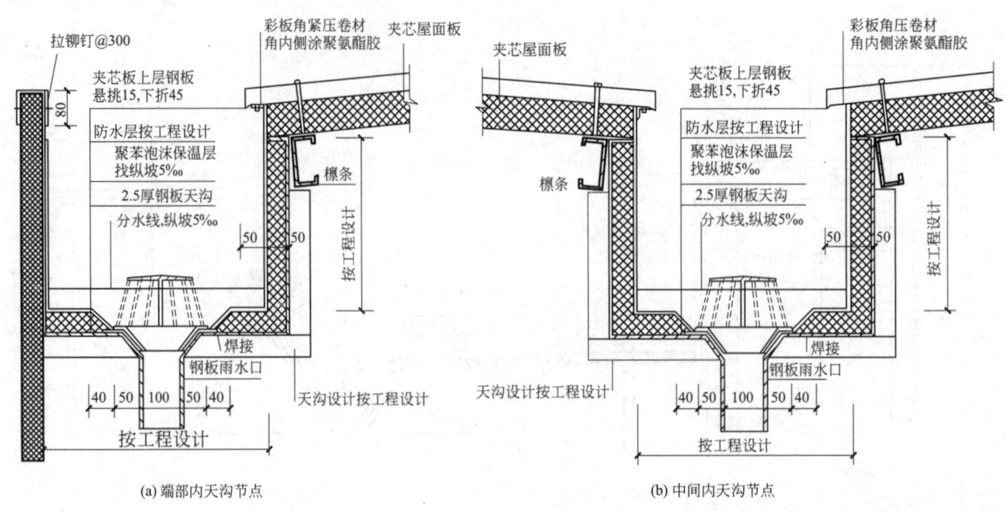

(a) 端部内天沟节点　　(b) 中间内天沟节点

图 12.20　内天沟节点构造

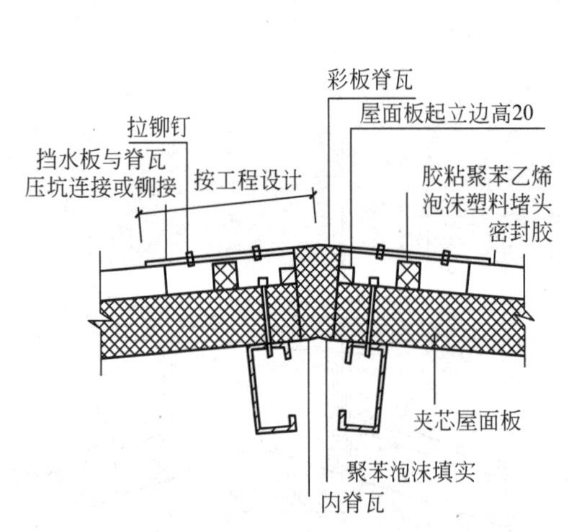

图 12.21　屋脊节点构造

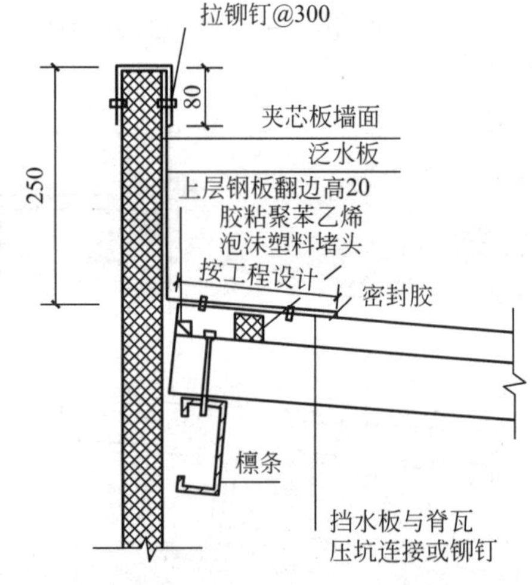

图 12.22　女儿墙泛水节点构造

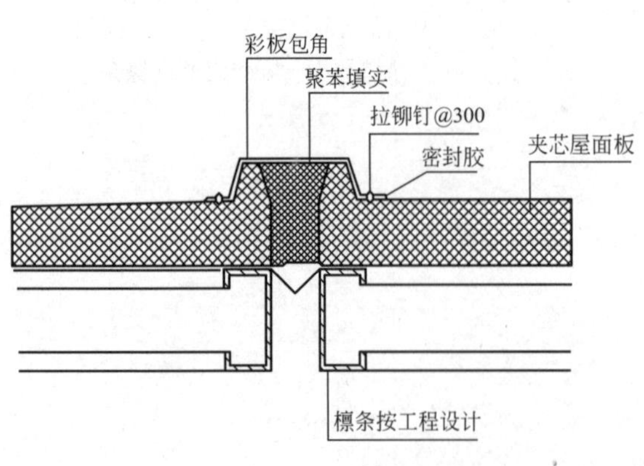

(a) 平屋顶变形缝节点

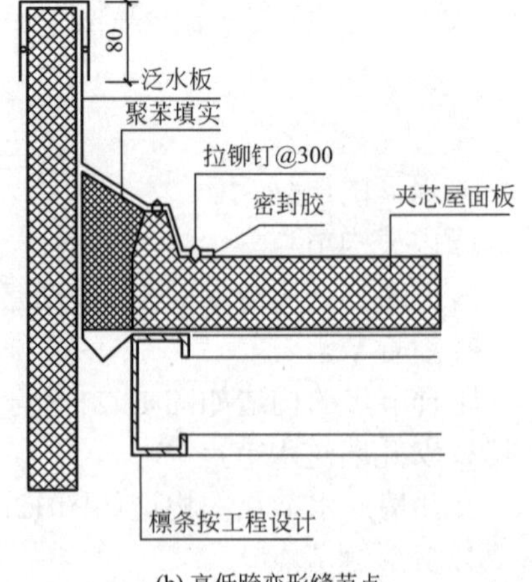

(b) 高低跨变形缝节点

图 12.23　变形缝节点构造

5) 屋面采光带节点

屋面采光带节点的构造如图 12.24 所示。

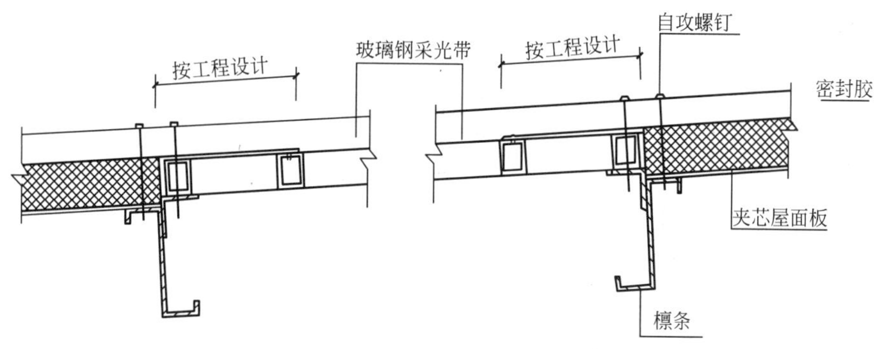

图 12.24 屋面采光带节点构造

6) 屋面板搭接节点

屋面板搭接节点的构造如图 12.25 所示。

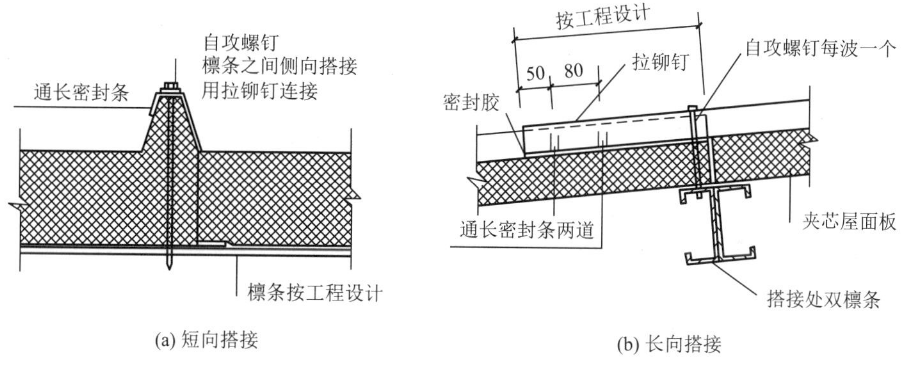

图 12.25 屋面板搭接节点构造

本章小结

(1) 轻钢装配式建筑是以轻型钢结构为骨架、轻型墙体为外围护结构所建成的房屋。其轻型钢结构的支承构件通常由厚度为 1.5 ~ 5mm 的薄钢板经冷弯或冷轧成型，或者用小断面的型钢及用小断面的型钢制成的小型构件如轻钢组合桁架等作为支承构件。

(2) 轻钢建筑施工方便，适用于低层及多层的建筑物。使用薄壁型钢，用钢量较低，而且内部空间使用较为灵活；用复合墙板等技术，可以使建筑的防水、热工等综合性能指标得到提升，是近年来在我国发展较快的一种建筑体系。

(3) 轻型钢结构屋面宜采用轻质高强、耐久、耐火、保温、隔热、隔声、抗

震及防水等性能好的建筑材料，同时要求构造简单、施工方便，并能工业化生产，如压型钢板、太空板（由水泥发泡芯材及水泥面层组成的轻板）、石棉水泥瓦和瓦楞铁等。

思考题

1. 轻型钢结构房屋的骨架构成形式分哪几种?
2. 现浇式轻钢楼面有哪几种形式?
3. 轻型屋面的特点有哪些?
4. 压型钢板分哪几类?
5. 压型钢板的连接件种类有哪些?
6. 压型钢板的连接应注意哪些问题?

第 13 章 工业建筑概述

教学目标

(1) 理解工业建筑的概念和特点。
(2) 掌握工业建筑的分类方法及其类型。
(3) 理解工业建筑与民用建筑的区别。
(4) 掌握工业建筑的设计要求。
(5) 了解工业建筑的设计任务。

教学要求

知识要点	能力要求	相关知识
工业建筑	(1) 理解工业建筑的概念 (2) 理解工业建筑与民用建筑的区别	民用建筑的概念
工业建筑的分类	(1) 掌握工业建筑的分类方法 (2) 掌握工业建筑的类型	民用建筑的分类
工业建筑的特点	(1) 理解工业建筑的特点 (2) 理解工业建筑的生产工艺与民用建筑功能的区别	民用建筑的特点
工业建筑的设计要求	(1) 理解工业建筑生产工艺的概念 (2) 掌握工业建筑的设计要求	民用建筑功能概念
工业建筑的设计任务	(1) 了解工业建筑的设计任务 (2) 了解工业建筑的设计方法	民用建筑设计

工业建筑是指从事各类工业生产及直接为生产服务的房屋，是工业建设必不可少的物质基础。从事工业生产的房屋主要包括生产厂房、辅助生产用房及为生产提供动力的房屋，这些房屋称为“厂房”或“车间”。直接为生产服务的房屋是指为工业生产存储原料、半成品和成品的仓库，以及存储与修理车辆的用房，这些房屋均属工业建筑的范畴。

工业建筑物既为生产服务，也要满足广大工人的生活要求。随着科学技术及生产力的发展，工业建筑的类型越来越多，工业生产工艺对工业建筑提出的一些技术要求更加复杂，为此，工业建筑要符合安全适用、技术先进、经济合理的原则。

13.1 工业建筑的类型

【参考图文】

13.1.1 按建筑层数分类

1. 单层厂房

如图13.1所示，单层厂房是指层数为一层的厂房，它主要用于重型机械制造工业、冶金工业等重工业。这类厂房的特点是生产设备体积大、自重大、厂房内以水平运输为主。

【三维模型】

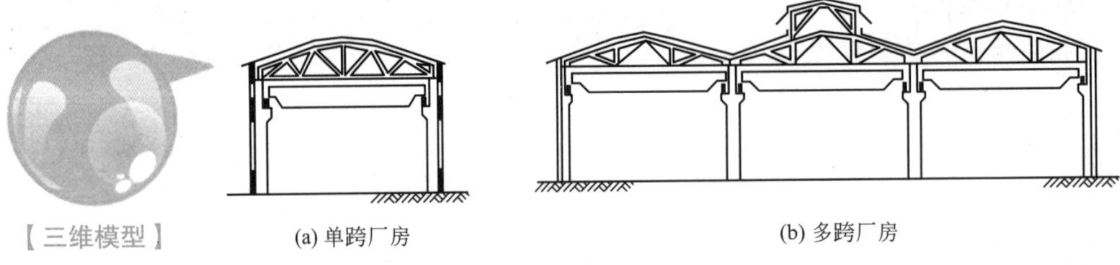

(a) 单跨厂房　(b) 多跨厂房

图13.1　单层厂房剖面图

2. 多层厂房

图13.2所示为多层厂房，常见的层数为2～6层。其中，两层的厂房广泛应用于化

【三维模型】

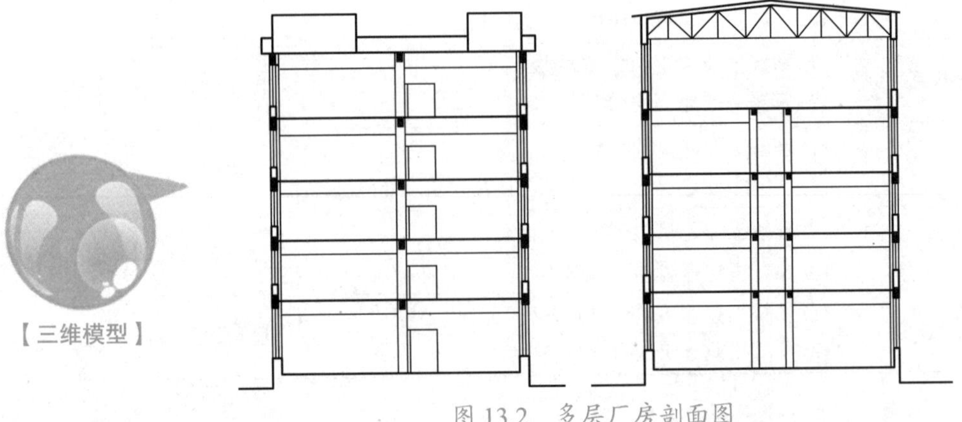

图13.2　多层厂房剖面图

纤工业、机械制造工业等。多层厂房多应用于电子工业、食品工业、化学工业、精密仪器工业等轻工业。这类厂房的特点是生产设备较轻、体积较小，工厂的大型机床一般放在底层，小型设备放在楼层上，厂房内部的垂直运输以电梯为主，水平运输以电瓶车为主。建筑在城市中的多层厂房，能满足城市规划布局的要求，可丰富城市景观，节约用地面积，在厂房面积相同的情况下，4 层厂房的造价最经济。

3. 层数混合的厂房

图 13.3 所示为层数混合的厂房，厂房由单层跨和多层跨组合而成，适用于竖向布置工艺流程的生产项目，多用于热电厂、化工厂等。高大的生产设备位于中间的单跨内，边跨为多层。

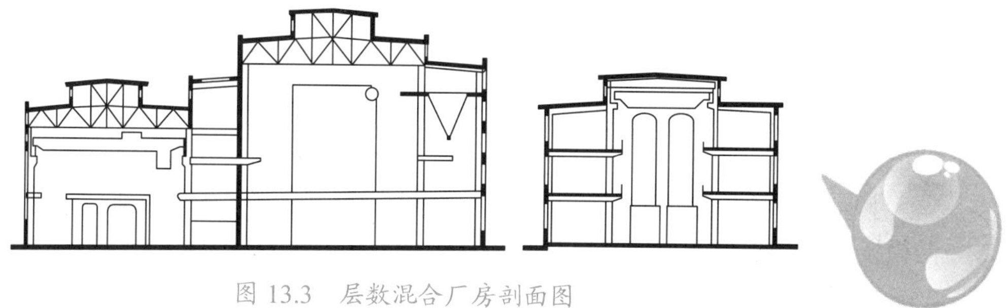

图 13.3　层数混合厂房剖面图

【三维模型】

13.1.2 按用途分类

1. 主要生产厂房

在这类厂房中进行生产工艺流程的全部生产活动，一般包括从备料、加工到装配的全部过程。所谓生产工艺流程，是指产品从原材料到半成品再到成品的全过程，如钢铁厂的烧结、焦化、炼铁、炼钢等车间。

2. 辅助生产厂房

辅助生产厂房是指为主要生产厂房服务的厂房，如机械修理、工具等车间。

3. 动力用厂房

动力用厂房是指为主要生产厂房提供能源的场所，如发电站、锅炉房、煤气站等。

4. 储存用房屋

储存用房屋是指为生产提供存储原料、半成品、成品的仓库，如炉料、油料、半成品、成品等库房。

5. 运输用房屋

运输用房屋是指为生产或管理用车辆提供存放与检修的房屋，如汽车库、消防车库、电瓶车库等。

6. 其他

包括解决厂房给水、排水问题的水泵房、污水处理站等。

13.1.3 按生产状况分类

1. 冷加工车间

用于在常温状态下进行生产，如机械加工车间、金工车间等。

2. 热加工车间

用于在高温和熔化状态下进行生产，可能散发大量余热、烟雾、灰尘、有害气体，如铸工、锻工、热处理车间。

3. 恒温恒湿车间

用于在恒温 (20℃左右)、恒湿 (相对湿度为 50% ～ 60%) 条件下进行生产的车间，如精密机械车间、纺织车间等。

4. 洁净车间

洁净车间要求在保持高度洁净的条件下进行生产，防止大气中的灰尘及细菌对产品的污染，如集成电路车间、精密仪器加工及装配车间等。

5. 其他特种状况的车间

其他特种状况的车间指生产过程中有爆炸可能性、有大量腐蚀物、有放射性散发物、防微振、防电磁波干扰等情况的车间。

13.2 工业建筑的特点

从世界各国的工业建筑现状来看，单层厂房的应用比较广泛，在建筑结构等方面与民用建筑相比较，它具有以下特点。

1. 厂房设计符合生产工艺的特点

厂房的建筑设计在符合生产工艺特点的基础上进行，厂房设计必须满足工业生产的要求，为工人创造良好的劳动环境。单层厂房设计应具有一定的灵活性，能适应由于生产设备更新或改变生产工艺流程而带来的变化。

2. 厂房内部空间较大

由于厂房内生产设备多而且尺寸较大，并有多种起重运输设备，有的要加工巨型产品，有各类交通运输工具进出车间，因而厂房内部大多具有较大的开敞空间。如有桥式吊车的厂房的室内净高应在 8m 以上，万吨水压机车间的室内净高应在 20m 以上，有些厂房的高度可达 40m 以上。

3. 厂房的建筑构造比较复杂

大多数单层厂房采用多跨的平面组合形式，内部有不同类型的起吊运输设备，由于采光、通风等缘故，采用组合式侧窗、天窗，使屋面排水、防水、保温、隔热等建筑构造的处理复杂化，技术要求比较高。

4. 厂房骨架的承载力比较大

单层厂房常采用体系化的排架承重结构，多层厂房常采用钢筋混凝土或钢框架结构。

13.3 工业建筑设计的任务和要求

建筑设计人员根据设计任务书和工艺设计人员提出的生产工艺资料，设计厂房的平面形状、柱网尺寸、剖面形式、建筑体型；合理选择结构方案和围护结构的类型，进行细部构造设计；协调建筑、结构、水、暖、电、气、通风等各工种；正确贯彻“坚固适用、经济合理、技术先进”的原则。工业建筑设计应满足如下要求。

1. 满足生产工艺的要求

生产工艺是工业建筑设计的主要依据，生产工艺对建筑提出的要求就是该建筑使用功能上的要求。因此，建筑设计在建筑面积、平面形状、柱距、跨度、剖面形式、厂房高度、结构方案和构造措施等方面，必须满足生产工艺的要求。同时，建筑设计还要满足厂房所需的机械设备的安装、操作、运转、检修等方面的要求。

2. 满足建筑技术的要求

(1) 工业建筑的坚固性及耐久性应符合建筑的使用年限。由于厂房的永久荷载和可变荷载比较大，建筑设计应为结构设计的经济合理性创造条件，使结构设计更利于满足安全性、适用性和耐久性的要求。

(2) 由于科技发展日新月异，生产工艺不断更新，生产规模逐渐扩大，因此，建筑设计应使厂房具有较大的通用性和改建、扩建的可能性。

(3) 应严格遵守《厂房建筑模数协调标准》及《建筑模数统一协调标准》的规定，合理选择厂房建筑参数 (柱距、跨度、柱顶标高、多层厂房的层高等)，以便采用标准的、通用的结构构件，使设计标准化、生产工厂化、施工机械化，从而提高厂房的工业化水平。

3. 满足建筑经济的要求

(1) 在不影响卫生、防火及室内环境要求的条件下，将若干个车间 (不一定是单跨车间) 合并成联合厂房，对现代化连续生产极为有利。因为联合厂房占地较少，外墙面积相应减小，缩短了管网线路，使用灵活，能满足工艺更新的要求。

(2) 建筑的层数是影响建筑经济性的重要因素。因此，应根据工艺要求、技术条件等因素，确定是采用单层厂房还是多层厂房。

(3) 在满足生产要求的前提下，设法缩小建筑体积，充分利用建筑空间，合理减少结构面积，提高使用面积。

(4) 在不影响厂房的坚固、耐久、生产操作、使用要求和施工速度的前提下，应尽量降低材料的消耗，从而减轻构件的自重和降低建筑造价。

(5) 设计方案应便于采用先进的、配套的结构体系及工业化施工方法。但是，必须结合当地的材料供应情况、施工机具的规格和类型以及施工人员的技能来选择施工方案。

4. 满足卫生及安全的要求

(1) 应有与厂房所需采光等级相适应的采光条件，以保证厂房内部工作面上的照度；应有与室内生产状况及气候条件相适应的通风措施。

(2) 能排除生产余热、废气，提供正常的卫生、工作环境。

(3) 对散发出的有害气体、有害辐射、严重噪声等应采取净化、隔离、消声、隔声等措施。

(4) 美化室内外环境，注意厂房内部的水平绿化、垂直绿化及色彩处理。

(5) 进行总平面设计时，应将有污染的厂房放在下风位，如图 13.4 所示。

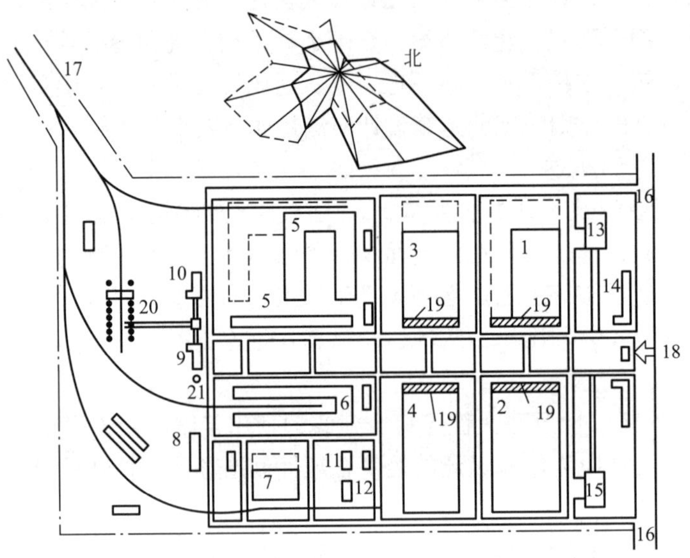

图 13.4　某机械厂总平面布置图

1—辅助车间；2—装配车间；3—机械加工车间；4—冲压车间；5—铸工车间；6—锻工车间；7—总仓库；8—木工车间；9—锅炉房；10—煤气发生站；11—氧气站；12—压缩空气站；13—食堂；14—厂部办公室；15—车库；16—汽车货运出入口；17—火车货运出入口；18—厂区大门人流出入口；19—车间生活间；20—露天堆场；21—烟囱

本章小结

(1) 工业建筑是进行工业生产的建筑，工业建筑物既为生产服务，也要满足广大工人的生活要求。随着科学技术及生产力的发展，工业建筑的类型越来越多，工业生产工艺对工业建筑提出的一些技术要求更加复杂，为此，工业建筑要符合安全适用、技术先进、经济合理的原则。

(2) 工业建筑按层数可分为单层厂房、多层厂房及混合层次厂房；按用途可分为主要生产厂房、辅助生产厂房、动力用厂房、储存用厂房等；按生产状况可分为冷加工车间、恒温恒湿车间、洁净车间等。

（3）工业建筑与民用建筑的区别在于工业建筑物既为生产服务，也要满足广大工人的生活要求。工业建筑的设计要从生产工艺入手，除满足工业生产工艺对工业建筑提出的一些技术要求之外，也要做到安全适用、技术先进、经济合理、环境美观。

思考题

1. 什么叫工业建筑？工业建筑有哪些特点？
2. 工业建筑有哪些类型？
3. 工业建筑与民用建筑的区别是什么？
4. 工业建筑的设计要求有哪些？

第 14 章

单层厂房设计

教学目标

（1）理解单层厂房的概念和结构特点。

（2）理解单层厂房的平面、立面及剖面的设计方法。

（3）掌握单层厂房定位轴线的设计方法。

（4）了解单层厂房的立面设计及内部空间的设计要求。

（5）了解单层厂房的采光及通风设计。

教学要求

知识要点	能力要求	相关知识
单层厂房	(1) 理解单层厂房的概念 (2) 理解单层厂房的结构特点	民用建筑的概念
单层厂房设计	(1) 理解单层厂房的设计方法 (2) 理解单层厂房的平面、立面及剖面设计	民用建筑的设计
定位轴线设计	(1) 掌握单层厂房定位轴线的设计方法 (2) 掌握单层厂房定位轴线的标注方法	民用建筑的轴线
立面设计及内部空间设计	(1) 理解立面设计及内部空间设计的概念 (2) 了解立面设计及内部空间设计的要求	民用建筑造型
单层厂房的采光及通风设计	(1) 了解单层厂房的采光及通风设计 (2) 了解单层厂房的采光及通风天窗形式	民用建筑的采光及通风设计

14.1 单层厂房的组成

单层厂房有墙承重与骨架承重两种结构类型。只有当厂房的跨度、高度、吊车荷载较小时才用墙承重方案，当厂房的跨度、高度、吊车荷载较大时，多采用骨架承重结构体系。

骨架承重结构体系由柱子、屋架或屋面大梁等承重构件组成。其结构体系可以分为刚架、排架及空间结构。其中以排架最为多见，因为其梁柱间为铰接，可以适应较大的吊车荷载。在骨架结构中，墙体一般不承重，只起围护或分隔空间的作用。

骨架结构的厂房内部具有宽敞的空间，有利于生产工艺及其设备的布置、工段的划分，也有利于生产工艺的更新和改善。

排架结构以钢筋混凝土排架和钢结构最为常用。

钢筋混凝土排架结构多采用预制装配的施工方法。结构构成主要由横向骨架、纵向联系杆及支撑构件组成，如图 14.1 所示。横向骨架主要包括屋面大梁 (或屋架)、柱子、柱基础。纵向构件包括屋面板、连系梁、吊车梁、基础梁等。此外，垂直和水平方向的支撑构件用以提高建筑的整体稳定性。

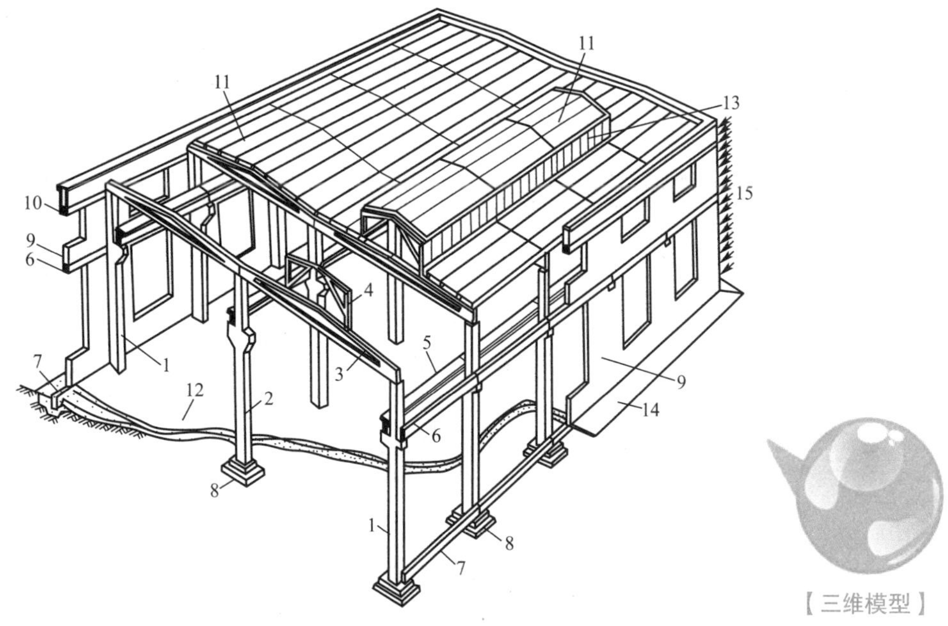

图 14.1 装配式钢筋混凝土排架及主要构件

1—边列柱；2—中柱；3—屋面大梁；4—天窗架；5—吊车梁；6—连系梁；
7—基础梁；8—基础；9—外墙；10—圈梁；11—屋面板；12—地面；
13—天窗扇；14—散水；15—风荷载

钢结构排架、钢或钢筋混凝土刚架结构的厂房等与装配式钢筋混凝土排架厂房的组成基本相同。

14.2 单层厂房平面设计

14.2.1 生产工艺与厂房平面设计

民用建筑主要是根据建筑的使用功能进行设计的，而工业建筑设计，则是在工艺设计的基础上进行的。因此，生产工艺是工业建筑设计的重要依据。

一个完整的工艺平面图，主要包括5方面内容：①根据生产的规模、性质、产品规格等确定的生产工艺流程；②选择和布置生产设备和起重运输设备；③划分车间内部各生产工段及其所占面积；④初步拟订厂房的跨间数、跨度和长度；⑤提出生产对建筑设计的要求，如采光、通风、防振、防尘、防辐射。图14.2是某机械加工车间的生产工艺平面图。

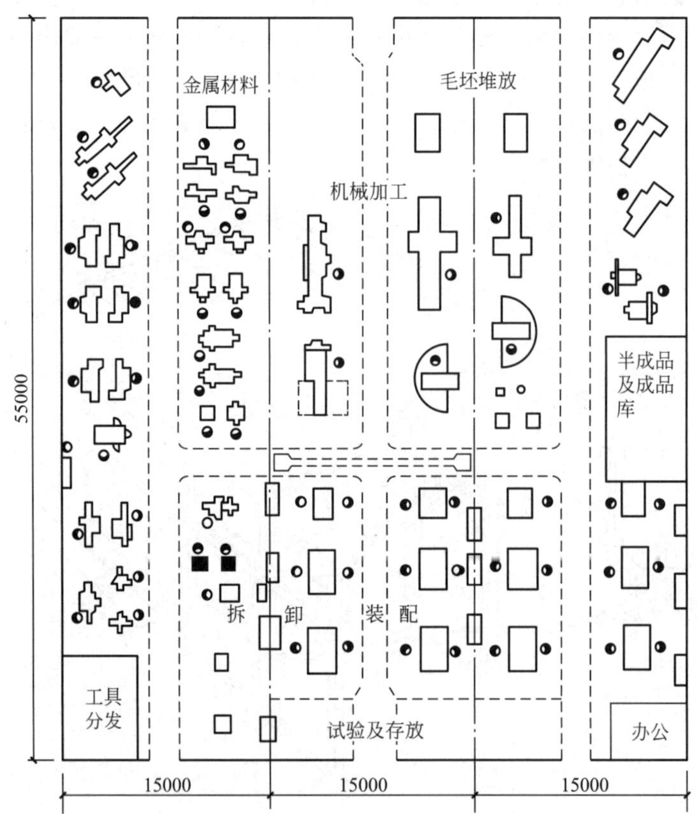

图14.2 某机械加工车间的生产工艺平面图

14.2.2 单层厂房的平面形式

1. 生产工艺流程与平面形式

生产工艺流程有直线式、直线往复式和垂直式3种，与此相适应的单层厂房的平面形式如图 14.3 所示。

(1) 直线式：原料由厂房一端进入，成品或半成品由另一端运出［图 14.3(a)］，其特点是厂房内部各工段间联系紧密，唯运输线路和工程管线较长。厂房多为矩形平面，可以是单跨，也可以是多跨平行布置。这种平面简单规整，适合于对保温要求不高或工艺流程不能改变的厂房，如线材轧钢车间。

(2) 直线往复式：原料从厂房的一端进入，产品由同一端运出［图 14.3(b)、图 14.3(c)、图 14.3(d)］。其特点是工段联系紧密，运输线路和工程管线短捷，形状规整，节约用地，外墙面积较小，对节约材料和保温隔热有利。相应的平面形式是多跨并列的矩形平面，甚至方形平面。这种平面适合于多种生产性质的厂房。

(3) 垂直式：垂直式［图 14.3(f)］的特点是工艺流程紧凑，运输线路及工程管线较短，相应的平面形式是 L 形平面，即出现垂直跨。在纵横跨相接处，结构、构造复杂，经济性较差。

2. 生产状况与平面形式

生产状况也影响着厂房的平面形式，如热加工车间对工业建筑平面形式的限制最大。热加工车间如机械厂的铸造、锻造车间，钢铁厂的轧钢车间等，在生产过程中散发出大量的余热和烟尘，要在设计中创造良好的自然通风条件，因此厂房不宜太宽。

为了满足生产工艺的要求，有时将厂房平面设计成 L 形［图 14.3(f)］、U 形［图 14.3(g)］或 E 形［图 14.3(h)］。这些平面的建筑有良好的通风、采光、排气散热和除尘的功能，适宜于中型以上的热加工厂房，如轧钢、铸工、锻造等车间，以便于排除产生的热量、烟尘和有害气体。在平面布置时，要将纵横跨之间的开口迎向夏季主导风向或与夏季主导风向呈 0°～45°夹角。

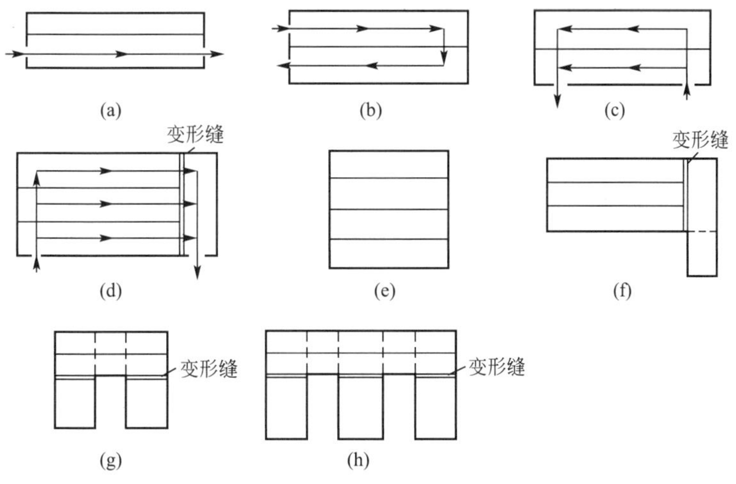

图 14.3 单层厂房平面形式

14.2.3 柱网选择

柱子在建筑平面上排列所形成的网格称为柱网。柱网布置示意图如图 14.4 所示。柱子的纵向定位轴线之间的距离称为跨度，横向定位轴线之间的距离称为柱距。选择柱网实际上就是选择厂房的跨度和柱距。

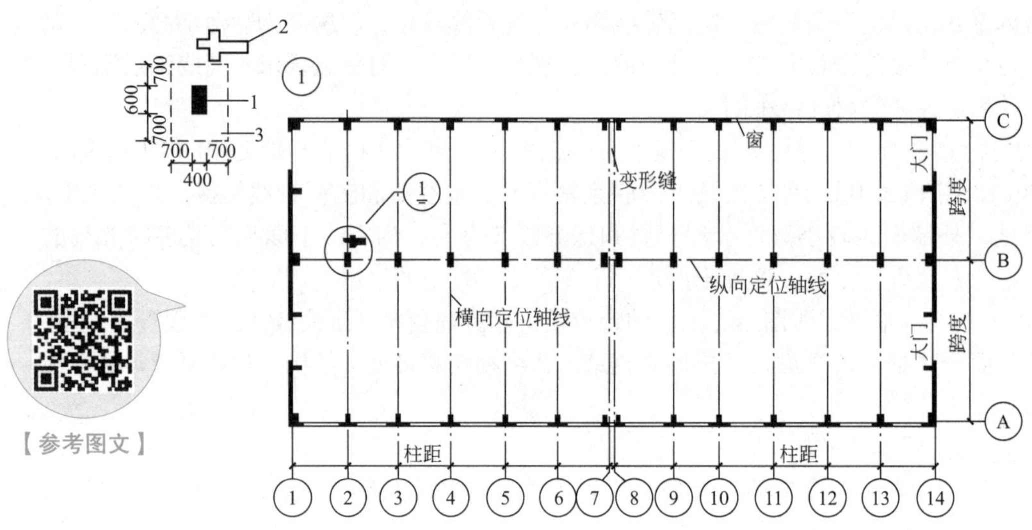

【参考图文】

图 14.4 柱网布置示意图

1—柱子；2—基床；3—柱基础轮廓

根据国家标准《厂房建筑模数协调标准》(GB/T 50006—2010) 的要求，当工业建筑跨度小于 18m 时，应采用扩大模数为 30M 的尺寸系列，即跨度可取 9m、12m、15m；当跨度大于或等于 18m 时，按 60M 模数递增，即跨度可取 18m、24m、30m 和 36m。柱距采用 60M 数列，即 6m、12m、18m 等。

与民用建筑相同的是，适当扩大柱网，可以有效提高工业建筑面积的利用率；有利于大型设备的布置及产品的运输；能提高工业建筑的通用性，适应生产工艺的变更及设备的更新；有利于提高吊车的服务范围；减少建筑结构构件的数量，加快建设的进度，提高效率。

14.3 单层厂房生活间设计

为了满足工人的生产、卫生及生活的需要，保证产品质量，提高劳动生产率，为工人创造良好的劳动卫生条件，除在全厂设有行政管理及生活福利设施外，每个车间也应设有生活用房，称为生活间。

14.3.1 生活间的组成

生活间的组成包括：①生产卫生用房，如浴室、存衣室等；②生活卫生用房，包括休息室、孕妇休息室、卫生间、饮水室、小吃部、保健站等。卫生间的卫生器具按《工业企业设计卫生标准》(GBZ 1—2010) 和有关规定计算。最大班的女工人数超过 100 人的车间，应设女工卫生室，且不得与其他用房合并设置。浴室、盥洗室、厕所的设计与计算人数（按最大班工人人数的 93%）计算；③行政办公室，包括党、政、工、团等办公室，以及会议室、学习室、值班室、调度室等；④生产辅助用房，如工具库、材料库、计量室等。

14.3.2 生活间的布置

生活间的布置方式有毗邻式、独立式和厂房内部式。

1. 毗邻式生活间

毗邻式生活间紧靠厂房外墙，大多数紧靠厂房的山墙布置。毗邻式生活间平面组合的基本要求是：职工上下班的路线应与服务设施的路线一致，避免迂回，其位置应结合厂房的总平面设计；厕所、休息室、吸烟室、女工卫生室等生活卫生房间应相对集中，位置恰当。

毗邻式生活间和厂房的结构体系不同，荷载相差也很大，所以在两者毗邻处应设置沉降缝。设置沉降缝的处理方案有两种。

(1) 当生活间的高度高于厂房高度时，毗邻墙应设在生活间一侧，而沉降缝则位于毗邻墙与厂房之间，如图 14.5(a) 所示。

(2) 当厂房高度高于生活间的高度时，毗邻墙设在车间一侧，沉降缝则设于毗邻墙与生活间之间，如图 14.5(b) 所示。毗邻墙支撑在车间柱式基础的地基梁上。此时生活间的楼板采用悬臂结构，生活间的地面、楼面、屋面均与毗邻墙断开，并设变形缝以解决生活间与车间产生不均匀沉降的问题。

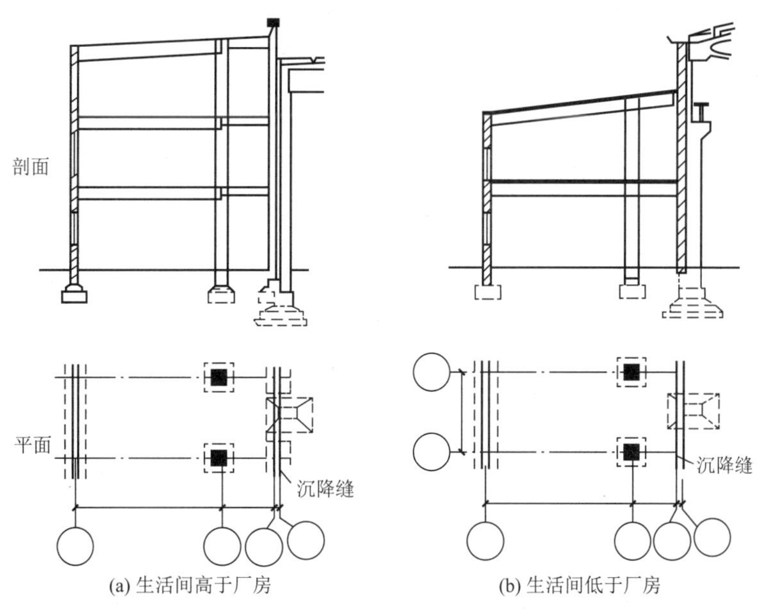

图 14.5　毗邻式生活间沉降缝处理示意图

2. 独立式生活间

距厂房有一定距离、分开布置的生活间称为独立式生活间，如图 14.6 所示。其优点是：生活间和车间的采光、通风互不影响；生活间的布置灵活。它的缺点是占地较多，生活间离车间的距离较远，联系不够方便。独立式生活间适用于散发大量生产余热、有害气体及易燃易爆炸的车间。

独立式生活间和车间之间主要通过走廊、地道或天桥连接，如图 14.6 所示。

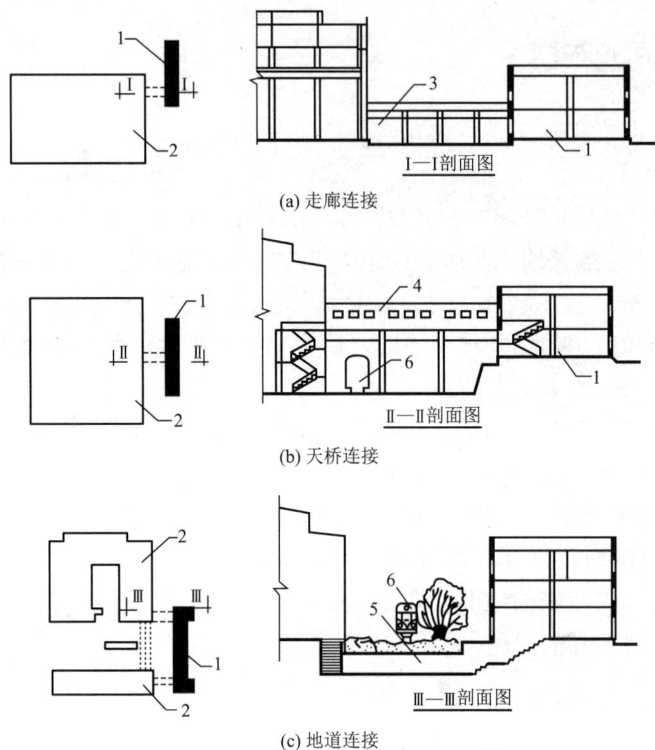

图 14.6　独立式生活间与车间的连接示意图

1—生活间；2—车间；3—走廊；4—天桥；5—地道；6—火车

3. 厂房内部式生活间

厂房内部式生活间是将生活间布置在车间内部可以充分利用的空间内，在生产工艺和卫生条件允许的情况下均可采用。它具有使用方便、经济合理的优点，缺点是只能将生活间的部分房间布置在车间内，如存衣室、休息室等。内部式生活间有下列几种布置方式。

(1) 在边角、空余地方布置生活间，如在柱与柱之间的空间布置生活间。

(2) 在车间上部设夹层，生活间布置在夹层内，夹层可支承在柱子上，也可以悬挂在屋架下。

(3) 利用车间一角布置生活间。

14.4　单层厂房的剖面设计

单层厂房剖面设计是厂房设计的一个重要组成部分，剖面设计是在平面设计的基础上进行的。厂房剖面设计的具体任务是根据生产工艺对厂房建筑空间的要求，确定厂房的高度；选择厂房承重结构及围护方案；处理车间的采光通风及屋面排水等问题。

14.4.1 厂房高度的确定

厂房高度是指由室内地坪到屋顶承重结构最低点的距离，通常以柱顶标高来代表。

1. 柱顶标高的确定

(1) 在无吊车的工业建筑中，柱顶标高是按最大生产设备的高度及安装检修所需的净空高度来确定的，且应符合《工业企业设计卫生标准》(GBZ 1—2010) 的要求，同时柱顶标高还必须符合扩大模数为 3M 的规定。无吊车厂房的柱顶标高一般不得低于 3.9m。

(2) 有吊车工业建筑的柱顶标高 (图 14.7) 可按下式计算：

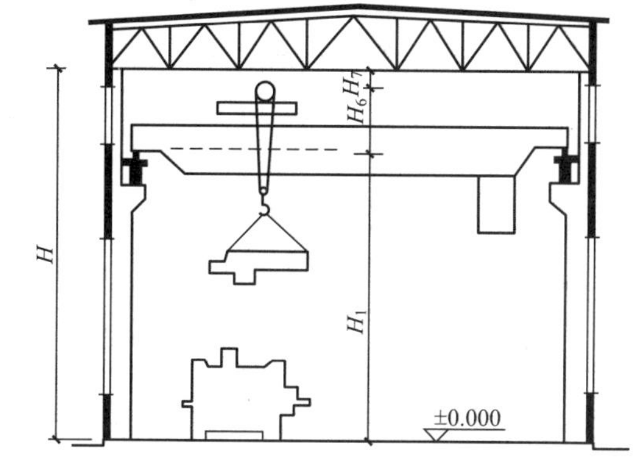

图 14.7 厂房高度的确定

$$H=H_1+H_6+H_7 \tag{14-1}$$

式中：H—— 柱顶标高 (m)，必须符合 3M 的模数；

H_1—— 吊车轨顶标高 (m)，一般由工艺要求提出；

H_6—— 吊车轨顶至小车顶面的高度 (m)，根据吊车资料查出；

H_7—— 小车顶面到屋架下弦底面之间的安全净空尺寸 (mm)，按国家标准及根据吊车起重量可取 300t、400t 或 500t。

关于吊车轨顶标高 H_1，实际上是牛腿标高与吊车梁高、吊车轨高及垫层厚度之和。当牛腿标高小于 7.2m 时，应符合 3M 模数；当牛腿标高大于 7.2M 时，应符合 6M 模数。

2. 工业建筑的高度对造价有直接的影响

在确定厂房高度时，注意有效地利用空间，合理降低厂房高度，这对降低厂房造价具有重要意义。如图 14.8 所示为某厂房变压器修理工段，修理大型变压器芯子时，需将芯子从变压器中抽出，设计人员将其放在室内地坪下 3m 深的地坑内进行抽芯操作，使轨顶标高由 11.4m 降到 8.4m。有时也可以利用两个屋架间的空间，布置特别高大的设备。

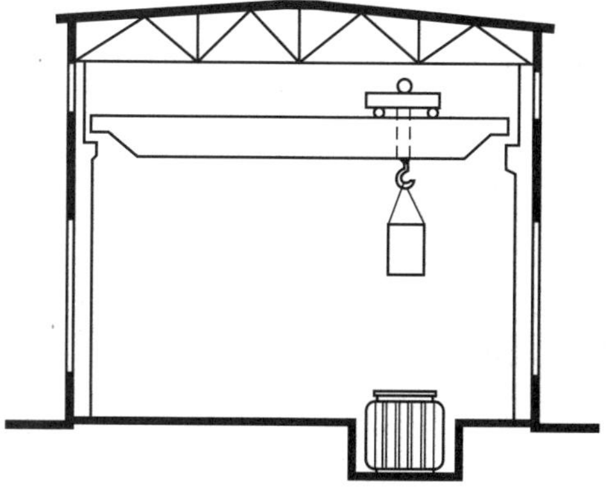

图 14.8 某厂房变压器修理工段

3. 室内地坪标高的确定

确定室内地坪标高就是确定室内地面相对于室外地面的高差。设计此高差的目的是防止雨水进入室内，同时考虑到单层厂房运输工具进出频繁，如果室内外高差过大则出入不便，故室内外高差一般取 150mm。

14.4.2 厂房的自然通风

厂房通风有机械通风和自然通风两种，机械通风是依靠通风机来实现通风换气的，它要耗费大量的电能，设备投资及维修费高，但其通风稳定、可靠。自然通风是利用自然风力作为空气流动的动力来实现厂房的通风换气，这是一种既简单又经济的办法，但易受外界气象条件的限制，通风效果不够稳定。除个别的生产工艺有特殊要求的厂房和工段采用机械通风外，一般厂房主要还是采用自然通风，或以自然通风为主，辅之以简单的机械通风。为有效地组织好自然通风，在剖面设计中要正确选择厂房的剖面形式，合理布置进、排风口的位置，使外部气流不断地进入室内，迅速排除厂房内部的热量、烟尘及有害气体，创造良好的生产环境。

1. 自然通风的基本原理

自然通风是利用空气的热压和风压作用进行通风的。

1) 热压作用

厂房内部各种热源排放出大量热量，使厂房内部的气温比室外高。当空气温度升高时，空气的体积膨胀，密度变小。由于室内外空气的温度、密度不同，于是室内外的空气形成了重力差。因而在建筑物的下部，室外空气所形成的压力要比室内空气所形成的压力大。这时，如果在厂房外墙下部开门窗洞，则室外的冷空气就会经由下部门窗洞进入室内，室内的热空气由厂房上部开的窗口（天窗或高侧窗）排至室外。进入室内的冷空气又被热源加热变轻，上升经厂房上部窗口排至室外，如此循环，就在厂房内部形成了空气流动，达到了通风换气的目的。如图 14.9 所示为热压通风原理。

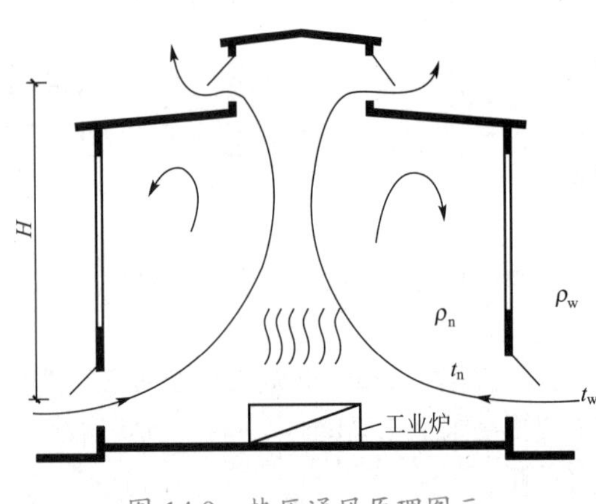

图 14.9 热压通风原理图示

这种由厂房内外温度差所形成的空气压力差称为热压。热压愈大，自然通风效果愈好。

其表达式为：

$$\Delta P=g\cdot H(\rho_w-\rho_n) \tag{14-2}$$

式中：ΔP—— 热压 (Pa)；

g—— 重力加速度（m/s^2）；

H—— 上下进排风口的中心距离 (m)；

ρ_w—— 室外空气密度 (kg/m^3)；

ρ_n—— 室内空气密度 (kg/m^3)。

式 (14-2) 表明，热压的大小与上下进排风口中心线的垂直距离及室内外温度差成正比。为了加强热压通风，可以设法增大上下进排风口的距离。

2) 风压作用

根据流体力学的原理，当风吹向房屋时，迎风墙面空气流动受阻，风速降低，使风的动能变为静压，作用在建筑物的迎风面上，使迎风面上所受到的压力大于大气压，从而在迎风面上形成正压区。风在受到迎风面的阻挡后，从建筑物的屋顶及两侧快速绕流过去。绕流作用增加的风速使建筑物的屋顶、两侧及背风面受到的压力小于大气压，形成负压区。如图 14.10 所示为风绕房屋流动形成风压示意图。

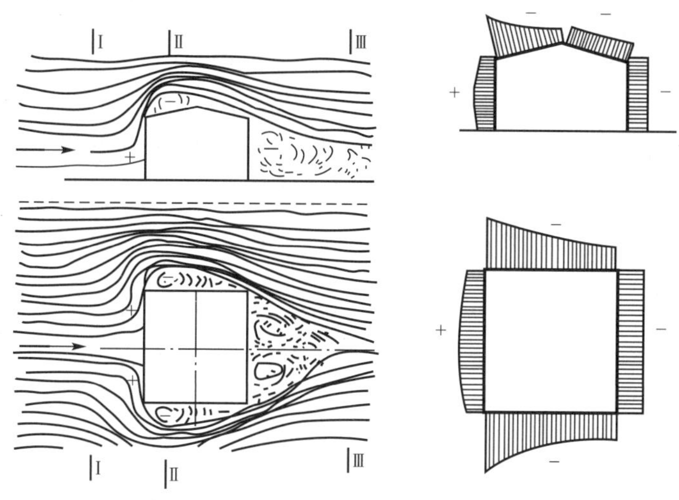

图 14.10　风绕房屋流动形成风压示意图

一般情况下，室内自然通风的形成是热压作用和风压作用的综合结果。从组织自然通风设计的角度看，风压通风对改善室内环境的效果比较显著。但是由于室外风速和风向经常变化，故在实际通风计算时仅考虑热压的作用。但同时必须考虑组织风压通风来改善厂房内部空气的质量。

2. 自然通风设计的原则

1) 合理选择建筑朝向

为了充分利用自然通风，应限制厂房宽度并使其长轴垂直于当地夏季主导风向。从减少建筑物的太阳辐射和组织自然通风的综合角度来说，厂房为南北朝向是最合理的。

2) 合理布置建筑群

选择了合理的建筑朝向，还必须布置好建筑群体，才能组织好室内通风。建筑群的平面布置方式有行列式、错列式、斜列式、周边式、自由式等，从自然通风的角度考虑，行列式和自由式均能争取到较好的朝向，自然通风效果良好。

3) 厂房开口与自然通风

一般来说，进风口直对着出风口会使气流直通，风速较大，但风场影响范围小。人们把进风口直对着出风口的风称为穿堂风。如果进出风口错开，风场影响的区域会大一些。如果进出风口都开在正压区或负压区一侧，或者整个房间只有一个开口，则通风效果较差。

为了获得舒适的通风，开口的高度应低些，使气流能够作用到人身上。高窗和天窗可以使顶部热空气更快散出。室内的平均气流速度只取决于较小的开口尺寸，通常取进出风口面积相等为宜。

4) 导风设计

中轴旋转窗扇、水平挑檐、挡风板、百叶板、外遮阳板及绿化均可以起到挡风、导风的作用，可以用来组织室内通风。

3. 冷加工厂房的自然通风

冷加工车间内无大的热源，室内余热量较小，一般按采光要求设置的窗，其上有适当数量的开启扇和门就能满足车间的通风换气要求，故在剖面设计中以天然采光为主。在自然通风设计方面，应使厂房纵向垂直于夏季主导风向，或不小于45°倾角，并限制厂房的宽度。在侧墙上设窗，在纵横贯通的端部或在横向贯通的侧墙上设置大门，室内少设或不设隔墙，使其有利于穿堂风的组织。为避免气流分散，影响穿堂风的流速，冷加工车间不宜设置通风天窗，但为了排除积聚在屋盖下部的热空气，可以设置通风屋脊。

4. 热加工车间的自然通风

热加工车间除有大量热量外，还可能有灰尘，甚至存在有害气体。因此，热加工车间更要充分利用热压原理，合理设置进排风口，有效地组织自然通风。

我国南北气候差异较大，建造地区不同，热加工车间进、排风口的布置及构造形式也应不同。

南方地区夏季炎热，且延续时间长、雨水多，冬季短、气温不低。南方地区散热量较大的车间的剖面形式可如图14.11所示，墙下部为开敞式，屋顶设通风天窗。为防雨水溅入室内，窗口下沿应高出室内地面60～80cm。因冬季不冷，不需调节进排风口面积以控制风量，故进排风口可不设窗扇，但为防止雨水飘入室内，必须设挡雨板。

对于北方地区散热量很大的厂房来说，厂房的剖面形式如图14.12所示。由于冬季、夏季温差较大，进排风口均需设置窗扇。夏季可将进排风口窗扇开启，以组织通风，根据室内外气温条件，调节进排风口面积进行通风。侧窗窗扇开启方式有上悬、中悬、立旋和平开4种。其中，平开窗、立旋窗的阻力系数小，流量大，立旋窗还可以导向，因而常用于进气口的下侧窗。其他需开启的侧窗可以用中悬窗(开启角度可达80°)，便于开关。上悬窗开启费力，局部阻力系数大，因此排风口的窗扇也用中悬窗。冬季应关闭下部进风口，开启上部(距地面大于2.4～4.0m)的进气口，以防冷气流直接吹至工人身上，对健康有害。

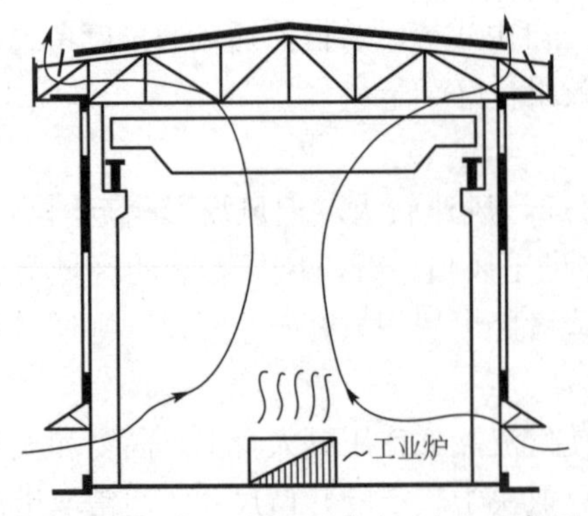

图 14.11 南方地区热车间剖面示意图

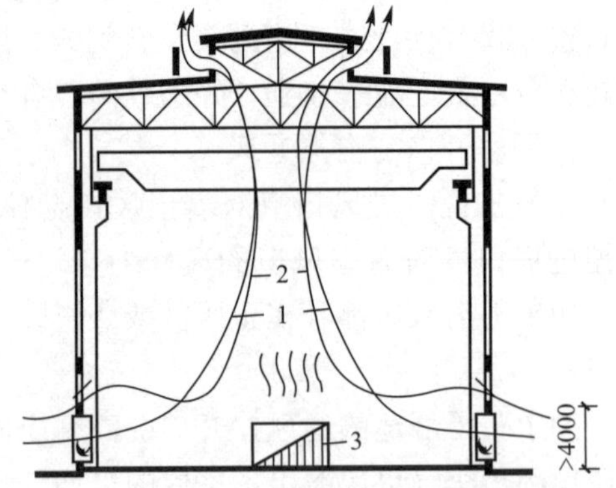

图 14.12 北方地区热车间剖面示意图

1—夏季气流；2—冬季气流；3—工业炉

14.4.3 厂房的天然采光

天然采光方式主要有侧面采光、混合采光(侧窗+天窗)、顶部采光(天窗)。工业建筑大多采用侧面采光或混合采光，很少单独采用顶部采光方式。

1. 侧面采光

侧面采光分单侧采光和双侧采光。单侧采光的有效进深约为侧窗口上沿至地面高度的1.5～2.0倍，即单侧采光房间的进深一般以不超过窗高的1.5～2.0倍为宜，单侧窗光线衰减情况如图14.13所示。如果厂房的宽高比很大，超过单侧采光所能解决的范围时，就要用双侧采光或辅以人工照明。

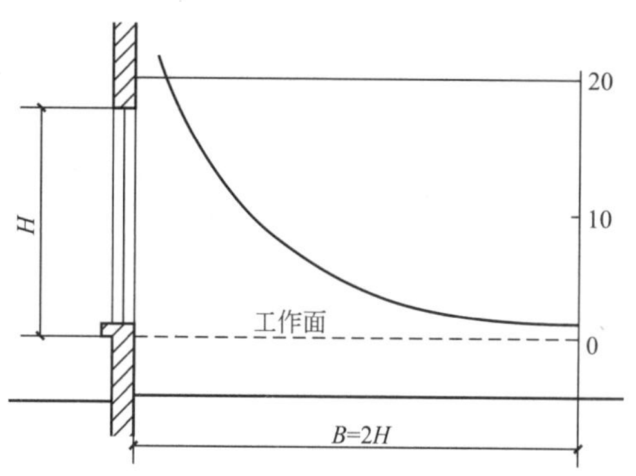

图 14.13 单侧窗光线衰减示意图

在有吊车的厂房中，常将侧窗分上下两层布置，上层称为高侧窗，下层称为低侧窗(图14.14)。

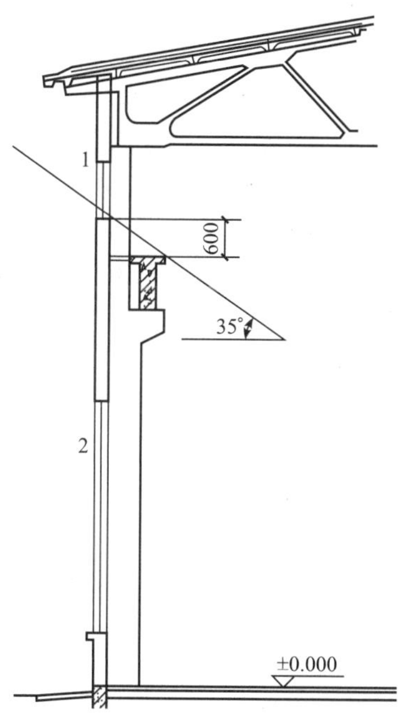

图 14.14 高低侧窗示意图

1—高窗；2—低窗

为不使吊车梁遮挡光线，高侧窗下沿距吊车梁顶面应有适当距离，一般取600mm左右为宜(图14.14)。低侧窗下沿即窗台高一般应略高于工作面的高度，工作面高度一般取800mm左右。沿侧墙纵向工作面上的光线分布情况和窗及窗间墙分布有关，窗间墙以等于或小于窗宽为宜。如沿墙工作面上要求光线均匀，可减少窗间墙的宽度或取消窗间墙做成带形窗。

2. 顶部采光

顶部采光形式包括矩形天窗、锯齿形天窗、横向天窗、平天窗等。

(1) 矩形天窗。矩形天窗一般为南北朝向，室内光线均匀，直射光较少。由于玻璃面是垂直的，可以减少污染，易于防水，有一定的通风作用，矩形天窗厂房剖面如图14.15所示。为了获得良好的采光效果，合适的天窗宽度为厂房跨度的1/3～1/2。两天窗的边缘距离L应大于相邻天窗高度和的1.5倍，矩形天窗宽度与跨度的关系如图14.16所示。

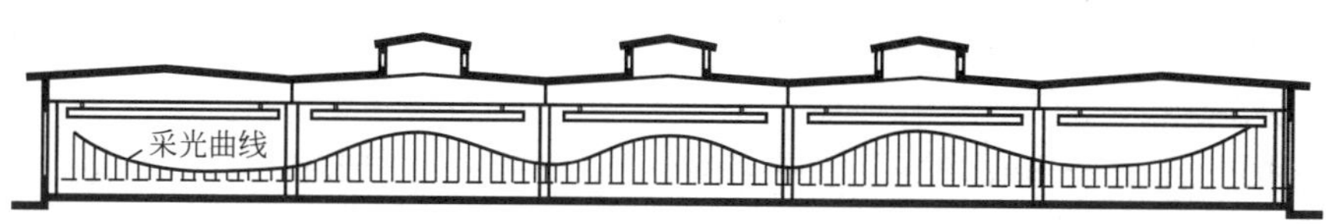

图 14.15 矩形天窗厂房剖面

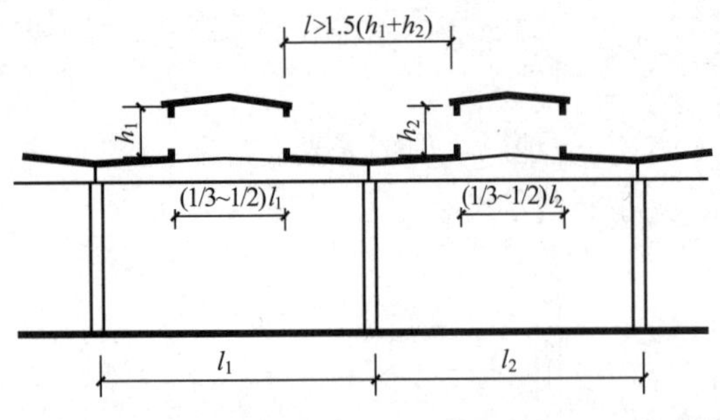

图 14.16 矩形天窗宽度与跨度的关系

(2) 锯齿形天窗。由于生产工艺的特殊要求，在某些厂房如纺织厂等，为了使纱线不易断头，厂房内要保持一定的温、湿度，厂房要有空调设备。同时要求室内光线稳定、均匀，无直射光进入室内，避免产生眩光，不增加空调设备的负荷。因此，这种厂房常采用窗口向北的锯齿形天窗，锯齿形天窗的厂房剖面如图 14.17 所示。

锯齿形天窗厂房的工作面不仅能得到从天窗透入的光线，而且还由于屋顶表面的反射增加了反射光。因此锯齿形天窗采光效率高，在满足同样采光标准的前提下，锯齿形天窗可比矩形天窗节约窗户面积 30% 左右。由于玻璃面积少又朝北，因而在炎热地区对防止室内过热也有好处。

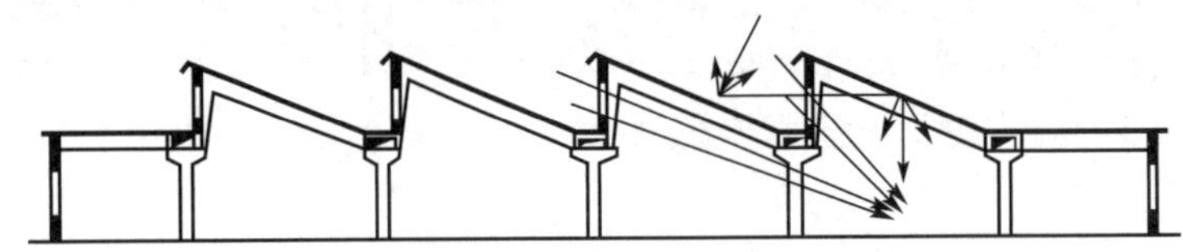
图 14.17 锯齿形天窗厂房剖面（窗口向北）

(3) 横向天窗。当厂房受建设地段的限制不得不将厂房纵轴南北向布置时，为避免西晒，可采用横向天窗。这种天窗具有采光面大、效率高、光线均匀等优点。横向天窗有两种：一种是突出于屋面，另一种是下沉于屋面（即所谓横向下沉式天窗）。它造价较低，在实际中也常被采用。其缺点是窗扇形状不标准、构造复杂、厂房纵向刚度较差。

(4) 平天窗。平天窗是在屋面板上直接设置水平或接近水平的采光口。平天窗厂房剖面如图 14.18 所示。

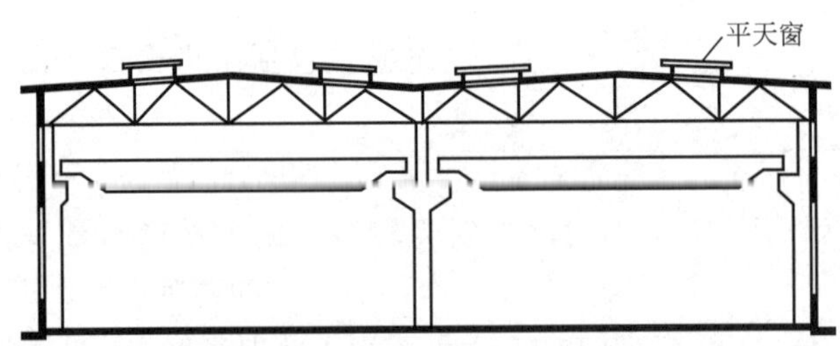

图 14.18 平天窗厂房剖面

平天窗可分为采光板、采光罩和采光带。带形或板式天窗多数是在屋面板上开洞，覆以透光材料构成的。采光口面积较大时，则设三角形或锥形框架，窗玻璃斜置在框架上；采光带可以横向或纵向布置；采光罩是一种用有机玻璃、聚丙烯塑料或玻璃钢整体压铸的采光构件，其形状有圆穹形、扁平穹形、方锥形等各种形状。采光罩一般分为固定式采光罩和开启式采光罩。开启式采光罩可以自然通风。采光罩的特点是自重轻、构造简单、布置灵活、防水可靠。

平天窗的优点是采光效率高。其缺点有：在采暖地区，玻璃上容易结露；在炎热地区，通过平天窗透进大量的太阳辐射热；在直射阳光作用下，工作面上眩光严重。此外，平天窗在尘多雨少地区容易积尘，使用几年后采光效果会大大降低。

14.5 单层厂房立面设计及内部空间处理

单层厂房的形体与生产工艺、工厂环境、厂房规模，厂房的平面形式、剖面形式及结构类型等有密切的关系，而立面设计及内部空间处理是在建筑整体设计的基础上进行的。

14.5.1 厂房的立面设计

厂房的立面设计应与厂房的体型组合综合考虑，而厂房的工艺特点对厂房的形体有很大的影响。例如轧钢、造纸等工业由于其生产工艺流程是直线式的，厂房多采用单跨或单跨并列的形式，厂房的形体呈线形水平构图的特征。立面往往采用竖向划分以求变化，图 14.19 所示为某钢厂轧钢车间。一般中小型机械工业多采用垂直式生产流程，厂房体型多为长方形或长方形多跨组合，造型平稳，内部空间宽敞，立面设计灵活。由于生产机械化、自动化程度的提高，为节约用地和投资，常采用方形或长方形大型联合厂房，其宏大的规模要求立面设计在统一完整中又有变化。如图 14.20 所示为美国密苏里州克莱斯勒汽车联合装配厂。

【参考图文】

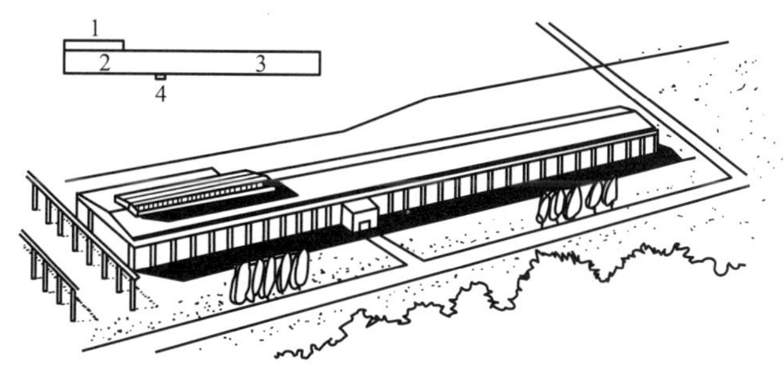

图 14.19 某钢厂轧钢车间

1—加热炉；2—热轧车间；3—冷轧车间；4—操作室

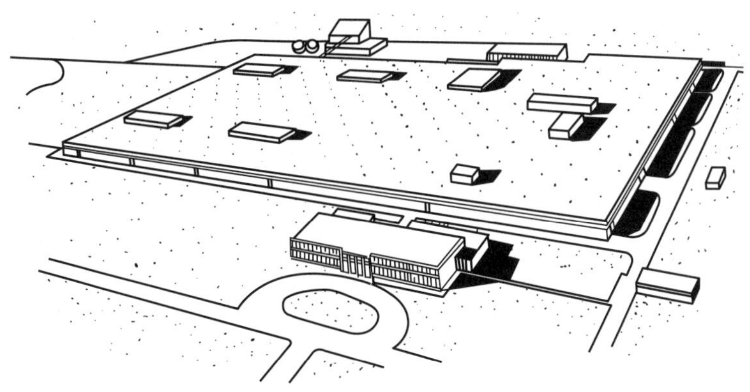

图 14.20 美国密苏里州克莱斯勒汽车联合装配厂

结构形式及建筑材料对厂房体型有直接的影响。同样的生产工艺，可以采用不同的结构方案。其结构传力和屋顶形式在很大程度上决定着厂房的体型，如排架、刚架、拱形、壳体、折板、悬索等结构的厂房有着形态各异的建筑造型。同时结合外围护材料的质感和色彩，设计出使人愉悦的工业建筑。如图 14.21 所示为国外某汽车厂的装配车间。

图 14.21　国外某汽车厂的装配车间

环境和气候条件对厂房的形体组合和立面设计有一定的影响。例如在寒冷地区，由于防寒的要求，开窗面积较小，厂房的体型一般比较厚重；而在炎热地区，由于通风散热的要求，厂房的开窗面积较大，立面开敞，体型显得轻巧。

厂房立面处理的关键在于墙面的划分及开窗的方式、窗墙的比例等，并利用柱子、勒脚、窗间墙、挑檐线、遮阳板等，按照建筑构图原理进行设计，做到厂房立面简洁大方、比例恰当、构图美观、色彩质感协调统一。

在厂房外墙面开门窗一定要根据交通、采光的需要，结合结构构件，使墙面划分形成一定的规律。如开带形窗形成水平划分，开竖向窗形成垂直划分，开方形窗形成有特色的几何构图或较为自由的混合划分。如图 14.22 所示为墙面划分示意图。

14.5.2　厂房的内部空间处理

生产环境直接影响着生产者的身心健康，优良的室内环境除要求有良好的采光、通风外，还要求室内布置井然有序，使人愉悦。良好的室内环境对职工的生理和心理健康有良好的作用，对提高劳动生产效率十分重要。

1. 厂房内部空间的特点

不同生产要求、不同规模的厂房有不同的内部空间特点，但单层厂房与民用建筑或者多层工业建筑相比，其内部空间特点是非常明显的。单层厂房的内部空间规模大，结构清晰可见，有的厂房内有精美的机器、设备等，生产工序决定设备布置，也形成空间使用线索。

2. 厂房内部空间处理注意事项

厂房内部空间处理应注意以下几个方面。

1) 突出生产特点

厂房内部空间处理应突出生产特点、满足生产要求，根据生产顺序组织空间，形成规律，机器、设备的布置合理，室内色彩淡雅，机器、设备的色彩既统一协调又有一定的变化，厂房内部设计应有新意，避免单调的环境使人产生疲劳感。

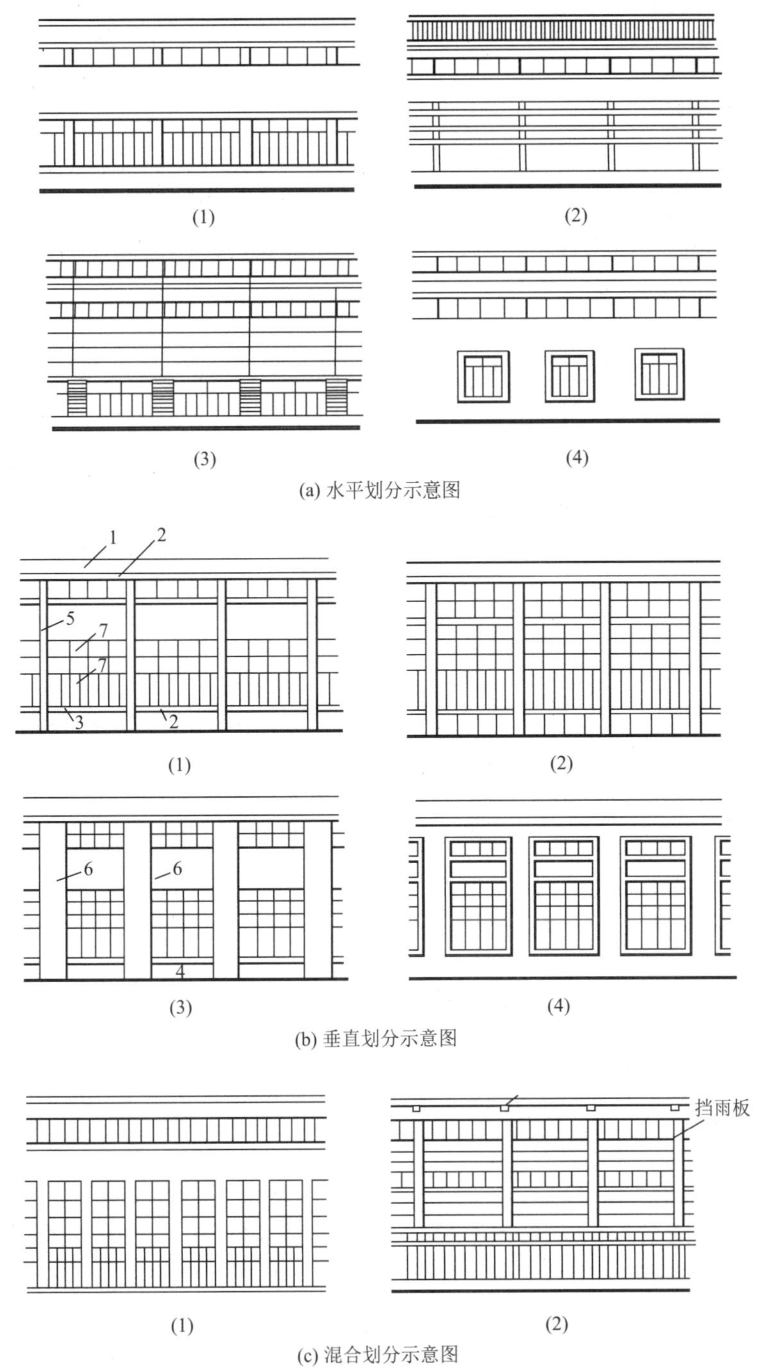

图 14.22 墙面划分示意图

1—女儿墙；2—窗楣线或遮阳板；3—窗台线；4—勒脚；5—柱；6—窗间墙；7—窗

2) 合理利用空间

单层厂房的内部空间一般都比较高大，高度也较为统一，在不影响生产的前提下，厂房的上部空间可结合灯具设计些吊饰，有条件的也可做局部吊顶；在厂房的下部，可利用柱间、墙边、门边、平台下等生产工艺不便利用的空间布置生活设施，给厂房内部增添一些生活的因素。

3) 集中布置管道

集中布置管道以便于管理和维修，其布置、色彩等处理得当能增加室内的艺术效果。管道的标志色彩一般为：热蒸汽管、饱和蒸汽管用红色；煤气管、液化石油气管用黄色；压缩空气管用浅蓝色、乙炔管用深蓝色、给水管用蓝色；排水管涂绿色；油管用棕黄色；氢气管涂白色。

4) 色彩的应用

色彩是比较经济的装饰品，建筑材料有固有的色彩，有的材料如钢构件、压型钢板等需要涂油漆防护，而油漆有不同的色彩。工业厂房体量大，能够形成较大的色彩背景，在室内，色彩的冷暖、深浅的不同给人以不同的心理感觉，同时可以利用色彩的视觉特性调整空间感，尤其是色彩的标志及警戒作用，在工业建筑设计中更为重要。

(1) 红色：用来表示电气、火灾的危险标志；禁止通行的通道和门；防火消防设备、防火墙上的分隔门等。

(2) 橙色：危险标志，用于高速转动的设备、机械、车辆、电气开关柜门；也用于作有毒物品及放射性物品的标志。

(3) 黄色：警告的标志，用于车间的吊车、吊钩等，使用时常涂刷黄色与白色、黄色与黑色相间的条纹，提示人们避免碰撞。

(4) 绿色：安全标志，常用于洁净车间的安全出入口的指示灯。

(5) 蓝色：多用于给水管道、冷藏库的门，也可用于压缩空气的管道。

(6) 白色：界线的标志，用于地面分界线。

本章小结

（1）本章主要介绍单层厂房的建筑设计，内容包括单层厂房的组成、单层厂房的平面设计、单层厂房的剖面设计、单层厂房的定位轴线、单层厂房的立面设计及内部空间处理等。

（2）单层厂房的组成主要介绍装配式钢筋混凝土排架结构单层厂房的组成，单层厂房是装配化程度很高的“体系建筑”，其结构材料有钢筋混凝土与钢结构，结构形式有排架铰结构与刚架结构。

（3）单层厂房的建筑设计要从生产工艺入手，单层厂房的平面设计要结合厂区总平面设计及交通运输方式，重点解决生产工艺、运输方式及设备与平面设计的关系，合理选择厂房的平面形式及柱网尺寸；单层厂房的剖面设计主要包括厂房高度的确定，自然采光、通风设计及采光、通风天窗的形式及特点等。

（4）单层厂房的体量大，其立面设计应结合生产特点，做到立面设计简洁大方，内部空间处理应做到有利于生产者的身心健康、满足生产要求等。

思考题

1. 装配式钢筋混凝土排架结构厂房的主要结构构件有哪些？它们之间的相互关系如何？
2. 举例说明影响厂房平面形式的主要因素。
3. 什么是柱网？确定柱网的原则是什么？常用的柱距、跨度尺寸有哪些？
4. 生活间的组成内容有哪些？毗连式生活间与厂房间的毗连墙在结构上应如何处理？
5. 侧面采光具有哪些特点？在进行侧窗布置时应注意什么问题？常用的采光天窗及其布置方法有哪些？
6. 自然通风的基本原理是什么？如何布置热加工车间的进、排气口？
7. 影响厂房立面的主要因素是什么？在厂房立面设计中应注意哪些问题？

第 15 章

厂房构造

教学目标

（1）理解单层厂房的构造组成和结构特点。

（2）理解单层厂房的屋顶构造。

（3）掌握单层厂房的外墙构造。

（4）了解单层厂房的保温、隔热。

（5）了解单层厂房的采光及通风天窗的构造。

教学要求

知识要点	能力要求	相关知识
单层厂房的构造	(1) 理解单层厂房的构造组成 (2) 理解单层厂房的结构特点	民用建筑构造组成
单层厂房的屋顶构造	(1) 理解单层厂房的屋顶特点 (2) 理解单层厂房的屋顶构造	民用建筑屋顶构造
单层厂房的外墙构造	(1) 掌握单层厂房定位轴线的设计方法 (2) 掌握单层厂房的外墙构造	单层厂房设计
单层厂房的保温、隔热	(1) 理解单层厂房的保温 (2) 了解单层厂房的隔热	民用建筑的保温、隔热
单层厂房的天窗构造	(1) 了解单层厂房的采光天窗构造 (2) 了解单层厂房的通风天窗构造	单层厂房的采光及通风设计

单层厂房构造包括外墙、侧窗、大门、屋顶、天窗、地面等，如图 15.1 所示。

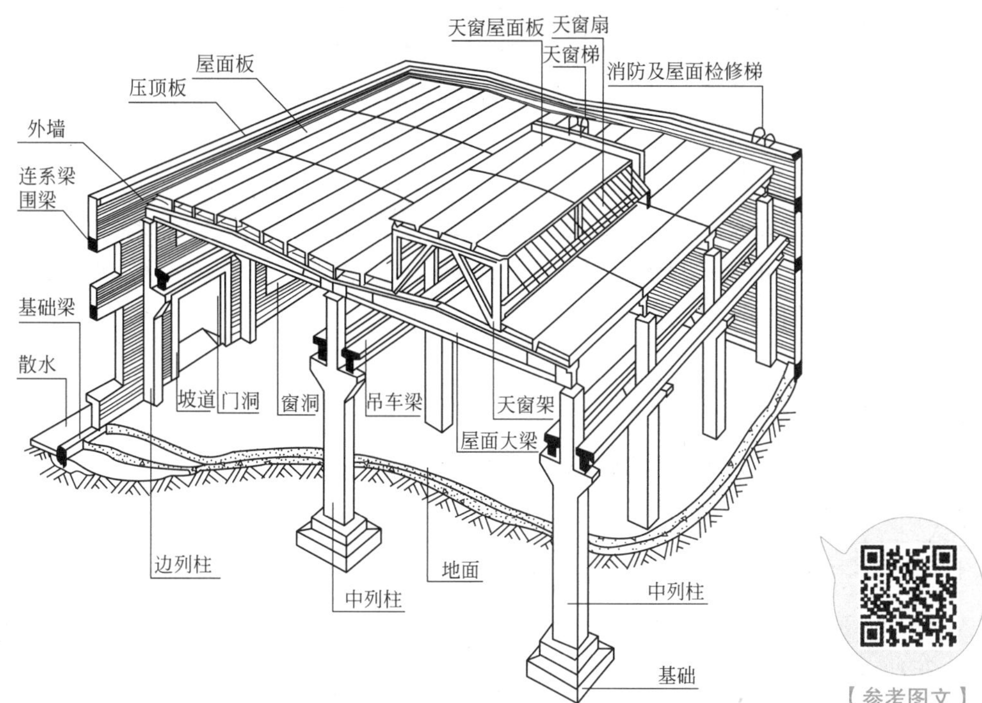

【参考图文】

图 15.1 厂房构造

单层厂房在达到设计使用年限拟继续使用时，用途或使用环境改变时，进行改造或增容，改建或扩建时，遭受灾害或事故时，存在较严重的质量缺陷或者出现较严重的腐蚀、损伤、变形时，都应进行可靠性鉴定。

单层厂房在腐蚀环境下，混凝土结构构件应符合表 15-1 中的要求，钢筋混凝土构件保护层的最小厚度应符合表 15-2 中的要求，后张法预应力混凝土构件的预应力保护层厚度为护套或孔道管外缘至混凝土表面的距离，除应符合表 15-2 中的规定外，尚应不小于护套或孔道直径的 1/2。钢结构构件腐蚀强度等级为强、中时，桁架、柱、主梁等重要受力构件不应采用格构式和冷弯薄壁型钢。钢结构杆件的截面厚度应符合规定：钢板组合的杆件不小于 6mm；闭口截面杆件不小于 4mm；角钢截面的厚度不小于 5mm。

表 15-1 混凝土结构构件的基本要求

项目	腐蚀性等级		
	强	中	弱
最低混凝土强度等级	C40	C35	C30
最小水泥用量 /(kg/m^3)	340	320	300
最大水灰比	0.4	0.45	0.5
最大氯离子含量 (水泥用量百分比)/(%)	0.8	0.1	0.1

注：① 预应力混凝土构件强度等级应按表中提高一个等级，最大氯离子含量为水泥含量的 0.06%。
② 当混凝土中掺入矿物掺和料时，表中的“水泥用量”为“胶凝材料用量”，“水灰比”为“水胶比”。

表 15-2　混凝土保护层最小厚度

构件类型	强腐蚀 /mm	中弱腐蚀 /mm
板墙等面形构件	35	30
梁柱等条形构件	40	35
基础	50	50
地下室外墙及底板	50	5

在我国，单层厂房的承重结构、围护结构及构造做法均有全国或地方通用的标准图，可供设计者直接选用或参考。

15.1　单层厂房屋顶构造

单层厂房屋顶的作用、设计要求及构造与民用建筑屋顶基本相同，但也存在一定的差异，主要有以下几个方面：①单层厂房屋顶在实现工艺流程的过程中会产生机械振动和吊车冲击荷载，这就要求屋顶要具有足够的强度和刚度；②在保温隔热方面，对恒温恒湿车间，其保温隔热要求更高，而对于一般厂房来说，当柱顶标高超过 8m 时可不考虑隔热，热加工车间的屋顶可不保温；③单层厂房多数是多跨大面积建筑，为解决厂房内部采光和通风问题经常需要设置天窗，为解决屋顶排水防水问题经常设置天沟、雨水口等，因此屋顶构造较为复杂；④厂房屋顶面积大，自重大，构造复杂，对厂房的总造价影响较大。因而在设计时，应根据具体情况，尽量降低厂房屋顶的自重，选用合理、经济的厂房屋顶方案。

15.1.1　厂房屋顶的类型与组成

厂房屋顶的基层结构类型分为有檩体系和无檩体系两种，如图 15.2 所示。

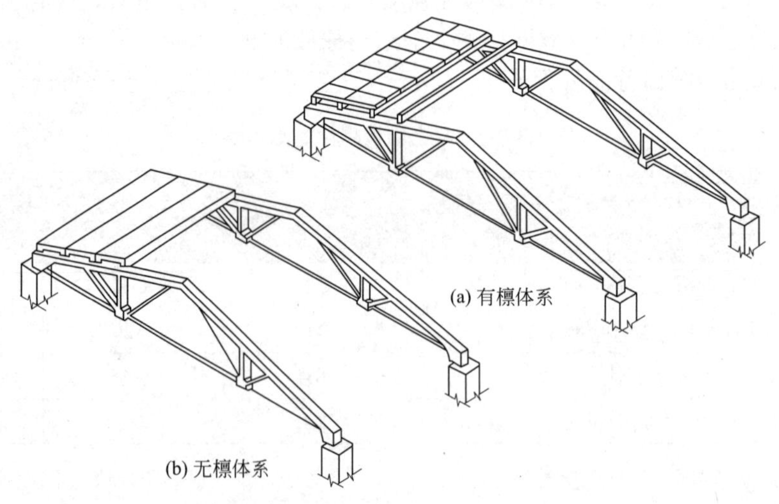

图 15.2　厂房基层结构类型

有檩体系是指先在屋架上搁置檩条，然后放小型屋顶板。这种体系的构件小、自重轻、吊装容易，但构件数量多、施工周期长，多用于施工机械起吊能力小的施工现场。无檩体系是指在屋架上直接铺设大型屋顶板。这种体系虽然要求较强的吊装能力，但构件大、类型少，便于工业化施工。在工程实践中，单层厂房较多采用无檩体系的大型屋顶板。

单层厂房常用的大型屋顶板和檩条形式如图 15.3 所示。

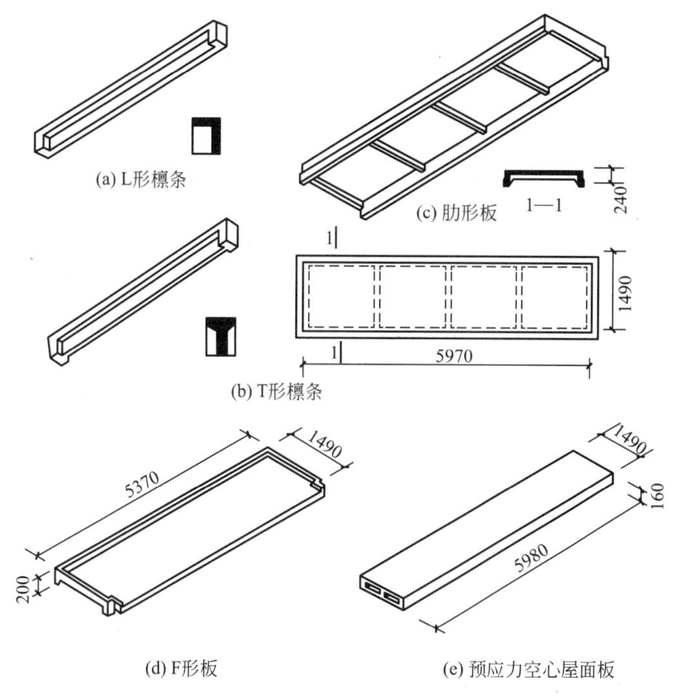

图 15.3 檩条形式

15.1.2 单层厂房屋顶的排水

单层厂房屋顶的排水类同于民用建筑，是根据地区气候状况、工艺流程、厂房的剖面形式及技术经济条件等来确定排水方式。单层厂房屋顶的排水方式分无组织排水和有组织排水两种。

无组织排水常用于降雨量小的地区，适合屋顶坡长较小、高度较低的厂房。

有组织排水又分为内排水和外排水。内排水主要用于大型厂房及严寒地区的厂房，图 15.4

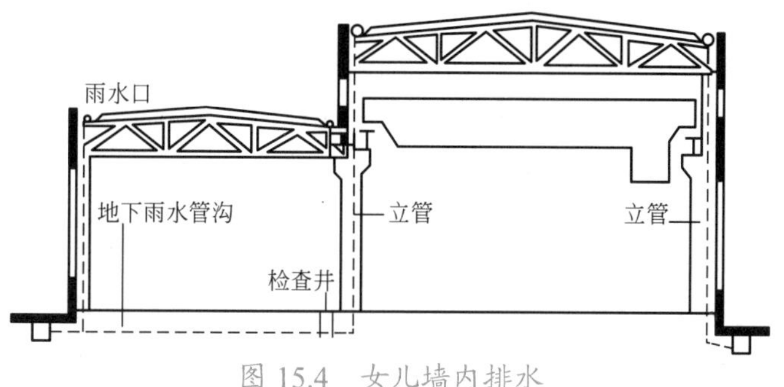

图 15.4 女儿墙内排水

所示为女儿墙内排水；有组织外排水常用于降雨量大的地区，图 15.5 所示为挑檐沟外排水，图 15.6 所示为长天沟外排水。

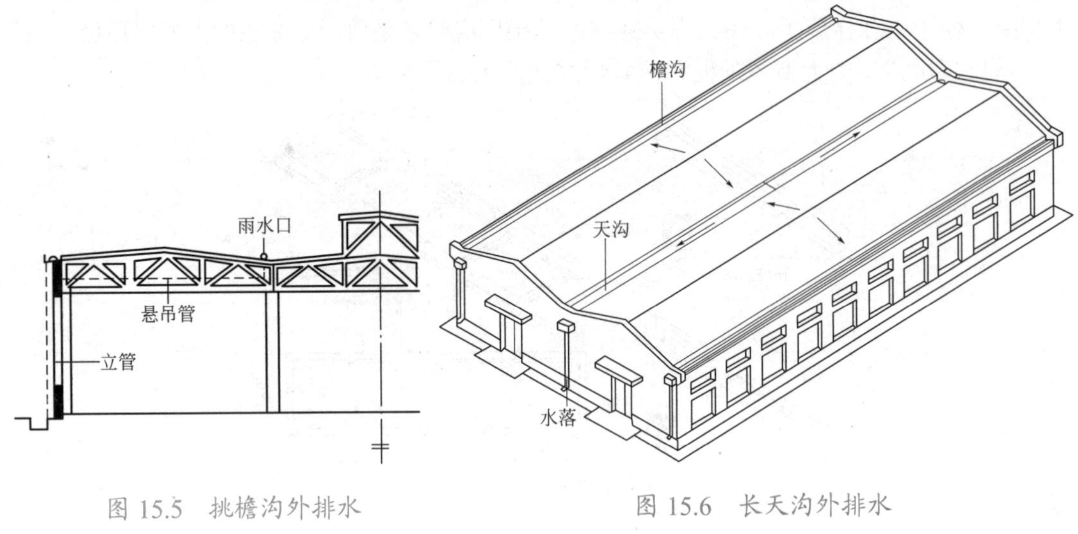

图 15.5　挑檐沟外排水　　　　图 15.6　长天沟外排水

15.1.3 单层厂房屋顶的防水

单层厂房屋顶的防水，依据防水材料和构造的不同，分为卷材防水屋顶、各种波形瓦防水屋顶及钢筋混凝土构件自防水屋顶。

1. 卷材防水屋顶

卷材防水屋顶的防水卷材主要有油毡、合成高分子材料、合成橡胶卷材等。

卷材防水屋顶的防水构造做法类同于民用建筑，与民用建筑不同的是易出现防水层拉裂破坏的现象。产生拉裂破坏现象的原因有：厂房屋顶面积大，受到各种振动的影响多，屋顶的基层变形情况较民用建筑严重，容易产生屋顶变形而引起卷材的开裂和破坏。导致屋顶变形的原因：一是由于室内外存在较大的温差，屋顶板两面的热胀冷缩量不同，从而产生温度变形；二是在荷载的长期作用下，屋顶板的自重引起挠曲变形；三是地基的不均匀沉降、生产的振动和吊车运行刹车引起的屋顶晃动，都会促使屋顶裂缝的展开。屋顶基层的变形会引起屋顶找平层的开裂，若卷材防水层紧贴屋顶基层，受拉的卷材防水层超过油毡的极限抗拉强度时，就会开裂。

为防止卷材防水屋顶的开裂，应增强屋顶基层的刚度和整体性，减小基层的变形；同时改进卷材在易出现裂缝的横缝处的构造，适应基层的变形。如在大型屋顶板或保温层上做找平层时，应先在构件接缝处留分隔缝，缝中用油膏填充，其上铺 300mm 宽的油毡作缓冲层，然后再铺设卷材防水层，如图 15.7 所示。

2. 波形瓦防水屋顶

波形瓦防水屋顶属于有檩体系屋顶，波形瓦类型主要有石棉水泥瓦、镀锌铁皮瓦、压型钢板瓦及玻璃钢瓦等。

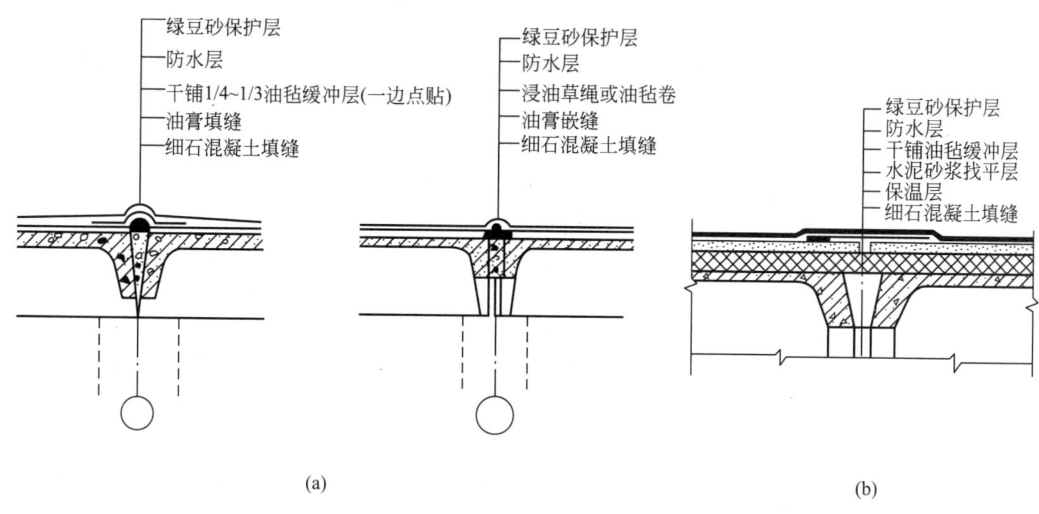

图 15.7　卷材防水屋顶

1) 石棉水泥瓦防水

石棉水泥瓦厚度薄、自重轻，施工简便，但易脆裂，耐久性及保温隔热性能差，多用于仓库和对室内温度状况要求不高的厂房。其规格有大波瓦、中波瓦和小波瓦 3 种。厂房屋顶多采用大波瓦。

石棉水泥瓦直接铺设在檩条上，檩条材质有木、钢、轻钢、钢筋混凝土等，檩条间距应与石棉瓦的规格相适应。一般一块瓦跨 3 根檩条，铺设时在横向间搭接为一个半波，且应顺主导风向铺设。上下搭接长度不小于 200mm。檐口处的出挑长度不宜大于 300mm。为避免 4 块瓦在搭接处出现瓦角重叠、瓦面翘起的现象，应将斜对的瓦角割掉或采用错位排瓦方法，如图 15.8 所示。

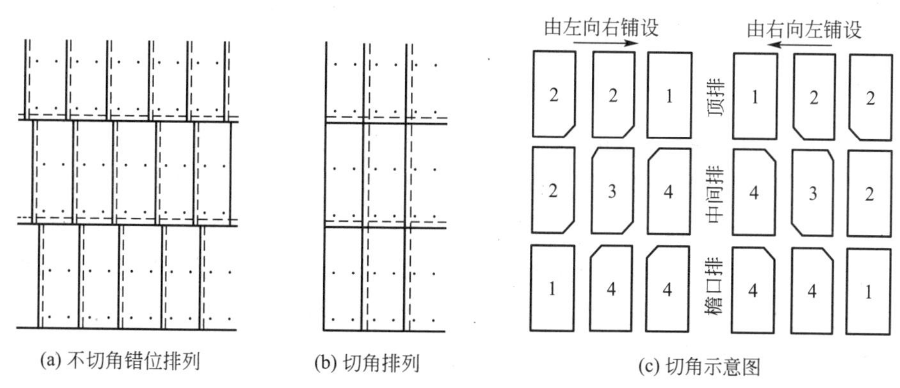

图 15.8　石棉水泥瓦搭接

石棉水泥瓦与檩条的连接固定：石棉瓦与檩条通过钢筋钩或扁钢钩固定。钢筋钩上端带螺纹，钩的形状可根据檩条形式不同而变化。带钩螺栓的垫圈宜用沥青卷材、塑料、毛毡、橡胶等弹性材料制作。带钩螺栓比扁钢钩连接牢固，宜用来固定檐口及屋脊处的瓦材，但不宜旋拧过紧，应保持石棉瓦与檩条之间略有弹性，使石棉瓦受风力、温度、应力

影响时有伸缩余地。用镀锌扁钢钩可避免因钻孔而漏雨，瓦面的伸缩弹性也较好，但不如螺栓连接牢固。石棉水泥瓦与檩条的连接固定如图 15.9 所示。

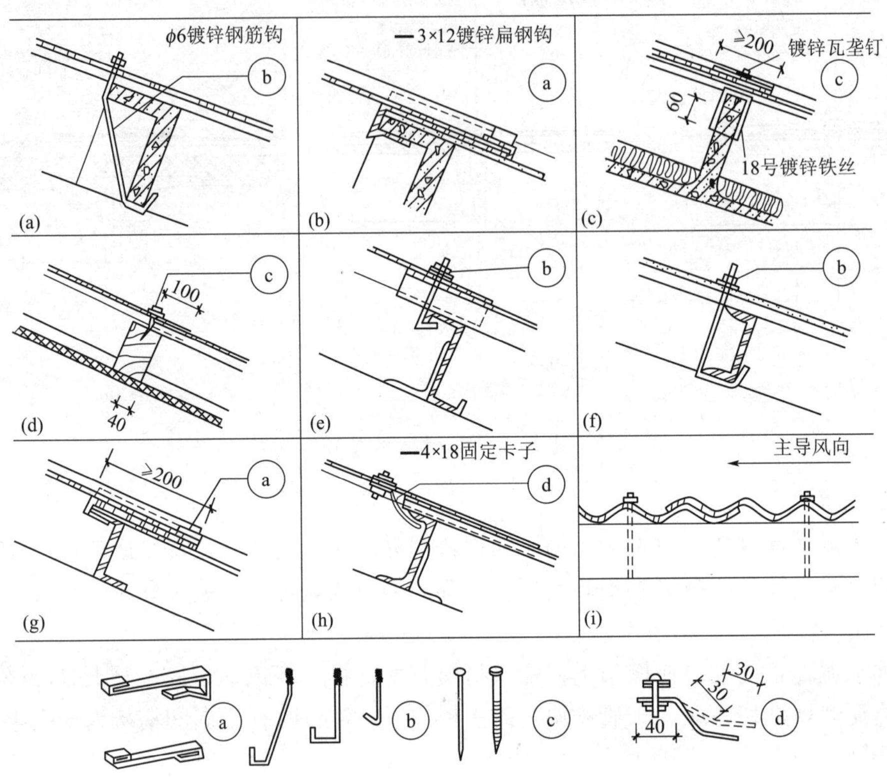

图 15.9　石棉水泥瓦与檩条的连接固定

2) 镀锌铁皮瓦防水

镀锌铁皮瓦屋顶有良好的抗震和防水性能，在抗震区使用优于大型屋顶板，可用做高温厂房的屋顶。镀锌铁皮瓦的连接构造同石棉水泥瓦屋顶。

3) 压型钢板瓦防水

压型钢板瓦是用 0.6 ～ 1.6mm 厚的镀锌钢板或冷轧钢板经辊压或冷弯成各种不同形状的多棱形板材，表面一般带有彩色涂层，分单层板、多层复合板、金属夹芯板等。钢板可预压成型，但其长度受运输条件限制不宜过长；也可制成薄钢板卷，运到施工现场后，再用简易压型机压成所需要的形状。因此，钢板可做成整块无纵向接缝的屋面，接缝少，防水性能好，屋面也可采用较平缓的坡度 (2% ～ 5%)。钢板瓦具有自重轻、防腐、防锈、美观、适应性强、施工速度快的特点，但耗用钢材多、造价高，目前在我国应用较少。单层 W 形压型钢板瓦屋顶的构造如图 15.10 所示。

3. 钢筋混凝土构件自防水屋顶

钢筋混凝土构件自防水屋顶是利用钢筋混凝土板本身的密实性，对板缝进行局部防水处理而形成的防水屋顶。该屋顶比卷材屋顶轻，一般每平方米可减少 35kg 恒荷载，相应地也可减轻各种结构构件的自重，从而节省了钢材和混凝土的用量，可降低屋顶造价，施工方便，维修也容易。但是，板面容易出现后期裂缝而引起渗漏；混凝土暴露在大气中容易引起风化和碳化等。可通过提高施工质量、控制混凝土的配比、增强混凝土的密实度，从而增加混凝土的抗裂性和抗渗性；也可在构件表面涂以涂料 (如乳化沥青)，减少干湿交替的作用，改进性能。根据对板缝采用防水措施的不同，分为嵌缝式、脊带式和搭盖式 3 种屋顶。

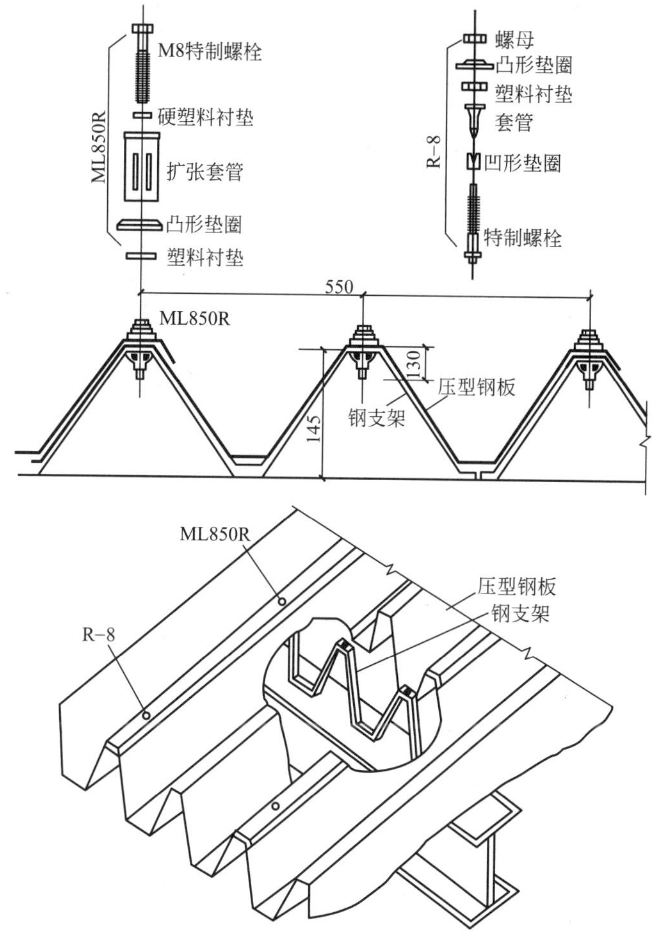

图 15.10 压型钢板瓦屋顶的构造

1) 嵌缝式、脊带式防水构造

嵌缝式构件自防水屋顶利用大型屋顶板作为防水构件并在板缝内嵌灌油膏。嵌灌油膏的板缝有纵缝、横缝和脊缝，如图 15.11 所示。嵌缝前必须将板缝清扫干净，排除水分，嵌缝油膏要饱满。脊带式防水为嵌缝后再贴防水卷材，防水性能有所提高，如图 15.12 所示。

2) 搭盖式防水构造

搭盖式构件自防水屋顶采用 F 形大型屋顶板作为防水构件，板纵缝上下搭接，横缝和脊缝用盖瓦覆盖，如图 15.13 所示。这种屋顶安装简便、施工速度快，但板型复杂，盖瓦在振动影响下易滑脱，造成屋顶渗漏。

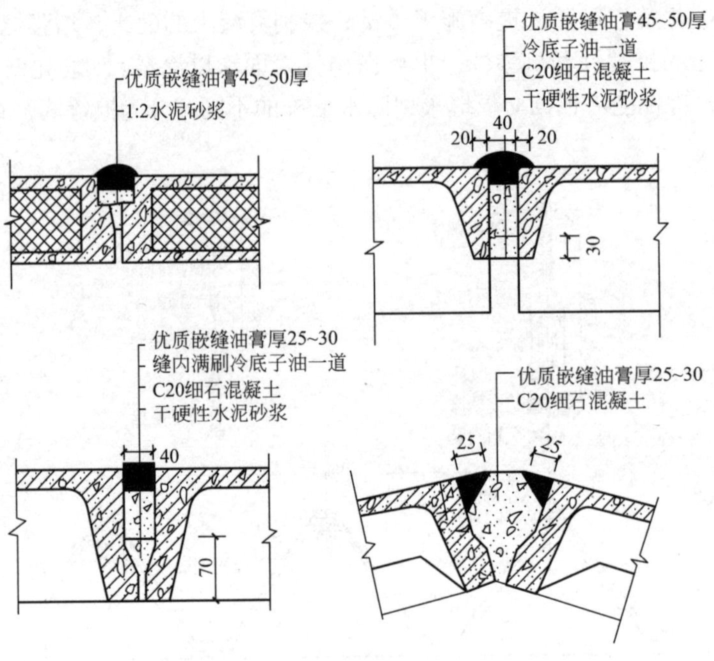

图 15.11　嵌缝式防水构造

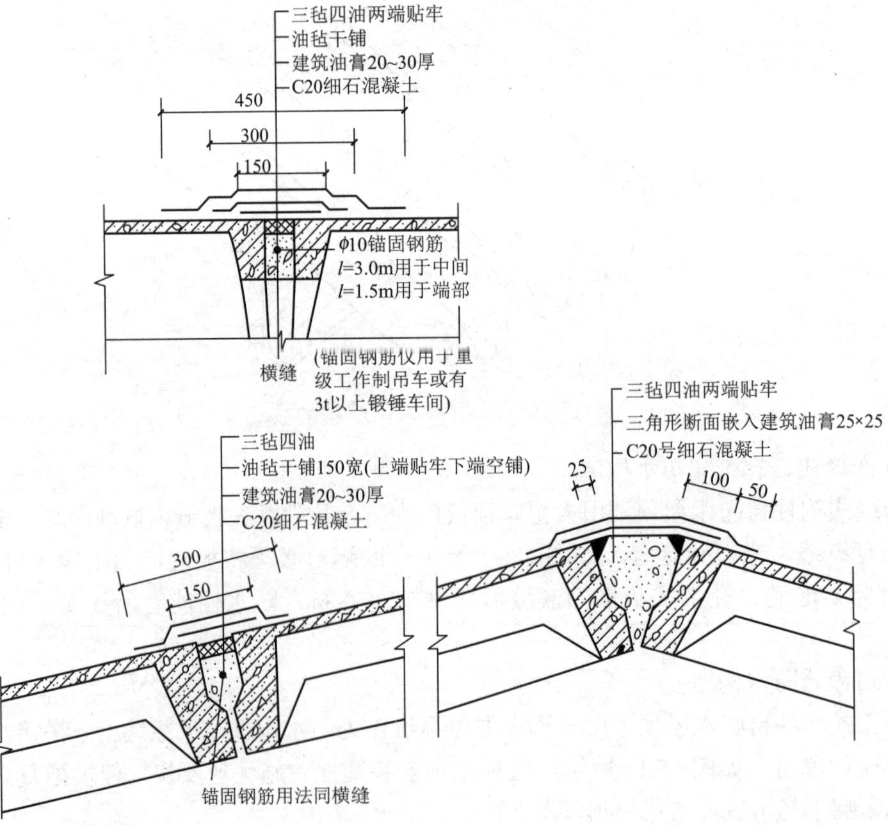

图 15.12　脊带式防水构造

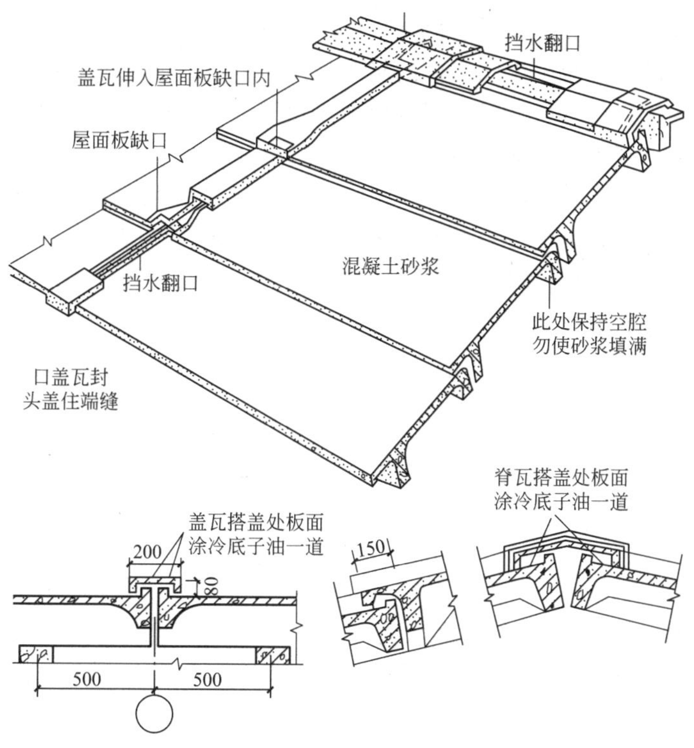

图 15.13 搭盖式防水构造

15.1.4 厂房屋顶的保温隔热构造

1. 厂房屋顶的保温

冬季需保温的厂房在屋顶需增加一定厚度的保温层。保温层可设在屋顶板上部、下部或在屋顶板中间，如图 15.14 所示。

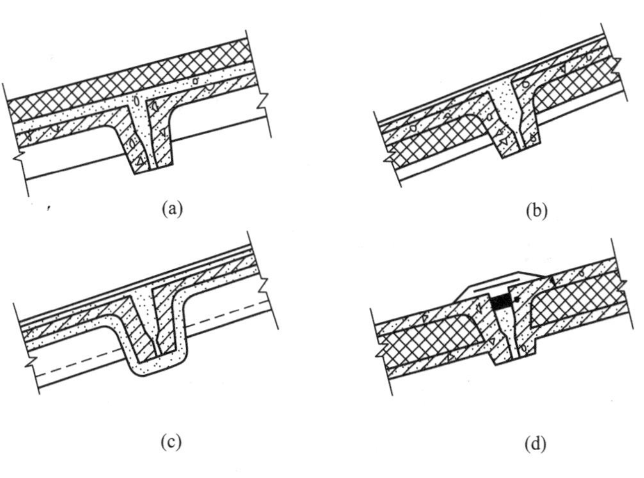

图 15.14 屋顶的保温构造

保温层在屋顶板上部，多用于卷材防水屋顶。其做法与民用建筑平屋顶相同，在厂房屋顶中应用较为广泛。为减少屋面工程的施工程序，可将屋面板连同保温层、隔汽层、找平层及防水层均在工厂预制好，运至现场组装做接缝处理，减少现场作业量，增加施工速度，保证质量，并可减少气候条件的影响。

保温层在屋顶板下部，多用于构件自防水屋顶。其做法分直接喷涂和吊挂两种。直接喷涂是将散状的保温材料加一定量的水泥拌和，然后喷涂在屋顶板下面。吊挂固定是将板状轻质保温材料吊挂在屋顶板下面。实践证明，这两种做法施工麻烦，保温材料吸附水汽，局部易破损，保温效果不理想。

保温层在屋顶板中间，即采用夹心保温屋顶板，如图15.15所示。它具有承重、保温、防水3种功能，可在工厂叠合生产，保证施工质量，减少现场高空作业量，增加施工速度。但是屋顶易产生温度变形和热桥现象等问题。

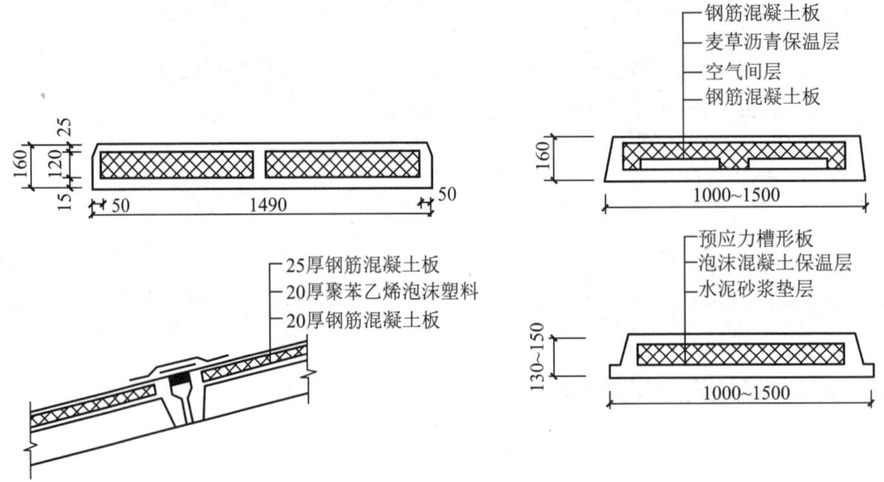

图15.15　夹心保温屋顶板

2. 厂房屋顶的隔热

厂房屋顶的隔热构造类同于民用建筑。当厂房屋顶的高度低于8m时，工作区会受到钢筋混凝土屋顶热辐射的影响，应采取反射降温、通风降温、植被降温等措施。

厂房屋顶的细部构造包括檐口、天沟、泛水、变形缝等，其构造类同于民用建筑。

15.2 天窗构造

在单层厂房屋顶上，为满足厂房天然采光和自然通风的要求，常设置各种形式的天窗，常见的天窗形式有矩形天窗、平天窗及下沉式天窗等。

15.2.1 矩形天窗

矩形天窗沿厂房的纵向布置，为简化构造和检修的需要，在厂房两端及变形缝两侧的第一个柱间一般不设天窗，每段天窗的端部设上天窗屋顶的检修梯。天窗的两侧根据通风要求可设挡风板。矩形天窗主要由天窗架、天窗扇、天窗檐口、天窗侧板及天窗端壁板等组成，如图 15.16 所示。

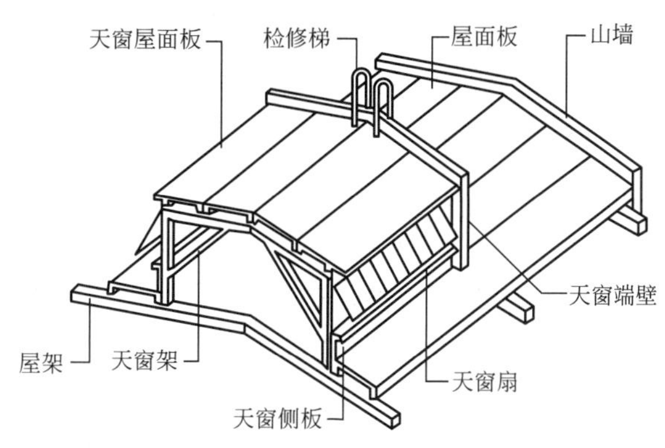

图 15.16 矩形天窗构造组成

1. 天窗架

天窗架是天窗的承重构件，它直接支承在屋架上弦节点上，其材料一般与屋架一致。钢天窗架多与钢屋架配合使用，易于做宽度较大的天窗，有时也可用于钢筋混凝土屋架上。常用的有钢筋混凝土天窗架和钢天窗架两种形式，如图 15.17 所示。根据采光和通风要求，天窗架的跨度一般为厂房跨度的 1/3 ～ 1/2，且应符合扩大模数 3M，如 6m 宽的天窗架适用于 16 ～ 18m 跨度的厂房，9m 宽的天窗架适用于 21 ～ 30m 跨度的厂房。天窗架的高度结合天窗扇的尺寸确定，多为天窗架跨度的 0.3 ～ 0.5 倍。

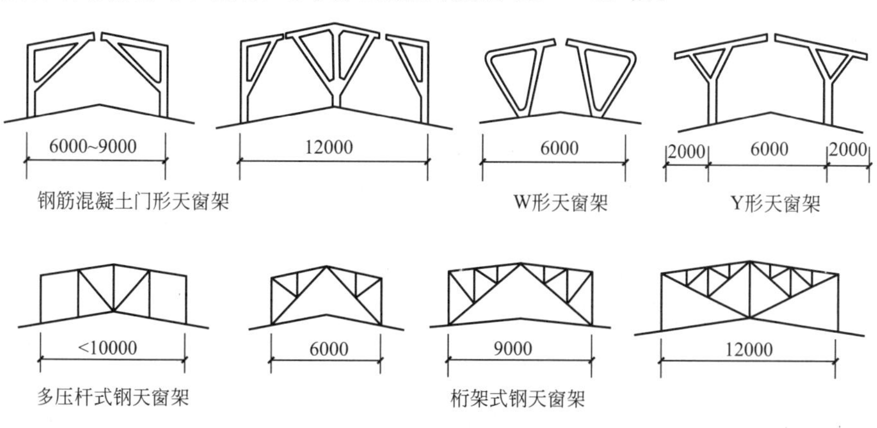

图 15.17 天窗架形式

2. 天窗扇

天窗扇分钢天窗扇和木天窗扇。钢天窗扇具有耐久、耐高温、自重轻、挡光少、使用过程中不变形、关闭紧密等优点。工业建筑中常采用钢天窗扇，目前有定型的上悬钢天窗扇和中悬钢天窗扇。木天窗扇造价较低，但耐久性差、易变形、透光率较差、易燃，故只适用于火灾危险性不大、相对湿度较小的厂房。

1) 上悬钢天窗扇

上悬钢天窗扇防飘雨性能较好，但通风较差，最大开启角只有 45°。定型上悬钢天窗扇的高度有 3 种：900mm、1200mm、1500mm。根据需要可以组合成不同高度的天窗。上悬钢天窗扇主要由开启扇和固定扇等基本单元组成，可以布置成通长窗扇和分段窗扇。

通长窗扇由两个端部固定的窗扇及若干个中间开启的窗扇连接而成。开启扇的长度应根据采光、通风的需要和天窗开关器的启动能力等因素确定，开启扇可长达数十米。开启扇各个基本单元是利用垫板和螺栓连接的。分段窗扇是在每个柱距内设单独开关的窗。不论是通长窗扇还是分段窗扇，在开启扇之间及开启扇与天窗端壁之间，均需设固定扇来起竖框的作用。上悬开窗扇的构造如图 15.18 所示。

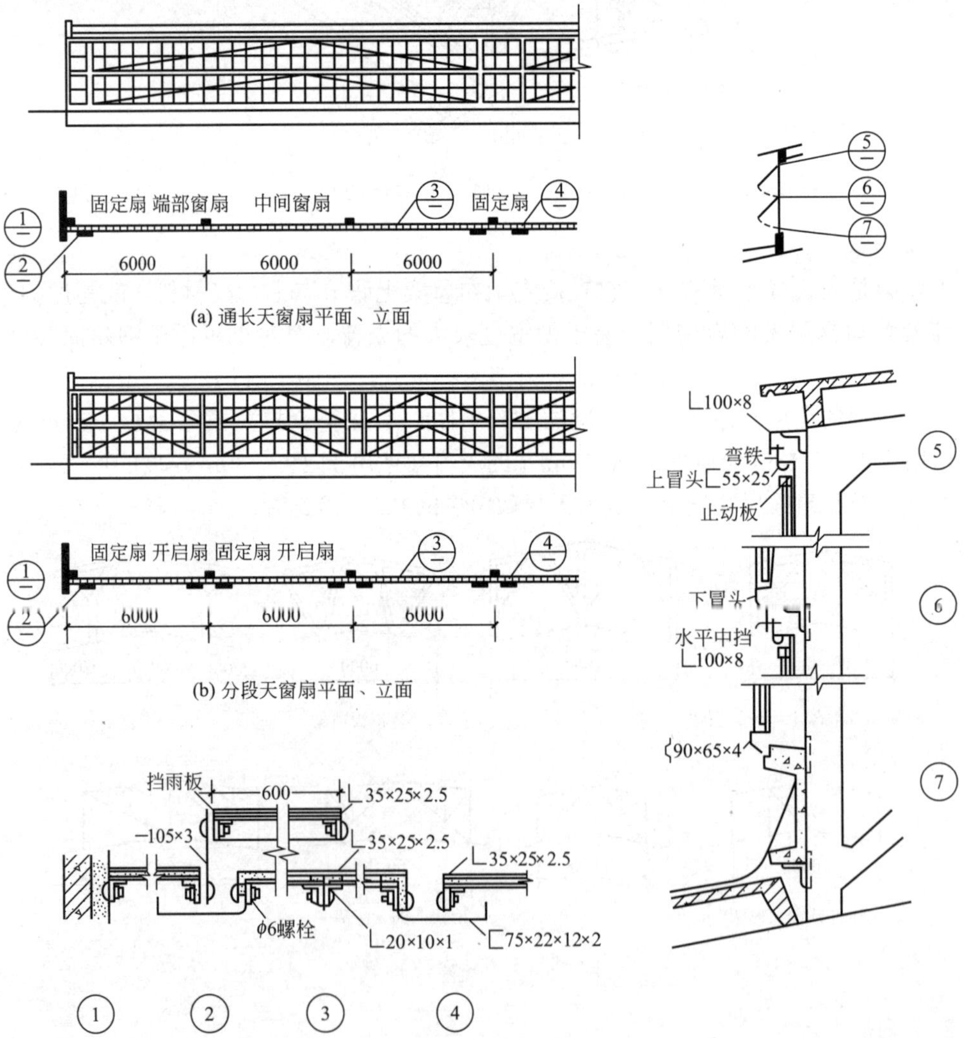

(a) 通长天窗扇平面、立面

(b) 分段天窗扇平面、立面

图 15.18　上悬天窗扇构造

2) 中悬钢天窗扇

中悬钢天窗扇的通风性能好，但防水较差。因受天窗架的阻挡和受转轴位置的影响，只能按柱距分段设置。定型的中悬钢天窗的高度有 1200mm、1500mm（设单排窗），1800mm、2400mm、3000mm（设两排窗），3600mm（设三排窗）。每个窗扇间设槽钢竖框，窗扇转轴固定在竖框上。变形缝处的窗扇为固定扇。中悬钢天窗扇的构造如图 15.19 所示。

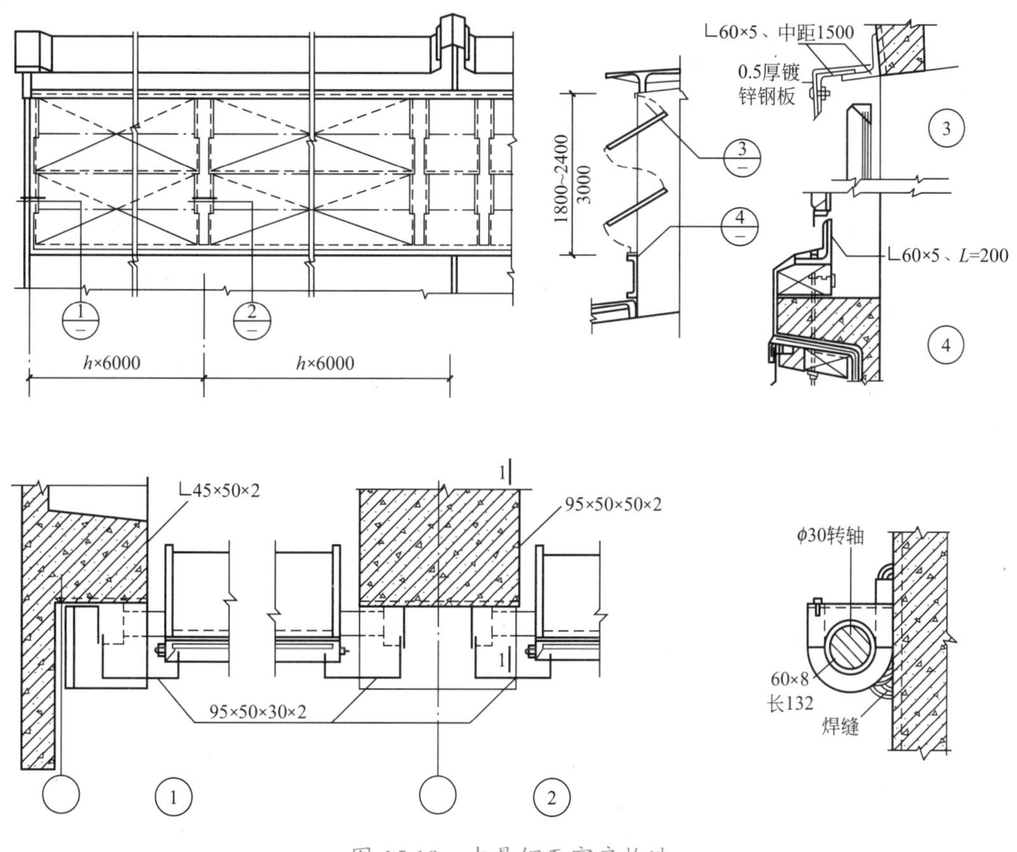

图 15.19 中悬钢天窗扇构造

3. 天窗檐口

天窗屋顶的构造与厂房屋顶的构造相同，天窗檐口多采用无组织排水的带挑檐屋顶板，出挑长度为 300 ～ 500mm，如图 15.20 所示。

4. 天窗侧板

在天窗扇下部设置天窗侧板，如图 15.20 所示。设置天窗侧板是为了防止雨水溅入车间和防止积雪遮挡天窗扇。侧板的高度主要依据气候条件确定，一般高出屋顶不小于 300mm。但也不宜太高，过高会增加天窗架的高度。

侧板的形式应与厂房屋顶结构相适应，当屋顶为无檩体系时，天窗侧板多采用与大型屋顶板同长度的钢筋混凝土槽形板。有檩体系的屋顶常采用石棉水泥波形瓦等轻质小板作天窗侧板。侧板与屋顶板的交接处应做好泛水处理。

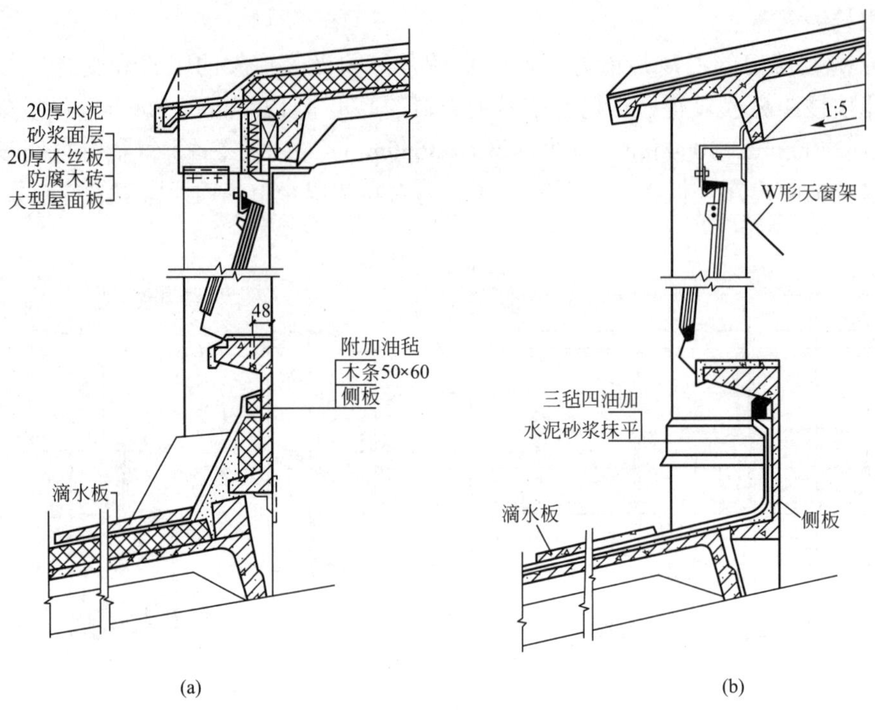

图 15.20　天窗檐口、侧板构造

5. 天窗端壁板

常用的天窗端壁板有钢筋混凝土端壁板和石棉水泥瓦端壁板两种。

钢筋混凝土端壁板预制成肋形板，在天窗端部代替天窗架支承屋顶板，同时起维护作用。根据天窗的宽度，可由两至三块板拼接而成，如图 15.21 所示。天窗端壁板焊接固定

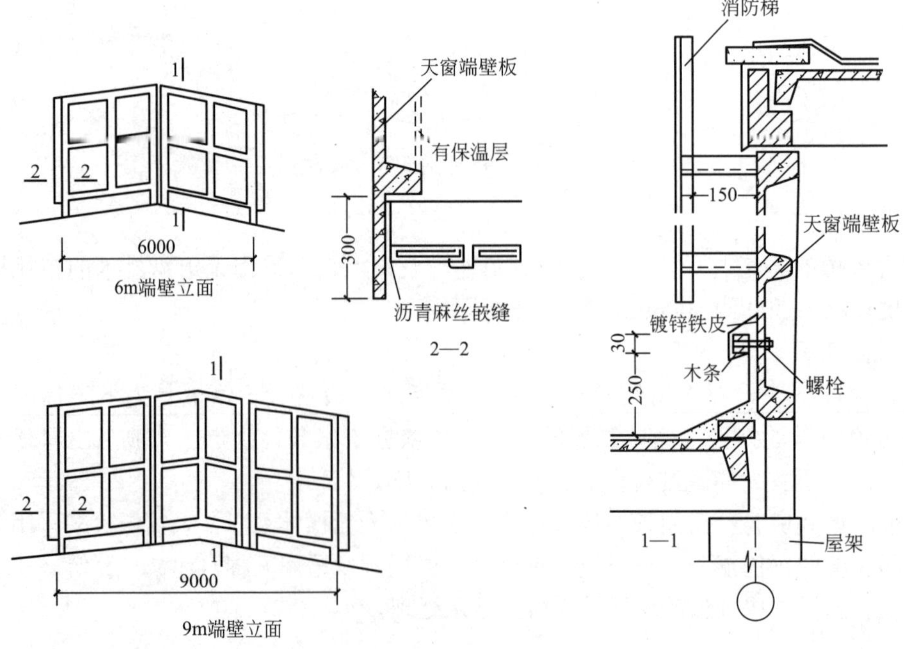

图 15.21　钢筋混凝土端壁板

在屋架上弦的一侧，屋架上弦的另一侧铺放与天窗相邻的屋顶板。端壁板与屋面板的交接处应做好泛水处理，端壁板内侧可根据需要设置保温层。

15.2.2 矩形通风天窗

矩形通风天窗是在矩形天窗两侧加挡风板组成的，如图 15.22 所示，多用于热加工车间。为提高通风效率，除寒冷地区有保温要求的厂房外，天窗一般不设窗扇，而在进风口处设挡雨片。矩形通风天窗的挡风板的高度不宜超过天窗檐口的高度，挡风板与屋顶板之间应留有 50 ～ 100mm 的间隙，兼顾排除雨水和清灰。在多雪地区，间隙可适当增加，但也不能太大，一般不超过 200mm。如缝隙过大，易产生“倒灌风”现象，影响天窗的通风效果。挡风板端部要用端部板封闭，以保证在风向变化时仍可排气。在挡风板或端部板上还应设置供清灰和检修时通行的小门。

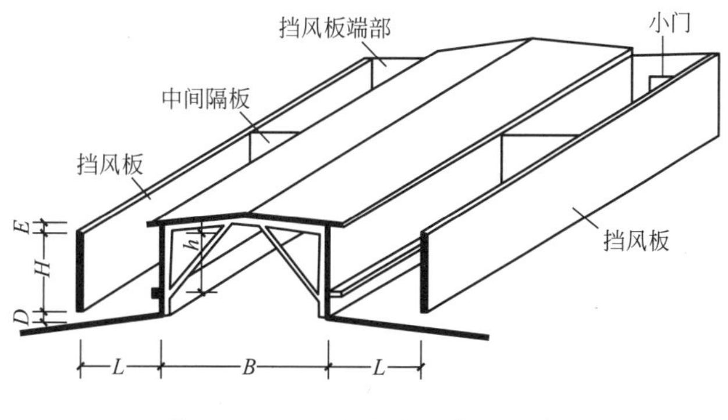

图 15.22 矩形通风天窗的组成

1. 挡风板

挡风板的固定方式有立柱式和悬挑式，挡风板可向外倾斜或垂直布置，挡风板布置方式如图 15.23 所示。挡风板设置为向外倾斜时的挡风效果更好。

1) 立柱式挡风板

立柱式挡风板是将钢筋混凝土或钢立柱支承在屋架上弦的混凝土柱墩上，立柱与柱墩上的钢板件焊接，立柱上焊接固定钢筋混凝土檩条或型钢，然后固定石棉水泥瓦或玻璃钢瓦制成的挡风板，如图 15.24 所示。立柱式挡风板的结构受力合理，但挡风板与天窗的距离受屋顶板排列的限制，立柱处屋顶的防水处理较复杂。

2) 悬挑式挡风板

悬挑式挡风板的支架固定在天窗架上，挡风板与屋顶板完全脱开，如图 15.25 所示。这种布置处理灵活，但增加了天窗架的荷载，对抗震不利。

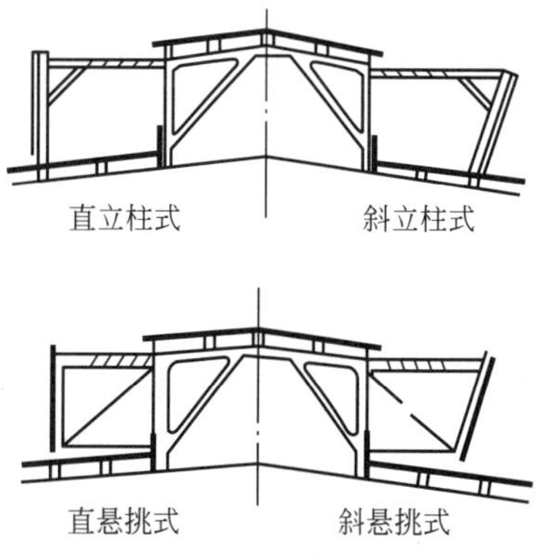

图 15.23 挡风板布置方式

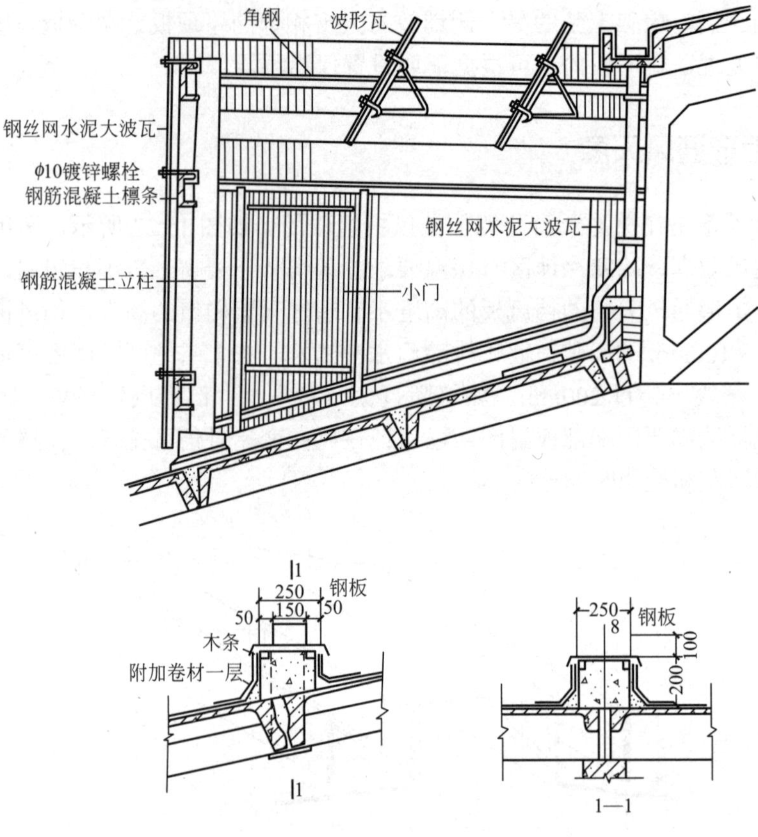

图 15.24　立柱式挡风板

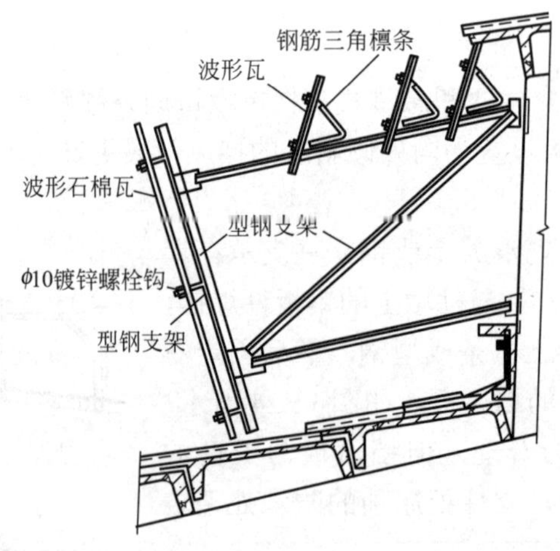

图 15.25　悬挑式挡风板

2. 挡雨设施

矩形通风天窗的挡雨设施有屋顶设置大挑檐、水平口设挡雨片和竖直口设挡雨板 3 种情况，如图 15.26 所示。屋顶大挑檐挡雨使水平口的通风面积减少，多在挡风板与天窗的距离较大时采用。水平口设挡雨片使通风阻力较小，挡雨片与水平面夹角有 45°、60°、

90°三种，目前多用 60°夹角。挡雨片高度一般为 200 ～ 300mm。竖直口设挡雨板时，挡雨板与水平面夹角越小通风越好，兼顾排水和防止溅雨，一般不宜小于 15°。挡雨片有石棉水泥瓦、钢丝网水泥板、钢筋混凝土板及薄钢板等。

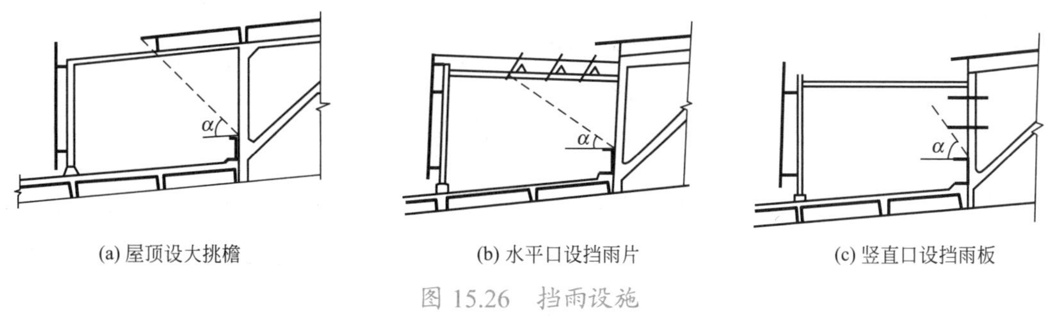

图 15.26 挡雨设施

15.2.3 平天窗

1. 平天窗的形式

平天窗的形式主要有采光板 (图 15.27)、采光罩 (图 15.28) 和采光带 (图 15.29)。

采光板是在屋顶板上留孔，装平板式透光材料，或是抽掉屋顶板加檩条设透光材料。如将平板式透光材料改用弧形采光材料，则形成采光罩，其刚度较平板式好。采光板和采光罩分固定和开启两种，固定的仅作采光用，开启的以采光为主，并兼作通风。采光带是在屋顶的纵向或横向开设 6m 以上的采光口，装平板透光材料，瓦屋顶、折板屋顶常横向布置，大型屋顶板屋顶多纵向布置。

平天窗的优点是屋顶荷载小、构造简单、施工简便，但易造成眩光和太阳直接辐射，易积灰，防雨防雹能力差。随着采光材料的发展，近年来平天窗的应用越来越多。

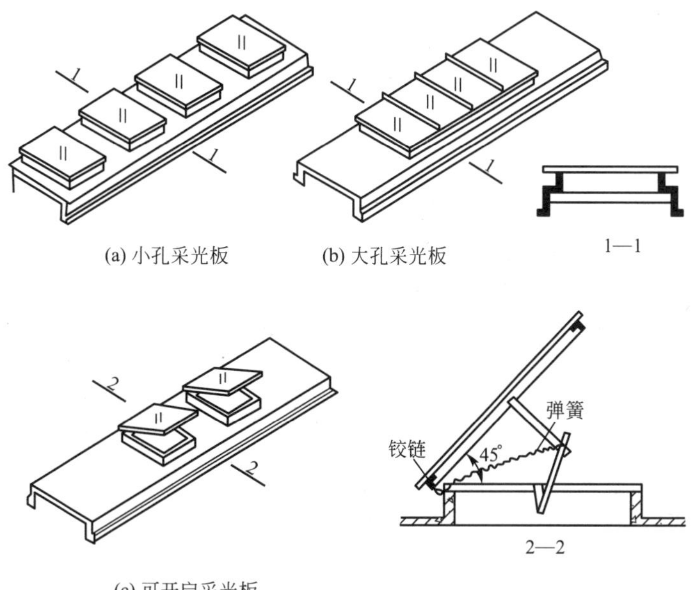

图 15.27 采光板

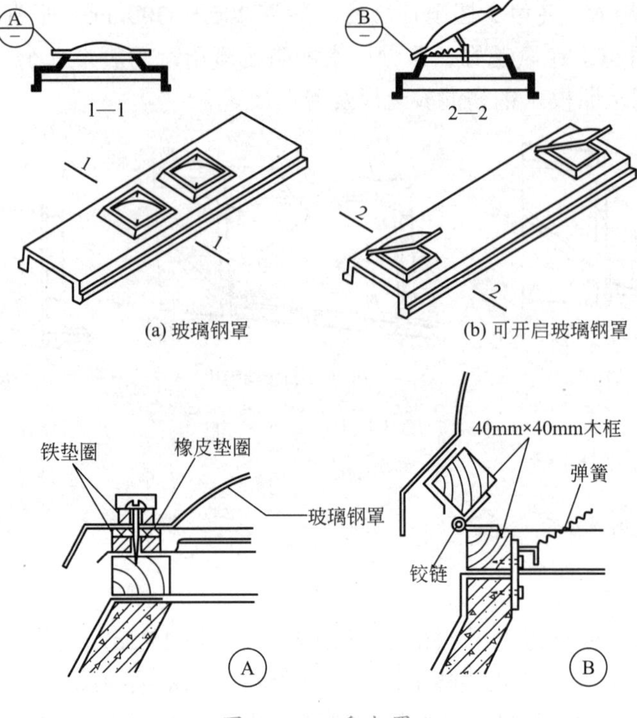

图 15.28 采光罩

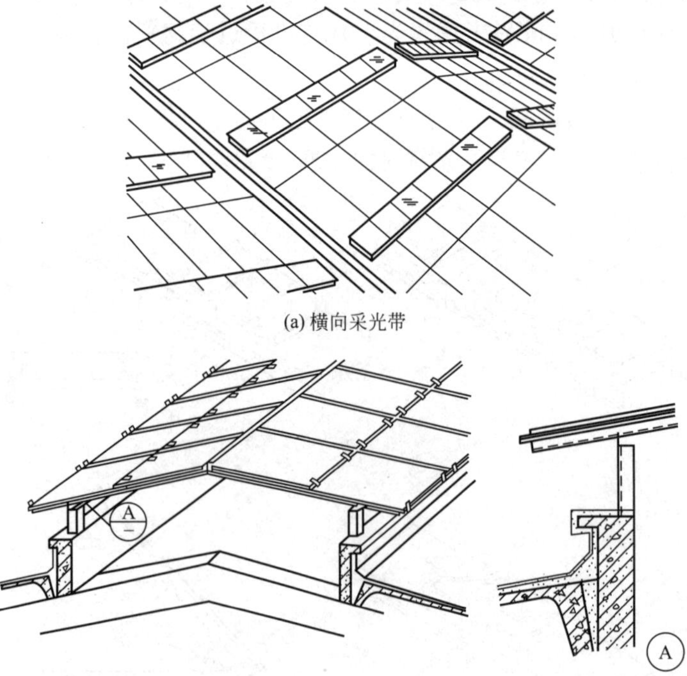

图 15.29 采光带

2. 平天窗的构造

平天窗既能采光通风又是屋顶的一部分，在满足采光的同时，需解决防水、防太阳辐射和眩光、安全防护及组织通风等问题，其构造组成如图 15.30 所示。

1) 防水

为加强防水，在采光口周围设 150 ～ 250mm 高的井壁，并做泛水处理，井壁上安装透光材料，如图 15.31 所示。井壁有垂直和倾斜两种，倾斜井壁利于采光。井壁材料有钢筋混凝土、薄钢板、塑料等。井壁与玻璃间的缝隙，宜采用聚氯乙烯胶泥或建筑油膏等弹性好、不易干裂的材料填充。采光板用卡钩固定玻璃，并将卡钩通过螺钉固定在井壁的预埋木砖上。为防止玻璃内表面形成冷凝水而产生滴水现象，可在井壁顶部设置排水沟，将水接住，顺坡排至屋顶。面积较大的采光板由多块玻璃拼接而成，需要横档固定和相互搭接。上下搭接一般不小于 100mm，并用 Z 形镀锌铁皮卡子固定。为了防止搭接处渗漏，需用柔性材料嵌缝。

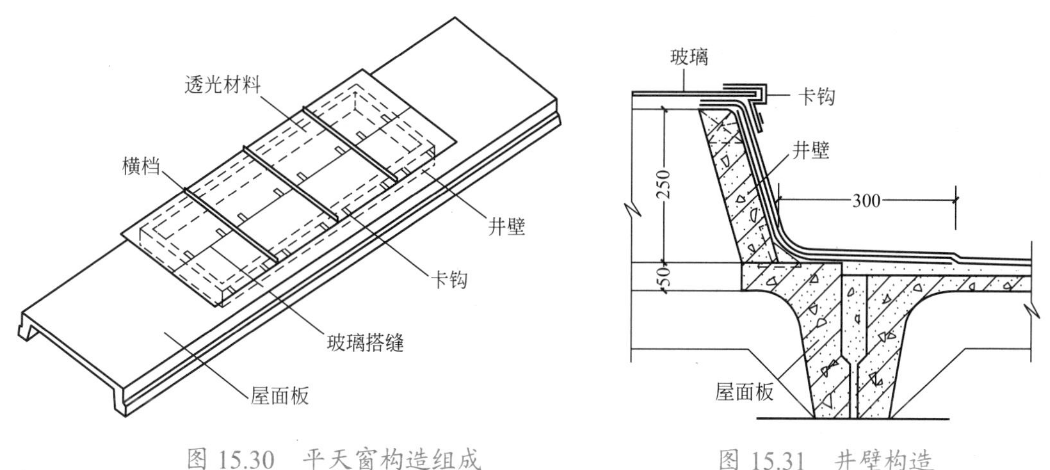

图 15.30 平天窗构造组成　　图 15.31 井壁构造

2) 防太阳辐射和眩光

平天窗受阳光直射的强度高、时间长，如采用普通平板玻璃和钢化玻璃作为透光材料，会造成车间过热和产生眩光，以致影响到工人的健康、生产的安全和产品的质量。因此，平天窗应选用能使阳光扩散、减少辐射和眩光的透光材料，如磨砂玻璃、夹丝压花玻璃、中空玻璃、吸热玻璃及变色玻璃等。目前多采用在平板玻璃下表面刷半透明涂料的方法，如聚乙烯醇缩丁醛。

3) 安全防护

为防止冰雹或其他原因造成玻璃破碎，影响安全生产，可采用夹丝的安全玻璃等。当采用普通玻璃时，应在玻璃下面设一道防护网，如镀锌铁丝网或钢板网，在井壁上设托铁固定。防护网的连接构造如图 15.32 所示。

4) 通风

平天窗屋顶的通风方式有两种，分别是单独设置通风屋脊及采光和通风结合处理。

(1) 单独设置通风屋脊，如图 15.33 所示，平天窗仅起采光作用。

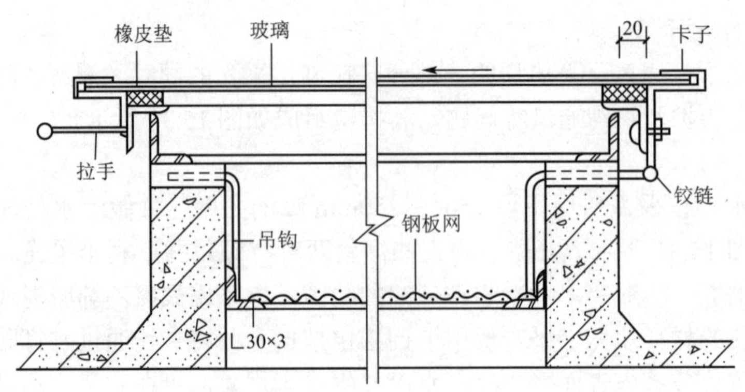

图 15.32　防护网连接构造

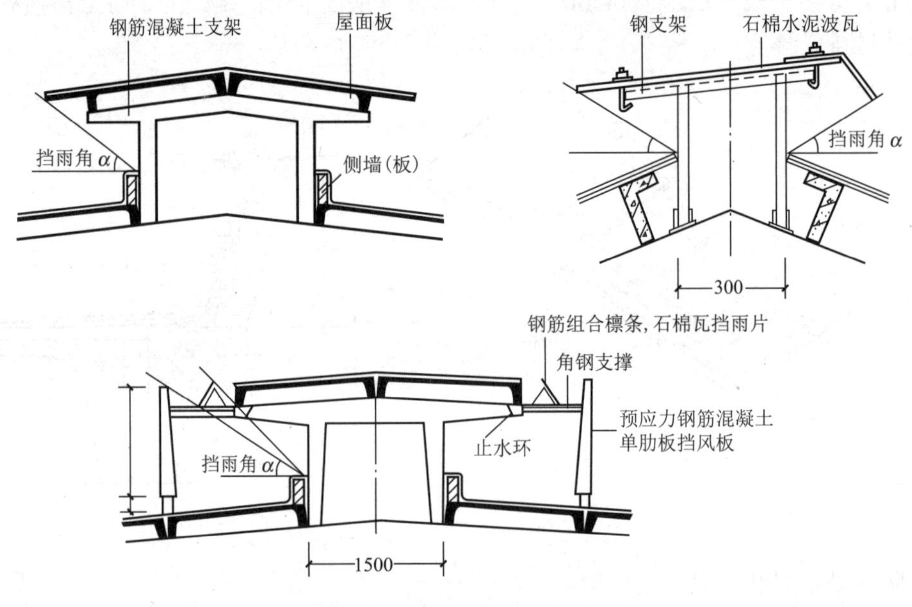

图 15.33　通风屋脊构造

(2) 采光和通风结合处理。平天窗既可采光，又可通风。一是采用开启的采光板或采光罩，但在使用时不够灵活方便；二是将两个采光罩相对的侧面做成百叶，在百叶两侧加挡风板，构成一个通风井，如图 15.34 所示。当天窗采用采光带时，可将井壁加高，装上百叶或窗扇，满足通风的要求。

15.2.4 下沉式天窗

下沉式天窗是在一个柱距内，将一定宽度的屋顶板从屋架上弦下沉到屋架的下弦上，利用上下屋顶板之间的高差做采光和通风口的天窗。

1. 下沉式天窗的形式

下沉式天窗的形式有井式天窗、纵向下沉式天窗和横向下沉式天窗。这 3 种天窗的构造类同，下面以井式天窗为例进行介绍。

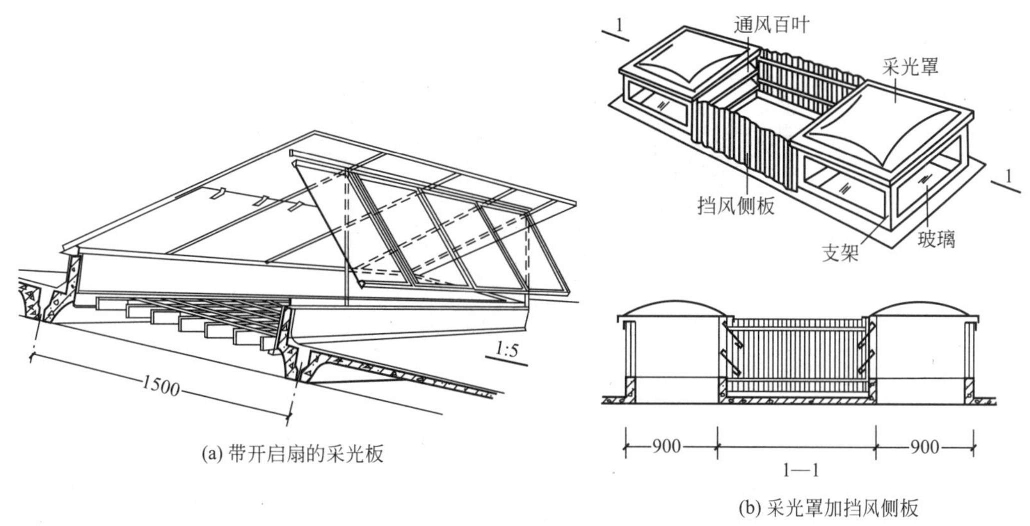

图 15.34 采光通风平天窗

井式天窗的布置方式有单侧布置、两侧布置和跨中布置 3 种，如图 15.35 所示。单侧或两侧布置的通风效果好，排水、清灰比较容易，多用于热加工车间。跨中布置的通风效果较差，排水处理也比较复杂，但可以利用屋架中部较高的空间做天窗，采光效果较好，多用于有一定采光通风要求，但余热、灰尘不大的厂房。井式天窗的通风效果与天窗的水平口面积与垂直口面积之比有关，适当扩大水平口面积，可提高通风效果。但应注意井口的长度不宜太长，以免通风性能下降。

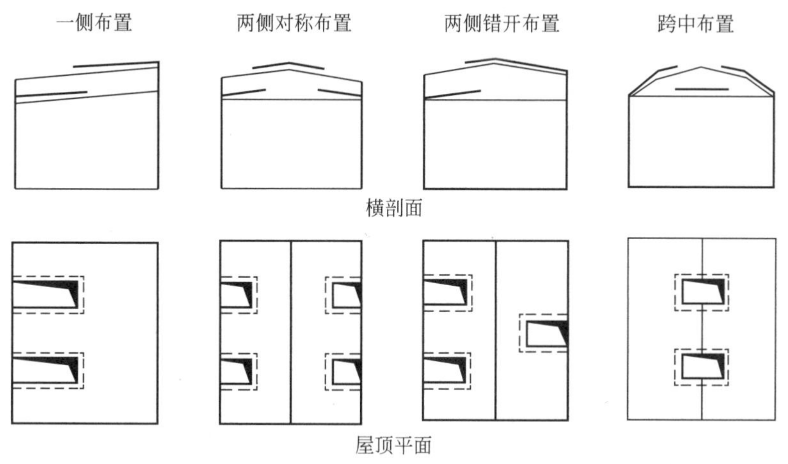

图 15.35 井式天窗的布置方式

2. 下沉式天窗的构造

下沉式井式天窗的构造组成：井底板、井底檩条、井口空格板、挡雨设施、挡风墙及排水设施等，如图 15.36 所示。

1) 井底板

井底板的布置方式有横向铺板和纵向铺板两种。

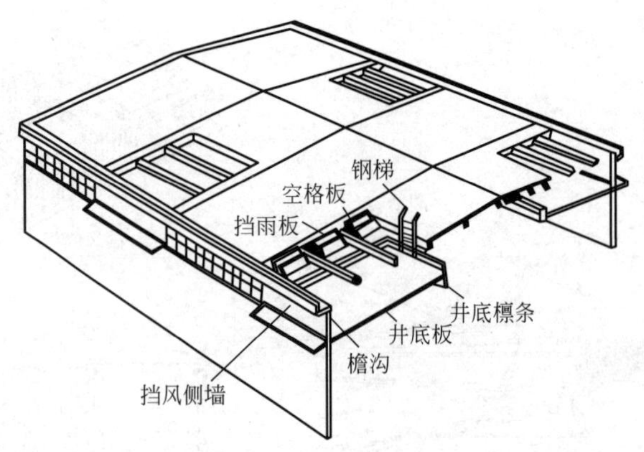

图 15.36　井式天窗的构造组成

(1) 横向铺板。横向铺板是先在屋架下弦上搁置檩条（图 15.37），然后在檩条上平行于屋架铺设井底板。井底板的长度受到屋架下弦节点间距的限制，灵活性较小。井底板边檐做 300mm 高的泛水，则泛水高度、屋架节点、檩条、井底板的总高合起来会有 1m 以上。为了在屋架上下弦之间争取较大的垂直口通风面积，檩条常用下卧式、槽形、L 形等形式，屋顶板可设置在檩条的下翼缘上，可降低 200mm 的构造高度。同时，槽形、L 形檩条的高出部分还可兼起泛水作用，增加了采光和通风口的净空高度，有利于采光和通风。

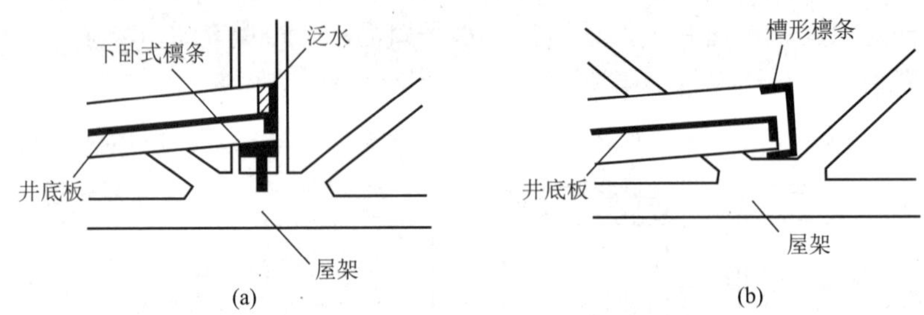

图 15.37　井底板檩条

(2) 纵向铺板。纵向铺板是井底板直接搁置在屋架下弦上，可省去檩条并增加天窗高度。天窗水平口长度可根据需要灵活布置。有的井底板端部会与屋架腹杆相碰，需采用出肋板或卡口板，躲开屋架腹杆，如图 15.38 所示。

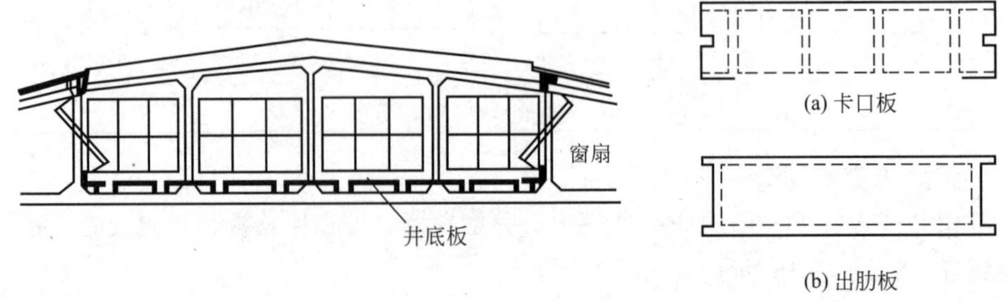

图 15.38　纵向铺井底板

2) 井口板及挡雨设施

井式天窗用于不需采暖的厂房如热加工车间，通常不设窗扇而做成开敞式，因此需加挡雨设施。挡雨设施有 3 种形式，分别是井上口设挑檐板、井上口设挡雨片和垂直口设挡雨板。

(1) 井上口设挑檐板。在井上口直接设挑檐板，挑檐板的出挑长度应满足挡雨角的要求，如图 15.39 所示。纵向由相邻的屋顶板加长挑出，横向增设屋顶板成挑檐。另一种是在屋架上先设檩条，挑檐板固定在檩条上。由于挑檐占据过多的水平口面积，影响通风，故只适用于较大的天窗，如 9m 柱距的天井或 6m 柱距的连井的情况。

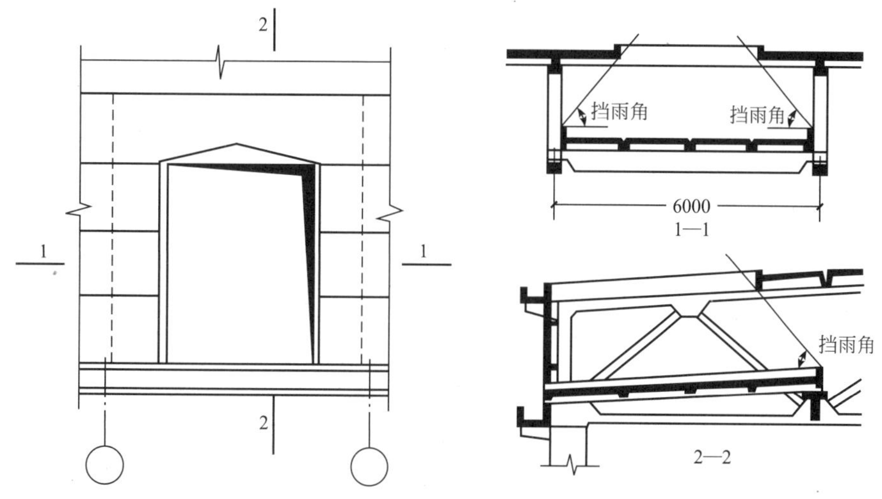

图 15.39 井上口设挑檐板

(2) 井上口设挡雨片。在井口上设空格板，然后在空格板的纵肋上固定挡雨片，如图 15.40 所示。挡雨片的角度为 60°，挡雨片的材料可选用玻璃、钢板和石棉瓦等，挡雨片的连接构造如图 15.41 所示，有插槽法和焊接法两种构造。插槽法是在空格板的大肋上预留槽口，将挡雨片插入。焊接法是将挡雨片直接焊接在空格板的预埋件上。

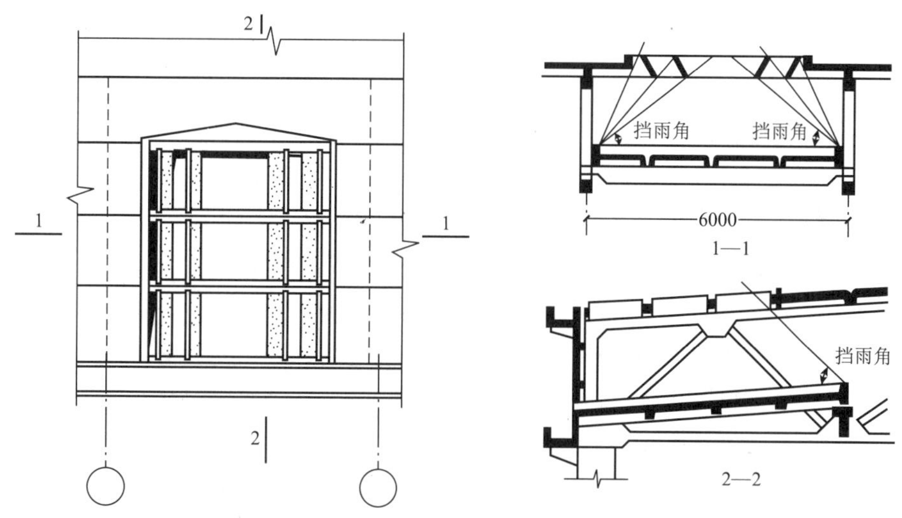

图 15.40 井上口设挡雨片

(3) 垂直口设挡雨板。垂直口挡雨板的构造和材料与开敞式外墙挡雨板相同，常用石棉瓦或预制钢筋混凝土小板作挡雨板，如图 15.42 所示。

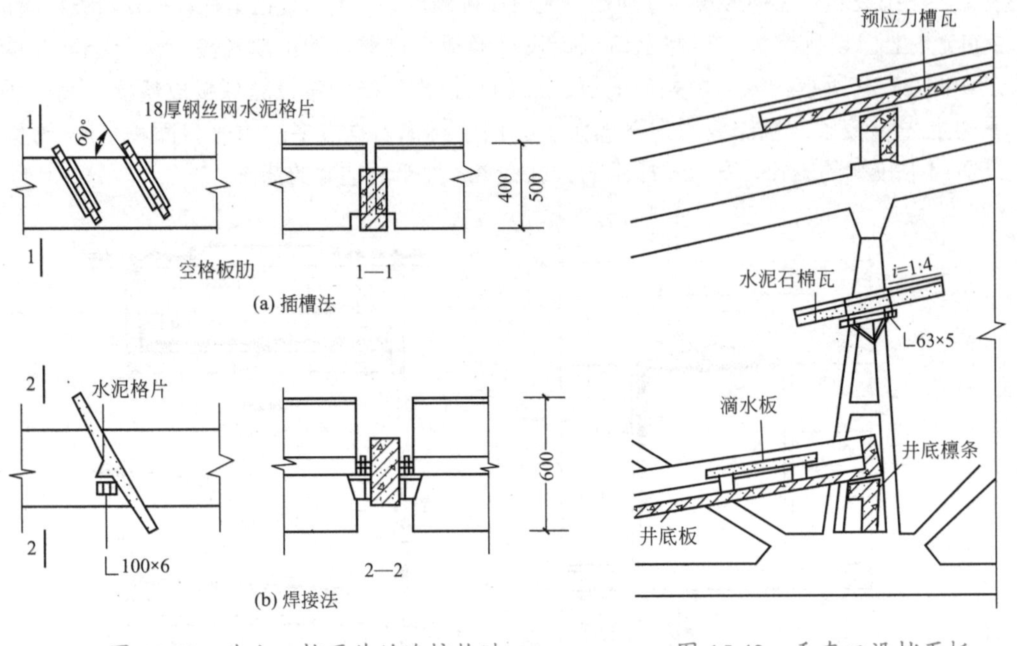

图 15.41　井上口挡雨片的连接构造

图 15.42　垂直口设挡雨板

15.3　外墙、侧窗及大门构造

15.3.1　外墙

单层厂房的外墙，按承重情况不同可分为承重墙、自承重墙及骨架墙等类型；根据构造不同可分为块材墙、板材墙。

承重墙一般用于中小型厂房。当厂房跨度小于 15m，吊车吨位不超过 5t 时，可做成条形基础和带壁柱的承重砖墙。承重墙和自承重墙的构造类似于民用建筑。

骨架墙利用厂房的承重结构作为骨架，墙体仅起围护作用。与砖结构的承重墙相比，骨架墙减少了结构面积，便于建筑施工和设备安装，适应高大及有振动的厂房条件，易于实现建筑工业化，适应厂房的改建、扩建等，目前被广泛采用。依据使用要求、材料和施工条件，骨架墙有块材墙、板材墙和开敞式外墙等。

1. 块材墙

1) 块材墙的位置

块材墙厂房的围护墙与柱的平面关系有两种：一种是外墙位于柱子之间，能节约用地，提高柱列的刚度，但构造复杂，热工性能差；另一种是设在柱的外侧，具有构造简单、施工方便、热工性能好、便于统一等特点，应用普遍。如图 15.43 所示为围护墙与柱的平面关系。

2) 块材墙的相关构件及连接

块材围护墙一般不设基础，下部墙身支承在基础梁上，上部墙身通过连系梁经牛腿将自重传给柱再传至基础。如图 15.44 所示为块材墙和相关构件。

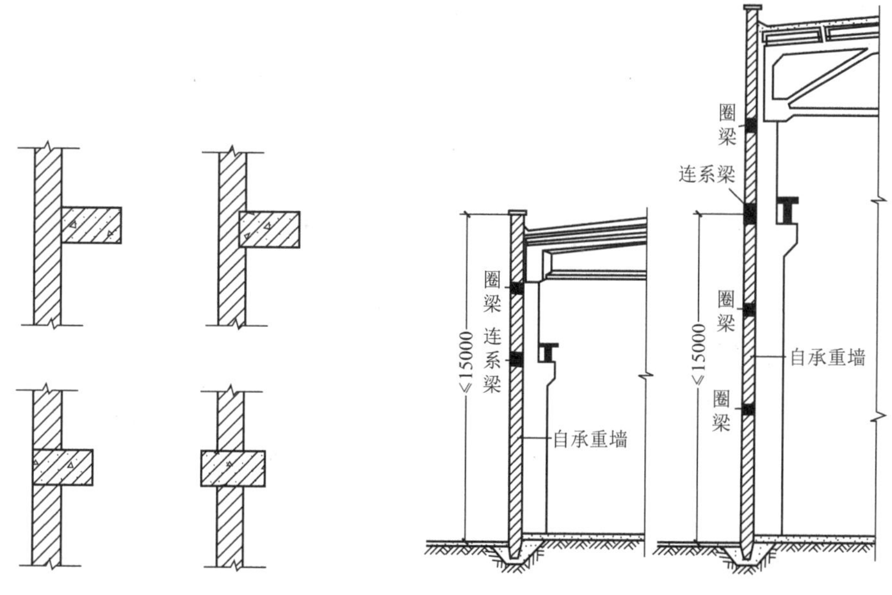

图 15.43 围护墙与柱的平面关系

图 15.44 块材墙和相关构件

(1) 基础梁。基础梁的截面形式有矩形和倒梯形两种，顶面标高通常比室内地面低 50mm，以便门洞口处的地面做面层保护基础梁。基础梁与柱基础的连接与基础的埋深有关，当基础埋置较浅时，可将基础梁直接或通过混凝土垫块搁置在柱基础杯口上，也可在高杯口基础上设置基础梁。当基础埋置较深时，一般用柱牛腿支托基础梁。如图 15.45 所示为基础梁与柱基础的位置关系。

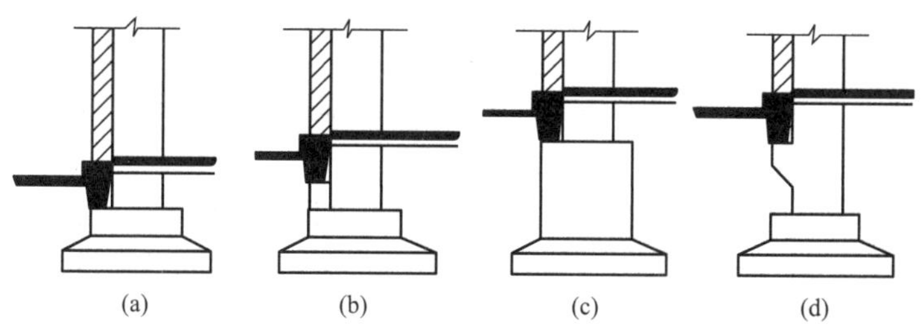

图 15.45 基础梁与柱基础的位置关系

基础梁的防冻与受力：在保温厂房中，基础梁下部宜用松散保温材料填铺，如矿渣等，如图 15.46 所示。松散的材料可以保证基础梁与柱基础共同沉降，避免基础下沉时，梁下填土不沉或冻胀等产生反拱作用对墙体产生不利的影响。在温暖地区，可在梁下部铺砂或炉渣等结构层。

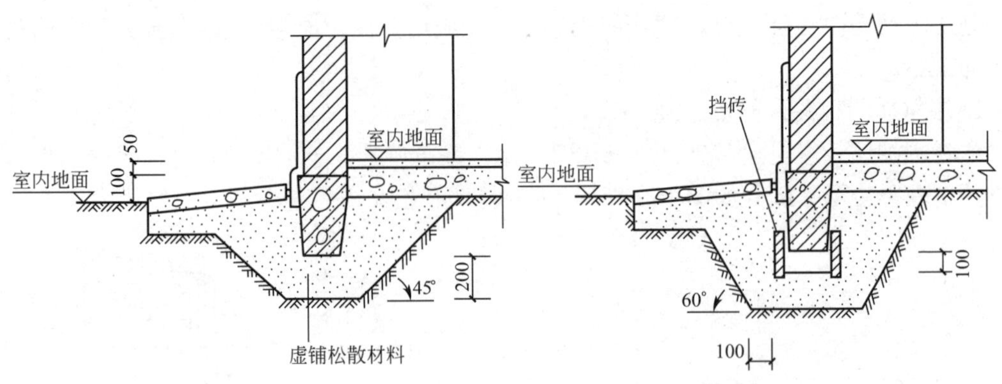

图 15.46　基础梁的防冻与受力

(2) 连系梁。连系梁的截面形式有矩形和L形，与柱用螺栓或焊接连接牢固，如图 15.47 所示，它不仅承担墙身的自重，且能加强厂房的纵向刚度。

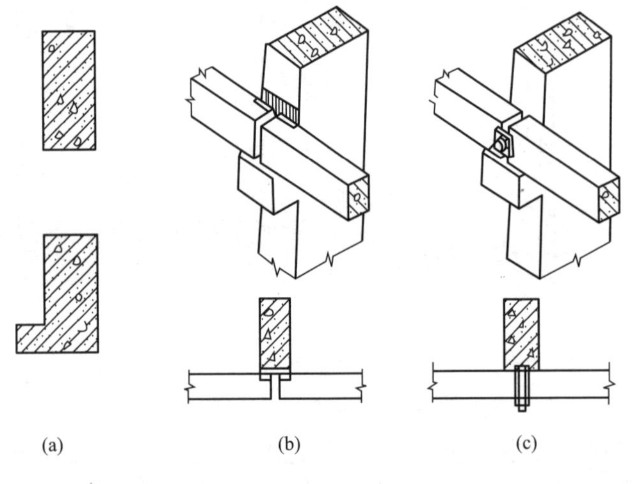

图 15.47　连系梁

(3) 柱、屋架。柱和屋架端部常用钢筋拉接块材墙，由柱、屋架沿高度每隔 500 ～ 600mm 伸出 2ϕ6 钢筋砌入墙内。如图 15.48 所示为块材墙与柱和屋架端部的连接。为增加墙体的稳定性，可沿高度每 4m 左右设一道圈梁。如图 15.49 所示为圈梁与柱的连接。

2. 板材墙

发展大型板材墙是墙体改革和加快厂房建筑工业化的重要措施之一，能减轻劳动强度、充分利用工业废料、节省耕地、加快施工速度、提高墙体的抗震性能。目前适宜用的板材有钢筋混凝土板材和波形板材。

1) 钢筋混凝土板材墙

(1) 墙板的规格、类型。钢筋混凝土墙板的长度和高度采用扩大模数 3M。板的长度有 4500mm、6000mm、7500mm、12000mm 四种，可适用于常用的 6m 或 12m 柱距及 3m 整数的跨距。板的高度有 900mm、1200mm、1500mm、1800mm 四种。常用的板厚度为 160 ～ 240mm，以 20mm 为模数进级。

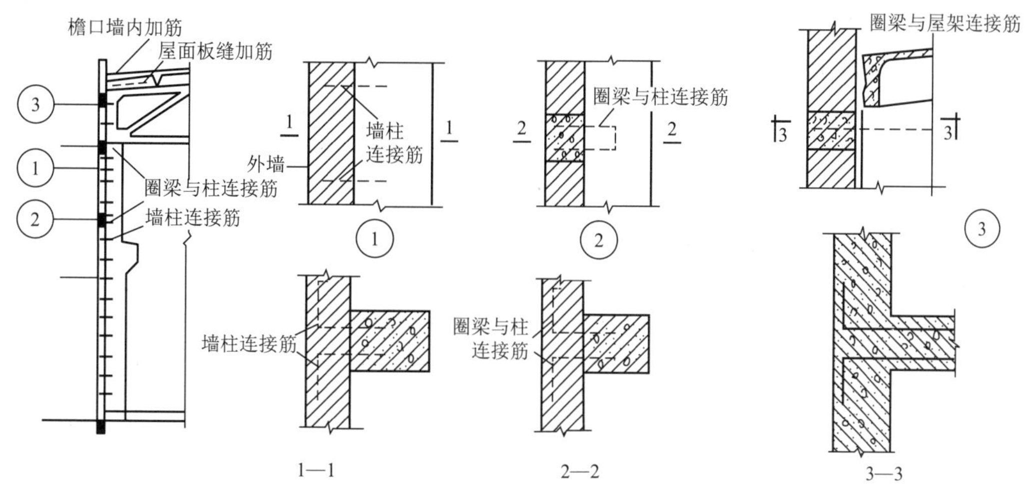

图 15.48 块材墙与柱和屋架端部的连接

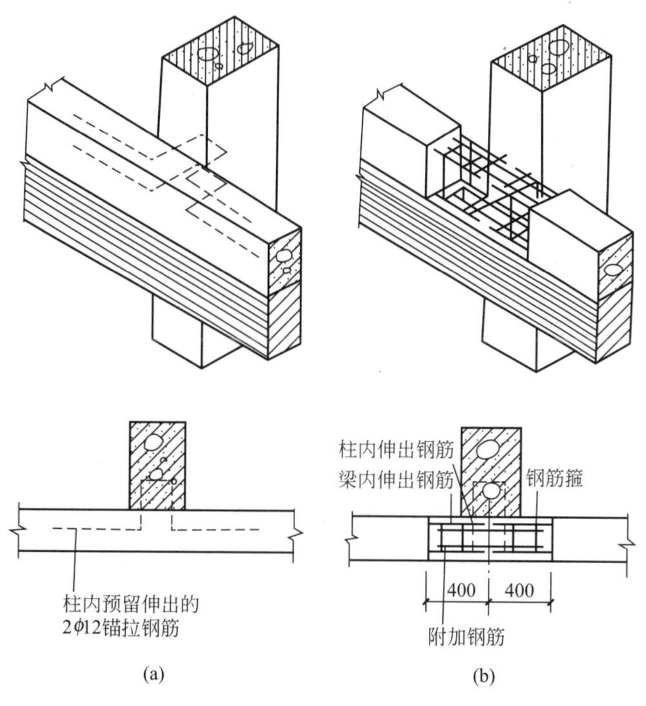

图 15.49 圈梁与柱的连接

根据材料和构造方式，墙板分单一材料墙板和复合墙板。

单一材料墙板常见的有钢筋混凝土槽形板、空心板和配筋轻混凝土墙板，用钢筋混凝土预制的墙板耐久性好，制作简单。槽形板节省水泥和钢材，但保温隔热性能差，且易积灰。空心板表面平整，并有一定的保温隔热能力，应用较多。配筋轻混凝土（如陶粒珍珠砂混凝土）墙板和加气混凝土墙板自重轻，保温隔热性能好，较为坚固，但吸湿性大。

复合墙板是指采用承重骨架、外壳及各种轻质夹芯材料组成的墙板。常用的夹芯材料为膨胀珍珠岩、蛭石、陶粒、泡沫塑料等配制的各种轻混凝土或预制板材。常用的外壳有

重型外壳和轻型外壳。重型外壳即钢筋混凝土外壳。轻型外壳墙板是将石棉水泥板、塑料板、薄钢板等轻外壳固定在骨架两面，再在空腔内填充轻型保温隔热材料制成复合墙板。复合墙板的优点是材料各尽所长、自重轻、防水、防火、保温、隔热，且具有一定的强度；缺点是制作复杂，仍有热桥的不利影响，需要进一步改进。

(2) 墙板布置。墙板布置分横向布置、竖向布置和混合布置，如图 15.50 所示。其中，横向布置用得最多，其次是混合布置。竖向布置因板长受侧窗高度的限制，板型和构件较多，故应用较少。

横向布板以柱距为板长，可省去窗过梁和连系梁，板型少，并有助于加强厂房刚度，接缝处理也较容易。混合布置墙板虽增加板型，但立面处理灵活。

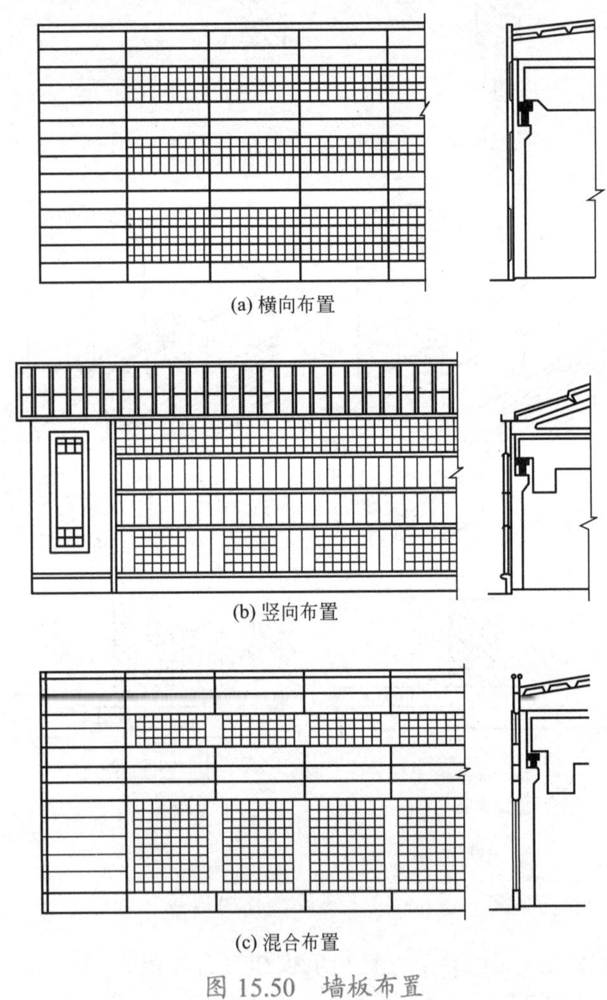

(a) 横向布置

(b) 竖向布置

(c) 混合布置

图 15.50　墙板布置

(3) 墙板和柱的连接。墙板和柱的连接应安全可靠，并便于安装和检修，一般分柔性连接和刚性连接。

柔性连接是墙板和柱之间通过预埋件和连接件将两者拉结在一起。连接方式有螺栓挂钩柔性连接和角钢搭接柔性连接。柔性连接的特点是墙板与骨架以及墙板之间在一定范围内可相对位移，能较好地适应各种振动引起的变形。螺栓挂钩柔性连接如图 15.51 所示，它是在垂直方向上每隔 3 ～ 4 块板在柱上设钢托支承墙板荷载，在水平方向上用螺栓挂钩将墙板拉结固定在一起，其安装、维修方便，但用钢量较多，暴露的金属多，易腐蚀。角钢柔性连接如图 15.52 所示，它是利用焊在柱和墙板上的角钢连接固定，比螺栓连接省钢，外露的金属也少，施工速度快，但因有焊接点，安装不便，适应位移的程度差一些。

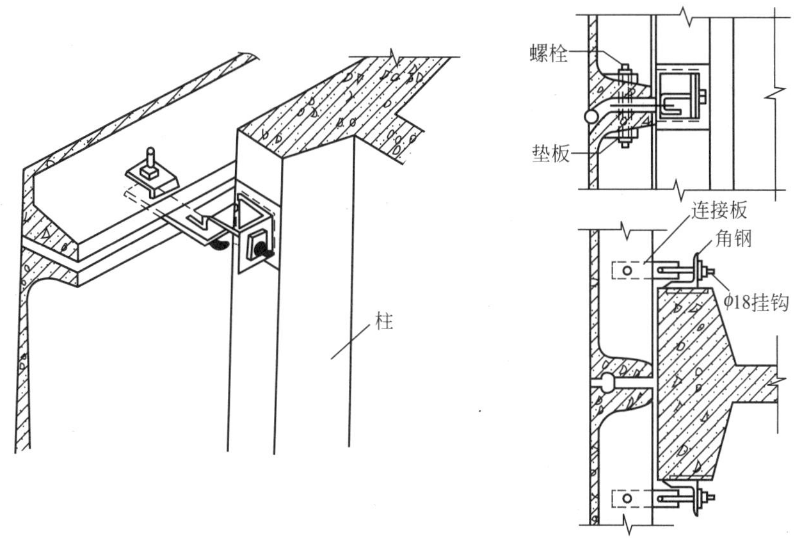

图 15.51　螺栓挂钩柔性连接

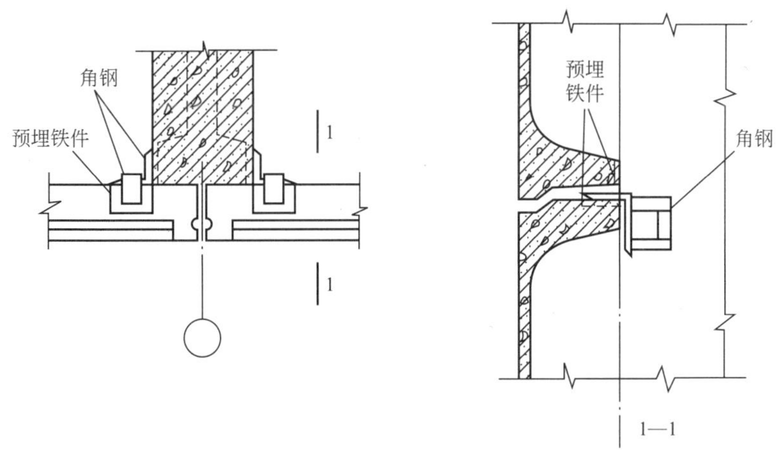

图 15.52　角钢柔性连接

刚性连接就是通过墙板和柱的预埋铁件用型钢焊接固定在一起，如图 15.53 所示。其特点是用钢少、厂房的纵向刚度大，但构件不能相对位移，在基础出现不均匀沉降或有较大振动荷载时，墙板易产生裂缝等现象。墙板在转角部位为避免过多增加板型，一般结合纵向定位轴线的不同定位方式，采用山墙加长板或增补其他构件，如图 15.54 所示。为满足防水、制作安装方便、保温、防风、经济美观、坚固耐久等要求，墙板的水平缝和垂直缝都应采取构造处理，如图 15.55 所示。

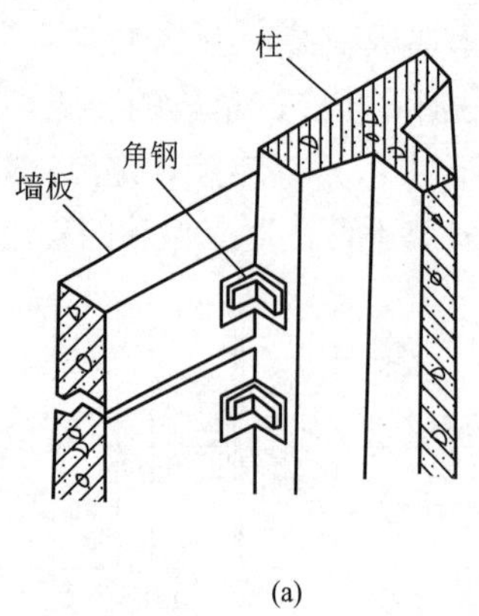

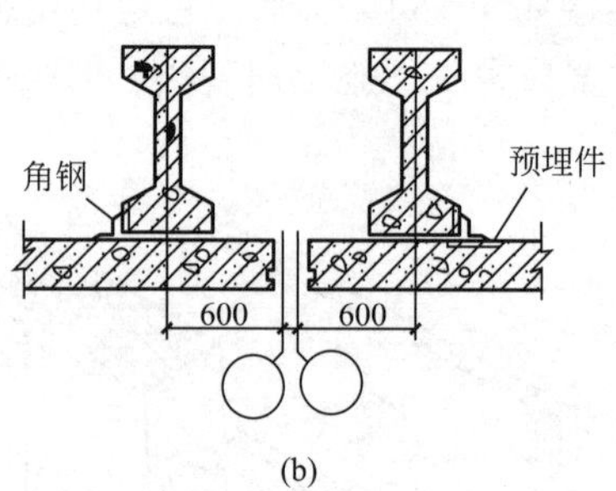

(a)　　(b)

图 15.53　刚性连接

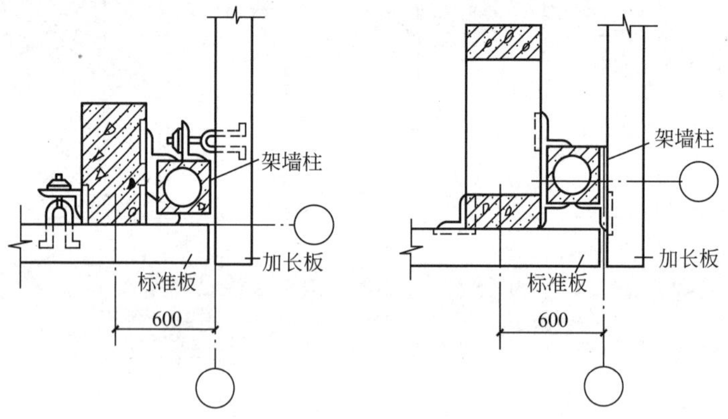

图 15.54　转角部位墙板处理

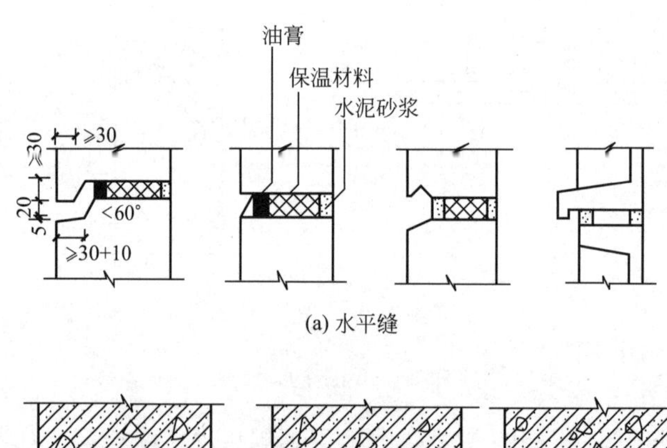

(a) 水平缝

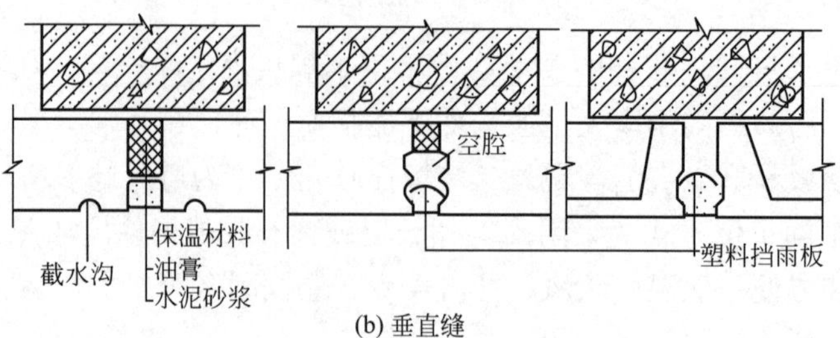

(b) 垂直缝

图 15.55　墙板水平缝和垂直缝的构造

2) 波形板材墙

波形板材墙按材料可分为压型薄钢板、石棉水泥波形板、塑料玻璃钢波形板等，这类墙板主要用于无保温要求的厂房和仓库等建筑，连接构造基本类同。压型钢板是通过钩头螺栓连接在型钢墙梁上，型钢墙梁既可通过预埋件焊接也可用螺栓连接在柱子上，连接构造如图 15.56 所示。石棉水泥波形板是通过连接件悬挂在连系梁上的，连系梁的间距与板长相适应，石棉水泥波形板的连接构造如图 15.57 所示。

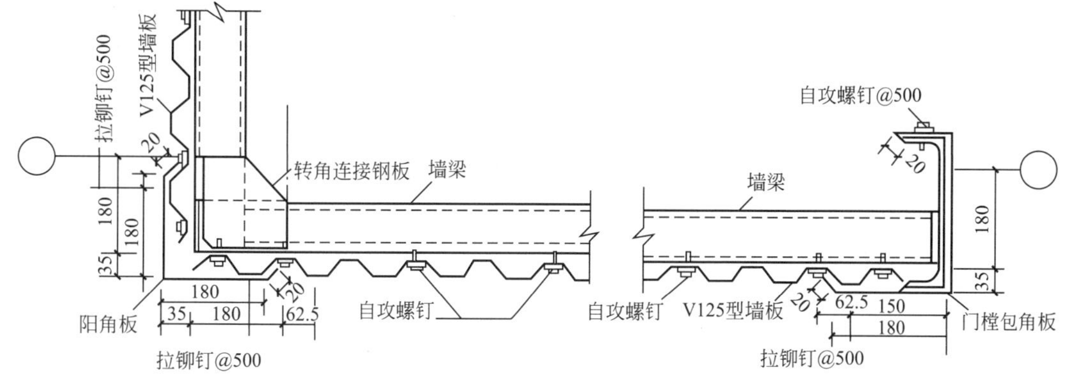

图 15.56 压型钢板连接构造

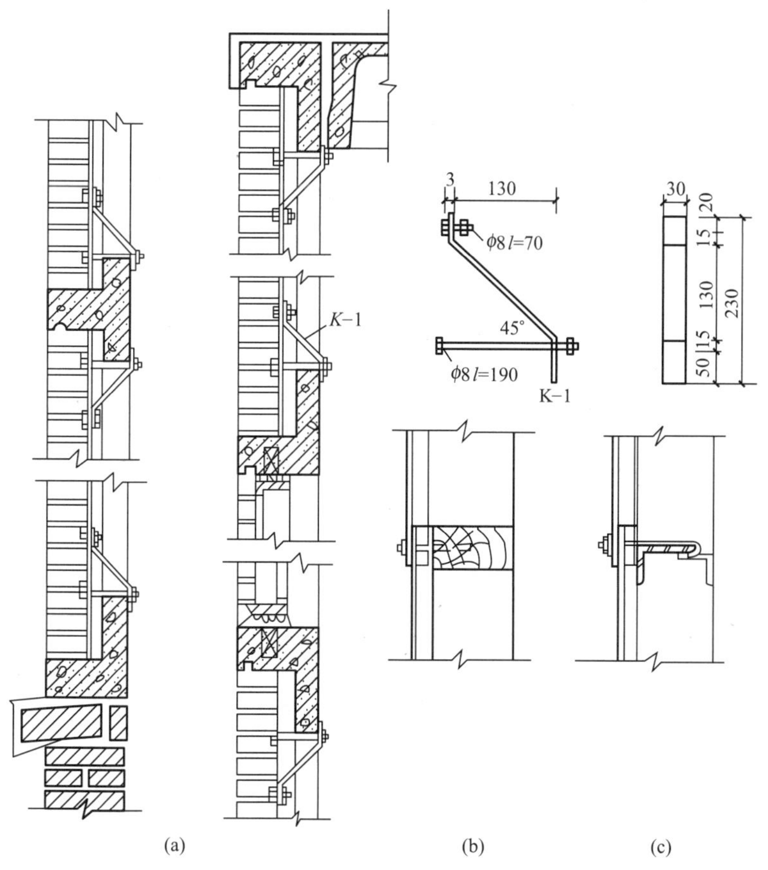

图 15.57 石棉水泥波形板连接构造

3. 开敞式外墙

有些厂房车间为了迅速排出烟、尘、热量，以及通风、换气、避雨，常采用开敞式或半开敞式外墙。常见的开敞式外墙的挡雨板有石棉波形瓦和钢筋混凝土挡雨板。开敞式外墙挡雨板的构造如图 15.58 所示。

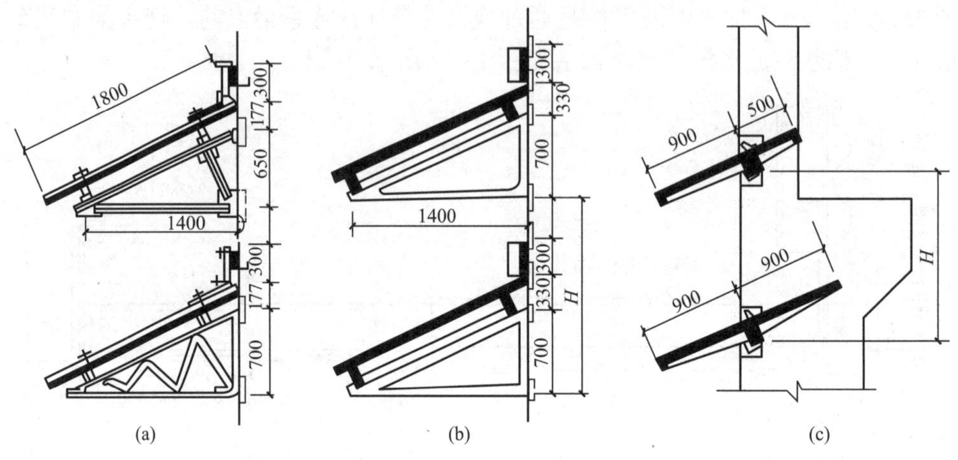

图 15.58　开敞式外墙挡雨板构造

15.3.2 侧窗及大门

1. 侧窗

单层厂房的侧窗不仅要满足采光和通风的要求，还应满足工艺上的特殊要求，如泄压、保温、隔热、防尘等。由于侧窗面积较大，易产生变形损坏和开关不便，则对侧窗的坚固耐久、开关方便更应关注。通常厂房采用单层窗，但在寒冷地区或有特殊要求的车间(如恒温、洁净车间等)，必须采用双层窗。

1) 侧窗的类型

根据侧窗采用的材料可分为钢窗、木窗及塑钢窗等，一般多用钢侧窗。根据侧窗的开关方式可分为中悬窗、平开窗、垂直旋转窗、固定窗和百叶窗等。

(1) 中悬窗：窗扇沿水平轴转动，开启角度可达 80°，可用自重保持平衡，便于开关，有利于泄压，调整转轴位置，使转轴位于窗扇重心以上，当室内空气达到一定的压力时，能自动开启泄压，常用于外墙上部。中悬窗的缺点是构造复杂、开关扇周边的缝隙易漏雨并且不利于保温。

(2) 平开窗：构造简单，开关方便，通风效果好，并便于组成双层窗，多用于外墙下部，作为通风的进气口。

(3) 垂直旋转窗：又称立转窗。窗扇沿垂直轴转动，并可根据不同的风向调节开启角度，通风效果好，多用于热加工车间的外墙下部，作为进风口。

(4) 固定窗：构造简单、节省材料，多设在外墙中部，主要用于采光。对有防尘要求的车间，其侧窗也多做成固定窗。

(5) 百叶窗：主要用于通风，兼顾遮阳、防雨、遮挡视线等。形式有固定式和活动式，常用固定的百叶窗，叶片通常为 45°和 60°角。在百叶后设钢丝网或窗纱，可防鸟虫进入。

根据厂房通风的需要，厂房外墙的侧窗一般将悬窗、平开窗或固定窗等组合在一起，如图 15.59 所示。

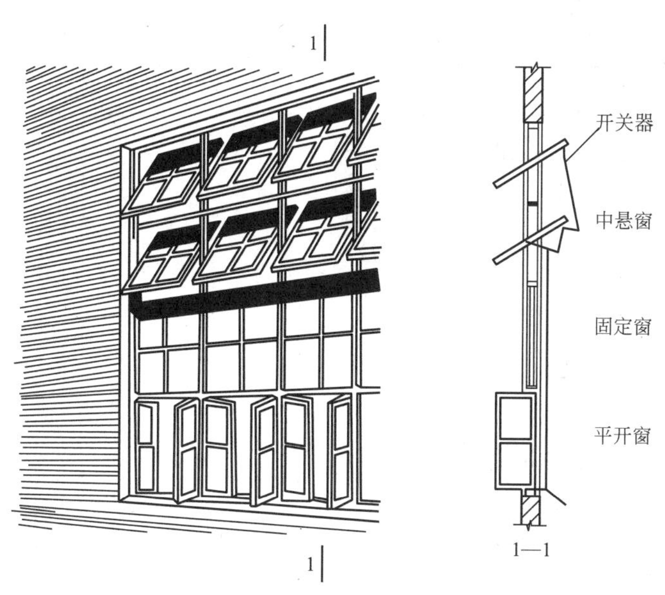

图 15.59 厂房外墙侧窗的组合

2) 钢侧窗的构造

钢窗具有坚固耐久、防火、关闭紧密、遮光少等优点，比较适用作厂房侧窗。厂房侧窗的面积较大，多采用基本窗拼接组合，靠竖向和水平的拼料保证窗的整体刚度和稳定性。钢侧窗的构造及安装方式同民用建筑部分。

厂房侧窗的高度和宽度较大，窗的开关常借助于开关器，有手动和电动两种形式。常用的侧窗手动开关器如图 15.60 所示。

2. 大门

1) 大门的尺寸与类型

厂房大门主要用于生产运输、人流通行及紧急疏散。大门的尺寸应根据运输工具的类型、运输货物的外形尺寸及通行方便等因素确定。一般门的尺寸比装满货物的车辆宽出 600 ～ 1000mm，高度应高出 400 ～ 600mm。常用的厂房的大门规格尺寸见表 15-3。门洞尺寸较大时，应当防止门扇变形，常用型钢作骨架的钢木大门或钢板门。

根据大门的开关方式将门分为平开门、推拉门、折叠门、上翻门、升降门、卷帘门。厂房大门可用人力、机械或电动开关控制。

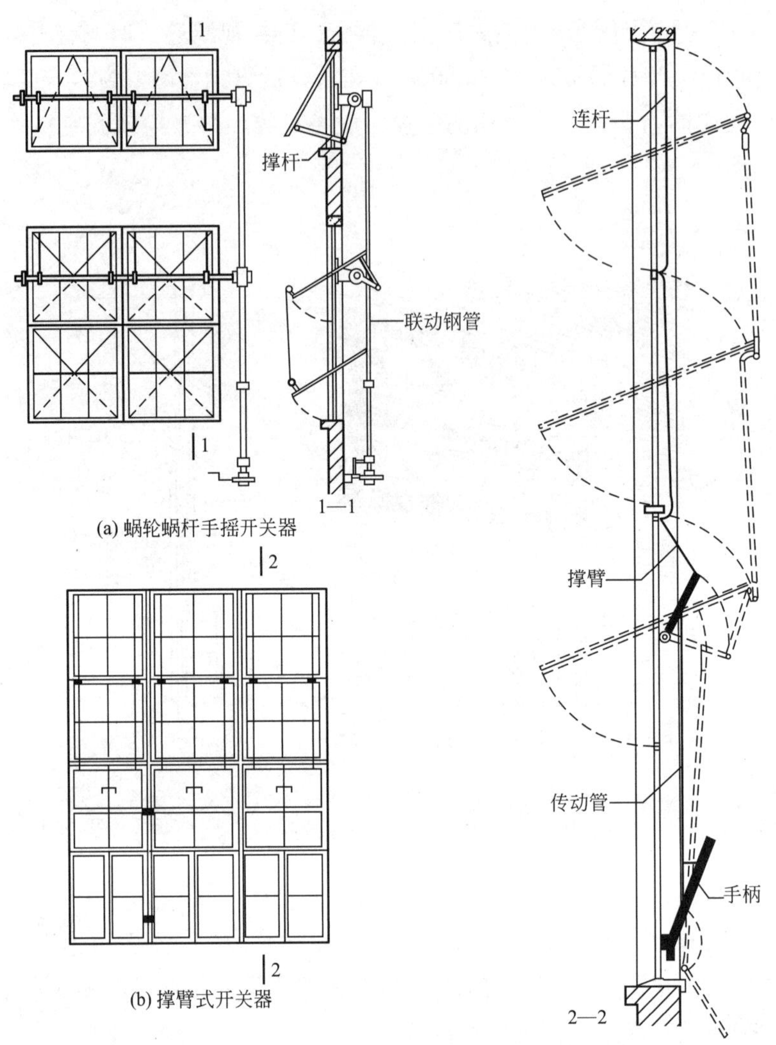

(a) 蜗轮蜗杆手摇开关器

(b) 撑臂式开关器

图 15.60　侧窗手动开关器

表 15-3　厂房大门的规格尺寸

运输工具	洞口宽 /mm							洞口高 /mm
	2100	2100	3000	3300	3600	3900	4200、4500	
3t 矿车								2100
电瓶车								2400
轻型卡车								2700
中型卡车								3000
重型卡车								3900

（续表）

运输工具	洞口宽 /mm							洞口高 /mm
	2100	2100	3000	3300	3600	3900	4200、4500	
汽车起重机						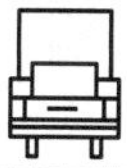		4200
火车								5100、5400

(1) 平开门：构造简单，门扇常向外开，门洞上应设雨篷。平开门受力状况较差，易产生下垂和扭曲变形，门洞较大时不宜采用。当运输货物不多，大门不需经常开启时，可在大门扇上开设供人通行的小门。

(2) 推拉门：构造简单，门扇受力状况较好，不易变形，应用广泛，但密闭性差，不宜用于在冬季采暖的厂房大门。

(3) 折叠门：由几个较窄的门扇通过铰链组合而成。开启时通过门扇上下滑轮沿导轨左右移动并折叠在一起。这种门占用空间较少，适用于较大的门洞口。

(4) 上翻门：开启时门扇随水平轴沿导轨上翻至门顶过梁下面，不占使用空间。这种门可避免门扇的碰损，多用于车库大门。

(5) 升降门：开启时门扇沿导轨上升，不占使用空间，但门洞上部要有足够的上升高度，开启方式有手动和电动，常用于大型厂房。

(6) 卷帘门：门扇由许多冲压成型的金属叶片连接而成。开启时通过门洞上部的转动轴将叶片卷起，适合于 4000 ～ 7000mm 宽的门洞，高度不受限制。这种门构造复杂，造价较高，多用于不经常开启和关闭的大门。

2) 一般大门的构造

(1) 平开钢木大门。平开钢木大门由门扇和门框组成。门洞尺寸一般不大于 3.6m×3.6m。门扇较大时采用焊接型钢骨架，用角钢横撑和交叉横撑增强门扇刚度，上贴 15 ～ 25mm 厚的木门芯板。寒冷地区要求保温的大门，可采用双层木板中间填保温材料。

大门门框有钢筋混凝土和砖砌两种。当门洞宽度小于 3m 时，可用砖砌门框。门洞宽大于 3m 时，宜采用钢筋混凝土门框。在安装铰链处预埋铁件，一般每个门扇设两个铰链，铰链焊接在预埋铁件上。常见的钢木大门的构造如图 15.61 所示。

(2) 推拉门。推拉门由门扇、上导轨、地槽（下导轨）及门框组成。门扇可采用钢木大门、钢板门等。每个门扇宽度一般不大于 1.8m。门扇尺寸应比洞口宽 200mm。门扇不太高时，门扇角钢骨架中间只设横撑，在安装滑轮处设斜撑。推拉门的支承方式可分为上挂式和下滑式两种。当门扇高度小于 4m 时，采用上挂式，即门扇通过滑轮挂在门洞上方的导轨上。当门扇高度大于 4m 时，采用下滑式。在门洞上下均设导轨，下面导轨承受门的自重。门扇下边还应设铲灰刀，清除地槽尘土。为防止滑轮脱轨，在导轨尽端和地面分别设门挡，门框处可加设小壁柱。导轨通过支架与钢筋混凝土门框的预埋件连接。推拉门位于墙外时，门上部应结合导轨设置雨篷或门斗。常见的双扇推拉门的构造如图 15.62 所示。

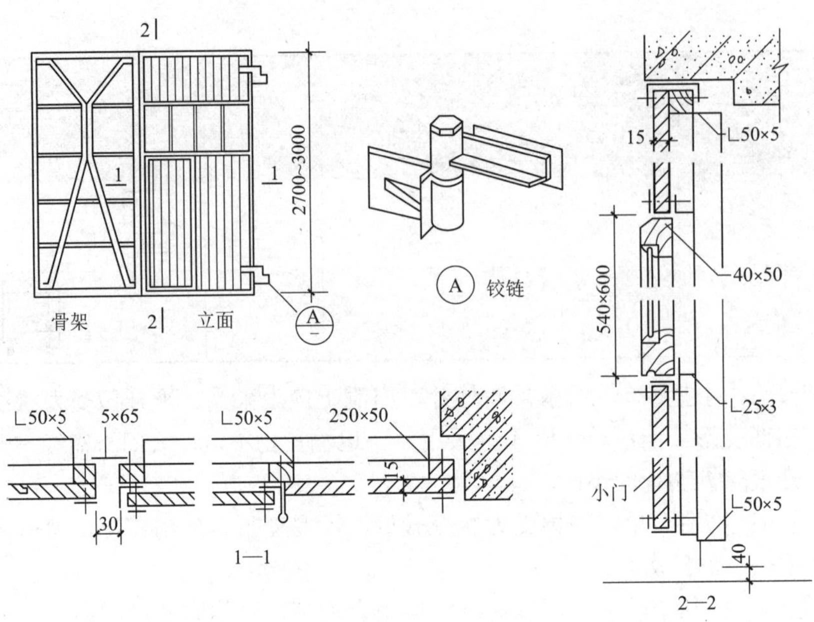

图 15.61　钢木大门的构造

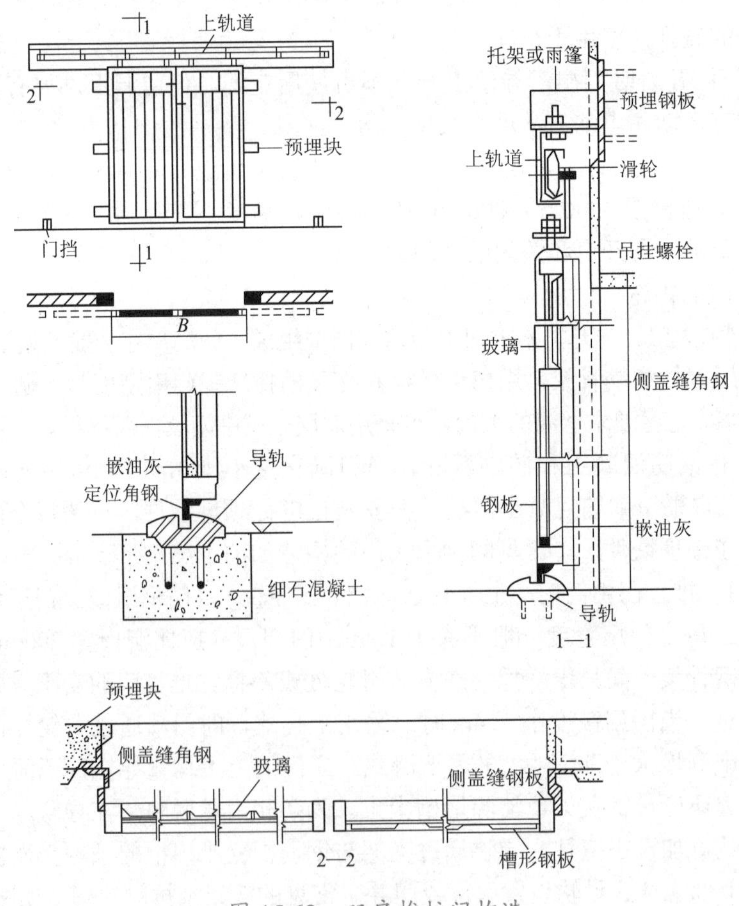

图 15.62　双扇推拉门构造

(3) 折叠门。折叠门一般可分为侧挂式、侧悬式和中悬式折叠门。侧挂式折叠门可用普通铰链，靠框的门扇如为平开门，在它侧面只挂一扇门，不适合用于较大的洞口。侧悬式和中悬式折叠门，在洞口上方设有导轨，各门扇间除用铰链连接外，在门扇顶部还装有带滑轮的铰链，下部装地槽滑轮，开闭时，上下滑轮沿导轨移动，带动门扇折叠，它们适用于较大的洞口。滑轮铰链安装在门扇侧边的为侧悬式，开关较灵活。中悬式折叠门的滑轮铰链装在门扇中部，门扇受力较好，但开关时比较费力。如图 15.63 所示为侧悬式折叠空腹薄壁钢折叠门，空腹薄壁钢折叠门不宜用于有腐蚀性介质的车间。

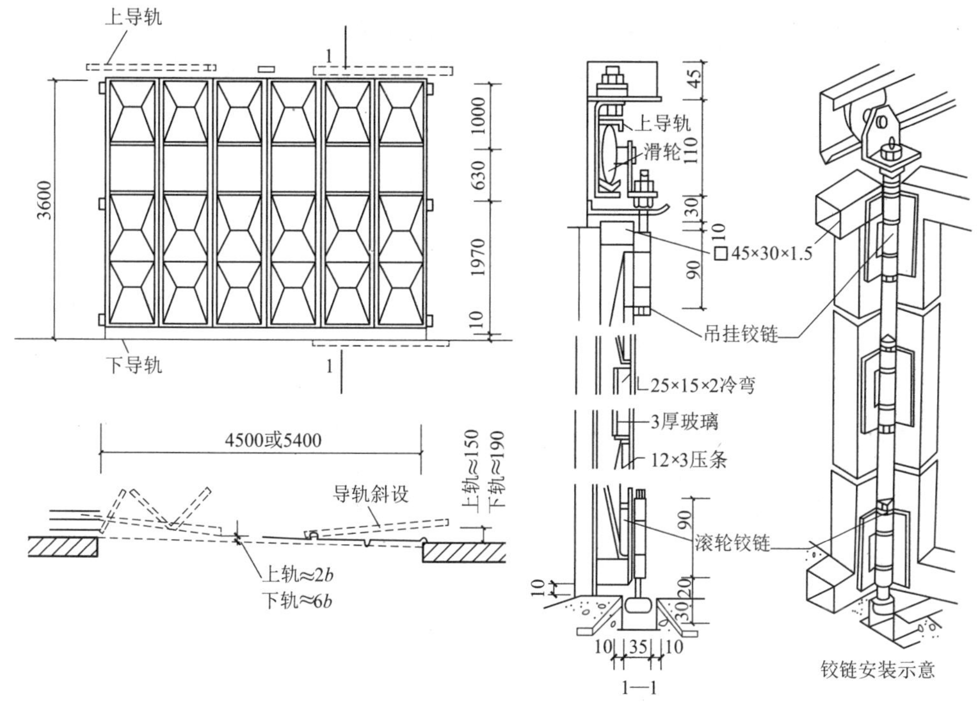

图 15.63 侧悬式折叠门的构造

(4) 卷帘门。卷帘门主要由帘板、导轨及传动装置组成。工业建筑中的帘板常采用页板式，页板可用镀锌钢板或合金铝板轧制而成，页板之间用铆钉连接。页板的下部采用钢板和角钢，用以增强卷帘门的刚度，并便于安设门钮。页板的上部与卷筒连接，开启时，页板沿着门洞两侧的导轨上升，卷在卷筒上。门洞的上部设传动装置，传动装置分为手动(图 15.64)和电动(图 15.65)两种。

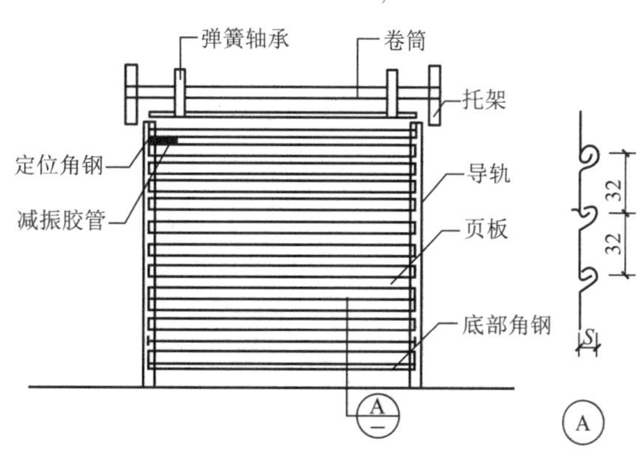

图 15.64 手动传动装置卷帘门

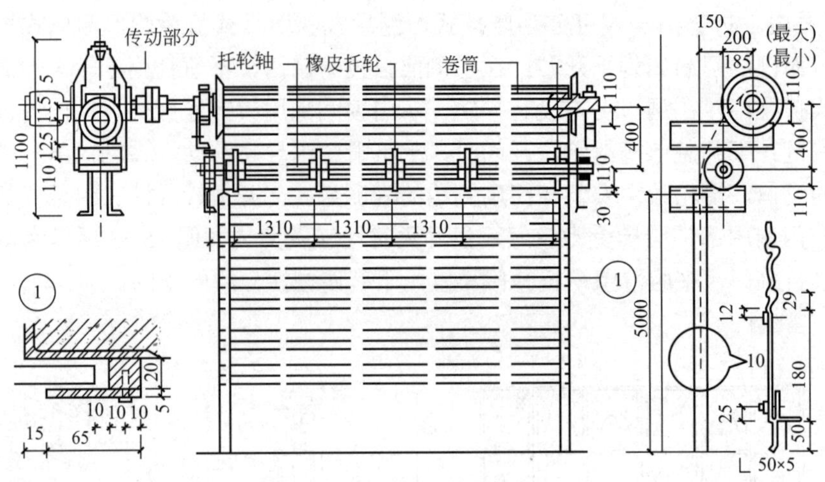

图 15.65　电动传动装置卷帘门

3) 有特殊要求的门

防火门用于加工或存放易燃品的车间或仓库。根据车间对防火门耐火等级的要求，门扇可以采用钢板、木板外贴石棉板再包以镀锌铁皮，或木板外直接包镀锌铁皮等构造措施。考虑到木材受高温会炭化而放出大量气体，应在门扇上设泄气孔。室内有可燃液体时，为防止液体流淌、火灾蔓延，防火门下宜设门槛，高度以液体不流淌到室外为准。

防火门常采用自重下滑关闭门，门上导轨有 5% ～ 8% 的坡度，火灾发生时，易熔合金的熔点为 70℃，易熔合金熔断后，重锤落地，门扇依靠自重下滑关闭，如图 15.66 所示。当门洞口尺寸较大时，可做成两个门扇相对下滑。

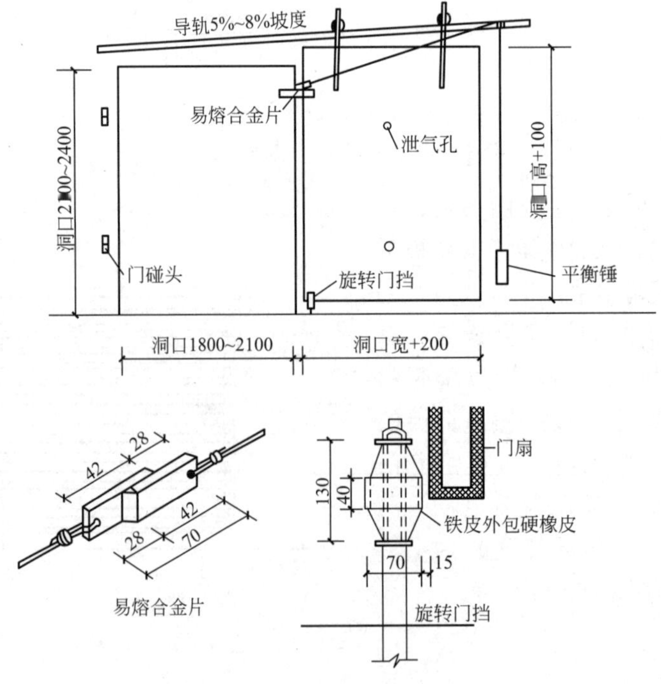

图 15.66　自重下滑关闭防火门

保温门要求门扇具有一定的热阻值和门缝密闭处理，在门扇两层面板间填以轻质、疏松的材料(如玻璃棉、矿棉、软木等)。隔声门的隔声效果与门扇的材料和门缝的密闭性有关，虽然门扇越重隔声越好，但门扇过重会导致开关不便，五金零件也易损坏，因此隔声门常采用多层复合结构，就是在两层面板之间填吸声材料(如矿棉、玻璃棉、玻璃纤维等)。

一般保温门和隔声门的面板常采用整体板材(如五层胶合板、硬质木纤维板、热压纤维板等)，不易发生变形。门缝密闭处理对门的隔声、保温及防尘等使用要求有很大影响，通常采用的措施是在门缝内粘贴填缝材料，填缝材料应具有足够的弹性和压缩性，如橡胶管、海绵橡胶条、羊毛毡条等。还应注意裁口形式，裁口做成斜面比较容易关闭紧密，可避免由于门扇胀缩而引起的缝隙导致不密合，但门扇裁口不宜多于两道，以免开关困难。也可将门扇与门框相邻处做成圆弧形的缝隙，有利于密合。如图 15.67 所示为一般保温门和隔声门的门缝隙构造处理。

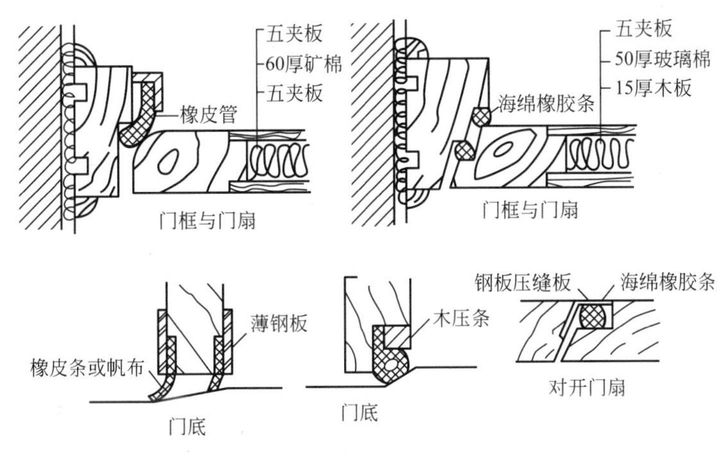

图 15.67 门缝隙构造

15.4 地面及其他构造

15.4.1 地面

工业建筑的地面不仅面积大、荷载重、材料用量多，而且还要满足各种生产使用的要求。因此，正确而合理地选择地面材料及构造层次，不仅有利于生产，而且对节约材料和投资都有较大的影响。《导(防)静电地面设计规范》(GB 50515—2010)，自 2010 年 12 月 1 日起实施。其中，第 3.1.3、3.1.5、3.3.6、4.3.8、4.4.6、4.4.7、5.1.1、5.1.2、5.1.3、5.2.3、5.2.4、5.2.5、5.2.6、5.2.7、5.4.4、5.4.5、5.5.2、6.1.2、6.1.5、6.2.3 条为强制性条文，必须严格执行。本文有不一致的，执行国家标准。

工业建筑地面与民用建筑地面构造基本相同，一般由面层、结构层、垫层、基层组成。为了满足一些特殊要求，还要增设结合层、找平层、防水层、保温层、隔声层等功能层次。现将主要层次分述如下。

1. 面层选择

面层是直接承受各种物理和化学作用的表面层，应根据生产特征、使用要求和影响地面的各种因素来选择地面。例如：生产精密仪器和仪表的车间，地面要求防尘；在生产中有爆炸危险的车间，地面应不致因摩擦撞击而产生火花；有化学侵蚀的车间，地面应有足够的抗腐蚀性；生产中要求防水、防潮的车间，地面应有足够的防水性等。地面面层的选用见表 15-4。

表 15-4　地面面层的选择

生产特征及对结构层的使用要求	适宜的面层	生产特征举例
机动车行驶、受坚硬物体磨损	混凝土、铁屑水泥、粗石	行车通道、仓库、钢绳车间等
坚硬物体对地面产生冲击 (10kg 以内)	混凝土、块石、缸砖	机械加工车间、金属结构车间等
坚硬物体对地面有较大冲击 (50kg 以上)	矿渣、碎石、素土	铸造、锻压、冲压、废钢处理等
受高温作用地段 (500℃以上)	矿渣、凸缘铸铁板、素土	铸造车间的熔化浇铸工段、轧钢车间加热和轧机工段、玻璃熔制工段
有水和其他中性液体作用地段	混凝土、水磨石、陶板	选矿车间、造纸车间
有防爆要求	菱苦土、木砖沥青砂浆	精密车间、氢气车间、火药仓库等
有酸性介质作用	耐酸陶板、聚氯乙烯塑料	硫酸车间的净化、硝酸车间的吸收浓缩
有碱性介质作用	耐碱沥青混凝土、陶板	纯碱车间、液氨车间、碱熔炉工段
不导电地面	石油沥青混凝土、聚氯乙烯塑料	电解车间
要求高度清洁	水磨石、陶板马赛克、拼花木地板、聚氯乙烯塑料、地漆布	光学精密器械、仪器仪表、钟表、电信器材装配

2. 结构层的设置与选择

结构层是承受并传递地面荷载至地基的构造层次，可分为刚性和柔性两类。刚性结构层 (混凝土、沥青混凝土、钢筋混凝土) 整体性好、不透水、强度大，适用于荷载较大且要求变形小的场所；柔性结构层 (砂、碎石、矿渣、三合土等) 在荷载作用下产生一定的塑性变形，造价较低，适用于有较大冲击和有剧烈振动作用的地面。

结构层的厚度主要由地面上的荷载决定，地基的承载能力对它也有一定的影响，荷载较大则需经计算确定，但一般不应小于下列数值：结构层为混凝土时，厚度不小于 80mm；结构层为灰土、三合土时，厚度不小于 100mm；结构层为碎石、沥青碎石、矿渣时，厚度不小于 80mm；结构层为砂、煤渣时，厚度不小于 60mm。混凝土结构层 (或结构层兼面层) 伸缩缝的设置一般以 6 ～ 12m 距离为宜，缝的形式有平头缝、企口缝、假缝，如图15.68所示，一般多为平头缝。企口缝适于结构层厚度大于150mm时，假缝只能用于横向缝。

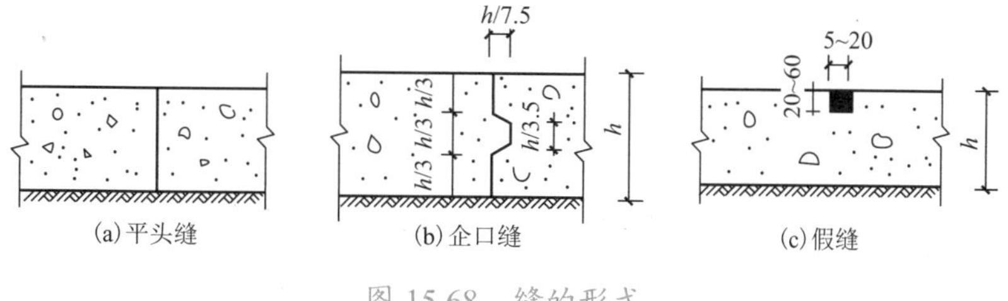

图15.68 缝的形式

3. 垫层

地面应铺设在均匀密实的基土上。结构层下的基层土壤不够密实时，应对原土进行处理，如夯实、换土等，在此基础上设置灰土、碎石等垫层起过渡作用。若单纯靠增加结构层厚度和提高其标号来加大地面的刚度，往往是不经济的，而且还会增加地面的内应力。

4. 细部构造

1) 变形缝

地面变形缝的位置应与建筑物的变形缝(温度缝、沉降缝、抗震缝)一致。同时，在地面荷载差异较大和受局部冲击荷载的部分也应设变形缝。变形缝应贯穿地面各构造层次，并用沥青类材料填充。变形缝的构造如图15.69所示。

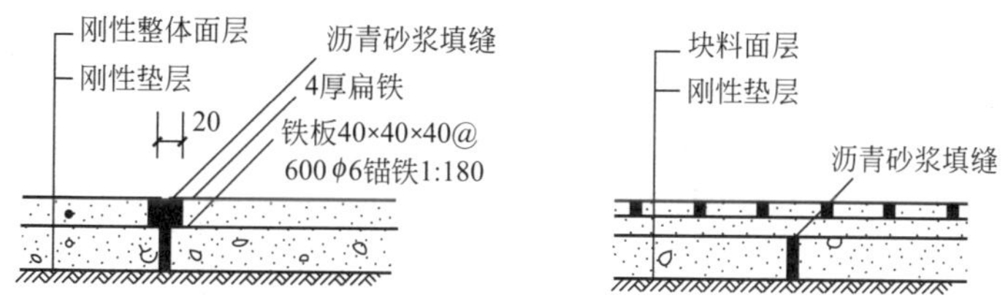

图15.69 变形缝的构造

2) 不同材料接缝

两种不同材料的地面，由于强度不同、材料的性质不同，接缝处是最易破坏的地方，应根据不同情况采取措施。如厂房内铺有铁轨时，轨顶应与地面相平，铁轨附近宜铺设块材地面，其宽度应大于枕木的长度，以便维修和安装，如图15.70(a)所示。防腐地面与非防腐地面交接的时候，应在交接处设置挡水，以防止腐蚀性液体泛流，如图15.70(b)所示。

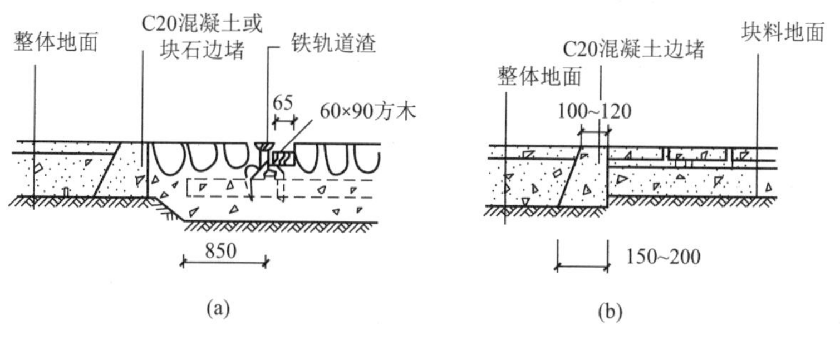

图15.70 不同材料接缝

3) 地沟

在厂房地面范围内，常设有排水沟和通行各种管线的地沟。当室内水量不大时，可采用排水明沟，沟底须做垫坡，其坡度为 0.5% ～ 1%。室内水量大或有污染物时，应用有盖板的地沟或管道排走，沟壁多用砖砌，考虑土壤侧压力，壁厚一般不小于 240mm。要求有防水功能时，沟壁及沟底均应做防水处理，应根据地面荷载不同设置相应的钢筋混凝土盖板或钢盖板。地沟的构造如图 15.71 所示。

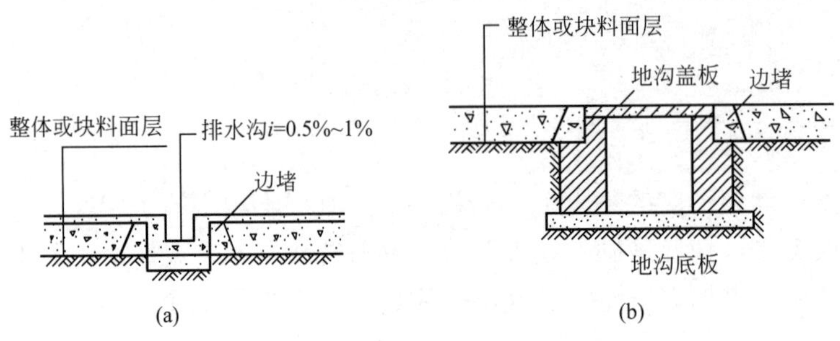

图 15.71　地沟构造

4) 坡道

为便利各种车辆通行，在厂房的出入口的门外侧须设坡道。坡道材料常采用混凝土，坡道宽度较门口两边各大 500mm，坡度为 5% ～ 10%，若采用大于 10% 的坡度，面层应做防滑齿槽。坡道构造如图 15.72 所示。

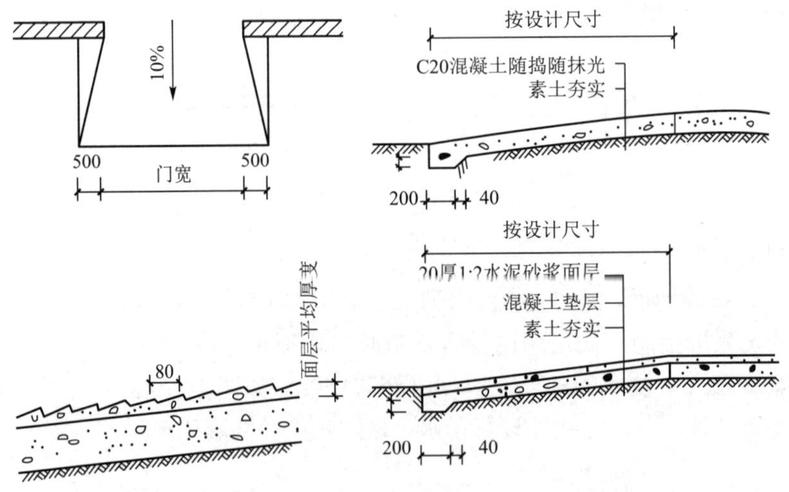

图 15.72　坡道构造

15.4.2 其他构造

1. 金属梯

在厂房中根据需求常设各种金属梯，主要有作业平台梯、吊车梯和消防检修梯等。金属梯的宽度一般为 600 ～ 800mm，梯级每步高为 300mm。根据形式不同有直梯和斜梯。

直梯的梯梁常采用角钢，踏步用 ϕ18 圆钢；斜梯的梯梁多用 6mm 厚钢板，踏步用 3mm 厚花纹钢板，也可用不少于两根的 ϕ18 圆钢做成。金属梯易腐蚀，须先涂防锈漆，再刷油漆。

1) 作业平台梯

作业平台梯如图 15.73 所示，它是供人上、下操作平台或跨越生产设备的交通联系构件。作业平台梯的坡度有 45°、59°、73°及 90°等。当梯段超过 4 ～ 5m 时，宜设中间休息平台。

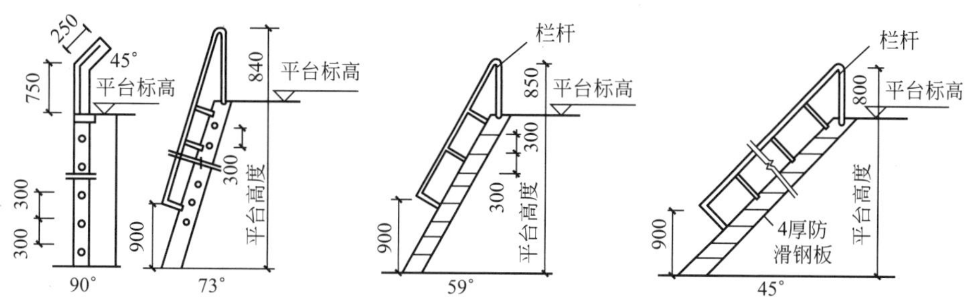

图 15.73 作业平台梯

2) 吊车梯

吊车梯如图 15.74 所示，它是为吊车司机上、下吊车所设，常设置在厂房端部第二个柱距内。在多跨厂房中，可在中柱处设一吊车梯，供相邻两跨的两台吊车使用。

3) 消防检修梯

单层厂房屋顶高度大于 10m 时，应有梯子自室外地面通至屋顶，并由屋顶通至天窗屋顶，以作为消防检修之用。相邻屋面高差在 2m 以上时，也应设置消防检修梯。

消防检修梯一般设在端部山墙处，形式多为直梯，当厂房很高时，可采用设有休息平台的斜梯。消防检修梯底端应高于室外地面 1000 ～ 1500mm，以防儿童爬登。梯与外墙表面的距离通常不小于 250mm，梯梁用焊接的角钢埋入墙内，墙预留 260mm×260mm 的孔，深度最小为 240mm，用混凝土嵌固或用带角钢的预制块随墙砌固。

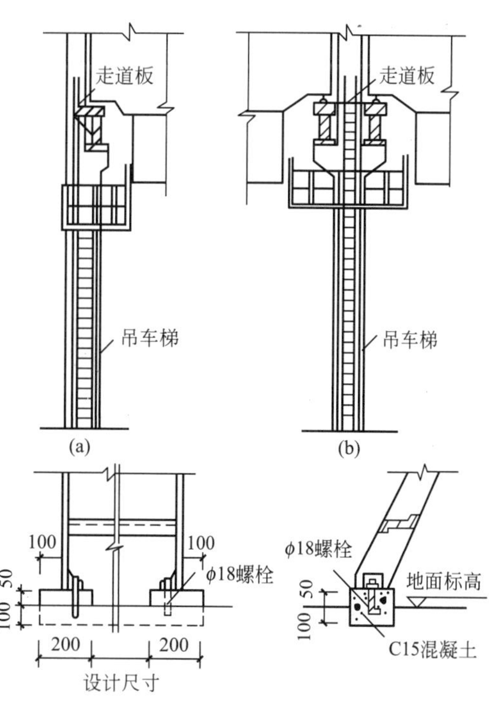

图 15.74 吊车梯

2. 走道板

走道板的作用是维修吊车轨道及检修吊车。走道板均沿吊车梁顶面铺设。根据具体情况，可单侧或双侧布置走道板。走道板的宽度不宜小于 500mm。

走道板一般由支架 (若利用外侧墙作为

支承时，可设支架)、走道板及栏杆三部分组成。支架及栏杆均采用钢材，走道板通常采用钢筋混凝土板，以节约钢、木材。如图 15.75 所示为钢筋混凝土走道板。

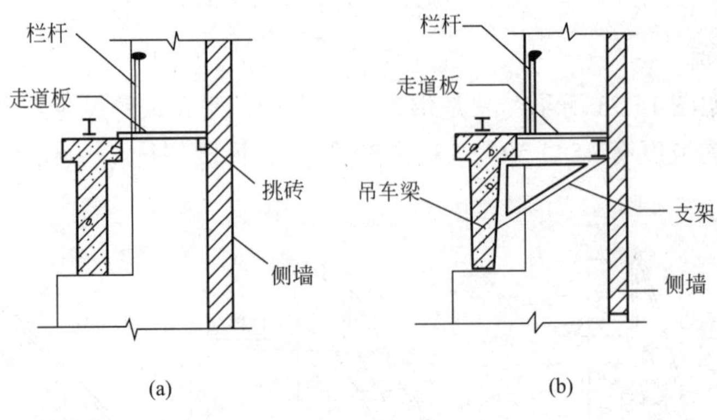

图 15.75　钢筋混凝土走道板

3. 隔断

1) 金属网隔断

金属网隔断透光性好、灵活性大，但用钢量较多。金属网隔断由骨架和金属网组成，骨架可用普通型钢、钢管柱等，金属网可用钢板网或镀锌铁丝网。隔扇之间用螺栓连接或焊接。隔扇与地面的连接可用膨胀螺栓或预埋螺栓。

2) 装配式钢筋混凝土隔断

装配式钢筋混凝土隔断适用于有火灾危险或湿度较大的车间。它由钢筋混凝土拼板、立柱及上槛组成，立柱与拼板分别用螺栓与地面连接，上槛卡紧拼板，并用螺栓与立柱固定。拼板上部可装玻璃或金属网，用以采光和通风。

3) 混合隔断

混合隔断适用于车间办公室、工具间、存衣室、车间仓库等不同类型的空间。常采用 240mm×240mm 砖柱，柱距 3m 左右，中间砌以高 1m 左右、厚 120mm 的砖墙，上部装玻璃木隔断或金属隔断等。

本章小结

（1）单层厂房构造包括外墙、侧窗、大门、屋顶、天窗、地面等。

（2）单层厂房的外墙，按承重情况不同可分为承重墙、自承重墙及骨架墙等类型；根据构造不同可分为块材墙、板材墙。

承重墙一般用于中小型厂房。承重墙和自承重墙的构造类似于民用建筑。

骨架墙利用厂房的承重结构体系作为骨架，墙体仅起围护作用。与砖结构的承重墙相比，骨架墙减少了结构面积，便于建筑施工和设备安装，适应高大及有振动的厂房条件，易于实现建筑工业化，适应厂房的改建、扩建等，目前广泛采用。依据使用要求、材料和施工条件，骨架墙有块材墙、板材墙和开敞式外墙等。

（3）单层厂房屋顶的作用、设计要求及构造与民用建筑屋顶基本相同，但也存在一定的差异，主要有以下几个方面。一是单层厂房屋顶在实现工艺流程的过程中会产生机械振动和吊车冲击荷载，这就要求屋顶要具有足够的强度和刚度。二是在保温隔热方面，单层厂房的恒温恒湿车间，其保温隔热要求更高，而对于一般厂房，当柱顶标高超过8m时可不考虑隔热，热加工车间的屋顶可不保温。三是单层厂房多数是多跨大面积建筑，为解决厂房内部采光和通风问题经常需要设置天窗，为解决屋顶排水防水问题经常需要设置天沟、雨水口等，因此屋顶构造较为复杂。四是厂房屋顶面积大，自重大，构造复杂，对厂房的总造价影响较大。因而在设计时，应根据具体情况，尽量降低厂房屋顶的自重，选用合理、经济的厂房屋顶方案。

（4）在单层厂房屋顶上，为满足厂房天然采光和自然通风的要求，常设置各种形式的天窗，常见的天窗形式有矩形天窗、平天窗及下沉式天窗等。

思考题

1. 简述单层工业厂房侧窗的种类及其构造特点。
2. 厂房大门按门扇开启方式不同可分为哪几种？各适用于什么情况？
3. 矩形天窗扇有哪几种？有何构造区别？
4. 矩形天窗有几种挡雨措施？简述其构造做法。
5. 采光板天窗由哪几种构件组成？
6. 绘制一张简图，说明布置在厂房承重柱外侧的非承重砖墙的构造。
7. 地面垫层的做法有哪几种？各有何特点？

附录　房屋建筑学设计题目

1　公园茶室方案设计

一、目的要求

1. 通过公园茶室的建筑方案设计，初步建立对建筑基本概念的理解。
2. 掌握公园茶室设计的特点，注意建筑物本身与自然环境之间的关系处理。
3. 训练和培养学生的绘图能力。

二、设计条件

1. 建设场地：某湖滨公园内。
2. 规模：建筑面积约 300m^2(建筑高度不超过两层)。
3. 面积分配：

茶室	120m^2
小卖部	20m^2
制作服务用房	35m^2
办公服务及值班室	35m^2
卫生间	20m^2

三、图纸内容及要求

1. 总平面图 (包括道路及绿化配置，比例尺为 1 ： 300)。
2. 设计说明及经济指标。

3. 平面图 (包括室内及部分室外的布置，比例尺为 1 ∶ 100)。
4. 立面图 1 张（比例尺为 1 ∶ 100)。
5. 剖面图 1 张（比例尺为 1 ∶ 100)。

四、设计要求与步骤

1. 本题目可作为本书 1 ～ 3 章的设计练习，也可作为学生自学之用。
2. 分析设计题目，认真研究建筑的功能关系、房间的大小及环境要求。
3. 查阅相关资料，参观已建成的茶室建筑，开阔设计思路。
4. 根据使用功能要求做平面组合设计。
5. 在平面组合设计的基础上，进行立面和剖面设计，继续深入，发展为定稿平面、立面、剖面草图。

五、参考资料

1.《建筑设计资料集》及《建筑学报》《世界建筑》等有关期刊。
2.《著名高校建筑设计选》。
3.《公共建筑设计原理》(天津大学编)。

2 小住宅方案设计

一、目的要求

1. 初步掌握建筑方案设计的方法与步骤，了解居住建筑设计理论及其基本知识。
2. 处理好功能单元空间与建筑整体造型、功能单元之间及室内与室外空间之间的关系。
3. 训练和培养学生的绘图能力。

二、设计条件

1. 用地：拟在风景优美的城市郊外建别墅，基地自选。
2. 建筑面积：250 ～ 300m^2，±5%。
3. 建筑层数：2 ～ 3 层。
4. 房间组成：（面积为参考值）

首层：厅 (客厅、餐厅、门厅)55m^2；客人卫生间 (两件洁具)3 ～ 4m^2；厨房 10 ～ 12m^2；工人房 10 ～ 13m^2(含卫生间 2 ～ 3m^2，两件洁具加淋浴)；车库、储藏间 20 ～ 25m^2。

二、三层：主人卧室 18 ～ 20m^2；主人卫生间 (3 件洁具)4 ～ 6m^2；次卧室 2 ～ 3 间，12 ～ 15m^2/ 间；次卫生间，4 ～ 6m^2/ 间；家庭活动室 20 ～ 25m^2；书房 15m^2；健身房 20m^2。

注意：各房间的面积数量多少，可根据建筑空间处理的需要有所增减。

三、图纸内容及要求

1. 总平面图(包括建筑、周围道路、绿地、庭院布置等外部环境设计，比例尺寸为1 ∶ 500)。

2. 首层平面(包括建筑周围绿地、庭院布置等，比例尺为1 ∶ 100)。

3. 二、三层平面图及屋顶平面图各一张（比例尺为1 ∶ 100)。

4. 立面图2张（比例尺为1 ∶ 100)。

5. 剖面图1张（比例尺为1 ∶ 100)。

四、设计要求与步骤

1. 本题目可作为本书1～3章的设计练习，也可作为课程设计之用。

2. 分析设计题目，认真研究建筑的功能关系、房间的大小及环境要求。

3. 查阅相关资料，参观已建成的独立住宅建筑，开阔设计思路。

4. 根据使用功能要求做平面组合设计。

5. 在平面组合设计的基础上，进行立面和剖面设计，继续深入，发展为定稿平面、立面、剖面草图，作为课程设计之用，还要按要求绘图到相应深度。

五、参考资料

1.《别墅建筑设计》。

2.《住宅建筑设计原理》。

3. 全国通用的民用建筑配件图。

3 单元住宅方案设计

一、目的要求

1. 初步掌握建筑方案设计的方法与步骤，了解居住建筑设计理论及其基本知识。

2. 处理好功能空间、单元拼接与建筑整体造型及室内外空间环境之间的关系。

3. 训练和培养学生的绘图能力。

二、设计条件

1. 用地：本设计为城市住宅，位于城市居住小区内，基地自选。

2. 面积标准：平均每套建筑面积80～130m^2，套型及套型比由设计者自定。

3. 建筑层数：6层，层高2.800m^2。

4. 房间组成：

(1) 居室：包括卧室和起居室。各居室之间分区合理，不相互串通。其面积不宜小于规定的值：主卧室12～16m^2；双人次卧室12～14m^2/间；单人卧室8～10m^2/间；起居室18～25m^2。

(2) 餐厅不小于 8m^2，可以独立设置或与起居室混合。

(3) 厨房不小于 6m^2，内设案台、灶台、洗池、吊柜、抽油烟机等。

(4) 卫生间 4 ～ 6m^2(双卫可适当增加面积)，内设 3 件洁具。

(5) 阳台，每套设生活阳台和服务阳台。

(6) 储藏设施，根据具体情况设搁板、吊柜、壁柜等。

三、图纸内容及要求

1. 套型平面图（比例尺为 1 ∶ 100）。

(1) 确定各房间的形状、尺寸及组合关系，布置设备、家具，标注房间面积。

(2) 确定门、窗的大小、位置 (按比例绘图，不标注尺寸)，标示门的开启方式和方向。

(3) 正确表达楼梯、阳台、储存空间等。

(4) 标注两道尺寸 (总尺寸和轴线尺寸)。

(5) 标注剖面图的剖切符号。

2. 剖面图 1 张 (需剖到楼梯，比例尺为 1 ∶ 100)。

(1) 确定各部分的高度及组合关系，表达主要构件间的相互关系。

(2) 尽量剖到门、窗的位置，标示门窗的位置和高度。

(3) 正确表达楼梯踏步、平台及结构等。

(4) 标注室内外标高、各层楼面标高、屋面标高，标注两道尺寸 (建筑总高度和各层层高)。

(5) 注写图名和比例。

3. 立面图 2 张 (三单元组合的主立面和侧立面，比例尺为 1 ∶ 100)。

(1) 正确表示屋顶、门、窗、阳台、雨篷等构件的形式和位置。

(2) 正确表达室内外高差、地面线、内外轮廓线，标注两道尺寸 (建筑总高度和门窗高度)。

(3) 注写图名和比例。

4. 单元组合平面示意图 1 张 (三单元组合，比例尺为 1 ∶ 500)。

(1) 用单线表示，外轮廓用粗实线，单元分界线用细实线。

(2) 注写图名和比例。

5. 方案说明及主要技术经济指标。

(1) 方案说明简要说明设计方案的主要特点。

(2) 主要技术经济指标包括各套型的使用面积、建筑面积及使用面积系数。

(3) 使用面积系数等于总套内使用面积与总建筑面积之比的百分数。

四、参考资料

1.《建筑设计资料集》(第 2 版)。

2.《住宅建筑设计原理》。

3. 全国通用的民用建筑配件图。

4.《房屋建筑学》(第 3 版）教材。

4 宿舍楼方案设计

一、目的要求

1. 初步掌握建筑方案设计的方法与步骤，了解宿舍楼建筑设计理论及其基本知识。

2. 处理好功能空间、建筑技术与建筑整体造型及室内外空间环境之间的关系。

3. 训练和培养学生的绘图能力。

二、设计条件

1. 用地：本设计为高校学生生活区内，在参观学校环境的基础上选择基地，进行设计。

2. 面积标准：建筑面积 3000m^2 左右，每间 4 ～ 6 人，开间、进深由设计者自定。

3. 建筑层数：4 ～ 6 层，层高 3.20 ～ 3.30m。

4. 管理室、卫生间及交通联系部分在调研的基础上确定。

三、图纸内容及要求

1. 底层平面图（比例尺为 1 ∶ 100）。

(1) 确定各房间的形状、尺寸及组合关系，布置设备、家具，标注房间面积。

(2) 确定门窗的大小、位置 (按比例绘图，不标注尺寸)，标示门的开启方式和方向。

(3) 正确表达楼梯、阳台、储存空间等。

(4) 标注两道尺寸 (总尺寸和轴线尺寸)。

(5) 标注剖面图的剖切符号，注写图名和比例。

2. 剖面图 1 张 (需剖到楼梯，比例尺为 1 ∶ 100)。

(1) 确定各部分的高度及组合关系、结构选型，表达主要构件间的相互关系。

(2) 尽量剖到门、窗的位置，标示门、窗的位置和高度。

(3) 正确表达楼梯踏步、平台及结构等。

(4) 标注室内外标高、各层楼面标高、屋面标高，标注两道尺寸 (建筑总高度和各层层高)。

(5) 注写图名和比例。

3. 立面图 2 张 (主立面和侧立面，比例尺为 1 ∶ 100)。

(1) 正确表示屋顶、门、窗、阳台、雨篷等构件的形式和位置。

(2) 正确表达室内外高差、地面线、内外轮廓线。

(3) 标注两道尺寸 (建筑总高度和门窗高度)。

(4) 注写图名和比例。

4. 总平面示意图（比例尺为 1 ∶ 500）。

(1) 画建筑屋顶平面，外檐轮廓用粗实线，内檐轮廓用细实线。

(2) 画建筑环境，用单线表示，外轮廓用粗实线，单元分界线用细实线。

(3) 注写图名和比例。

5. 方案说明及主要技术经济指标。

(1) 方案说明简要说明设计方案的主要特点。

(2) 主要技术经济指标包括建筑的使用面积、建筑面积及使用面积系数。

(3) 使用面积系数等于总使用面积与总建筑面积之比的百分数。

四、参考资料

1.《建筑设计资料集》(第 2 版)。

2.《住宅建筑设计原理》。

3. 全国通用的民用建筑配件图。

5　十二班中学教学楼方案设计

一、目的要求

1. 初步掌握建筑方案设计的方法与步骤，了解中小学教学楼建筑设计理论及其基本方法。

2. 应合理确定教学楼、运动场地及绿化场地的关系，进行简要的校园规划布置，在此基础上，深入进行教学楼单体建筑设计。处理好功能空间、建筑技术、建筑整体造型及室内外空间环境之间的关系。

3. 训练和培养学生的绘图能力。

二、设计条件

1. 修建地点：本建筑位于中小城市或工矿区新建的职工住宅区内，地段情况可参考附图 1，也可自己另选地段。

2. 房间名称及使用面积见附表 1。

3. 总平面设计。

(1) 教学楼。

(2) 运动场：设 250m 环形跑道 (附 100m 直跑道)，田径场 1 个，篮球场 2 个，排球场 1 个。

(3) 绿化用地 (兼生物园地)：300 ～ 500m^2。

4．建筑标准。

(1) 建筑层数：1 ～ 4 层。

(2) 层高：教学用房 3.6 ～ 3.9m；办公用房 3.0 ～ 3.4m。

(3) 结构：混合结构或钢筋混凝土框架结构。

(4) 门窗：木门、铝合金窗（或塑钢窗）。

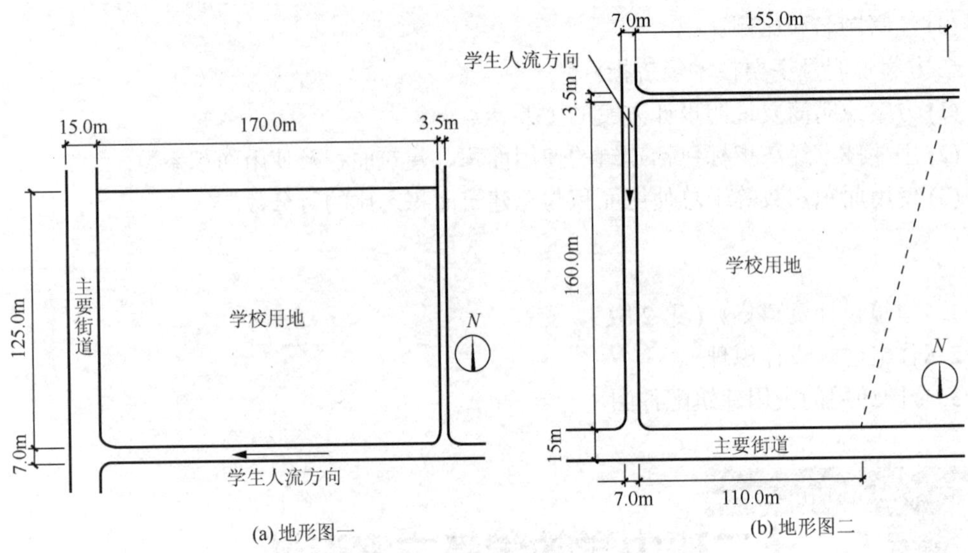

(a) 地形图一

(b) 地形图二

附图 1　建筑修建地点的地段情况

(5) 装修：根据当地社会经济状况，自行确定。

(6) 走道宽（轴线尺寸）：2.4 ～ 3.0m（中间走道），1.8 ～ 2.1m（单面走道）。

(7) 采光：教室窗地面积比为 1/4，其他用房为 1/8 ～ 1/6。

(8) 卫生：设室内厕所（蹲式大便器、小便槽或小便斗），数量按男女学生各半计算。男厕所：40 ～ 50 人一个大便器．两个小便斗 (或 1m 长小便槽)。女厕所：20 ～ 25 人一个大便器。

三、图纸内容及要求

本设计按方案设计深度要求进行，采用 2 号绘图纸、工具线，手工绘制完成下列内容。

1. 总平面图：比例尺为 1 ∶ 500，可根据情况由学生选做。

2. 平面图：各层平面，比例尺为 1 ∶ 200 ～ 1 ∶ 100。

(1) 底层各入口要绘出踏步、花池、台阶等。

(2) 尺寸标注为两道，即总尺寸与轴线尺寸。

(3) 确定门窗位置、大小（按比例画，不注尺寸）及门的开启方向。

(4) 楼梯要按比例尺寸画出梯段、平台及踏步，并标出上下行箭头。

(5) 标出剖面线及编号。

(6) 注明房间名称。

(7) 标出图名及比例。

3. 立面图：入口立面及侧立面，比例尺 1 ∶ 200 ～1 ∶ 100。

(1) 外轮廓线画中粗线，地坪线画粗实线，其余画细实线。

(2) 注明图名及比例。

4. 剖面图：1 ～ 2 个剖面，比例尺为 1 ∶ 100。

(1) 剖切部分用粗实线，看见部分用细实线；地坪用粗实线，并表示出室内外地坪高差。

(2) 尺寸标两道，即各层层高及建筑总高。

(3) 标高：标注各层标高，室内外标高。

(4) 标出图名及比例。

5．主要技术经济指标：总建筑面积、生均建筑面积（校舍总面积 / 学生总人数）、平面系数 K（使用面积 / 建筑面积）等。

四、设计方法及步骤

1. 分析研究设计任务书，明确目的要求及条件，根据题目所给条件，算出各类房间所需数目、面积和厕所蹲位数。

2. 带着问题学习设计基础知识和任务书上所提参考资料，参观已建成的同类建筑，扩大眼界，广开思路。

3. 在学习参观的基础上，对设计要求、具体条件及环境进行功能分析，从功能角度找出各部分、各房间的相互关系及位置。

4. 进行块体设计，即将各类房间所占面积粗略地估计平面和空间尺寸，徒手单线画出初步方案的块体示意（比例尺为 1 ∶ 500 或 1 ∶ 200)。

在进行块体组合时，要多思考，多动手（即多画），多修改。从平面入手，但应着眼于空间。先考虑总体，后考虑细部，抓住主要矛盾，只要大布局合理即可。

5. 在块体设计基础上，划分房间，进一步调整各类房间和细部之间的关系，深入发展成为定稿的平、立、剖面草图，比例尺为 1 ∶ 200 ～ 1 ∶ 100。

注：中学总平面设计较为复杂，主要行政、后勤用房、风雨操场及运动、绿化场地在总平面上布置即可。

五、参考资料

1.《建筑设计资料集 (3)》(第 2 版)。

2.《托幼、中小学校建筑设计手册》。

3.《中小学建筑设计》。

4.《民用建筑设计通则》。

5.《中小学校设计规范》。

附表 1　房间名称及使用面积

房间名称		间　数	每间使用面积 /m^2	备　注
教学用房	普通教室	12	53 ～ 58	每班 50 人
	音乐教室	1	53 ～ 58	
	乐器室	1	15 ～ 20	
	多功能大教室	1	100 ～ 120	供两班用，可做成阶梯教室
	电教器材储存、修理兼放映室	1	35 ～ 40	
	实验室	2	75 ～ 85	
	实验准备室	2	40 ～ 45	
	语音教室	1	70 ～ 85	
	语言教室准备室或控制室	1	25 ～ 40	
	教师阅览室	1	30 ～ 40	可合并为一间
	学生阅览室	1	40 ～ 60	
	书库	1	30 ～ 40	
	科技活动室	3	15 ～ 20	
行政用房	党支部办公室	1	12 ～ 16	
	校长办公室	1	12 ～ 16	
	教务办公室	1	12 ～ 16	包括文印
	档案室	1	12 ～ 16	
	总务办公室	1	12 ～ 16	
	体育器材室	1	12 ～ 16	
	会议室	1	30 ～ 40	
	广播室	1	6 ～ 14	
	传达值班室	1 ～ 2	6 ～ 15	
	教师办公室	6	12 ～ 16	
	体育办公室	1	12 ～ 16	
	工会办公室	1	12 ～ 16	
	团、队、学生会办公室	1	12 ～ 16	
生活辅助	杂物储藏室		24	
	开水房		20	
	厕所		按规定标准计算	见设计条件的第 4 条

参考文献

[1] 同济大学，等. 房屋建筑学[M]. 5 版. 北京：中国建筑工业出版社，2016.

[2] 李必瑜. 房屋建筑学[M]. 5 版. 武汉：武汉理工大学出版社，2014.

[3] 张文忠. 公共建筑设计原理[M]. 4 版. 北京：中国建筑工业出版社，2008.

[4] 罗福午，张慧英，杨军. 建筑结构概念设计及案例[M]. 北京：清华大学出版社，2003.

[5] 彭一刚. 建筑空间组合论[M]. 3 版. 北京：中国建筑工业出版社，2008.

[6] 杨俊杰，崔钦淑. 结构原理与结构概念设计[M]. 北京：中国水利水电出版社，知识产权出版社，2006.

[7] 张伶伶，孟浩. 场地设计[M]. 2 版. 北京：中国建筑工业出版社，2011.

[8] 建筑设计资料集编委会. 建筑设计资料集 (3、4、5)[M]. 北京：中国建筑工业出版社，1994.

[9] 付祥钊. 夏热冻冷地区建筑节能技术[M]. 北京：中国建筑工业出版社，2004.

[10] 刘云月. 公共建筑设计原理[M]. 南京：东南大学出版社，2004.

[11] 李必瑜. 建筑构造 (上册)[M]. 4 版. 北京：中国建筑工业出版社，2008.

[12] 刘建荣. 建筑构造 (下册)[M]. 5 版. 北京：中国建筑工业出版社，2013.

[13] 轻型钢结构设计指南编辑委员会. 轻型钢结构设计指南[M]. 2 版. 北京：中国建筑工业出版社，2005.

[14] 杨庆山，姜忆南. 张拉索－膜结构分析与设计[M]. 北京：科学出版社，2004.

[15] 陈务军. 膜结构工程设计[M]. 北京：中国建筑工业出版社，2005.

[16] 杨维菊. 建筑构造设计 (下册)[M]. 北京：中国建筑工业出版社，2005.

[17] 房志勇. 房屋建筑构造学[M]. 北京：中国建材工业出版社，2003.

[18] 赵西安. 建筑幕墙工程手册 (上、中)[M]. 北京：中国建筑工业出版社，2002.

[19] 中华人民共和国国家标准. 冷弯薄壁型钢结构技术规范 (GB 50018—2016)[S]. 北京：中国计划出版社，2002.

[20] 郭兵，等. 多层民用钢结构房屋设计[M]. 北京：中国建筑工业出版社，2005.

[21] 邹颖，卞洪滨. 别墅建筑设计[M]. 北京：中国建筑工业出版社，2000.

[22] 北京市注册建筑师管理委员会. 一级注册建筑师考试辅导教材[M]. 2 版. 北京：中国建筑工业出版社，2003.

[23] 刘育东. 建筑的涵意[M]. 天津：天津大学出版社，1999.

北京大学出版社土木建筑系列教材(已出版)

序号	书名	主编	定价	序号	书名	主编	定价
1	建筑设备(第3版)	刘源全　张国军	52.00	79	建筑结构 CAD 教程（第2版）	崔钦淑	45.00
2	建设工程监理概论(第4版)	巩天真　张泽平	48.00	80	工程设计软件应用	孙香红	39.00
3	建设法规(第3版)	潘安平　肖　铭	40.00	81	有限单元法(第2版)	丁　科　殷水平	30.00
4	土木工程施工与管理	李华锋　徐　芸	65.00	82	建筑工程安全管理与技术	高向阳	40.00
5	房屋建筑学(第3版)	聂洪达	56.00	83	桥梁工程(第2版)	周先雁　王解军	37.00
6	土力学(第2版)	高向阳	45.00	84	大跨桥梁	王解军　周先雁	30.00
7	BIM 建模与应用教程	曾　浩	39.00	85	交通工程学	李　杰　王　富	39.00
8	安装工程计量与计价	冯　钢	58.00	86	道路勘测与设计	凌平平　余婵娟	42.00
9	工程造价控制与管理（第2版）	胡新萍	42.00	87	道路勘测设计	刘文生	43.00
10	工程结构	金恩平	49.00	88	工程管理概论	郑文新　李献涛	26.00
11	土木工程系列实验综合教程	周瑞荣	56.00	89	建筑工程管理专业英语	杨云会	36.00
12	建筑公共安全技术与设计	陈继斌	45.00	90	工程管理专业英语	王竹芳	24.00
13	土木工程测量(第2版)	陈久强　刘文生	40.00	91	工程事故分析与工程安全(第2版)	谢征勋　罗　章	38.00
14	土木工程概论	邓友生	34.00	92	建设法规	刘红霞　柳立生	36.00
15	土木工程制图(第2版)	张会平	45.00	93	工程经济学(第2版)	冯为民　付晓灵	42.00
16	土木工程制图习题集(第2版)	张会平	28.00	94	工程经济学	都沁军	42.00
17	土建工程制图(第2版)	张黎骅	38.00	95	工程财务管理	张学英	38.00
18	土建工程制图习题集(第2版)	张黎骅	34.00	96	工程招标投标管理(第2版)	刘昌明	30.00
19	土木工程材料(第2版)	王春阳	50.00	97	工程合同管理	方　俊　胡向真	23.00
20	土木工程材料	赵志曼	39.00	98	建设工程合同管理	余群舟	36.00
21	土木工程材料(第2版)	柯国军	45.00	99	建设工程招投标与合同管理实务(第2版)	崔东红	49.00
22	工程地质(第2版)	倪宏革　周建波	30.00	100	工程招投标与合同管理(第2版)	吴　芳　冯　宁	43.00
23	工程地质(第2版)	何培玲　张　婷	26.00	101	工程项目管理	邓铁军　杨亚频	48.00
24	土木工程地质	陈文昭	32.00	102	工程项目管理	王　华	42.00
25	土木工程专业毕业设计指导	高向阳	40.00	103	工程项目管理	董良峰　张瑞敏	43.00
26	土木工程专业英语	霍俊芳　姜丽云	35.00	104	土木工程项目管理	郑文新	41.00
27	土木工程专业英语	宿晓萍　赵庆明	40.00	105	工程项目管理(第2版)	仲景冰　王红兵	45.00
28	土木工程基础英语教程	陈　平　王凤池	32.00	106	工程经济与项目管理	都沁军	45.00
29	房屋建筑学	董海荣	47.00	107	建设项目评估(第2版)	王　华	46.00
30	房屋建筑学	宿晓萍　隋艳娥	43.00	108	建设项目评估	黄明知　尚华艳	38.00
31	房屋建筑学(上：民用建筑)(第2版)	钱　坤　王若竹	40.00	109	工程项目投资控制	曲　娜　陈顺良	32.00
32	房屋建筑学(下：工业建筑)(第2版)	钱　坤　吴　歌	36.00	110	工程造价管理	周国恩	42.00
33	土木工程试验	王吉民	34.00	111	工程造价管理	车春鹂　杜春艳	24.00
34	土木工程结构试验	叶成杰	39.00	112	土木工程计量与计价	王翠琴　李春燕	35.00
35	理论力学(第2版)	张俊彦　赵荣国	40.00	113	建筑工程计量与计价	张叶田	50.00
36	理论力学	欧阳辉	48.00	114	建筑工程造价	郑文新	39.00
37	结构力学实用教程	常伏德	47.00	115	室内装饰工程预算	陈祖建	30.00
38	结构力学	何春保	45.00	116	市政工程计量与计价	赵志曼　张建平	38.00
39	材料力学	章宝华	36.00	117	园林工程计量与计价	温日琨　舒美英	45.00
40	工程力学(第2版)	罗迎社　喻小明	39.00	118	土木工程概预算与投标报价(第2版)	刘　薇　叶　良	37.00
41	工程力学	王明斌　庞永平	37.00	119	建筑工程施工组织与概预算	钟吉湘	52.00
42	工程力学	杨云芳	42.00	120	工程量清单的编制与投标报价(第2版)	刘富勤　陈友华　宋会莲	34.00

序号	书名	主编	定价	序号	书名	主编	定价
43	工程力学	杨民献	50.00	121	房地产估价理论与实务	李　龙	36.00
44	建筑力学	邹建奇	34.00	122	房地产开发	石海均　王　宏	34.00
45	土力学教程(第 2 版)	孟祥波	34.00	123	房地产策划	王直民	42.00
46	土力学	曹卫平	34.00	124	房地产开发与管理	刘　薇	38.00
47	土力学(第 2 版)	肖仁成　俞　晓	25.00	125	房地产估价	沈良峰	45.00
48	土力学试验	孟云梅	32.00	126	房地产法规	潘安平	36.00
49	土力学	杨雪强	40.00	127	房地产测量	魏德宏	28.00
50	土力学	贾彩虹	38.00	128	建筑概论	钱　坤	28.00
51	土质学与土力学	刘红军	36.00	129	建筑学导论	裘　鞠　常　悦	32.00
52	土工试验原理与操作	高向阳	25.00	130	建筑表现技法	冯　柯	42.00
53	混凝土结构设计原理(第 2 版)	邵永健	52.00	131	室内设计原理	冯　柯	28.00
54	基础工程	王协群　章宝华	32.00	132	建筑美术教程	陈希平	45.00
55	基础工程	曹　云	43.00	133	建筑美学	邓友生	36.00
56	地基处理	刘起霞	45.00	134	色彩景观基础教程	阮正仪	42.00
57	特殊土地基处理	刘起霞	50.00	135	城市与区域认知实习教程	邹　君	30.00
58	砌体结构(第 2 版)	何培玲　尹维新	26.00	136	城市详细规划原理与设计方法	姜　云	36.00
59	钢结构设计原理	胡习兵	30.00	137	城市与区域规划实用模型	郭志恭	45.00
60	钢结构设计	胡习兵　张再华	42.00	138	幼儿园建筑设计	龚兆先	37.00
61	特种结构	孙　克	30.00	139	民用建筑场地设计	杨希文	46.00
62	建筑结构	苏明会　赵　亮	50.00	140	园林与环境景观设计	董　智　曾　伟	46.00
63	结构抗震设计(第 2 版)	祝英杰	37.00	141	景观设计	陈玲玲	49.00
64	荷载与结构设计方法(第 2 版)	许成祥　何培玲	30.00	142	建筑构造	宿晓萍　隋艳娥	36.00
65	高层建筑结构设计	张仲先　王海波	23.00	143	中国传统建筑构造	李合群	35.00
66	建筑抗震与高层结构设计	周锡武　朴福顺	36.00	144	建筑构造原理与设计(上册)	陈玲玲	34.00
67	土木工程施工	陈泽世　凌平平	58.00	145	建筑构造原理与设计(下册)	梁晓慧　陈玲玲	38.00
68	土木工程施工	石海均　马　哲	40.00	146	城市生态与城市环境保护	梁彦兰　阎　利	36.00
69	建筑工程施工	叶　良	55.00	147	中外建筑史	吴　薇	36.00
70	土木工程施工	邓寿昌　李晓目	42.00	148	外国建筑简史	吴　薇	38.00
71	地下工程施工	江学良　杨　慧	54.00	149	中外城市规划与建设史	李合群	58.00
72	高层建筑施工	张厚先　陈德方	32.00	150	中国文物建筑保护及修复工程学	郭志恭	45.00
73	高层与大跨建筑结构施工	王绍君	45.00	151	建筑节能概论	余晓平	34.00
74	工程施工组织	周国恩	28.00	152	暖通空调节能运行	余晓平	30.00
75	建筑工程施工组织与管理(第 2 版)	余群舟　宋协清	31.00	153	空调工程	战乃岩　王建辉	45.00
76	土木工程计算机绘图	袁　果　张渝生	28.00	154	建筑电气	李　云	45.00
77	土木工程 CAD	王玉岚	42.00	155	水分析化学	宋吉娜	42.00
78	土木建筑 CAD 实用教程	王文达	30.00	156	水泵与水泵站	张　伟　周书葵	35.00